秦蕴珊文选

《秦蕴珊文选》编辑小组　编

中国海洋大学出版社
·青岛·

图书在版编目(CIP)数据

秦蕴珊文选/《秦蕴珊文选》编辑小组编. —青岛：中国海洋大学出版社，2012
ISBN 978-7-81125-805-9

Ⅰ.①秦…　Ⅱ.①秦…　Ⅲ.①海洋地质学—文集
Ⅳ.①P736-53

中国版本图书馆 CIP 数据核字(2012)第 056601 号

出版发行　中国海洋大学出版社
社　　址　青岛市香港东路 23 号　　邮政编码　266071
出 版 人　杨立敏
网　　址　http://www.ouc-press.com
电子信箱　coupljz@126.com
订购电话　0532—82032573(传真)
责任编辑　李建筑　　电　　话　0532—85902505
印　　制　青岛海蓝印刷有限责任公司
版　　次　2012 年 4 月第 1 版
印　　次　2012 年 4 月第 1 次印刷
成品尺寸　185 mm×260 mm
印　　张　26.5
字　　数　612 千
定　　价　180.00 元

编者的话

编辑这本文选是为了庆祝秦蕴珊院士从事海洋地质工作55周年，祝贺他80华诞。

秦蕴珊院士是新中国成立后最早从事海洋地质学研究工作的科学家之一。他对我国海洋地质科学尤其是中国边缘海沉积学的建立和发展，作出了重要贡献。他始终把科研工作与社会发展和国家需求密切结合，凡涉及海洋地质工作的国家专项几乎都能看到秦院士的身影。

秦院士在其长期的科研生涯中发表了不少学术论文，有他亲自撰写的，也有他指导同事或学生共同完成的。这些论文反映了当时的国家需求和学科进展。我们从中挑选了一些代表性论文，期望能反映秦院士在不同阶段所关心和研究的学科热点和科学问题，进而在一定程度上勾画出他的学术发展轨迹。

秦院士在学科建设和培育新方向上敏锐的战略思维也给我们留下了深刻的印象。例如，20世纪80年代后期，他就在中国科学院地球科学部的指导下多次作学术报告，呼吁开展海底热液活动和大洋玄武岩的调查研究等。为了反映秦院士的学术前瞻性和对青年人才的培养，我们选择了几篇这方面的代表性著述，并在众多的媒体报道中选择一二作为附录刊印出来。

需要说明的是，早期发表的论文中有些专业术语，如大陆棚、锰结核(锰矿球)、灾害地质等与现在的称谓不同；外国人名、地名的译法也与现在的译法不完全相同；一些单位符号也不如现在规范；特别是参考文献的著录格式更是多种多样。考虑到形成的历史因素，除部分修改外，大多尊重历史未予修改。

这是一本纪念性文集。编辑小组由秦老师的学生李铁刚研究员任组长，成员包括陈丽蓉研究员、张雪颖以及张亮等同志。我们是按照秦老师“一切要低调”的要求来进行本文选的编辑工作的。在结集出版过程中，论文的格式、文字都作了一些修改，但仍会有不妥之处，请予读者批评指正。本文选由中国科学院海洋地质与环境重点实验室资助出版、得到中国海洋大学出版社的支持，在此表示衷心的感谢！

《秦蕴珊文选》编辑小组

2011年冬

目 次

附录

简述秦蕴珊老师的学术思想和贡献

一、简历

秦蕴珊，男，1933年6月1日出生于辽宁省沈阳市，原籍山东省莱州市。

秦蕴珊的父亲秦育夫年轻时在青州市务农，只读过私学堂，后因兵荒马乱，随“闯关东”的大军去东北沈阳创业，以后发展成为一个橡胶厂的业主，比较富裕，信佛教，喜爱书法。

1948年春天，年仅14岁的秦蕴珊和表哥一起来到北京，进入私立育英中学插班初中二年级，住校。从此他开始脱离父母的照顾而步入了独立生活的时期。

1952年9月份，考进了原北京地质学院。1955年，秦蕴珊和其他30多位同学一起参加了柴达木盆地的区测工作，生活条件十分艰苦。

1956年1月10日加入中国共产党。同年夏天毕业。他和另外两人被分配到青岛市中国科学院海洋生物研究室，兴奋与惆怅并存。

1956年的9月6日，他们三人到达青岛，这是秦蕴珊第一次见到大海，他的海洋生涯也就从这一天开始了！

新中国成立前，对海域的研究基本上是空白。1956～1958年期间，秦蕴珊和其他同志一起建立了我国第一个海洋地质实验室。

随着经济建设的发展和国防事业的需求，在原国家科委海洋组的组织和指导下，1958～1960年开展了全国海洋普查，动员了几十条船，几乎所有的涉海单位的数百人参加了规模空前的海洋调查。秦蕴珊被任命为海洋地质、地貌组组长。

1961年，作为专家组成员，派往越南，帮助有关单位开展海洋调查工作，并建立相关机构。

20世纪60年代初期，渤海的海底油气勘探工作迅速开展，1966年，原石油部的641厂拟在渤海湾打油气钻井，并与科学院合作进行井位调查，秦蕴珊带队乘调查船“金星”号，奋战3个月，终于在1966年的春天完成了“海-Ⅰ”井和“海-Ⅱ”井的工程地质钻探工作。

70年代末，为了研究长江口水下三角洲的发育历史，又积极推动和参加了长江口水下三角洲的工程地质钻探工作。

1978年，秦蕴珊参加了我国正式派出的第一个中国海洋科学代表团访问美国。切实看到了我国与发达国家之间的差距，真有天地之别的感受。

1980～1983年，作为专家组成员，秦蕴珊参加了“长江口及其邻区沉积动力学调查”的中国和美国之间的第一个大型海洋科学的合作项目。

1984年，被国务院学位委员会批准为博士生导师；1986年被中国科学院晋升为研究员。

1983～1986年，中、美两国开展了第二个范围较大的海洋科学合作项目“南黄海沉积动力学研究”，秦蕴珊担任中方首席科学家。

1983～1986年秦蕴珊担任IGBP(国际地质对比计划)第200项工作组组长，同时担任国际第四纪委员会海岸线分会亚太区的副主席，多次参加国际学术会议。

1987～1995年被任命为中国科学院海洋研究所第四、五任所长。

80年代后期开始，秦蕴珊及其课题组积极地开展了灾害地质工作。1989～1992年，作为首席科学家承担了联合国开发计划署(UNDP)资助的海南岛南部的灾害地质与工程地质的调查研究工作，取得了满意的成果。

1989年，在中、韩两国尚无外交关系的情况下，应韩国仁和大学的邀请，秦蕴珊等五人应邀去汉城(现首尔)和仁川进行学术交流。1991年在仁川召开第一届国际黄海海洋科学学术讨论会，秦蕴珊带领50余人组成的中国海洋科学代表团乘坐中国调查船“科学一号”前往韩国参加了学术会议。

由于秦蕴珊在推动中、韩两国海洋科学合作研究作出了重要贡献，1995年韩国仁和大学授予他名誉博士的荣誉称号。

1995年10月秦蕴珊当选为中国科学院院士，1996～2002年被选为中国科学院地学部常委。期间，秦蕴珊积极参加学部的咨询活动。

进入21世纪以来，他积极倡导开展深海大洋的地质工作，特别是开展深海极端环境与生命过程的研究。

2007年任中国科学院海洋研究所学术委员会主任。

二、主要研究领域和学术成就

秦蕴珊是我国最早从事海洋地质调查研究工作的科学家之一。长期以来，他对我国各边缘海的海底，特别对浅海大陆架的地形地貌、沉积作用、灾害地质等进行了系统的调查研究，作出了重要贡献。

(一)主要学术成就

1.大陆架与邻区的沉积模式

(1)率先对陆架的形态进行了划分

总体上看，影响陆架沉积作用的因素，其一是历史过程，如海侵与海退；其二则是现代过程，陆架形态及地理坐标，如物源、地形、气候等。秦蕴珊最早将我国的陆架划分成三类：①半封闭型的陆架，如渤海、黄海等；②宽阔的陆架，如东海；③狭窄的陆架，如南海北部的陆架。陆架区的地形形态可用深度、坡度和宽度的特征来表述。因为这三个参数的变化决定着陆架的形态、性质和范围。

在半封闭的陆架区，受各类现代过程的影响显著；而在开阔陆架区，则可受到现代过程与历史过程的双重影响。

他强调海底形态和沉积作用之间的相互作用，认为海底沉积的堆积和海底地形的发育是在改变海底形态的统一作用中的两个不可分割的部分。如渤海、北部湾等海域之所以出现如此平坦的海底形态，主要是因为这些海区发生着强烈的沉积-堆积作用。相反在强烈冲刷的地区，则会出现凸凹不平的形态。因而，沉积-堆积和冲刷的强度便可成为划分海底地貌形态的重要依据。

(2)编制首幅陆架沉积物分布图

20 世纪 60 年代之前,我国还没有用自己的调查资料编绘大陆架海域的海底地形地貌和沉积类型分布图,但国外都有几幅这样的图件。不过他们编绘图件使用的资料多数是根据海图上的数据,实际调查的资料较少,所编绘的图件也比较粗略。

秦蕴珊根据我国自己的调查船进行的海上调查与室内分析资料,并参考国外资料编绘了我国第一幅大陆架沉积类型图。在 70 年代末,又编绘了比例尺略大的东海沉积类型分布图。这些图清晰地展现了我国海域的海底沉积物的分布,被国内外广泛引用。

(3)揭示了物源对海底沉积作用的影响

我国沿海的黄河、长江、珠江等河流是陆架沉积物的主要物源,这是不言而喻的。但由河流入海的碎屑物质是怎样运移的却是一个应当深入研究的问题。

80 年代初期,秦蕴珊等人就提出,黄河入海物质的 60%～70%都在河口区沉积下来,其次是在沿岸流的带动下,黄河物质向东经莱州湾过渤海海峡南部和山东半岛北部沿海运移,绕过成山头到达石岛一带,而随波逐流向外海的运移量是不大的。同时指出,在朝鲜半岛西海岸的软泥沉积区的物源与现代黄河输入物的关系不大,最多也可能是苏北老黄河三角洲沉积物的再悬浮而影响到这一海域。70 年代末期,秦蕴珊就勾画出长江入海物质的扩散方向和相对的强度。充分证明,长江口水下三角洲的软泥区和闽浙沿岸海底的大片软泥区,其物源主要来自长江。

为了研究入海物质的影响状况,秦蕴珊积极倡导研究海水中悬浮体的浓度及其展布的方向和强度。受历史条件的限制,在采样方法上不够完善,但为后人的研究提供了有益的参考。

(4)揭示和建立了沉积物的分布格局与沉积模式

从 50 年代开始,秦蕴珊采用苏联科学家提出的十进制分类法,利用中值粒径(Md)的大小来划分不同粒级并进行分类。这个分类系统简便,但如要对不同粒级进行统计学分析时,它的弱点就暴露出来。大约在 80 年代初期,我国就都采用西方国家的常用的几个分类系统了。

根据这个分类系统,秦蕴珊总结出了各海区沉积物的分布格局。如在半封闭的渤海、北部湾等海域,因受陆架形态和物源的双重影响,沉积物呈斑状分布,而在开阔的陆架区,如东海、南海海域,沉积物是条带状分布,等等。沉积物的分布格局为秦蕴珊提出的陆架沉积模式提供了物质基础。沉积模式的基本点是:①大致以水深 50～60 米为界将陆架划分为内陆架和外陆架;②内陆架沉积物以陆源细粒沉积物为主(局部地区也有未被掩盖的早期形成的沉积物),外陆架则以粗粒沉积物为主;③这两大类沉积类型的形成时代是不同的,内陆架沉积可称为现代陆源沉积,外陆架则可称为“残留沉积”。

(5)揭示和发现了事件沉积的存在

秦蕴珊在研究东海的弧后盆地——冲绳海槽的沉积作用时,特别强调要重视火山沉积(含热液活动)和浊流沉积作用。冲绳海槽属张裂性的弧后盆地,南部地壳薄,向北地壳厚度逐渐增厚。但秦蕴珊在工作中却发现火山活动的喷发次数反而在北部、中部强,而在南部较弱。在中、北部广泛分布着浮岩砾石、火山灰和火山玻璃。浮岩以灰白色为主,根据浮岩中的矿物组合,可将灰白色分为两类,其一是典型的基性岩的矿物组合;其二是酸性的矿物组合，之所以出现这种情况，显然与深部岩浆的性质及其演化过程有关。

在冲绳海槽南部的大陆斜坡带可见到浊流沉积，而且浊积层又主要发育在西坡靠东海大陆架的一侧，形成浊流沉积物的频率十分频繁，但是每一层的浊积层的厚度却很小，一般小于 15 厘米，最厚的可达 2 米。

在所研究的浊积层中，没有见到完整的波马层序，最常见的是层序中的 A、B 两层。研究表明；海槽中的浊积层主要是由时间尺度较短、剧烈阵发性的因素诱发而形成的，如风暴、地震等。因此，可把它看做一种事件沉积。秦蕴珊指出，海槽中的沉积物除了陆源碎屑和生物沉积外，在中部和北部主要有火山沉积，而南部则发育有浊流沉积，其地理界线大体上以 26°N 为界。

80 年代，秦蕴珊还在菲律宾吕宋岛以东的水深近 2 000 米的海底发现了厚层的黄色陆源沉积，经分析研究，沉积物中含有大量的石英、钾长石以及石膏等，均可作为风尘沉积的标型矿物，厚度为 1～2 米。在远离大陆的深水海域见到这么厚的陆源沉积物是很难解释的，其搬运最可能的就是风力作用的结果。此项工作还在进行中。

2. 沉积作用与海平面变迁

早在 20 世纪 80 年代，秦蕴珊就曾提出，海洋演变过程的重要表现之一就是海水的进退，即海平面变化。在这一历史时期，他曾企图探讨陆架区的海面变化及其对海域沉积作用的影响。1984 年他担任 IGBP 第 200 项中国工作组组长时，虽然对中国海域的海平面变化有所认识，但由于当时我国的测年数据的数量和精度都有待提高，难以形成一个较完整的概念。这时，秦蕴珊只是提出了在 5 000～7 000 年前，海平面就已达到现在的位置，即已形成完整的陆架海域。随着测年技术的进步和数据的积累，在 20 世纪 90 年代初期，他就提出，由于中国海的大陆架十分宽阔，缓慢地向西太平洋倾斜，同时由于晚第四纪时海侵的速度大于海退的速度，因此，一些海退的沉积层序必然保存起来并被海侵的沉积层覆盖。不论什么原因引起的海侵与海退，都表征着环境的巨大变化，这种变化都会对沉积过程留下深刻的烙印。秦蕴珊把大陆架的环境变化与及其对陆架沉积的影响划分为四个阶段：

一是泛大陆时期陆架。约在 18 kaBP 的盛冰期时，海面大幅度下降，降到水深 130～150 米处的现代陆架边缘附近，这时的渤海、黄、东、南海的陆架几乎全部裸露成陆并与中国大陆连为一体成为广泛的平原区，形成了特有的地理景观。与北美和欧洲海域不同，寒冷和干旱是它的主要特征，因此，秦蕴珊提出风力作用应是控制陆架平原区的主要动力因素，而其强度可随纬度的降低而有所减弱。

二是青年期陆架。18 kaBP 前后，海平面开始回升，到 13～15 kaBP，海面可达到现代水深的 110～120 米处并有短暂的停留，形成了台地。这个时期的陆架是比较狭窄的，海面回升的速度是缓慢的，却冲刷着残留在陆架边缘的滨海相的粗粒沉积，又由于缺少河流的物源，使这类沉积进一步粗化并提高了分选度，形成了好的氧化环境，为自生矿物海绿石的形成创造了条件。

三是壮年期陆架。这时海面回升的速度加快，到 11 kaBP 左右，海面已经到达现代陆架的 50～60 米深度处并短暂停留而形成了台地。东海与南海已通过台湾海峡连为一体。就面积而言，泛大陆时期的“陆架平原”可能只留下 1/3 的残余部分。

由于海侵速度较快，以前海退时形成的沉积和地层层序以及裸露成陆时形成的一些陆相沉积在遭受冲刷、改造的同时，大部分也保存下来并被海水淹没，这就是人们称为"残留沉积"的一个组成部分。

随着海侵范围和海水深度的增大，在东海和南海的外陆架广泛形成了自生海绿石，多数充填在有孔虫介壳内，而在另外一些地区，如南黄海中部，主要是细粒物质分布区具有还原环境，自生黄铁矿也开始形成。

降水量的增强，加大了河流径流量的增强。长江、黄河等大河流可能穿过残余的陆架平原区而直接入海，甚至形成水下三角洲。

四是现代陆架。海平面在50～60米处短暂停留后又继续迅速回升，在7～8 kaBP海面已达到现代的位置，形成了现代陆架，主要特点是：①陆架平原完全被海水淹没，在其上的各种地貌形态和沉积类型逐渐为全新世沉积覆盖，但由于物源状况的影响，外陆架区分布广泛的粗粒沙质沉积以及近岸带的一些海域，如海州湾的陆相沉积物则直接出露在海底；②陆架区的水动力条件已形成今日的状况，对物质的搬运和沉积格局起着重要作用；③物源丰富，但河流输入的碎屑物质的大部分都在河口及其邻近海域沉积下来，形成水下三角洲和近岸带的以细粒沉积为主的沉积体系，以悬浮体形式向外海输送的量是不大的；④在外陆架区充填在有孔虫介壳内的自生海绿石继续生长发育，而在内陆架的一些泥质沉积区，则形成了大量的自生黄铁矿；⑤全新世的厚度在各地的差异很大，可从零变到十几米，甚至是几十米。

秦蕴珊提出的"四段论"，是他对中国浅海沉积作用研究的一个小结，随着测年数据的不断积累和先进海上调查装备的使用，上述认识会进一步完善和提高。

3. 海底灾害地质与工程地质

60年代初期，我国有关部门在渤海海域进行了多道地震为主要手段的地球物理勘探，结果显示了渤海的油气潜力十分喜人。根据协商，钻井的前期工程交由中国科学院海洋研究所来做。1964年的3月～6月，秦蕴珊为队长的一支年轻队伍乘"金星号"海洋调查船在渤海湾海域进行了长达3个月的工程钻探工作，工区的水深在10～32米之间。在船长带领下，以单船首、尾各抛八字锚的办法取得了固定船位的成功。共钻了13个孔，孔深一般在10～20米，见到厚的砂层为止。海上作业后，进行土力学等室内的各项分析，这些资料为"海一井"和"海二井"的顺利钻探提供宝贵的前期工程资料。

随着技术上的突破，1979年，秦蕴珊和研究室的有关人员一起又在长江口水下三角洲进行了晚第四纪的钻探工作(用双船)，水深在20～30米，孔深在20米左右。

这次调查对长江口水下三角洲的发育与演化、晚第四纪的地层划分，以及海底稳定性的研究都取得了很好的成果。

随着海洋油气资源勘探的迅速发展，对海底灾害地质与工程地质条件的要求也日益迫切，但我国还缺少先进的海底探测装备。1983年，秦蕴珊作为中方的首席科学家与美国Woods Hole海洋研究所联合开展了为期三年的"南黄海海洋沉积动力学"的合作调查研究。合作中，美方提供了一整套海底浅层地质结构的探测设备，随后秦蕴珊课题组又引进了浅层剖面仪、旁侧声纳以及脉冲地层探测仪等先进装备，这些仪器装备的投入使用，大大提高了海底灾害地质的调查研究的深度和广度。1987年，中国科学院海洋所和中国科学院力学所联合向联合国开发计划署(UNDP)申请资助，与当时的中国海洋石油公司西部石油分公司合作开展海南岛南部的莺歌海盆地的灾害地质工作。UNDP的资助对推动海底灾害地质的调查研究起了很好的推动作用。

通过大量的海上调查研究，秦蕴珊提出，我国海域的甲烷气体由三个来源，其一是海底深部的天然气藏通过渗漏过程而上升到海底表面的，并在很多海域形成形态各异的"麻坑"。其二，是在晚第四纪地层中由现代生物体形成的甲烷气而冒出海底的，但甲烷的量一般都不太大，这种现象分布很广；其三，是海底热液活动喷口区，热液喷出时同时也带有甲烷气体，如在冲绳海槽便可见到。秦蕴珊总结出的这三种甲烷气体的来源较好地解释了为什么有些海水中带有甲烷气的原因。

20 世纪 90 年代初期，秦蕴珊将海底灾害地质现象划分为两类：一是由地层内部各种不稳定因素导致的灾害；另一类则是与海底地形地貌发育有关的不稳定因素，具体类型有：①埋藏古河道；②浅断层；③海底滑坡；④沉积物物理性质的突变，即所谓"鸡蛋壳"式地层；⑤海底沙丘、潮流沙脊群；⑥群体凹坑；⑦泥流；⑧海底侵蚀和堆积；⑨沟谷地貌。

20 世纪 80 年代到 90 年代初期，秦蕴珊对海底灾害的研究，一方面是为了贯彻科学研究要面向经济建设主战场的精神，为我国的海底油气资源的开发作些贡献，同时通过这些实际的调查研究，也有力地推动了海底沉积作用过程深入研究。

（二）学术思想及其影响

大约在 20 年前，我国的海洋科学（含海洋地质学），虽有很大发展，但在学术水平、技术装备、人才等方面离发达国家有很大差距。在这种形势下，秦蕴珊提出要发挥我国海洋区位的优势，从区域地质学的研究入手，同时要加强国际合作，努力吸收国外的经验，重点是要努力培养中国人自己的队伍。

1. 努力发展区域海洋地质学的调查研究

濒临中国大陆的各海域的区位优势十分显著。它们是西太平洋边缘海的重要组成部分。东海冲绳海槽是边缘海中最年轻的弧后盆地。这一海域发育着典型的沟—弧—盆体系。而南海又是最老的边缘海之一，构造发育十分复杂。大陆沿岸有世界闻名的黄河和长江，对海洋过程产生着重大影响。从维护国家的海洋权益和国家建设等国家需求上讲，需要尽快查清濒临中国大陆各海域的地质状况。只有搞清区域特色，才能对建立全球的海洋地质科学发展作出贡献。秦蕴珊积极倡导和开展区域海洋地质学的调查研究。在全国海洋普查的基础上，1964 年秦蕴珊率队历时月余，对渤海进行了较为详细的海底地形、沉积作用、地球化学等调查。随着形势的发展，20 世纪 70 年代末开始，秦蕴珊课题组先后对东海大陆架、冲绳海槽等海域做了大面积的区域调查，1983 年开始通过国际合作又对南黄海进行了区域调查。随后又对渤海、长江口水下三角洲以及南海北部部分大陆架海域进行了目的性和学术思想比较明确的专题调查。随着科学资料的不断积累，提高了学术思想的认知程度，秦蕴珊和其他同志一起先后出版了一些区域性的海洋地质学专著和论文集，如《渤海地质》（中英文版）、《黄海地质》和《东海地质》（中英文版）等，受到了同行们的欢迎和广泛引用。

2. 重视高新技术的支撑作用和技术人才的培养

在工作实践中秦蕴珊深刻体会到，缺乏技术力量和装备是搞不好海洋地质工作的。他和其他同志一起最早解决了单船进行工程钻探的技术（水深在 30 米左右），在本单位内积极支持自己研制和改进海底取样装备，支持研制浅地层剖面仪等声学探测装备。秦蕴珊指出，在某种程度上说，海洋科学是一门观测性很强的科学，应当吸收和引进相关技术应用到海洋中来，用物理的、化学的先进技术来观测和认识海洋中的自然现象以便取得更精细的准确的资料，才能深化海洋地质学的研究。他又指出，只有装备而没有掌握这些技术的优秀人才同样也要前功尽弃。他在重视研究人才培养的同时，特别强调加强专业技术人才的培养，“对他们可以吃小灶”，“应采取一些特殊的政策”。秦蕴珊这些思想和理念，在他担任领导职务期间都有所贯彻、实施。

3. 重视不同学科之间的相互交叉

80 年代末期，秦蕴珊提出，只有重视不同学科之间的交叉，互相补充才能产生新的学术见解。他特别强调，海底沉积物是物理的、化学的和生物的相互作用的产物，它反映的信息应该是多方面的、综合性的。他认为沉积物的主体是它的物质组成，而颗粒的大小和粒级的分配主要受物源和介质条件的影响。因此，要查明沉积物的真实面貌，必须对它的矿物组成、生物组成以及其他物源成分的组成进行综合性的研究。他大力支持沉积物矿物学和微生物学的研究，建立了这方面的实验室，培养了有关人才，取得了很好的效果。此外，秦蕴珊重视海洋沉积学与物理海洋学、生物海洋学和地球物理学相互交叉的研究。把相关学科的一些精华引用到沉积学中来，有力地促进了学科的发展。

本文刊于 2011 年科学出版社《20 世纪中国知名科学家学术成就概览》一书，此处略作改动

作者：李铁刚

中国东海和黄海南部底质的初步研究*

1957年12月31日到1958年2月17日，苏联和中国联合在中国东部海区进行了渔业调查。在调查中利用“大洋-50”型采泥器所采集到的现代沉积物标本转托中国科学院海洋研究所物理海洋学组处理。由于时间的限制，同时考虑到这些标本分析的结果只是用做阐明与渔业有关的问题，故从1958年4月1日至14日采用了以斯笃克公式为基础的密度计法来对标本进行了分析。并采用苏联海洋地质学家克利诺娃(M. B. Кленова)[1]所提出的底质分类法，来对所得分析的结果进行分类：即在沉积物的机械成分中，凡其所含有小于0.01毫米颗粒的数量少于5%的称为“砂”，占5%～10%的称为“泥质砂”，占10%～30%的称为“砂质泥”，占30%～50%的称为“软泥”，大于50%的称为“黏土质软泥”。根据这个分类法，初步绘制出了中国东海及黄海南部的海底底质图。当然，这个图还需根据以后的分析资料作更详细的补充。

在北太平洋以西，绵延着弧状的阿尔卑斯褶皱带，这褶皱带从阿留申群岛开始，经堪察加、千岛、日本、琉球、台湾、菲律宾直达婆罗洲，在这个现代地质构造活动十分强盛的阿尔卑斯褶皱带与其西部遥对的中国陆台相夹，即为中国东南部的陆棚海。就其类型上说，属过渡型海[2]，其上面所分布的沉积物性质是属陆源沉积物，包括岩块、砂、砾砂、泥等沿岸性沉积物，及砂、砂砾、砂质泥等浅海沉积物。它们都起源于中国大陆，主要是由河流带入之物质，营养成分和部分受波浪破坏之海岸岩石碎屑物质积聚而成。

中国东海和黄海以佘山为界，在长江以北的海区，为海底比较平坦的陆棚区，水深多在60米以内。在本调查区的南黄海部分，其特点是西部浅东部深(地势稍向东南倾斜)，最深处为济州岛附近，在其西北的一个采集站(北纬34°32′，东经124°14′)附近，深度在89米左右，在这海区西部的中国沿岸，伸展着辽阔的冲积平原，以砂岸占优势，其海岸线平直，港湾及岛屿少，但利于晒盐事业之发展。靠近海岸的海底，平行海岸延伸着砂底地带。在长江口稍北的江苏海区近岸处较宽，水深在20米以内，其上散布着众多的沙滩、沙洲(如大沙、北沙、狼沙、蒲子沙、金子沙、勿南沙等)为船只航行之障碍。从这带往北，在山东半岛曲折的岩岸附近变窄，在这绵延的砂带上面，有一褐色的黏土质软泥斑点及一软泥斑点，这也显示出了陆棚沉积物的特性。从这砂带往东，在20米等深线范围内的地方，逐渐过渡与之相平行延伸的砂质泥地带；灰色到褐色，为含有砂质的泥底。在田横岛东面有褐色的颗粒微细的黏土质软泥斑点，零星地呈现在本带内。在此地带以东，有黏土质软泥带，分布于60～80米的等深线范围内。其方向与海岸亦大致平行，灰色到灰黄色，颗粒微细，塑性强，均匀，滑腻。北从成山头东边开始，往南延伸，而与东海北部、长江口东部海区的黏土质软泥带相连。在

* 中国科学院海洋研究所调查研究报告第93号。

此地带的四周围绕着狭带状的软泥带，褐色，较均匀，含有少量砂质，此带在胶州湾以东海面突入砂质泥地带内。

在长江以南，即进入中国东海海区，其水深较大，有一半以上地区深度近于200米。东海最深的地方是在琉球群岛西侧，其处深度平均在2 000米左右。在靠近浙江、福建海岸附近20～60米等深线范围内，地形变化较陡，而整个东海海底地形的总趋势是西高东低，有由西北向东南倾斜的特点（由60米到2 000米的缓缓的倾斜面）。总的看来，东海海底多为泥质，离岸远的地方出现了砂底。在钱塘江附近及北部长江口一带为砂底，如在吴淞口附近呈现有鸭窝砂、横砂、铜砂浅滩等。在长江口外稍偏北，复有一大砂滩，通过扬子江砂滩，是水深30米左右的平坦面，可能是沉降的三角洲，向东伸进砂质泥区域。近岸带的砂质区水深皆在20米以内。在钱塘江口舟山群岛以南的海岸，是以东南沿海丘陵带为基础，沿岸分布着中生代的喷出岩和侏罗纪、白垩纪的岩系。在这里值得提出这样的现象：根据渔民报矿的资料，在浙江温州瑞安的北麂岛、南麂岛发现有大量的沥青质的碳氢化合物的黑带，用火烧则有臭味并燃着。在浙江温岭的松门沿岸带亦有这种情况。这就不能不引起我们的重视和注意，因为这一带海区是有含油远景的苏北平原的延续。这样，今后加强这一海区（包括海岸）的石油地质（包括海上物探）将是很有意义的。这一带山脉逼近海岸，且相互平行，河流短促，含砂量极少，以岩岸为主（在局部地区有砂岸存在）。其海岸线曲折，港湾及岛屿多，如杭州湾、象山港、三门湾、台州湾、温州湾等。在这一带近岸的海区，除了部分靠近海岸的很窄的砂砾地带外，分布着砂质泥带，向南大致与海岸平行，向北伸延达长江口附近的黏土质软泥带。灰色到灰黄色，颗粒微细，分布在20～60米的等深线附近，其周围砂质渐增，由软泥而逐渐过渡为砂质泥，呈灰黄色到褐色，含砂质较多。

调查区的东南角为砂底，灰黄色或青灰色，在靠近砂质泥带的边缘部分，砂子中泥质较多。

就上述情况加以初步分析可知：中国黄海南部及东海海底沉积物的最主要来源是河流悬浮物。在中国杭州湾以北，山脉多数大致垂直于海岸线，并分布着流域大、源流长的辽河、海河、黄河、长江等大河流，其水量丰富，含砂量大。如黄河入海之泥沙量占其总含砂量的40%，因此黄河泥沙大部注入海中。在近35年间，其输砂量年平均为13.8亿吨[3]，这还只是河水中悬浮质，尚未包括河底之推移物质。黄海接受了中国大陆和朝鲜半岛诸河流带来之泥沙，故其沉积物为大陆性的。此外，长江含砂量虽然远小于黄河，但其数量仍相当可观。据安徽大通站估计，每年输出量约3亿立方米[4]。从上述情况可以知道河流悬浮物是黄海及东海陆棚地带海底沉积物的最主要来源。关于中国东海及黄海南部控制及影响沉积的分布之因素这个问题，大体上可认为：海水之动力是其主要因素。海底地形亦有一定的影响。东海东南方离岸远处之所以有砂底分布，推测主要是由于强大的黑潮暖流的影响。由于其海流速度大，把这里海底的细的颗粒带走，而使这部分的海底富于较粗的组合。而近岸带所以有砂底分布，这也是由于潮流速度较大之原因。如钱塘江附近伸展着砂质底，这是由于杭州湾汹涌的潮汐之影响而成。另外，从整个调查区中亦可看出这样的规律：沉积物的粒度随着远离海岸而逐渐变细；由砂、砂质泥以至软泥。而地形则随着远离海岸而逐渐变深。由此可见，地形对粒度分异所起的影响，只是在大范围内才是明显的，而微型地形的作用则不明显。同时，地形的这种作用（大范围的）只是在广阔的海区里才适合，而在一些海湾中则不适合。例如,我国的渤海湾、胶州湾适与其反[5],沉积物的粒度随着地形的加深而逐渐变粗。所以,地形的控制作用应以具体海区作具体分析。当然,控制着中国东海及南黄海沉积物分布的,还可能有许多次要的因素,这有待于今后作更详细和深入的探讨。

参考文献

[1] 克利诺娃,M. B. :1958. 海洋底质图. 海洋与湖沼,1(2):243-251.
[2] 鲁欣,Л. B. :1953. 沉积岩石学原理. 地质出版社,p. 153-157.
[3] 郭敬辉:1956. 黄河的泥砂及其侵蚀作用. 地理知识,p. 389-392.
[4] 施雅风:1957. 长江. 地理知识,p. 99-102.
[5] 中国科学院海洋研究所:1958. 渤海及北黄海调查报告(地质部分,内部刊物).

ПРЕДВАРИТЕЛЬНОЕ ИЗУЧЕНИЕ ГРУНТОВ ВОСТОЧНО-КИТАЙСКОГО МОРЯ И ЮЖНОЙ ЧАСТИ ЖЕЛТОГО МОРЯ

В течение совместного обследования КНР и СССР с 31 декабря 57 г. по 17 февраля 58 г. в районе Восточно-китайского моря были взяты пробы грунта дна-черпателем "Океан-50", и последние были поручены анализаровать Институту Океанологии, групне морской геологии.

Група морской геологии применяла метод классификации советского морского геолога (М. В. Кленова) для классификации результатов анализа и по этому методу предварительно была составлена грунтовая карта Восточно-китайского моря и южной части Желтого моря.

Распространенные морские донные осадки Восточно-китайского моря и южной части Желтого моря относятся к материковым отложениям. Вместе скопляются это накопление (вещества) и отложенный грунт с материков Китая, состав которого минеральный, и часть размывших скалов волнами у берегов, в том числе, главным образом, приносы течением рек, причем устье реки Янцзы является границей разделения Восточно-китайского моря от Желтого моря.

Севернее устье реки Янцзы в прибрежной зоне Цзянсу более широкое, глубина примерно 20 м., часто встречаются на морском дне песчаные скопления и отмели: Даша, Байша, Ланша, Пудзша, Цзиндзша, Уланша и др. Эти отмели очень мешают навигации и опасны для судов. С этого места на север вдоль берегов полуострова Шаньдун отмель сужается с изгибом и заменяется скалистыми берегами. Среди этих песочных поясов разбросаны коричневые пятна глинистого ила, а отсюда на восток-коричневые пятна, которые доказывают отложенные материалы с материков и их характер, от песочного пояса на восток, в 20-метровой глубине, изобита постепенно изменяется и образуются илисто-песочные места, желто-серого до черного цвета, состав которых песочно-илистый. На восточной части острова Тянхын обнаружено одно черное пятно глинистого ила, отсюда к западу пояс глинистого ила расположен в пределах от 60 до 80 м. изобиты. Например, направление параллельное, вдоль берега, цвет серый до желтого, фракция одинаковая и очень мелкая, от восточной части Чиншантао на юг, к острову Тяхфи, углубляется, а севернее Восточно-китайского моря и в области моря восточной части устья реки Янцзы глинистый ил почти однородный. В этой области встречаются илистые пояса черного и серочерного цвета, ровные и содержат малое количества песка, в районе восточной части Цзяочжоувань илистый пояс входит в песочный ил данной области пояса.

В южной части Янцзы, т.е. в области Восточно-китайского моря глубина воды более глубокая, дно Восточного моря более илистое, а далее от берега грунт песочный, вблизи от устья Чентанцзян и северной части реки Янцзы грунт морского дна песочный, вблизи от устья Усункао встречаются отмели: Ягаоша, Хынша, Тунша, в долине от устья Янцзы существуется большая отмель, называемая “Отмель Янцзы”.

В исследованном районе восточно-южного угла дно песочное, серо-желтого, светло-серого цвета, в окрайности района песочного ила в песке имеется большое количество ила, исходя из вышесказанного состава предварительно анализировано, что осадки Желтого моря и Восточно-китайского моря, главным образом, образуются на морском дне приносом взвеси рек, севернее китайского залива Ханьчжоу материковые горы большинство расположены вертикально морю. Кроме того, существуется очень много притоков рек, сами реки же очень длинные: Ляохэ, Хайхэ, Желтая река, Хуайхэ.

На восточно-южном направлении Восточного моря в долине от берега в глубоких местах существуется песочное дно, которое появляется, главным образом, под действием длинного черного прилива теплого течения, очень быстрой скорости течения. Поэтому в этом районе мелкий грунт совсем уносится, а остается только крупный и вдоль берегов распределяется песочное дно, которое также под влиянием быстрых приливов и отливов и их течения, например, вблизи устья реки Чентанцзян расположено песочное дно, образующее от сильного приливо-отливного действия залива Ханьчжоу, а в северной части Желтого моря расположены более мелкие илисто-песочные грунты, образующие, главным образом, от тихого приливо-отливного течения. Безусловно, что управление распределением осадков Восточного моря и южной части Желтого моря зависит также от ряда других второстепенных факторов, которые предстоят в будущем более подробно изучать.

本文刊于 1959 年《海洋与湖沼》 第 2 卷 第 2 期

作者:范时清 秦蕴珊

渤海湾海底沉积作用的初步探讨*

渤海湾是渤海的三大内湾之一，濒临河北省的东部和山东省的北部；有黄河、滦河、海河等河流注入，现代堆积作用进行得十分迅速，因而对海底地形的改造作用也很剧烈。湾内水浅，大部分在15～25米之间，最深处位于渤海湾之北部近岸，可达30米左右。

为了研究塘沽新港的淤积和湾内的渔场建设问题，有关单位曾在这个省区进行过不少的海洋调查；但以现代海洋沉积学的观点来阐述渤海湾的沉积作用，却还是初试。本文就是我们根据87个测站资料来进行探讨的。

根据综合分类法的原则②，可将渤海湾的海底沉积分成下列几种类型：细砂、粗粉砂、细粉砂、粉砂质黏土软泥和黏土质软泥，图1所表示的就是它们的空间分布状况。

细砂分布于渤海湾的北部，呈一独立的带状，其延伸方向与海岸线平行。细砂沿北岸向西至湾顶东端即行尖灭而代之以细粉砂。细砂的分选良好，粒径多集中于0.1～0.25毫米的粒级，其中混有不少的黏土颗粒。细砂常呈浅黄褐色，滚圆度较好，轻矿物中以石英为主，含有少量的长石和白云母。重矿物则以含有较多的碎屑矿物为其特征，如石榴子石、紫苏辉石以及角闪石、磁铁矿等。

细砂中呈"克拉克"含量之各化学成分的数量均较低；其中有机质的百分含量平均为0.57，Fe为3.28，$CaCO_3$为1.63，P为0.08，N为0.07，详见表1。

表1 各沉积类型中化学成分的平均百分含量

Табл. 1 Среднее содержание процентов химических составов в различных типох осадков

沉积类型(1)	含量的变动范围(7)					平均值(8)				
	有机质(9)	N	P	$CaCO_3$	Fe	有机质(9)	N	P	$CaCO_3$	Fe
细砂(2)	0.70～0.13	0.00～0.11	0.03～0.12	0.80～2.41	1.70～4.38	0.57	0.07	0.08	1.63	3.28
粗粉砂(3)	0.90～0.80	0.09～0.14	0.09～0.12	2.15～4.49	3.45～5.74	0.75	0.12	0.11	3.32	4.69
细粉砂(4)	1.50～0.20	0.06～0.17	0.09～0.13	1.68～10.14	3.70～6.59	0.86	0.10	0.11	5.37	4.92
粉砂质黏土软泥(5)	1.50～0.80	0.09～0.14	0.12～0.15	5.00～13.27	5.40～7.22	0.96	0.12	0.14	791	6.14
黏土质软泥(6)	1.70～0.90	0.10～0.18	0.13～0.18	7.69～10.09	7.17～5.89	1.20	0.13	0.15	9.37	6.45

(1) типы осадков; (2) пески мелкие; (3) алевриты крупные;
(4) алевриты мелкие; (5) алевритовоглинистые илы; (6) глинистые илы;
(7) пределы колебан (8) среднее; (9) органическое вещество。

---

* 中国科学院海洋研究所调查研究报告第172号。

② 见苏联П.Л.别兹鲁柯夫等著(秦蕴珊译)"现代海盆地中沉积类型的分类"，海洋地质学文集1961(5):35-51。

粗粉砂的分布不广，只在滦河口外之细砂带外缘呈一狭窄的带状；而粒度较细的细粉砂却分布得相当广阔。以其粒度成分及物质组成等方面的特点可划分为北岸细粉砂和南岸细粉砂(见图 1)。它们的机械成分列于表 2。

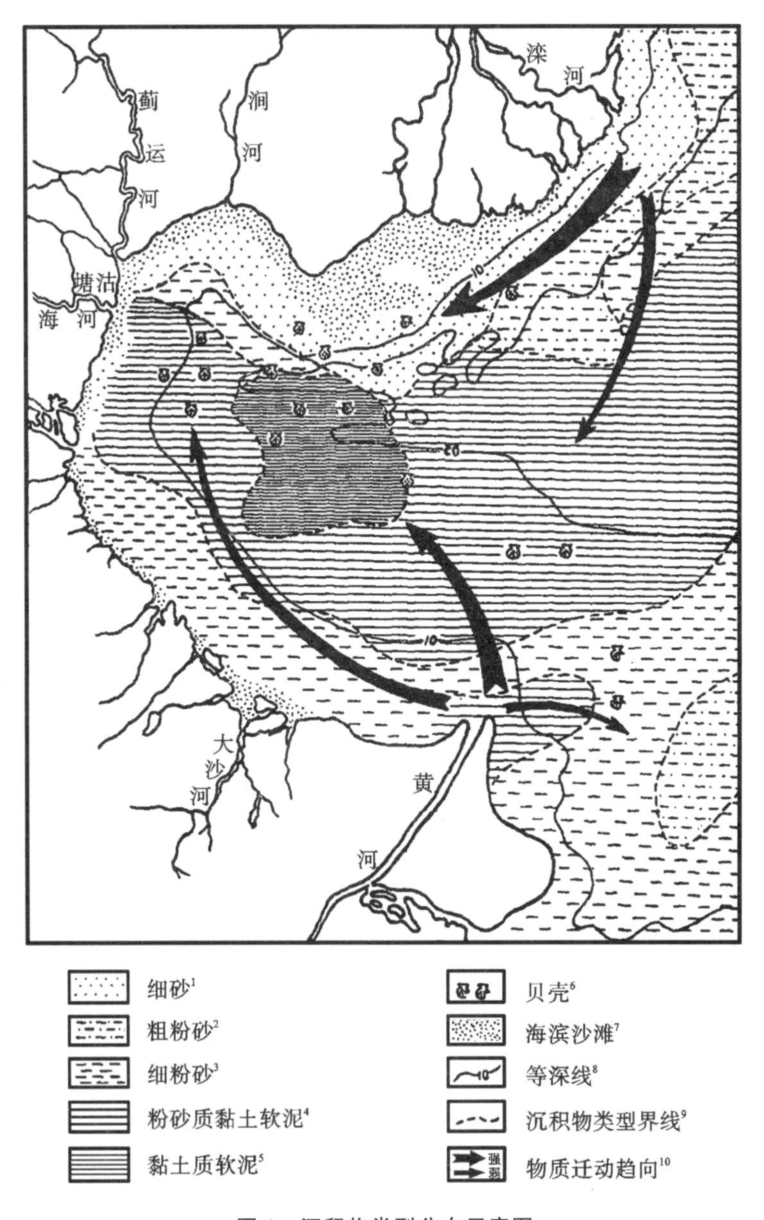

图 1　沉积物类型分布示意图

Рис. 1　Карта донных осадков Бахайского залива

1. пески;　2. Алевриты крупные;　3. Алевриты мелкие;
4. алевритово-глинистые илы;　5. глинистые илы;　6. Раковины;
7. пески на пляже;　8. Изобаты;　9. Границы тип типосадков;
10. тенденция перемещения веществ.

表 2 细粉砂的机械成分(%)

Табл2 Механический составмелки халевритов

粒级(毫米)(1)	南岸(2)		北岸(3)	
	变动范围(4)	平均值(5)	变动范围(4)	平均值(5)
0.5～0.25	—	—	2.10～0.50	0.52
0.25～0.1	44.40～0.03	9.05	45.00～15.10	29.98
0.1～0.05	31.20～4.00	11.63	11.10～4.60	7.10
0.05～0.01	58.20～14.50	42.37	62.60～20.10	32.70
<0.01	47.60～26.70	36.96	42.40～25.90	36.54
Md	0.041～0.010	0.016	0.046～0.013	0.028

(1) фракция (mm); (2) на южном берегу; (3) на северном берегу;
(4) пределы колебаний; (5) среднее.

此次调查资料表明,湾顶处的细粉砂分选度较差,而且其中粗颗粒,即砂粒级的含量有所增加。根据机械成分绘制的柱状图解多呈双峰曲线,可以推知它们沉积环境是复杂的。

南岸的细粉砂具有另外的特征:颗粒的分选度较好,所含黏土粒级的量更多,而在其矿物组成中以碳酸盐碎屑和磁铁矿、角闪石等为主。南岸细粉砂的另一个有别于北岸的特点是颗粒表面常具有铁质浸染现象。细粉砂中各化学元素的含量详见表 1。

粉砂质黏土软泥是本区分布最广的一种沉积类型,它覆盖着整个渤海湾的中部,形成渤海湾南北岸的过渡带。粉砂质黏土软泥多呈暗黄褐色,具有弱的可塑性,其中所含黏土粒级的量几乎都是一致的,约为 60%。但是,在粉砂质黏土软泥分布区的北缘,粉砂粒级的量增多。粉砂质黏土软泥中的粉砂粒级的矿物主要有普通角闪石、紫苏辉石、磁铁矿(南部最多)、石榴子石、锆石等。可见其含有矿物的种类较多,而量则不十分集中。南岸碎屑颗粒的表面常被铁质所浸染(见照片)。

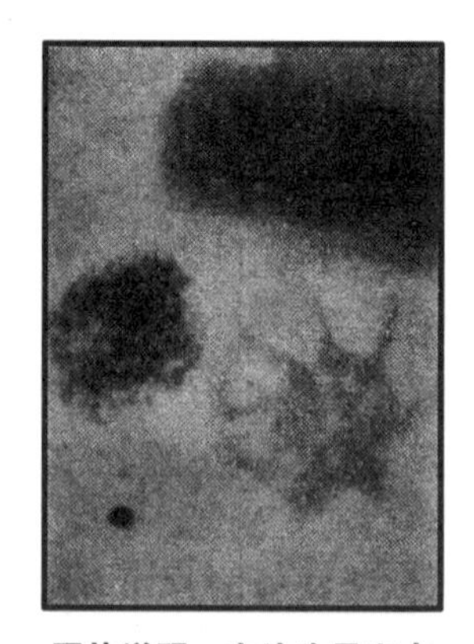

照片说明:左边为呈斑点状的铁质浸染现象
Илюстрация: явление заpацения железа на поверехности зерен

黏土质软泥是本区最细的一种沉积类型;其中黏土粒级的含量可达 70%～80%。成块状分布于渤海湾的中部,为暗黄褐色。此类型的沉积中所含有之各化学成分的量常常很高,如铁的百分含量平均为 6.45,P 为 0.15,N 为 0.13,$CaCO_3$ 为 9.37,有机质为 1.20。黏土质软泥中重矿物含量一般较低;在其北部的重矿物种类则以紫苏辉石和普通角闪石为多,并有少量的榍石、独居石等。南部则常含有较多的金属矿物,如磁铁矿等。

从上面对于渤海湾各沉积类型的性质及其物质组成的概括性的描述,我们现在可进一步阐明它们的机械沉积过程。

研究机械沉积作用的过程一般是从研究碎屑物质的分异及其机械搬运来开始的。为此,就需要编绘个别粒级分布图作为探讨的根据。但我们觉得根据本海区的沉积特征,如果以沉积类型分布图为基础,以黏土粒级的空间分布为辅助,便可查明渤海湾沉积物的一般分布规律。

渤海湾是相当典型的U字形海湾，图1已经表明渤海湾南、北两岸分布着粒度较粗的沉积类型，尤其北岸粒度更粗，而在湾顶处粒度则变细，以细粉砂代替了北岸的细砂。在南部的沿岸主要是细粉砂沉积，渤海湾的中部广泛地沉积了细粒碎屑物质，而在中西部这种细粒碎屑物质尤为集中。图2表明：在南、北两岸的沉积物中所有小于0.01毫米颗粒的含量一般都小于50%，向湾的中央便逐渐增多。最突出的是在中西部达到了最大值，这就显示出细粒物质在该处的沉降量最大。这种由海岸向海的中心沉积物的粒度由粗到细的分布，正是近岸带沉积物的机械分异过程的表现。

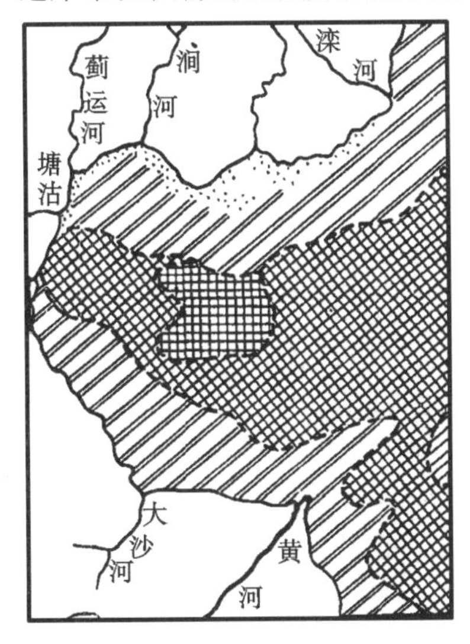

图2 沉积物中黏土粒级分布示意图

Рис. 2. Карта распространения глинистой фракций в осадках
1. пески на пляже, 2. границы.

上述资料表明：渤海湾的碎屑物质主要来自两个方向，一是北部，一是南部。显然，北部以滦河的输入物为主，而南部则应首推黄河。黄河是我国第二条大河，年平均流量为470亿立方米，据利津水文站的记录，其年平均输砂量达10亿吨左右，约为滦河年输砂量的60倍，海河的100倍。可见，渤海湾的物质主要来自黄河、滦河等河流是毋庸置疑的。

既然，由不同的河流分别起着主导作用，因而在南、北两岸就会很自然地出现粒度成分和物质组成各不相同的沉积类型。概括地说来，滦河输入物的特点是：粒度粗，以紫苏辉石为主，各种化学成分的含量较低，因而在碎屑颗粒的表面不出现铁质浸染现象。滦河搬运入海之物质，沿渤海湾北岸西下，先在沿岸带沉积了较粗的砂，随后剩下的一些细粒物质则在湾顶处沉积，更细的颗粒除在湾顶处聚焦外，还向湾的中部移动。

黄河搬运的物质具有另外的特征：①粒度细、粒径小于0.01毫米的颗粒可占70%左右；②物质组成上以碳酸盐碎屑及一般常见的岩浆岩副矿物为多。黄河搬入海中的泥沙，一部分堆积在河口附近，一部分向湾顶处移动，更多的则堆积在湾的中部。从上述资料看来，渤海湾中部广阔的粉砂质黏土软泥和最细的黏土质软泥的来源主要是黄河的结论是可以提出的。因为它们的粒度成分与物质组成的特点与黄河输入物是极其相似的。黄河所输入的大部分物质之所以在渤海湾中部与U字形海湾呈平行的状态而沉积下来，初步认为主要是由介质的化学条件所控制的，而水文动力状况的影响主要表现在细粒物质的空间分布形态上，而对其沉积及沉积物堆积强度的影响则不显著。为了便于说明，就必须将物质的搬运和沉积两种不同的过程加以区分。

既然黄河所搬运的物质绝大部分为黏土粒级和胶体，那么这些带电的小质点在具有中性介质的河水搬运过程中，由于河流的搬运力克服了它们之间的相互作用力，也就是说，这些带电的小质点在特定的河流活力条件下保持着平衡状态，从而为河水以悬浮状态搬运入海。当它们入海后，介质的化学条件发生了转化——由中性转到弱碱性，但是这个转化过程是逐渐的。根据测定：在黄河口外，海水的pH值一般在7～8之间；愈近河口，pH值就愈益降低；向海里则逐渐增高。由于弱碱性的海水中带有剩余的OH^-，这时OH^-就对呈悬浮状态的带电的小质点起着电解质的作用，从而产生了质点间的相互吸附与结合现象。因而有可能使小颗粒结合在一起而沉积下来，其余的部分则继续呈悬浮状态被海水搬运他方。必须指出，细颗粒间的吸附结合现象在河流刚入海时表现的并不明显（那里的海水基本上还是中性的）。这时，颗粒就在这种介质的理化条件下以其密度的大小而发生着机械分异，所以在渤海湾的南岸可以看到粗粒的物质带。显然，这些粗粒物质在近岸带的沉积，主要是与颗粒的大小、密度及水文动力的强度有关。向海里介质的化学条件逐渐转化，从而电解质的作用也逐渐明显，这样，细粒物质的沉降量就会增多；当介质完全转化的时候，电解质的作用就达到最高峰，刚好出现在渤海湾的中部一带。具弱碱性的海水不仅对河流以悬浮状态所搬运来的颗粒质点的吸附结合起着作用，同时也对河水本身所含化学元素有着一定的影响。呈溶解状态而被搬运入海的Fe^{++}，当其处于弱碱性的介质条件下，就会转化成$Fe(OH)_3$而沉淀出来。其反应方程式为$Fe^{++}+3OH^- \rightarrow Fe(OH)_3 \downarrow$。显然，随着介质条件的逐渐转化，$Fe(OH)_3$的析出量亦应增多。所以，在颗粒沉降时就会有$Fe(OH)_3$黏附其上，即所谓的铁质浸染现象。调查资料表明：铁质浸染现象最显著的地方也是黏土粒级含量最多并且是铁含量最高的地方。

在滦河所搬运的物质中由于黏土粒级的含量很少，所以介质化学条件的转化对其所起之作用就不明显。因而入海物质主要受NNE-WWS向的沿岸流的影响，在颗粒大小与密度作用下发生机械分异。这样就形成了由海岸向中部粒度由粗到细的变化。

我们的初步结论是：渤海湾的沉积物质主要来自黄河和滦河，因而形成了渤海湾南、北两岸的机械成分及物质组成各不相同的沉积类型。黄河搬运入海的物质绝大部分沉积在渤海湾的中部，这主要是由于介质的化学条件发生了转化而形成的。因而可以认为在平原河流的河口区控制细粒物质沉积过程的主导因素是介质的化学条件。

此外，沉积物中矿物成分的详细分析研究的结果亦可作为上述结论的有力佐证。

根据分析结果而绘制的重矿物百分含量分布图（见图3），在渤海湾的海底沉积物中，重矿物的分布呈明显的带状，而且近岸带的含量低，愈向湾中心其含量愈高。陆源碎屑物不依其密度之大小而产生分异沉积的现象，可以说明重矿物的含量变化与颗粒质点的大小间存在着有机的联系。如将图1与图3相对照便可看出重矿物高含量区与粉砂质黏土软泥分布区大致相当。既然，由于介质化学条件的控制而在渤海湾之中部沉积了广阔的粉砂质黏土软泥，那么，在渤海湾中部而不在其边缘出现了重矿物的高含量区也将是很自然的。因而我们初步认为：在沉积物的粒度与重矿物含量间存在着一定联系的条件下，重矿物的迁移与集中有时可依其密度的差异而进行，

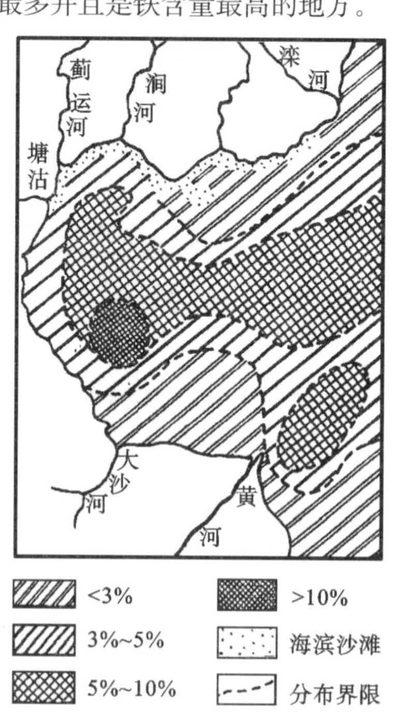

图3 沉积物中重矿物百分含量分布示意图

Рис. 3 Распеделение тяжелой подфракций

同时介质的水动力条件也起着主导作用，但在平原区河流搬运物质入海的情况下则受着介质化学条件的控制。

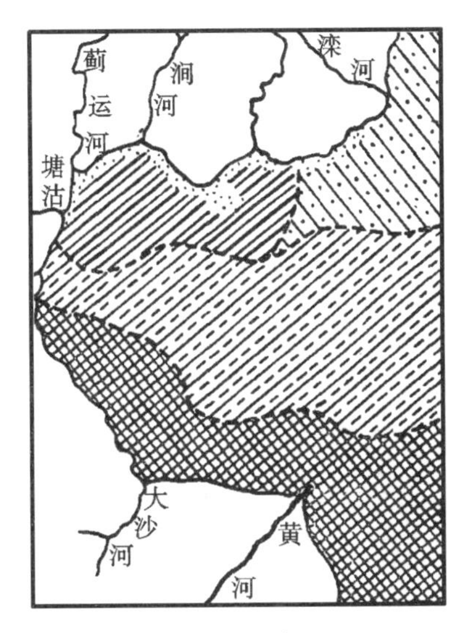

Ⅰ：紫苏辉石—普通角闪石石榴子石区 { Ⅰa. 紫苏辉石—普通角闪石亚区；Ⅰb. 紫苏辉石—石榴子石—磁铁矿亚区 }

Ⅱ：过渡区

Ⅲ：磁铁矿—碳酸盐碎屑—普通角闪石区

海滨沙滩

分布界限

图 4　沉积物中重矿物分区示意图

Рис. 4　Схема расположения минералогических провинций

Ⅰ：провинция гиперстена-роговй обманкигранта　Ⅰa：подпровинция гиперстена-роговой обманки；

Ⅰб：пдпровнница гиперстена-гранатамагнетита；　Ⅱ：провинция промежуточная；

Ⅲ：провинция магнетита-карбонатного обломкароговой обманки

渤海湾南北两岸的沉积物，不论矿物组合或重矿物含量的变化均有显著的差别，因此我们可依据：①重矿物含量的变化；②矿物组合的特征；③铁质浸染现象的差异；④沉积物类型的不同等原则来清晰地在渤海湾划分出三大矿物组合区（见图 4）。

1. Ⅰ区（紫苏辉石—普通角闪石—石榴子石区）：

本区的特征是重矿物含量较低，其含量由近岸带的<3%向海里增至 3%～5%；碎屑矿物普遍出现。沉积物的粒度较粗，以细砂及粗砂为主；入海的河流主要为滦河、海河等。

2. Ⅱ区（过渡区）：

本区的特征是重矿物含量高，但在矿物组合上显示出Ⅰ区与Ⅲ区之间的过渡性质。

3. Ⅲ区（磁铁矿—碳酸盐碎屑—普通角闪石区）：

本区的特征是重矿物含量较高，矿物组合以磁铁矿、碳酸盐碎屑、普通角闪石为主，它们可占总量的 70%，其次则为常见的岩浆岩副矿物。颗粒的表面普遍有强烈的铁质浸染现象。

根据以上从矿物方面所进行的分析，也可以说明：

(1)渤海湾沉积物中矿物组成的差异显示着它们的不同来源区,南、北两区有着明显的差别,而中央则为前二者的过渡类型。

(2)渤海湾陆源碎屑物主要来自两个方面——北部以滦河为主,南部以黄河为主,中部除有滦河输入物外,主要是黄河物质的堆积。

此外,由于现代陆源碎屑物质的来源复杂,所含矿物种类也较复杂。所以,在阐述它们的迁移动向时,还应将具有成因联系的矿物组合作为指示物,否则,若仅以某种矿物,即使是最稳定的矿物,来作为指示物也未必能得到满意的结果。

最后,我们要着重指出,沉积物中主要化学成分的研究不仅能够阐明它们的迁移与富集过程,而且对阐明沉积物质的来源与移动也会有很大的帮助。图5~8表明了渤海湾海底沉

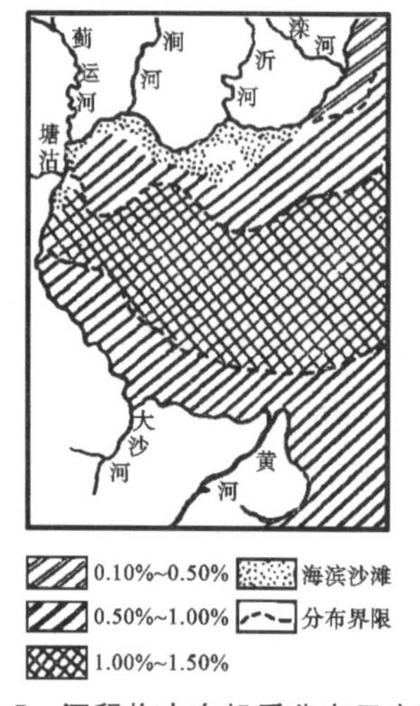

图5 沉积物中有机质分布示意图

Рис. 5 Распределение органического углерода в осадках

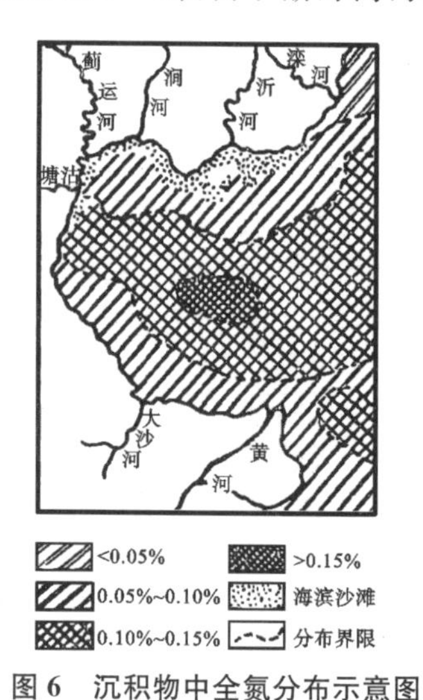

图6 沉积物中全氮分布示意图

Рис. 6 Распределение азота в осадках

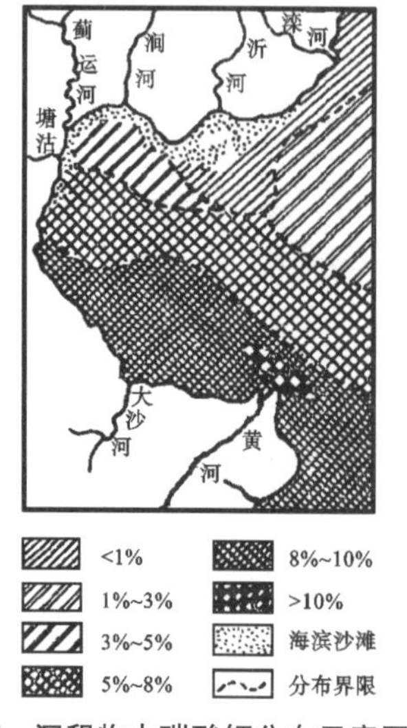

图7 沉积物中碳酸钙分布示意图

Рис. 7 Распределение углекислого каольция в осадках

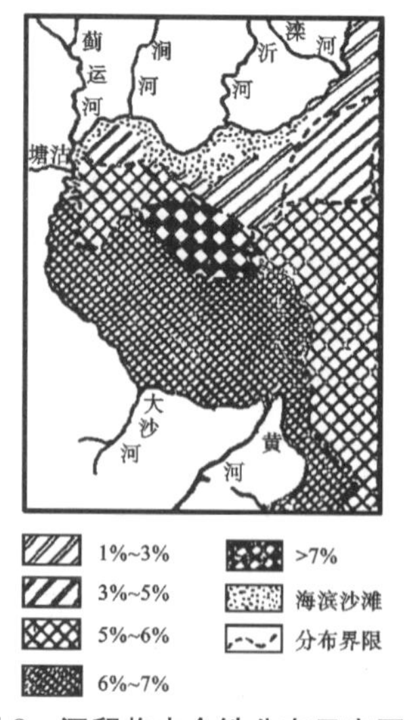

图8 沉积物中全铁分布示意图

Рис. 8 Распределение желза в осадках

积物中有机质、全氮、全铁、碳酸钙等的含量分布及其分布的空间状态。但更值得指出的是：①所有这些化学成分的含量均与沉积物之颗粒质点的大小有密切的相关性。表1的资料表明：随着沉积物颗粒的变细，也即是随着黏土粒级的增加，沉积物所含的有机质以及氮、磷、铁和碳酸钙的含量也相应增加。因而可以认为，碳酸钙含量与粒度间的这种相关性也是本海区沉积作用的特征之一，根据已知资料，在其他海区里这种相关性是不存在的。②$CaCO_3$百分含量的分布也显示出黄河输入物对这个海区的影响。因为本海区的$CaCO_3$的来源主要是来自黄河输入物中的碳酸盐碎屑，只要将本文中所附的几幅分布图加以对比就很能明显地看出。这样，我们便可以以$CaCO_3$含量的分布状况来说明黄河物质在渤海湾的扩散范围及其沉积强度。③有机质和全氮之间有明显的比例关系，而且它们的空间分布轮廓也大致相似。如将有机质换算成有机碳，那么它与全氮的比值就可平均达到5.7。④铁含量的最高区恰与铁质浸染的强烈区相一致。如果再考虑到上述有关矿物分析资料，便可认为本海区沉积物中的铁质主要是由于呈离子状态的Fe^{++}被河流搬运入海，在介质化学条件的改变下发生沉淀的结果。

由此看来，铁、磷、氮和有机质的含量是随粒度的变化而变化的，或者确切地说，它们的含量是由黏土粒级的量来控制的。于是也可以认为：这些呈"克拉克"值分布的化学成分的分异与富集是受沉积物的机械分异控制的（其中由化学沉淀形成的铁也最易与黏土颗粒发生吸附）。因为在现代海洋沉积中黏土粒级的量是表征机械分异作用过程的枢纽所在。

（本文蒙张文佑先生审阅并提出许多宝贵意见，作者表示感谢。）

ИЗУЧЕНИЕ СОВРЕМЕННОГО ОСАДКООБРАЗОВАНИЯ В БОХАЙСКОМ ЗАЛИВЕ

По принципе конплексной классификации, представленной Н. М. Страховом и П. Л. Безруковом, донные отложения в Бохайском заливе разделяют на следующие типы: мелкий песок, крупный и мелкий алевриты, алеврито-глинистый ил, и глинистый ил. Из них алеврито-глинистый ил распространен найболее шпроко. Бохайский залив представляет собой типический U-образный. На северном и южном берегах залива распространены крупные обломочные зерна, а более тонкие частицы зерен веществ приурочены к средной части залива. Эта характерная черта ясно выражает процесс механической диференциации осадков. Так, на северном и южном берегах залива содержение процента глинистой фракции (< 0.01) в донных отложениях, не превышает 50% в общем, к средной части залива количество глинистой фракции постепенно возрастает, а на средно-западной части залива максимальио (70%—80%). Это хорошо показывает, что здесь количество седиментации тонких частиц самое максимальное.

Оченвидно, от обоих берегов к средной части залива этот процесс превращения крупных обломочных веществ в тонкие частицы по гранулометрии представляет собой выражения процесса механической диференциации прибрежных осадков.

Данные анализа обрацов показывают, что главным источником питания обломочных веществ являются реки Хуанхэ на южном берегу и Луанхэ на северном берегу, следовательно, образуются осадки различные по механическому и вещественному составам.

Большое количество веществ, принесенных в море рекой Хуанхэ, накапляется в средной части залива именно потому то, что вызвано результатом превращения химического условия морской среды. Поэтому мы считаем, что на приустье равнинной реки основным фактором влияния на седиминтации тонких веществ является химическое условие морской среды.

По результатам изучения минеральных составов осадков получен одинаковый вывод с предыдущем. На южном и северном берегах различие минеральных составов тоже показывает, что на северном берегу залива источником питания обломочных веществ является река Луанхэ, на южном берегу является река Хуанхэ, а в средно-западной части залива преобледаются тонкие веществ, принесенные рекой Хуанхэ.

Из данных несколько химических составов осадков очень интересно видим, что тесное отношение наблюдается между содержениями всех этих химических составов и крупностями зерен осадков, т. е. по мере возрастания количества глинистой фракции содержения этих химических составов в осадках соответственно увеличиваются.

По предыдущим данным автором статье ещё посвещено отношения между распространением химических составов и механической диференциации осадков.

本文刊于1962年《海洋与湖沼》 第4卷 第3～4期
作者:秦蕴珊 廖先贵

中国陆棚海的地形及沉积类型的初步研究*

陆棚区的地质研究对经济建设和国防均有重要意义，同时，通过这些研究又可为许多重大的地质理论课题的解决提供珍贵的资料。不少外国学者曾为各种目的对我国邻海的海底地质做过相当多的调查研究。

F. P. Shepard (1932, 1948)曾编绘了中国各海区陆棚区海底沉积物的分布略图，随后又刊印了台湾海峡的底质图。河田学夫(1932)调查研究了渤黄海的沉积。M. B. Кленова (1953)主编的以及由 П. Л. Безруков (1961)主编的世界海洋沉积物分布图上对中国陆棚海之沉积均以粗粒沉积和陆源碎屑物来表示，比较简略。苏联调查船"勇士"号在东海之陆棚外缘进行了调查(П. Л. Безруков, 1958)。M. B. Кленова (1958)又根据海图资料编绘了中国各海的底质图。最近，H. Niino 和 K. O. Emery (1960)对中国各海区的地形、沉积等作了详细的论述，同时，W. Polski (1959)和 H. O. Waller (1960)也进行了有孔虫的分析研究。

马廷英(1930)根据造礁珊瑚的研究讨论了中国陆棚海的古地理变迁历史。秦蕴珊等(1958, 1961)编制了黄渤海区的底质图，同时对浙江外海一带的沉积物进行了室内分析工作。范时清和秦蕴珊(1959)又对黄东海的陆棚沉积进行了调查。随后，我国有关单位对我国浅海开展了海洋调查工作。

"陆棚"或"大陆浅滩"(continental shelf; континенталъный шелъф)从其性质和范围来说，是指围绕着大陆的浅海地区。但是对它的确切含义有着不同的理解，如有人将陆棚用来表示各类型海岸之外部的浪蚀和浪蚀的合成阶地；也有人认为陆棚是 180 米等深线以内的海底平坦地带等等。

为了统一起见，国际海底名词术语会曾将陆棚定义为"陆棚是围绕着大陆向浅水延伸的浅海地带，其延伸之深度是到海底坡度更深之海底有剧烈增加之地段"(F. P. Shepard, 1959)，这个定义虽然比较正确地指明了陆棚的性质和范围，但仍有不确切之处。然而，将陆棚区理解为被海水所淹没之大陆的浅水地区则是确定无疑的。

濒临着我国大陆之各海区，诸如渤海、黄海、东海和南海等海域的陆棚是典型的陆棚区之一。根据这四个海之陆棚区的种种特征，我们将陆棚这一术语用来指：围绕着向海中延伸之大陆的，其水深为 0～140 米范围以内之平坦的浅海地区。在 140 米等深线之外，地形突然变陡，这陡坡即进入所谓的大陆斜坡区(或过渡区)。

本文就是要根据近几年来实地调查资料和参照有关海图及前人的研究成果，拟对中国海陆棚区的一些地质特征作初步的探讨。

---

* 中国科学院海洋研究所调查研究报告第 202 号。

一、中国陆棚海底地形轮廓及其特征

就海底的一级地貌单元而论，在我国的渤、黄、东、南海等四个海区中不仅有陆棚区，而且有大陆斜坡和大洋盆地区。本文只讨论其中陆棚区的种种地质特征。

陆棚地形的特征和变化可用深度、坡度和宽度来表明。因为这三个参数的变化更可决定着陆棚的形态、性质和范围。我们根据百万分之一的海图而编制之等深图上求得各海区之地形的一些基本参数数值列于表1。

表1 （Таб. 1 1* ）

基本参数	渤海	黄海		东海	南海
		北黄海	南黄海		
陆棚面积(平方千米)	90 000	82 000	330 000	444 000	325 000
平均深度(米)	18.3	38	46	72	55
平均坡度	0°00′28″	0°01′21″	0°01′17″	0°03′40″	
陆棚最大宽度(海里)**				313	154

注:1. 各海区的范围为:渤海与黄海的界线是取旅顺至山东省蓬莱之间的连线。长江口北岸至济州岛西北端的连线划分为黄、东海，而成山头至朝鲜长山串的连线又将黄海划分为南、北二部。东海和南海的界线是取闽江口至台湾西南角的连线。

2. 渤海和黄海是为半封闭的陆棚，其宽度已计算在中国陆棚的最大宽度之内。

* Площадь, средние глубина и склон континентального шельфа и его максимальная ширина в море Китая.

**1 海里等于 1.85 千米，一般习惯用海里来表示陆棚宽度，故此处亦沿用之。

深度差异及坡角变化：中国陆棚随大陆向东和东南微微倾斜，深度差异的变化幅度不甚显著。只是在海峡处(如渤海海峡、台湾海峡和琼州海峡)，才有较大的幅度变化(见图 1-a，1-b)。海底的平坦程度主要表现在坡角的变化上，表1中已列出了坡角变化的具体数据。总的说来，南海的地形较陡。黄海旧黄河三角洲上至40米等深线间的坡角也只有0°00′15″，其他海区亦均较平缓，尤其在半封闭型的海盆里表现得特别明显(见图 1-c)。我们说它平坦，绝不意味着在某些局部海区里没有高低的起伏。事实上，从图 1-a 和 1-b 中可清楚地看出：在不少的地区里都分布着众多的海底丘陵和凹地，特别是在南黄海和东海表现的尤为明显。

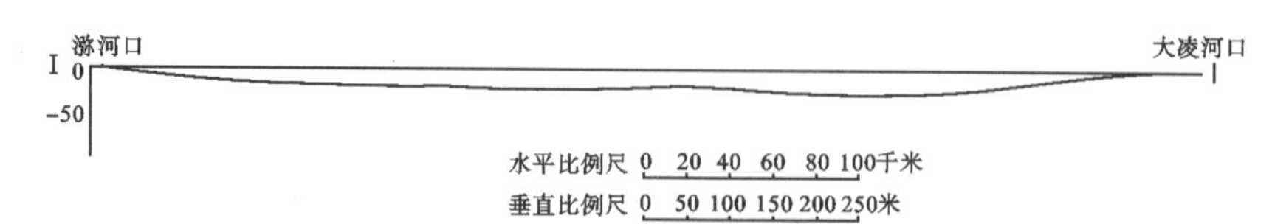

图 1-c 莱州湾—辽东湾水下地形剖面图

Рис. 1-c Прфигь подводного рельефа ог залива ляодун до залива Лайчжун

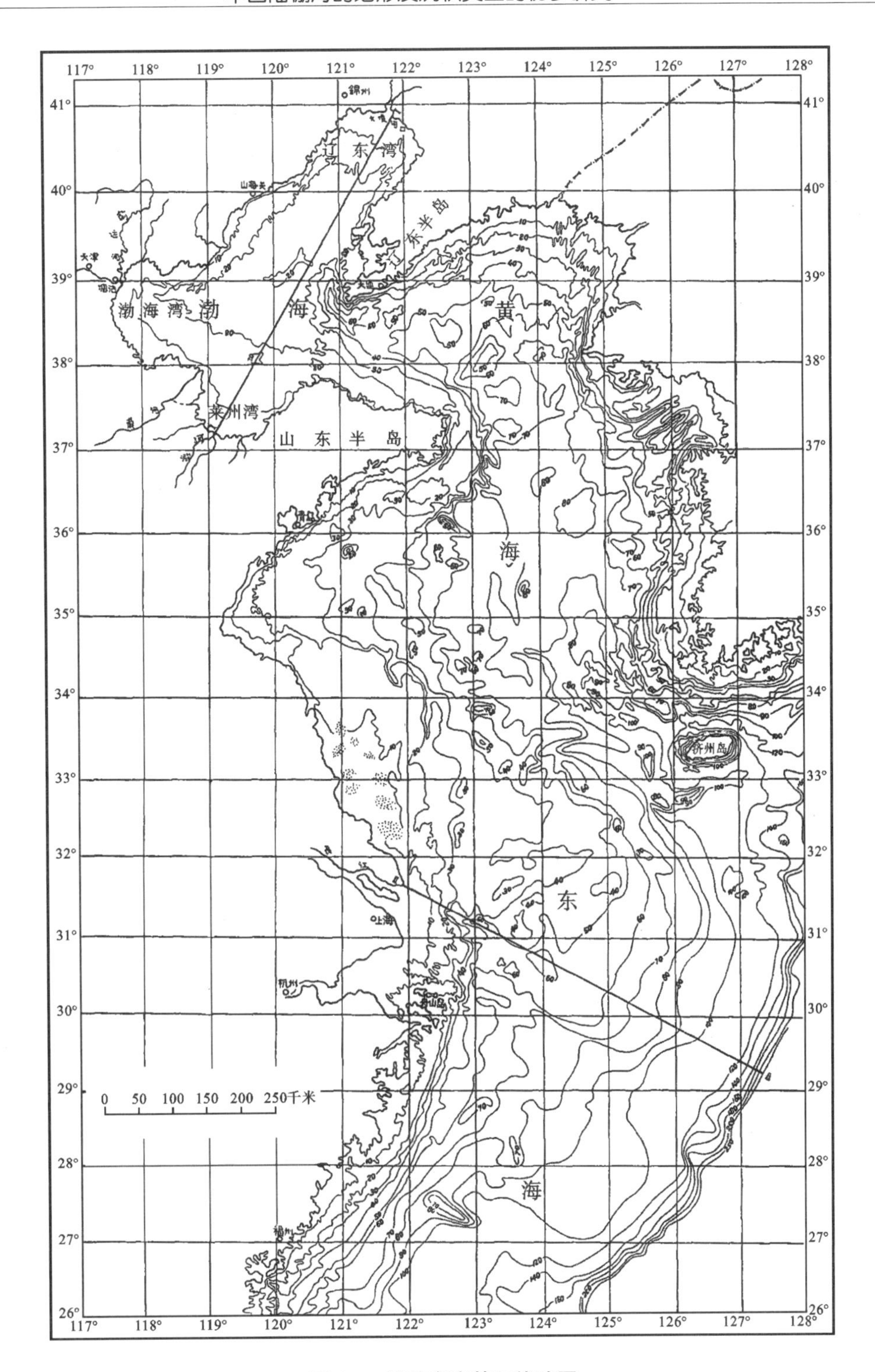

图 1-a 渤黄东海等深线略图

Рис. 1-а Батиметрическая карта Восточно-Китайского моря

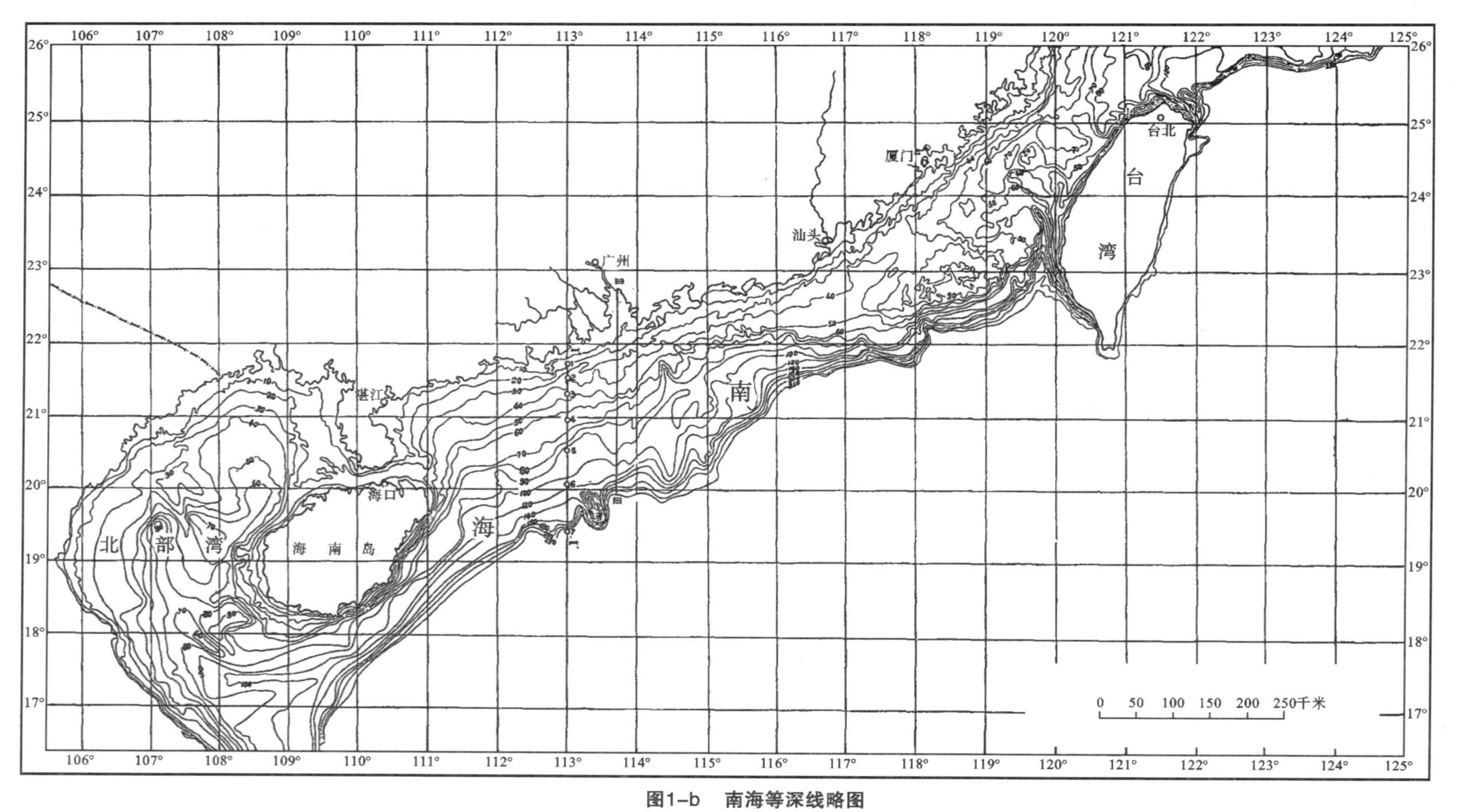

图1-b 南海等深线略图

Рис. 1-b Ъатиметрическая кара Южно-Китайского моря

陆棚宽度：经计算得知，中国陆棚的最大宽度为 735 海里；而开阔陆棚区之最大宽度位于东海长江口到琉球群岛一线，最窄处则位于南海的珠江口到陆棚转折线处（未考虑岛屿邻区的陆棚宽度）。根据陆棚的形态及其宽度变化可将我国海的陆棚分成三类：①半封闭型的陆棚，诸如北部湾、渤海和黄海；②宽阔的陆棚，如东海；③狭窄的陆棚，如南海。东海和南海所代表的两个不同类型的陆棚，使这里海底地形的基本参数亦有显著的不同。关于它们横断面的变化特征如图 2 所示（见图 2-a，2-b）。

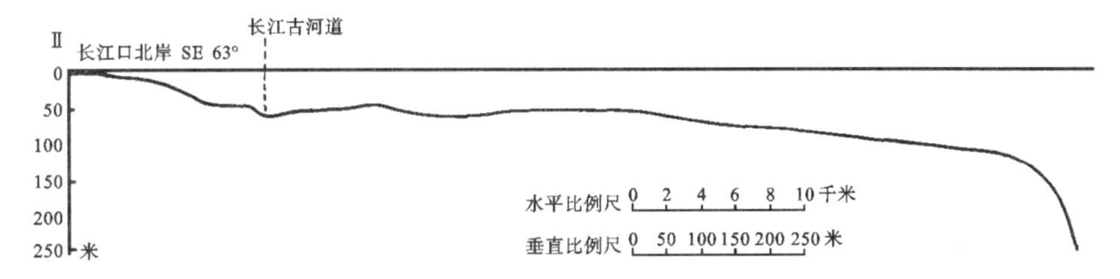

图 2-a　东海陆棚地形剖面图

Рис. 2-а　Профиль рельефа континентального шельфа через Воточное море Китая

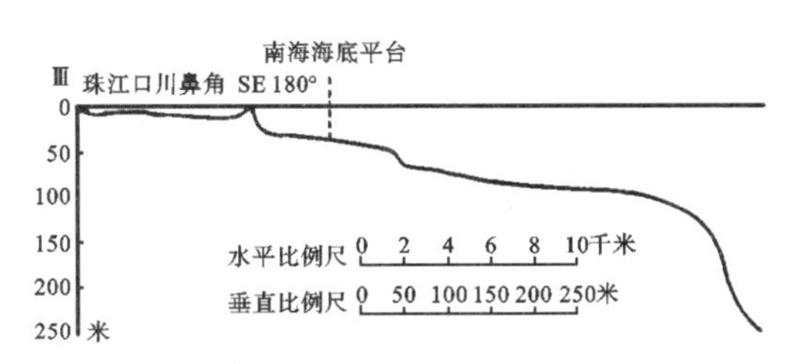

图 2-b　南海陆棚地形剖面图

Рис. 2-b　Профиль рельефа континентального шельфа через Южное море Китая

中国陆棚是世界上最宽的陆棚区之一。现将我国陆棚宽度的变化与世界几个主要陆棚区的宽度比较列表 2。

表 2　（Таб. 2*）

海区	陆棚宽度（海里）	海区	陆棚宽度（海里）
中国东海（包括黄渤海）	735	美洲西北部：下加利福尼亚	5 010
美洲东南部：亚马逊河外	200	旧金山外	
东亚：鞑靼湾	120	澳大利亚：拉弗拉海和卡齐塔利湾	750
日本之西部	60	南岸	100
罗湾	800	西北角	200
南亚：玛达万湾	160	美洲东北部：纽芬兰外	240
印度西岸	30～190	非洲东部：东非海岸	10
非洲西部：好望角之西北	100	好望角外	150
欧洲西部：法国外	30	北极：巴伦支海	750
劳爱尔海外	100	白令海东部	30
挪威陆棚	100		

* Сопостамление ширины континентального шельфа в море Китая сдругими моря мивовсем мире

综上所述和根据实际计算可将中国陆棚的性质特征总结如下：

(1)陆棚的最大宽度为735海里。

(2)陆棚外缘的最大深度为140米，此线即为陆棚转折线，由此向深处即进入大陆斜坡区。

(3)陆棚的平均深度为45米。

(4)陆棚的平均坡角约为0°02′。

总观文中所附之图表及上述各基本参数的变化，便可将我国浅海地形的主要特征归纳为以下各点：

(1)坡度平缓，在渤、黄、东诸海一般不超过0°02′，而南海的海底地形略陡。我国浅海在临近地壳活动的地区，陆棚就狭窄，且倾角较大，如南海。相反，在稳定地区或处于相对下沉之地区，陆棚则较宽阔，倾角亦小，如渤、黄、东海等属之。

(2)在渤黄东海内，大部分沿岸区的地形较陡，并有着随离岸距离的加大而地形之坡度亦逐渐变缓的走势；也就是说陆棚内缘的坡度大于其外缘的坡度。

(3)在基岩和砂质海岸以及上升地区外之海底地形较陡，如闽浙及山东半岛外部；而在泥质海岸以及相对下降之海岸外的地形则较平缓，如苏北及渤海湾一带。

(4)我国浅海地形的重要特征则是地形的继承性，如在海底常可见到沉溺河谷、水下阶地及水下三角洲等。

我们认为：在我国广大陆棚地区里，控制海底地形发育及其形态的主要因素是取决于水动力条件的现代沉积—堆积作用和沿岸带新构造运动的强度与幅度。有关我国浅海地形之成因、地貌类型的划分诸问题，将在另文中讨论。

二、中国陆棚沉积的分布及其成因探讨

我们暂采用以中位数(Md)为基础的分类法(П. Л. Безруков 等，1960)，用已有资料编绘了中国陆棚海的海底沉积物分布图(见图3)①。现将沉积物的分布概况及其影响因素简述如下：

渤海沉积呈明显的，但不甚规则的斑块状分布。渤海内之三个内海湾，即辽东湾、渤海湾和莱州湾都分布着粒度较细的粉砂质黏土软泥和黏土质软泥。而近渤海之中心则出现了细粉砂、粗粉砂、细砂等粒度较粗的沉积物。渤海之西北部，从辽东湾到渤海湾的岸边分布着砂质沉积带，辽东半岛南端的外围分布着砂质沉积。海峡带的沉积物是北面粗南面细。在北面的粗粒沉积中，出现了砾石和破碎的贝壳等。在长兴岛附近沉积类型的变化亦较复杂，这里常出现各种粒度的砾石。渤海边缘部分之沉积物的颜色一般是黄褐色，随着深度的增加则逐渐变为青灰色，甚而灰黑色。

黄海北部沉积物分布的空间状态与渤海相似，在其东部分布着广阔的细砂和粗粉砂，向西变细并为黏土质软泥所代替。黄海南部沉积物呈规则的带状分布。在近岸带及河口处分布着细粒的粉砂质软泥和黏土质软泥，然后就依离岸距离的加大，沉积物的粒度呈规则的变细，从细砂、粗粉砂、细粉砂逐渐过渡到黏土质软泥，成南北向的平行于海岸的条带状。其中以黏土质软泥分布得最广。在黄海北部和渤海海峡一带沉积物颜色的色序一般较深，多青灰色、灰黑色，黄海南部沉积物颜色的变化与沉积类型间有直接联系。一般地说，细粒沉积多为灰黑色和褐棕色，而粗粒沉积则多为黄褐色，偶见灰黑色。

---

① 编制本图所需资料的来源均取自于本文内参考文献中所列之第1,2,3,4,5,7,8,9,10,11,13,14,16等。

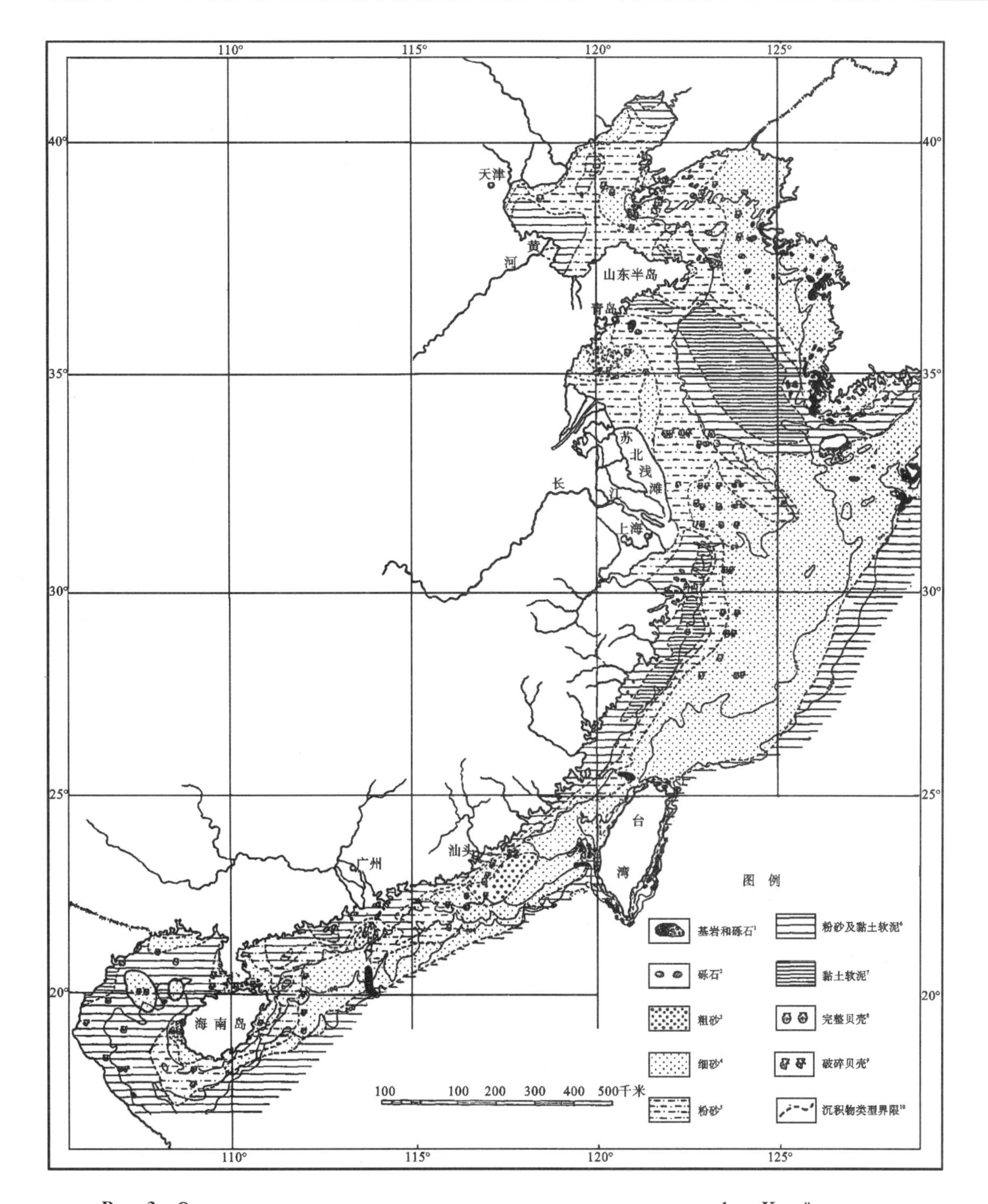

Рис. 3 Схема распространения донных осадков континентального шельфа в Китайском море

1. коренные породы игальки; 2. Галкн; 3. Крупные пескн; 4. Мелкне пески; 5. алефриты; 6. Алефритово-илистые илы; 7. Глинистые илы; 8. Раковины целые; 9. раковины разбитые; 10. границытипаосадков

东海区之沉积物的分布和黄渤海有所不同。在钱塘江和长江的交汇处沉积物比较复杂,变化甚大(见图 3),而其分选度亦差。在舟山以南浙江沿海的沉积物成为和海岸相平行的带状分布,近岸岛屿间为粉砂质黏土软泥,向外则为黏土质软泥,再向外沉积物即发生了变化,为粒度较粗的粉砂和细砂。在沿着闽、浙等省的沿岸带分布着细的沉积物(软泥),向外粒度变粗,沉积物为砂。同时,上述之软泥带可通过台湾海峡一直延伸到南海;而东海外缘含有许多贝壳的砂质沉积物也通过台湾海峡一直和南海的砂质带连在一起。总的说来,在东海陆棚外缘的砂质沉积物分布的最为广阔,细砂沉积的色序较深,多为灰褐色和灰黑色,而软泥类型的沉积则多为灰黄色和浅灰色。这两类颜色的分界线即是砂和软泥的分界线。

南海沉积物的分布与东海极为相似。在广东沿海一带沉积物的空间分布状态均呈 NE-WS 向并与岸线平行。汕头附近海区的粉砂质黏土软泥分布的较深,向外即为砂质沉积,而且是南海区中砂质沉积分布最广的地带。珠江口外有较大面积的粉砂质黏土软泥。琼州海峡海区沉积了平行海峡的呈带状的中砂和粗砂。海南岛西部沉积物比较复杂,分选很差。北部湾内除了在其中部出现了砂质沉积外,其他状况与渤海酷似。南海区沉积物分布的总的特点是:在陆棚内缘分布着带状的细粒沉积,向外则为粗粒的砂质沉积。同时,细粒沉积物的颜色一般为黄褐色,随着深度的增加和粒度的变粗,色序逐渐加深,多为灰黑色和青灰色,而砂质沉积的颜色又常见到绿灰色和灰白色的色序。在砂质带之外则为大陆斜坡上的粉砂质黏土软泥沉积了。

综上所述,可将中国陆棚沉积的分布概况归结为:

(1)渤海、北黄海及北部湾之沉积类型呈不规则的斑块状分布;沉积物粒度的相互交替现象有时可截然出现。

(2)南黄海沉积类型呈规则的带状分布;沉积物的粒度分异规律是:随着深度的增加和离岸距离的加大,组成沉积物的颗粒质点则逐渐变小。

(3)在东海,除浙江近海外的广阔地区均为细砂所覆盖外,其沉积物类型的空间分布形态实际上是南黄海和南海的延续。

(4)南海(不包括海南岛周围)沉积物呈规则的带状分布,但其粒度的分异情况则呈两头细、中间粗的现象(外部的细粒沉积带为大陆斜坡上的沉积)。

(5)沿着闽浙之海岸外有一细的软泥带通过台湾海峡将浙江沿海外围之细粒与南海沿海之软泥带连接起来,而其外缘的粗粒细砂带亦有类似情况。

从上面的种种简述中已可看出:在我国的陆棚内部分布着以软泥为主的细粒沉积,而在陆棚的外部则分布着粒度较粗的并混有砾石的细砂。

最近 Niino 和 Emery (1961)曾将中国浅海之陆棚沉积划分为六种成因类型。但从沉积物的大面积分布及研究碎屑物质的分异过程和顺序出发并根据古地理变迁情况,我们将中国海的陆棚沉积划分为两个不同时期的两种成因类型:其一主要为河流所搬运入海之现代细粒碎屑物质,即上述之分布在陆棚内部的细粒沉积;其二是为海水所淹没之早期的滨海沉积,即上述之分布在陆棚外的细砂沉积,它可能是在更新世,即在冰期时当海平面很低的情况下于滨海地带形成之沉积而残留在海底的。如按它们现在分布的范围而言,可将前一类称为内陆棚沉积,后一类称为外陆棚沉积。它们的分布情况如图 4 所示。既然这两类沉积是在不同时期里沉积下来之层位各不相同的沉积类型,那么反映在它们的物质组成、次生变化、分布地区以及其他沉积学特点上必都有显著的差异。

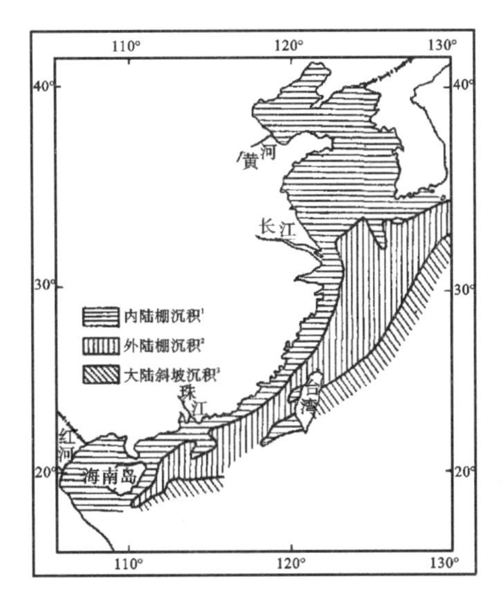

图 4　中国近海陆棚沉积类型略图

Рис. 4　Сокращенная карта типа осадков континентального шльфа в Китасомморе

1. Внутренее шельфовое отложение; 2. Внешнее шельфовое отложение;

3. Отложение континентального склона.

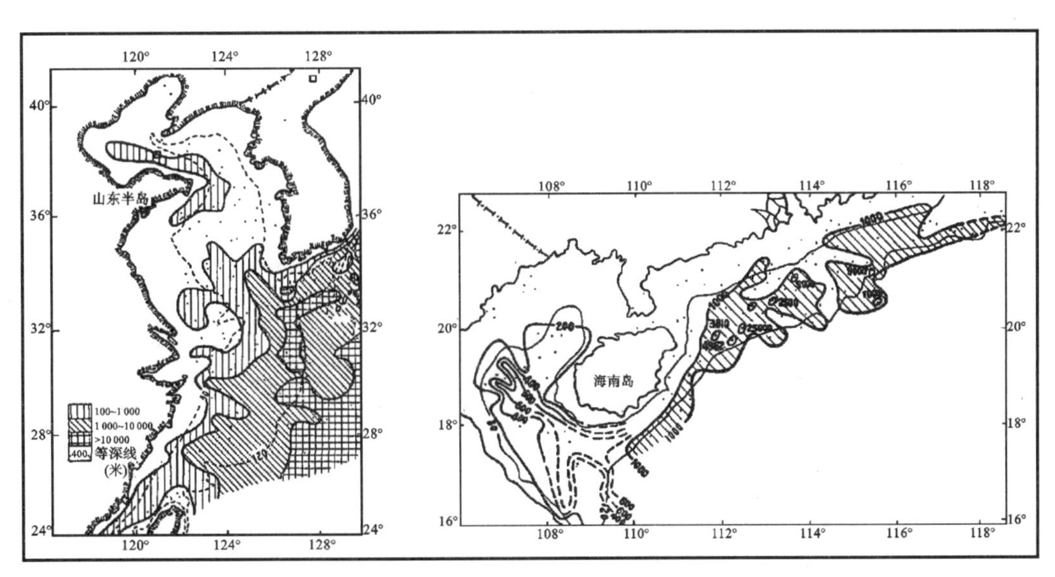

图 5-a　渤黄东海沉积物中有孔虫数量分布图

Рис. 5-a　Распространение количества раковин фораминферы в осадках Восточно-Китайсого моря

(据 W. Poski)

图 5-b　南海沉积物中有孔虫数量分布图

Рис. 5-b　Распространение количества раковин форамнниферы в осадках Южно-Китайского моря

(据 H. O. Waller)

这两类沉积，不仅在粒度分配上有如上所述之如此明显的差异，而且它们的物质组成亦大不相同。首先，外陆棚沉积中含有相当多的有孔虫介壳；每克干样中其数量可达 1 000～10 000 个（见图 5）。同时其中所含有之有孔虫不仅有现代的而且还发现有许多更新世的（W. Polski，1959），且多遭磷化；有的已转变成为自生的海绿石，足以证明它们在海底遭受了较长时期的复杂的变化。但在内陆棚沉积中有孔虫数量则显著减少。与有孔虫的含量有关，外陆棚沉积中 $CaCO_3$ 的含量普遍很高，一般都大于 20%（见图 6-a，7-b），而且 $CaCO_3$ 的高

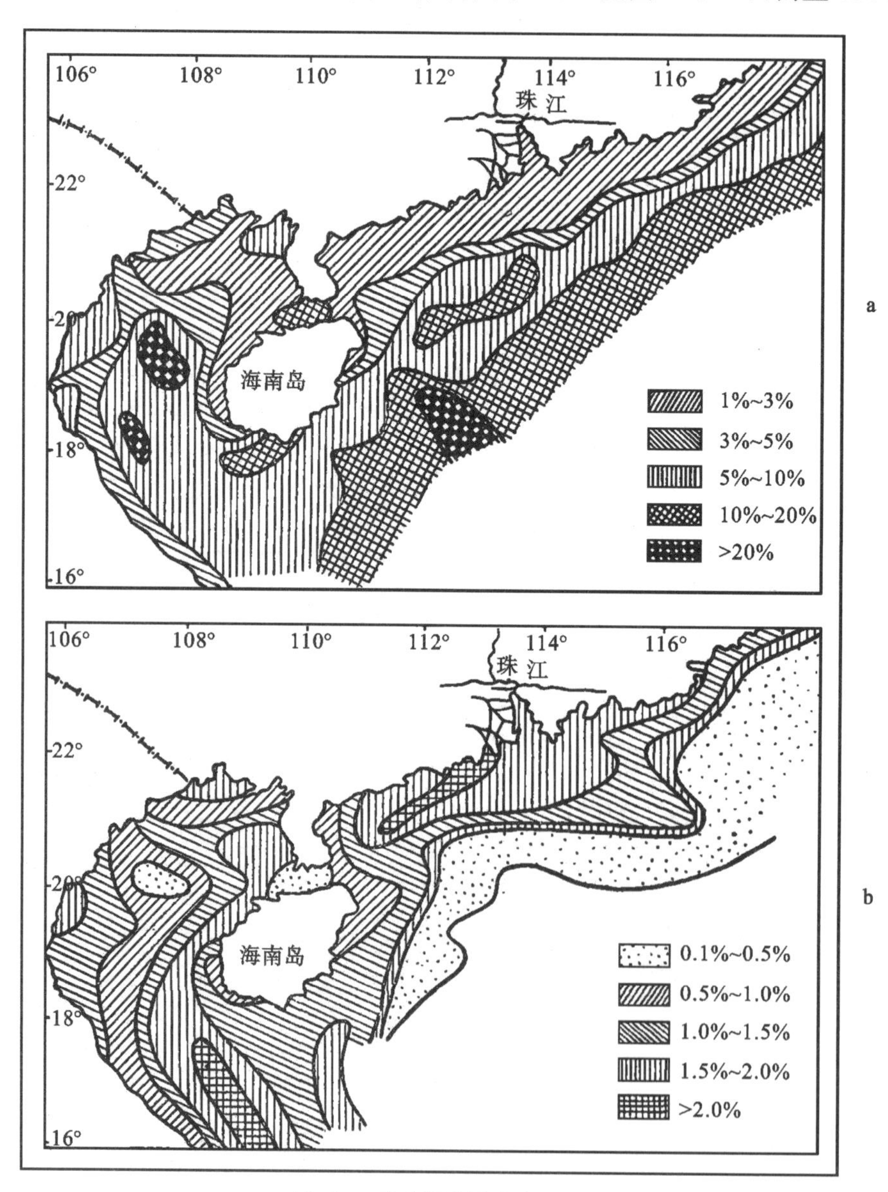

图 6-a 碳酸钙含量分布图

Рис. 6-а Распространение карбонатного кальция в осадках Южно-Китайского моря

图 6-b 有机质含量分布图

Рис. 6-b Распространение органического вещества в осадках Южно-Китайского моря

含量区与有孔虫等生物介壳之高含量区完全吻合。这表明了此处之 $CaCO_3$ 是直接由有机成因而构成的。相反,在内陆棚沉积中 $CaCO_3$ 的含量降低,而其主要来源当推河流输入物(秦蕴珊,廖先贵,1962)。砂质沉积带的分选良好,但根据机械分析结果所编制的频率曲线之所以出现双峰,显然也与有孔虫的混入有关。

有机质的含量恰与 $CaCO_3$ 的分布情况相反(见图 6-b,7-a)。外陆棚沉积物中有机质的含量很低,一般都小于 0.50%,而内陆棚沉积物中有机质的含量却有所增高。在矿物组成上最重要的特征便是海绿石的变化;Niino 和 Emery(1961)已划分出海绿石的分布点。据我们的统计,在南海外陆棚沉积物中含有海绿石的量可占其重矿物含量的 20%~25%。而在细粒的现代碎屑沉积物中则很少含有海绿石。

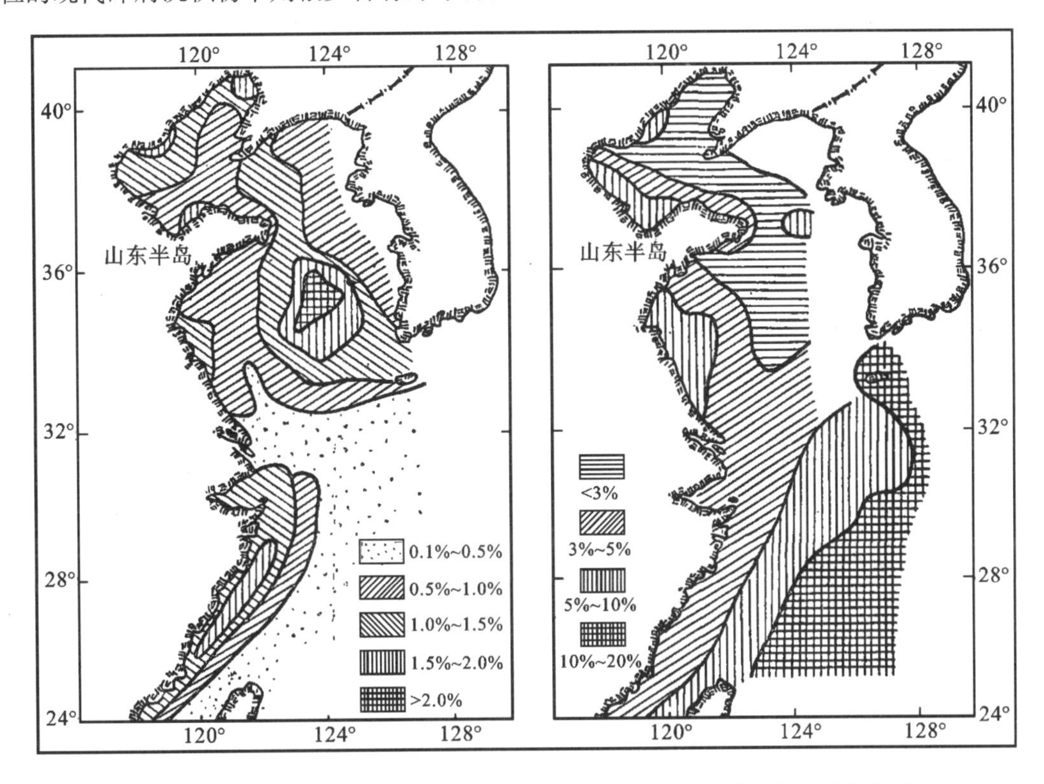

图 7-a 有机质含量分布图

Рис. 7-а Распространение органического вещества в осадках Восточно-Китайского моря

图 7-b 碳酸钙含量分布图

Рис. 7-b Распространение карбонатного кальция в осадках Восточно-Китайского моря

控制碎屑物质在海中搬运和分布的主要因素当推海水的水动力条件,它们之间的关系不拟详述。但需指出:在中国大陆之沿岸带广泛发育的种种沿岸流以及通过陆棚外缘之强大的黑潮(见图 8)对陆棚沉积物的空间分布起着决定性的作用。沿岸流使现代河流输入之细粒碎屑物质沿着近海发生迁移和沉积,而黑潮不但妨碍这些细粒物质的沉积,而且对陆棚外缘的海底有着强烈的冲刷作用。同时,我们还认为:海域形态及海底地形轮廓的差异也影响着沉积物的空间分布。不同类型的海域,其中沉积物的空间分布形态亦有不同。中国各海的海域形态可大致分成三大类:①半封闭的海湾,诸如渤海、北部湾和胶州湾等。②狭长状的海盆，如黄海。③开阔的海域，如东海和南海，而它们之间又有某些差别。海域形状的不同，意味着两方面的意义，其一是陆源物质影响的大小，另一则是海域的深度及物质在其中搬运距离的不同。如半封闭型的渤海，其集水面积比别的海区来得大，这也是使渤海沉积具有不规则的斑状分布的重要原因之一。

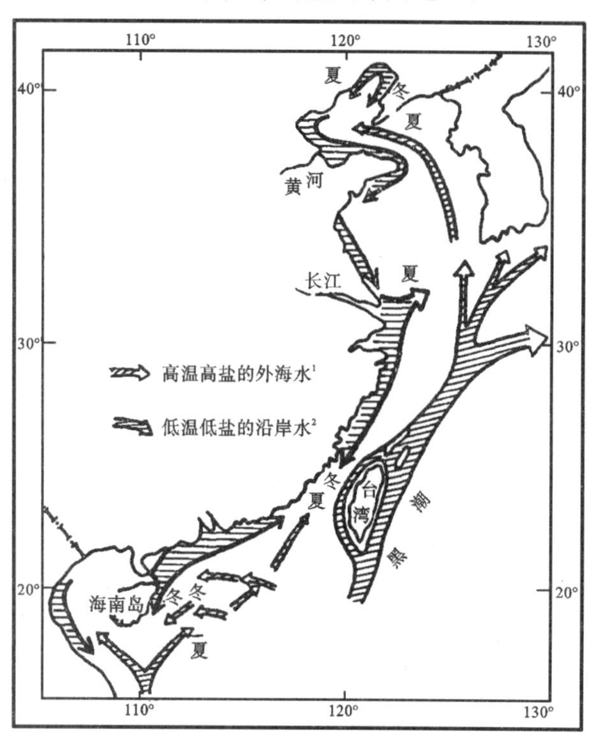

图8　中国近海水系分布图

Рис. 8　Сокращенная карта распространения водных режимов в мелководье Китайского моря
1. Воды, приобретающие высокне соленость и температура; 2. Воды, приобретающие низкие солеиость и температура.

毫不怀疑，我国近海的海底物质绝大部分为陆源的，这些物质是河流的搬运以及岛屿、海底剥蚀等综合作用的产物。其中以当地河流输入物质为主。河流的影响使陆棚区的机械沉积过程复杂化了，从而在某些地区里引起在砂质沉积之上出现了细粒软泥沉积的“异常”现象。同时必须指出：不同类型的河流对海底沉积的影响作用亦不尽相同，如流经平原区的黄河、辽河等，它们携带着大量的粒度很细的颗粒质点，这些物质入海后，影响和控制它们沉积的基本因素则是介质的化学条件（秦蕴珊，廖先贵，1962）。而主要是流经山区的河流，由于其流速大并可携带更粗的物质，这些物质入海后的沉积与搬运的规律则主要是受径流量及海水水动力条件等因素的控制。

外陆棚沉积的成因要复杂得多。

中国大陆有许多源远流长的大河入海，许多作者都指出：这些大河每年携带着大量的细粒物质供给海洋。这些细粒物质入海后，即主要在海水的水动力条件的控制下发生着迁移和沉积。然而，它们的量仍不足以覆盖着整个陆棚区。因而外陆棚沉积，即砂质沉积带仍直接露出海底。这一方面是因为河流输入之现代细粒碎屑物质大部分在近海处沉积下来；向外海随着离物质供给地之距离的加大，细粒碎屑物质的量也逐渐减少。另一方面，通过外陆棚区之强大的黑潮也妨碍着这些细粒物质在陆棚外部沉积，这已在上面提到。从而形成了组成内陆棚沉积的主要为细粒物质；而外陆棚之粗粒的滨海沉积仍直接出露于海底的状况。现代河流输入物入海后沉积之模式，如图9所示。图9所附之浅钻的实测资料也更加有力地证实了这一点。

是不是可能由于黑潮的冲刷作用而使现代河流输入之物质中的粗粒部分于外陆棚区沉积下来而形成了粗粒物质的出现呢？也就是说，是不是可能外陆棚沉积与内陆棚沉积本属同一时期的同一层位，而仅是由于水动力条件的影响才出现了它们之间的这种粒度分配上的差异呢？只要研究一下实际资料便会对这个问题予以否定的回答。因为其一，现代入海之主要河流的输入物的重要特征则是含有大量的细粒碎屑物质，其中所含有之细砂粒级不足以覆盖广大的外陆棚区，就是说物质基础是不存在的。其二，即使现代漂流输入物中有一部分砂质沉积物，那也很难想象它们会越过流速较小的沿岸流分布区反而在流速较大的黑潮分布区内沉积下来[东海南部黑潮的表面流速可达 89 厘米/秒(斯费德鲁普，1958)]。其三，碎屑物质的机械分异总是粗的先沉积，细的后沉积的。因此，若这两类沉积属同一时期的同一来源，那么粗粒物质反而在细粒物质之后，这也很难解释。其四，这两类沉积类型间在物质组成上极不相同，证明非属同一时期的同一来源。其五，外陆棚沉积中见有更新世的有孔虫。其六，外陆砂质带的出现不仅在表层，而且在垂向上也都是粗粒沉积。

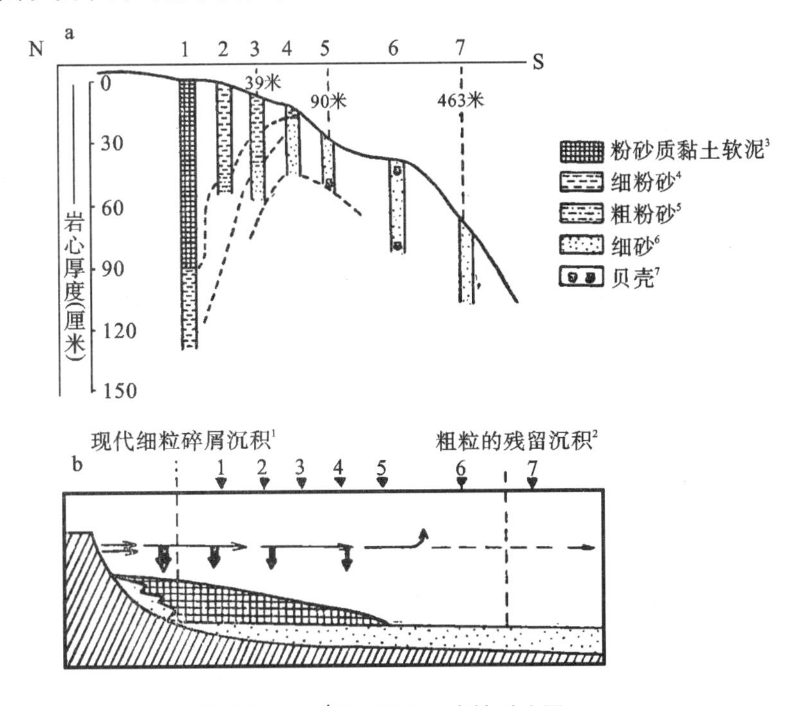

图 9 a. 南海陆棚区 I-I′断面岩心之岩性对比图
b. 现代碎屑物质入海后之迁移沉积模式图

Рис. 9 a. Сопосталение колонки по I-I′ профили в Южно-Қитайском море;
b. Қарта модели перемешения и отложения современных обломочных веществ.

1. Современные тонкие обломочные отложения; 2. Қрупные остальные отложения;
3. Алефритово-глинистые илы; 4. Алефриты мелкие; 5. Алефриты крупные;
6. Пески мелкие; 7. Раковины.

就现有资料看来：在中国陆棚海底上确实存在着两种不同时期不同层位的沉积物，同时，这两类沉积便构成了我国陆棚区沉积物分布的基本轮廓。至于外陆棚沉积的确切年代及其他特征尚须作进一步研究。

三、几点认识

(1)海底沉积物的堆积和海底地形的发育是在改变海底地形的统一作用中两个不可分

割的组成部分。如果仅单纯的调查海底地形而不注意沉积堆积及其发育，就不可能阐明地形的发育史。相反，不同时研究海底地形也不可能了解沉积—堆积作用的发生及其历史。特别是在陆棚区，沉积—堆积作用乃是影响，以至于塑造海底形态的最积极的因素。这一点，在我国陆棚海中表现得特别明显，像渤海、北部湾等之所以出现如此平坦的海底的重要原因，则是因为这些海区里发生着强烈的沉积物的堆积。相反，在强烈冲刷的地段，则会出现凸凹不平的地形。因而，沉积—堆积和冲刷的强度，便可成为划分海底地貌形态的重要依据。但是地形对沉积的影响作用往往是通过水动力条件的改变来实现的，因为地形的变化引起了水动力活动性的改变。

(2)根据粒度大小而编制的沉积物分布图是分析现代海底碎屑物质分异作用的基础，而沉积物的粒度成分与海底地貌、水文动态、离岸远近间的相互关系则是引起机械分异作用的基本原因。因而探讨碎屑物质粒度分配上的差异，不但可在粒度与水动力条件和地形间找到有益的联系，而且在我国陆棚海它还可作为探索物质来源，沉积物生成时期的重要依据。为此便常常需要编绘个别粒级分配图。尽管如此，沉积物的物质组成仍是最基本和最重要的部分，是研究沉积—成岩作用的基本依据。

(3)第四纪以来海平面曾有过剧烈的变动。这些变动无不在海底沉积和地形变化上留下深刻的烙印，因而外陆棚沉积的出现和大河古河道及海底平台的出现绝不是偶然的。由此还可以设想：第四纪以来我国海之海平面的上升幅度是很大的。

(4)我国陆棚海的现代地质作用异常复杂，而其所经历的沧桑变化更引起许多学者的注意，今后则必须对它的古地理变迁、形成历史、沉积物的物质组成、地形成因以及铁锰结核的分布等一系列问题进行更详细的深入研究。

(本文是在张兆瑾先生的指导和支持下完成的。全文又经张文佑先生审阅并提出许多宝贵意见，同时业治铮先生除校阅了全文外，还直接给作者以多方面的指导，才使全文得以完成。此外，郑铁民和杭州大学教师张志忠二同志协助计算、制图，作者对他们的帮助表示诚恳的谢意。)

参考文献

[1] 马廷英，1939. 亚洲最近地质时代气候的变迁与第四纪后期冰期消长的原因及海底地形问题. 地质论评 3：119-129.

[2] 范时清、秦蕴珊，1959. 中国东海和黄海南部底质的初步研究. 海洋与湖沼 2(2)：82-85.

[3] 秦蕴珊、徐善民，1958. 北黄海及渤海的海底沉积. 北黄海及渤海调查报告，地质部分(未刊稿).

[4] 秦蕴珊、郑铁民，1961. 浙江近海海底沉积物的初步研究(未刊稿).

[5] 秦蕴珊、廖先贵，1962. 渤海湾沉积作用的初步探讨. 海洋与湖沼 4(3-4)：199-207.

[6] H. U. 斯费德鲁普等，1958. 海洋，卷 2，毛汉礼译，科学出版社，630.

[7] П. Л. 别兹鲁柯夫等，1958. 论中国东海北部的沉积物及底栖动物区系. 海洋与湖沼 1(3)：269-291.

[8] M. B. 别利诺娃，1958. 海洋底质图，海洋与湖沼 1(2)：243-251.

[9] 河田学夫，1935. 渤海及黄海にチけ为海底沉淀物の观察并に其の分布状态に就いて. 满洲技术协会会志.

[10] Морской Атлас. 1953.

[11] Безруков, П. Л., А. П. Лисицын, В. П. Петелин, Н. С. Скорнякова, 1961. Карта донных осадков Мировго океана. В книге“Современные осадки морей н океанов”стр. 73-85.

[12] П. Л. Безруков и А. П. Лисицын, 1960. Классннфикация осадков современых морских водоемов.

Трубы институтa океаноɩоsии АН СССР. 34: 1-14.

[13] F. P. Shepard, 1932. Sediments of the continental shelves. *Bulletin of the Geological Societ of America*. 43: 1017-1039.

[14] F. P. Shepard, 1948. Submarine Geology. pp. 123-125.

[15] F. P. Shepard, 1959. The earth beneath the sea. pp. 70-71.

[16] H. Niino, K. O. Emery, 1961. The sediments of shallow portion of South and East China Sea. *Geological Society of America, Bulletin*. 72(5): 731-761.

[17] H. O. Waller, 1960. Foraminiferal biofacies off the South China coast. *Journal of Paleontology* 34 (6): 1164-1182.

[18] W. Polski, 1959. Foraminiferal biofacies off the North Asiatic coast. *Journal of Paleontology* 33(4): 1164-1182.

ИЗУЧЕНИЕ РЕЛЬЕФА И ДОННЫХ ОСАДКОВ КОНТИНЕНТАЛЬНОГО ШЕЛЬФА КИТАЙСКОГО МОРЯ

1. В статье перечислены цифры основных элементов рельефа континентального шельфа в Китайском море, т. е. изменения глубины, ширины и склона, посвящены основные особенности рельефа континентального шельфа и одновременно автором получены следующие выводы:

(а) Максимальная ширина шельфа——735 миль.

(б) Максимальная глубина внешней границы шельфа——140 м.

(в) Средняя глубина шельфа——45 м.

(г) Средний склон——0°02′.

Автор считает, что последовательностией рельефа является важнейшая характерная черта шельфа в Китайском море, так например, в морском дне часто встречается погруженные долины, подводные террасы и дельты. В широком районе дна моря Китая развития рельефа и его формы обусловливаются аккумуляцией современного отложения, а также интенсивностью тектонического движения побережья.

2. Кроме того, написана характерная черта распространения донных осадков, автором по составам веществ, механическим составам и области распространения этих осадков разделяется два типа осадков, имеющие различные возраст и происхождение. Первый тип называется внутренним шельфовым отложением, а второй тип——внешним шельфовым отложением.

Внутреннее шельфовое отложение в основном состоит из веществ тонких зерен, принесенных современными реками. Внешнее шельфовое отложение состоит из веществ крупных зерен, т. е. песков, которые отложились в ледниковых эпохах, когда уровень моря был значительно ниже.

Разница между ними не только проявляется на их распространении гранулометрии, но и на их вещественных составах.

В внешнем шельфовом отложении содержается значительное количество раковины фораминиферы, наоброт, в внутреннем шельфовом отложении их содержание меньше. Связано с этим, что содержание процентов $CaCO_3$ в внешнем шельфовом отложении значительно больше, чем в внутреннем шельфовом отложении. Одновременно содержание процентов органического вещества в внешнем шельфовом отложении меньше, чем в внутреннем шельфовом отложении. Содержание процентов аутигенного глауконита тоже имеет значительное различие между отложениями этих двух тип.

В заключении статьи предварительно обсуждены контролирующие факторы, образующие эти типы осадков.

本文刊于1963年《海洋与湖沼》 第5卷 第1期
作者:秦蕴珊

渤海西北部海底泥炭层研究初报*

对海底沉积之沉积相和沉积环境的调查研究是海洋沉积学的一个重要内容。在大陆架的特定地段上,沉积环境的改变往往反映着古地理的演变或海陆变迁的状况。但是,由于目前海上调查设备的限制,所研究之沉积环境及其反映的海陆变迁历史一般只限于第四纪,甚至是第四纪晚期的沧桑变化。尽管如此,这方面的调查研究工作也还是做得很不够的。

在研究沉积相和沉积环境过程中,主要是研究那些保存于沉积物中的各种具有指“相”意义或能反映沉积环境的一些标示。如各种古生物(动物和植物)化石群落,沉积物的各种物理特征,沉积结构和构造,矿物学和地球化学标志等。由于水体的覆盖,海洋沉积物是保存上述标志的良好场所。这也是海洋地质调查工作所以引起地质工作者极为关注的原因之一。通过对沉积相和沉积环境的研究,不仅使我们能够了解地球历史的演变,更重要的是它能给我们提供有关寻找沉积矿产方面的捷径。本文所要讨论的泥炭层、孢子花粉、介形虫以及贝类生物等均是能反映古沉积环境的一些标志。这方面在历次的渤海地质调查过程中,我们在渤海北部海区曾先后几次发现了一层分布比较广泛的泥炭层。它们在海底下的埋藏深度各处不一,有的在海底以下 3 米左右处,有的则在海底以下 5～6 米处。泥炭层本身的厚度从几厘米至十几厘米,以其明显的黑色和结构可清楚地与上、下层截然分开。发现泥炭层的各个站位,目前都已远离海岸。本文拟以 B-189 站的柱状样品为例,对泥炭层的沉积相作一初步探讨。

一、岩性特征及结构

B-189 站位于渤海西部偏北的海区,水深约为 24 米。柱状样品全长为 364 厘米,主要是由黏土质软泥和粉砂质软泥构成。根据岩性特征从上至下可将柱样分为四层:

(一)0～208 厘米,为黏土质软泥

(二)208～321 厘米,为粉砂质软泥

(三)321～330 厘米,为泥炭层

(四)330～364 厘米,为黏土质软泥(未见底)

柱状样品的详细描述见图 1。

土柱第(一)、(二)层均为黄褐色。从上向下粒度逐渐变粗,其间呈逐渐过渡的接触关系。常见有海生动物栖居而形成的虫孔构造。黑色的有机质呈条带状或斑块状零星出现。第(一)层中含有少量的贝壳,向下其含量增高。在第(二)层的底部富集成一薄的贝壳层,这个薄的贝壳层便是第(二)、(三)层的分界标志(见照片)。但有的地方,第(二)、(三)层之间

* 孢粉和介形虫由石油科学研究院地质室关学婷、李应培等同志鉴定,贝类由徐凤山同志鉴定,照片由宋华中同志拍摄,图由蒋孟荣、李清同志清绘,特此致谢。

未见贝壳或其碎屑，而仅以第(三)层的明显的黑色与其上层为界。

第(三)层为深黑色的泥炭层(劣质)，湿度小。其组成成分中除含有少量的矿物碎屑外，主要是以草本植物为主的植物残体(见照片 2、3)，在植物残体中以其叶部为主，尚未完全炭化。以水浸泡分散之后，可在镜下清楚地见到这些植物残体，因其腐烂，极易破碎。在其他还可见到保存较好并用肉眼即可清晰辨认出来的植物残体。

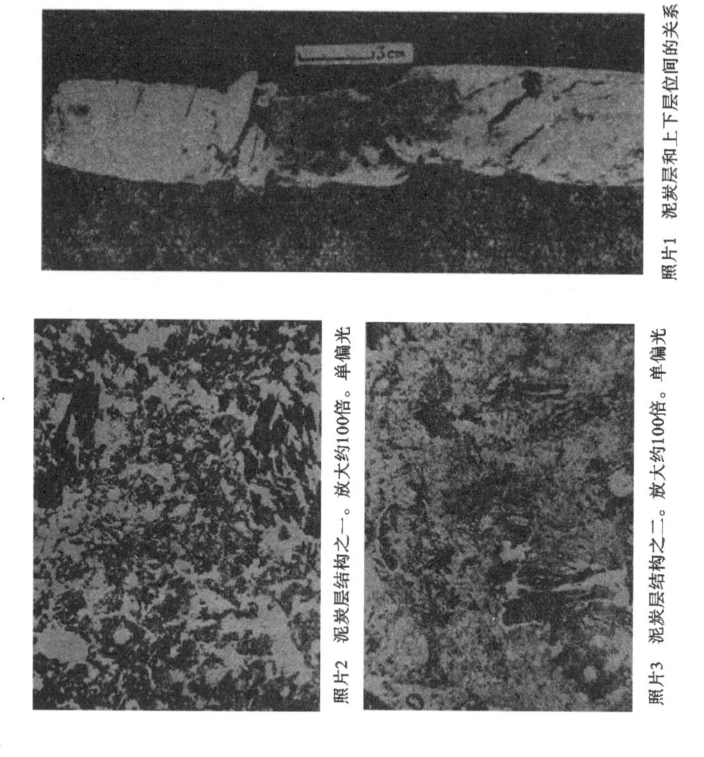

照片1 泥炭层和上下层位间的关系

照片2 泥炭层结构之一。放大约100倍。单偏光

照片3 泥炭层结构之二。放大约100倍。单偏光

岩性符号	层序	厚度(厘米) 总	厚度(厘米) 分	颜色	名称	岩性
	1	208	208	黄褐色	黏土质软泥	黏。成分均一，主要由矿物碎屑组成。但颗粒成分向下逐渐变粗，并过渡为第二层。有机质成斑点和条带状分布，其虫孔构造，加 5% 盐酸有强烈气泡。
	2	321	113	黄褐色	粉砂质黏土软泥	成分均一，主要由矿物碎屑组成，但颗粒成分向下逐渐变粗。具虫孔构造。加5%盐酸有微弱气泡。319~321厘米处有一贝壳层，贝壳多破碎，为下层的天然分界线。
	3	330	9	黑色	劣质泥炭	湿度比各层小，成分主要是矿物和大量植物碎屑组成，加 5% 盐酸无气泡向下颜色变淡并过渡为下层。
	4	364	34	褐灰色	黏土质软泥	黏。成分主要由矿物碎屑组成，有三条褐色铁质侵染带和零星铁质斑点。

图1 B-189站土柱状剖面图

泥炭层的结构与第(二)层亦有明显差异。前者由大量的团粒所组成,在断面上反映出似鳊状结构(新鲜样品较清楚),后者结构均匀。泥炭层以植物残体之间的结合为主,含少量矿物残屑,未见有孔虫介壳,而第(二)层主要是由大小不同的矿物颗粒之间的结合,并伴有有孔虫介壳。

第(四)层的特点是颜色分布不均匀,常有褐色铁质斑点的浸染。有时铁质斑点可聚集为铁质条带。有的测站上还发现有结核状的铁质团块。此层以其独特的颜色和成分与泥炭层分开。

二、孢子花粉及介形虫的主要种属与数量变化

为了确定泥炭层的沉积相并探讨其沉积环境,曾对Ⅲ-5 和 B-189 两测站的柱状样品进行了孢子花粉和介形虫的分析鉴定。两测站的鉴定结果基本一致,现以 B-189 站为例扼要叙述如下。孢子花粉分析结果详见附表及图 2。

实际资料表明,孢子花粉总量中以草本植物的花粉为最多,平均可占 71.2%;木本(乔木和灌木)花粉次之,可占18.5%;孢子含量较少,平均只有10.2%。柱状样品中孢粉的种属从上至下基本上是一致的,其中草本花粉以蒿属为主,其次是藜科,其他如毛茛科、禾本科等含量较少。此外,还有少量水生草本植物的花粉,如眼子芳属、黑三棱属、水鳖科等。灌木花粉以麻黄属占优势。乔木花粉中大多数为飞翔能力很强的松属和风媒植物的桦属等。

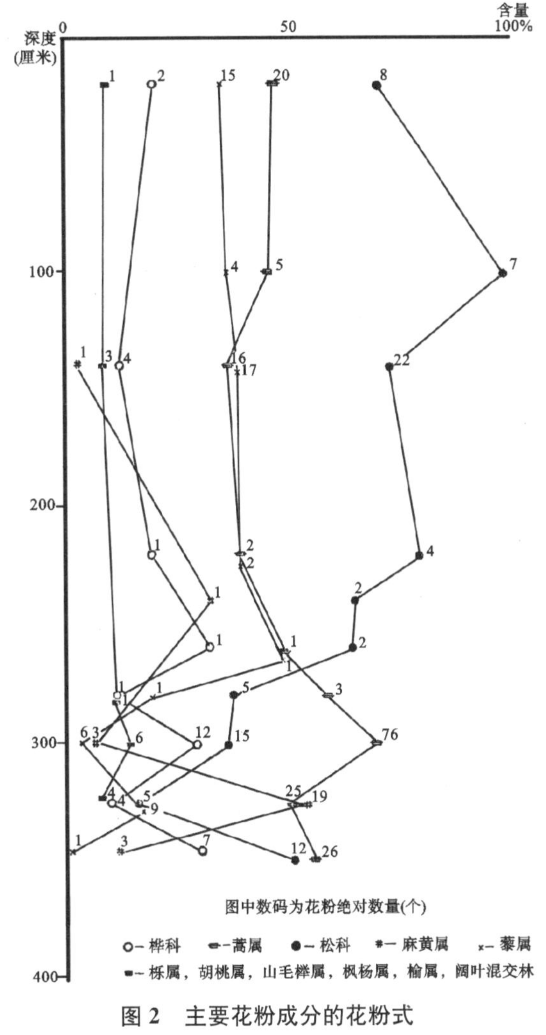

图 2 主要花粉成分的花粉式

在不同层次中各类孢粉出现的数量是不同的。在 300 厘米以下各类孢粉的数量最为丰富,220~300 厘米之间的孢粉数量较少;220 厘米以上其数量又渐增多。

根据孢粉的数量变化可将柱状样品划分为三段:

第(一)段:0~220 厘米,相当于前述之第(一)层和第(二)的上部。

第(二)段:220~300 厘米,相当于前述之第(二)层的中部。

第(三)段:300 厘米以下,相当于前述之第(二)层的底部和第(三)、(四)层。

在第(三)段中,草本植物花粉的含量平均占 61.6%,其中以蒿属的数量为最多,可占一半以上。此外还有藜科、禾本科、毛茛科及水生植物眼子菜属、黑三棱属等花粉,孢子含量平

均只占7.0%，几乎全为水龙骨科的单缝孢子及凤尾蕨属等。木本花粉的含量平均占31.4%，其中以松属、云杉属、桦属、麻黄属的含量较多，并有榆、栎、胡桃、枫、杨等阔叶树种的花粉参加。

附表　B-189站主要孢子花粉简表

样品位置(毫米)	20～28	100～108	140～148	220～228	240～248	260～268	280～288	300～308	328～336	348～356
孢子花粉总数(个)	59	22	82	13	7	7	14	160	86	74
乔木及灌木花粉	11	7	30	5	8	8	8	40	34	22
草本植物花粉	42	11	44	5		2	5	107	48	46
孢子	6	4	8	3	4	2	1	13	4	6
乔木及灌木花粉										
松属 *Pinus*	8	7	22	4	2	1	5	12	3	6
云杉属 *Picea*						1		1	2	5
雪松属 *Cedrus*								2		1
杉科 *Taxodiaceae*							1	4	1	
鹅耳枥属 *Carpinus*										
麻黄属 *Ephedra*										
桦属 *Betula*										
榛属 *Corylus*				1		1		3		1
枫杨属 *Pterocarya*								1	1	
胡桃属 *Juglans*								1	1	
山毛榉属 *Fagus*									1	
栎属 *Quercus*								1	1	
榆属 *Ulmus*								2	2	
草本植物花粉										
蒿属 *Artemisia*	20	5	16	2		1	3	76	25	26
藜属 *Chencpodiaceae*	15	4	17	2		1	1	6	9	1
毛茛科 Ranunculaceae			2					1	2	2
禾本科 Gramineae	2		2					3	1	3
十字花科 Cruciferta	3									
眼子菜属 *Potamogeton*		2							2	
水鳖科 Hydrocharitaceae			6							
黑三稜属 *Sparganium*							1	4		
无孔沟粉								16	8	12

孢 子										
水龙骨科 Polypodiaceae	1	3	4	2	4	2		8	1	1
凤尾蕨属 *Pteris*	4	1	4	1			1	5		4
水藓属 *Sphagnum*									2	1

在第(二)段的少量花粉中,只含有少量的松属、蒿属等,阔叶乔木及草本花粉大为减少。草本植物花粉的含量平均仅有25.7%,以蒿属和藜科为主。

第(一)段的孢粉含量复又增多,其中木本花粉占29.0%,草本花粉占58.3%。孢粉成分与第(三)段相似,但数量贫乏。

在划分沉积相时,介形虫往往能起到良好的效果。B-189站柱状样品介形虫的数量变化详见图3。

图3资料清楚的表明:在300厘米以上的层位中,介形虫的数量较多,并且主要是生活在正常海水中的习见种属,如 *Cytheropteron cf. pipistrella Brady*、*Bosquetina* spp.、*Trachyleberis* (*Bradleya*) sp. 等。但在300厘米以下,不但介形虫的数量大为减少,而且主要种属都是在淡水(至半咸水)的条件下生活的,如 *Cypris subglobosa Sowerby*、*Cypris crenulata Sars*、*Ilyocypris biplicata*、*Ilyocypris bradyi Sars* 等。300厘米以上可生活在淡水(至半咸水)中的介形虫逐渐为生活在正常海水中的种属所取代。(种属鉴定表略)

此外,对位于第(二)、(三)层之间的贝壳层的软体动物介壳进行了鉴定,其中 *Dosinia* sp.、*Sepia* sp. 数量较多,同时还含有 *Unionidae*。除了 *Unionidae* 产于淡水外,其余均为海生的。

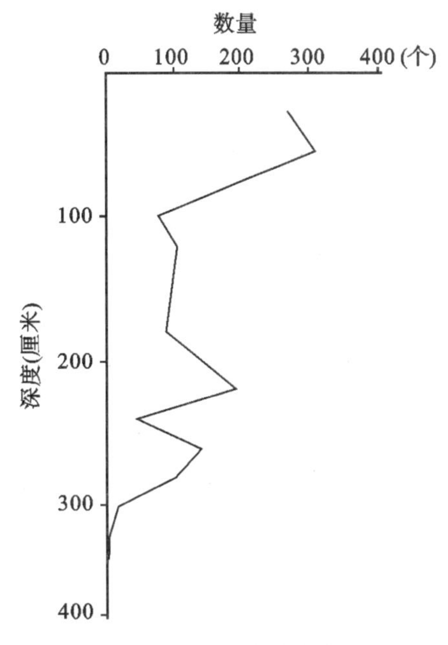

图3 B-189站介形虫含量变化图

三、关于沉积环境的探讨

上述之岩性特征及孢粉组合、介形虫种属与数量的变化为我们划分泥炭层的沉积相和探讨它们的沉积环境提供了比较可靠的依据。据此,柱样的第(一)、(二)层显然是属于正常的海相沉积层;第(三)层的泥炭层(甚至包括位于其下的第(四)层)则属于滨海淡(至半咸水)湖沼相沉积。

湖沼中及其附近繁茂的植被为湖沼里的沉积区提供了大量的植物残体,这些植物残体被后来的沉积物所覆盖形成了今日的泥炭层。而且湖沼中及其附近可能出现的淡水区域给淡水生活的介形虫提供了赖以生活的条件,因此,在泥炭层(以及第(四)层)中出现了淡水介形虫;同时,从这一层位中出现了水生植物花粉数量可知,当时的水域是不稳定的,导致了水生植物不能大量繁殖。目前,泥炭层已被几米厚的海相沉积层及几十米深的海水所覆盖,位置也远远地离开海岸(B-189 站离岸最近处约 82 千米)。这些情况表明了它曾经遭到一次大规模的海侵影响,从而结束了湖沼相沉积,并为现代仍在继续的海相沉积所取代。泥炭层上蚌类及可生活于淡水的介形虫数量的不断减少,反映了海侵初期仍有淡水注入,随着海侵范围的扩大,淡水的影响也就逐渐减弱。

孢粉组合中的蒿属、藜科和麻黄属都是适于温带干燥气候的盐碱土中生长的。特别是藜科,是适于干旱和盐碱地生长的具有代表性的植物。此外,搬运能力强的植物花粉和不易远运的草本植物花粉的大量出现,可以推断,泥炭层沉积时附近的环境是干旱气候条件下森林稀疏、林木矮小的灌木草原植被,草原上零星散播着各种落叶阔叶树,并有一定的水域存在。从眼子菜属、水鳖科等水生植物的生长条件判断,所出现的水域是比较平静的,这些条件也是湖沼中所具备的。上述环境和植被与今日渤海沿海一带所见相似。

沉积物中的孢粉主要由陆上植被供给,风、水流和昆虫等是它们传播时的携带者,它们被携带的距离和它们的特性有很大关系。如密度小、体积小或具有适于介质搬运的器官(如气囊等)在同一条件下就能运得远一些,反之就近。孢粉的这些特点曾被利用来研究古沉积层环境条件的变化。所以,孢粉资料在研究沉积环境方面具有一定的参考价值。本文所讨论的花粉组合及特点和环境变化的关系也是很明显的,如第(三)段柱样,草本植物花粉含量极高,种属也较多,在生态上不仅有陆上的,还有水生的,有水边上生长的,也有湿地上生活的(黑三稜属),而且有大量的草本植物残体堆积成层。表明了物质来源主要是附近,甚至是原地的植被,它们所受的搬运并不远。相反,第(二)段柱样的孢粉含量大减,特别是草本植物花粉明显地减少,而松属花粉相对地增多,这是和海侵后海域的扩大有直接关系。因为海域扩大了,草本花粉不易大量进入沉积区,松属花粉则凭借其强的飞翔能力还可不断进入,从而改变了花粉的比例。另一方面,虽然松属花粉飞翔能力很强,但毕竟是搬运距离远了,故花粉总数仍不及第(三)段。再一方面,花粉沉积情况的变化可能是伴随着海侵和海域的扩大,搬运的介质条件也发生了改变,以致落入海中的花粉不能大量进入该处沉积。第(一)段花粉数量复又增多,这和海侵达到高潮之后海域又有所缩小和介质又有利于孢粉沉积有一定的关系。所以,孢粉所反映的环境变化和介形虫等材料是一致的。

总之,由于泥炭层的发现,使我们认识到,渤海在泥炭层沉积之后,曾经发生了一次大规模的海侵(这可能是渤海近期的最后一次海侵),并使渤海海域达到了本次海侵的最大范围,之后,海域又逐渐缩小,形成今日渤海的状况。

本文刊于 1978 年《海洋科学》 第 3 期
作者:秦蕴珊 郑铁民

一门研究海底的科学——海洋地质学

浩瀚的海洋不但给人们以美丽、宁静的感觉，而它的惊涛骇浪更给人们留下了深刻的印象。世界上许多国家用巨大的投资去调查研究海洋的原因，并不在于它的水波荡漾和浪涛汹涌，而是因为海洋在政治上、军事上、经济上的巨大作用，迫使人们不得不去探索、调查和研究海洋的各种自然规律，以适应人类社会的需要。因此，许多国家都把海洋科学同宇宙科学等列为重点突破和发展的重大科学领域。

地球表面约有71%为海水所覆盖，陆地所占面积还不足1/3。因此，了解人类生活居住的地球的奥秘，探讨地球的形成和起源，揭示各种矿产资源的成矿规律，研究地震的形成机制等等，这些重大课题研究，都离不开对广阔海底的调查研究。况且海洋特别是海底本身就向人类提供着巨大的物质财富。

我们伟大的祖国，不仅地大物博，资源丰富，而且所濒临的海洋也十分辽阔、富饶。自古以来，我国沿海的劳动人民就向海洋索取了重要的生活资料——“渔盐之利”。著名航海家郑和，曾七下“西洋”，远达非洲东岸，全部航程数万海里，航行中利用罗盘精密地测量方位，并详细记述了沿途所经各地的天文、海水运动和水深变化等。这些对中国海和印度洋的认识作出了重大贡献。1872～1876年英国皇家学会组织的“挑战者”号船的环球调查，是系统的综合性海洋调查研究的开端。

但海洋地质学作为一门学科，则是在第二次世界大战以后，随着军事、渔捞事业以及石油等海底资源的开发等生产实践的发展才逐步建立起来的。特别是在20世纪60年代以后，海洋地质学的进展几乎达到了惊人的程度，它是海洋科学中发展最为迅速的学科。

概略地说，海洋地质学是研究海岸和海底的地质、地貌的一门科学，它是海洋科学的一个重要组成部分。海洋地质学的研究，可以为国防建设、矿产预测与开发、地震预报、海岸防护、港口建设等方面提供科学依据和基本资料，同时又可以推进许多地球科学的基础理论的发展。简言之，海洋地质学是研究被海水所淹没了的这部分地球在时间上的发生和发展，及其在空间上的分布变化规律的科学。科学地质学虽然如同其他地球科学一样具有明显的区域性，但尤为重要的是由于海洋地质学所要研究的领域与对象是如此广阔。所以，它具有明显的全球性。将近300年来，地质学所依据的主要科学事实，基本来自对大陆的调查所得到的资料。近20年来，由于海洋地质学的飞速发展，已把大陆和海洋作为地球的整体来研究，其目的是要阐明地壳、地幔和地球内部的结构状态、物质组成和演化历史，以便为陆地和海洋的矿产资源及地震预测服务。而海底则是进行这种研究的最有利和非常重要的领域和对象，所以海洋地质学(其中包括海洋地球物理学)的飞速发展则是地球科学发展阶段上的必然结果。

我国的海洋地质科学，新中国成立前完全是空白，新中国成立后在毛主席革命路线的指引下，才从无到有，从小到大地发展成长起来。目前初步形成的具有一定数量和水平的科技队伍，已能在我国的大陆架及邻近海域进行海底石油的调查与勘探，同时也开始了深海远洋的调查研究，在调查研究我国各海域的海底构造、地形地貌、海底沉积物的主要物质组成、海岸地貌及港口的泥沙回淤规律以及海底矿产资源的评价等不少领域都做了许多工作。但是总的说来，我国的海洋地质科学仍然是一门比较薄弱的学科，海上调查及实验分析的手段和装备还比较落后，离世界先进水平还存在着不小的差距，这些都有待于进一步加强和完善。

海底的形态与大陆架

如果把海洋中厚厚的海水去掉，那么显露在我们眼前的海底，其景色是非常壮观的，海底表面的形态变化与大陆相比，有过之而无不及。

总的说来，大陆和海洋盆地是地壳表面的两个基本形态，但在两者之间通常存在着一个由前者向后者逐渐变化的过渡地带，称大陆边缘。因此，地壳表面形态的主要特征是：大陆→大陆边缘→海盆。

科学实践日益说明：大陆边缘的地壳结构是过渡类型的，其硅铝层的厚度随着过渡带向海盆方向的延伸而逐渐变薄，并随着过渡带的结束，地壳也渐变为以硅镁层为主的大洋型地壳。所以，大陆边缘的地壳结构性质是复杂变化的，可将其划分为几个性质不同构造单元。

按照形态特征，在一个理想的典型剖面上，可将大陆边缘划分为三个单元，即大陆架、大陆斜坡和陆基（或叫陆隆）（图 1）。

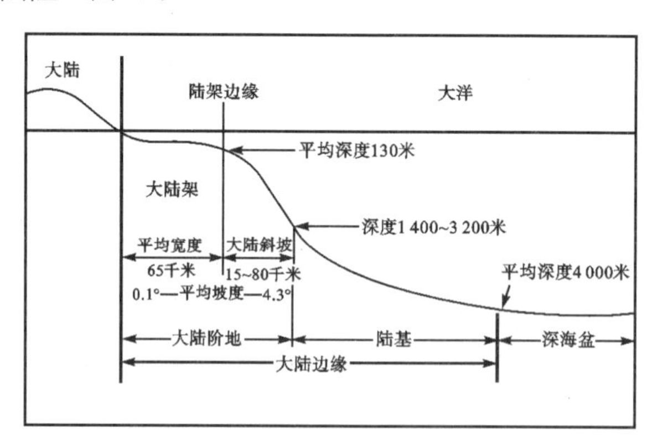

图 1 海底地形形态剖面示意图

一般地说，大陆架是指从海岸线起向深海逐渐延伸到地形坡度有急剧增大的这一区间。在地形坡度有急剧增大的地方叫陆架边缘，或叫坡折线，这里的平均深度为 130 米。大陆架的宽度各处不一，平均宽度为 65 千米，平均坡度为 0.1°，所以这里是比较平坦的。大陆架的地壳结构是大陆型的，地形上与大陆联成一体，所以一般将大陆架看成是邻近大陆在水下的延伸，实际是大陆的一部分。大陆架之外是大陆斜坡，地形的坡度很陡，平均为 4.3°，其宽度大都在 15～80 千米，大陆斜坡的下面是一片较为平坦的海底，是陆基，其外缘的平均深度可达 4 000 米，与它相连的，则是大洋盆地。

本来，大陆架是地形上的一个术语，但由于苏、美两霸对大陆架资源的争夺而使大陆架的定义和划分复杂化了，这个问题有时关联着国际法的斗争问题。

大陆架仅占海洋总面积的7.5%，约等于地球上陆地总面积的18%。现在人们这么重视大陆架的调查研究，主要因为大陆架具有很大的经济开发潜力，同时也与国防建设有关。上已述及，大陆架是邻近大陆在水下的自然延伸，这里地形较为平坦，大部分为浅海，渔业资源非常丰富，90%的海洋食物资源（主要是鱼）来自大陆架及邻近海湾。但是，对大陆架资源争夺的焦点，则是海底石油和天然气。大陆架是海底石油蕴藏量最为丰富的海域，所以大陆架的划分，首先涉及石油资源的归属问题。大陆架一经划定，他国不得侵犯，可见大陆架的划分不但是个学术问题，也是个政治问题。

我国有漫长的大陆海岸线，为18 000多千米，海域辽阔。濒临我国大陆的渤海、黄海、东海、南海的海底形态不仅有陆架、陆坡还有小型洋盆，其中大陆架浅海区，所占比重相当大。仅黄海、东海、南海的总面积就约有124万平方千米。我国大陆架大体上有两类：一类是宽阔的陆架，如东海大陆架；另一类是比较窄的陆架，如南海大陆架。此外，还有位于岛屿周围的岛架。

东海大陆架是世界上最宽的大陆架之一，最宽处位于长江口外。在这宽阔的浅海海域蕴藏着丰富的石油资源和鱼类等生物资源。东海大陆架是我国大陆在水下的自然延伸。

帝国主义早就对我大陆架浅海资源垂涎三尺。1967年以来，美、日等国相继对我黄海、东海和南海进行了地质地球物理调查，并窃取我大陆架的地质资料，日本和韩国还在我国东海大陆架成立了所谓“日韩共同开发区”，肆意侵犯我大陆架主权。

因此，调查研究大陆架的地质地球物理特征，进一步论证大陆架是我国大陆在水下的自然延伸，阐明大陆架的形成过程和发育历史，则是十分重要的任务。

富饶的海底，巨大的资源

海洋底部蕴藏着极其丰富的矿产资源，其种类之多、储量之大都是惊人的。海底矿产资源的找寻、预测、开发是海洋地质科学的重要内容。特别是苏、美两霸，为了争夺海底矿产资源，正在不遗余力地在海上开展激烈的斗争。

20世纪60年代以来，海底矿产资源的调查研究正以空前的规模迅速发展着，除丰富的海底油气藏外，新的矿种不断发现。如在美国得克萨斯海岸外的海底沉积中发现了丰富的锆、钛及其他重要金属；在墨西哥、巴西、达荷美和澳大利亚外海发现了有经济价值的新油田等。对海底矿产资源成矿理论的研究，不仅对海底矿产的找寻有指导意义，而且对陆地上的地质找矿与勘探有重要的参考价值。所有这些都大大丰富了人们对海底矿产资源及其经济价值的认识。但是，由于技术条件的限制，目前在经济上和理论上最引人注目的矿种主要有三类，即海底石油、锰结核和多金属软泥（矿床）。

海底石油和天然气是海底最重要的矿产。据估计，海底石油的储量可占世界推定总储量的1/3，仅在大陆架的石油储量就约有1 100亿吨。

早在19世纪末期就在海底发现了石油，但大规模的勘探开发是从20世纪60年代才开始的。目前，浅海石油的日产量在100万吨以上，占世界石油总日产量的17%。

当前，有75个国家和地区在邻近浅海勘测油气藏，进行海底地质、地球物理调查。有35个国家在开采海底石油和天然气，其中委内瑞拉、美国和沙特阿拉伯是海底石油产量较多的国家。其他像刚果、印度、马来西亚等国的海底石油产量也有显著的增加。

海底的石油开采目前主要限于大陆架的浅水海域。但是,石油资源不仅蕴藏在大陆架浅水区,近年来的海洋调查证明,在那些分布着第三纪沉积层的大陆坡、陆基和小型洋盆的深水海域也具有很大的潜力。如美国在墨西哥湾一个海渊(深约 3 582 米)进行钻探,发现了含油沉积层。据分析,在加勒比海、地中海、日本海、中国的南海以及印尼群岛附近海域的深水区都可能含有石油。所以,许多国家除了继续对大陆架进行勘测外,已经把注意力转移到大陆坡、陆基及深水小洋盆等海域的地质、地球物理调查,这是值得注意的一个发展趋势。

在海洋底部,锰结核的蕴藏量极大,它是海洋提供给人类的又一种巨大的物质财富。

自 1872 年"挑战者"号调查船首次在大洋中发现锰结核以来,海洋地质工作者就不断地对它进行了调查研究。但是,只有随着海洋调查技术手段的不断革新,锰结核的真正价值才能逐渐为人们所了解。在 60 年代,锰结核作为一种潜在的矿物资源引起了各国的重视。到 70 年代,随着海洋矿物资源调查勘探和开发技术的迅速发展,在国际上已出现了一股调查开发锰结核的热潮。

锰结核是一种富含多种金属的结核体,尤以锰的含量最高,所以称它为锰结核。锰的含量一般为 25%~35%,有的矿区可达 36%~57%。此外还含有铜、钴、镍、锆等 20 多种有用元素,其中尤以铜、钴、镍的含量为高。各个国家对锰结核之所以如此重视,其着眼点也往往是因为铜、钴、镍等这些微量元素的储量和品位达到了工业要求,具有经济吸引力。

在世界各大洋中,锰结核的储量是相当可观的,据估计,仅太平洋就蕴藏着 1.7×10^{12} 吨锰结核,其中含 4 000 亿吨锰,比陆地储量多 200 倍。另外还含 98 亿吨钴、88 亿吨铜、164 亿吨的镍。同时,锰结核还正以每年约 1 000 万吨的速率继续生长着。但是并不是任何一个海域都可以作为矿区来开采,寻找经济上的矿区,还需要进行大量的调查工作。

锰结核主要富集在大洋底部及某些海脊上,有时也产于大陆坡下部,水深多在 700~7 000米,在水深更浅或更深的海底虽然也发现了锰结核,但其成分与储量已有显著变化。锰结核不仅富集于洋底表面,而且存在于洋底表面以下数米的沉积物中。

科学工作者对锰结核的成因与形成过程进行了大量的研究工作,提出了各种见解和假说,同时对锰结核的开采技术也进行了多方面的试验,有的国家已在大洋底部开始了锰结核的勘探和开采。

海底多金属软泥是近 10 年来海底矿产研究方面的重要发现。在国际印度洋考察期间,发现红海附近海底有三条断裂形成的深海沟。这些地方的水温异常,底层水温达到 65℃,水中的含矿程度比一般的海水高 1 000 多倍,海底沉积物中富含铜、铅、锌、银、金、铁等多种金属元素。据对其中一条海沟海底 10 米以内沉积物的估算,矿石总储量可达 8 300 万吨。

一般认为,这种特殊的多金属软泥是沿海底断裂上升的缺氧高热卤水渗透到海底沉积物中而形成的。由于多金属软泥的发现还为时不久,目前尚处于研究阶段。

古老的海洋,年轻的洋底

据一般常识推论,总应该是先有个海盆,尔后才能盛满海水,因此,海底的年龄应当老于海洋。但是,近年来的海洋地质调查研究却以大量的资料说明,事实正好相反,世界大洋的洋底年龄比海洋本身还年轻。根据近 10 年来的大量研究,科学家们建立了一种新的学说,即海底扩张说和板块构造说。

揭示海洋的形成历史，探讨海洋的起源及其沧桑变化，一直是海洋科学，特别是海洋地质学十分重视的重大理论课题。近10余年来，这方面的研究工作有了突破性的进展，其重要标志就是发展和建立了海底扩张或板块构造学说这个新的理论概念。这个学说的建立有力地促进了海洋地质学的发展，同时也引起了全世界地球科学工作者的密切注意。

60年代以来，在国际地球物理年(1957～1958)的基础上，许多国家又一起开展了频繁的国际协作项目，共同调查研究海洋底部的地质、地球物理特征。如印度洋考察计划(1959～1965年)，上地幔计划(1964～1971年)和地球动力学计划(1972～1977年)等。特别是在上地幔计划期间，集中了规模较大的地质、地球物理和地球化学的力量，在广阔的海域里进行地质、地震、钻探、地磁、年代测定、高压物理等多学科性的综合研究。所取得的研究成果，在一定程度上给海底扩张说和板块构造说的建立提供了科学基础。

实际调查资料表明：在世界各大洋的中部分布着一条长为6万多千米，宽约数百千米，几乎全球性的海脊，叫做洋中脊。它全部是由从地球内部迸发出来的火成岩组成的，其上部有时也有沉积盖层。沿洋中脊的顶部还蜿蜒伸展着一条像裂缝似的中央裂谷，其长度与洋中脊相似。

大量的调查成果说明：时至今日的海底(大洋底部)是在不断向外扩张的，根据这样一些基本事实建立了一种假说，即海底扩张说(图2)。

海底扩张是由于在大洋中脊裂缝处不断生出新的地壳物质，也就是说由地球软流层涌出热的地幔物质，并随着岩层向外扩张或推移而形成新的洋底。同时，由于地幔物质的对流作用，带动并促使洋壳徐徐向洋中脊两侧移动和扩张。对流载着新形成的海洋地壳慢慢移向消失带——海沟区，并在岛弧-深海沟处俯冲沉入地下，返回软流层，逐渐被熔蚀、吸收。结果地壳物质又重新加入软流层，并慢慢向大洋中脊根部移动。

根据海底扩张这一基本事实而发展起来的一个新理论，即板块构造学说。这个学说把地球表面划分为六个大的呈刚体(比较稳定)运动着的板块(如太平洋板块、欧亚板块等)，以及一些次一级的板块等等。

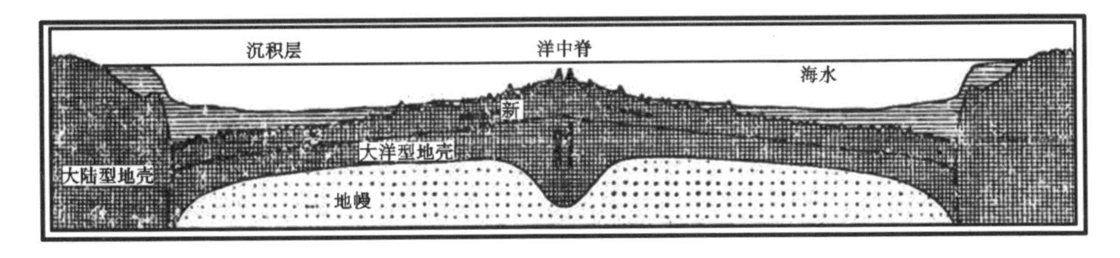

图2　海底扩张示意图

板块学说进一步认为：洋中脊是地幔物质对流的上升区，海沟是对流的下降区，洋底则由洋脊处产生，而在海沟处消亡。由于洋底扩张的速率很快，这样就使洋底每两三亿年便可更新一次，从而得出洋底地壳的年龄比海洋本身的年龄还要小的结论。深海钻探结果表明，洋底最老的岩石是1.6亿年，与大陆最老的36亿年的岩石相比，洋底要年轻得多，而地球本身的年龄可能是45亿年。

目前，许多科学工作者用海底扩张与板块理论来解释许多重要的地质地震现象，并探讨矿产资源的形成及蕴藏规律等课题。

根据板块学说的推断和人造地球卫星拍摄的照片都表明:印度洋板块正向北推移,其边缘可能潜入欧亚板块的下部,这种运动的一个直接结果便是喜马拉雅山脉的不断上升。

板块学说认为:世界的主要地震带都处在各个板块的接界处,而地震则是各板块发生相对运动的结果。因此,研究板块及其运动规律将对地震预报起着重要的作用。

许多地质学家认为:无论是在大陆还是在海洋,热液矿床主要分布在不同板块的交界处。如红海是非洲板块和欧亚板块相互分离的边界,因此形成了丰富的海底多金属矿床。在印度洋中脊区也发现了金属硫化物和铜矿,也有人用板块学说来解释和预测石油的生成与远景。

总之,海底扩张与板块学说是当前国际上广泛流行的一种理论。目前,许多科学工作者都在验证这种理论的实用性。但是必须指出:也有不少科学工作者对板块学说提出了异议,其中最主要的争议之处则是板块运动的驱动力问题。就是说,海洋地壳运动的机制问题并没有完全被实践所证明,而有待于进一步调查研究。

海洋地质的调查技术与进展

由于海水的阻隔,对海底的调查研究多半是应用各种类型的电子仪器和取样工具来获取有关海底的资料的。如地震、重力、地磁等地球物理探查手段;海底表层及浅钻取样、拖网等取样设备;海底电视、海底照相、旁侧声纳等较为直观的观察仪器等。但是60年代以来,随着海洋地质科学的飞速发展,上述常规调查手段已发生了深刻变化,同时在大量引用新技术、新方法方面又有了重大突破性的进展。

1972年7月,美国发射了第一颗地球资源技术卫星。这颗卫星形如蝴蝶,飞行高度为920千米,每天绕地球14次。卫星在轨道上观测到地面的宽度为185千米,18天内可将整个地球拍摄一遍。卫星上装备的四种探测仪器,可以使其广泛地应用于海洋、地质、林业、环境监测等方面。目前在海洋地质学上,主要用于海岸地貌形态和泥沙流运动的观测及解决海洋沉积学的某些问题。1975年,美国发射了第二颗资源卫星,在观测技术上又有所前进。近年来,各种走航式重力仪得到了广泛的使用,其测量结果与卫星观测资料相结合,就使海洋重力场的研究提高到新的高度,在军事上和理论上都有重要的意义。

海洋人工地震测量是地球物理调查工作中的主要手段。目前,在人工地震反射波法测量工作中,所用的震源几乎都是非炸药震源,如用气枪、电火花等。记录系统广泛地采用了瞬时浮点数字磁带地震仪,进一步提高了调查的效率和质量。为了研究地壳结构需得到折射记录,使用声学浮标在距船数十千米的海面上接收低频信号,由浮标上的天线传至船上的接收机。

为了调查研究海底地磁场的变化,大部分测量工作是利用调查船进行的(包括无磁船)。

由于新技术、新方法的采用,海底的地球物理测量与研究的面貌有了较大的改观。而其特点主要表现在尽多的利用空间技术,提高自动化程度,在船上广泛使用电子计算机以加速资料整理以及采用走航式的连续测量等方面。今后这些方面的工作势必会有更大的发展。

在军事上用以扫海的旁侧声纳,经过改进后用来研究海底的表面状态是一项新的成就,它与海底电视、海底照相以及精确导航的能力相结合,已能像空中照相考察大陆地区一样来视察海底了。

60 年代以来，供科学调查用的深水钻探取样技术有了突破性的发展。在常规的海洋地质调查工作中，主要是使用各种活塞式的、静压式的或者重力式的取样管来获得海洋底部的地质标本，所取的岩心长度一般都在 10 米左右，最长的也只有三四十米。尽管这类取样管仍是当前海洋地质工作广泛使用，而且仍在不断改进的调查仪器，但所获取的资料显然是有局限的。深海钻探船"挑战者"号于 1968 年 11 月开始执行"深海钻探计划"(DSDP)，该计划的实施使海底采取岩心的工作达到了新的水平。该船在使用软接钻管和声学钻孔导向器成功后，实际上可在任何水深进行钻探取芯，钻孔的井深最大为 1 533.7 米。从 1968 年 8 月 11 日到 1975 年 9 月 30 日止，该船已在大西洋、印度洋、太平洋等海域钻探了 573 个孔。在海上进行钻探必须固定船位。该船的定位装备主要是船首和船尾的侧向推进器，根据海底声标发出的信号，用计算机来控制船位，保持船体位于钻孔的上方，所以钻探船不用抛锚而在海上固定其位置可达一个月之久。"深海钻探计划"的实施是海洋地质学的又一创举，它对研究海洋形成历史、验证海底扩张与板块构造说、预测海底矿产资源等重大课题的研究都作出了重要的贡献。

近十几年来，利用潜水球直接观测海底并在海底取样的工作又有了新的进展。有的深潜水艇曾在马里亚纳海沟中潜至近 1 万米深的海底，至于潜入几千米深潜水艇已大量出现，有的还能带人潜入水中，在这些深潜水艇上多数带有机械手和照相装置。

我国自行设计制造的双体船——"勘探一"号，早已投入海上钻探工作。我国自己研制的浅层剖面仪、旁侧声纳、活塞取样管、无缆取样器等调查仪器已经开始使用，各种地球物理探测仪器已达到了较高的水平，并进行了大量的海上调查工作，新的调查手段、新的仪器还在不断地涌现。这对发展我国的海洋地质科学起着巨大的推动作用。

摆在我国海洋地质工作者面前的任务是十分艰巨而光荣的。要进一步调查研究我国各海域，特别是大陆架区的构造特征、海底与海岸地貌及沉积物的物质组成；研究中国海的发育历史；大力进行以找寻海底石油及天然气为中心的矿产资源的调查工作；不断采用新的技术方法；同时也要积极开展邻近大洋的地质、地球物理调查。为建立具有我国特色的海洋地质科学，为我国的社会主义建设事业作出更大的贡献。

本文刊于 1978 年科学出版社《现代科学技术简介》一书
作者：秦蕴珊

美国海洋地质科学一瞥

1978 年 5～6 月份，我国海洋科学代表团访问了美国，受到了美国海洋学界热情友好的接待。在访问过程中，两国海洋科学工作者进行了学术交流，增强了相互之间的友谊和联系。同时，也使我们学习了许多先进的科学技术。

20 世纪 60 年代以来，美国海洋地质科学的发展非常迅速，就总体来说，在当代海洋地质科学领域中居领先地位。其所以能如此迅速发展的原因可能有二：一是由于美国的某种政策以及对矿产资源，特别是能源的需要。美国为了摆脱能源危机就必须扩大能源的供给地，而海洋则是寻求这种来源地的一个广阔场所。美国国家科学基金会用了巨大的经费进行深海钻探，其目的之一也是为了解决海底资源问题，"挑战者"号钻探船也曾在墨西哥湾水深 4 000多米的一个盐丘上钻遇了石油，这就为深水找油扩大了线索。而且，调查研究的海域不断扩大，也就必须有雄厚的科技队伍和先进的技术装备加以支持才能办到。二是由于基础研究工作的需要。美国的许多地球科学工作者日益认识到，要想彻底解决地球的发生、发展及其地质演化过程，就必须调查研究被海水所淹没了的这部分海底。只有这样，才能使地球科学的研究有突破性的进展，才能从根本上解决矿产资源、地震等与地球本身有关的许多重大的实际问题。因此，必须大力发展海洋地质工作。美国每年用于基础研究的经费也是相当可观的。基于上述原因，美国在海底研究工作投入的人力、物力是相当大的，从而使这个科学领域有了长足的发展。

近 20 年来，美国在海洋地质科学领域中所取得的成就为世界所公认，其特点主要有以下几个方面：

第一，提出和发展了并且还在不断提出和发展新理论和新观点。每一种新理论、新观点的出现都是以进行大量调查研究、积累丰富实际资料为背景的。从 50 年代末进行的国际地球物理年开始直到 60 年代进行的诸如上地幔计划等一系列大规模的海洋地质、地球物理调查，为 60 年代末出现的海底扩张说和板块构造学说提供了科学依据。板块学说的出现有力地推动了地质科学的进展。至今，这种学术观点仍在美国海洋地质学界占主导地位。但是，也有不少人对板块理论提出了异议，同时它本身确也存在着一些尚未得到验证的问题。所以，在板块理论思想的指导下又进行了大量深入的调查研究工作，从而又派生出了一些新的观点。如关于各个大陆相互分离的模式以及板块运动驱动力的理论等。近年来，美国的一些单位进行了海底热泉、地下热液与海水相互作用的研究。人们设想，在洋底扩张时，地幔的热液物质沿洋中脊溢出并与冷的海水相遇，其间的相互作用应十分明显。以后，这种相互作用仍在不断地进行。根据这种界面变化的研究，出现了热液与海水相互作用理想模式的新观点，有人还研究了玄武岩与海水之间化学组分的变化(如图所示)。

近年来发展起来的沉积动力学，主要是强调以动态的观点来研究沉积物质在海底及沿岸带的搬运过程，尤其强调海上的现场观测。可以预料，沉积动力学的某些观点也将给海洋沉积学中的一些传统观念带来冲击。

锰矿球研究工作的深入及一些偶然的发现，引起了对其生长速度与生长方式的争论，如锰矿球是从背面（与海底接触的面）还是从正面（与海水接触的面）生长的不同观点以及锰矿球形成的生物学观点等都各自提出了论据。

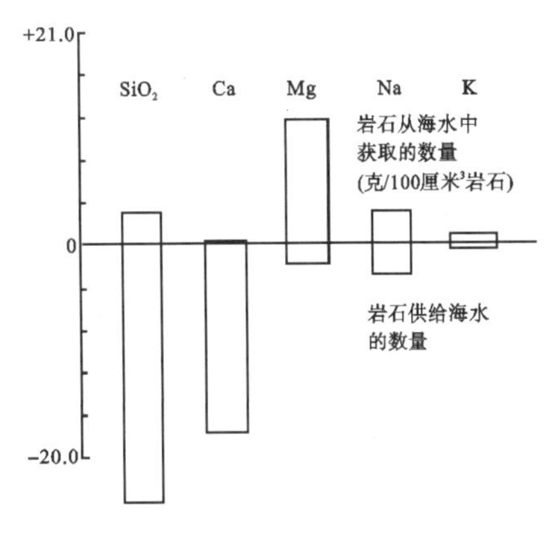

大洋玄武岩在热液状态下的变化

一般地说，每一项科研工作都应该有较为明确的研究目的。美国的许多科学家都积极鼓励、支持那些带有新思想、新观点的研究项目（如保证经费等）。由于新观点的不断涌现，有力地活跃了学术空气，促进了海洋地质学的发展。深海钻探的实施，推动了古海洋学的研究。人们预料，下一个重大的理论突破将发生在历史海洋学中，它必将给古地理学、古气候学的研究带来全球性的重大变革。

第二，新技术、新方法的使用对海洋地质工作的促进作用是十分清楚的。首先是技术装备的更新。在我们参观过的几个科研单位里，固然有较多的商品生产或进口的仪器，但是有相当多的仪器设备有非商品生产或把商品生产的仪器又按自己的需要加以改造了的仪器，如由各单位自己研制的沉积动力球（SDS）已经普遍使用。它实际上起着定位观测站的作用，可将底层流速、流向、含沙量等多种参数同时记录下来，并用海底照相机对海底的状况进行拍摄。它不仅用于沿岸带，而且多用于大陆架深水区。SDS的出现推动了沉积动力学的研究工作，近年来建立的“陆架观测站”，实际上就是一台沉积动力球。同样，由于要在海底观测天然地震而由科研单位和高校自己研制的海底地震仪也早已普遍使用。以后又把它进一步改进用于人工地震的观测工作上，促进了海洋地震的探测。其他如测定海底地热的短探针热流计，用于海底工程地质的沉积物探针等都是自己研制并已普遍使用。所以，根据科研工作的需要与设想而研制一些新的技术装备是一项十分重要的工作。一旦这些仪器成为商品生产时，又有另外的新技术已在实际工作中使用。为了发展技术系统，必须有相应的技术人员配备。如斯克里普斯（Scripps）海洋研究所的海岸过程实验室，重点研究海岸带的泥沙搬运，在这个20余人的实验室里，有一半左右的人员是从事计算机控制、无线电等方面工作的。而且，许多科研人员本身也都从事新技术新方法的改进工作。由于技术装备的不断革新，就可用较少的人力获得更多的资料，加速了工作速度。

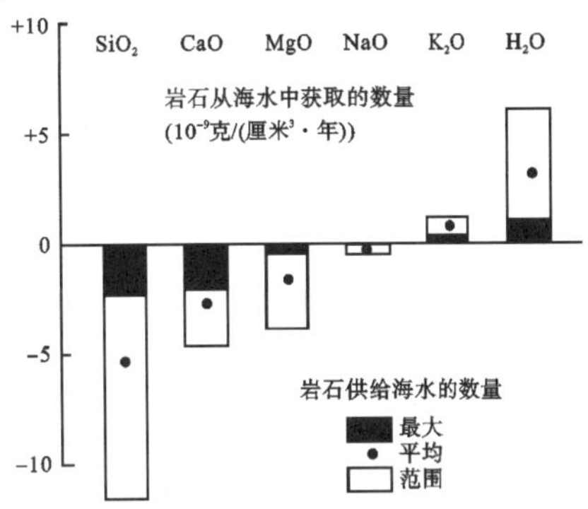

大洋玄武岩在低温下的风化作用

第三，海洋科学是一门国际性和技术性很强的基础学科，一项较大的研究课题的实施往往需要动用大批人力、物力。不言而喻，开展国际与国内的协作不但能较好地解决人力和物力上的困难，而且是迅速发展海洋科学的有效途径。美国各个单位对开展国际交往与合作的积极性给我们留下了很深的印象。如“深海钻探计划”（DSDP），“国际海洋考察十年”

(IDOE)等几项规模较大的合作计划都取得了显而易见的成就。近年来,又特别重视一些带有专题性的合作项目。如“法美大洋中部水下研究”(FAMOUS)计划是很出色的一项合作工作。该计划从1972年8月开始实施,是作为“中大西洋山脊研究”这个大计划中的一部分工作而进行的。参加中大西洋山脊计划的有来自美、法、英和加拿大等国的科研单位,而它又是“地球动力学”计划的一个组成部分。美国有关科研单位与巴西、东南亚国家合作进行的边缘海的地质研究等也都是在一个大的项目下进行的专题性的合作项目。此外,还重视国内各单位之间的合作(相互之间还有竞争)。如为了预报加利福尼亚外海断裂带的地震活动,拉蒙特地质研究所等十几个单位正在联合组织该断裂带的海底天然地震的观测,准备从1979年开始,每个参加单位拿出5~10台海底地震仪,并在海底同时放置约80台仪器进行同步观测以取得大范围内的地震活动的资料。由美国海洋大气局和有关高校共同组织的“道姆斯”(DOMES)计划,在深海底采矿(主要是锰矿球)的环境研究上也开创了一个新的研究领域。

总之,多方面采用协作方式就可以联合不同国家、不同单位和不同专长研究人员的力量,集中地解决一些重大的研究课题,又可以扩大调查研究的范围,促进了海洋地质科学的迅速发展。

第四,有一支实力雄厚的科技队伍。在我们参观的几个科研单位里,其科技人员主要来自研究生。科研单位一般都不(或很少)直接录用刚毕业的大学生。这些经研究生毕业并获得学位的科技人员一般具有比较坚实的基础科学知识和较好的地质专业的业务水平,成为科研工作的主力。伍兹霍尔海洋研究所地质与地球物理研究室有60多人,其中获得博士学位以上的科学家就有25人,自己指导的研究生有20多名,此外还有一些助理人员。其他科研单位的情况也大体相同。

一些年纪较大的科学家亲自动手搞科研也给我们留下了很深的印象。著名的海底地貌学家赫鲁(B. C. Heezen)为了亲自观察中大西洋海底的形态变化,曾乘坐潜水器潜到几千米深的海底,在1977年6月21日潜水上船后,因心脏病复发而于船上逝世,终年才53岁。素以美国海洋地质之父而著称的科学家谢帕德(F. P. Shepard)现年已80多岁,但他除了继续著书立说外,还亲自培养研究生,他在1977年还出版了新著《地质海洋学》一书。斯克里普斯海洋所海洋地质室主任、著名的海洋地质学家科瑞(J. R. Curray)还帮着研究生参加暹罗湾的海上调查工作。类似的例子举不胜举。所以,一些有经验的老科学家把主要精力用于科研工作是提高海洋地质科学水平、培养新生力量的极为重要的一环。

第五,非常重视资料情报和出版工作。资料情报对科研工作的重要性是大家所公认的,但是,真正把资料情报做到科研工作中去,两者紧密结合起来也不是轻而易举的。在我们参观的一些单位里,固然都设有专门从事资料情报的职能部门,但是,印象最深刻的是发动科技人员去搞这项工作。如经常撰写某一学科或某一专题的动态与进展的报告等。其他像每个航次出海的成果小结、实验技术与方法的改进等都由科技人员执笔写成后作为情报资料来进行交流。有些成果、论文和图册在正式出版前,也是先以“内部报告”(或叫“中间报告”)的形式进行交流,征求意见,然后进一步修改补充。如拉蒙特地质研究所编绘的世界大洋锰矿球与沉积类型图;大西洋海洋和气象研究所编著的“大陆架勘探方法”等都先在内部印刷,尔后再正式出版。

资料情报部门对某一项研究课题的进展情况了解得十分清楚，他们可以用计算机在以分为计时单位的短时间内把所需要的资料从西海岸借到东海岸。固然，先进设备为资料情报的交流创造了有利条件，但最重要的还是资料情报工作要做到有的放矢，与研究课题紧密结合才能收到事半功倍的效果。

积极开展科学家与其他国家同专业科学家之间的通信来往和资料交换也是活跃科技情报资料工作的一项重要内容，美国许多科学工作者对这个问题的重视也给我们留下了深刻的印象。

本文刊于1979年《海洋科学》 第3期
作者：秦蕴珊

大陆架划分与海洋地质学的若干进展

海洋地质学作为一门学科，是在第二次世界大战以后，随着军事、航海、渔捞以及石油等海底资源的开发等生产实践的需要而逐步发展起来的。特别是在20世纪60年代以后，海洋地质学获得了飞速的发展，它是海洋科学中发展最为迅速的学科。

海洋地质学是研究海岸和海底的地质、地貌的一门科学，是海洋科学的一个重要部分。它是研究被海水所淹没了的这一部分地球在时间上的发生发展，在空间上分布变化规律的科学。海洋地质学的研究可为国防建设、矿产预测与开发、地震预报、海岸防护以及港口建设等方面提供科学依据和基本资料。同时又可推进许多地球科学的基础理论的发展。

海洋地质学虽然如同其他地球科学一样具有明显的区域性，但更重要的是由于海洋地质学所要研究的领域与对象是如此广阔，所以它又具有明显的全球性。将近300年来，地质学所依据的科学事实，主要来自大陆调查所得到的各种资料。近20年来，由于海洋地质学的飞速发展，已把大陆和海洋作为地球的整体来研究，其目的是要阐明地壳、地幔和地球内部的结构状态、物质组成和演化历史，以便为陆地和海洋的矿产资源及地震预报服务。而海底则是进行这种研究的最有利的领域和对象。所以，海洋地质学，其中包括海洋地球物理学的飞速发展则是地球科学发展阶段上的必然结果。

一

总的说来，大陆和海洋盆地是地壳表面的两个基本形态。但在两者之间通常存在着一个由前者向后者逐渐变化的过渡地带，称大陆边缘。因此，地壳表面形态的特征主要是：大陆—大陆边缘—洋盆。

科学实践日益说明：大陆边缘的地壳性质是过渡类型的，其硅铝层的厚度随着过渡带向洋盆方向的延伸而逐渐变薄，并随着过渡带的结束，地壳亦渐变为以硅镁层为主的大洋型地壳。所以，大陆边缘的地壳性质是复杂多变的，不再赘述。

在一个理想的典型剖面上，按照形态特征可将大陆边缘划分为三个地形单元，即大陆架、大陆斜坡和陆基(或叫陆隆)。

一般地说，大陆架是指从海岸线起向深海逐渐延伸到地形坡度有急剧增大的这一区间；在地形坡度有急剧增大的地方叫陆架边缘，或叫坡折线，它的平均深度约为130米。大陆架的宽度各处不一，平均宽度为65千米，平均坡度为0.1°，比较平坦。大陆架的地壳结构是大陆型的，地形上与邻近大陆连成一体。所以，一般将大陆架看成是邻近大陆在水下的延伸，是大陆的一部分。大陆架之外是大陆斜坡，它的地形坡度很陡，平均为4.3°，其宽度大部分为15～80千米。大陆斜坡的下面为一较为平坦的海底，是陆基，其外缘的平均深度可达4 000米，与它相连的则是大洋盆地。

由此可见，大陆架是海底的一种地形形态。但由于苏、美两霸对大陆架资源的争夺而使大陆架的定义和划分复杂了。这个问题有时与国际海洋法的斗争问题相关联。

根据大陆架岩石组成的不同，可将世界上的大陆架划分为以沉积岩为基础和以火成岩与变质为基础的两种基本类型。大多数陆架是由沉积岩构成的，因而为海底石油的赋存提供了地质条件。

大陆架仅占海洋总面积的7.5％，约等于地球上陆地总面积的18％。现在各个国家之所以这么重视大陆架的调查研究，主要是因为大陆架具有很大的经济开发潜力，同时又与国防建设有关。据估计，90％的海洋食物资源(主要是鱼类)来自大陆架及邻近海湾。但是对大陆架资源争夺的焦点则是海底石油和天然气。大陆架是海底石油蕴藏量最为丰富的海域。所以，大陆架的划分首先涉及的是海底石油资源的归属问题，其次是主权领土的归属问题，从这个意义上来看，大陆架一经划定，他国不得侵犯。可见大陆架的划分不但是个学术问题，也是个政治问题。

我国有18 000多千米漫长的大陆海岸线，海域辽阔。濒临我国大陆的渤，黄、东、南海的海底形态不仅有陆架、陆坡，还有小型洋盆。其中大陆架(包括岛架)占有相当大的面积。仅黄、东海的总面积就约有124万平方千米，约等于日本国土的两倍。我国的大陆架大体上可分为两类，其一是宽阔的陆架，如东海大陆架，另一是比较狭窄的大陆架，如南海。

东海大陆架是世界上最宽的大陆架之一。最宽处位于长江口外，约为450千米。在这宽阔的浅海海域蕴藏着丰富的石油资源和鱼类等生物资源。

帝国主义和反动派对我大陆架浅海资源早就垂涎三尺。1967年以来，美、日等国相继对我黄海、东海和南海进行了地质地球物理调查，窃取我大陆架的地质资料，连篇累牍地发表各种文章和评论，日本和韩国还在我国东海大陆架区成立了所谓“日韩共同开发区”，肆意侵犯我大陆架主权。

因此，为了捍卫我大陆架主权和开发利用海底的矿产资源，尽快调查研究大陆架的地质地球物理特征，论证大陆架的沉积物质均来自我国大陆及大河的输入，是一项十分重要而迫切的任务。

二

20世纪60年代以来，海底矿产资源的调查研究以空前的规模迅速发展着。除丰富的海底油气藏外，新的矿种还在不断发现。对海底矿产成矿理论的研究，不仅对海底矿产的找寻有指导意义，而且对陆地上的地质找矿与勘探有重要的参考价值。这就大大地提高了人们对海底矿产资源及其经济价值的认识。但是，由于技术条件的限制，目前在经济上和理论上最引人注目的矿种主要有三类，即海底石油、锰结核和多金属软泥(矿床)。

海底石油和天然气是海底最重要的矿产。据估计，海底石油的储量可占世界推定总储量的1/3，仅在大陆架区的石油储量就约有1 100亿吨。

早在19世纪末期就已在海底发现了石油。但大规模的勘探开发是从20世纪60年代才开始的。目前，浅海石油的日产量在100万吨以上，占世界石油总日产量的17％左右。

据统计，当前有75个国家和地区在邻近大陆架浅海区勘测油气藏，进行海底地质、地球物理调查，有35个国家在开采海底石油和天然气，其中委内瑞拉、美国和沙特阿拉伯是海底石油产量最多的国家。其他像刚果，印度，马来西亚等国的海底石油产量也有显著的增加。

海底石油的开采目前主要限于大陆架浅水海域。但是，石油资源却并不仅仅蕴藏在大陆架浅水区，近年来的大量调查表明：在那些分布着第三纪沉积层的大陆坡、陆基和小型洋盆的深水海域也具有很大的潜力，如美国在墨西哥湾一个深为 3 582 米的海渊进行钻探，便发现了含油沉积层。据分析，在加勒比海、地中海、日本海、中国的南海以及印尼群岛附近海域的深水区都可能含有石油。所以，许多国家除了继续对大陆架进行勘测外，已经把注意力转移到大陆坡、陆基及深水小洋盆等海域的地质地球物理调查，这是一个值得注意的发展趋势。

在海洋底部，锰结核的蕴藏量极大，它是海洋提供给人类的又一种巨大的物质财富。

自 1872 年“挑战者”号调查船首次在大洋中发现锰结核以来，海洋地质工作者就不断地对它进行调查研究。但是，只是随着海洋调查技术手段的不断革新，锰结核的真正价值才逐渐为人们所了解。在 20 世纪 60 年代，锰结核作为一种潜在的矿物资源引起了各国的重视，到 70 年代，随着海洋矿物资源调查勘探和开发技术的迅速发展，在国际上已出现了一股调查开发锰结核的热潮。

锰结核是一种富含多种金属的结核体，尤以锰的含量最高，所以称它为锰结核。锰的含量一般为 25%～35%；有的可达 36%～57%。此外还含有铜、钴、镍、锆、铁等 30 余种有用元素，其中尤以铜、钴、镍的含量为高。各个国家对锰结核之所以如此重视，其着眼点也往往是因为铜、钴、镍等这些微量元素的储量和品位达到了工业要求，具有经济吸引力。

在世界大洋中，锰结核的储量是相当可观的。据估计仅太平洋就蕴藏着 1 万多亿吨，其中含 4 000 亿吨锰，比陆地的储量多 200 倍，含 98 亿吨钴、88 亿吨铜、164 亿吨镍。同时，锰结核还正以每年约 1 000 万吨的速率继续生长着。但是并不是任何一个海域都可作为矿区来开采。寻找经济上的矿区，还需要进行大量的调查工作。

锰结核主要富集在大洋底部及某些海脊上，有时也产于大陆坡的下部，水深多在 700～7 000米之间。在水深更浅或更深的海底虽亦发现锰结核，但其成分与储量已有显著变化。锰结核不仅富集于洋底表面，而且可存在于洋底表面以下数米厚的沉积物中。

科学工作者对锰结核的成因与形成过程进行了大量的研究工作，提出了各种见解和假说，同时对锰结核的开采技术也进行了多方面的试验，有的国家已在大洋底部开始了锰结核的勘探和开采。

海底多金属软泥是近 10 年来海底矿产研究方面的一个重要发现。一般认为，这种特殊的多金属软泥是沿海底断裂上升的缺氧高热卤水渗透到海底沉积物中而形成的。由于多金属软泥的发现还为时不久，目前尚处于研究阶段。

三

近年来的海洋地质调查研究以大量的资料表明：世界大洋的洋底年龄比海洋本身还年轻。根据近十几年来的研究成果，科学家们建立了一种新的学说，即海底扩张说和板块构造说。

揭示海洋的形成历史，探讨海洋的起源及其沧桑变化一直是海洋科学，特别是海洋地质学十分重视的重大理论课题。近 10 余年来这方面的研究工作取得了突破性的进展，其重要标志就是发展和建立了海底扩张以及由此而发展起来的板块构造这个新的理论概念。这个学说的建立有力地促进了海洋地质学的发展，同时也引起了全世界地球科学工作者的密切往意。

60年代以来，许多国家一起开展了频繁的国际协作项目，共同调查研究海洋底部的地质、地球物理特征，如印度洋考察(1959～1965)、上地幔计划(1964～1971)和地球动力学计划(1972～1977)等。特别是在上地幔计划期间，集中了规模较大的地质、地球物理和地球化学的力量，在广阔的海域里进行地质、地震、钻探、地磁、年代测定、高压物理等多学科性的综合研究，所取得的研究成果在一定程度上给海底扩张说和板块学说的建立提供了科学基础。

实际调查资料表明：在大洋中部分布着一条长为6万多千米、宽约数百千米几乎全球性的海脊，叫做洋中脊。但它全部是由从地球内部迸发出来的火成岩组成的，其上有时也有沉积盖层。同时沿洋中脊的顶部还蜿蜒伸展着一条像裂缝似的中央裂谷，其长度与洋中脊相似。

大量的调查成果说明，时至今日的海底(大洋底)是在不断向外扩张的。海底扩张是由于在大洋中脊裂缝处不断生出新的地壳物质，也就是说，由地球的软流层涌出热的地幔物质，并随着岩层向外扩张或推移而形成新的洋底。同时，由于地幔物质的对流作用，带动并促使洋壳徐徐向洋中脊两侧移动和扩张。对流载着新形成的海洋地壳慢慢移向消失带——海沟区，并在岛弧—深海沟处俯冲沉入地下，返回软流层，逐渐被熔蚀、吸收。结果地壳物质又重新加入软流层，并慢慢向大洋中脊根部移动。

根据海底扩张这一基本事实而发展起来的一个新的理论，即板块构造说把地球表面划分为六个大的呈刚体(比较稳定)运移着的板块(如太平洋板块、欧亚板块等)，以及一些次一级的板块等等。

板块学说进一步认为：洋中脊是地幔物质对流的上升区，海沟是对流的下降区，洋底则由洋中脊处产生，而在海沟处消亡。由于洋底扩张的速率很快，这样就使洋底每两三亿年便可更新一次，从而得出洋底地壳的年龄比海洋本身的年龄还要小的结论。深海钻探结果表明：洋底最老的岩石是1.6亿年，与大陆最老的36亿年的岩石相比，洋底要年轻得多，而地球本身的年龄可能为45亿年。

目前，许多科学工作者用海底扩张与板块理论来解释许多重要的地质地震现象，并探讨矿产资源的形成及蕴藏规律等课题。

根据板块学说的推断和人造地球卫星拍摄的照片都表明，印度洋板块正向北推移，其边缘可能潜入欧亚板块的下部。这种运动的一个直接结果便是喜马拉雅山脉的不断上升。

板块学说认为，世界的主要地震带都处在各个板块的接界处，而地震则是各板块发生相对运动的结果。因此，研究板块及其运动规律将对地震预报起着重要的作用。此外，用板块学说来解释某些矿产的成矿规律也可得到满意的答案。

总之，海底扩张与板块学说是当前国际上广泛流行的一种理论。许多科学工作者都正在验证这种理论的实用性。但是必须指出：也有不少科学工作者对板块学说提出了异议，其中主要的争议之处是板块运动的驱动力问题，就是说，海洋地壳运动的机制问题并没有完全被实践所证明，而有待进一步调查研究。

四

由于海水的阻隔，对海底的调查研究多半是应用各种类型的电子探测仪器和取样工具来获取有关资料的。诸如人工地震、重力、地磁等地球物理探查手段;海底表层、浅钻和拖网等取样设备;海底电视、海底照相,旁侧声纳等较为直观的观察仪器等。但是60年代以来,由于大量引用新技术特别是空间遥感技术,使上述的常规海洋地质调查手段发生了深刻变化。

美国在1972年和1975年发射了第一、二颗地球资源技术卫星。第一颗卫星形如蝴蝶,每天绕地球14次,在轨道上卫星观测到地面的宽度为185千米,18天内可将整个地球拍摄一遍。卫星上装备的四种探测仪器,可广泛应用于海洋、地质、环境监测等方面。近年来,各种走航式重力仪得到了广泛的使用,其测量结果与卫星观测资料相结合就使海洋重力场的研究提高到新的高度。在军事上和理论上都有重要意义。

目前,在人工地震反射波法测量工作中所用的震源几乎都是非炸药震源,如用气枪、电火花等。记录系统广泛采用了瞬时浮点式数字磁带地震仪,进一步提高了调查的效率和质量。为了研究地壳结构需得到折射记录,因而采用了声学浮标系统,使调查研究工作出现了新的局面。海底地磁场的调查研究工作也有了新的进展。

在军事上用以扫海的旁侧声纳,经过改进后用来研究海底的表面状态是一项新的成就,它与海底电视、海底照相以及精确导航的能力相结合,已能像空中照相考察大陆地区一样来视察海底了。

在常规的海洋地质调查工作中主要是使用各种活塞式的、静压式的或者重力式的取样管来获得海洋底部的地质标本,所获取岩心长度一般都在10米左右(深水区),最长的也不过三四十米。尽管这类取样管仍是当前海洋地质工作广泛使用的而且仍在不断改进的调查仪器,但所获取的资料显然是局限的。60年代以来,供科学调查用的深水钻探取样的技术有了新的、重大的发展。深海钻探船"格洛玛·挑战者"号于1968年开始执行"深海钻探计划"。该计划的实施使海底采取岩心的工作达到了新的水平。该船在使用软接钻管和声学钻孔导向器成功后,实际上可在任何水深进行钻探取芯。从1968年到1975年9月止,该船已在大西洋、印度洋和太平洋等海域钻探了573个孔,钻孔的深度最大为1 543.7米。该船的定位装备主要是船首和船尾的侧向推进器,根据海底声标发出的信号,用计算机加以控制,保持船体位于钻孔的上方。所以,钻探船不用抛锚而在海上固定其船位可达1个月之久。"深海钻探计划"的实施对研究海洋形成历史、验证海底扩张与板块学说、预测海底矿产资源等重大课题的研究都作出了重要的贡献。

近十几年来,利用潜水球直接观测海底并在海底取样的工作又有了新的进展。有的深潜艇曾在马里亚纳海沟中潜至近1万米深的洋底,至于潜入几千米的深潜艇已大量出现。有的还能带人潜入水中。在这些深潜艇上多数带有机械手和照相装置。

总之,新技术、新方法的广泛使用,大大促进了海洋地质科学的进展。在深海钻取岩心的技术已初步解决,正在更大范围内向地壳深处取得地质标本;一些电子化、自动化的走航式先进仪器正在向微型化进展,电子计算技术大量应用;利用空间遥感技术来观测海洋的趋势也日益加强。所有这些必将给海底的调查研究带来明显的变革,将使人们能够更好地认识海洋和利用海洋。

本文刊于1979年《海洋科学》 第S1期
作者:秦蕴珊

A STUDY ON SEDIMENT AND MINERAL COMPOSITIONS OF THE SEA FLOOR OF THE EAST CHINA SEA

The investigation of marine geology of East China Sea has been increasing since 60's. The earlier published studies concerning the sedimentation of East China Sea floor are those by F. P. Shepard[1], H. Niino, K. O. Emery[2] and the author[3] of this paper. The sedimentation was detailly described in these studies, but the mineral compositions of the sediments were only generally investigated by them.

Ⅰ. The sediment model

The distributive pattern of sediments on the continental shelf of East China Sea is a typical sediment model for the shallow marine area. On the wide sea floor the sediments are originated from China's territory, consisting of the rocks of various kinas. They were eroded and contributed by rivers to adjacent sea floor. Fig. 1 shows the distributive pattern of sediments.

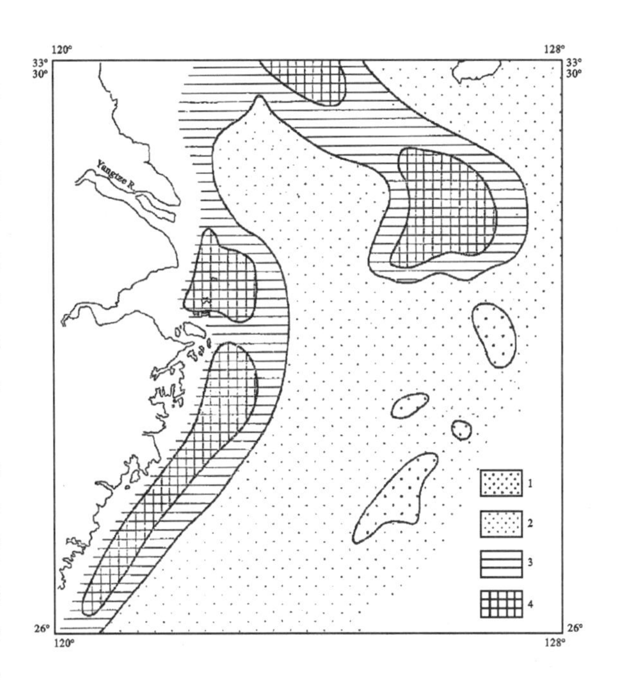

Fig. 1 Schematic distributive pattern of sediment of continental shelf of East China Sea

1—sand 2—fine sand 3—silt and silt-mud 4—mud

It can be seen from Fig. 1 that the sediments of investigated region mainly consist of sand. The sediment area of the sea floor may be divided into the eastern and western regions bounded by 50-60 m contours. In the western area the fine-grained sediments are predominant, consisting of silt and mud arranged like belts parallel to the coast. In the eastern area the coarse sediments prevail.

In the region deeper than 100 m the sediments contain many molluscal shells once lived on littoral belt. These molluscal shells has been determined by radio-carbon method and absolute age is found to be between 10,000-20,000 years for the most of molluscal shells. (see Table 1)

Table 1 Radiocarbon dating of some Molluscal shells

shells	Location		Depth (m)	Radiocarbon dating
	N	E		
Ostrea gigas	29°30′	126°30′	109	22,770±800
Pecten albicans	27°30′	125°30′	135	8,700±150
Pecten albicans	29°00′	127°00′	174	15,030±750
Paphia amabilis	26°28′	123°00′	120	15,740±750
Pecten spp.	29°30′	126°00′	105	10,270±500
Paphia amabilis	29°30′	126°00′	105	8,880±500

Yangtze is the largest river of China. It discharges large volume of sediments annually into the sea (about 4.6×10^8 t.). A portion of the fine-grained modern sediments contributing to the East China Sea by the Yangtze river is carried to the northeast, the other portion of it is mostly deposited on the inner part of the continental shelf bounded by 50-60 m contours (See Fig 2). It is noted that the fine grained modern sediments has little effect on the outer shelf, because the sediments derived from the river are prevented from going farther by the Kuroshio Current with high velocity.

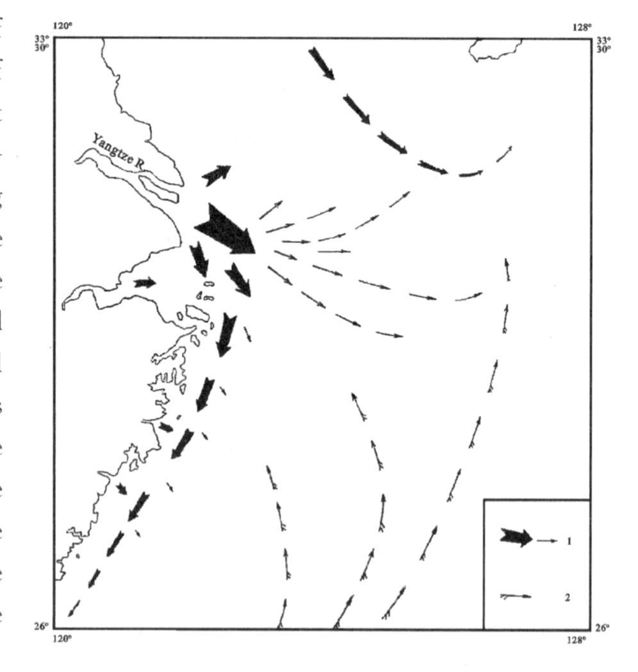

Fig. 2 Index map showing the different source of sediment

1—transport direction of terrigenous materials,

2—transport direction of materials derived from the ocean

On the basis of genetic type and formative age the sediments of the continental shelf of East China Sea may be divided into two kinds.

(1) The fine-grained modern sediments carried by river and distributed in the inner part of the continental shelf.

(2) The coarse relict sediments occurred in the outer part of shelf. The relict sediment was deposited during the w rm glacial epoch when the sea level was low. The sediment model of the continental shelf is given in Fig. 3.

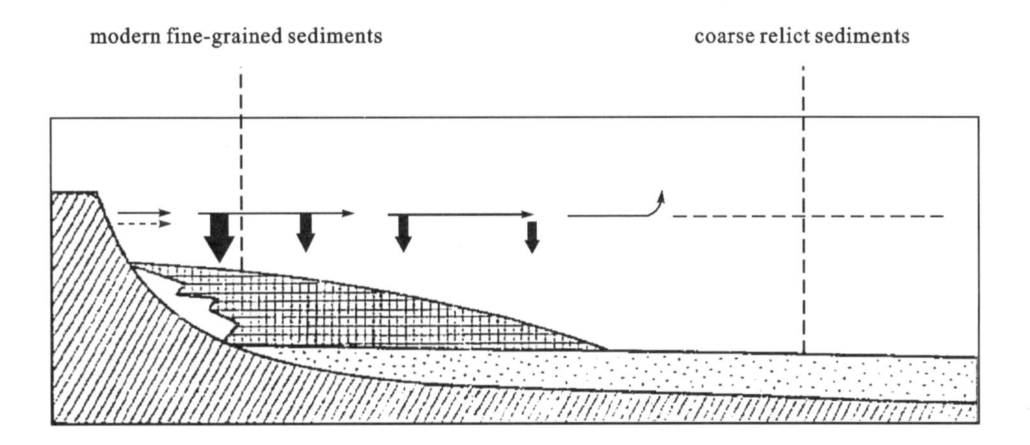

Fig. 3 The sediment model on the continental shelf of East China Sea

Ⅱ. MINERAL COMPOSITIONS

The sediments on the continental shelf of East China Sea are derived China's territory, so the main compositions of it are terrigenous minerals. The heavy mineral are: hornblende, epidote, ilmenite, magnetite, dolomite, magnesite, muscovite, chlorite, pyroxene, staurolite, cyanite, andalusite, garnet, zircon, tourmaline, apatite and so forth. Of which hornblende is most abundant, epidote is intermediate in abundance. The content of muscovite, ilmenite and dolomite varies in different areas. A few grains of other minerals were found in the sediments. After the compositions and distribution of terrigenous minerals being investigated, glauconite was found in more than 130 samples. This paper mainly deals with glaucontie.

Identification of the glauconite was made with microscope and binocular, X-ray analyses, thermal analyses, electron microscope and chemical analyses.

(Ⅰ) Description

Glauconite in the sediments of the continental shelf of East China Sea can be divided into two types on a morphological basis: glauconite pellets and glauconite as fillings of organisms.

1. Glauconite pellets:

This glauconite varies in color, ranging from black to light yellow. Most grains are black-dark green, some are yellow-green, a few of them are light yellow. They appear either in shallow sutures or as a network of cracks on the surface of glauconite (Fig. 4). Size of galuconite ranges from 0.1 mm to 1 mm,

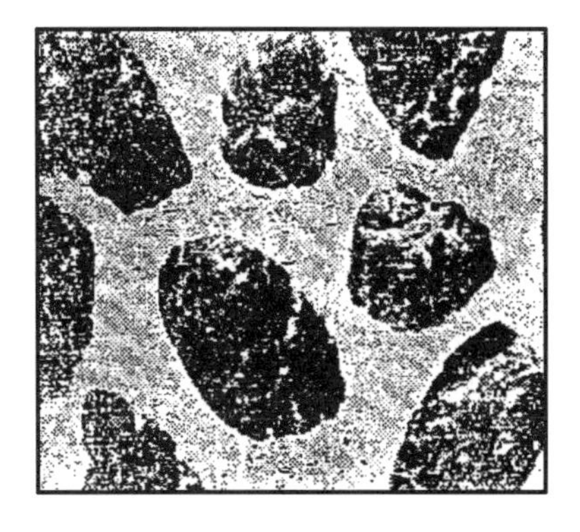

Fig. 4 Photograph of glauconite pellet from station D-139

with more than half of them varying from 0. 25 mm to 1 mm. Their specific gravity varies from 2,510 to 2,601. they contain quartz, feldspar, mica and hornblende. Glauconite have an aggregate polarization, an index of Ng, Nm of 1,578, and biaxical negative interference figure with 2v about 10°.

Table 2 Shows the chemical compositions of the glauconite pellets

	%		%
SiO_2	44. 65	Na_2O	0. 44
TiO_2	0. 19	K_2O	4. 48
Al_2O_3	4. 95	P_2O_5	0. 15
Fe_2O_3	23. 82	H_2O^+	7. 00
FeO	1. 44	H_2O	6. 07
CaO	1. 62	CO_2	0. 62
MgO	4. 87		

The study under electron microscope indicates that the crystal form of glauconite is very similar to illite.

The X-ray powder diffraction data reveal that glauconite pellets have a series of reflection of basal spacing (001), d(060) = 1. 519. the results indicate that glauconite has a micaeous structure between the dioctahedral and the trioctahedral.

Fig. 5. shows diffractograms of the glauconite pellets. The four traces are recorded from one sample.

It will be noted that diffractogram I has a 13. 07Å, 4. 6Å and 3. 37Å basal spacing. In the diffractogram Ⅱ it can be found that originally broad spacing of 13. 07 was divided into a 14. 3 basal spacing to low angle and built up a stonger 9. 7 basal spacing on the same sample saturated with inorganic cations (Mg^{++}) and then treated with gyceral liquid 3-complexes. The 14. 3 basal spacing collapsed to 11. 3 after heating to 550℃ for 1 h. , to a stong 9. 9Å, 4. 5Å and 3. 33Å basal spacing after being heated to 750℃ 1 h.. This indicated that glauconite is a random in terstratification of the nonexpanding and expanding layers. The number of expandable layers may be about 20%-25%.

Dehydration curve of glauconite pellets (Fig. 6) shows weight losses at 115℃ and 500℃. It's thermal characteristics are very similar to illite.

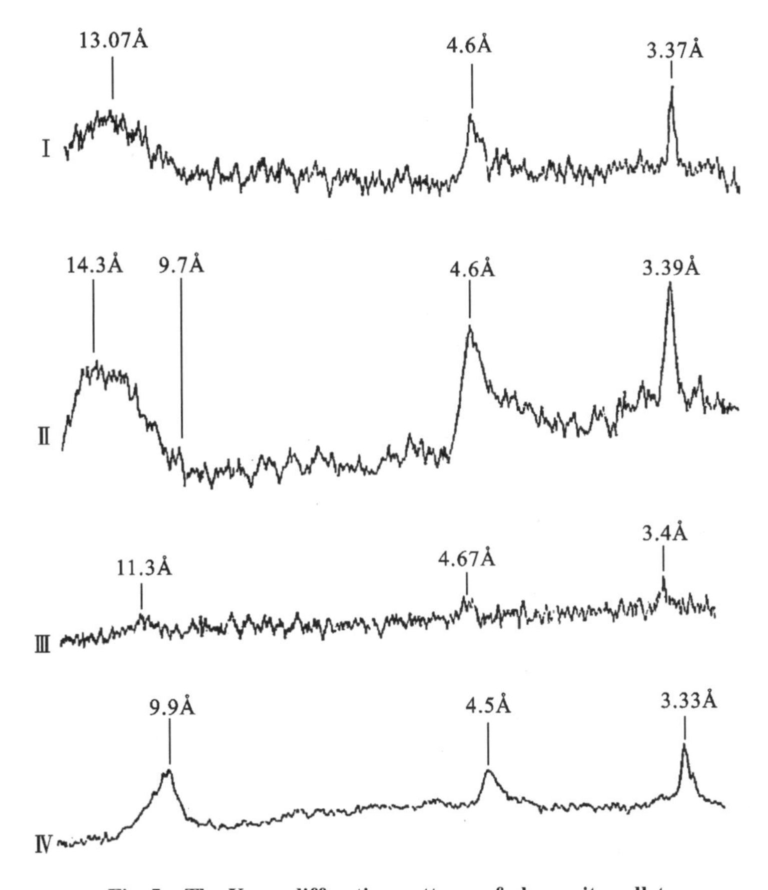

Fig. 5 The X-ray diffraction patterns of glauconite pellets

Cu Kα , 40 kV, 17.5 mA

I = the untreated sample

II = the same sample saturated with inorganic cation (Mg^{++}) and then treated with glyceral liquid 3-complexes

III = the same sample heated to 550℃ for 1 h.

IV = the same sample heated to 750℃ for 1 h.

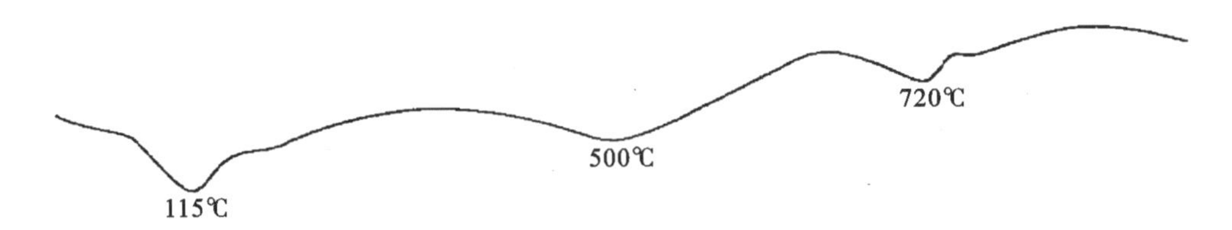

Fig. 6 Dehydration curve of glauconite pellets

The above data of analyses for glauconite pellets are taken from the black glauconite, on which networks of cracks can be found.

2. Glauconite as fillings of organisms:

This glauconite consists mainly of glauconite filled in foraminifera. The galuconite filled in mollusca and bryozoa is intermediate in abundance. Glauconite filled in ostracod are rare in the samples. (Fig. 7)

The glauconite filled in foraminifera and mollusca are mainly found at station D-286 (124°30′E, 26°30′N). The infilled glauconite varies in colour, ranging from black to light yellow. Most of the infilled glauconite are black in colour, so the following analyses were taken on the black infilled glauconite. The specific gravity of them varies from 2. 49 to 2. 67. It has an average index of refraction of 1. 613-1. 615.

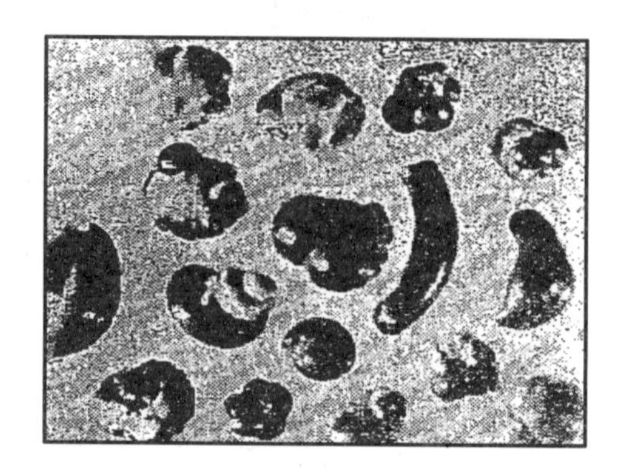

Fig. 7 Photograph of glauconite as fillings of organisms

Its chemical compositions are given in table 3.

Table 3 The chemical compositions of black infilled

	%		%
SiO_2	34. 23	CaO	8. 56
TiO_2	0. 22	MgO	8. 17
Al_2O_3	5. 01	Na_2O	0. 36
Fe_2O_3	19. 49	K_2O	2. 46
FeO	2. 00	P_2O_5	0. 17

The electron microscope photo of the black infilled glauconite shows that its crystal form is very similar to glauconite pellets.

The X-ray powder diffraction data of black infilled glauconite is given in Table 4.

Table 4 The X-ray powder diffraction data of black infilled glauconite

untreated		saturated within organic cation (Mg^{++}) and then treated with glyceral liquid 3-complexes		heated to 550℃ for 2 h.	
a(Å)	I	a(Å)	I	a(Å)	I
7-14	diffuse	10-14. 8	8(diffuse)	9. 8-14	5(diffuse)
4. 48	7	4. 50	10	4. 50	2
4. 23	1				
				3. 85	1

(continued)

untreated		saturated within organic cation (Mg^{++}) and then treated with glyceral liquid 3-complexes		heated to 550℃ for 2 h.	
3. 49	2	3. 50	9	3. 50	5
3. 33	10	3. 34	8	3. 33	8
3. 05C	10	3. 05C	3	3. 03C	10
	0	2. 85	1		
2. 57	4	2. 60	9	2. 58	4
		2. 45	1		
2. 24	3	2. 28	1	2. 23	1
2. 04C	2			2. 04C	1
1. 98	1				
1. 90	1				
1. 87	1	1. 88	1	1. 88	1
1. 81	1	1. 82	1		
		1. 72	1		
		1. 66	1	1. 67	1
1. 525	3	1. 525	7	1. 523	6
		3	1		

(Fe Kα 35 kV. 15 mA camera dia. 114. 6 mm. 15 h.)

Table 4 shows that the reflections of basal spacing are d (001) =7-14Å, d (003) = 3. 33Å, while d (060) =1. 525 for the untreated infilled glauconite. The (001) reflection at 7-14Å is displaced toward 10-14. 8 Å after its being saturated with inorganic cations (Mg^{++}) and then treated with glyceral liquid 3-complexes and is collapsed to 9. 8-14Å after heat treatment at 550℃ for 2 h. It is to be noted that the infilled glauconite has a micaceous structure between the dioctahedral and the trioctahedral. This glauconite is a random interstratification of the nonexpanding and expanding layers. The proportion of the expanding layers is similar to glauconite pellets.

The pellet glauconite (G-3), black infilled glauconite (G-2), yellow-green infilled glauconite (G-1) and the clay fraction (Cl-1) were diffracted by Guinier technique (Fig. 8). It reveal that the following relationships are obvious:

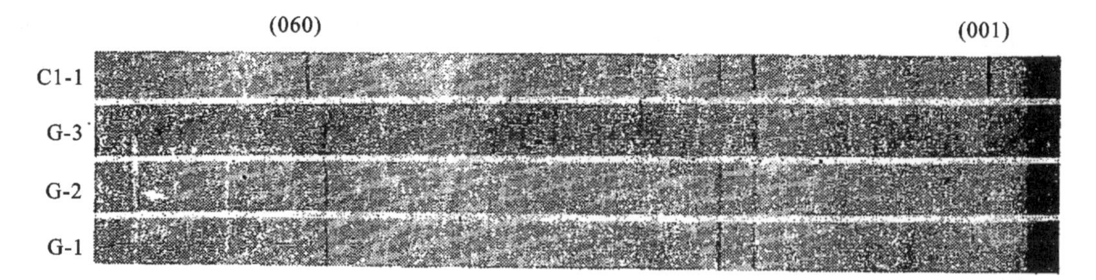

Fig. 8 Guinier photographs

(1) The fraction has a strong 10 reflection of illit, however a 10 reflection was diffused in the glauconite and infilled glauconite.

(2) The bases of (060) reflection of G-3 and G-2 are greater than that of Cl-1 respectively and the b axis of infilled glauconite is greater than the glauconite pellets.

It has been pointed out above that these glauconites in the sediments of continental shelf of East China Sea are apparently different not only on their morphology, but also to a certain extent on its chemical compositions and crystal structure. The index of refraction and the specific gravity of the glauconite pellets are lower than that of the infilled glauconte.

The content of K_2O of glauconite pellets is more than that of the infilled glauconite. The b axis of infilled glauconite is greater than that of the glauconite pellets.

Some characteristics of glauconite pellets are similar to that of infilled glauconite. The two glauconites vary in colour from black to light yellow, contain the quartz, feldspare and mica, and have an aggregate polarization with a biaxical negative interference figure. Their crystal form is similar to illite.

(Ⅱ) Distribution of glauconite

Except mud area the investigated area is one of relict sediments, where modern sedimentation appears to be very slow. In this region glauconite is widely distributed, but its content is seen to be considerably lower. Glauconite constitutes about 5 per cent of the total sediment in only one sample. In most of samples only a few grains of it were found.

This region may be divided into two areas bounded by latitude 30°N. The content of glauconite of greater south of latitude 30°N than north of it. It is worthy of noting infilled glauconite is mainly found in the southern part of this area (Fig. 9), whereas in the

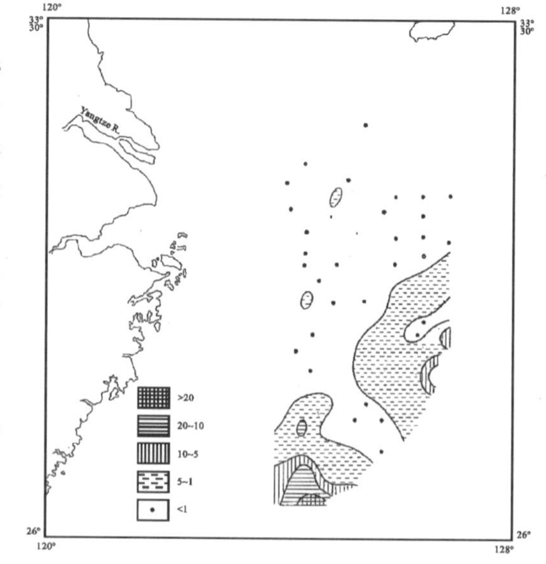

Fig. 9 The mao of distributeon of the glauconite as fillings of organisms (Per 400 grains counted)

north of it the glauconite consists mainly of the glauconite pellets (Fig. 10).

Rich glauconite deposites are found to be of sand nature (0. 1-0. 25 mm and 0. 25-0. 5 mm) as characterized by best sorting.

Glauconite is distributed at depth between 40 m and 210 m, but an abundant primary glauconite is often found at depth of more than 100 m, the infilled glauconite is often found at greater depth than the glauconite pellets.

In all the investigated areas the temperature of bottom water is 14℃-19℃, salinity 33-34; however the richest glauconite is often found in the region where the temperature of bottom water is 17℃, and salinity 34.

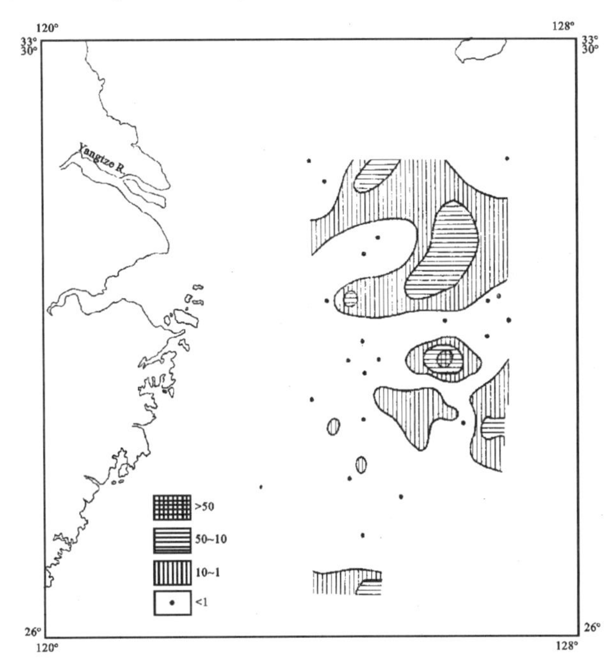

Fig. 10 The map of distribution of glanconite pellets (Per 400 grains counsed)

The highest content glauconite is found at stations D-139, D-286 and D-287. Table 5 shows the sedimentary environment of these stations.

Table 5 The sedimentary envronmenit of rich glauconite areas

Station	Location		Depth (m)	Md	So	Sediment Type	bottom water			
	E	N					V(cm/s)	t(℃)	S	pH
D-139	126°00′	29°30′	108	0. 125	1. 8	sand	10	17	34	8. 17
D-286	124°30′	26°30′	150	0. 27	2. 4	sand	15-20	17	34	
D-287	124°47′	26°30′	166	0. 135	2. 3	sand	15-20	17	34	

Except the glauconite, the sediments of the continental shelf of East China Sea also contain the authigenic pyrite as fillings of foraminifera. This pyrite is in the form of very little pellets. The authigenic pyrite is mainly distributed in the north of latitude 30°N., however a few grains were found in the south of it. There is an inverse correlation between distribution of glauconite and authigenic pyrite (Table 6). It should be noted that many glauconite is not formed in the stronger reducing environment. The authigenic pyrite is formed in the mud and silt areas shallower than about 100 m. in depth.

Table 6 The content of glauconite and authigenic pyrite (por 400 grains counted)

Station	Location		Depth(m)	Autihgenic pyrite	Glauconite	Sediment Type
	E	N				
D-21	125°45′	31°45′	66	13	0	mud
D-45	125°15′	31°15′	52	12	1	silt
D-53	125°00′	31°00′	58	16	2	silt
D-286	124°30′	26°30′	150	0	20	sand
D-139	126°00′	29°30′	108	0	19	sand
D-287	124°47′	26°30′	166	0	37	sand

(Ⅲ) Discussion for the formation of glauconite.

Thus far theories explaining the formation of glauconite are not coincident. The most of workers reported that the glauconite was found in the outer part of the continental shelf and upper part of continental slope, at depth between 30 m and 2000 m, water temperature of 15℃-20℃, normal salinity, where area of relict sediments exist. In this region modern sedimentation appears to be very slow[4~7].

According the our investigations, the following relationships are obvious.

1. In the area of relict sediments a bottom water temperature of 17℃-18℃, a salinity of 34, current velocity 10-20 cm/s., PH 8, a depth of more than 100 m and this environment tend to be favourable for the formation of glauconite.

2. The parent materials of glauconite filled in organisms are micaceous clay fraction with a small amount of mineral fragments, such as quartz and mica. These materials are often infilled in the shells. Organisms decayed within their shells may create a microenvironment favourable for glauconite formation.

References

[1] Shepard, F. P., Emery, K. O., and Gould, H. R., 1949. Distribution of sediments on East Asialic continental shelf: Allan Hancock Found. Occasional Paper 9, 64 p.

[2] Niino H. and Emery, K. O. 1961. Sediments of Shallow Portions of Easr China Sea and South China Sea. The geol. soci. of Amer. Bull. V. 72, N. 5. pp. 731-761.

[3] Chin Ynu-Shan, 1963. A preliminary study on the topography and bottom sediment types of the Chinese continental shelf. Ocean, Limnol, Sinica, (5): 1. (Published in Chinese).

[4] Galliher E. W. 1935. Geology of glauconite. AAPG. 19: 1569-1601.

[5] Takahashi Jan-Ichi, 1939. "Synopsis of Glauconitization" AAPG. Pp. 503-512.

[6] Burst J. F. 1958. "Glauconite" pellets: Their mineral nature and application to stratigraphic interpretations AAPG. 42: 310-327.

[7] Porrenga D. H. 1967. Glauconite and chamosite as depth indicators in the marine environment Mar. Geol. 5: 495-501.

本文刊于1979年国家海洋局天津情报研究所编《海洋文选》 第2卷 第2期
作者:秦蕴珊

我国海洋地质科学的若干进展*

海洋地质学是研究被海水淹没了的这一部分地球在时间上的发生、发展，在空间上分布变化规律的一门学科。从国际上看，海洋地质学作为一门学科则是从第二次世界大战后，随着军事、航海，特别是石油等海底矿产资源的勘探开发的迫切要求才开始建立起来的。特别是 20 世纪 60 年代以来，国际海洋地质科学更有了突飞猛进的发展。不仅在矿产资源的勘探开发上作出了贡献，而且像海底扩张和板块学说等这样一些涉及整个地球科学的基础理论研究上也有了重大的突破。有人预言：在 80 年代，海洋地质学将在至少是中生代以来的全球性的古地理变迁，特别是在古气候演变，也就是在古海洋学的研究方面做出新的理论突破。

我国的海洋地质科学是在新中国成立后才从无到有、从小到大地逐渐发展起来的，已取得了显而易见的成就。但总体来说，它仍然是一门基础比较薄弱的年轻学科。本文拟就我国海洋地质学在理论基础研究方面的若干进展，进行扼要的叙述。

一

濒临我国大陆的渤、黄、东、南海是西太平洋的典型边缘海。就海底一级地貌单元而论，其中不仅有广阔的大陆架，而且有陆坡及小型洋盆，其外侧被一系列新生代岛屿所环绕。

各海区的大陆架是我国大陆向东和东南缓缓倾斜的平坦面，是大陆向海中的自然延伸。近年来，有关各海区的自然地理与海底形态方面的基本参数积累了不少数据，而对其量算的精度亦日益有所提高(详见表 1)

表 1*

	渤海	黄海	东海	南海
面积(平方千米)	80 000	380 000	770 000	3 500 000
平均深度(米)	18	44	370	1212
最大深度(米)	70	140	2719	5559

注：各海区的范围为：渤海与黄海的界线是取辽东半岛南端至山东半岛北端蓬莱角之间的连线；长江口北角至济州岛西南端的连线划分为黄、东海；东、南海之间以福建省南端官口港西经东山岛南端至台湾省南端鹅銮鼻的连线分之。

但是，在濒临我国的各海区中，陆架浅水区占有相当大的比重。根据海盆轮廓可将各海区的陆架划分为三种类型：①半封闭型的陆架，如渤海、北部湾和黄海；②开阔的陆架，如东海；③相对而言的狭窄的陆架，如南海北部的陆架[1]。我们可用宽度、深度和坡度来表示陆架地形的特征和变化，因为这三个参数的差异便可决定陆架的形态、性质和范围。

* 本文曾于 1980 年内部刊印交流，此次又作了修改补充，本文参阅的内部文献资料因故未一一列出，请见谅。

陆架的宽度:本文将陆架仅看做海底地形上的一个术语。按照一般惯例,陆架外缘应终止在坡折处。因此,必须首先确定陆架外缘坡折的深度才能进而确定陆架的宽度。近年来的大量实测资料表明,在不同断面上,坡折的深度是不同的。如东海北部坡折的深度可达170多米,而在其南部(台湾省北部)坡折的深度仅为130米或者更浅;又如南海(系指南海北部陆架区,以下同)在陆架东部,坡折的深度为130～140米,中部和西部则为150米[2]。因此,实际上很难用某一深度的等深线来准确表示陆架外缘,即坡折的深度。但是,为了对陆架外缘的坡折给予定量上的概念和叙述上的方便,仍可用坡折水深出现次数较多的水深点或取平均值作其外缘。例如,在东海用150～160米[3],台湾以南海域用130米,在南海用140～150米,分别作其坡折线(即陆架外缘)的水深,但它们本身的地质意义并不是很严格的。一般而言,陆架外缘坡折线水深是个变量,但是它与陆架宽度之间却有明显的正相关的关系。实际资料表明,陆架宽度较大时,坡折线的水深亦相应增大,陆架宽度变窄时,其外缘水深亦变浅,它们之间的这种正相关关系无论是东海还是南海都表现得十分清楚。既然,在不同的断面上坡折线的深度不尽相同,那么,陆架的宽度亦随之而有所不同。在东海,陆架最宽处位于长江口外,约为313海里(约560千米);在南海陆架最大宽度为154海里(约278千米)[1,2]。

陆架的深度差异与坡度变化:为了描述和对比陆架的形态特点与性质,一般都需要对其深度和坡度变化的平均值予以定量的说明。在陆坡和小型洋盆等一级地貌单元内的深度差异与坡度变化都十分清楚,但在陆架区这种差异性并不显著,表明了中国陆架的宽阔、平坦的特征。例如,东海陆架的坡度多在0°01′左右,如考虑到台湾海峡及内陆架区的实际情况,东海陆架的平均坡度仍可取为0°01′17″。而在南海陆架,大部分地区的坡度为0°01′30″左右[2]。

黄、渤海的平均水深已列入表1,东海陆架的平均水深为72米,南海为55米。在渤、黄、东海内,大部分近岸区的地形较陡,并有随离岸距离的加大,其地形之坡度亦逐渐变缓的趋势。也就是说,陆架内缘的平均坡度大于陆架外缘,而在南海似有相反的情况。

在研究海底地形、地貌,特别是陆架区的海底特点时,至少有三个问题是值得重视的。

1. 海底的堆积、冲刷作用。海底沉积物质的堆积与冲刷是海底地形的发育或是在改变海底形态的统一作用中两个不可分割的组成部分,特别是在陆架区,堆积—冲刷作用乃是影响,以致塑造海底形态的最积极因素。这一点在我国陆架海中表现得特别明显。如渤海等之所以出现如此平坦的海底形态的重要原因则是在这些海区里发生着强烈的沉积物质的堆积。相反,在强烈冲刷的地段则会出现凸凹不平的地形,如几个海峡地区。因而,堆积和冲刷的强度便可成为划分海底地貌形态的重要依据。但是,堆积、冲刷的强度主要是由水动力的条件来制约的。实质上这也就是形成海底地貌形态的现代地质作用。

2. 残留地貌。资料证明,晚更新世以来,我国陆架区的海平面曾有过剧烈的变动,这些变动无不在海底沉积和地形地貌变化上留下深刻的烙印。我国陆架十分宽阔,因此,地形的继承性和残留地貌必然占有重要位置,如长江、珠江等一些大河的古河道等。近年来,在黄、东、南海确定的海底阶地也是残留地貌的重要类型。显然,残留地貌的研究对探讨大陆架的发育历史将起着重要作用。

3. 构造地貌。显然,在陆架区构造地貌不如在其以外的海域表现得那么明显。近年来,对冲绳海槽构造地貌的研究有了良好的开端。即使在研究陆架区的水下阶地的成因及某些地形形态(如成山头外的海底地形)时也必须考虑构造因素的影响。事实上,中国开阔陆架的形态与主要构造线方向基本上是一致的。可以说，中国大陆架本身就是构造地貌的一种反映。但是，总体来说，这方面的研究还刚刚开始。

二

迄今，我国已对各海区的构造单元的划分、性质和演变的研究取得了丰硕的实际资料和可喜的成果，指导了我国陆架海石油等矿产资源的寻找和勘探。

对渤海的构造格局已有了详细的研究[4]。实际资料表明，渤海和华北盆地是一个整体，它是华北盆地的新生代沉降中心，堆积了厚达 4 000～7 000 米的新生代沉积。

渤海的构造单元大体上划分为下辽河坳陷、渤海湾坳陷、莱州湾坳陷、渤中坳陷和近北东向突出的埕宁隆起。在各坳陷中均堆积了较厚的新生代沉积，形成了石油富集的有利构造。根据渤海重力资料的计算，渤海的地壳厚度一般在 35～40 千米，然而早渤海存在两条明显的地幔隆起带，一条从莱州湾西部以北北东方向延伸到辽东湾；另一条从渤海湾以北东东方向延伸到渤海中部与前一条交会。在渤海中部，地壳厚度最薄，约为 29 千米[5]。

沿着山东半岛东南岸，呈北东向分布的千里岩隆起，可把黄海分成南黄海和北黄海两个部分。北黄海四周为断裂所限，是一个典型的断陷盆地，基底为前寒武纪的变质岩，它与辽东、胶东及朝鲜西北部的基底一起构成了一个统一的基底。北黄海断陷盆地形成于中生代燕山运动时期，在盆地的中央有两个呈北东向雁行排列的次一级构造坳陷，分别堆积了 2 400～2 700 米的中、新生代沉积，显示了受压扭的构造成因[6]。南黄海位于千里岩隆起与福建—岭南隆起带之间。地球物理资料表明，南黄海是由一条隆起(中部)和两个坳陷组成的[7,8]。中部隆起大致位于北纬 34°～35°，由中生代以前的地层组成，其上可能缺失下第三系，普遍有 400～800 米厚的上第三系与第四系。整体走向呈北东东向。中部隆起的南、北两侧为两个坳陷，均堆积了 4 000～5 000 米厚的中、新生代沉积物。

东海的构造呈现为北北东向带状构造[9]。自西向东分别是：①福建—岭南隆起带，这是一条中生代末隆起于亚洲东部的隆起带，在印支—燕山运动时期隆起带上形成一些北东方向雁行排列的断陷盆地，如济州岛西南断陷盆地。②东海沉降带，即大致相当于现今的东海陆架区。地球物理和地质资料都表明，它是一条新生代的沉降带，内有三个呈串珠状分布的次级沉降凹陷，自北而南分别是东海北部凹陷、长江口外的中部凹陷和台湾东北的南部凹陷，都堆积有 6 000～9 000 米的新生代沉积。③东海陆架边缘隆起带(褶皱带)，反射地震资料表明，在隆起带上新、老第三系之间存在一个不连续的接触面，并可确定此隆起带是在老第三纪末形成的。④冲绳海槽张裂带，为新第三纪末至现代仍在强烈活动的张性构造带，海槽内断裂发育，火山、地震频繁，海底地形复杂。根据东海重力值的计算，东海陆架海区的地壳厚度为 32 千米，冲绳海槽的地壳厚度明显减薄，约为 28 千米，反映了冲绳海槽独有的张裂构造特征。

虽然南海的构造轮廓比较复杂，但北北东向的构造仍然是它的基本特征。大陆架与其邻近的一部分陆坡构成了南海北部的新生代坳陷带，堆积了巨厚的新生代沉积，其基底由古生代至中生代的变质岩和火成岩组成。西沙北和东海槽是一个断陷带，地壳厚度为 12～20 千米。西沙—中沙群岛隆起带，是一条北北东向的基底隆起带，基底可能是由白垩纪以前的片麻状花岗岩组成，地壳厚度约为 30 千米。南海中央盆地具有很高的布格重力异常值和磁异常值，为大洋性地壳[10]。

总之，大量实测资料表明，我国各海区的海底构造有几个显著特点值得重视：①构造线的方向以北北东向为主；②随着时代的由老而新的演变，构造带也由大陆向大洋迁移，镶嵌在大陆的边缘；③所有的沉降带可能都形成于新生代；④无论是沉降带还是隆起带，大都发育有次级呈北东向雁行或串珠状排列的断陷盆地。

上述特点已经引起我国海洋地质工作者的极大兴趣，开始做了一些深入的工作。

三

早在60年代初期，我国海洋地质工作者就对陆架区沉积物的分布轮廓与模式作了简要的分析[1,11]。我国陆架区表层沉积的分布轮廓可概括为：

1. 渤海、北部湾等一些半封闭型的海域里，沉积类型呈不规则的斑块状分布，沉积物粒度的相互交替现象有时可截然出现。

2. 像南黄海这样狭长状的海域，其沉积物粒度分异规律是：随着深度的增加和离岸距离的加大，组成沉积物的颗粒质点则逐渐变小。

3. 沿闽浙之岸外分布着细粒沉积带并通过台湾海峡与南海沿岸之细粒沉积带连接起来，而其外缘的粗粒沉积带亦有类似情况。

4. 在开阔陆架区，如东海和南海(不包括岛屿周围)的沉积物大致呈带状分布，即近岸浅水区为细粒沉积带，其外缘则为粗粒沉积带。

如上所述，中国陆架海的沉积格局提供了一个陆架沉积的典型模式。资料充分说明，从沉积物的大面积分布及研究碎屑物质的分异过程和顺序出发，并考虑古地理变迁的状况，在中国大陆架区，确实存在着两个不同时期的两种成因类型的沉积。其一主要为现代河流搬运入海的现代细粒碎屑物质，即分布在内陆架区的细粒沉积；其二是为海水所淹没之玉木冰期时形成的残留沉积，即分布在陆架外部的粗粒沉积。这两类沉积构成了我国陆架区沉积物分布的基本轮廓[12,13]。换言之，在研究中国海海底沉积时，不但要有空间上的概念，而且必须有时间上的阐明，这样的时、空结合才能得出较为完整的结论。从一定意义上看，在这两类沉积类型间有时存在着并可划分出过渡类型。但是，从严格意义上讲，不受到后期改造的(改造的程度和形式可以有所不同)纯残留沉积是不多的。

实际资料表明，我国陆架区沉积物的物质主要来自我国大陆是确定无疑的，表2资料表明，仅以河流搬运形式入海物质的数量就是相当可观的。

表2

河流名称	年径流量(亿立方米)	年输沙量(吨)
黄河	482	12亿
辽河	165	2 000万～5 000万
长江	9 847	4.6亿
钱塘江	320	540万
闽江	600	800万
珠江		8 336万

这些被河流搬运入海的物质，主要是以悬浮体的形式在海中扩散和搬运的，它们是形成沉积物的原始物质。因此，渤海、东海海水中悬浮体的研究对探讨边缘海的形成历史所引起的作用是十分重要的。

多年来，我国已对渤、黄、东、南海的碎屑矿物组合作了大量的分析，并且分别进行了矿物分区的研究。如在东海和南海，在上述之现代细粒沉积区和残留沉积区都有着完全不同的矿物组合和特征矿物，充分说明这两类沉积物并非属同一时期的同一物质来源的产物[14,15,16,17]。必须指出，通过碎屑矿物的研究还发现了不少有远景的海底砂矿的矿点，特别是在黄海和南海近海一带尤为突出。

海洋自生矿物的研究有着特殊意义。在我国各海区内，自生矿物分布较广泛，迄今，所见到的主要种类是海绿石、黄铁矿、胶磷矿与碳酸盐类等矿物。海绿石在黄、东、南海，尤以东海和南海外陆架的残留沉积区中分布较为广泛，其在东海的最高含量可达5%(占整个沉积物)。但在台湾省西南海域其量可占沉积物总量的37%左右，甚至形成有远景的矿点。研究表明，海绿石主要是在沉积作用十分缓慢的残留沉积区中形成，其富集区的水深一般大于100米，地层水温为14℃～18℃，盐度为34.1～34.7，pH为8～9，分选良好的细、中、粗砂沉积物中最适合于海绿石的形成。东海区颗粒状海绿石的化学式为[18,19] $(K_{0.45}Na_{0.08}Ca_{0.05}H_{3+}O_{0.42})_{1.00}(Fe^{3+1.40}Mg^{2+0.5}Fe^{2+0.1})_2(Si_{3.57}Al_{0.43})_4O_{10}(OH)_2$、$3.25H_2O$。

与海绿石不同，黄铁矿主要富集区在有机质含量较高、还原条件较强的细粒沉积物中。所以，海绿石与黄铁矿间的丰度变化往往是呈逆相关的关系。这两类自生矿物对判别残留沉积与现代细粒沉积的沉积环境可起到良好的作用。

对我国陆架区的微体生物，主要是孢粉、有孔虫、介形虫的研究有了长足的进展，对深入探讨我国陆架区的海面变化，岩相古地理以及沉积环境的研究都提供了十分有益的资料[20,21]。

目前，地球化学的工作虽然还限于铁、锰和有机质、碳酸钙以及某些微量元素的迁移、富集规律等个别元素地球化学特征的研究上，但是利用某些地球化学的指标来探讨物质来源和划分沉积环境的工作也有了良好的开端[22]。

陆架区沉积速率的研究尽管还处于以^{14}C断代值为基础的推算阶段，但也得出了许多有价值的数据。如在东海的50～60米水深以内的内陆架区，沉积速率可达2～3米/千年(位于东经122°30′，北纬29°40′)。至外陆架区其沉积速率迅速降低，在东海的北部平均为10.8厘米/千年，而在南黄海平均沉积速率也只有15.8厘米/千年[23]。

由此可见，主要由现代河流搬运入海的细粒物质以极快的速度大量沉积于内陆架区，向外陆架则迅速减低，这也是使海底不同部位全新世的厚度显露出很大差别的重要原因。

四

中国海的海面变化及其形成发育历史，一直是人们所十分重视的课题之一。上已述及，在外陆架上广泛分布着以中、细砂为主的粗粒沉积，就其岩石学、地球化学、微体生物以及矿物学等特征来看，它与其目前所处的海洋环境是不一致的，同时在粗粒沉积带的表层见有大量生活于海滨或浅水的软体动物遗壳(出现的水深主要在50米以外至陆架坡折处)，如常见的有长牡蛎、中国蛤蜊、毛蚶等。这些软体动物遗壳无疑反映着这里的沉积物应是滨海相的产物。这些贝壳的部分^{14}C测年数据列于表3。

表3

种名	位置		水深(米)	^{14}C年代	测定单位
	北纬	东经			
长牡蛎 *Ostrea gigas*	29°30′	126°30′	109	22 770±800	考古所
白扇贝 *Pecien albicans*	27°30′	125°30′	135	8 700±150	考古所
白扇贝 *Pecien albicans*	29°00′	127°00′	174	15 303±750	贵阳地化所
各霭巴非蛤 *Paphia albicans*	26°28′	123°00′	120	15 740±750	贵阳地化所
扇贝类 *Pecten* spp	29°30′	126°00′	105	10 270±500	贵阳地化所
和霭巴非蛤 *Paphia amabilis*	29°30′	126°00′	105	8 880±500	贵阳地化所
近江牡蛎 *Ostrea rivularia*	30°30′	127°00′	100	3 490±120	考古所

表3资料表明，粗粒沉积物中的贝壳年龄大部分为10 000～20 000年间。所以，沉积物的形成年代亦相应在这一期间，至于少数测年数据大于或小于这一年代范围，显然是由于这一沉积物带经历了海侵与海退两个不同阶段的相互作用以及现代海洋环境的影响所致。

在冰后期海侵之前，世界上许多陆架区普遍的发育有泥炭沉积。在我国渤海、黄海和东海北部的广大海域内也普遍发育着1～2层泥炭[23,24]。在南黄海，泥炭层多埋藏于海底2～3米深处，其^{14}C测年数据多数大于36 000年，少数为12 400±200年。显然是由不同时期形成的泥炭沉积。这些淡水或半咸水泥炭沉积的存在也是冰期海面降低的重要标志。

东海陆架区的不少测站上发现有贝壳层，在北纬32°30′、东经126°30′海底2～3米深处的贝壳层^{14}C年代为23 700±900年[3]。

此外，在黄、东海的广阔陆架上发现有哺乳动物的骨骼以及一些类黄土状的陆相沉积层。

上述说明，在玉木冰期时，我国大陆架存在着低海位是确定无疑的。但对玉木冰期时最低海面的位置，迄今尚有不同认识，一是认为在现今的－150～－160米水深处即大致相当于陆架坡折处[3]；二是认为最低海面应在－130米处左右摆动[25]。至于低海位的时代一般认为是在15 000年左右。

最低海位及其相应年代的确定只是解决海面变化诸问题中的一个课题。近年来，对全新世海侵的过程亦即在海面回升过程中的短暂停留以及玉木冰期及其以后时期的古气候变化也积累了不少资料。

玉木冰期全盛期后，海面又逐渐上升(可能在10 000年前左右开始的)，在其回升过程中曾有过短暂的停留和波动，这也是形成陆架各级阶地面的主要原因。在5 000～7 000年前，海面达到了大致相当于目前海面的位置。但是对全新世是否存在高海位的问题也作了许多探讨。

由于中国大陆对海洋的深刻影响，致使陆架区全新世地层表现出的一个重要特点就是它的厚度变化差异极大。最近的钻探表明，在东海的内陆架区(东经122°30′、北纬29°40′)全新统厚度在19米以上。向外陆架其厚度迅速减薄以致缺失，而在南黄海中部，全新统厚度也只有 2～3 米。如从通量平衡的角度来看待这一问题，显然是由于形成全新世沉积的能量及其均匀度的差异所造成的。

利用古地磁的方法来研究海底地层的对比也是近年来才开展的新领域。在东海和冲绳海槽内都测得了在布伦赫斯正极性世以内的几次短暂的反极性事件。这些结果似可与世界其他地区的情况进行初步对比。

目前我国已经初步形成了一支具有一定数量和水平的科技队伍。新技术、新方法、新装备不断出现和引用，调查研究的深度、广度和精度亦日益提高，但总的来说，我国海洋地质科学仍然是一门比较薄弱的学科，离世界先进水平还存在着不小的差距，这些都有待于进一步加强与发展。

参考文献

[1] 秦蕴珊，1963，中国陆棚海地形及沉积类型的初步研究."海洋与湖沼"5(1)
[2] 中国科学院南海海洋研究所，1977，南海北部大陆架地形和沉积物调查报告.
[3] 朱永其，李承伊，1979，关于东海大陆架晚更新世最低海位."科学通报"(7).
[4] 李德胜，1981，渤海湾含油盆地的地质构造特征与油气田分布规律."海洋地质研究"1(1).
[5] 范时清等，1981，渤海基底倒型结构形成机制."海洋地质研究"1(1).
[6] 金翔龙，喻普之，1981，北黄海的构造特征."黄、东海地质"，科学出版社.
[7] 金翔龙，范时清，1962，黄海南部大地构造性质的初步探讨."海洋与湖沼"4(1-2).
[8] 金翔龙，1977，黄海、东海地质概谈."海洋战线"(4).
[9] 金翔龙，喻普之，1981，东海构造的形成与演化."构造地质论丛"(1).
[10] 陈森强等，1981，中国南海中部和北部的重磁异常特征及其地质解释."中国科学"(4).
[11] 秦蕴珊等，1962，渤海湾沉积作用的初步探讨."海洋与湖沼"4(3-4).
[12] 秦蕴珊，郑铁民，1981，东海大陆架沉积物分布特征的初步探讨."黄、东海地质"，科学出版社.
[13] Chin Yunshan(秦蕴珊)，1980，A study on sediment and mineral Compositions of the sea floor of East China Sea. "Oceanic Selection".
[14] 袁迎如，1981，南黄海西北部沉积物中矿物组合特征及其分布规律."海洋与湖沼"12(6).
[15] 陈丽蓉等，1980，东海沉积物的矿物组合及其分布特征的研究."科学通报"(15).
[16] 陈丽蓉等，1980，渤海沉积物中的矿物组合及其分布特征的研究."海洋与湖沼"11(1).
[17] 陈丽蓉，范守志，1981，渤海矿物组合的统计分析."海洋与湖沼"12(3).
[18] 陈丽蓉等，1980，东海沉积物中海绿石的研究."地质科学"(3).
[19] 陈丽蓉等，1982，闽南—台湾浅滩大陆架海绿石的研究."海洋与湖沼"13(1).
[20] 汪品先等，1980，海洋微体古生物论文集. 海洋出版社.
[21] 王开发等，1981，东海大陆架海底泥炭层孢粉、藻类组合与海面变化."海洋地质研究"1(1).
[22] 赵一阳等，1981，中国台湾浅滩海底沉积物中铁、锰、钛、磷元素的地球化学."地质学报"(2).
[23] 吴世迎，1981，黄海沉积特征的综合研究."海洋学报"3(3).
[24] 秦蕴珊等，1978，渤海西北部海底泥炭层研究初报."海洋科学"(3).
[25] 赵松岭等，1981，东海更新世末期低海面的初步研究."黄、东海地质"，科学出版社.

THE PROGRESS IN SUBMARINE GEOLOGY OF CHINA

Abstract

The submarine geomorphology, tectonics, sedimentation, and the sea-level changes in the Gulf of Bohai, Yellow Sea, East China Sea and South China Sea were discussed.

The East China Sea, South China Sea, Yellow Sea, probably, and Gulf of Bohai are marginal seas of Western Pacific. They include continental shelf, slope and small ocean basin as the primary order of Geomorphological unit. The main structural trend is NNE and the tectonic zones become younger and younger in age from continent to ocean. All of the marginal basins in China Sea may be formed in Cainozoic. There are two kinds of sediments with different genesis and age in the shelf sea. One is the present fine sediment from continental rivers and distributed in the inner part of shelf, another is the relict coarser sediments formed 100,000,000 a B. P. , at the appearance of the last low sea level (Würm glaciation), and distributed in the outer part of shelf. Several anthigenic minerals discovered from the shelf sediments to be a criterion of sedimentational environment were described, as glauconite, pyrite and collophanite. The results of investigation indicate that in period of wurm glaciation the position of lowest sea-level located at 130-150 m of depth below recent sea. level in all China sea.

本文刊于1982年《地球科学:武汉地质学院学报》 第3期

作者:秦蕴珊　金翔龙　范时清　陈丽蓉[①]

① 四位作者1956年毕业于北京地质学院,现为中国科学院海洋研究所副研究员,其中秦蕴珊同志任副所长。

冲绳海槽海底中新世化石的发现及其地层意义

一、概况

海底松散沉积物以及下伏地层的研究，对探讨边缘海的形成历史和油气资源的预测与勘探起着重要的作用。

1981年7月中国科学院海洋研究所的地球物理调查船“科学一号”，于冲绳海槽南段西陡坡海底水深250米处(图1)，发现了含有早中新世瓣鳃类和腹足类化石的岩石。

由底层拖网收集到较多的棱角状碎石(图2)。其成分为灰黑—黑色板状页岩和灰色砂岩，均为钙质胶结。碎石最大直径约为5厘米，一般为3厘米左右，因受海水长期腐蚀，表面有坑洼和现代底栖生物固着。

其次，在碎石当中还混掺少量的磨圆很好的椭球状砾石(图3)。其岩性又全部为暗灰色中基性火成岩，大小为3厘米左右。

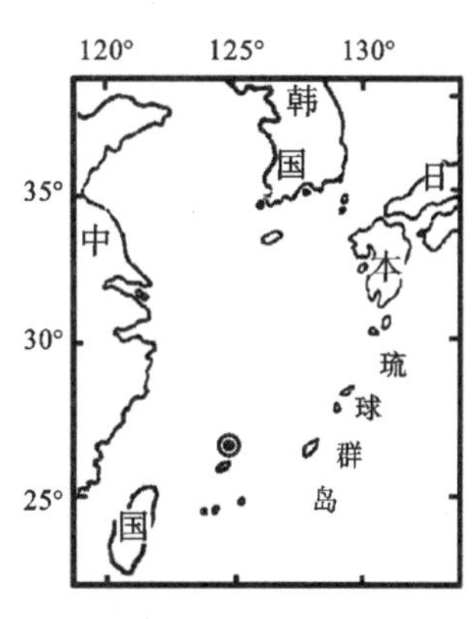

图1 化石产地位置图

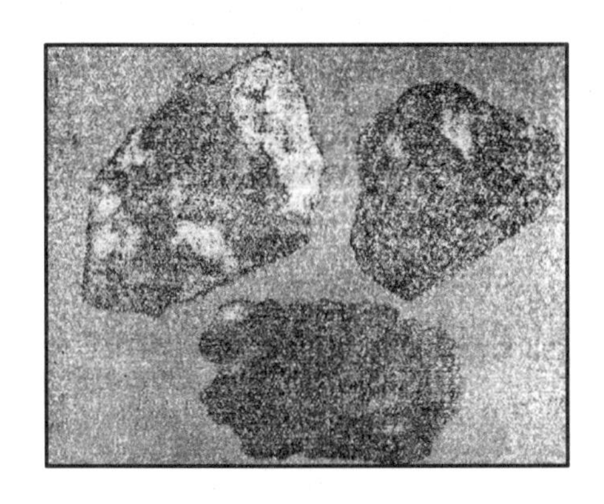

图2 棱角状碎石图

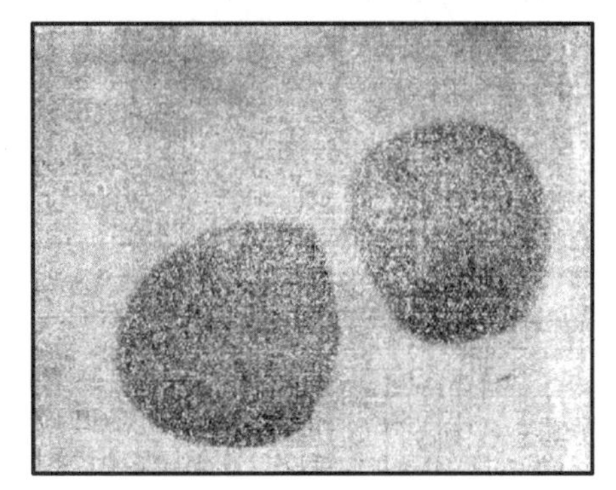

图3 椭球状砾石图

二、化石描述

在灰黑—黑色板状页岩碎石中，含有大量的软体动物化石，但种属单调，仅见有瓣鳃类化石一个种和腹足类化石一个种①。

① 化石鉴定经中国科学院南京地质古生物研究所瓣鳃类组审定。

瓣鳃目 Bivalvia

厚杯蛤科 Crassatellida

厚杯蛤属 *Crassatina* Kobelt,1881

普希拉厚杯蛤 *Crassatina pauxilla* (Yokoyama)(图 4)

该种最早由 Yokoyama (1925)和 Kanno (1960)描述过,化石产于日本的秩父盆地(Chichibu Basin)早中新世根之上砂岩(Nenokami sandstone)层中。在这一地层中软体动物化石丰富,但大多数标本都以核的形式保存。Kanno (1973)[1]收集到一些内核标本,并描述了该种的铰合构造。该种壳形变化大,有一些近方形或长方形,有一些则为三角形,壳面纹饰具有明显的同形脊。在我们所收集到的很多标本中,该种的外形特征和壳面纹饰都很明显。

该种广泛分布于台湾北部的所谓板状岩层中,见于台湾的乌来剖面(Wulai Section)、淡水河剖面(Tanshuiho Section)和北港剖面(Peikang Section)中的五指山组黑色页岩中。

腹足目 Gastropoda

蛾螺科 Buccinldae

水管螺属 *Siphonalia* A. Adams, 1863

水管螺(未定种) *Siphonalia* sp. (图 5)

图 4 普希拉厚杯蛤外形

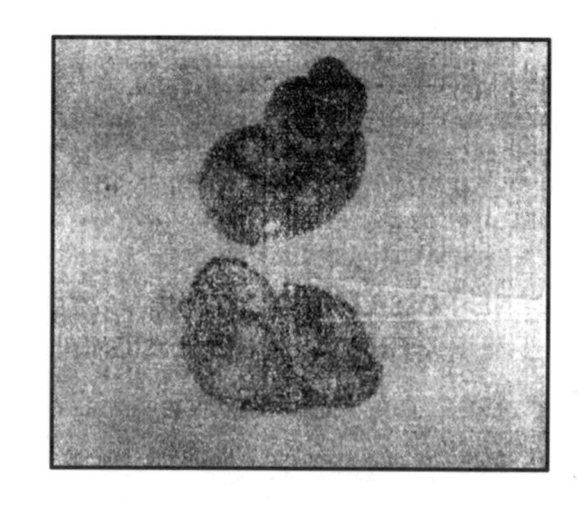

图 5 水管螺外形

只收集到两块标本,且保存的不够完好。在保存的螺体下半部分中,可见体环大而凸,壳面具有明显的横肋,轴唇部光滑,弯曲显著。另外,壳口及水管特征明显。根据上述特征定为水管螺(未定种)。

该种也见于台湾中新世五指山组(Wuchihshan Formation)和木山组(Mushan Formation)。该化石也是以核的形式保存[1,2]。

上述两种软体动物化石,代表着浅海环境,结合岩性分析,反映当时的沉积环境是处于平静的停滞的浅海环境。

经磨片鉴定,与其共生的尚有少量的有孔虫和海相介形类。底栖有孔虫:假车轮虫(未定种)*Pseudorotalia* sp. ,箭头虫(未定种)*Bolivina* sp. 。浮游有孔虫:抱球虫(未定种)*Globigerina* sp. 。海相介形类:克利特介(未定种)*Krithe* sp. 。

在灰色砂岩碎石中,尚未发现有软体动物化石,但却含有大量的底栖有孔虫,其种属与上述基本相同。以假车轮虫(未定种)占绝对优势,其次还有直箭头虫(未定种)*Rectobolivina sp.*,个别见有浮游有孔虫抱球虫(未定种)等。

三、地层意义

通过对碎石及砾石的成分和特点的研究,可以初步推断在该海域海底有基岩裸露,并且至少是由灰黑—黑色板状页岩和灰色砂岩以及由中基性火成岩砾石构成的砾岩层组成。从所含有的动物化石来看,无疑是属于浅海相沉积,其年代为第三纪早中新世,可与日本和我国台湾省中、北部有关地层进行对比。

早中新世化石及其地层除了在台湾省有所描述和报道外[1,3],在我国其他地区尤其是东部海域尚未见到报道。因此,这对于我国研究早中新世海相地层来说又增加了新的内容。

冲绳海槽南段西陡坡海域海底下早中新世化石及其地层的发现,不仅对研究该海域及其附近地区的地质发展史有着直接关系,而且对在该海域寻找第三纪海相含油气层也有着很重要的意义。

参考文献

[1] Kanno, S., and C. T. Chung, 1973. Molluscan Fauna from the So-Called Palaeogene Formation in Northern Taiwan. Geol. Palaeout. SE. Asia, 13,91-124.

[2] Ogasawara, K., 1976. Miocene Mollusca from Ishikawa-Toyama Area. Tohoku Univ., Sci. Rep., 2nd ser. (Geol), V. 46, No. 2, P. 33-78.

[3] Aoki, N., 1980. Some Molluscan Fossils from Mt. Yushan, Central Taiwan. Geol. Palaeont. SE. Asia, 21,251.

MIOCENE FOSSILS FROM OKINAWA TROUGH AND THEIR STRATIGRAPHICAL SIGNIFICANCE

Abstract

The study of marine sediments and stratigraphy is very important to the research of the development of marginal sea and the prospecting for mineral resources, but the study was hindered by the limitation of sea water and technique.

In July 1981, a geologic observation was completed within Okinawa trougan with the R/V "Science 1". A lot of marine sediments, including some rubbles and gravels of Miocene strata, were collected with dtag net from the western part of southern Okinawa during this cruise.

These rubbles are angular, with pits of erosion on their surfaces and some living benthic animals adhered on them. They can be divided into tow lithologic kinds: gray-black slaty shale and gray sandstone. The largest of them ia about 5 cm. in size, but most are about 3 cm. A few of gravels were rounded, dark-gray neutal-basic igneous rocks, generally about 3 cm. in size.

We described the Miocene molluscans occurred in the grayblack slaty shale. The Miocene molluscans consist of *Crassatina pauxilla* (Yokoyama) and *Siphonalia* sp. The species of *Crassatina pauxilla* widely occurred in the slaty black shales of Wulai section, Tanshuiho section and Peikang section in the north of central Taiwan, it represents the early Miocene age. The species of *Siphonalia* sp. Also occurred in the Miocene Wuzhishan formation and Mushan formation of Taiwan. The abovementioned molluscans and sediments represent shallow marine environment.

The study on slices of the slaty shale shows that some foraminifera and marine ostracods are associated with molluscans, no molluscans were found in gray sandstone, but the foraminifera occurred abundantly.

The study of rubbles and gravels indicates that the Miocene strata may be outcropped on the sea bottom. The strata seems to contain three lithologic kinds at least. These strata can be compared with the corresponding formation of Taiwan and Japan.

No occurrences of Miocene Molluscans from the East China Sea have been reported except the publications of Taiwan and Japan, so that the study of the Miocene fossils is not only directly related to the study of the geologic history of this region and adjacent area, but also important to the research of resources of oil and gas in the area.

本文刊于1982年《海洋地质研究》 第2卷 第1期
作者:秦蕴珊 苍树溪 董太禄 黄庆福

渤海海水中悬浮体的研究

陆源悬浮体是边缘海海底沉积物的主要来源，所以，悬浮体(suspended matter)的调查研究是解决边缘海海底沉积作用的一个重要环节。当我们研究河口附近海域以及海底沉积物的通量平衡过程时，也必须对悬浮体的分布及其数量变化等进行调查。同时，悬浮体的物质组成和数量分布状况，与海水的理化性质、声的传播和水域生产力都有密切关系。因此，关于悬浮体的调查研究是十分必要的。

我们曾分别于1958年和1962年两次按不同季节，对渤海海水中悬浮体的状况进行了实际调查，并对样品进行了部分室内分析。这些调查研究在国内尚属首次。最近，有关单位又对东海的悬浮体状况作了研究。所以，它在我国仍是一个新的研究领域。1978年，K. O. Emery 和 J. D. Milliman[1]，曾对渤海悬浮体的分布作过粗略的报道。本文根据上述两次海上实测资料和室内分析结果，对渤海悬浮体的分布状况等问题，进行较为详细的讨论，以期进一步开展和加强这方面的调查研究工作。

在1962年的海上调查工作中，曾对500个左右的测站，按水深的不同，分层测定了悬浮体的含量。所用滤纸为国产的通用定性滤纸。

一、悬浮体的含量分布

(一)平面分布

渤海三面为陆地环绕，特别是有泥沙含量高而闻名于世的黄河的流入，每年接受了大量陆源物质。因此，渤海海水中悬浮体含量不仅远高于邻近大洋，而且，其含量分布的区域性和季节性变化都非常明显。现以4、7、10三个月为例作扼要说明(见图1～3)。

图1为调查区10月份海水中悬浮体含量的分布状况。由此图可看出，大于100毫克/升的高含量区仅出现在黄河口前十几千米的范围内，而在稍远的海区里，其含量急剧降至50毫克/升以下。在渤海湾内，除近岸浅水区外，悬浮体含量均为30～50毫克/升。在辽东湾内，含量高于50毫克/升的区域仅在近辽河口浅海附近出现。辽东湾大部、莱州湾以北以及整个渤海中部的广大海域，悬浮体含量皆低于20毫克/升，仅在局部海区出现含量稍高的斑点。7月份(见图2)，由于河流输入海中的固体径流大量增加，以及海水的垂直涡动增强，所以，高含量区的分布范围远较10月份为大。此时，含量低于20毫克/升的区域退缩至渤海中央海区以东和渤海海峡的深水海区。在黄河口外，含量大于100～150毫克/升的高含量区呈舌状伸向东北。整个渤海湾顶浅水区，悬浮体含量都达50～100毫克/升。在辽河口外，50～100毫克/升的次高含量区也呈舌状伸入辽东湾内。显然，河口前悬浮体高含量舌的出现，标志着河流输沙的强烈影响。4月份海水中悬浮体含量为本海区的最高季节(见图3)。渤海湾、莱州湾和辽东湾等海域，高含量的范围明显增加。其中，辽东湾增加的幅度最

大。湾内大部分海域升至 30～50 毫克/升。辽河口前浅海区,出现了 100～150 毫克/升的高含量区。黄河口前,悬浮体含量更增至 150 毫克/升以上。4 月份悬浮体含量普遍增高的原因,是由于此期多大风,海水的垂直涡动强烈。

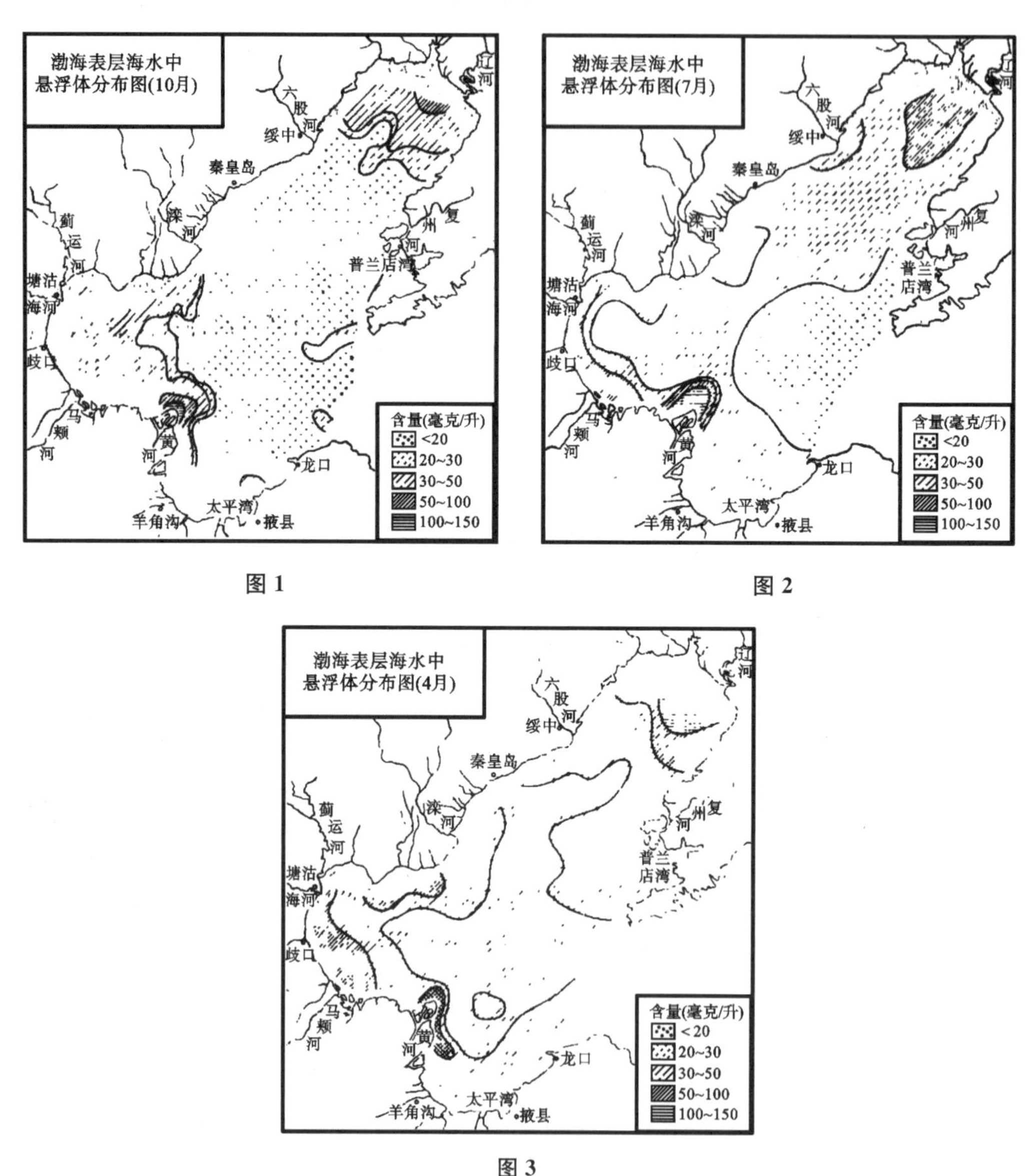

图 1

图 2

图 3

上述资料表明,在同一季节,不同海区内的悬浮体含量各不相同;同一海区,不同季节内,其含量也有显著差异。其基本趋势是,悬浮体含量随离岸距离的增加而减少。现根据悬浮体含量在各海区的差异和季节变化,取其平均状况列入表 1 和表 2。

表 1　渤海诸海区悬浮体含量

海区	辽东湾	渤海湾	莱州湾	中央海区	黄河口	滦河口	渤海平均
含量(毫克/升)	29.9	45.5	29.6	21.9	122.7	24.0	45.6

注:表中未包括辽河口,故渤海平均的数值略偏低。

表 2　4、7、10 诸月渤海各海区悬浮体平均含量

含量(毫克/升) 海区 / 取样时间	辽东湾	渤海湾	莱州湾	中央海区	辽河口	黄河口	滦河口	渤海平均
4 月	43.8	67.3	48.3	29.2	—	195.8	37.7	70.3
7 月	25.7	31.2	23.5	20.9	28.3	99.0	18.6	35.3
10 月	20.2	38.0	16.9	15.5	51.3	73.2	15.6	33.0

注:黄河口区采样位置距河口较远,悬浮体含量偏低。

(二)垂直分布

悬浮体含量的垂直分布,随其所在海区的不同而有所差异。从 10 月份的资料来看,黄河口附近和渤海湾内,水层中不但悬浮体含量较高,而且,自上向下其含量迅速增加。特别是黄河口附近,含量增加的梯度尤为显著(见图 4)。在辽河口、辽东湾内,悬浮体的垂直分布多是上低下高,但其增加的梯度不及上述两海区,同时,有时在水层的下部也出现过含量较低的现象。渤海中央区和渤海海峡附近深水区,水层中悬浮体的含量皆低于上述各区,垂直分布相对较为均匀,底层储量略高于上层。

为了不同海区中悬浮体垂直分布的连续变化,我们从黄河口分别向曹妃甸、辽河口及蓬莱(登州)等不同方向截取断面,并绘出剖面上悬浮体的垂向变化(图 5、6、7)。

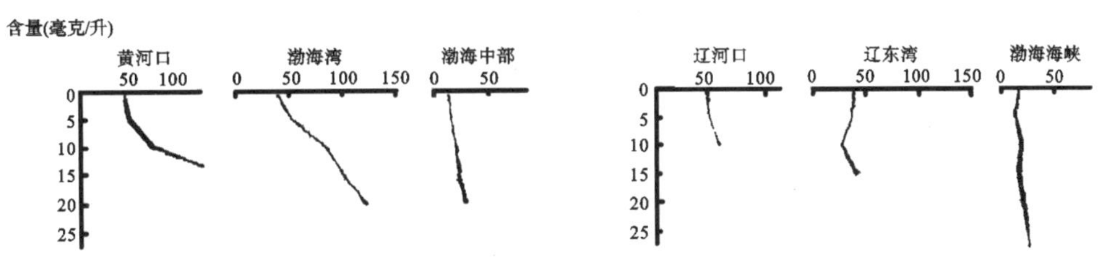

图 4　渤海各海区悬浮体含量的垂直分布

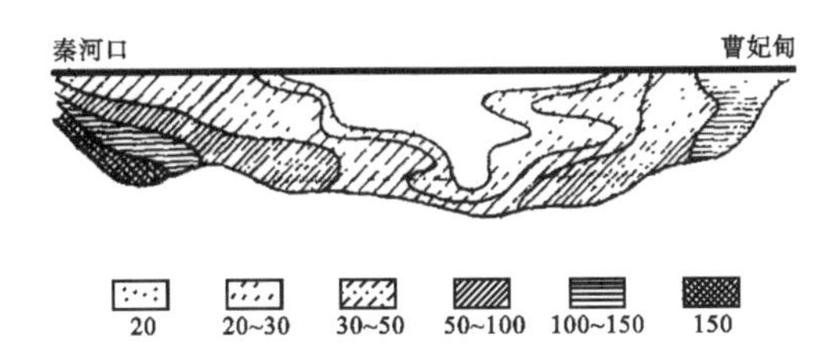

图 5　剖面 I 悬浮体含量分布图

图 5 表明,黄河口前底层海水中形成了悬浮体含量很高的浑水舌,向北伸展,其势可波

及十几千米；水层中悬浮体含量的变化梯度大。这种情况似乎说明：该处可能有异重流存在，但其细节尚未可知，有待进一步调查。随着离岸距离的增加，悬浮体含量迅速减少，相对而言，底层含量仍高于上层。曹妃甸附近，由于靠近海岸，并受滦河输入物的影响，加之水浅，因为水体的垂直涡动，使上下层之间悬浮体含量混合较强，故其垂向变化不太明显，图6、7中均有类似情况，所不同的是，大部分海域中悬浮体含量均低。

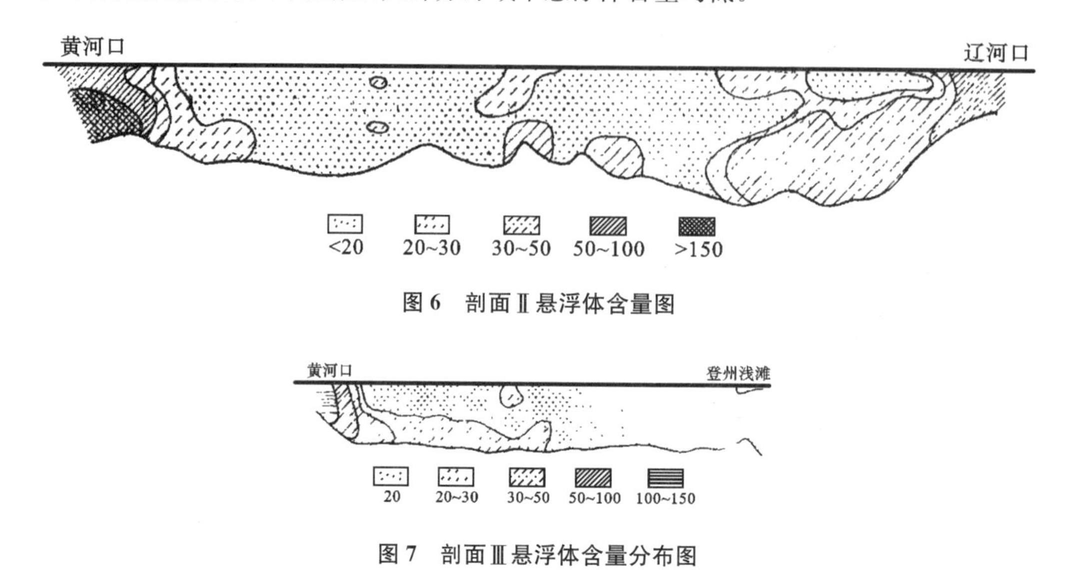

图6 剖面Ⅱ悬浮体含量图

图7 剖面Ⅲ悬浮体含量分布图

从以上三图的对比中尚可看出，黄河入海的泥沙对北和北北东方向（当时的黄河入海口）影响较大，而对莱州方向的影响较小。

二、悬浮体的物质组成及其来源

根据部分测站的显微镜观察结果，悬浮体的物质组成主要是非生物的矿物颗粒。其中，绝大多数是石英，其次为云母、长石、角闪石、绿帘石及少数碳酸盐矿物微粒，此外则有较多的黏土颗粒凝聚而成的“聚合体”。不同海区的水体里，矿物成分略有差异。浮游生物主要分布在上层水体中。例如，浮游动物之箭虫（*Sagitta*）、真刺唇角镖蚤（*Labidoceraeuchaeta*），浮游植物之圆筛硅藻、角毛硅藻等。生物成因之悬浮体含量与矿物颗粒相比，仅居次要地位。从表3中可看出，在浮游动物较为富集的河口区，它们只占悬浮体总含量的1/140～1/500，加上浮游植物，一般也不超过悬浮体总量的1/100。

表3 7月渤海河口区浮游动物和悬浮体含量比较

含量(毫克/升) \ 海区	黄河口	海河口	辽河口
浮游动物(P)	0.154	0.245	0.159
悬浮体(S)	99.0	35.3	28.3
P/S	1/500	1/143	1/167

根据化学分析和光谱半定量分析，悬浮体中部分元素的含量如下：Fe 为 4%～6%；Mn 为 0.03%～0.14%；Ga 为 0.003%～0.036%；Ti 为 0.1%～0.23%；Li 为 0.018%～0.020%；Zr 为0.001%±等。此外，尚有 Pb、Mo、Cu、V、Cr、Ni、Mg、Ca、Co、Th、Al 以及 N、P 等 20 多种元素。

根据上述之悬浮体的物质组成可以认为，渤海海水中悬浮体主要是陆源物质，而生物成因的仅居次要地位，这种物质组成，恰好说明了渤海是受陆源物质强烈影响的"内海"的特征。

陆源物质的主要来源是河流输入海中的泥沙；其次，是风的搬运物质。此外，大风浪天气条件下，由于海水强烈的垂直涡动，使早期沉积于海底的陆源物质再次悬浮，也是重要的来源之一。

渤海是三面环陆的半封闭型内海。在其毗邻的陆地上，有许多源远流长的河流注入海中。据统计，每年输入渤海的泥沙约 13 亿吨，其中黄河约为 12 亿吨。它们大部分沉积在河口三角洲前缘，余者随波逐流扩散远去。黄河输入海中的泥沙平均粒径约为 0.01 毫米。它们在紊动的海水中，都能维持较长时间的悬浮状态。假定，渤海是一个稳定的水体，平均水温约为 15℃，我们根据古典的 Stokes 公式，就可以近似地计算出各种悬浮体颗粒的沉降速度。例如，粒径为 0.01～0.05 毫米的颗粒，其沉降速度为 6.29～1.57 米/天。它们在水深 10 米的海区，要经过 1.6～6.4 昼夜才能沉降到海底。事实上，由于海水的紊动作用而产生的垂直向上的分力，阻碍了颗粒的沉降，因而，它们悬浮于水中的时间势必更多。

关于风力搬运入海的物质，至今尚无定量观测的资料。由于本区毗邻陆地大部分属于华北平原，冬春季节，土壤干燥、疏松，每有大风则卷沙扬土，甚至形成"尘暴"，一部分径入海中。这些物质中，除了一部分颗粒经过不同时间的悬浮沉积于海底外，尚有部分颗粒，由于本身干燥，遇水后吸水而成薄膜，在海水表面张力的作用下，浮于海水表面而成"浮沙"。有时，这种现象也导致了表层海水中悬浮体含量的增高。

三、影响悬浮体含量分布的因素

从上述悬浮体含量分布及其来源的叙述中不难看出，影响悬浮体含量分布的因素主要是河流输沙和气候条件。

河流输沙对于悬浮体含量分布的影响是非常明显的，河口区悬浮体的含量远高于其他海域即是极好的证明。显而易见，影响悬浮体含量的因素不仅仅是河流的输沙量，而且取决于河流输沙的粒径大小。黄河输入的泥沙，其平均粒径约为 0.01 毫米，悬移质多小于 0.01 毫米，加之输沙量巨大，故对本区悬浮体的分布有巨大影响，而滦河输入泥沙的粒径多为 0.1～0.05 毫米，因而，其河口前往往很少出现悬浮体高含量区。

气候条件的变化对于悬浮体含量分布的影响是复杂的，这里主要指不同季节内因风力不同而产生的海浪大小对于悬浮体分布的影响。

随风力的增加，海浪尺度增大，海水的紊动强度相应增加，它不但能够阻止原来海水中悬浮颗粒的下沉，而且因海浪作用对海底产生的切应力到达一定临界值时，即可以掀动海底的泥沙，然后在水体紊动垂直分量的作用下，扬动而悬浮于水中。计算表明，波高 1 米，周期为 5 秒的海浪即可以起动水深 10 米左右的海底细砂和粉砂。波高增至 1.5 米时，可以起动水深15米处的海底泥沙。渤海湾、辽东湾、莱州湾等海区的大部分水深都小于15米,因而,大风期间,上述诸海区的大部分海底泥沙都能够扬动而悬浮,而在湾顶浅水区,大有“泥波翻滚”、“浊浪排空”之势。此间,悬浮体含量急剧增加。浅水区高浓度的悬浮体,经过潮流、海流等的扩散作用,遍及整个海区。据秦皇岛气象台的资料,4月份大风频率较高,其平均风速为5.15米/秒;7月和10月份,平均风速分别为4.07和4.23米/秒。显然,这是4月份本海区悬浮体含量较高的主要原因。由于海浪作用能够掀动海底的泥沙,加上水层上部悬浮颗粒的沉降,因而下层海水中悬浮体的含量一般高于上层。

应当指出,在相同的风力条件下,在水深和海底沉积类型不同的海区里,对于悬浮体含量变化的影响是不同的。观测表明,在水深较浅和底质为软泥的海区里,风力5～6级时,悬浮体含量增加4倍多;而在水深大、底质为砂的海区里,其含量增加却不及两倍(见图8)。

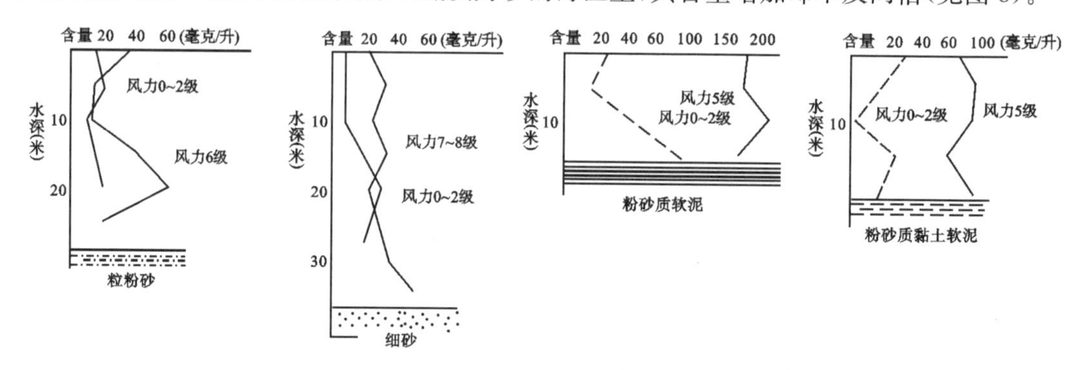

图8 水深口底质不同的海区大风天气下悬浮体的含量变化

此外,浮游生物的富集,特别是在悬浮体含量较少的海区里,在一定程度上也提高了悬浮体的含量。

四、几个问题的探讨

(一)关于河流输沙对于本海区的影响强度

人们往往根据无风天气条件下河流入海后浑水线的扩散范围,来估计河流泥沙入海后的影响强度和范围。悬浮体含量可以看做浑水线的定量标志,因而我们试图根据悬浮体的含量分布,对河流泥沙入海后的影响强度和范围进行粗略的估计。

按照泥沙通量平衡的原理,流向一定,一个断面的输沙量应当等于另一个断面的输沙量,即

$$\Delta Q=\iint Q_1\,\mathrm{d}x_1\,\mathrm{d}y_1-\iint Q_2\,\mathrm{d}x_2\,\mathrm{d}y_2=0$$

式中,Q_1为断面x_1y_1上的平均输沙率,ΔQ为x_1y_1和x_2y_2两断面之间的冲、淤量。ΔQ为正值,表示断面间冲刷;反之,为淤积。实际上,由于近河口浅海区水流复杂,地形变化很大,Q_1和x_1y_1值均不易测定,因而精确计算是复杂的。但是,如果我们将上述各数粗略地取其近似值,并以悬浮体的平均含量当做其平均输沙率,那么,定性地估计河口前一定断面内的冲淤量,从而推测河流输沙的影响强度则是可行的。

设近河口之河流某一断面的悬浮移质输沙量为Q,近河口浅海区某一断面上的输沙量

为 P_2S_2C，其中 P_2 为断面 S_2 上悬浮体的平均含量，S_2 为断面的面积。C 为常数，约为 31.5×10^6 秒。因此，两断面之间的冲淤率 K 可由下式求得：

$$K=1-P_2S_2C/Q\times100\%。$$

根据上式，我们从前左水文站到黄河口前 10～15 千米的范围内，即悬浮体含量为 100 毫克/升等值线的断面之间进行计算，其结果为 $K=69.5\%$。即，黄河入海的泥沙，约有 70%(8.4 亿吨)沉积在近河口 10～15 千米的河口三角洲附近范围内；辽河输入的泥沙，约有 65%沉积在河口前约 15 千米的河口三角洲附近。由此可以推测，渤海每年输入的泥沙总量虽然很大，但是其中 60%～70%都沉积在河口三角洲附近的浅海区内，而对于水深大于 10 米的海域直接影响较小。根据这种估计，我们绘出了河流入海泥沙对于渤海影响强度的示意图(见图 9)。

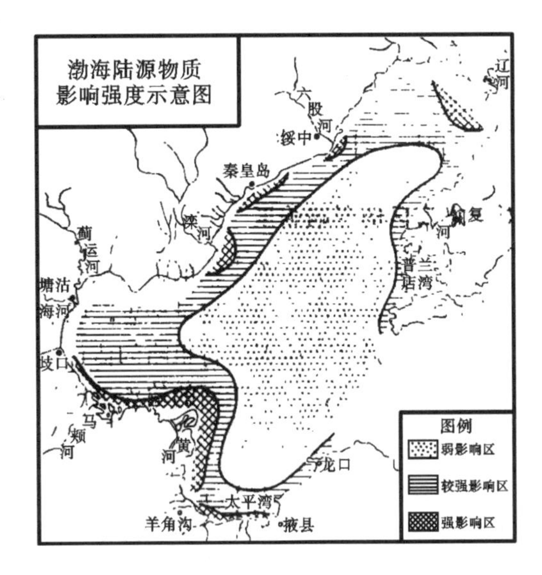

图 9 渤海陆源物质影响强度示意图

我们用上述方法计算了 4 月份黄河口、滦河口外的冲淤率。结果，K 均为负值。这种情况说明，此间海水中的悬浮体一部分来自海底沉积物的再悬浮。

此外，若海底沉积物的主要来源是水体中的悬浮体的沉降，并且假定水体是稳定的话，我们还可以对海底沉积物的沉积速度上限进行粗略估算。然而，这只能在理想的边界条件下进行。

(二)对海水颜色的影响

海水颜色随水深、悬浮体含量及其物质成分的不同而不同。此外，天气条件也有一定影响。本区之目测结果，深水区(如老铁山水道附近)海水呈深蓝—碧绿色。河口及近岸浅水区，海水呈黄绿—浊黄色。黄河口及其附近浅水区，海水中含有大量黄河搬运而来的黄土状物质，故呈浊黄色，随着离河口距离的增加，水渐变为淡黄色。辽东湾及渤海湾，海水多呈黄绿色，近岸区水色偏暗，远岸区水色偏淡。

据实测之悬浮体含量和海水颜色的对比可知，深蓝—碧绿色的海水中，悬浮体含量一般小于 20 毫克/升，随海水中悬浮体含量的增加，水色相应变黄。含量为 30～50 毫克/升时，海水为黄绿色，相当于富氏色级的 10～16 级；含量大于 50 毫克/升时，水呈浅黄色，水色序号大于 16 级；含量大于 100 毫克/升时，海水浊黄。

本区浮游生物含量较少，它们对水色的影响较小。

（三）对海水透明度的影响

海水透明度的大小，随海水及悬浮颗粒对光的吸收系数和散射系数的差异而变化。一般认为，吸收率可视为常数。由于悬浮体颗粒对于透入海水的光有一定的散射作用，所以悬浮体的成分和含量对于海水透明度的大小有很大影响。观测表明，悬浮体含量大于 50 毫克/升的海水，透明度为 1～2 米；含量为 20 毫克/升者，约为 4 米。当其他条件相同时，透明度随悬浮体含量的增加而减小。二者之间可以用下述经验公式表示：$F\times T\cong 80$。其中，F 为悬浮体含量（以毫克/升为准，但计算时不取因次），T 为透明度（米）。

五、结语

渤海为三面环陆的半封闭型内海，特别是有黄河的注入，每年由陆地上输入大量的泥沙，因而海水中悬浮体的含量远高于邻近大洋。悬浮体的物质成分主要是陆源碎屑矿物颗粒和黏土矿物，浮游生物仅居次要地位。悬浮体含量平面分布的模式是随水深的增加而减少。其季节变化的特点是，4 月份含量最高，7 月次之，10 月最低。影响本区悬浮体含量分布的主要因素，是毗邻陆地河流的固体径流特征及风力的强弱。通过近河口海区悬浮体的含量分布，有可能按照泥沙通量平衡的原理，粗略地估算出陆源泥沙入海以后的影响强度。此外，资料表明，海水中悬浮体的含量和成分对于海水的颜色、透明度皆有较大影响。然而，由于资料的限制，许多问题尚待进一步研究。

参考文献

[1] Emery,K. O. , Milliman. J. D, Sedimentology, 25(1978), 125-140.

STUDY ON THE SUSPENDED MATTER OF THE SEA WATER OF THE BOHAI GULF

ABSTRACT

We investigated twice suspended matter of the sea water of the Bohai Gulf in different seasons from 1958 to 1962。About 600 water samples were collected using a reversed water bottle(1L. in volume). The samples were filtered,dried and weighted separately. The content of the suspended matter was calculated by mg/L,and horizontal and vertical distribution figures of concentration were plotted. Parts of the samples were burned at 500℃ and the residues of noncombustible components were weighted again after the burning, and the weights lost would be the weights of organic matters. Other parts of the samples were identified by optical microscope. In addition,we analyzed chemical components of the suspended matter by spectrum.

The highest concentration of the suspended matter in this region occurs near the river mouth,and the concentrations are comparatively low with an average of 60 mg/L in other areas. Near the mouths of the

Huanghe (Yellow River) and Liaohe (river) the concentrations exceed 150 mg/L, but they decrease sharply off the mouths.

The comparison of average concentrations of different areas of the Bohai Gulf indicates that the highest occurs in the Bohai Bay, amounting to 45 mg/L; Liaodong and Laizhou Bays come next, amounting to 30 mg/L; central part and the strait of Bohai Gulf rank the third.

The data obtained in April, July and October from 1958 to 1962 demonstrate that the concentration for April is higher than that for July and for October, because of the influence of storm.

At the mouth of the Huanghe the vertical distribution gradient of the concenteation of suspended matter then was very steep。The bottom concentration was so high that it formed a tongue extending over 20 km towards the northwest。

The components of suspended matters of the Bohai Gulf are different from those of the ocean. Terrigenous and inorganic sediments are dominant in this area, consisting of mineral fragments, clay and clay floccules ;plankton, however, is less than 1%.

In this area, the suspended matter comes mainly from two sources: solid runoff of rivers and resuspension of bottom sediments。In addition, there are small amouns of deposit of wind-blown dust and plankton, etc. Solid discharge injected into the Bohai Gulf are estimated at about 1,300 million tons annually, about 1,200 million tons of which come from the Huanghe。Carrying a huge amount of silt and clay into the Bohai Gulf, the discharge of the Huanghe extends in three different directions: one to the northeast flowing to the central part of the Bohai Gulf, another one to the east to outside the Laizhou Bay, still another one turns to the northwest entering to the Bohai Gulf. According to a rough estimate about of discharge of the Huanghe settle down at the mouth of the delta.

In addition, we have also studied the colour and transparency of the sea water, and used experimental formula to show the relationship between the concentration of suspended matters and transparency of the sea water.

本文刊于1982年《海洋学报》 第4卷 第2期
作者:秦蕴珊 李 凡

渤海西部海底沉积物土工学性质的研究*

近20年来，随着海底石油开发事业的迅速发展，为解决海上钻探及钻井平台的稳定性，输油管道和海底电缆的铺设以及某些军事设施和生产建设中提出的许多实际问题，海底沉积物的力学与土工学性质的研究也有了迅速的发展。同时，通过沉积物的力学和土工学性质的研究，特别是它们在沉积地层中各种变化的详细测定，有助于研究和认识沉积—成岩作用的某些机制问题。所以，海底沉积物的力学和土工学性质的研究，不仅在工程上有重要的现实意义，而且对发展沉积学的基础理论也有不容忽视的价值。

1966年，中国科学院海洋研究所与大港油田(原石油部641厂)等兄弟单位共同协作，对渤海西部海底沉积物的土工学性质及工程地质条件，进行了较为详细的调查研究。

海上工作期间，使用中国科学院海洋研究所调查船"金星"轮，用单船抛4个锚以固定船位，使船体左右摆动的位移不超过1 m，用工程钻钻取原状土，所取岩心基本未受扰动。室内分析主要根据水电部出版的《土工实验操作规程》进行。工作区水深15～29 m，共15个钻孔(其中2号钻孔重复取样)，各钻孔的具体位置与进尺分别示于图1和表1。

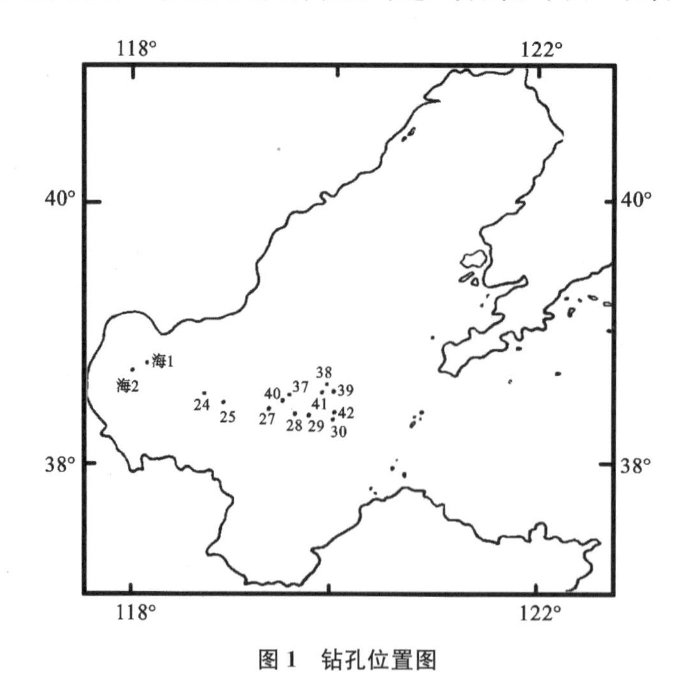

图1 钻孔位置图

---

* 中国科学院海洋研究所调查研究报告第858号。

参加室内分析的还有栾作峰、李永植、徐文强、杨惠兰等同志，图件由李清、蒋孟荣、严理同志绘制，特此致谢。

表 1　各钻孔取样深度表

钻孔号	钻孔水深(m)	岩心长度(m)	见砂层深度(m)
24	21.5	18.0	11.4
25	23.0	15.3	5.5
27	25.0	17.5	13.5
28	26.0	12.2	11.6
29	27.0	16.5	9.3
30	27.0	20.0	4.4
37	29.0	11.0	6.0
38	27.0	14.0	7.3
39	27.0	17.5	16.3
40	27.0	17.4	11.0
41	27.5	17.5	9.7
42	27.0	17.1	11.0
海-1	15.0	16.7	10.7
海-2	15.0	15.8	10.7

一、岩心沉积物类型及其分布

本文中沉积物分类是按工程上常用的以塑性指数为基础的分类方法，其指数 $\omega_n>17$ 称黏土；$\omega_n=7\sim17$ 称亚黏土；$\omega_n=1\sim7$ 称亚砂土；$\omega_n<1$ 称砂土。此外，根据现代海洋沉积物长期在海水作用下的特点，我们又将含水量饱和及过饱和并且大于液限、孔隙比>1、灵敏度高、呈半流动状态的那一部分黏土称为淤泥。

上述各类沉积物在岩心中的垂向变化各不相同，从工程角度来看，大致可分为三层(图2)，上部为淤泥层(或称软土层)，中部为黏土—亚黏土—亚砂土互层，下部为砂层。其厚度及其出现的深度，随钻孔位置的不同而异。图 2 绘出了自渤海湾口中部向东延伸的沉积剖面。从图中可知，底部砂层出现的最小深度只有 5 m 左右(位于渤海湾口的 25 号钻孔)，最大深度达 17 m(位于渤海中部的 30 号钻孔)。从表 1 列出的底部砂层出现深度可以看出，其致密砂层的埋藏深度一般不超过 12 m。

二、岩心中沉积物的物理性质及其指标

由于沉积物中固相、液相及气相之间比例不同，表现出其物理性质及指标亦各异。沉积物的主要物理性质包括密度、容重、含水量、孔隙比、塑性指数、透水性以及黏性土的稠度、黏着性等。测量结果表明，现代海洋沉积物物理性质一般具有含水量高、容重小、孔隙比大的基本特征，这些特点又因沉积类型的不同而有所差异。就其平均值而言，淤泥的含水量最高(53.7%)，容重最小(1.68 g/cm^3)，孔隙比最大(1.545)。砂土则相反，其含水量最低(23.6%)，容重最大(2.05 g/cm^3)，孔隙比最小(0.606)。亚黏土及亚砂土则表现出过渡的性质。表 2 中列出了调查区各类沉积物物理性质指标的变化范围及其平均值。

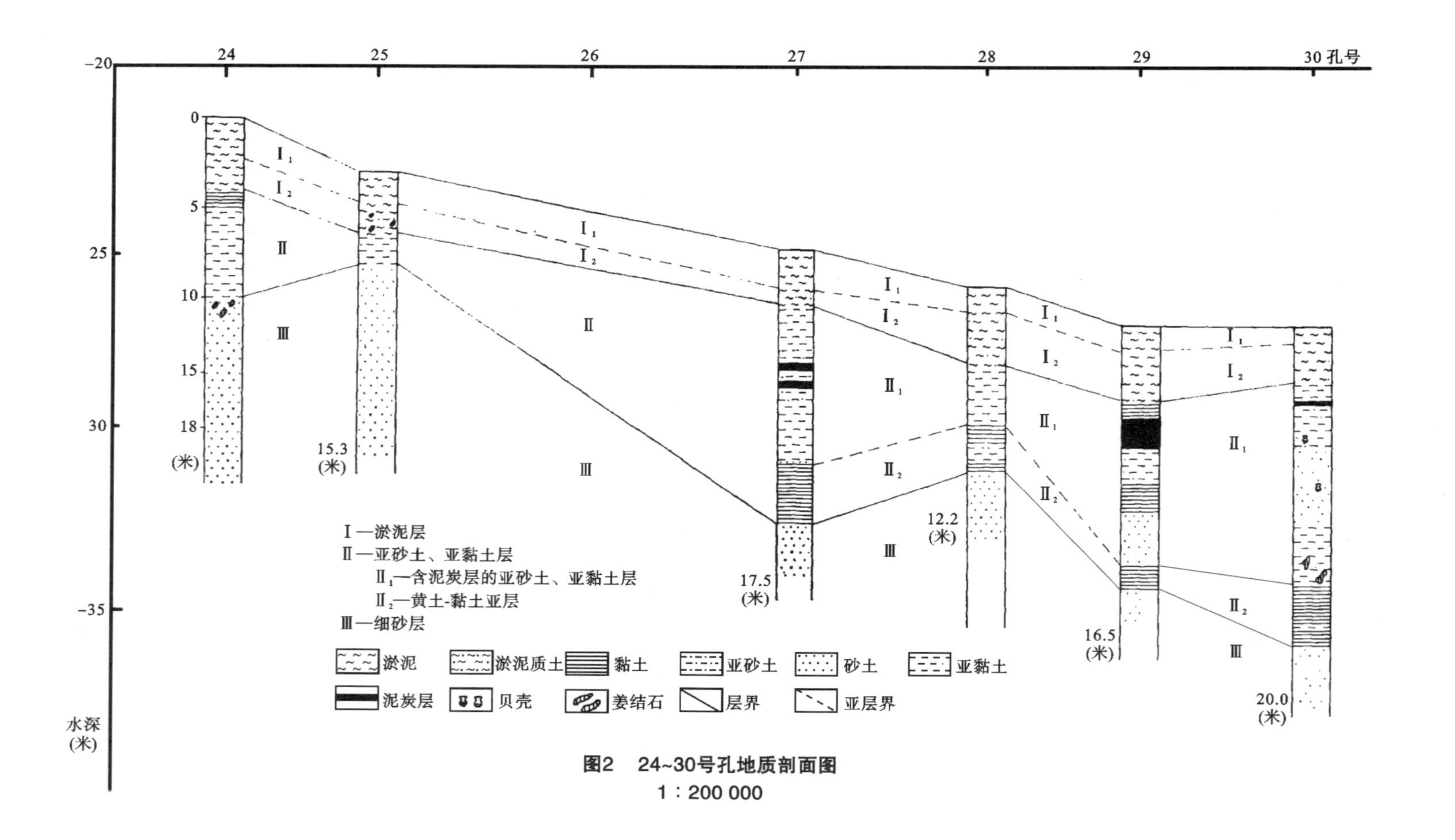

图2 24~30号孔地质剖面图

1：200 000

表 2　渤海岩心沉积物物理性质指标

物性指标 / 沉积类型	天然含水量 W(%)	天然湿容重 (g/cm³)	天然孔隙比 ε	塑性指数 W_n	流限 W_r	塑限 W_P	稠度 B	黏着性 (g/cm³)	
								铁块	混凝土
淤泥	37.4～72.3 (53.7)	1.57～1.88 (1.68)	1.001～1.930 (1.545)	10.7～25.3 (17.2)	41.2～69.0 (41.2)	17.7～41.6 (23.6)	1.09～2.40 (1.4)	16.4～17.9 (16.7)	4.4～16.4 (9.9)
黏土	21.0～70.9 (45.9)	1.572.07 (1.81)	0.696～1.805 (1.248)	17.3～24.8 (22.3)	22.5～52.8 (46.6)	11.4～28.0 (24.6)	0.25～2.20 (1.03)	7.0～20.0 (15.9)	1.5～16.4 (6.7)
亚黏土	21.6～60.0 (39.3)	1.70～2.14 (1.95)	0.518～1.560 (0.932)	7.1～16.9 (12.2)	19.1～39.9 (31.1)	15.8～24.9 (19.9)	0.42～2.4 (1.29)	2.1～19.9 (14.0)	0.2～15.6 (5.7)
亚砂土	20.6～30.8 (26.0)	1.91～2.01 (1.97)	0.705～0.780 (0.770)	3.9～6.5 (5.6)	22.1～27.4 (24.8)	21.0～18.9 (20.6)	0.18～3.4 (1.66)	7.8～9.8 (9.2)	2.6～5.2 (5.1)
砂土	20.8～31.0 (23.6)	1.98～2.16 (2.05)	0.534～0.661 (0.601)	—	—	—	—	0.7	0.6

粒度成分对于沉积物物理性质指标的影响是十分明显的。从图 3 中可以明显地看出：沉积物含水量随着沉积物中<0.05 mm 颗粒含量的增加而增加(图 3a)，而容重则随其含量的增加而减小(图 3b)。

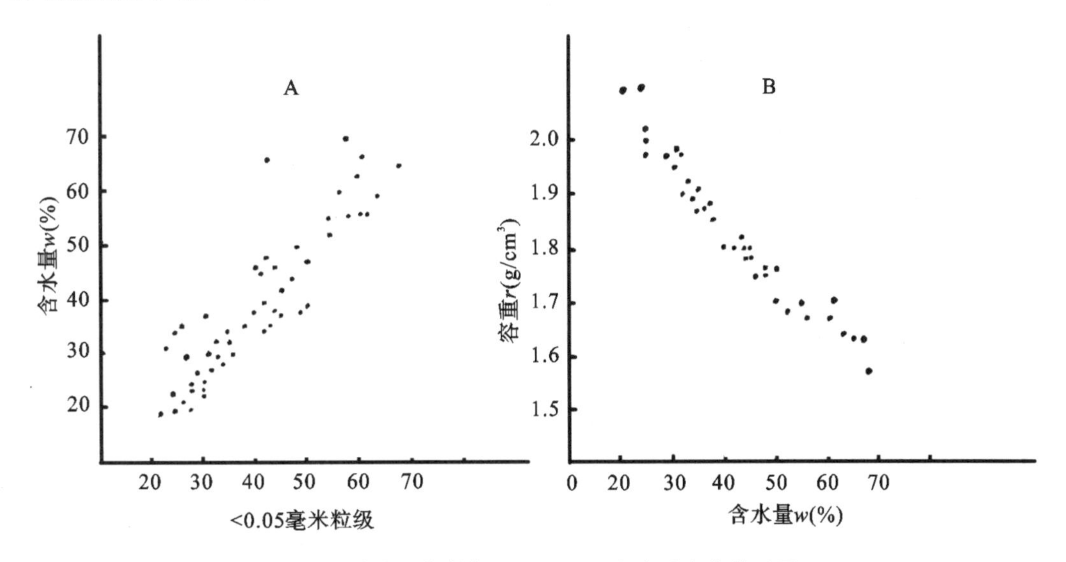

图 3　含水量与粒径<0.05 mm 和容重变化关系图

沉积物的黏着性除受粒度成分控制外，还与含水量有关，即当含水量为 30%～70%时，其黏着性随含水量的增大而增大，在含水量小于 30%或大于 70%的条件下，黏着性则明显降低,其数值变小①。

应当指出,同一沉积类型由于它所处层位的深度不同,其物理性指标也表现出明显的差异(如表 3 所示)。

表 3 渤海岩心沉积物不同层位主要物理力学性指标(平均值)

层位 \ 物理力学性指标	天然含水量 W(%)			天然湿容重 r(g/cm³)			天然孔隙比 ε		
	黏土	亚黏土	亚砂土	黏土	亚黏土	亚砂土	黏土	亚黏土	亚砂土
表(0.5～3.0 m)	50.5	41.6	29.9	1.74	1.83	1.98	1.341	1.099	0.748
中(3.0～8.0 m)	37.8	37.5	25.4	1.84	1.93	19.98	1.053	0.878	0.713
下(8.0 m 以下)	27.6	22.4	20.1	2.02	2.03	1.98	0.761	0.644	0.661

层位 \ 物理力学性指标	压缩系数 α(cm²/kg)			凝 聚 力 C(kg/cm²)			内摩擦角 φ(°)		
	黏土	亚黏土	亚砂土	黏土	亚黏土	亚砂土	黏土	亚黏土	亚砂土
表(0.5～3.0 m)	0.416	0.306	0.105	0.05	0.07	—	15.3	10.1	—
中(3.0～8.0 m)	0.218	0.095	0.029	0.08	0.10	0.15	15.1	22.4	29.6
下(8.0 m 以下)	0.027	0.019	0.011	0.29	0.20	0.15	25.3	31.5	43.5

由表 3 看出:8 m 以下黏土沉积物的含水量与孔隙比与 0.5～3.0 m 的值相比几乎少一倍,其湿容重却大出约 14%。亚黏土和亚砂土等都有类似的现象。

由于沉积物粒度成分及其他因素的变化,使岩心沉积物的物理性质指标自上而下也表现出明显的变化。图 4 综合绘出了 27 孔岩心沉积物的粒度成分及其他物理性质随深度变化的趋势。需要指出的是,3 m 以下沉积物的黏土粒级含量虽有较大的变化,但其容重、孔隙比的波动幅度却很小。

三、沉积物力学性质及其指标

沉积物的力学性质是指它们在外力作用下的变形及其抵抗外力破坏的能力,主要指沉积物在荷载作用下的压缩性及抗剪强度,后者用凝聚力及内摩擦角表示。现将调查区各类沉积物的力学性质指标列于表 4。

---

① 山东海洋学院地质系海洋地质教研室,1978. 海洋沉积学(上册)。

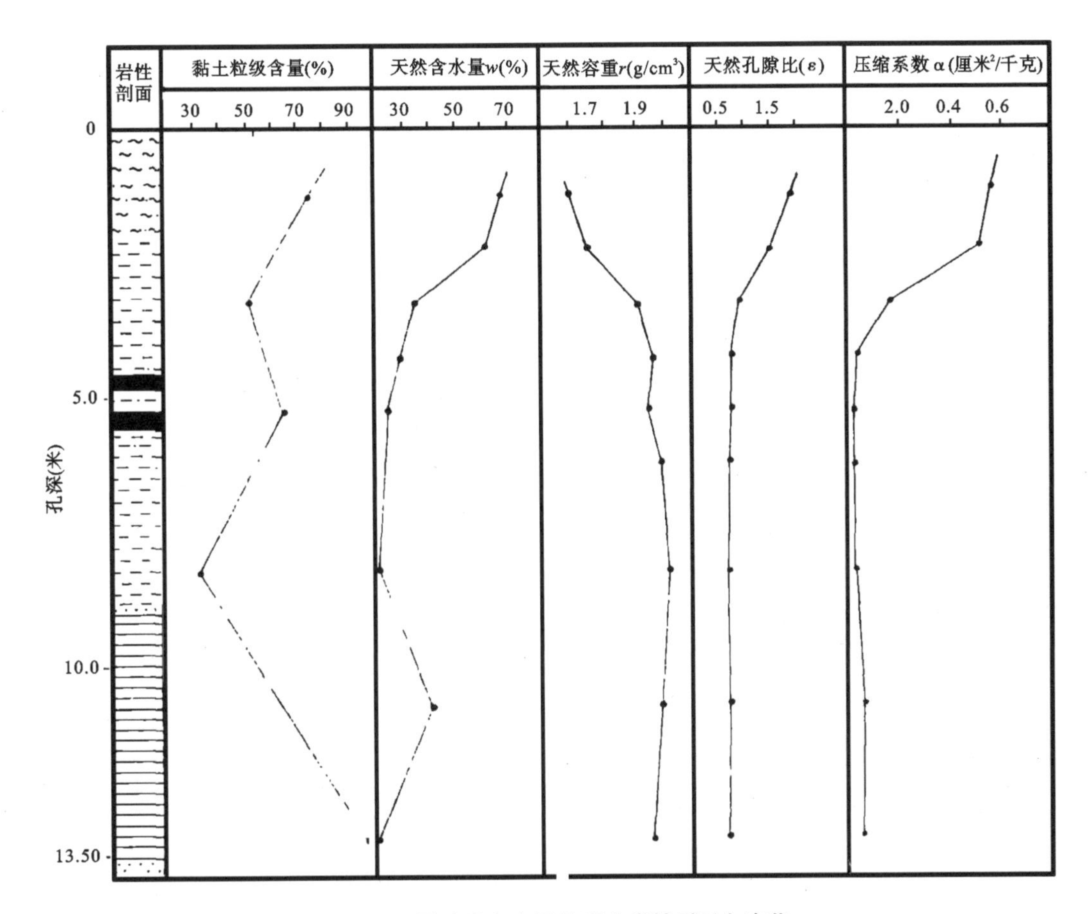

图 4　27 号孔岩心主要物理力学性质垂向变化

表 4　渤海岩心沉积物的力学性指标

力学性指标 沉积类型	压缩系数 α (cm^2/kg)	凝聚力 C (kg/cm^2)	内摩擦角 φ(°)	灵敏度 St
淤泥	0.608～0.155 (0.361)	0.16～0.102 (0.06)	23.3～2.5 (11.9)	5.8～2.1 (3.3)
黏土	0.608～0.022 (0.272)	0.60～0.03 (0.23)	34.0～2.5 (16.5)	—
亚黏土	0.493～0.009 (0.144)	0.31～0.02 (0.11)	40.5～5.3 (22.9)	—
亚砂土	0.175～0.005 (0.082)	0.10	35.0～19.5 (26.6)	—
砂土	0.007～0.006 (0.0807)	0.08～0.03 (0.11)	42.5～25.5 (37.6)	—

从表 4 可以看出，黏土的压缩性、凝聚力最大，内摩擦角最小。砂土则相反，其压缩性、凝聚力最小，内摩擦角最大。亚黏土和亚砂土介于两者之间。但是淤泥却有其特殊的性质：其压缩性高于一般的黏土，而凝聚力却小于黏土。

工程上往往根据压缩系数(α)的大小，将沉积物分为三类：$\alpha>0.05$ 称为高压缩性土，$\alpha=0.05\sim0.01$ 称中压缩性土，$\alpha<0.01$ 称低压缩性土[1]。从表 4 可知，调查区内的淤泥、黏土及大部分亚黏土为高压缩性土，部分亚黏土和亚砂土皆为中压缩性土，砂为低压缩性土。

沉积物的压缩性大小与其原始密度和结构等因素有关。根据冯国栋等人的研究，密实砂的压缩性远小于疏松砂，其压缩系数基本上随土壤的原始密度的增大而减小[2]。密实砂多为低压缩性土，压缩系数小，有利于水下建筑物的稳定。土壤的原始结构对于压缩性的影响是十分明显的。若不能保持土样的原状，原始结构受到破坏，则会大大歪曲沉积物原有的压缩性质。

沉积物的抗剪强度 τ 可视为内摩阻系数 f 和黏聚力 C 的函数，即 $\tau=Pf+C$。式中，P 为法向压力，f 和 C 为一系列因素的函数，其中特别以沉积物的紧密度和含水量的影响最为明显。据实测结果表明，黏土的抗剪强度随其含水量的增加而变小，当含水量达到缩限时其值最大。砂的凝聚力极小，C 值可忽略不计，故其抗剪强度只是内摩擦系数的函数。测量表明，沉积物的内摩擦角随沉积物粒度成分变粗而增加，受湿度的影响很小(一般小于 2 度)。

沉积物的压缩系数和抗剪强度随沉积类型及其在岩心中出现的层位不同而变化，本文绘出了沉积物岩心的压缩系数及抗剪强度的垂向变化(图 5)，并可看出，2～4 m 处沉积物的压缩系数 α 值迅速减少，曲线急剧变化；4 m 以下 α 值则基本趋于稳定，曲线变化平缓。显然这与底层沉积物密度变化幅度较小的趋势是一致的。应当指出，影响沉积物力学性质的因素是十分复杂的，除了沉积物的密度、结构外，粒度成分及颗粒形态、矿物成分、法向压力大小以及沉积物生成历史等因素对其力学性质指标都有不同程度的影响。目前，合理地确定沉积物的抗剪强度尚有困难，试验数据只作近似指标参考。

四、沉积物岩心工程性质简述

如上所述，根据沉积物的工程性质，可将调查区之沉积物岩心分为三层(见图 2)，现综合各层沉积物之物理力学性质，对其工程性质简述如下：

淤泥层(或软土层) 厚度 2～4 m。其中可分两个亚层：①淤泥，厚度 1～2 m，位于岩心的上部，其表面直接与海水接触；②淤泥质土层，位于淤泥层之下，厚度 1～2 m。其主要性质如下：

(1)孔隙比高，压缩性大。从表 4 中可以看出，该层的压缩系数 α 为 0.361～0.260 cm^2/kg，最高可达 0.608，属高压缩性土，反映在工程上，即在荷载作用下沉降量大，压缩模量为 10～50 kg/cm^2。抗剪强度低，灵敏度中等至高，St 值平均为 3.3，容重可采用 1.78 g/cm^3，承载力小。

(2)塑性指数高，透水性低，含水量高，天然含水量达 50%左右，最高可达 72.3%，不利于地基的压实。

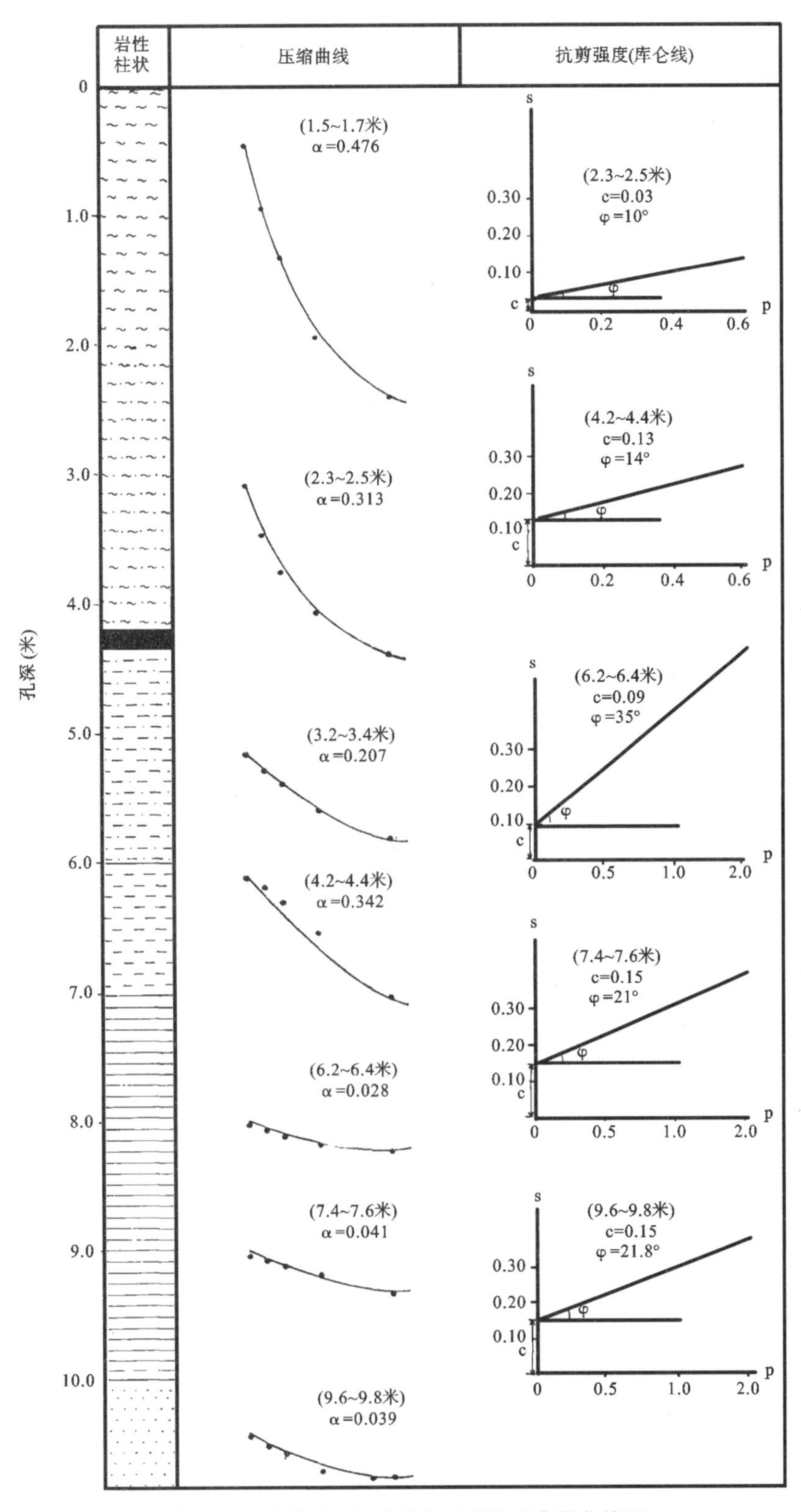

图 5 40 号岩性压缩曲线和抗剪强度变化曲线图

此外,此层土还表现出高的黏着性、蠕变性和触变性,以及沉积层内部结构,构造分布不均匀,因此,在荷载作用下有可能产生不均匀沉降等现象。

总之,从该层沉积物之物理力学性质等条件看出,它们作为水下建筑的地基是不利的。特别是岩心上部半流动状态的淤泥层,在水下施工时应作适当的处理。

黏土—亚黏土—亚砂土互层 位于Ⅰ层下部,厚度 2～13 m。其中由于各亚层的厚度不等,故表现出不同的工程性质。概言之,其孔隙比、压缩系数及含水量较上层小,属于中、高压缩性土,塑性指数一般为 10～20,抗剪强度较高,C 值平均为 0.15 kg/cm^2,内摩擦角 φ 平均为 24°,此层的物理力学性质较上层为好。

砂层 位于黏土—亚黏土—亚砂土互层之下,厚度不详。其粒度成分主要为极细砂和细砂,分选好而纯净。该层为密实砂,$\varepsilon<0.7$,压缩性最小,α 值平均<0.06,标准贯入击数(N)30～40 次,其最大值可达 150 次(例如 27 号孔 13 m 以下之密实砂)。承载力大,φ 值大于 39°。此层的物理力学性质对于建筑物的稳定性较为有利。

综上所述,通过对渤海西部海底沉积物土工学性质的研究,我们初步得到以下结论:

(1)调查区内,现代海洋沉积物岩心物理性质的特点是含水量高、容重小、孔隙比大。沉积物物理性质的变化主要受其粒度成分和含水量大小的影响。当粒度成分相同时,含水量大小是影响其他物理性质变化的主要因素。

(2)岩心的力学性质及其变化将受岩心的物理性质和原始结构的影响。特别是岩心表层受海水长期作用的淤泥,具有压缩性大、抗剪强度低及蠕变性高等特点,使建筑物沉降时间长,对建筑物的稳定性不利。

(3)调查区内根据沉积物的物理力学性质可分三层:淤泥层(或软土层),黏土—亚黏土—亚砂土互层及砂层。就其工程性质而言,上层最差,中层次之,底层最好。

(4)在上述松软的海底沉积物上进行施工,除了复杂的海洋水文、气象、地质等因素外,对于沉积物的物理力学性质等也需要进行全面的调查研究,否则将会造成巨大的损失。如果事先能对它们进行系统深入的研究,则可能避其不利,达到令人满意的结果。例如巍然屹立在波涛翻滚的渤海中的石油钻井平台,其桩脚即是穿透上部之软土和泥沙互层,立于 10～20 m 以下的底部密实砂层中,基本上保证了平台的稳定性。

参考文献

[1] 安徽水利电力学院,1958. 土力学地基与基础. 中国工业出版社,67 页.
[2] 冯国栋,1964. 土力学地基与基础. 中国工业出版社,28-33 页.

STUDY ON GEOTECHNICAL PROPERTIES OF SEDIMENT CORES IN WESTERN BOHAI SEA

ABSTRACT

Fifteen long sediment cores lifted from water depth of 15 to 29 m, in western Bohai Sea were geotechnically analyzed. All samples were undisturbed. Sediment cores were not kept under refrigeration because there was only a s hort time from their collection and analysis. The cores ranged in length from 11-20 m.

The geotechnical investegation was part of a general geological study performed by the Institute of Oceanology, Academia Sinica, Qingdao.

Some geotechnical properties of cores were measured and analyzed in laboratory, they are water content. bulk density, natural void radio, plastic index, plastic limit, shearing strength, sensitivity, compressibility and so forth.

Sediment types of the cores can classified into three different groups from top downward the cores, depending on the different geotechnical properties of the sediments.

1. Group of soft mud

This group ranged in thickness from 2-4 m. The group may be geotechnically characterized by its high water content, viod radio and high compressibility. Its shearing strength, permeability and bearing capability were lower than other two groups. Therefore, this group is not suitable for engineering construction.

The sediment of the group might have been accumulated by discharges derived from the Huanghe River.

2. Group of interbedding of subclayey, subsandy and sandy soils

This group appeared below the first group, ranging in thickess from 2-13 m. It was characterized geotechnically by its intermediate form between the first and third groups.

3. Sand group

Submerged depth of this group was, about 5-17 m under the sea floor. Its thickness was not known in detail.

The group mainly consists of fine or very fine sand. The geotechnical properties of the group show low compressibility and high bearing capability. Therefore, the group provides a good foundation for engineering construction.

本文刊于1983年《海洋与湖沼》 第14卷 第4期
作者:秦蕴珊 徐善民 李 凡 赵世金

苏联黑海苏湖米至索契沿岸海平面变动的遗迹和海岸防护

我们参加了第27届国际地质大会并考察了高加索南麓苏湖米至索契沿岸，考察内容主要是第四纪海平面变动和海岸侵蚀。该段海岸走向NW—SE，长150余千米(图1)。高加索山脉为阿尔卑斯—喜马拉雅褶皱带的一个分支，这里构造活动异常强烈，山脉持续上升。构造线平行于海岸。沿岸及海底大陆架出露第三系和白垩系福里斯沉积，由砂岩、页岩、灰岩和泥灰岩交替构成。发源于高加索山区的河流，如卡多利河(Кодори)、古米斯塔(Гумиста)河、古达乌塔(Гудоута)河、布斯布(Взипи)河、索契河(Сочи)等南流入海。由于物源近，坡度陡，河流挟带至海岸的物质大多为砂砾和砾石，然而，有些河流通过灰岩和泥灰岩分布区，出现岩溶现象，如新阿房溶洞，岩溶发育使地表水下渗，河流流量减少，挟沙能力降低，致使海岸沉积物的来量减少。

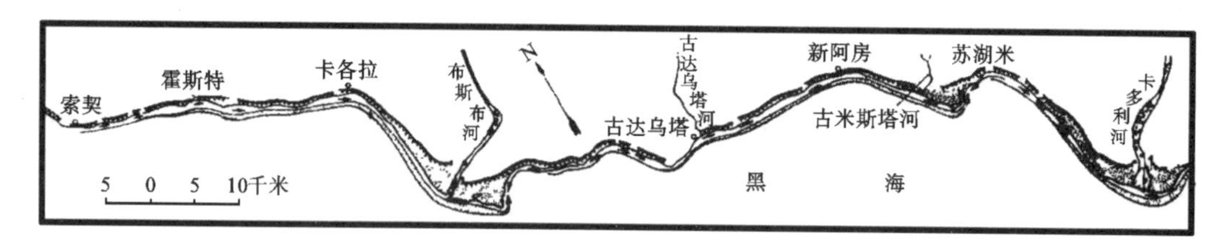

图1 考察地区位置

本区大陆架较为狭窄，宽为1～5千米，坡度较陡，达到2%～3%。有的地区大陆坡直逼海岸，如皮丛达岬角地区，海岸线之外即为大陆坡，其坡度达45°。海底峡谷发育，其源头沿陆坡向上延伸，有的伸至大陆架水深10米之处。地形条件有利于海岸沉积物直接进入陆坡之下的深海底。

苏湖米至索契海岸位于亚热带，年降雨量1 600～2 000毫米，因此沿岸植物密，植被覆盖度较大，山坡的侵蚀作用减弱，这可能是阶地上的海相沉积物得以保存的有利条件。

一、海平面变动的遗迹

考察地区海平面变动的主要遗迹是沿岸海成阶地及沿海埋藏的滨海浅海相沉积物。本区海岸阶地研究较详，埋藏滨海浅海相沉积物主要在河口三角洲地区进行了系统的工作。这里沿岸海成阶地虽然宽度不大(一般数十至200米，仅河口地区才可能达到1.0～2.5千米，如布斯布河)，但是分布相当普遍，沿岸均能追索，互相可以对比；特别重要的是，阶地上至今能找到原生滨海、浅海相沉积层，有的甚至厚达20余米，而且阶地大多为基座阶地(图2)。阶地沉积物中保存大量咸水或半咸水的软体动物，因此阶地的海相成因是无疑的。苏湖米至索契可以划分出六级海成阶地，其高度、时代和证据示于下表。基中一级阶地保存最好，沿岸的主要城市如苏湖米、索契就坐落在这级阶地上，且其沉积物保存较好。三级阶地沉积物中软体动物壳体含量最丰富，不仅见于黏土沉积，而且可在砂砾层中找到，所反映的古气候较热，海水的盐度较高，这级阶地是在黑海最大一次海侵时形成的。至于五级、六级阶地在本区虽然未发现海相沉积物，但在本区之外的相应阶地上找到了滨海、浅海相的生物化石。

海岸阶地上通常覆盖着河流相或洪积相沙砾层，它与下覆的海相层呈不整合接触，岩性差异往往异常明显，下部为黑色海相黏土，上部则为砾石，如布斯布河右岸阶地，下部为卡拉干特黏土，上部为河流相砂砾层。某些阶地上覆盖砂砾层，其有低角度的交错层理，其中含较多的海相软体动物壳体，如索契地区的卡拉干特阶地(三阶)。

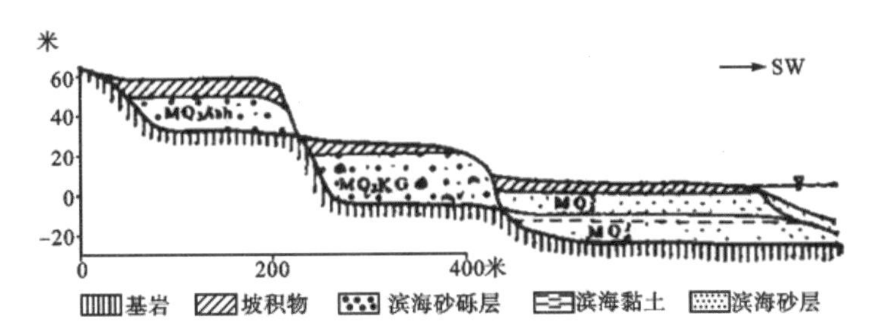

图 2　阿德尔河地区海成阶地横剖面

(据依斯马依洛夫资料整理)

MQ_3 ASH 阿申期阶地；MQ_3 KG 卡拉干特期阶地；MQ^{24} 中黑海期阶地；MQ^{34} 晚黑海阶地

黑海高加索沿岸阶地特征一览表

级次	高度(米)	时代	岩性	软体动物
Ⅰ	6～8	新黑海期(Q_4)	近岸地带为砂砾层，发育低角度的交错层理，阶地后缘为灰色、灰黑色泻湖相黏土，夹泥炭层，^{14}C 测年资料为 4 500～5 000 年	*Cardium minima*; *Cardium edlue*; *Chione gollina*; *Ostrea taurica*; *Tapes* sp.
Ⅱ	8～10	新叶构星期(Q_3)	砂砾层夹黏土层，夹褐色铁锰结核	*Dreissena polymera*; *Dresissena distincta*; *Monodacna pontica*; *Theodoxus* sp.
Ⅲ	20～25	卡拉干特期(Q_3)	黄色砂层，砂砾层和黏土层，发育低角度的交错层理	*Cardium tuberculatum*; *Coedule* sp.; *C. paucicostatum*; *C. vulgatum*; *Rissoa spleidida*; *Chione gallina*; *Tapes calverti*

（续表）

级次	高度(米)	时代	岩性	软体动物
Ⅳ	30～40	阿申期 (Q_2)	上部为黄色砂砾层，砾、卵石层，砂层，其中砂层、厚度不等；下部为砂层，上、下部之间为不整合面	*Cardium edule*；*Paphia* sp.；*Abra* sp.；*Didacna bacericrass*；*Dreissena caspia*
Ⅴ	60～70	老叶克星期 (Q_1)	黄色砂层，黏土层，夹砾石	*Didacna baericrassa*；*Monodacna subcolorata*；*Dreissena caspia*；*Abra* sp.
Ⅵ	100～120	恰乌金期 (N)	砂层，黏土层，含风化砾石	含少量强烈风化的贝壳

苏湖米至索契沿岸既有高于现今海平面的多级海成阶地，又有低于现今海平面的海相沉积物，而且海成阶地多为基座阶地。这是海面变动（水动型升降）和构造上升（地动型变动）共同作用的结果，阶地上的海相沉积物记录了黑海的海平面上升和海进，阶地所处的高度则是构造上升的反映。根据依斯马依洛夫（Ясмойлов，1984）近年的研究，同一级阶地的高程自东南向西北降低，如第六阶地，其高程在本区为 100～120 米，向西北至克尔契半岛降至 10 米以下，与高加索山脉向西北构造上升幅度和速度逐渐减小相吻合。这一降低过程是跃进式的，凡是在构造活动增强的地带，阶地高程发生突变（图 3）。因此，同一阶地的高程沿海岸的变化取决于构造，同时反映构造运动的强弱。

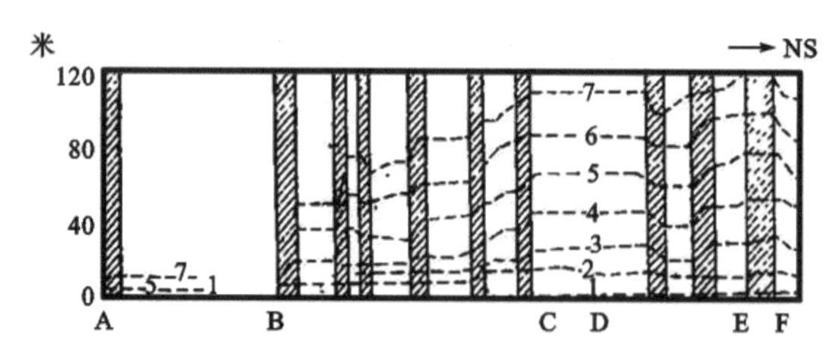

图 3　高加索黑海沿岸海岸阶地的高程变化

1. 黑海期阶地；2. 阿高依阶地；3. 卡拉干特阶地；4. 阿申阶地；5. 乌苏拉尔阶地；6. 老艾夫克新；7. 恰乌金阶地。A. 阿那普；B. 新俄罗斯；C. 克林金克；D. 土阿普赛；E. 阿申；F. 普索。

在苏湖米至索契沿岸特别重视对河口三角洲地区海平面变动遗迹的研究，因为这里是海岸阶地和河流阶地的连接之处，两类阶地的地貌特征相似，区别仅仅在于其上的沉积物由河流相逐渐变为滨海相或浅海相。此外，在三角洲地区只揭示出单一的海相层，沉积层厚度较大，且大部分处在水下，保存完好，较全地记录了一次完整的海进海退过程。以古米斯塔河为例，其黑海期(Q_4)三角洲宽达 2.5 千米，地面高程 3～5 米。根据钻孔揭示，全新统滨海浅海相层厚达 90 米，可划分为三层。下部为早黑海期沉积，由滨海相砂砾层及黏土层构成，含泥炭，^{14}C 年代为 10 350±270 年，埋深 30～90 米。中黑海期为浅海相黏土，滨海砂砾层和砂质黏土层，局部含泥炭层，^{14}C 测年资料为 7 000～8 300 年。新黑海期为滨海砂砾层和沼泽泥炭层，三角洲平原上保留 3～4 列砾石堤。^{14}C 测年资料说明，年代为 4 500～1 700 年。新黑海期阶地高出现今海平面 3～5 米，而在海面以下至 90 米连续沉积全新统滨海浅海相沉积物，这是冰后期海平面上升超过区域构造上升的记录，说明冰后期海面上升速度相当快。此外，根据该地区的资料所建立的全新世海平面上升曲线，黑海不存在高于现今的海平面（图 4）。

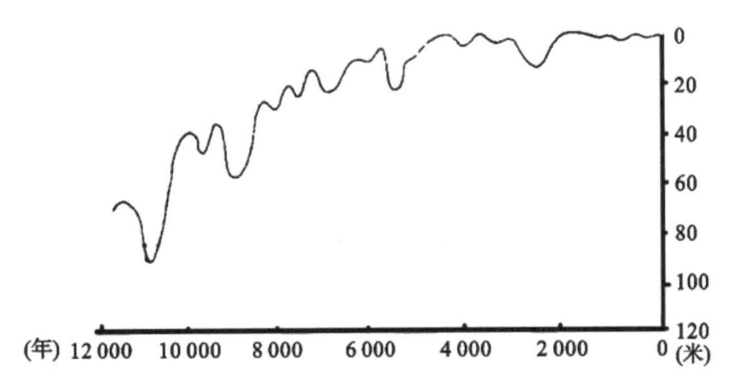

图 4　黑海高加索沿岸全新世海平面变动曲线

（据依斯马依洛夫，1984）

二、海岸侵蚀和海岸防护

由于黑海高加索沿岸是苏联主要的疗养和旅游地区，这里的海岸侵蚀严重，由此而引起了一系列工程地质问题。此次地质考察看到了苏湖米至索契海岸的许多岸段海蚀陡崖直立于岸边，沿海主要公路和铁路或高悬于陡崖上或位于强烈侵蚀的岸边。海滩宽度只有几米，最多十几米，且多由砾石构成。这样狭窄的海滩也是由人工填土或由护岸工程及人工投放砂砾才得以维持的。在人工不断维护的情况下，许多海岸工程建筑仍然遭受海浪的破坏，苏湖米市区即有这种倒塌的防浪墙。为解决海岸的侵蚀，1971～1980 年曾进行系统的调查研究，编绘该地区海岸和海底（至水深 40 米）1/10 000～1/25 000 工程地质图，系统的观测和整理海岸动态和河流输沙资料；研究 3 000～4 000 年来海平面的变动及其对海岸的影响；研究人类活动与海岸侵蚀的关系等。这对于正确的认识该段海岸的动态及采取有效的工程措施起了重要作用。调查该段海岸的侵蚀和所采用的工程措施，对我国某些海区不无借鉴之处。

1. 问题的提出

1936 年以前苏湖米至索契海岸存在着侵蚀，但人们强烈地感觉到它的威胁是在 1936 年索契建港之后。港口位于城市的西侧，建港后的防护建筑物的西北侧发生淤积，海滩由几米宽增至 60 多米，堆积的范围沿岸长达 10 千米，而港的东南侧，即索契市区则受到严重侵蚀，致使海滩消失殆尽，海岸迅速冲刷后退，房屋倒塌，海岸侵蚀速度达到 4 米/年。这种严重侵蚀的岸段，在索契港东南沿岸长达 12 千米，包括整个索契市区。此外，苏德战争期间，苏湖米城西北侧滨外地区沉没了两艘千吨轮船，沉船成为岸外的天然障碍，造成波影区，形成海岸堆积体。堆积体东南的苏湖米市区受到了强烈侵蚀。考察地区两个主要疗养城市的侵蚀是迫使人们认真研究海岸侵蚀的原因。

2. 海岸侵蚀的原因

本区海岸侵蚀主要由于沉积物来源不足及海岸动态平衡的破坏所致。该地区海岸沉积物的主要来源是河流输出的砂砾及海岸侵蚀物，据计算河流的输出物占 83%，而海岸的侵蚀物占 17%。但是，沿岸沉积物的消耗量是沉积物来量的 2.7 倍，其中 16.9%参与泥沙沿岸运动，被搬运到相邻的岸段；37.5%砂砾被从海滩或河滩取走，用于建筑材料；45.6%在搬运中磨损或经海底峡谷进入深海底，从海岸带消失。泥沙来量的不足是海岸侵蚀的根本原因。其次，Гуарсе 和 Кодори 河口存在着沿岸泥沙流，其固体径流量为 30 000～40 000 立方米/年。索契港的建设和苏湖米西北的滨外沉船使之局部受阻，破坏了海岸的动态平衡，增强了两个主要疗养城市的海岸侵蚀，因而使这一问题更加突出。

3. 海岸的管理和防护

考察地区严重的海岸侵蚀使城市遭到破坏，公路铁路交通受到威胁，为此采取了一系列措施。

(1)成立防止海岸侵蚀委员会，规划和管理海岸的开发和利用。未经专门论证和该委员会批准，不得进行海岸作业；禁止采取海滩及入海河流砂砾用于建筑材料及其他用途；采取多种途径进行综合研究，以便作出百年(2080)内海岸变化趋势和 2～3 年内的动态预报。

(2)采取多种措施防止海岸侵蚀。一般海岸侵蚀地区或修筑丁坝，或造防浪墙，或修岸外水下挡浪坝。而在考察地区则是多种防护措施同时并用。如索契岸上修建丁坝和防浪墙，水下建造挡浪坝，此外每年还向海滩上投入千方以上的砂砾，耗资达 100 万～150 万卢布，才能保持狭窄的海滩供游人使用。

(3)海岸侵蚀引起严重滑坡，为保护路基的安全，除海岸防护措施外，还修建钢筋混凝土隧道，隧道邻接滑坡之下的稳定岩层，火车从隧道内通过，滑动沉积层从隧道顶部滑过。这种人工隧道在索契地区长达 20 余千米。

三、两点启示

(1)国际地质对比计划委员会为研究世界海岸变动，从 1974 年起先后设立 61 号(1974～1982)和 200 号(1983～1987)研究项目，由于这项研究与人类经济活动异常密切，涉及的学科又很广泛，如海洋学、海洋地质学、沉积学、海洋生物学、新构造运动、地貌学、考古等等，因此引起了广泛的注意。我国也成立了海平面工作组和海岸线研究委员会，广泛开展了我国沿岸海平面的研究，取得了很大的进展。但是，目前我国海岸线和海平面的研究大多集中在平原和大河三角洲地区，而在构造活动较强烈的山地海岸地区工作较少。这和新中国成立前、新中国成立初期的情况刚好相反，那时海面变动的研究主要集中在山地海岸上，特别是华南地区。研究山地海岸海平面和海岸线的变动主要依据海成阶地。而在我国沿海的一些台地上尚未找到可靠的海相沉积物，因此有的人对这种沿海台地的海相成因表示怀疑。相反，另一些人则认为，在构造上升、剥蚀强烈的地区海岸阶地上的沉积物因剥蚀而未能保存，这种台地可以被确定为海成阶地。高加索黑海沿岸的事实说明，在构造上升区的海岸阶地上完全可以保留海相沉积物。当然，我国沿海土地耕作和林木的滥伐可能造成较严重的侵蚀，致使海岸阶地上的海相沉积物受到更大的破坏。但是，如果沿岸台地上完全找不到海相沉积物，要排除它们的多解性仍然是困难的。目前沿海台地上找不到海相沉积物是否与研究程度较低有关？因此，在进行平原区域的海岸线和海平面研究的同时，对山地海岸的海平面变动应给与应有的重视。

(2)苏湖米至索契海岸的侵蚀主要原因是泥沙来源贫乏。从海滩和沙滩取走了大量砂砾(占总消耗量的1%)，从而加剧了侵蚀。在我国随着经济建设的发展，海滩砂砾作为建筑材料而被取走的越来越多，已有某些海岸地段引起冲刷，如山东半岛。目前全国正在开展海岸带综合调查，砂砾质海岸的沉积物不仅应当定性的加以评价，而且应当提供定量的资料，以便正确地估计某段海岸每年接受多少沉积物才能保持海岸的动态平衡。

本文刊于1985年《海洋科学》 第9卷 第6期

作者：秦蕴珊 李从先 杨作升

黄东海浅水区海底钙质结核及其成因的研究

在海图上早就以"砾石"符号表示了南黄海一带钙质结核(下文简称结核)的存在。但1958年全国海洋综合调查之后,它们的分布范围才初步被确定下来,并以明确的符号标于底质图上。不过始终没有人去探索这些结核的特征和成因。近年来,由于海洋调查的广泛展开,它的存在引起了不少海洋地质工作者的兴趣,相继对它进行了多方面的研究。但在它的成因方面,众说纷纭:有的认为是海底自生的,至今仍在不断地生长①;有的则认为,除了自生之外,还有一种结核是属于被海水淹没的黄泛区物质,而且无论是前者还是后者,都和黄河有关②;有的则认为是一种化学沉积③等,莫衷一是。1961年以来,笔者不断地收到有关单位送来各种海底"砾石",其中钙质结核的数量最多,它不仅分布于黄海,而且在东海一带也有发现。1975年笔者曾用拖网对海州湾一带的结核进行了调查,在随后进行的海洋调查工作中也曾多次采集到。在这前提下,本文拟对陆架浅水区发现的钙质结核特征和成因作一初步探讨。

一、钙质结核的分布

钙质结核在黄海一带发现最多,但集中分布于南黄海,其中以青岛至连云港一带海域为最密集,甚至形成一种独特的沉积类型裸露于海底。估计在底质中的含量为16%~80%不等,最高可达87.35%,平均约40%。东海大陆架上也有多处发现,但较少,只是零星地在底质中出露,主要分布于长江口大沙滩附近(图1)。

1.零星分布区　2.富集区

图1　钙质结核分布简图

Fig. 1　Scheme of distribution of the calcareous nodule

结核出现的水深一般在20~40米之间,大于40米处较少。在表层沉积物中,它常富集于海底表面和表面以下至30厘米深处,更深处的数量较少。它主要分布在细砂等砂粒沉积物中,即和残留沉积等古沉积物有着密切的关系。而现代或全新世沉积物中只有在残留沉积物的混合区附近才能见到它。所以可以把结核的存在作为陆架上古沉积层

① 卢顺国等,1979。南黄海自生钙质结核特征与成因的探讨。第一海洋地质调查大队。

② 吴世迎、房泽诚,1980。黄海海州湾钙质胶结物的特征及其地质意义。国家海洋局第一海洋研究所。

③ 吴世迎,1979。黄海沉积特征的综合研究。国家海洋局第一海洋研究所编"海洋地质论文集"

的一种识别标志。但并非所有的残留沉积物里均有结核存在。

二、钙质结核的外形特征

结核主要呈灰色，表面颜色往往较深，尤其是被铁锰物质浸染的部位或在表面形成一层铁锰薄膜者呈黑褐色或褐黑色。内部颜色较浅，常为褐灰或黄灰色。

结核颗粒大小不一，小者的直径以十分之几毫米计，大者则可达几十厘米。前者在沉积物中难于和其他砂粒区分，后者则明显地显露在沉积物之中。

它的形态极其多变，有各种不规则的长柱状、团块状、板状、树枝状、蜂窝状等。其中团块状为最常见。结核表面常被各种多毛类、单体珊瑚、苔藓虫等底栖生物固着，致使表面显得粗糙不平，枝节横生；此外，以石蛏(*Lithophaga*)为主的各种钻孔生物的作用，也使它的表面出现了大大小小的圆孔，在钻孔生物大量繁殖的颗粒上，它的表面形似蜂窝；有的结核还可见明显的溶蚀和似层的微构造形态。在黄海南部的一些结核，敲击之后还会显出一种独特的放射状裂隙。

虽然结核的表面粗糙，但仍然可以看到不少结核的棱角是被磨圆的，特别是东海一带所见，主要原因是固着生物较少，表面较光滑，磨圆的棱角也就显得突出。

三、钙质结核的成分

1. 矿物成分

由于结核的组成矿物颗粒较细，肉眼观察难于确切地确定其成分。在薄片中，可以把它的成分分为两个部分。一是碎屑部分，含量为 30%～35%；一是胶结物，含量为 65%～70%。前者以石英为主，含量为 15%～20%，其次是长石，含量为 5%～15%，其他如黑云母、白云母、绿帘石、绿泥石、角闪石等含量极少。碎屑直径为 0.01～0.5 毫米，个别可在 1 毫米以上，但以 0.01～0.25 毫米之间的颗粒居多。一般呈棱角和次棱角状。胶结物为方解石，粒状，有时可见完好的结晶，成基底式胶结。差热分析显示了典型的方解石曲线(图 2)。X 光粉晶和 X 光衍射图谱显示的主要矿物也是方解石，其次是石英。此外，后者的谱线中还有少量的绢云母、钾长石、高岭石等矿物(图 3B)。

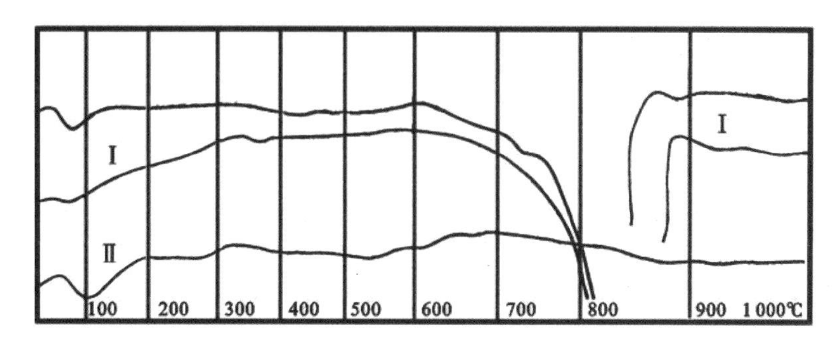

Ⅰ. 经 H_2O_2 处理　Ⅱ. 经 HCl 处理

图 2　钙质结核 DTA 曲线

Fig. 2　Curve of differential thermal analysis of the calcareous nodule

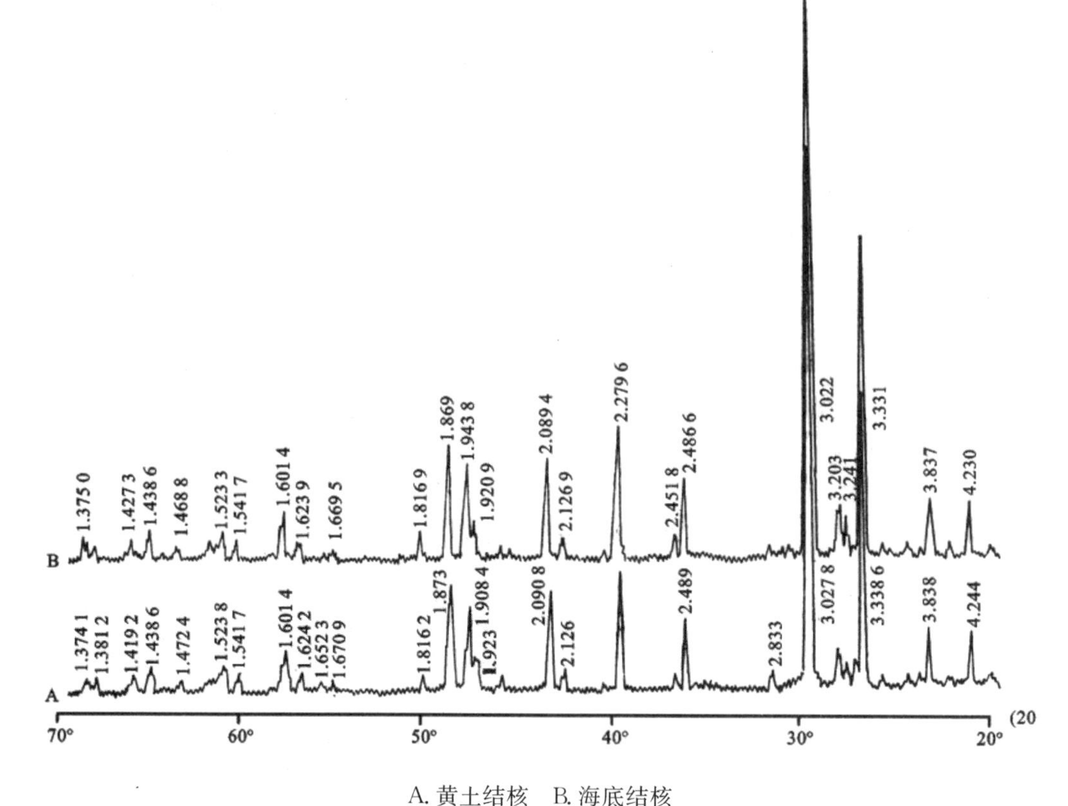

A. 黄土结核　B. 海底结核

图 3　黄土结核和海底结核 X 射线衍射图的比较(Cu Kα)

Fig. 3　Comparison of X-ray diffraction of the calcareous nodule collected from seafloor and loess doll (Cu Kα)

2. 化学成分

几个主要化学成分分析结果表明(表 1),结核的主要化学成分是 CaO 和 SiO_2,CaO 的含量是 22.72%～33.63%,黄海高于东海,SiO_2 的含量是 24.36%～44.47%,东海高于黄海,两者之和超过总量的 50%,最高可达 67.73%。其他成分除 Al_2O_3外,均小于 4%。

结核的微量元素光谱半定量分析的结果如表 2 所示。

表 1　钙质结构主要化学成分

Table 1　Main chemical components of the calcareous nodule

海区 \ 含量% \ 成分	CaO	MgO	Al_2O_3	Fe_2O_3	MnO	SiO_2	K_2O	Na_2O
南黄海 1	32.78	1.93	5.27	3.03	0.14	27.08	1.12	1.40
南黄海 2	33.63	2.74	5.49	3.31	0.30	24.36	1.06	1.38
长江口大沙滩	23.62	1.89	6.21	2.70	0.05	44.47	1.25	1.66

表 2 钙质结核的微量元素

Table 2 Trace elements of the calcareous nodule

元素 含量% 海区	南黄海 1	南黄海 2	长江口大沙滩	元素 含量% 海区	南黄海 1	南黄海 2	长江口大沙滩
As	<0.01	<0.01	<0.01	Sn	0.002	<0.001	<0.001
Ba	0.02	0.03	0.03	Sr	0.02	0.01	0.02
Be	~0.0001	~0.0001	~0.0001	Ti	0.5	0.5	0.6
Co	<0.001	<0.001	<0.001	V	0.002	0.003	0.002
Cr	0.01	0.01	0.015	Yb	<0.0001	<0.0001	<0.0001
Cu	0.02	0.003	0.01	Zn	0	0	<0.01
Ga	~0.001	<0.001	<0.001	Zr	0.01	0.01	0.025
Ni	0.002	0.001	<0.001	Sc	<0.001	<0.001	<0.001
Pb	0.001	<0.001	<0.001				

四、关于钙质结核的来源和成因

在分析和对比了结核的各种特征之后，笔者认为：结核是古沉积物或残留沉积物的一部分，它的原生母岩是现在陆上黄土中的钙质结核，至今其仍然广布于浙、鲁、辽等省的沿海陆上一带。由于出现了大理冰期海退，露出海面的大陆架一些地区形成了黄土沉积和钙质结核。之后，随着最末一次海侵的发生，使这些形成于大陆架上的黄土沉积受到了海水的冲刷、侵蚀和不断淘洗，其中的细粒组分被冲走，包括钙质结核在内的粗粒组分就留在原地附近，并富集于表层沉积物中。随着海侵范围的扩大，它就没入海底并形成了今日之分布状态。主要依据是：

1. 从结核的分布状态来看

结核的分布状况是一些研究者认为自生和受黄河影响的证据之一，即南黄海海州湾附近曾是古黄河的入海口，那里的地理环境给结核的生长提供了必需的条件。但从结核的分布资料来看，结核并不局限于上述海区，北黄海、渤海，甚至东海也有发现，它们的地理环境存在着相当大的差异。所以，笔者认为，结核的存在和海区自然环境无关，而是取决于过去黄土的分布区，故其分布显示了过去黄土层在陆架上的分布情况。

2. 从结核的成分来看

结核具有明显的亲陆性，而且陆上和海底两种结核之间还存在着明显的相似性。

(1)在矿物成分方面：如果结核是海洋沉积物的一部分或在海洋环境下自生形成的海洋碳酸盐，就应该具有海洋碳酸盐所具有矿物特征。

据海洋碳酸盐的研究，海洋碳酸盐可以分为生物组分和非生物组分。由于后者往往是难于确定的，故有些学者把现在所处状态无法查明是生物骨骼成因的碳酸盐统称为非骨骼碳酸盐[2]。非骨骼碳酸盐的矿物组成主要是文石[2]。在我国现代海洋碳酸盐主要分布于南海诸岛及近岸一带，其中研究最多的是各种海滩岩，而现代海滩岩的胶结物主要也是文石和高镁方解石[3~6]。因为海水中的许多阳离子可以抑制方解石沉淀，其中镁起着最重要的作用，而文石的生长不受镁的抑制，所以文石是海水中以无机方式沉积下来的最常见的"相"[2]。据上所述，虽然钙质结核同属非骨骼碳酸盐一类，但它却由方解石组成，和海洋碳酸盐所具备的特征是不一致的。

由于文石是一种不稳定矿物，它可以逐渐变为方解石。据 E. Gavish 等的研究，一般转变时间不超过 80 000～100 000 年[18]。虽然我们测得的结核最大年龄(30 400 年)属于上述范围，是否其中的文石已转变成方解石？但结核的形成时代和 10 万年比较起来，相对来说还是较短的，在如此短暂的过程中，即使有转变，也不完全，还应该能保存着一些文石。即使已完全转变，也应还能看到一些文石转变成方解石过程中的各种过渡形态和结构。可是，在显微镜，甚至扫描电镜的观察中，均未能发现任何文石的痕迹；在差热曲线上也不存在 400℃的文石吸热谷(图 2)。何况是，如果结核始终处于海相条件下，那几乎是不存在文石向方解石转变的问题，也就是文石将保持其原来状态，这方面已在一些研究中得到证实[4~6]。所以笔者认为，结核本来的组成矿物就是方解石。而方解石是淡水条件下碳酸盐胶结作用形成的典型矿物[3,5~7]。据上所述，显然结核开始是在陆相条件下生成的，尔后才转入海底，并形成了一种特殊的碳酸盐沉积。

在 X 光衍射图谱中，黄土和海底两种结核的矿物成分几乎是完全一致(图 3)。

(2)在化学成分方面：众所周知，黄土是我国北方一带第四纪的主要风成沉积[8]，由于形成时代和所处地区不同，它们的主要化学成分之间也存在着一定的区别，但总的趋势是相近的，当然，作为黄土层一部分的钙质结核也应如此(表 3)，所以对比它们的成分时，只能对比它们的相近性。在对比了表 1 和表 3 的主要化学成分之后，可以清楚地看出，表 1 和表 3 的两种不同沉积环境的结核是相近的。相反，同一环境的(巴哈马群岛)海相非骨骼碳酸盐却存在着明显的差别。如SiO_2在结核中是主要化学成分，含量在20%以上，仅次于CaO，可是在

表 3 黄土中钙质结核主要化学成分[9]

Table 3 Main chemical components of the loess doll

成分 / 含量(%) / 层位或地区	CaO	MgO	Al_2O_3	Fe_2O_3	MnO	SiO_2	K_2O	Na_2O
青岛郊区*	29.72	1.52	6.65	3.09	0.09	31.14	1.25	1.36
Q_2^2	37.89	5.53	3.47	1.32	/	20.89	/	/
Q_2^1	37.00	3.21	3.79	1.43	/	20.65	/	/
Q_2^1	25.63	4.17	6.63	2.43	/	34.94	/	/
Q_1	19.63	/	7.86	3.70	0.03	39.81	1.78	1.28
Q_1	22.51	3.98	8.21	3.21	/	36.43	/	/
离石黄土[12]	27.94	/	5.66	2.24	0.05	30.56	1.20	1.10

* 北京市地质局实验室分析数据

非骨骼海洋碳酸盐中它是一种微量元素，含量仅 805×10^{-6} 和 $1\ 563\times10^{-6}$；西沙群岛一带的海滩岩也仅0.65%；西南非陆架钙质沉积物中也只有 9.20%[19]。再如 CaO，海洋碳酸盐中的含量普遍比结核高，一般在 50%以上。Al_2O_2 则偏低。Ca 和 Sr 的性质比较相似，在 Ca 富集处 Sr 的含量也偏高，但在海相和陆相地层中它们的含量也是有区别的。前者往往高一些，后者略低。如现代海洋非骨骼碳酸盐中，Sr 含量约 1%，西南非陆架钙质沉积物中是 0.108 2%[19]，黄土中的结核仅 0.01%～0.03%，结核中是 0.038%。

从以上的对比中可以看出，在主要化学成分上，处于海洋环境下的结核成分并不接近于海相。相反，却接近于陆相，或更接近于黄土中的结核。下文的一些微量元素变化还可进一步证明。

沉积物中某些微量元素的含量可以作为海陆相地层的识别标志。其中以硼对盐度的反映最为灵敏，通常海相沉积物的含硼量高于陆相沉积物的含硼量，海陆交互相处于两者之间。钙质结核的含硼量一般是较低的，从四个样品的分析数据来看，两个样品的含量在 60×10^{-6} 以下，另外两个略高，含量为 90×10^{-6}，前者定为陆相是毫无疑义的，而后者也并非海相。据沉积物中含硼量的研究认为1)，海相沉积物，如受淡水的影响，其含硼量会降低，相反，陆相沉积物如受海水的影响，其值也略会升高。黄土钙质结核的含硼量一般是 $(10\sim40)\times10^{-6}$[9]，考虑到它们在海水中长期浸泡，或多或少要受到海水的影响，尤其是结核的表面。即使如此，结核后一组的含硼值仍然是偏低的，因此，它的形成环境应是陆相或形成时的环境受到一定程度海相物质的影响，但不是海相。从下文的讨论中也可以得到进一步的证明。

在沉积物中，有人以 0.2%～0.3%的含 Cl^- 量作为正常盐度海水条件下沉积的标准[11]。这个标准和结核中仅为 0.002%、0.029%、0.010%和 0.080%的含量比较相差甚大，相反，却和黄土中结核 0.002%含量相近。

Sr/Ba 也可以用来确定沉积相。有人提出淡水沉积的 Sr/Ba 值是小于 1[11]。一些文献中所述的黄土结核 Sr/Ba 值一般≤1～2[9]。而钙质结核的比值分别为 1、0.33、0.66。均接近于上述数据。

3. 从结核的形态和结构构造方面来看

结核的外形是各式多样的，但棱角多被磨圆，表面被各种生物固着、栖居和钻孔。

有趣的是，黄海一些结核的放射状裂隙竟和黄土一些结核所示形态极其相似[12]。至于结核中的一些似层状构造等形态，也可以在黄土结核中找到。

在薄片中，它们均是基底式的胶结。为了进一步比较两种结核的胶结物，笔者做了部分扫描电镜的观察。结果显示，它们的形态基本上是相似的。如都具有颗粒较大和结晶较好的方解石晶体，同时也有小的排列不规则粒状结晶，颗粒之间互相挤压，是一种在狭小的空间条件下结晶形成的形态。

4. 从结核上的生物来看

结核上海相生物的存在，是一些研究者认为是自生的重要依据之一。但据笔者观察，结核上海相生物的存在有以下几种情况：

一是固着于结核表面，如各种藻类、各种多毛类和苔藓虫等。当它们大量繁殖时往往大片地覆盖着结核的表面；另一种是钻入结核里，如 *Lithophaga* sp.（石蛏）、*Gregariell* sp.、*Irus mitis*、*Hiatella orientalis*（东方钻岩蛤）等，其中以纺锤形的石蛏最多。它们进入结核之后，就开始不断地溶解和吸取结核的碳酸盐，一方面作为自己壳体的一部分，另一方面是扩大住穴，它们仅留一个比自己的身体小得多的小孔向外摄食(可找到活的个体)，所以死后的个体就留在结核中，很容易被误认为化石。这些生物和结核的关系笔者曾作过阐述[13]，这里不再赘述；第三是结核洞穴和裂隙中的生物充填，主要是各种微体生物；最后一种可能是结核本身所具有的，主要是各种微体和软体动物的细小碎屑，但含量极少，只是在一些薄片中偶尔见到，和结核的关系尚未最后确定。

上述的生物含量以第一、二种最多，第三种少，第四种极少。前三种与结核的成因无关，是次生成分。第四种虽属海相生物，但它们的数量比真正海相沉积中的少得多，不能完全凭这些偶尔见到的少量个体来确定结核的沉积环境，正如近海的一些黄土中虽然含有少量海相微体生物，但并没有被认为是海相沉积一样[14]。笔者在青岛市郊采集的黄土结核中也含有少量海相生物碎屑。但结核中海相生物的存在，给我们提供了一种信息，即这些陆相沉积物形成时，可能和海相沉积之间存在着某种联系。

5. 从结核的形成时代来看

表 4 为各海区结核的^{14}C测年资料，为了比较也列入了青岛市郊区陆上的一个数据。表中所列资料清楚地表明，结核并不是现代海底正在形成的新沉积，而是早在二三万年前的晚更新世时就已形成了，和青岛市郊区黄土结核的形成时代相近。据研究，那时的中国海大陆架正处于大理冰期，海水在逐渐退出大陆架，随着海岸线的外移，整个黄东海大陆架出露成为陆地[15]，并和大陆连成一片。在当时寒冷干燥的气候条件下，正是黄土沉积大量形成的时期[16]。据研究，黄土是北方沙漠物质经风力搬运后沉降下来的，至今黄土物质仍然影响着我国北方的黄土分布区[16]，携沙的低空和高空的西北风甚至影响到黄海和东海一带[17]。所以，在晚更新世时，作为大陆一部分的黄东海大陆架，和大陆一样的要接受黄土的沉积并在一些地区形成黄土沉积层是可能的。当然也会在黄土层中形成钙质结核。这些陆相沉积在大理冰期后的海侵过程中，中止了它们的沉积，并不断地被侵入大陆的海水冲刷、淘洗，其中的细粒物质被冲走，粗的物质则被磨蚀和碎解，一部分随着细粒运移，余下的包括已被改造的结核在内就留在原地和附近，并淹没于海水中，受到了各种海洋环境的影响，成为我们今日所见的各种状态。

表 4　钙质结核的^{14}C年代

Table 4　^{14}C age of calcareous nodule

地区	年代
南黄海 1	30 400±1 200 年
南黄海 2	19 900±850 年
东海长江口大沙滩	24 870±950 年
青岛市郊黄土	19 900±850 年

陈丽蓉、赵一阳同志审阅全文。北京市地质局钱佩娟、高博禹、张丽仙等同志给予热情支持和完成了薄片鉴定、化学和光谱分析。地质部矿床研究所做了 X 光衍射。贵阳地球化学研究所完成了^{14}C测年。扫描电镜由牟仁朴同志完成。在此一并致谢。

参考文献

[1] 刘彬昌,1980,海洋科技资料,(2)51-55 页.
[2] J. D. 米利曼,1974,现代沉积碳酸盐第一卷"海洋碳酸盐",中国科学院地质研究所碳酸盐研究组译,地质出版社.
[3] 沙庆安等,1981,西沙群岛和海南岛现代和全新世海相碳酸盐的成岩作用—兼谈海相表层(海相淡成)灰岩及其意义,沉积岩石学研究,科学出版社,226-224 页.
[4] 沙庆安,1977,地质科学,(2)172-177 页.
[5] 赵希涛等,1978,地质科学,(2)163-173 页.
[6] 黄金森等,1978,地质科学,(2)358-363 页.
[7] 许靖华教授"沉积学讲座讲稿汇编",地质部成都地质矿产研究所编,1980.
[8] 刘东生等,1966,中国第四纪沉积物区域分布特征的探讨,中国科学院地质研究所编"第四纪地质问题",科学出版社,45-64 页.
[9] 刘东生等,1966,黄土的物质成分和结构,科学出版社.
[10] 安藏生,1980,土壤学报,17(1)1-10 页.
[11] 同济大学海洋地质系编,1980,海陆相地层辨认标志,科学出版社.
[12] 文启忠等,1966,有关黄河中游黄土地球化学的某些特征,第四纪地质问题,科学出版社,111-125 页.
[13] 秦蕴珊、郑铁民,1980,东海大陆架沉积特征的初步探讨,黄东海地质,科学出版社,39-51 页.
[14] 李文勤等,1981,海洋科学,(3)20-22 页.
[15] 郑铁民、徐风山,1982,东海大陆架晚更新世底栖贝类遗壳及其古地理环境的初步探讨,黄东海地质,科学出版社,198-207 页.
[16] 张德仁,1982,科学通报,(5)294-297 页.
[17] 卢演铸等,1976,地球化学,(1)47-53 页.
[18] Gavish, E. and Friedman, G. M., 1969, J. Sedim. Petrol. Vol. 39, No. 3, 980-1006.
[19] Riley, J. P. and Chester, R. 1976, Chemical Oceanography (2nd edition). Vol. 6, Academic Press.

本文刊于 1986 年《沉积学报》 第 4 卷 第 2 期
作者:郑铁民 秦蕴珊

南黄海冬季海水中悬浮体的研究

海水中的悬浮体是海底沉积物的前身，也是形成海底沉积物的过渡形态。对于海水中悬浮体的研究，是深入了解海洋沉积过程的重要环节。1983～1985 年间，中国科学院海洋研究所和美国伍兹霍尔海洋研究所合作，进行了南黄海沉积动力学的调查研究，海水中的悬浮体即是其中的主要内容之一。本文主要讨论 1983 年 11 月（冬季）悬浮体研究的部分成果。

一、悬浮体含量与海水透光度之间的关系

在调查中，与测量海水中悬浮体含量的同时，用自动记录的浊度仪，对于海水垂直剖面中的透光度进行了同步观测。

光束在海水中的传播，因受海水的影响而衰减。对于同一仪器来说，海水中悬浮体的含量乃是影响光束衰减的主要因素，即海水的透光度值随着悬浮体含量的增加而减小。取同步观测的悬浮体含量和透光度资料进行回归分析，令 y 为海水透光度，x 为悬浮体含量，则有

$$y=82.321e^{-0.079x}$$

相关系数 $r=0.9126$。相对于 1%的检验值为 0.372。因此，相关良好。两者之间呈现出负指数相关。

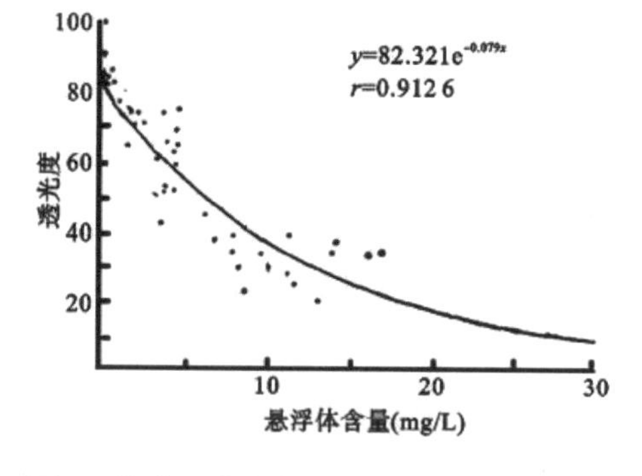

图 1　海水透光度与悬浮体含量关系曲线

Fig. 1　Relation of iransmission to concentration of suspended matter

显而易见，如果对透光度取对数值，则两者呈线性关系。

由此，就可以根据上述回归式，利用海水中透光度的连续测量资料，计算出任一测站水体中悬浮体含量的连续分布值。

二、悬浮体的平面分布

图 2 给出了悬浮体的平面分布。

从图中可以看出，在表层海水中（图 2a），悬浮体最高含量分布在苏北浅滩处的浅水海域。这里，近岸海域悬浮体含量大于 200 mg/L，并由陆向海方向迅速减少。在水深 30～40 m 以东的深水区，含量减至 5 mg/L 以下。在长江口外，悬浮体含量大于 10 mg/L。在长江口向东北方向，含量逐渐减少。在长江口外的第 6～4 测站之间，发现有一股悬浮体含量小于 10 mg/L 的水舌由南向北伸展。其盐度大于 32，即海水的盐度略高于长江口外的冲淡

水，它们可能是台湾暖流的一部分；从悬浮体含量推测，其影响范围向北可能不超过 33°N。由于台湾暖流的影响，使长江口外悬浮体含量向东北方向的递减不连续。但是，总的减少趋势清晰可见。

在调查区的北部发现，含量 5 mg/L 的等值线沿成山头近海区向南伸展，并且绕过成山头折而向西。这表明，有一股悬浮体含量稍高的水流，沿成山头近岸海域从北黄海流入南黄海，然后折而向西，沿山东半岛南岸西流。这股水流的盐度小于 31.5，即低于东部深水区的海水。这里是北黄海沿岸流①。它们携带着从渤海海峡南部输入的泥沙，绕过成山头向西扩散。

除了上述海区以外，中部广大深水区内，悬浮体的含量一般都小于 1 mg/L。

在水深 20 m 的水层中（图 2b），悬浮体含量的分布趋势和表层水基本一致。只是含量比表层水有所增加。

在底层海水中（距底 5 m，图 2c），上述之悬浮体含量的分布趋势更为明显，即表现为苏北浅滩、长江口外以及成山头外两个南北高值区。在北部 5 mg/L 等值线的西界，位于青岛以东的五垒岛湾附近。说明，自北而来的黄河物质的影响范围，一般限于崂山湾以东。

此外，在苏北浅滩与山东半岛南岸之间，海州湾以东的水域，悬浮体含量小于 2 mg/L，形成了南、北两个高值区之间的鞍部。

综上所述，可将调查区悬浮体的含量分布划分为 5 个区：苏北浅滩高值区、长江口外次高值区、成山头外次高值区、海州湾外低值区和中部深水低值区。

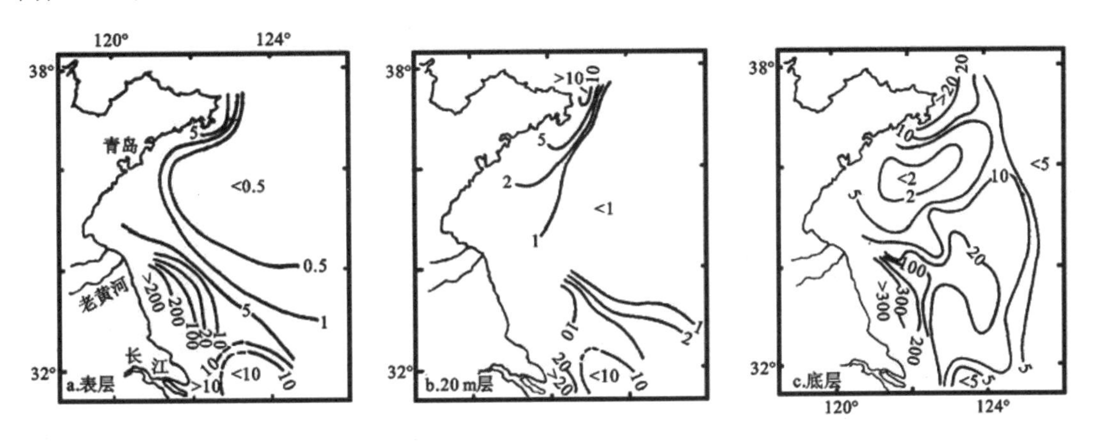

图 2　悬浮体含量的平面分布(mg/L)

a. 表层；b. 20 米层；c. 距海底 5 米层

Fig. 2　Horizontal distributions of concentration of total suspended matter (mg/L)

a. surface, b. 20 m, c. 5 m above bottom

三、悬浮体的垂直分布

水体中悬浮体含量的垂直分布，是用海水透光度的回归值求出的。结果绘于图 3。

① 管秉贤，1984。中国海流系统及春结构概述。渤海黄海东海调查报告。中国科学院海洋研究所，116-141 页。

图 3 中取了长江口向东北方向(图 3a)、苏北浅滩向东(图 3b)、苏北浅滩北缘向东(图 3c)和成山头向东(图 3d)等 4 个剖面。

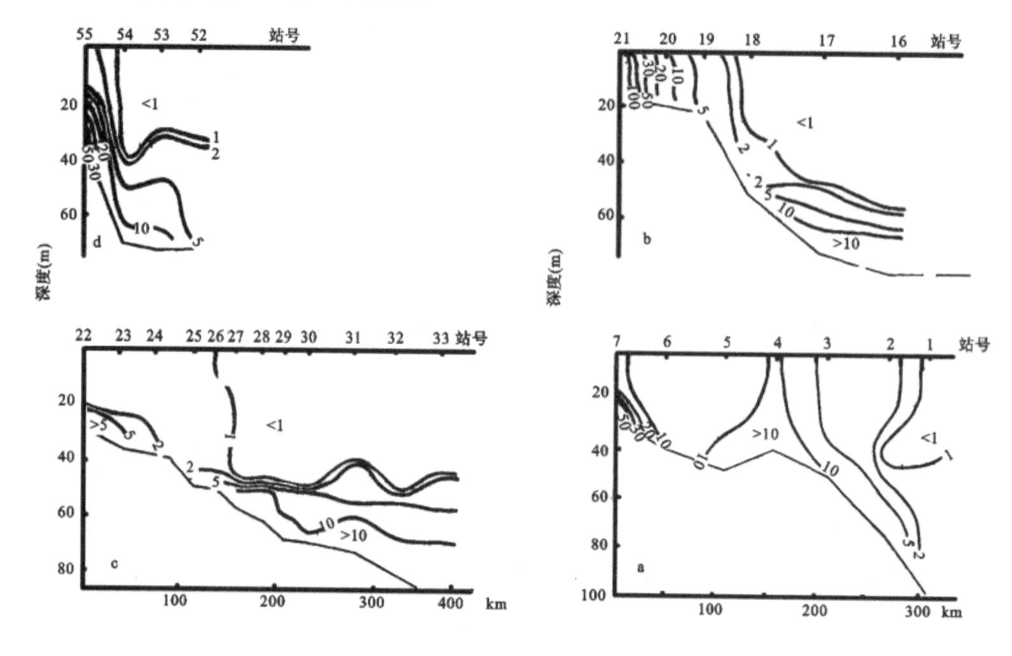

图 3　悬浮体含量分布垂直剖面(剖面位置见图 4)

Fig. 3　Vertical section of concentration of total suspended matter (see fig. 4 for sectional location)

从图 3a 中可以看出,在长江口外有一个悬浮体高含量舌向东北延伸,但其前缘一般不超过测站 6,即 123°E 以西的河口外近海区。再向东则影响较弱。这一结论与前人测得的结果是一致的[2]。

在苏北浅滩上(图 3b),含量>10 mg/L 的等值线,基本上垂直于海底,上下层悬浮体含量分布较为均匀。这显然是由于测量期间受大风浪的影响。由测站 18,大约水深 40 m 以东,上层海水中悬浮体含量急剧减少至 1 mg/L 以下。然而,底层悬浮体含量仍然较高。特别值得注意的是,在水深 50～60 m 的水层中,悬浮体含量向上迅速减少,含量梯度明显增加。这一特征与海水的温度或盐度跃层类似,因此,暂称为悬浮体跃层。跃层以下,含量梯度减小,悬浮体含量相对均匀。

图 3c 中,悬浮体含量的分布趋势和图 3b 类似。同样,在水深 40～60 m 的水层中,也出现悬浮体跃层。

图 3d 中,悬浮体含量大于 20 mg/L 的等值线,在测站 55 的外缘,几乎上下垂直延伸,坡度较大。说明,自北部南下的黄河水主要集中在近岸水域。由此向东,含量锐减。

关于悬浮体跃层的有关问题,目前尚不太清楚。从其分布范围来看,主要在水深大于 40 m 的中部深水区,其南、北界线可能在 33°～37°N 之间。由此看来,其分布范围大致与南黄海中部冷水团的分布相当。从垂向分布来看,它的位置大致相当于南黄海密度跃层之下部均匀层的上缘,基本上和温、盐跃层的出现位置一致。从其出现时间来看,1983 年 11 月,即冬季较为明显。此外，1984 年 7 月下旬的调查中也有发现①，但是悬浮体含量较少，跃层不如冬季明显。因而推测，其成因除了与海水的温度、盐跃层，冷水团的形成等有关以外，与大风浪及潮流的影响有较为明显的关系。

四、悬浮体中非可燃组分的含量分布

总体上看，悬浮体是由可燃组分及非可燃组分两部分组成的。将悬浮体样品置于 500℃ 的茂福炉中燃烧 1 小时后，失去的重量为有机物为主的可燃组分，残渣的重量即为非可燃组分的重量。悬浮体中的非可燃组分主要是陆源的碎屑矿物、黏土矿物及一部分硅质生物的骨骼，其中，主要是圆筛藻、硅鞭藻等各种硅藻的遗骨。

图 4 中绘出了悬浮体中非可燃组分的含量分布。

从图 4a 中可以看出，在表层海水中，从苏北到长江口近岸浅水区中，非可燃组分的含量大于 90%；成山头外近海及苏北浅滩外浅海，含量为 70%～90%，南黄海中部深水区，其含量则减至 50%以下。由此可见，悬浮体中非可燃组分的含量分布呈现出明显的规律，即从近岸向中部深水区含量从高到低。在底层海水中（图 4b），非可燃组分的含量一般都高于上层，特别是在长江口外和成山头外，分别出现两个高值区，表明那里受陆源碎屑物质的影响较为明显。

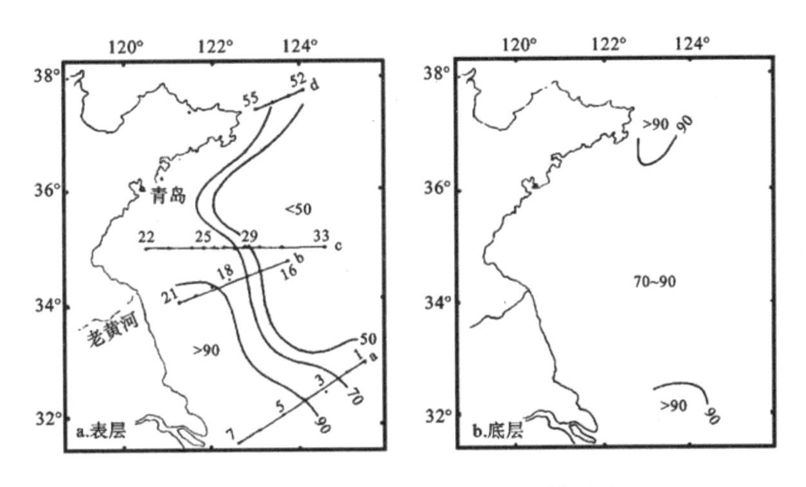

图 4 悬浮体中非可燃组分的重量(%)分布

Fig. 4 Weight percentage of non-combustible Component in total suspended matter

a. Surface b. bottom

五、几个问题的讨论

1. 关于海水中悬浮体的来源

从上述调查资料中可以看出：①苏北浅滩区悬浮体含量普遍很高，特别是大风浪以后含量剧增。②长江口外和成山头外，均有含量相对较高的浑水流入调查区。③悬浮体中的非

① 秦蕴珊等，南黄海海水中悬浮体的研究。待刊。

可燃组分在河口及浅水区高，而可燃组分在中部深水区含量较高。以上三种情况分别表明了调查区悬浮体来源的三个主要途径，即海底沉积物的再悬浮、河流输入的泥沙及海水中的浮游生物。

从悬浮体中的可燃组分及非可燃组分的含量对比中可以看出，陆源物质为主的非可燃组分乃是悬浮体的主要来源，特别是在近岸浅水区及接近海底的底层水中。与外陆架及邻近大洋比较，调查区悬浮体中的非可燃组分高出前者 2～8 倍[3]，但较之黄河口近海区及渤海为低，悬浮体含量也介于两者之间。这种现象说明了调查区受陆源物质的影响较外陆架及近海区强，而低于受陆源物质影响强烈的渤海，处于过渡状态。这反映了黄海作为陆间海的特点之一。

由于黄河尾闾北徙流入渤海，加上近 20 多年来的河道整治，苏北沿岸的河流输入海中的泥沙量极少。长江年平均输沙量约 4.8 亿吨，但是绝大部分向东南和南南东方向扩散。虽然长江输入的泥沙由于淡水的向北偏转影响调查区的南部，但与前者比较，其量甚少。目前，由毗连陆地向黄海的输沙量约为 1 500 万吨[1]，加上从渤海海峡南部向黄海输入的泥沙，其总量估计为 2 000 万～2 500 万吨。黄海水体积约为 17 000 km^3，假定这些泥沙全部悬浮于海水之中，则其所能形成的悬浮体最大含量平均为 1.2～1.5 mg/L。实际上，由于不断的沉积及向外海的搬运，不可能达到这个数值。若依上述数据为准，与调查的实测数值也偏小很多。由此可见，调查区悬浮体主要不是来自陆地河流输沙，而是海底沉积物的再悬浮。

2. 悬浮体含量和海水盐度

和盐度资料对比发现，在海水盐度较高的海区，悬浮体含量一般较低，反之，则较高，两者间呈现出较为明显的负相关关系。取长江口外同步观测的资料进行回归分析(图 5)，这种关系就非常明显了。这是由于长江口外受台湾暖流等复杂因素的影响，图上的测点较为分散。此外，在成山头外等其他海域都有不同的反映。这种负相关关系与 Matuike 和 Saburo Aoki 等人的调查结果趋势是一致的。他们指出，海水中的光衰减系数随海水盐度的增加而减小[4]。

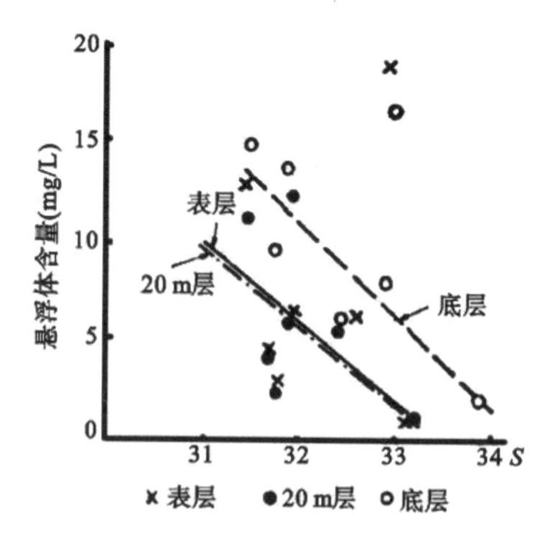

图 5　悬浮体含量和盐度的关系曲线

Fig. 5　Correlation between concentration of total supended matter and salinity

悬浮体含量与海水盐度的负相关，再次说明了陆源物质对于调查区的影响。

3. 与海底沉积物之间的关系

海底沉积物与海水中的悬浮体之间有着密切的关系。它不仅影响悬浮体的成分，而且，对其含量也有一定影响。但是，悬浮体是悬浮于海水中的物质，随波逐流，沉浮不定。因此，在同一站位上，悬浮体和沉积物并不一定完全相同(见沉积物和悬浮体粒级含量对比表)。

可见，大于 0.063 mm 的砂粒级含量，较之沉积物中显著为少，而细粒物质却明显增多，特别是粒径小于 0.032 mm 的粉砂颗粒。这说明，悬浮体主要和来自表层沉积物中的细颗粒的再悬浮有关。此外，粒径小于 0.004 mm 的黏土粒级的含量，悬浮体中一般都低于沉积物。这种情况可能是悬浮体中的黏土颗粒，多半因絮凝作用而形成颗粒较大的聚合体。而沉积物中黏土粒级含量的相对增高，是由于在粒度分析过程中用分散剂处理的结果。

此外，从沉积物与悬浮体中有机物含量的对比中可以看出，沉积物中的有机质含量一般为 0.5%～2%[4]，中部深水区最高可达 2.5%。然而，悬浮体中除了近岸浅水区以外，可燃的有机组分的含量都大于 10%，在中部深水区达 50%以上。这种情况说明，悬浮体的有机组成，由于生物作用和化学作用的影响，95%以上已经在水体沉降过程中损耗掉[3]。

沉积物和底层水中悬浮体粒级含量对比表①

Tab The comparision between sediment and suspended matter of bottom on the grain size concentration

站号 / 项目 / 粒度(mm)	11		13		21		28		55	
	沉积物	悬浮体	沉积物	悬浮体	沉积物	悬浮体	沉积物	悬浮体	沉积物	悬浮体
>0.063	17.2	3.6	15.7	0.4	18.4	0.8	1.2	0.5	1.5	0.5
0.032	6.7	4.5	6.1	0.8	16.0	5.1	10.8	4.6	31.0	6.5
0.016	13.3	30.9	7.8	6.2	13.5	11.1	11.5	16.5	20.0	25.8
0.008	13.3	32.7	4.4	30.1	11.5	19.4	10.4	37.2	11.0	29.6
0.004	7.8	18.9	11.0	38.2	7.8	31.6	9.7	27.1	4.6	22.2
<0.004	37.0	9.4	55.0	24.3	32.8	25.0	56.2	14.2	31.9	15.4

通过以上简单对比可以看出，海水中的悬浮体在某种程度上可以说是来自沉积物而异于沉积物。即由悬浮体的易动性和易损性，与当地的沉积物之间不一定有直接的联系或保持一致性。

4. 影响调查区海水中悬浮体分布的因素

从悬浮体含量分布规律中可以看出，悬浮体分布受海浪、海流和潮流、水深、陆源物质的供给以及沉积物的性质、浮游生物的繁殖等多种因素的综合影响，然而，其中最主要的当推海浪、海流等水动力因素。

当由海浪引起的水分子轨道速度大于沉积物的起动流速时，沉积物即发生运动，继而被水流搬运。随着海水垂直涡动尺度的增加，沉积物垂直向上扩散的强度相对增大，从而提高了海水中的悬浮体含量。苏北浅滩上风暴潮后同一测点的观测值增加了 3～7 倍即是证明。据海浪引起的水分子轨道速度、沉积物不同粒径的起动流速值不难推算出一定尺度的海浪作用的临界水深。

调查区主要的海流系统，是由南黄海中部北上的黄海暖流及由西岸南下的北黄海沿岸流及苏北沿岸流，在中部深水区则常年为南黄海冷水团所盘踞。北黄海沿岸流携带着一部分黄河输入的泥沙，绕过成山头向西部山东半岛的南岸扩散。苏北沿岸流携带着从苏北浅滩由海浪和潮流搅动起来的悬浮泥沙向东南扩散，并会同长江冲淡水携带的泥沙，向济州岛方向扩散。在浅滩及沿岸流、冲淡水主要流经的地带，形成了悬浮体的高含量或次高含量

① 钱正绪、陈开耀、李岩等同志提供悬浮体粒度分析资料。

区。黄海中部深水区，一则水深大，大部分时间海浪不能起动那里的泥沙；二则受冷水团影响，流速小，因此形成了悬浮体低含量区，陆源物质影响微弱。此外，在海州湾外面的悬浮体低含量区，可能也是受那里流速小、附近又无大河输入泥沙影响的结果。

六、结论

（1）调查区海水中悬浮体的主要来源是海底沉积物的再悬浮，其次是河流输沙。浮游生物主要影响中部深水区的上层海水。

（2）影响悬浮体分布的主要因素是海水动力要素，河流输沙占次要地位。巨大的海浪能够明显地提高悬浮体的含量，海底地形限制了海浪的作用水深，海流将悬浮的泥沙搬运而去，冷水团则限制了悬浮体的水平扩散。

（3）调查区悬浮体的成分和含量，就总体而言，介于半封闭型的渤海和开阔的外陆架及近洋区，具有陆间海的过渡性质。

（4）就悬浮体的成分而言，调查区受陆源物质影响较强，就其数量而言则影响较弱，因此，其沉积作用速率相对来说较为缓慢，特别是中部深水区，这一结论已有资料证明。

参考文献

[1] 程天文，1984. 我国主要河流入海径流量、输沙量对沿海的影响. 海洋学报 7(4)：460-471.

[2] Shen Huanting et al. , 1983. Transport of the suspended sediments in the Changjiang Estuary. Proceedings of SSCS. pp. 359-369.

[3] Honjo, S. et al. , 1974. Non-combustible Suspended matter in surface water off Eastern Asia. Sedimentology 21: 555-575.

[4] Kanan Matuike et al. , 1983. Turbidity distributions near oceanic front in the coastal region of the East China Sea. La mer 21: 133-144.

A STUDY ON TOTAL SUSPENDED MATTER IN WINTER IN THE SOUTH YELLOW SEA

Abstract

During 1983-1984 a joint investigation of marine geology in the South Yellow Sea was conducted between the Institute of Oceanology, Academia Sinica, China and the Woods Hole Oceanographic Institute, USA. This paper is a preliminary result of the work of Chinese scientists on the suspended matter in winter.

Concentration distribution of total suspended matter can be grouped into five areas. The first area is nearby the northern coast of Jiangsu province with the highest concentration of more than 200 mg/L in the surface water; the second and the third areas located outside the mouth of Changjiang River and the east of Shandong Peninsula with a concentration of 10 mg/L and 5 mg/L; the central part of the sea and the area between Qingdao city and Haizhou Bay are the fourth and the fifth areas with lowest concentration of less than 2 mg/L.

Concentration of suspended matter (x) versus transmission of sea water (y) confirms the formula $y=$

$82.321e^{-0.079x}$ and the coefficient of correlation (k) is -0.89. So it's easy to obtain the concentration of suspended matter if there is no data of concentration in some points.

Microscope datum indicated that the major component of suspended matter consist of terrigenous detrital with finer grain size and coarer biogenetic materials.

In the high concentration area the noncombustible portion accounts for about 70%-90% or more in total weight and in the low concentration area it is less than 50%.

The source of suspended matter is mainly the resuspended matter of sediments, discharges the of rivers is next, the biogenetic material is the least. As for as our information goes, after 2-3 days of wind with 8-9 force the concentration of suspended matter increased 3-7 times in same places.

本文刊于1986年《海洋科学》 第10卷 第6期

作者:秦蕴珊 李 凡 郑铁民 徐善民

南黄海西部埋藏古河系

晚第四纪以来，我国东部沿海经过了沧桑变化，沉溺的古河道在我国海底的不少地区均有发现[1~3]。由于海底沉积作用的不均衡性，埋藏较浅的沉溺河谷从地形特征上依稀可辨，埋藏较深的，在海底表面则渺无踪迹，只有借助于高分辨率的地球物理测量仪器，才能发现其线索。1983～1985年，中国科学院海洋研究所和美国伍兹霍尔海洋研究所合作，在南黄海进行沉积动力学的调查，使用了地质脉冲仪、旁侧声纳及3.5 KC剖面仪系统，进行了海底地貌及浅地层测量等，测线总长度约2 000 km。

地质脉冲仪采用了高效率的电磁脉冲声源，发射脉冲0.5 ms，最大功率450 J。旁侧声纳发射频率100 kG，单侧量程200 m。剖面仪为晶体发射式，功率4～7 kW，脉冲0.5～1 ms，装有自动增益控制等装置，可获得海底沉积最佳剖面。

使用上述仪器，在调查区首次发现埋藏古河道60多处。记录谱上明显可辨的有2～3个古侵蚀面。埋藏古河道的出现水深30～80 m，埋藏深度为0.5～20 m。其中，有些轮廓清晰，河谷形态典型。此外，还见有埋藏的水下三角洲、湖泊，以及大型的海底沙丘等地貌体。虽然测区只局限于黄海西部，但是，为探索黄海古河系的分布及晚第四纪以来的古地理演变等提供了丰富的资料。

一、埋藏古河道的断面类型及沉积特征

本区发现的埋藏古河道，按其断面的形态特征，分以下几种：

(1)对称型河谷：河谷断面基本对称。此类河谷的规模一般较小(图1)。

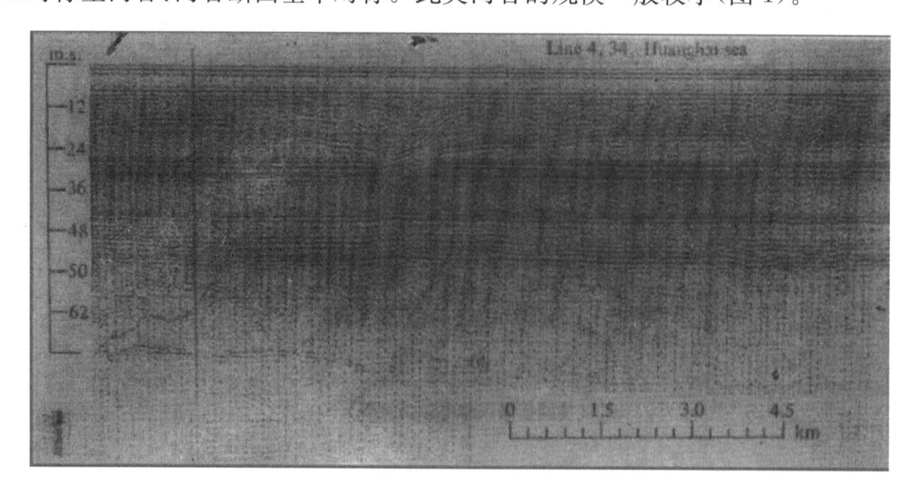

图1 埋藏的对称型河谷

(2)不对称型河谷:其中又分单槽型和双槽型。它们的共同特征是,一边坡陡(侵蚀岸),另一边坡缓(堆积岸)。不对称型河谷是曲流河和辫状河断面的共同特征之一,也是调查区内出现的最多的类型,河谷最大宽度达 8 km 以上。

(3)窄陡型河谷:河谷不对称,但主要特点是河谷的宽度不大,较深,一边陡峻。

(4)复式河谷:指同一河谷凹地上出现 3 个以上小型的河谷。它们可能主要是辫状河谷、曲流河沙体发育、河道迁移的反映。

(5)双层河谷:指同一测点附近出现上、下两层河谷(图 2)。有的两层之间的反射界面明显,可能存在着沉积间断。

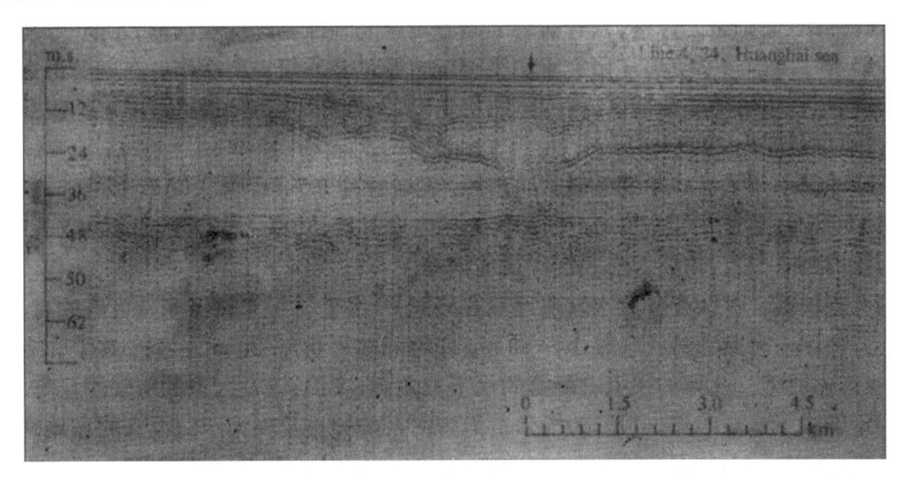

图 2　埋藏的双层河谷

在埋藏的古河道断面中,以不对称型河谷出现最多,加上复式河谷、双层河谷的出现,说明调查区内的河流,当是以辫状河和曲流河为主。这种情况,和目前华北地区的河流特征基本上是一致的。

上述各河道中的沉积层理构造复杂,各具特征。根据浅地层记录谱的特征,并参考现有钻孔的资料,沉积物自下而上可分三层:

(1)下部沉积层,主要指河道充填沉积的下部。其特点是,谱线弯曲零乱,颜色暗淡不一,它可能反映沉积物是具有各种交错层的细砂、粉砂质沉积。其中,有的层理的倾角达 30°左右,可能为河流砂体的内部构造。此沉积层的厚度因地而异。在深的河床中,厚度可达 20 m 左右。

(2)中部沉积层,在下部的河床沉积层以上,包括漫滩沉积。其特点是,谱线较清晰,上下排列有序。下部谱线有时出现小的波动,或低角度斜层理。此层的层理发育较好,在河漫滩上,与下部沉积层形成类似于二元结构的垂向沉积模式,相当于河漫滩或冲积平原相沉积。

(3)上部沉积层,相当于东海测量中的声学透明层(acoustically transparent layer)[4],其下部反射界面清晰。此层的特点是,谱线的颜色较浅,或无色,在记录谱上呈“透明状”或半“透明状”。最大厚度约 10 m,然而,在某些断面上却尖灭消失。该层沉积相当于较为细软的海相沉积。

以上沉积层在调查区组成了一套完整的海侵层序。

饶有兴趣的是,某些双层河谷的发育(图 2),可以看出,在下部的河道沉积物中,发育有大型的交错层,河谷较深,而上部的河道沉积物中,却以水平层理或低角度的平行斜层理发育为主,河谷宽阔浅平。显然,它们的水动力条件是由活跃逐渐变为稳定,这可能是河流由壮年期过渡到老年期,河曲摆动,甚至有可能形成牛轭湖之类的湖泊沉积。这种河流老化的现象,恰好与调查区的海侵过程相呼应。

二、埋藏的古三角洲

在苏北浅滩的外缘,记录谱上发现了清晰的、由大型斜层理组成的交错层系(图 3),它们总体上向东倾斜,其下部基本上为水平层理。这里是古黄河—古长江复合三角洲。上述层理构造大致反映了三角洲前积层和底积层的特征。这种交错层向东可伸至 122°30′E,34°30′N;123°E,33°20′～34°N 的范围,即水深 50～60 m 的海底。此外,在黄海中部水深 60～80 m,即 124°E,33°～35°N 的海底沉积层中,也断续见有类似于三角洲前积层的大型交错层,它们分别是晚更新世以来低海面不同时段的三角洲沉积体。

图 3 埋藏的古三角洲

三、关于埋藏古河道的形成时代

从浅地层记录谱上可以明显地看出,调查区的上部地层内普遍存在着一个连续的、反射明显的侵蚀面,其上面最典型的是上部声学透明层的发育,它相当于全新世海相沉积层。在侵蚀面以下,则为更新世末期、或全新世初期低海面时期的河流相或冲积平原相沉积。值得注意的是,在南黄海中部,35°30′N 附近,从东向西,上部声学透明层的厚度逐渐变薄,以至尖灭,下部老侵蚀面上的沉积层,基本上出露于海底。它的位置,恰好大致与海州湾外的残积层[5]分布的边界吻合。这就进一步证明了调查区的埋藏古河道及相应的侵蚀面,形成于晚更新世末或全新世初的低海面时期。它与调查区内海底沉积层中多处出现的上部埋藏泥炭层[6]的形成时代相当。至于更深部的埋藏古河道的形成时代,尚待进一步研究。

四、埋藏古河系的分布

根据调查区内 60 多个测点上发现的埋藏古河道的剖面形态特征及分布位置,并参考海底地形等资料,初步推测了调查区埋藏古河系的分布轮廓(图 4)。此图待今后新的资料补充修正。从图上可以看出,从北黄海南下的古河流,可能汇集山东半岛东南岸、苏北一部分及朝鲜半岛西岸的部分河流,组成一个庞大的水系,浩浩荡荡,穿过本区向南流去。黄河最终形成于上新世或更新世中期，它穿禹门、过三门峡、向东流入渤海或黄海。从地理位置上说，这一古水系与黄河相近。同时，钻孔资料证明，这一范围内，更新世末期、全新世初期低海面时期沉积物的性质，类似于黄河流域中富含碳酸钙的沉积物，因此，把它称为古黄河水系。它与东海北部发现的古黄河水系[4]遥遥相对，很可能连为一体。

另一部分是在34°N以南，由苏北近岸浅海区向东、或东北、东南方向延伸的古河道。它位于弶港以东的浅海区。弶港原为全新世初期的古长江口[7]，因此，其成因与古长江的发育有关，故称古长江水系。由于这一水系濒于调查区的南缘，其分布轮廓尚待进一步研究。

此外，根据上述资料，初步勾画了古黄河、古长江水下三角洲的部分范围，并参考陆上地貌资料推测，古长江水下三角洲的北缘可延至34°N附近。

图4　南黄海埋藏古河系示意图

从图4上可以看出，古河系与古三角洲的位置有不协调之处，显然，它们处于不同时期。期间的关系尚待进一步调查。

参考文献

[1] 林美华，海洋科学，1981，1：24-27.
[2] 李凡等，海洋科学集刊，1984，23：57-67.
[3] 耿秀山，海洋科学，1981，2：21-26.
[4] Butenko, J. et al., *Morophology, Sediments and Late Quaternary History of the East China Sea*, NOAA Cooperative Agreement NA 81 AA-H-00008, 1983.
[5] 王振宇，海洋地质研究，2(1982)，3：63-70.
[6] 徐家声等，中国科学，1981，5：605-613.
[7] 申宪忠等，黄渤海海洋，1(1983)，1：74-79.

本文刊于1986年《科学通报》 第24期
作者：秦蕴珊　李　凡　唐宝珏　J·米里曼

中国陆架海的沉积模式与晚更新世以来的陆架海侵问题

通常认为:大陆边缘由沿岸平原、陆架、大陆坡和陆基所组成[1]。限于本文讨论的范围,只涉及与沿岸平原和陆架海的沉积模式、第四纪海侵和岸线变迁有关的第四纪地质问题。

中国陆架海的研究始于 20 世纪 30 年代初期,1932 年谢帕德(F. P. Shepard)曾编绘了中国海沉积物分布略图[2]。1949 年谢帕德和埃默里(K. O. Emery)对东亚大陆架沉积物的分布作了初步研究[3]。1961 年新野弘(N. Niino)和埃默里对中国陆架海的沉积特征作了补充研究,并绘制了中国陆架海的底质分布图[4]。我国对陆架海的系统研究始于 1958 年。当时的研究成果总结在"中国陆棚海的地形及沉积类型的初步研究"[5]中,目前这项工作仍在进行中。近 10 余年来,各兄弟单位都在陆架海做了大量的调查研究工作,取得了重要成果。此外,近几年来还开展了中国陆架海的更新世海侵与海相地层的分布,特别是晚更新世以来的海侵与海退、岸线变迁以及海面变化的研究。

一、陆架海沉积模式

世界陆架海的沉积模式,最早曾由约翰逊(D. Johnson, 1919)提出,他认为:陆架水体和水下沉积物间会处于动力均衡状态,陆架上每个部位的粒径大小与地形坡度都要受波能的控制。因此,最终的陆架应该是越近海岸,坡度越大,而会成为向上的"凹"字形曲线。粒径大小又要随水深的加大和离岸路程的加长而逐渐变细,以致达到均衡状态。后来,随着海上调查资料的积累,终于证明这种沉积模式与实际不符。

到了 1932 年,谢帕德开始向约翰逊的沉积模式展开挑战。他认为,大部分陆架都具有薄层而又复杂的沉积类型,它们不是现代海洋沉积物,而是更新世低海面时的沉积物。埃默里(1952,1968)在谢氏模式基础上又加以补充。他根据从世界若干大陆架收集来的大量地质资料,将世界陆架海的沉积类型划分为:自生沉积(如海绿石、磷灰石沉积);有机沉积(有孔虫、软体动物壳等);残余沉积(由海底基岩风化形成的沉积);残留沉积(为过去各种沉积环境中所保存下来的沉积物);碎屑沉积(现代河流、海岸侵蚀、风成沉积、冰川沉积)[7,8]。

20 世纪 70 年代以来,斯维夫特(Swift. D. J. P. , 1972)又将前两种模式结合起来,提出了第三种陆架海的沉积模式。作者认为既要考虑陆架面随着时间的推移会逐渐处于动力均衡状态,也要考虑更新世末期以来的海面升起。简言之,现代陆架海的沉积模式应是过去各种环境的沉积与现代浅海环境沉积共同作用的结果,所以将其称为"海侵—海退"型沉积模式。

中国陆架海的沉积模式基本上由两个不同时期的沉积物所组成:其一为现代的浅海沉积;其二为早期低海位时的大陆沉积、海陆过渡相沉积和低海位时的滨海沉积。总的说来,它们构成了今日陆架海的沉积格局(以东海最为典型,见图 1)。

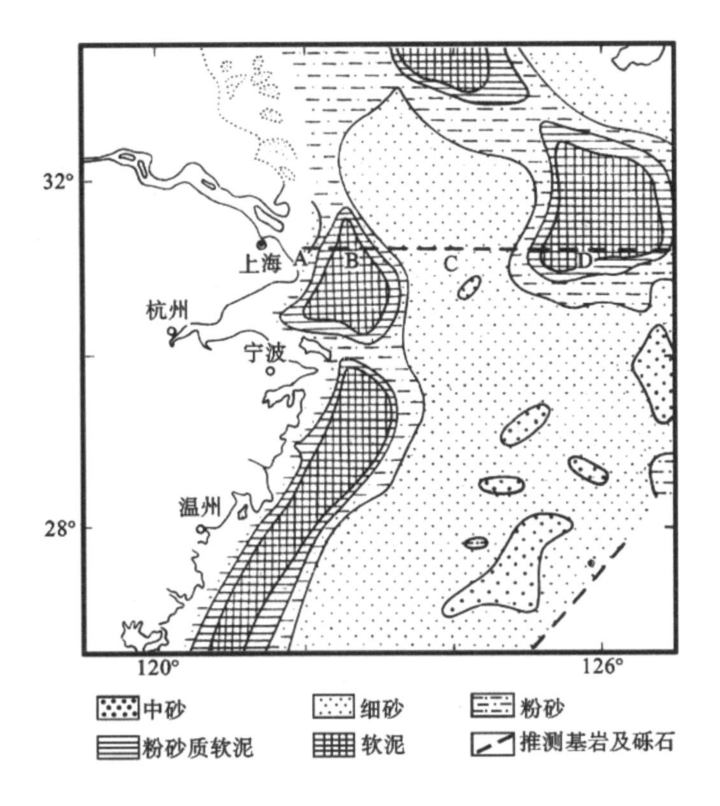

图 1 东海陆架沉积类型的分布

Fig. 1 The distribution of sedimentary patterns and types on East China Sea shelf

(一)现代海洋沉积

1. 三角洲沉积及浅海碎屑沉积

流入中国陆架海的河流很多，它们每年从亚洲大陆上带来大量的泥沙沉积于河口、三角洲及广阔的浅海地带，构成很多类型的地貌组合，是我国浅海沉积的重要物质来源(表 1)。由它所形成的三角洲及浅海碎屑沉积是我国广阔陆架沉积的主要沉积类型。

表 1 流入东海的主要河流、年径流量、输砂量表

Table 1 The annual river runoff and annual river load of the major rivers flowing into the East China Sea

河流名称	流域面积(平方千米)	年径流量(亿立方米)	年输砂量(吨)
黄河	745 100	482	12 亿
海河	265 000	154	600 万
辽河	219 000	165	2 000 万～5 000 万
长江	1 808 500	9847	4.8 亿
钱塘江	49 930	320	540 万
闽江	60 800	600	800 万

2. 风化、剥蚀沉积

可分为两种类型：其一为波浪、潮流、地面径流冲蚀基岩海岸、海底礁石、岛屿周围而带来的碎屑，就近沉积而形成近岸地貌组合，如我国辽东半岛、山东半岛一带的近岸沉积和一些岛屿附近的沉积；其二为波浪、潮流、地面径流冲蚀三角洲海岸、淤泥质海岸、黄土海岸，则会形成沉积环境的地貌组合（如苏北海岸、渤海湾沿岸、山东蓬莱附近的黄土海岸）。

3. 自生沉积

主要指在现代海洋环境中形成的沉积物，如黄铁矿、海绿石、磷灰石等矿物。如在东海外陆架的广大地区内，普遍分布着海绿石，主要有两种类型，其一是生物状，即海绿石自生于有孔虫、介形虫等生物介壳内，主要分布于北纬 30°以南的海域内；其二是颗粒状的，主要分布于北纬 30°以北的海域。在台湾西南海域，海绿石含量很高，形成了有远景的矿点区[10]。

4. 现代海洋生物沉积

在东海海底沉积物中，含有大量多种底栖生物（主要有软体动物壳、管栖多毛类、珊瑚和苔藓虫等），种数多达 1 700 种以上。此外，还有 30 种以上的浮游有孔虫和 200 种以上的底栖有孔虫，每克样品的生物数量可达 1 000 个以上，如此繁多的生物数量，死亡后的遗壳自然会成为现代海洋沉积物的重要来源。此外，在我国南海还有珊瑚礁及其碎屑沉积，也是中国陆架海重要物质来源之一。

5. 其他沉积

在现代海洋沉积物中，除了上述几种主要来源以外，还应当包括海洋化学沉积、生物化学沉积、火山灰沉积、风成沉积，以及现代人类活动所形成的各种沉积。

（二）早期低海面时的陆架沉积

1. 冰期河流沉积

林德贝格（Линдберг）一直主张在冰期低海面时，东海陆架区应存在古长江—黄河水系，最后流入古东海[11]。最近，海底浅层剖面仪测量结果表明：在现代长江口东南记录有长江古河道的断面。遗憾的是，目前尚没有岩心分析资料加以证实。

2. 冰期黄土沉积

在冰期低海面时，出露的陆架与我国东部平原区连成一片。这时正是马兰黄土形成时期，来自我国西北的风成黄土，除在沿海地区的岛屿上堆积以外，还在中国陆架的广阔地区堆积了黄土沉积，其中有的还直接出露于现今的海底，构成现代中国陆架海海底沉积的一部分，如北黄海海底、山东蓬莱附近的水下黄土沉积。

3. 生物沉积

(1)生物遗骨沉积。在东海陆架上，曾多次发现有大型哺乳动物的遗骨沉积（如猛犸象齿、原始牛头骨、披毛犀头骨及其他一些遗骨沉积），据目前可以查到的大型哺乳动物骨骼的发现地点为：1967 年东京水产大学“海鹰”号在男女群岛附近发现了猛犸象齿；1969 年早川正己等曾在东海海底样品中，发现过陆相哺乳动物的残骸[12]；新野弘曾报道在虎皮礁附近采集到北方原始牛的下颚骨[13]。60 年代末，我国在渤海海底距岸 200 多米处，曾捕捞过一枚披毛犀的左侧第二上臼齿[14]。山东长岛县北隍城岛附近曾捞到过披毛犀下臼齿；中国科学院海洋研究所曾在东海 H78 孔（孔深 68 厘米处）的沉积岩心中，找到过三块哺乳动物骨骼碎片。

在东海陆架区，这些大型陆生哺乳动物化石的相继发现，表明在玉木冰期最盛时期，辽阔的陆架地区，曾经是湖沼遍布、水草丰盛、动物繁多的场所，也是更新世末期世界洋面曾发生过大幅降低的有力佐证[15]。

(2)生物贝壳沉积。在东海的广阔海域内的海底沉积物中，含有大量软体动物群的遗壳。从拖网资料来看，它们主要富集于水深120～100米之间。除含有适于水深较深的种外，还有许多适于浅海和潮间带环境的种，如红螺、玉螺、蚬、牡蛎、毛蚶、扇贝、竹蛏、蛤蜊、帘蛤等。对这些标本的^{14}C测年结果为，在水深110米处，埋藏于3.2米的贝壳富集带，用混合贝壳样品得到年龄为14 440±750年，水深174米的白扇贝，年龄为15 030±750年。

4. 泥炭沉积

在世界陆架海的冰后期海侵之前，普遍发育着泥炭沉积。在北海、波罗的海、墨西哥湾等地都有发现，我国渤海、黄海、东海北部的海底亦有发现。对其^{14}C测年结果为：北黄海水深52米处，埋藏于3米处的泥炭层年龄为距今12 240年；渤海湾西岸南排河孔14米处泥炭层的^{14}C年龄为8 590±170年。在现代长江口外水深50米处，泥炭层埋藏于2.4米深处。位于水深24米处的Ch_1孔，泥炭层埋藏于孔深36.14～36.16米；位于水深13.4米处的Ch_2孔，泥炭层位于孔深47.1米附近；而位于水深31米处的Ch_3孔，在34.35～34.37米处含有轻度泥炭沉积；位于崇明岛南门港附近的Ch_4孔，则见于孔深53.3米处。显然，这些淡水泥炭的存在也是冰期海面降低的重要标志。

5. 滨岸砂、贝壳砂、河流相砂质沉积

在东海，这些砂质沉积主要出露于水深50～60米以深的外陆架上，部分为现代浅海粉砂质软泥所覆盖。该砂质沉积在东海海底底质图上，为东北—西南向带状分布。

6. 其他沉积

在更新世末期的陆架沉积物中，还有风成沉积、火山沉积、化学沉积等沉积类型。

上述两个不同时期的沉积物，在陆架海区应当构成先后沉积的地层序列，但实际上由于外陆架区以外，现代海洋沉积物的厚度非常之薄，甚至缺乏沉积，以致无法掩盖早期低海位时的滨岸砂与贝壳沉积。现代形成的少量陆源物质和生物介壳，往往充填于粒径较粗的滨岸砂中。

因此，如果从长江口向东到冲绳海槽，我们不难发现，东海陆架的沉积模式，具有砂—泥—砂—泥—砂的沉积特征(如图1所示)。对于这种沉积模式的成因，据目前的认识，可以提出如下的解释：位于长江口地区的砂—泥沉积结构，与长江三角洲的沉积模式密切相关。根据Gibert，G. K.的研究，典型的三角洲沉积具有以下三个沉积单元：顶积沉积、前积沉积和底积沉积。对于长江三角洲来说，它的顶积沉积已经成陆，如崇明岛和上海市东部地区等；它的前积沉积系由砂质所组成，覆盖在早期形成的底积沉积之上，目前它构成长江口水下三角洲的近岸部分，图1上的A区；由细粒软泥组成的底积沉积，相当于图1上的B区，分布在长江三角洲的前积沉积之外缘，来不及在底积沉积地区沉积下来的其他细粒物质，则受来自苏北方向的沿岸流的影响，而沿着舟山群岛的东侧南下，在所流经的陆架地区逐渐沉积下来，构成东海内陆架地区的泥质条带。根据位于舟山群岛外侧的东海D_{c1}孔和D_{c2}孔的钻井资料分析，该泥质条带的沉积厚度可达19.4米和18.3米。

在长江三角洲的底积沉积的东部地区，相当于虎皮礁的东部地区(图1上的C区)，又形成了新的宽阔的砂质条带，一般认为该砂质条带构成了东海陆架的基本格局，它系早期低海位时的沉积物，目前陆源物质均不能到达这里，现代的生物沉积可以与砂质沉积混合起来，产生了混存沉积。值得注意的是，在这些混存沉积之上的贝壳年龄，大部分为 10 000 年以上。

在上述砂质沉积带的外侧，还形成另一泥质沉积块，相当于图 1 上的 D 区。对于 D 区细粒沉积的形成原因，据目前的调查，可能系由于在南黄海和东海北部存在一个反时针方向的沉积物流，它把苏北老黄河口一带的细粒物质搬运到济州岛东南地区沉积下来，构成济州岛西南部的软泥沉积区。由此看来，中国东海陆架海海底底质图上的砂—泥—砂—泥这种近似于带状分布的特征，系由于不同时期和不同成因的沉积物相叠的结果。这种多成因的复杂沉积体系，共同构成了今日东海陆架海的沉积模式。

还必须指出：在自然界中，既不存在约翰逊的沉积模式，也不存在斯维夫特的折中模式。各陆架海都有其自己形成的沉积模式，就以中国陆架海而论，不同的海区，不同的部位，都有其自身的沉积规律。根据目前东海沉积物流的运移规律，很难改变现在的沉积模式，而导致所谓动力均衡状态的形成。

二、第四纪海侵问题

1. 第四纪海洋沉积岩心中的微体生物群

近 20 余年来，不少海洋地质学者利用深海岩心中的某些冷水种/暖水种（有孔虫、放射虫、硅藻等）的比例变化，来探讨更新世古气候变化和划分冰期/间冰期地层。最有成效的研究者要推拉蒙特地质观测站的艾尼克森（Ericson，1961，1964，1968），他曾根据大西洋沉积岩心中浮游有孔虫 *Globorotalia Menadii* 的存在（暖期＝间冰期）和缺失（冷期＝冰期），以及在垂直方向上的交替变化绘成曲线，并与阿尔卑斯和波罗的海沿岸的经典冰期/间冰期地层相对比[17,18,19]。后来，拉迪曼（Ruddiman，W. F.）对赤道大西洋的一组 15 个岩心，也用冷/暖水种有孔虫的比率变化，作了类似的研究，获得了近乎一致的结论[20]。此外，艾尼克森还用深海岩心中的浮游有孔虫 *G. truncatulinoides* 的旋向变化（卷曲方向）加以统计，同样也绘成柱状变化表，用更新世气候具有周期性变化进行解释。1968 年比格尔（Berggren）对北大西洋南部沉积岩心中暖水种和冷水种的相对丰度作了自古地磁奥尔都维事件以来的地层划分[*Puileniatina Obligui Loculata* 和 *Sphaeroidinella dehiscens*（暖水种）与 *Globorotalia inflata Ghirsuta*（冷水种）]，获得了与艾尼克森类似的结论[21]。多数研究者认为：深海沉积岩心具有连续沉积特征，它能系统地记录更新世以来的微体生物群的演化史与变化史。由于一定的水温环境要求与之相适应的微体生物群与之适应，因此，那些对水温变化具有敏感性的生物种在洋底留下的遗壳，就有可能为我们提供更新世气候变化的可靠信息。上述资料的获得为我们进一步研究陆架地区的海水进退、洋面变化、海侵海退、岸线变迁等问题，都提供了可靠的背景资料。

2. 海洋沉积岩心中有孔虫介壳的 ^{18}O 测量

具有连续沉积的深海岩心，对其所含浮游有孔虫进行 $^{18}O/^{16}O$ 值变化的研究，可以提供全球性气候变化的连续记录，有人把这种方法称为氧同位素地层学。艾米尼安（Emiliani，C.）最早用深海岩心中有孔虫介壳所含 ^{18}O 含量变化，进行更新世古温度研究，取得显著成效。近20年来又有不少人从事这方面的研究，也相继绘成更新世的古温度变化曲线。但是，到目前为止对于$^{18}O/^{16}O$值变化的实质是什么含义，尚有不同的见解。①以艾米尼安为代表，认为^{18}O变化曲线是相当于全球性气候变动中海洋温度变化，而不是大陆温度变化[22]。②以奥拉林(Olasson，1965)、萨克里东(Shackleton，1967)等为代表，他们认为^{18}O曲线不是海水温度变化，而是冰期控制了海水中同位素组成的变化[23,24]。所以，它是大陆冰川体积变化的直接函数。他们还认为，古温度曲线的锯齿形状是大陆冰帽的地理位置向南移动的函数。③认为^{18}O曲线变化是海水温度变化和海水中氧同位素组成共同变化的结果。如达斯格(Dansgaard，W.)和道比(Tallber，H.)曾估算：^{18}O曲线变化的30%以下是由于海水温度变化所致，70%以上是海洋同位素成分发生变化所带来的后果[25]。而赫其(Hecht，A.)则持完全相反的见解，他认为70%与海水温度变化有关[26]。

尽管对曲线的解释仍没有取得统一的意见，但是都利用所得的曲线来解释更新世的气候变化。艾米尼安根据^{18}O曲线变化，认为在更新世存在大约以10万年为周期的气候变化，另外还估算了冰期/间冰期时世界各海洋和大陆上的温度变幅。①在大西洋和太平洋冰期/间冰期的年平均温差分别为4℃和2℃；赤道太平洋、加勒比海和赤道大西洋分别为5℃～6℃、7℃～8℃和3℃～4℃；②在中纬度的大陆，冰期/间冰期温差6℃～10℃。萨克里东和奥布代克(Shackleton et al.，1973)根据赤道太平洋$V_{28\sim238}$的氧同位素分期，将岩心上部14米分为22个氧同位素期。据古地磁测量结果，该孔布容正极性期的底部位于第19分期处(图2)[27]。

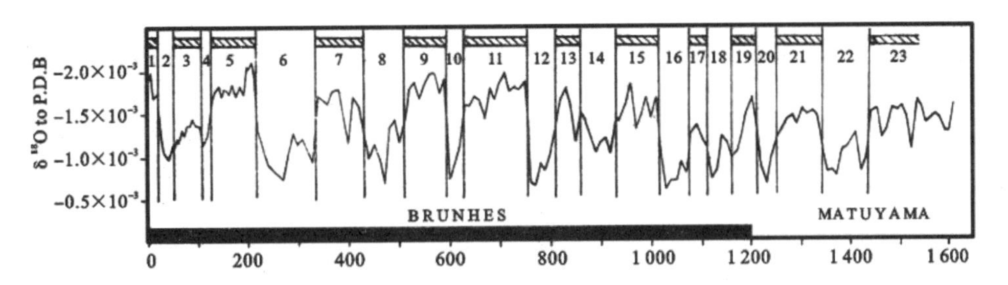

图2　$V_{28\sim238}$孔氧同位素及古地磁测量结果及分期(Shacketon and Opdyke，1973)

Fig. 2　The records of $V_{28\sim238}$ Oxygen isotope and magnetic measurement

3. 海洋沉积物中碳酸盐含量变化的研究

阿赫尼斯(Arrhenius，1952)对东太平洋的深海岩心进行了碳酸盐含量在垂直方向上变化的研究，结果发现在冰期时含量偏高，间冰期时含量偏低(在大西洋则为相反的规律)。后来，艾米尼安用$^{18}O/^{16}O$测量结果支持了阿赫尼斯的研究成果。海斯等(Hays，1969)对赤道太平洋的沉积岩心作了类似的研究，获得了同样的结论[29]。海斯结合古地磁测量资料，进而提出在布容正极性期中，存在8个完整的变化轮回，上部三个轮回以10万年为周期，下部五个轮回大约以75 000年为周期，从而提出了在近69万年以来至少存在8次冰期/间冰期相交替这一多冰期观点，同时也支持了古温度研究的结论。

4. 冰期/间冰期划分与海面变动

第四纪期间世界洋面变动的最显著地质后果是在陆架海的近岸地区形成海、陆相地层的相互重叠。因此，海、陆相地层在沉积岩心中的交替出现，便是世界洋面升降变化的可靠记录，也是冰期/间冰地层划分的重要依据。冰期时海面降低，间冰期时复又回升，这种简单的对应关系早为人知。中欧的阿尔卑斯山、北欧的波罗的海沿岸和北美五大湖区是更新世冰期/间冰期地层划分的经典地区。其中只有北欧的间冰期地层是以海相地层为代表，这是在20世纪初就逐渐形成的地层系统。地中海地区的五级海成阶地，也是研究较早的地区，并与上述经典地区的划分作严格对比。

关于更新世冰期/间冰期的划分，到目前为止，可分为两类划分方法：其一为经典的划分法，认为更新世的冰期只有4次，最多为6次；其二为多冰期轮回法，如艾米尼安主张更新世存在大约以10万年为周期的温度变化轮回；萨克里东、奥布代克也根据古温度研究的成果，提出在布容正极性时中存在8次完整的冰期轮回；海斯等根据海洋沉积物中碳酸盐含量变化也得到同样的结论；库克拉还根据中欧黄土的研究，认为在近170万年中，存在17次冰期/间冰期轮回，也相当于10万年的变化周期[30]；古地磁学的研究，也提出了在布容正极性时中，可能存在大约以10万年为周期的短期反极性游移。由此看来，关于更新世冰期/间冰期的研究，尽管已有几十年的历史，但是对于更新世期间究竟有过多少次变动尚无定论，许多研究者从不同角度都试图寻找一个大约以10万年为周期的统一变化规律，是目前海洋第四纪研究的基本趋向之一。

三、中国陆架海晚更新世以来的海侵问题

按照上述讨论，更新世的气候变化可能存在一个以10万年为周期的变化轮回。可以认为：这种变化轮回的发现，有可能为进一步查明更新世的气候变化；弄清更新世冰期、间冰期，雨期、间雨期的地层划分；阐明陆架地区的海侵与海退，都具有十分重要的价值。根据中国东部沿海平原区和东海陆架海研究的状况，让我们首先讨论一下更新世最后一个变化轮回，即所谓近10万年以来的海侵、海退以及冰期、间冰期的地层划分问题。也就是说，在更新世内不仅存在以10万年为周期的较长时间的变化，也可能存在一个更短周期的次一级变化。

为简便起见，我们将东海陆架海和东部平原区的大量钻井分析资料，划分为两个研究区进行讨论。

（一）渤海地区

该区包括下辽河地区、渤海湾西岸、莱州湾一带和黄河口附近晚更新世以来地层中所发现的三期海相地层，它们在水平方向上都具有特定的分布范围，在垂直分布上具有明显的可比性，如图3所示。

对渤海地区历次海相地层的研究表明，当沧州海侵时（相当于里斯/玉木间冰期海侵），海侵范围可达河北省沧州地区。在这次海侵中，世界气候曾发生过一次明显波动，海水曾一度退出渤海，沉积了薄层陆相地层。而后，海水再度入侵，沉积了新的一层海相地层。所以沧州海侵层中，往往夹有2米厚的陆相地层，其原因就在于此。另外，在这次海侵中，带来了大量暖水种属，如目前只能生活于浙江省南部以南海域中的骨螺属（*Murex* sp.）、榧螺（*Oliva ornata Marrat*）、笔螺属（*Mitra* sp.）和依萨伯利雪蛤（*Chione Isabellina Cphilippi*）等。根据这些暖水种软体动物群的出现，表明当时的水温较全新世海侵为高，当时的海面也较今日海面为高，可惜它们也都深埋于地层中，今日已难以判别当时的海面究竟有多高。

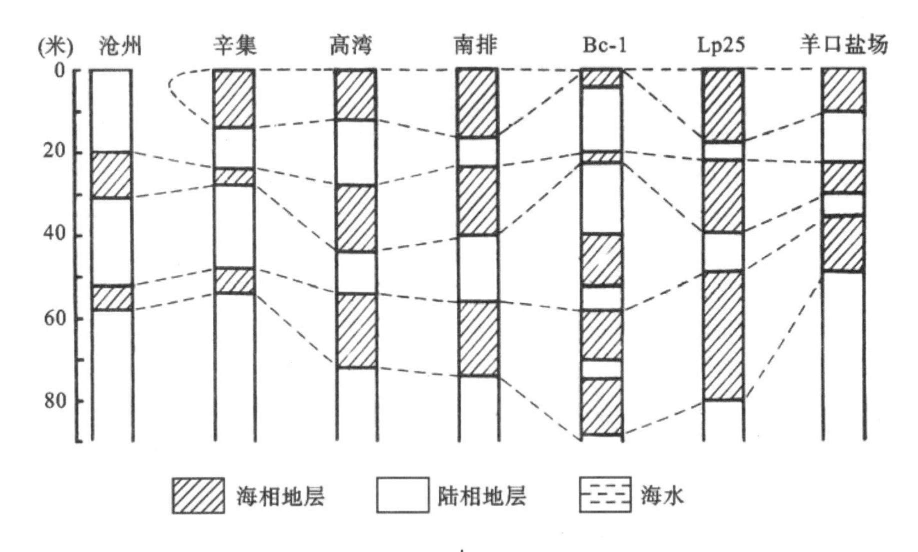

图 3　渤海地区晚更新世以来三次海侵横向对比图(B_{c-1}孔垂比尺 1∶2 000)

Fig. 3　The correlation of three transgresses since the late pleistoceane in Bohai area

在献县海侵层中(相当于玉木冰期中的上亚间冰期海侵),也含有沧州海侵中的暖水种化石群,不过其数量要少。值得注意的是,这次海侵范围最广,西部可到达河北省献县附近,故得名。这次海侵范围最广,是代表当时的海面较今日为高,还是当时的渤海处于快速下沉阶段?参照大洋深处氧同位素的研究资料,当时的气温偏低,故后者可能是造成这次大范围海侵的真正原因。

渤海地区的黄骅海侵(相当于全新世海侵),是海侵范围最小,留下痕迹最多的一次海侵。在这次海侵地层中,完全没有上述地层中所含的暖水种海相软体动物群和微体动物群,表明晚更新世以来,全新世海侵是水温最低的一次海侵[31]。

(二)苏北—长江三角洲地区

根据苏北—长江口地区若干沉积岩心的系统分析资料,发现研究区晚更新世以来的环境变迁史与渤海地区有着明显的不同,其不同点可归纳为以下几个方面:

(1)在历次海侵层中均未发现有暖水软体动物群;

(2)这里的海侵规模有越来越大的趋势,即时代越新,海侵范围越广;

(3)东台—盐城以北见有三期海相地层,而其南面仅有全新世海相地层;

(4)长江口水下三角洲地区的钻井资料,也表明仅有全新世海侵可能是范围最广、厚度最大的海相层,玉木冰期中的上亚间冰期海侵层(相当于献县海侵层),在某些钻孔中,仅有微弱的反映[32]。

从上述分析,可以发现苏北—长江口一带具有更为复杂的环境变迁史和构造变动史。现将苏北—长江口地区的钻孔对比资料绘于图 4。

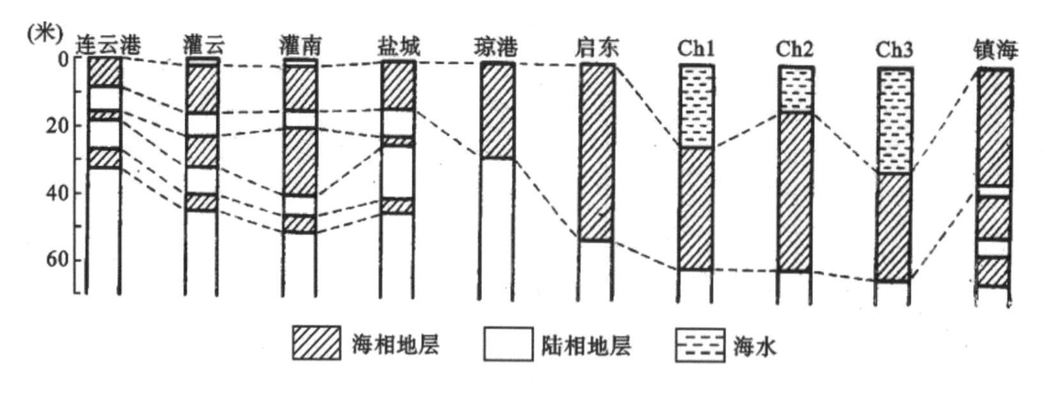

图 4 苏北—长江口地区海相地层对比图

Fig. 4 The correlateon map of marine stratigraphyic column

四、关于晚更新世海侵与海退发生原因的探讨

(一)地心非偶极子场的变化与海侵之关系

由于大地水准面是地球重力场的等位面,地球的密度差和内部的流动方式引起了不规则的大地水准面的形态和地磁场的不规则变化。不少人认为地球内部的非偶极子场具有不规则的漂移,大地水准面也要经历着类似的变化。

70 年代初,根据卫星测量资料而编绘的斯密司尼安标准地球Ⅲ大地水准面(精度±3 米)和哥达德地球模型Ⅳ两图测量结果近乎一致。该图表明,目前世界洋面存在着凹凸不平的"洋峰区"和"洋谷区"。两个极端值分布于:①印度南部马尔代夫群岛(Maldive Islands)附近,该处要低于平均海面 104 米(在 GeM_4 图上为−112 米);②新几内亚附近,该处要高于平均海面 76 米(GeM_4 图上为+73 米)。两地径差为 50°～60°,海面高差达 180 米。如果由于地心非偶极子场发生漂移,使目前的图式发生 50°～60°径差,那么将会产生明显的地质后果,即在马尔代夫群岛附近将发生 80 米高的海侵,新几内亚则要发生 180 米海退[33]。如果这种状况在更新世期间确实发生过,将会改变我们已经形成的许多概念。

(二)地磁场短期游移与海侵层的关系

1. 发生于距今 114 000～108 000 年的布莱克游移(Blake event)[34]

该游移为 Smith, J. D. 发现于北大西洋外布莱克洋脊附近[34],后来在地中海东部海底[35]、日本琵琶湖[36]、北欧黄土沉积、日本下末吉海相海层中,渤海湾西岸的辛集孔都证实了该游移的存在[37]。从游移的年龄可以判断,它们与最后间冰期的起始时间大体相当。目前对于最后间冰期起始年龄的研究,可归纳为两种意见:其一以艾米尼安为代表,认为起始于距今约 10 万年,结束于距今 65 000 年(艾尼克森根据冷/暖水种比例变化,也估算从距今 10 万年开始,威斯曼(Wiseman)则认为从距今 113 000 年开始,结束于距今 68 000 年);其二以库克拉、萨克里东和海斯为代表,他们认为从距今 128 000 年开始[38]。

为查明中国陆架海最后间冰期的起始年代,也为了弄清布容期若干短期反极性游移与海相层分布间的关系,中国科学院海洋研究所曾先后对渤海湾西岸的辛集孔、渤海中部的 $B_{c\text{-}1}$孔、苏北盐城孔,进行了系统测量,结果发现在最后间冰期的底部,即相当于沧州海侵层底部的地层中，均发现有布莱克短期反极性游移的存在。由此得出结论，在中国陆架海的沿岸地区，当布莱克游移结束时，海水已入侵到上述地区，从而获得这次海侵的年龄为距今108 000年。

2. 发生于距今 65 000 年的未名游移

渤海中部的 $B_{c\text{-}1}$孔详细的微体古生物分析和古地磁测量的结果发现，在该孔渤海海侵层的底部也存在一短期游移，计有三块标本，代表深度为 0.5 米，相当于持续了 500 年的短期游移。同样表明，地磁场的短期漂移，有可能为世界气候发生变化的先兆。

3. 发生于距今 30 000～40 000 年的蒙哥游移(Mungo event)[39]

邦赫梅特曾在法国奥帕山地(Olby)，用钾/氩法测得具有大于或等于 40 000 年的反向标本[40]。威尔舒(Versub, K. L)认为在距今 38 000～40 000 年发生过倒转[41]。1972 年 Mcelhinny, B. 在澳大利亚蒙哥湖发现的短期倒转，被命名为蒙哥游移，其^{14}C 年龄为 30 780±520 年，最近在日本琵琶湖和墨西哥湾的海底岩心中，也曾有类似游移的报道。不过关于该游移是否存在还有争议，目前还处于进一步验证阶段。我国北方的献县海侵，据贵阳地化所^{14}C 实验室测得最大年龄为 39 000 年；在南排河孔位于该海相层底部泥炭层的^{14}C 年龄大于32 000年(埋藏深度为 39～40 米)；在黄海海底为大于或等于 36 000 年。日本依丹海侵发生于 32 000±33 000 年，英国南部的帕道夫海侵(Paudorf)也发生于距今 30 000 年，看来在距今30 000年前曾发生过高海面海侵是无疑的。如果地磁倒转确实发生在距今 30 000～40 000年间，那么地磁场的短期倒转与古气候变化、世界洋面的回升间也存在一定的联系。

4. 发生于距今 13 750～12 350 年间的哥德堡游移(Gothenburg Reversal)[42]

该游移最初发现于法国拉斯钱普山，1967 年曾被邦赫梅特(N. Bonhommet)命名为拉尚游移，目前还经常被引用。后来，莫尔尼对该游移作了详细研究，并建议改为哥德堡游移，还主张该游移可作为更新世/全新世分界。到目前为止，对该游移的研究至少已发表过 14 个以上不同的年代数据，以讨论该游移的确切年代，其中最可信的数据，要推莫尔尼命名的哥德堡游移，准确年龄为距今 13 750～12 350 年。在我国北方沿海和东海的海底样品中，该游移出现在全新世海相地层的下部，或者说在献县海侵和黄骅海侵间的陆相地层中，可以推测这次游移的年龄与哥德堡游移年龄相近。

综上所述，我国北方沿海近 10 万年来所发生的四次海侵与同期地磁场所发生的四次短期反极性游移，存在着密切的关系，不过目前积累的资料还不充分，更确切的关系有待进一步验证。

(三)陆架海侵与地球自转速度之关系

我国著名地质学家李四光在其《地质力学概论》一书的最后写道："假如地球的角速度加大，在低纬度方面应该立即发生普遍的海侵现象，而在高纬度方面发生普遍的海退现象。在地球角速度变小的时候，情形恰好相反。"[43]

米兰科维奇(Milankovitch)认为：气候的周期性变化取决于地球自转轴和轨道的周期性变化：①地轴同地球轨道平面之间的倾角，现在是 23.5°，它变化于 22.1°～24.5°之间，每41 000年形成一个周期[44]；②当地轴缓慢地摆动时，地轴也在旋进(天文学上也称岁差运动)，即改变方向，地轴旋进的周期大约为 21 000 年；③地球轨道的椭圆率或偏心率，也不是恒定不变的，它的变化周期是 105 000 年，目前许多证据支持了米氏的理论，如布鲁司克

(Broecker, W. S.)等对巴巴多斯、夏威夷和新几内亚珊瑚礁阶地的研究表明,地球偏心率最大时间和珊瑚礁生长期相一致,也就是说与当时的高海面相一致,显示出以大约为 21 000 年的变化周期,因为那里珊瑚礁阶地的年龄显示为 122 000(125 000)年、103 000(105 000)年和 82 000(80 000)年[45]。这些年龄与艾尼克森的"X"带相当(暖期),也与艾米尼安对深海岩心的研究、氧同位素的变化,反映冰盖规模大小的改变,有着类似的结论,也与我国东部沿海地区和陆架地区海侵海退史的情况十分近似。由此看来,在进入晚更新世以后,海侵的次数与频度都有明显增加,这种现象除冰动型变化原因以外,有可能与地球本身的周期性变动有着密切的关系。

除上述几种因子影响着世界气候的变化以外,还有大气组成的变化。据目前所知,大气组成大约以两个变量在不断地变化而影响着地球上的气温变化,长期的气温变化,必然会带来明显的地质效果。这两个变量是十分显然的,其一为大气中 CO_2 含量的变化;其二为大气中火山灰含量的变化。

综上所述,关于冰期的原因,关于古气候变化的原因,关于全球性海面变动和陆架区海侵海退的周期性变化,可能为一些周期性的因素与非周期性变化因素相互叠加的结果,它们共同影响着全球性气候的变动,控制着全球性气候变化的基本趋势。但是,地球轨道变化和地磁场的周期性变化,有可能为这些影响气候变化因素中的主导因素。因为它们的变化才能是气候变化真正的原因,其他的变化都系由这种先导变化而引起的次一级的变化。

参考文献

[1] Heezen, B. C., The geology of continental margins, 1974, 13-24.

[2] Shepard, F. P., Geol. Soc. America Bull., 43(1932), 1017-1034.

[3] Shepard, F. P., K. Emery and H. R. Gould, Distribution of sediments on East Asiatic continental shelf, 1949.

[4] Niino, H. and Emery, K. O., Geol. Soc. America Bull. 72(1961), 5, 731-762.

[5] 秦蕴珊,海洋与湖沼,5(1963),1,71-86.

[6] Johnson, D., Shore processes and shoreline development, New York, 1919, 585.

[7] Emery, K. O., Geol. Soc. America Bull., 63(1952), 1105.

[8] Emery, K. O., Am. Assoc. Petr. Geol. Bull., 52(1968), 445-464.

[9] Swift, D. T. P. et al., Shelf sediment transport process and pattern, 1972, 499-574.

[10] 陈丽蓉等,黄东海地质,科学出版社,1982,82-97.

[11] Линдберг, Г. У., Крупные колебания уровня океана, в четвертичный период. Изд. 〈наука〉, 1972, 7-119.

[12] 早川正己,星野一男,第六届亚洲近海矿产资源联合勘探协调会侧记,地质,ニコヘス,1969,12,41-55.

[13] 新野弘,探索中国东海宝库,OCEAN AGE, 1969,11,40-48.

[14] 周明镇,化石,1973,1,12-13.

[15] 赵松龄,黄东海地质,1982,181-188.

[16] Gibert, G. K., 1885. Deltas, 975. M. L. Broussard. p. 13-98. Pleistocene lake deltas.

[17] Ericson D., Ewing, M. et al., Bull. Geol. soc. Am. 72(1961), 193.

[18] Ericson D., Ewing, M. and Goesta Wollin, Science, 1964, 146, 723.

[19] Ericson D. B. and Wollin, G., Science, 1968, 162, 1227.

[20] Ruddiman, W. F., Sancetta, C. D. and McIntyre, A., Phil, Trans. R. Soc. B, 1977, 280, 119-142.
[21] Berggren, W. H., Deep sea research, 1968, 15, 31-43.
[22] Emiliani, C. Science, 1972, 178, 396.
[23] Olausson, E, Progress in oceanography, 165, 3, 221.
[24] Shackleton, N. J., Nature, 1967, 215, 15.
[25] Damsgaard W. and Tauber H., Science 1969, 166, 499.
[26] Hecht, A. and Savin. S., Tour. Foram. Research, 1972, 2, 55.
[27] Shackleton, N. J., and Opdyke, N. D., Quaternary Research, 1973, 3, 39-55.
[28] Arrhenius, G., Rept. Swedish Deep sea exped. (1947-1948), 5(1952), 1-4, 1-228.
[29] Hays, J. D., Saito, T., Opdyke, N. D. and Burckle, L. H., Geol. Soc. America Bull., 80(1969), 1481-1514.
[30] Kukla, G. J., Loess stratigraphy of central Europe in Butzer, K. W. and Isaac, G. L. (eds) After the Australopithecines (Mouton, the Hag ue), 1975, 99-188.
[31] 赵松龄等,海洋与湖沼,9(1978),1,1-15-25.
[32] 赵松龄等,海洋地质与第四纪地质,3(1983),4,35-45.
[33] Mörner, M. A., Jour. Geol., 1976, 84, 123-152.
[34] Smith, J. D. and Foster, T. H., Science, 163(1969), 65-567.
[35] Rossignol—Strick, M. Les Méthodes Quantitatives D'étude des variations Du climat Au cours Du Pl istoc ne 1973, 93-102.
[36] Shoji Horie, Paleolimnology of lake Biwa and the Japanese Pleistocene, 3(1975), 6, 1010-113.
[37] Kukla, G. J. et al., Quaternary Research, 1972, 2, 374-383.
[38] Barbetti McElhinny, Science, 163(1972), 3864, 237-244.
[39] Bonhommet, N. and Babkine, J., Sur La Presence d'aminantation inverse s dans la cha chaine des puys. Acad. Sci., Paris, 1967, 246, 92-94.
[40] Versub, K. L., Davis, J. O. and S. Valsstro, Earth planet. sci let., 49(1980), 1.
[41] Mörber, N. A., Quaternary research, 7(1977), 413-427.
[42] 李四光,地质地学方法,科学出版社,1979.
[43] Milankovitch, M., Canon of insolation and ice-age problem. R. serbian acad. spec. publ., 132, Section of mathematical and natural sciences, 1941, 33.
[44] Broecker, W. S., et al., Science, 1968, 19, 297-300.

A SEDIMENTARY MODEL OF CHINA SHELF SEA AND THE PROBLEM OF SHELF TRANSGRESSIONS SINCE LATE PLEISTOCENE

Abstract

Heezen, B. C. considered that margins sea in the world, generally speaking, can be characterized as of Altantic or Pacific type. East China sea and South China sea located at northwest Pacific regions might also be considered to be Atlantic type. In one of the first models of clastic sediments on continental shelves, Douglas Johnson saw the shelf water column and the shelf floor as a system in dynamic equilibrium. After that time, Shepard (1932) was the first to challenge it, noting that most shelves were veneered with a complex mosaic of sediment types rather than a simple seaward-fining sheet.

According to Emery study, He classified shelf sediments on a genetic basis, as authigenic (glauconite or phosphorite), organic (foraminifera, shells), residual (weathered from underlying rock), relict (remains from a different ealier environment such as a now submerged beach or dune) and detrital, which includes material presently being supplied by river, coastal erosion and aeolion. Swift, D. J. P. put forward the concept of transgressiver-regressive model.

Based on our study, in the past about 20 years, it is clear that sedimentary model of China shelf sea originally consists of two different sediment. In age: one is modern shelf sea sediment, the other one is a continental deposit, transitional deposit and sea-coastal sediment in low sea-level of the late pleistocene. Generally, all of them constitute sedimentary model of China shelf sea today.

1. Modern sediment of China shelf sea included:

(1) Delta sediment and shallow sea clastic deposits.

(2) Sediment from weathering and denudation.

(3) authigenic sediment.

(4) modern marine organosedimentary.

(5) other sediment.

2. Shelf sediment during the lower sea-level in the late Pleistocene

(1) river transport sediment in the late W rm glacial age.

(2) loess sediment in the late W rm glacial age.

(3) biogenic sediments: mammal fossil deposit and mollusc fossil deposit.

(4) peat sedimentary stratum.

(5) shore sand, channel and river facies sandy sediment.

(6) other sediment.

3. Problem of Quaternary transgressions in eastern plain region

(1) subdivision of glacial and interglacial age.

(2) Oxygen-isotope measurements of foraminifera in marine sediment.

(3) carbonate content measurement in marine sediment.

(4) relations between glacial/interglacial age and climatic changes.

4. Transgressive problem of China shelf sea since the late Pleistocene.

5. Problems of transgressive and cause during the late Pleistocene.

Based on our study, three marine transgressions occurred on the western coast of Bohai gulf in the last 100,000 years while the western coast of Huang Hai sea has subjected to 5 marine transgressions in the last 300,000 years. This paper discusses the cause of transgressions and regressions, on relation between glacial/interglacial and climatic changes, on relation between marine formation and short polarity reversal event.

本文刊于1986年海洋出版社《中国海平面变化》一书
国际地质对比计划第200号项目中国工作组
作者:秦蕴珊　赵松龄

黄河入海泥沙对渤海和黄海沉积作用的影响*

渤海平均水深 18 m，最大水深 70 m，是一个较浅的海湾。黄海平均水深 38 m，其中部为水深大于 50 m 的盆地。它们的共同特征是陆地环绕。沿岸河流输沙特征对沉积作用过程有重大影响，特别是黄河入海泥沙的影响尤为显著。

关于黄河入海泥沙对渤海和黄海沉积作用的影响，前人已从不同角度进行过讨论[1,3,8,10~12]。黄河是世界上著名的多沙性河流。由于黄河尾闾长期以来不断发生变迁，纵横摆动于华北平原之上，交替注入渤海和黄海，因此，在讨论黄河入海泥沙在中国近海沉积中的作用时，必须把渤海和黄海作为一个整体，甚至南涉东海。本文试图在以往工作的基础上，概括讨论黄河入海泥沙对渤海和黄海海底沉积作用的影响。

一、黄河输沙特征与岸线变迁

1. 输沙量

黄河干流长 5 460 km，流域面积约 75 万平方千米，流经九个省、自治区，注入渤海。由于流域面积较大，气候变化不一，其年径流量和输沙量均有相当大的变化(图 1)。据利津水文站统计资料，1951～1980 年间，年平均含沙量为 26.1 kg/m^3，平均输沙量为 10.69 亿吨，

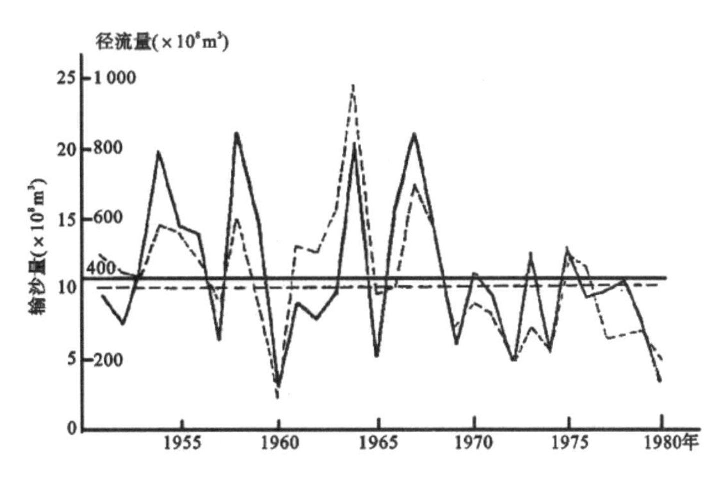

图 1　黄河输沙量和径流量年变化
——输沙量；---径流量

* 中国科学院海洋研究所调查研究报告第 1252 号。
本文曾在“东海及邻近陆架沉积作用国际学术讨论会”(杭州，1983 年)上作邀请报告。

比世界第一大河亚马孙河年输沙量还多，约为长江输沙量的 2.3 倍，密西西比河的 3 倍；平均径流量为 40 936×10^6 m^3。在上述 30 年中，输沙量最小的是 1960 年，年输沙量仅为 2.43 亿吨，相应的平均含沙量为 26.7 kg/m^3，径流量为 9 100×10^6 m^3；最大的是 1958 年，年输沙量达 20.97 亿吨，几乎为前者的 9 倍，相应的平均含沙量和年径流量分别为 35.2 kg/m^3 和 59 600×10^6 m^3。据报道，黄河下游多年最大含沙量为 222 kg/m^3，最小含沙量为 11.3 kg/m^3，最大含沙量约为最小含沙量的 20 倍。

黄河流域大部分地区受东南季风影响，雨量分布不均，因而黄河输沙量在一年之内亦有很大差异(表 1)，7～10 月为汛期，输沙量约占全年总输沙量的 86%；12 月至次年 2 月为枯水期，输沙量只占全年输沙量的 8.17%。

表 1 黄河径流量和输沙量的平均月变化(1971～1980 年)

月份	1	2	3	4	5	6	7	8	9	10	11	12
径流量(×10^8 m^3)	15.01	11.13	14.85	13.40	8.49	4.97	30.49	40.95	54.48	52.27	32.82	15.29
输沙量(×10^8 t)	0.06	0.06	0.14	0.16	0.10	0.03	1.28	2.09	2.20	1.35	0.63	0.07

据渤海周围 11 条河流的资料统计，每年输入渤海的泥沙量约 11.6 亿吨，其中黄河输沙量约占总量的 90%。黄海周围除黄河以外，淮河、射阳河、鸭绿江以及朝鲜的大同江、汉江等河流年输沙量一般不超过 1 亿吨，不及黄河的 1/10，由此可显示出黄河入海泥沙在渤海和黄海沉积作用中的主导地位。

2. 物质成分

黄河泥沙主要来自我国西北地区的黄土高原，尤其是泾河、渭河流域，因此，黄土乃是黄河携带泥沙的主要成分。黄土以粒度细和富含 $CaCO_3$ 为特征。据测定，黄河下游河床沉积物中 $CaCO_3$ 含量为 7.3%～9.4%，平均为 7.8%。在黄河的悬移质中，粒径小于 0.01 mm 的泥粒含量为 30%～50%，小于 0.025 mm 的细粒物质则达 90%，粗粒物质极少。河床质中，粒径大于 0.05 mm 颗粒的含量一般小于 30%。矿物成分以斜长石、普通角闪石、绿帘石、白云母为其标型矿物组合，又以高含量的碳酸盐矿物为其特征。上述物质成分是分析黄河入海泥沙对渤海和黄海沉积作用影响的基础。

3. 黄河尾闾摆动及岸线变迁

巨量泥沙的堆积使黄河尾闾变迁频繁。据历史记载，2 000 多年来，黄河尾闾大小变迁近千次。1855 年以前曾大改道六次(图 2)。公元前 602 年以前的古黄河分为两支[4]，北支为主流，称济水，经山东广饶县入渤海；南支自荥阳向南与淮河汇合流入黄海。公元前 602 年，黄河改道北上，在天津附近流入渤海。1194 年，北流基本断绝。黄河流经苏北平原，在连云港南面的六合庄附近入海——称老黄河口。1855 年，黄河在铜瓦厢决口，改道北上，流入渤海。1855 年至今，除 1938 年 7 月～1947 年 3 月(花园口决口)黄河经徐淮故道流入黄海以外，其余时间均流入渤海。

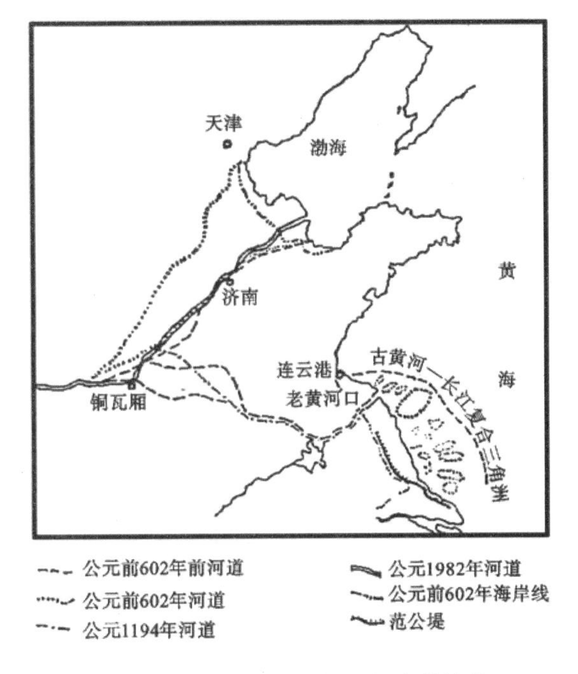

图 2　黄河尾闾变迁示意图(据岑仲勉等)

黄河的巨量泥沙堆积导致海岸线迅速向海延伸,三角洲顶点不断下移。1855 年以前,三角洲的顶点在孟津,其范围北起天津,南达淮阴,面积约 150 000 km^2。1855～1954 年,顶点下移至宁海,面积缩至 5 400 km^2,平均造陆速率 23 km^2/a,岸线增长 0.15 km/a。1954～1972 年间,由于人为因素的影响尾闾摆动幅度减小,三角洲顶点至渔洼,面积为 2 200 km^2,平均造陆 23.5 km^2/a,岸线增长 0.42 km/a[6]。

江苏江淮平原上的范公堤可能是 1185 年以前的海岸线①。在黄河夺淮入海后的 670 年间,淤出陆地 1 万余平方千米,同时,在河口前海区汇同古长江入海的泥沙建造了巨大的水下古黄河—长江复合三角洲。

随着黄河尾闾的变迁,新、老黄河三角洲岸线发生淤积—侵蚀交替。黄河入海时,河口沙咀发育,岸线迅速向海增长。改道后,由于泥沙来源不足,岸线侵蚀后退,早期的沉积物经受改造。例如,目前老黄河口附近之灌河口—射阳河口岸段,侵蚀后退速度达 30～175 m/a。

黄河泥沙入海后的悬移扩散过程,作者已发表文章作了专题讨论[10],在此不赘述。

二、黄河入海泥沙与海底沉积的关系

1. 主要沉积类型的分布

以 Md 为基础,同时参考<0.1 mm 粒级含量[13],对本区海底沉积物进行分类,绘出了沉积类型分布图(图 3)。

---

① 据速水颂一郎:长江三角洲和黄河南迁。

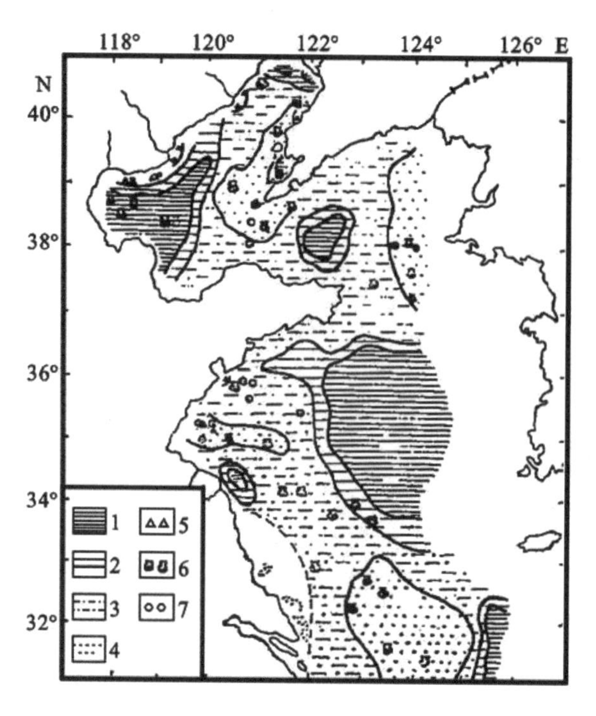

图 3 海底沉积类型分布图

1. 黏土质软泥;2. 粉砂质黏土软泥;3. 粉砂;4. 砂;5. 砾石;6. 贝壳;7. 钙结核

(1)黏土质软泥:主要分布在黄河口外,其范围大致是在渤海中央海区的西部、渤海湾中部及南部广大海区。该类沉积物在黄河口外浅海区呈鲜艳的黄褐色,半流动状,富含 $CaCO_3$,基本上保持了黄河输入之黄土物质的特征。随着离河口距离的增加,由于沉积环境的改变和外源物质的混入,沉积物颜色变暗,$CaCO_3$ 含量降低,黄河输入物质所占的比重相应减少。辽东湾顶部,黏土质软泥的性质和黄河输入的不同,它们是辽河等河流的输入物质。在黄海,此类沉积主要分布在北部和南部深水区,水深多大于 50 m。这里,沉积物呈褐灰色或暗灰色,$CaCO_3$ 含量中等,它们是黄河输入物质和外源细粒物质的混合产物。

(2)砂:包括粗砂、中砂和细砂。它们主要分布在渤海海峡北部、辽东浅滩、黄海东岸浅水区、海州湾内的部分海区及其他零星分布区。辽东浅滩和渤海海峡北部砂质沉积物之粒度概率累积曲线具有四段结构和双跃移组分,分选良好;同时,重矿物含量高,有孔虫介壳常有褐色污染斑点和碰撞裂痕。这里分布着早期滨海地貌的残迹,并有强烈的海底侵蚀作用。底层水潮流流速大于砂粒起动流速(20 cm/s)的时间,每天达 16~18 h。这一区域分布着早期形成的残留沉积物,而其中 $CaCO_3$ 含量低及矿物组合特征又与黄河输入物不同[5],说明近期基本上未受黄河入海泥沙的影响。

海州湾内,砂质沉积物主要分布在老黄河口以北海域。砂中泥粒含量为 10%~30%。$CaCO_3$ 含量较高。部分测站上有近江牡蛎、蚶等生活于滨海和河口区的软体生物贝壳。本区以富含钙质结核为特征。其所含之 Si,Al,Ca,Mg,Ti 等元素与陆上结核相似[3]。调查表明,青岛近海水深 30 m 左右的海底有大面积的陆相硬黏土层,部分测站上几乎露出地表。

在硬黏土的一定深度上常有钙质结核层，因此，本区之钙质结核可能与硬黏土层的海底风化、侵蚀有关，所以，可以视之为残余沉积的标志，或属残留沉积[1,3]。此外，分布在黄海北部和东部的砂质沉积也以其岩性和物质组成的特点而有别于现代黄河输入物。这些砂质沉积分布区内的现代沉积速率都比较缓慢，基本上不受现代黄河入海泥沙的影响。

(3)粉砂：本区分布最广的沉积类型之一，主要分布在砂和细粒沉积物之间，水深最大可达 80 m 左右，形成了宽阔的过渡沉积区。由于来源地和沉积环境的差异，各地粉砂沉积物的成分亦有不同。莱州湾东部及渤海海峡南部粉砂沉积物中，粉砂粒级含量可达 50%～70%，分选较好，黄褐色至黄灰色，$CaCO_3$ 含量仅次于黄河口区。其物质来源除山东半岛北岸的河流输沙和海岸侵蚀供给小部分以外，主要是现代黄河输入的泥沙。黄海海底粉砂质沉积物的分布特征是：西部分选较差，频率分布曲线多为双峰形，$CaCO_3$ 含量较高，特别是胶东半岛北岸近海及老黄河口外浅海区，部分测站上有钙质结核。东部及东南部深水区，其颜色较暗，$CaCO_3$ 含量较低。

上述沉积物的分布格局表明，黄河入海泥沙因受介质条件动态变化的影响而发生不均匀的分异，从而产生现代沉积作用的不均匀性，致使由不同沉积循环形成的沉积物可同时出露海底，为我们认识黄河入海泥沙的扩散及影响提供了依据。

2. 沉积物中 $CaCO_3$ 含量的分布

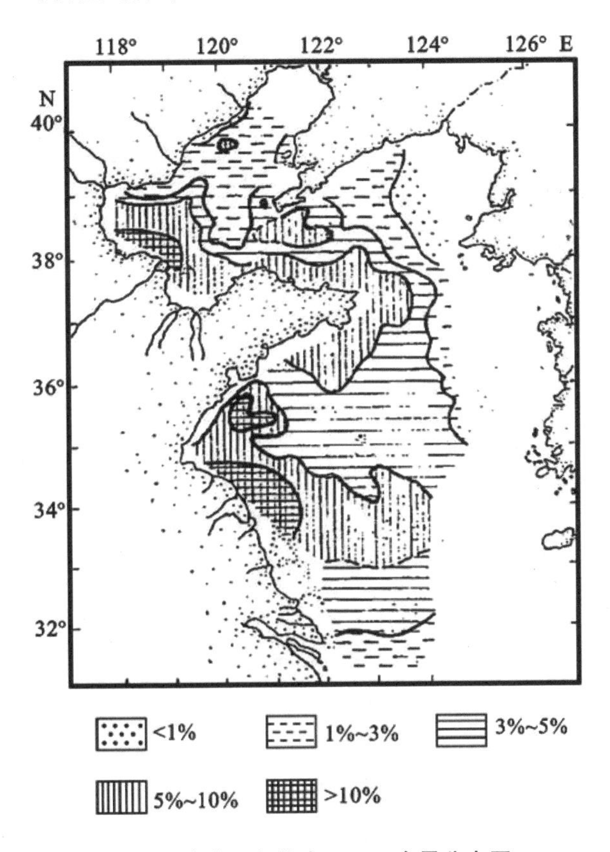

图 4 海底沉积物中 $CaCO_3$ 含量分布图

基于上述，沉积中 $CaCO_3$ 的含量分布在一定程度上可成为识别黄河入海泥沙扩散的标志。调查区沉积物中 $CaCO_3$ 含量分布（图 4）的基本趋势是：渤海内的新黄河口外和苏北沿岸的老黄河口外浅海为高含量区，含量大于 10%，这里是新、老黄河不同时期入海泥沙的主要沉积区。此外，海州湾内的残余沉积或残留沉积区内也出现局部高含量区，它们可能与钙质结核和生物贝壳的富集有关。渤海湾中部、渤海中央海区西部及莱州湾为次高含量区，含量为 5%～10%，它们和胶东半岛北岸近海的次高含量区连成一体，显示了现代黄河入海泥沙的影响由渤海向东扩散至黄海西北部。南黄海西部的古黄河—长江复合三角洲外浅海为另一次高含量区。上述两个次高含量区中间被崂山近海之低含量区分隔，分别反映了新、老黄河入海物质的影响范围。

此外，在渤海海峡北部也形成了局部的 $CaCO_3$ 次高含量区，但这可能与黄河现代输入的泥沙无直接的联系。渤海北部、黄海中部和东部的沉积物中 $CaCO_3$ 含量皆小于 3%，说明近代黄河入海泥沙对该区的影响由于时间的推移和外源物质的混入而变得微弱。

3. 沉积物中矿物组合的分布特征

黄河输沙的矿物成分以斜长石、碳酸盐矿物、普通角闪石、白云母等矿物的含量较高为特征[5]，区别于辽东沿岸、黄海东部的沉积物，同时又以柘榴石、绿帘石等含量较高而与长江输入的泥沙不同。从矿物成分的含量分布中可以看出，白云母等片状矿物的高含量区，自黄河口外向东与胶东半岛近海的高含量区连成一片，直至崂山以东的近海；在青岛—连云港附近海区，其含量减少，向南至老黄河口外近海区复又增加。此外，在南黄海深水区也出现片状矿物的高值区。深水区以东，沉积物中片状矿物含量皆小于 1%。

胶东半岛沿岸片状矿物含量的高值虽然与陆上古老变质岩侵蚀物的输入有关，但是受黄河输入物的影响则是直接原因[2]。新、老黄河口间沉积物中片状矿物含量的高—低—高变化与 $CaCO_3$ 沿程分布规律一致，共同反映了新、老黄河输入泥沙的影响范围。

柘榴石、榍石、钾长石等的含量分布与片状矿物相反，辽东半岛沿岸、青岛—连云港附近海区，含量相对较高，新、老黄河口区含量较低。普通角闪石的含量分布具另一特征，自新黄河口向东，其含量减少；黄海北部近海及青岛—连云港近海区，因陆上角闪片麻岩等古老岩石风化物质的输入，其含量有所增加；老黄河口区含量又降低；再向南，因受长江输入物质的影响含量复又增加。新、老黄河口区沉积物中普通角闪石的含量，前者可达 40%～50%，后者降至 10%～30%，这种差异反映了老黄河口的沉积物经受了长期改造，不稳定矿物含量减少。

弶港以南，海底沉积物因受长江入海物质的影响，钛铁矿、白云石等矿物的含量比老黄河口区及黄海南部均高，这说明黄河入海的泥沙对这里的影响很弱。

综合上述矿物组合的分布特征，可将渤海和黄海划为五大矿物区（图 5），新黄河入海泥沙主要影响 1 区，老黄河入海泥沙主要影响 3 区，其他区受新、老黄河入海泥沙的影响较弱，或不受影响。

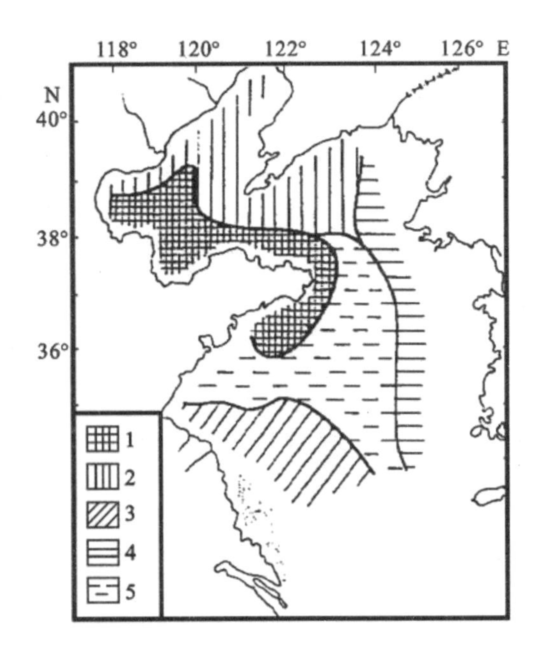

图 5 渤海和黄海矿物分区图(据陈丽蓉等)

1. 渤海南部及黄海西北部矿物区;2. 渤海北部及辽南浅海矿物区;
3. 黄海西南部矿物区;4. 黄海东部矿物区;5. 过渡区

上述资料从不同角度说明了新、老黄河入海泥沙的影响范围。现代黄河入海泥沙主要影响渤海的南部,波及崂山以东的胶东半岛近海;老黄河入海泥沙则主要影响以老黄河口为中心的黄海西部,北达连云港,南至吕四以东海域。黄海深水区为过渡区,那里的细粒沉积物主要是黄河物质,但是混以其他陆源物质,它们的黏土矿物成分主要是伊利石,其次是高岭石、绿泥石等,也与黄河输入物的黏土矿物成分相似①。

三、黄河入海泥沙的扩散及影响强度

黄河搬运之细粒物质入海后,因河口区径流动能的突然减弱及水介质条件的改变而大量沉积。根据悬移质通量平衡原理及不同时期河口区地形图对比等方法粗略估计,黄河输沙中 70%左右沉积在河口三角洲及近河口浅海区,余者向外扩散[7,10]。

黄河口附近有一潮汐驻波节点,流速较大,未经沉积的泥沙顺流扩散。黄河口北岸,沿岸流方向自东向西(图 6,7),流速(包括潮流流速)自湾口向湾顶减弱,有利于黄河入海的泥沙向渤海湾顶部搬运、沉积。另一部分物质汇合北上的渤海余流向北扩散,将黄河的泥沙带至渤海中央海区西部。上述之沿岸流和北上的余流,在夏季受东南季风的影响有所加强。此时,正值黄河汛期,输沙量大,因此,大部分泥沙向渤海湾和渤海中央海区的西部搬运、沉积,形成了 $CaCO_3$ 含量较高的大面积粉砂质黏土软泥和黏土质软泥等细粒沉积物。冬季在偏北风的作用下,向东去的余流发育,它汇同东去的密度流,将黄河入海的泥沙向莱州湾搬运、沉积,余者继续向黄海扩散。但此时正值黄河枯水期,输沙量较小,因此,现代黄河入海

① 赵全基,1979。海洋地质论文集。国家海洋局第一海洋研究所编印,98-105 页。

物质对莱州湾的影响比渤海湾及中央海区的西部为弱。渤海中部、辽东浅滩、渤海海峡北部，由于潮流流速大，海底存在着强烈的侵蚀作用，加上逆时针方向的密度环流阻碍了黄河入海泥沙的进入和沉积，黄河（甚至包括其他河流）现代输入的泥沙很少能够在此沉积，因而，露出了某些残留沉积物。由此可见，现代黄河入海的泥沙对渤海的影响是极不均衡的。它们主要影响渤海南部，包括渤海海峡南部的大部分海域，其影响强度以黄河口三角洲及近岸浅海区最强，渤海湾南半部及中央海区西部次之，莱州湾及渤海海峡南部较弱。作为现代沉积物搬运过程标志的海水中悬浮体的含量分布特征也有力地证明了上述结论[10]。

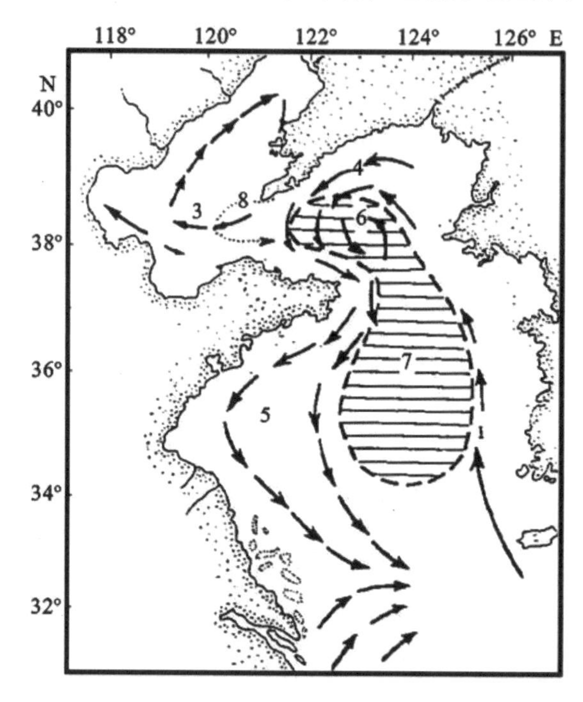

图 6　黄海、渤海夏季(6～8 月)海流分布模式(据管秉贤等)

1. 黄海暖流；2. 黄海暖流余脉；3. 渤海环流；4. 辽南沿岸流；5. 黄海西部沿岸流；
6. 北黄海密度环流；7. 黄海冷水团；8. 渤海密度流

渤海和黄海经渤海海峡的水体交换主要是潮流，此外是余流和密度流，后者流动的基本规律是“北进南出”：辽南沿岸流及低温高盐的密度流，从黄海流经渤海海峡北部进入渤海以后，分别形成各自的环流，再由海峡南部流向黄海（图 6,7）。流出的水体便携带了黄河入海的泥沙进入黄海沉积。在海峡内外水体交换的过程中，其进出水量及海水中悬浮体含量之间的差别有可能产生泥沙净输移。基于这个设想，我们曾根据流经海峡的渤海和黄海的水量交换和悬浮体含量资料，大致估算出由渤海输入到黄海的泥沙量平均每年为$(5\sim10)\times10^6$吨①。由此推测，目前黄河输沙对于黄海的直接影响不大。

① 秦蕴珊、李凡，1962。黄河泥沙对渤海沉积的影响。参见“Proceedings of 11th IAS held in Canada，1982，9”。

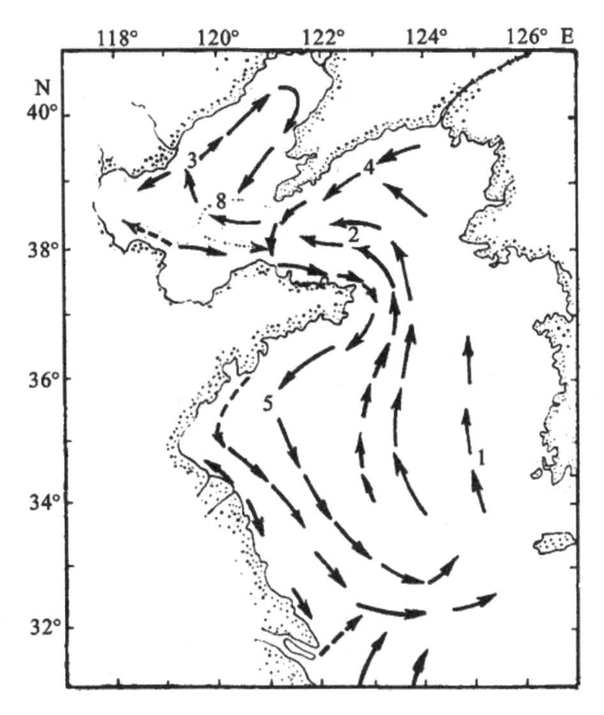

图7 渤海和黄海冬季(12月至次年3月)海流分布模式(据管秉贤等)
(图注同图6)

黄河泥沙进入黄海以后,一部分在沿岸流的作用下,于胶东半岛北岸和南岸近海沿途沉积,形成那里 $CaCO_3$ 及片状矿物含量较高的细粒沉积物,其范围估计不超过崂山以东近海,另外很少一部分向深海扩散。由于黄海中部冷水团水体相对稳定,有利于细粒沉积物沉积,因而,黄河输入的细粒物质与外源细粒物质一起,构成了那里大面积的细粒沉积物。自济州岛北上的黄海暖流和自东向西的辽南沿岸流,限制了黄河入海泥沙向北及向东的扩散,因此,它们对北部及中央深水区以东的影响可能很小。

黄河早期输入的泥沙主要沉积在古黄河—长江复合三角洲的北半部,以老黄河口为中心向外扩散。老黄河口以北,由于岸线走向近于 NWW—SEE,风力合成方向为 NE,所以由风产生的沿岸流将泥沙向西北方向搬运。老黄河口以南,在南向沿岸流作用下,沿岸泥沙向南搬运,形成了局部的泥沙流。吕四渔港附近,南下的苏北沿岸流遇上北上的长江径流的顶托,搬运力减弱,阻碍了再搬运的黄河泥沙向南扩散,因此,吕四港以南的浅海区受黄河泥沙的影响相当微弱。海州湾内的残余沉积或残留沉积区是否受黄河早期输入泥沙的影响尚待研究。

综上所述,我们绘出了现代和早期黄河入海泥沙的扩散范围和影响强度示意图(图8)。

从图8可以明显看出,现代黄河入海泥沙对海底的影响强度随地区不同而有很大差异,但可以认为,其入海泥沙大部分都沉积在河口地段,其次是渤海南部和北黄海的南部海域,而对南黄海的影响已显著减弱。然而,老黄河三角洲沉积物质的再搬运又使南黄海的物质运移增添了新的内容,使新、老黄河的细粒物质继续影响东海的部分特定海域。但可以预言,黄河物质对开阔大洋的影响将是很小的。

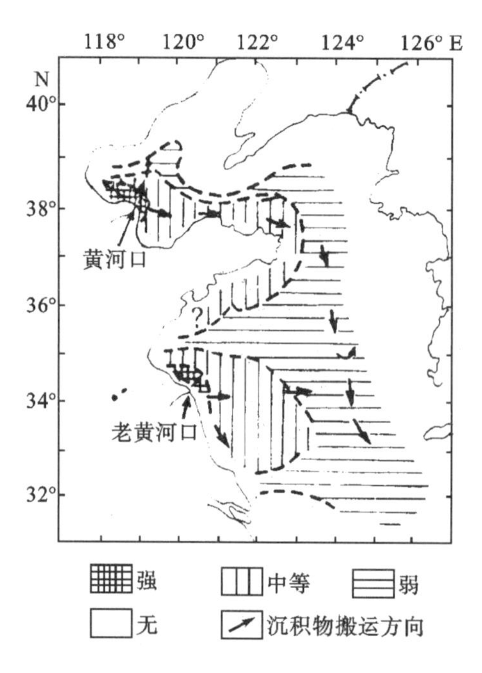

图 8 黄河入海泥沙影响强度示意图

参考文献

[1] 王振宇,1982.南黄海西部残留砂特征及成因的研究.海洋地质研究 2(3):63-70.

[2] 申顺喜,陈丽蓉,徐文强,1984.黄海沉积物中的矿物组合及其分布规律的研究.海洋与湖沼 15(3):240-250.

[3] 吴世迎等,1982.黄海海州湾钙结体的特征及其地质意义.地质科学 2: 207-214.

[4] 岑仲勉,1957.黄河变迁史.人民出版社,221 页.

[5] 陈丽蓉,栾作峰等,1980.渤海沉积物中的矿物组合及其分布特征的研究.海洋与湖沼 11(2):46-64.

[6] 庞家珍,司书亨,1979.黄河河口变迁Ⅰ. 近代历史变迁.海洋与湖沼 10(2):136-141.

[7] 庞家珍,司书亨,1980.黄河河口演变Ⅱ :河口水文特征及泥沙淤积分布.海洋与湖沼 11(4):295-305.

[8] 范时清,秦蕴珊,1959.中国东海和黄海南部底质的初步研究.海洋与湖沼 2(2)82-85.

[9] 秦蕴珊,1963.中国陆棚海的地形及沉积类型的初步研究.海洋与湖沼 5(1):72-85.

[10] 秦蕴珊,李凡,1982.渤海海水中悬浮体研究.海洋学报 4(2):191-200.

[11] 徐家声等,1981.最末一次冰期的黄海.中国科学 5:605-613.

[12] 耿秀山,1981. 中国东部陆架的古河系.海洋科学 2:21-26.

[13] Везруков, П. Л. иА. П. Лиссицын, 1960. Классифиация осадков современных морских водаемов. *Труэы Ин-та Океан. СССР* 34: 73-85.

STUDY OF THE INFLUENCE OF SEDIMENT LOADS DISCHARGED FROM HUANGHE RIVER ON SEDIMENTATION IN THE BOHAI AND YELLOW SEAS

Abstract

During 1951-1980, the annual average amount of sediment loads discharged from the Huanghe River is 1 069×10^6 t/a, which accounts fo around 80% of the total sediment load emptied into the Bohai sea and Yellow Sea from rivers except the Changjiang River. It shows that sediment loads discharged from the Huanghe River play the most important role in the sedimentation in this area. However, intensities of their influences were different at different places. About 70% of the total sediment loads from the Huanghe River settled down at the mouth and nearby area and the rest spread toward the sea under influence of the tidal current and wave. In the investigation area, characteristic of sedimentation is unequilibrium, which led different sediments formed at different times to distribut on sea bottom.

Sediment loads discharged from the Huanghe River were predominantly loess with abundant $CaCO_3$, which can be used to distinguish their dispersion range and intensity. Their mineral assemblage further indicate the influence of the sediment loads derived from the old and the present Huanghe River.

Investigation indicates that the influence of sediment loads derived from the Huanghe River on the Bohai Bay and on the center of the Bohai Sea is stronger than on the Laizhou Bay. The spatial distribution of suspended matter, which indicates the transport processes of sediment loads discharged from river, has proved this conclusion. The annually average amount of sediment emptied into the Yellow Sea through the Bohai Strait is estimated to be about 5-10 million tons. Most of that was transported round the Chengshan Cape to the west along the south coast of the Shandong Peninsula to the Laoshan Bay. A small part of that was dispersed to the center of the Yellow Sea and desposited together with sediments derived from other sources forming fine grain sediment there, and the rest was transported to the East China Sea.

本文刊于 1986 年《海洋科学集刊》 第 27 集
作者:秦蕴珊　李　凡

晚更新世以来长江水下三角洲的沉积结构与环境变迁

内容提要 根据长江口外的三口钻井(Ch_1,Ch_2和Ch_3)的沉积岩心资料研究了冰后期长江水下三角洲的沉积构造,它们由前积层,底积层和边缘沉积三部分组成。并根据^{14}C,热发光测年和生物地层的研究探讨了该区自晚更新世以来的环境的变迁,在中更新世末,本区为陆相沉积环境,随着玉木冰期中亚间冰期的到来,研究区发生了海侵,当玉木冰期最盛时期,这里又成为湖泊环境,又随着全新世的到来,再度出现浅海环境,随着河口三角洲的逐渐形成,构成了今日长江水下三角洲的沉积体系。

主题词 长江水下三角洲 前积层 底积层 边缘沉积 玉木冰期 海面变化

一、前言

20世纪50年代以前,不少研究者从事长江三角洲海侵作用的研究,其中比较著名的研究成果为:克里士(Cressey G. B. 1982),根据上海自来水厂的钻井资料,完成“上海地质”一文,文中对270米岩心中所含海相软体化石群作了初步描述[5];1936年葛利普(Grabau)在其华北大平原一文中,也提到长江三角洲地区的钻孔中,曾发现了几个海相地层[1]。但限于当时的研究水平和技术条件,难以区分出这些海相地层的分布范围和各自形成的时代。

进入50年代以后,随着当地的工业兴起和农业开发,长江三角洲地区的钻探工作,得到了迅速的发展,若干研究者对所获得的岩心采用了生物地层与年代地层同步研究法,使当地晚更新世以来的海侵史和环境变迁史的研究取得了明显的进展。但这些研究仅局限于陆上,对于长江三角洲水下部分的钻孔研究,仅仅是近几年的事。

为研究长江水下三角洲的形成史,查明长江三角洲的演化过程和环境变迁序列,以便能科学地、合理地为长江三角洲地区的经济发展提供地质依据,中国科学院海洋研究所于1983年在长江口外钻取了三口钻井,其编号分别为Ch_1、Ch_2和Ch_3,孔深分别为99米、63米和39米。此外,地质矿产部海洋地质综合研究大队也于同年在该地区钻取了5个钻孔,其编号为Cj-1～Cj-5[2],位置见图1。本文主要根据Ch_1～Ch_3孔分析资料撰写而成。

二、岩性特性

(一)冰后期长江水下三角洲沉积

关于三角洲组成的研究,始于19世纪末,吉尔伯特(Gilbert G. K.)在研究玻利维亚湖时曾详细描述了湖泊三角洲的沉积构造。那时,作者已经发现,三角洲的基本结构,系由以下三部分组成:顶积层、前积层和底积层。三角洲的这种沉积模式,已为世界许多湖泊三角洲和河口三角洲所证实[6]。值得注意的是，60 年代初期，斯克鲁东(Scruton P. C.)在研究密西西比河河口三角洲沉积体系时，在三角洲的底部又建立起一个沉积过渡带，作者将其称为边缘沉积[7]，同样的结构在长江三角洲的钻孔中得到了证实。现以 Ch_1 和 Ch_2 钻孔综合柱状岩心示意图表示之(图 2)。

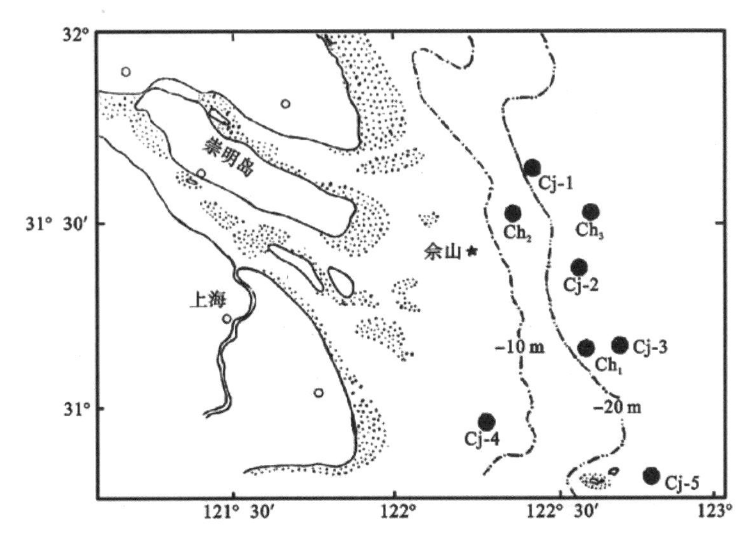

图 1　长江水下三角洲钻孔位置图

Fig. 1　The sketch of drilling location in submerged delta of the Changjiang River

1. 前积沉积

从垂向分布来看，孔深一般在 14 米以上，由上、下两层组成。上层多为黄色粉砂，中值粒径多在 7.5～8.5φ 之间；下层由薄层粉砂和薄层黏土呈互层状。在粉砂层中往往含有较多量幼体海生软体动物壳，显示了沉积环境的多变性。从水平分布来看，离岸越近，上层黄色粉砂层越厚，反之，越薄。如 Ch_1 孔，上层粉砂层就不太明显，表明该部位的前积层，还处于不断增长、展宽和加厚的初期。严格说来，只有上部黄色粉砂层才属于真正的前积层，下层的互层沉积乃属于前积沉积和底积沉积间的过渡性沉积。

2. 底积沉积

该层的垂向分布特征为：底界埋藏于孔深 22.07～46.5 米，厚为 20～30 米，为灰色黏土沉积，质地均一，中值粒径在 8.25～9.00φ 之间，表明为稳定细粒沉积阶段。多数钻孔在黏土层中含有较粗的粉砂薄层，如 Ch_1 孔在 19.09～

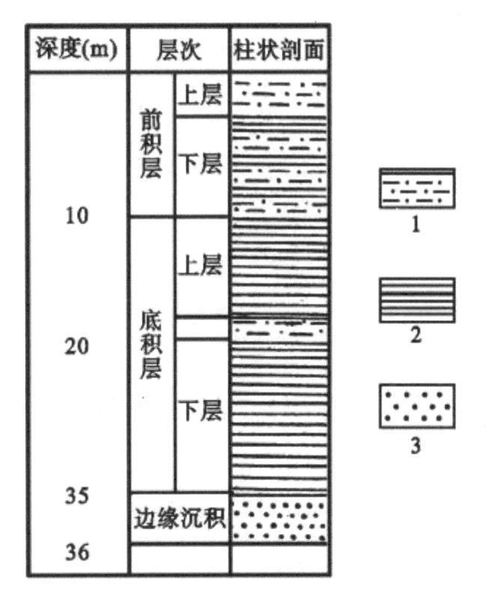

1. 粉砂　2. 黏土　3. 细砂

图 2　长江水下三角洲沉积结构示意图

(Ch_1 和 Ch_2 钻孔综合柱状岩心示意图)

Fig. 2　The sketch of the sedimentary structure in submerged delta of the Changjiang River (the comprehensive column cores of Ch_1 and Ch_2)

19.59 米、Ch_2孔在 30.0～32.0 米、Ch_3孔在 21.09～22.00 米，它们将底积沉积分为上、下两部分。上部较软，下部较硬。从水平分布来看，距岸越近，水深越小，厚度越大；反之厚度越薄。

3. 边缘沉积

在各孔的底部均含有薄层粉砂—细砂层，其平均粒径为 2.7～7.7φ，分选不好，如 Ch_1孔在 35.6～36.0 米、Ch_2孔在 46.5～47.1 米、Ch_3孔 33.15～33.79 米。各孔在该层中均保存有完好的海相软体动物化石群，个体大、数量多、种属繁盛，代表着典型的滨海环境。

（二）玉木冰期低海面沉积

在长江三角洲边缘沉积之下，为玉木冰期低海面时期的沉积物，各孔在边缘沉积之底部，均发育有薄层泥岩沉积，如 Ch_1孔，埋藏于孔深 36.14～36.16 米处为纯泥炭沉积，黑色，经三次^{14}C 测年，结果相近（10 700±125 年 B. P.，10 735±120 年 B. P.，10 790±120 年 B. P.）。此外，在 36.36～36.40 米也有少量泥炭沉积。孔深 36.66 米处见有较多量钙质结核，37.16～37.20米发现有 1 厘米长的结核，量多，呈水平状分布。44.70～44.75 米又见有薄层泥炭，孔深 48.40 米处^{14}C 年龄为 18 740±650 年 B. P.。该孔除上述特征以外，直到孔深 60.50 米处，均为灰色砂质粉砂，粉砂中常含泥，层理明显，似具弹性，偶见粉砂、黏土互层，粒度均匀。室内分析表明，该层粉砂占 70%～80%，黏土占 20%～30%，平均粒径为 5.64～6.5φ，分选差，在孔深 60 米处见有砾石，直径 3～5 毫米，磨圆度甚高（图 3）。其他各孔也有类似沉积，均未见底。

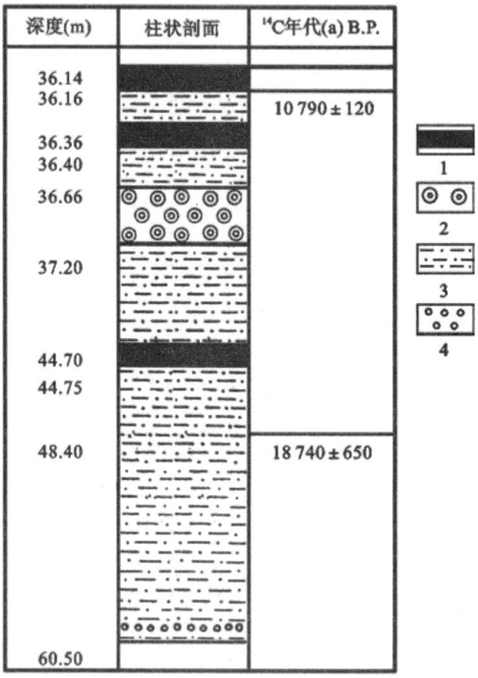

1. 泥炭层　2. 钙质结核　3. 粉砂　4. 砾石

图 3　Ch_1 钻孔玉木冰期时柱状岩心示意图

Fig. 3　The sketch of the column core Ch_1 during Würm glacial age

（三）晚更新世中期沉积

在这项研究中，只有 Ch_1孔具有该期以下地层，该孔从岩心 60.05～84.0 米间为一套砾石沉积，它又可分为以下数层。

60.5～74.43 米　黄色，粗砂砾石层，砾石磨圆度高，在孔深 62.73 米和 70.68 米各发现一枚圆锥假车轮虫（*Psevdorotalia Schroeterina*），孔深 74.38 米处出现薄层泥炭。

74.43～80.57 米　黄色、杂色砂砾层，在孔深 76.03～76.10 米为树干，经^{14}C 测年为>36 000 年 B. P.，76.10～76.14 米见有 4 厘米×3 厘米×0.5 厘米木头一块，在木头以下的砂砾层中，见有淡水丽蚌（*Lamprotula* sp.），在 76.5 米附近也发现有少量泥炭沉积。在 79.13～80.57 米为青灰色粗砂，黄色粗砂与砾石交替出现。

80.57～84.24 米　为杂色砂砾层，83.94～84.24 米，见有灰绿色砂，于 83.9 米处找到淡水丽蚌碎片。84.24米以下为沉积间断面。

(四)中更新世沉积

84.24～91.96米为灰绿色黏土层,紧实,含大量钙核。88.20～88.3米为细砂层,热发光年龄为(215±10.7)×10³年。88.3～88.35米为细砂岩,热发光年龄为(233±11.6)×10³年。91.82米热发光年龄为(255±12.3)×10³年。91.96米为沉积间断面。91.96～99.00米为褐黄、灰绿、杂色粉砂质硬黏土,呈半胶结状,含多量铁质和钙质结核(图4)。

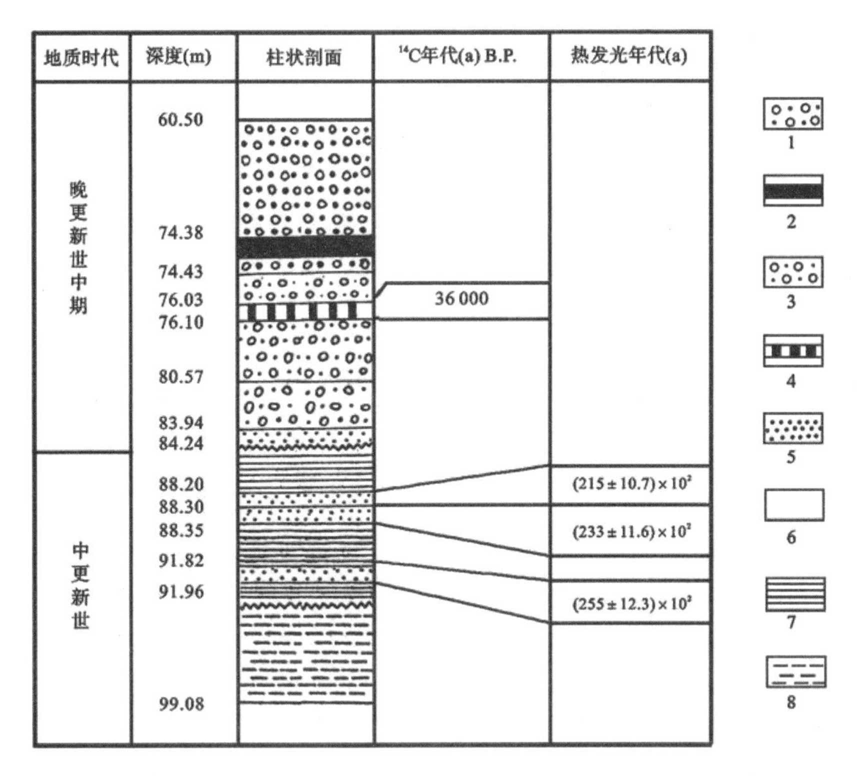

1. 粗砂砾石层 2. 泥灰层 3. 砂砾层 4. 树干 5. 砂层 6. 沉积间断面 7. 黏土层 8. 粉砂质硬黏土

图4 Ch_1钻孔晚更新世中期与中更新世柱状岩心示意图

Fig. 4 The sketch of the column core Ch_1 during middle of Late Pleistocene and Middle Pleistocene

三、生物化石群与海相地层

为确定长江水下三角洲的沉积厚度和晚更新世以来该地区的海侵次数,对Ch_1、Ch_2和Ch_3孔进行了微体生物化石群分析和软体动物群鉴定。Ch_1孔共分析了121个层位,其中60个层位含有孔虫,它们集中于岩心36.0米以内;在36.0米以下的地层中,仅有62.73米和70.68米各发现一枚圆锥假车轮虫,Ch_1孔共发现有孔虫24属55种;Ch_2孔共分析79个层位,其中69层含有孔虫,它们集中于0～47.1米之间,共见有孔虫19属40种;Ch_3孔共分析了53个层位,其中44层含有孔虫,集中分布于0～33米之间,共见有孔虫24属43种。

由于三孔相距较近,组合面貌十分相近,现以Ch_1孔为例,各沉积层的主要优势种如下:

前积层：

Ammonia confertitesta；*Cribrononion incertum*；

Elphidinm simplex；*Lagena*；*striata*.

底积层：

Quinqueloculina sp.；*Elphidium afvenum*；

Elphidium subcrispum；*Globigerina triloculinoides*；

Hanzawaia mantaensis.

边缘沉积层：

Quinqueloculina sp. *Nonionella decora*；

Noninella Jacksonensis：*Globigerina* sp.

软体动物群的分析表明，三孔共见有41个种属，其中Ch_1孔和Ch_3孔均有31个种属：Ch_2只有8个种属。从垂向分布来看，三孔都有两个富集层，其一与三角洲前积层相当，其二与三角洲底部的边缘沉积层相当。黏土质的底积层中软体动物群含量稀少。各层主要代表种为：

前积层：

Nassius sp. *Arca* sp. *Neverita didyma*；

Cdostomia sp.，*Solen* sp..

底积层：

Corbula laevis；*Nuculacea*；*Terebra* sp.；

Diplodonta sp..

边缘沉积层：

Arca subernata lischeke；*Ostrea* sp.；

Dosinia gibba (A. Adams).

海相软体动物群的分布层位于有孔虫所在层位的一致性表明，它们系同一循环中生存与繁衍起来的不同门类的海洋动物群，两者共同确定了海相地层分布的层位。

四、海面变化与环境变迁

根据长江三角洲地区99米长的Ch_1孔和其他较浅钻孔的分析资料，可以对中更新世末期以来当地的海面变动与环境变迁史作如下讨论。

中更新世末，当地为陆相沉积环境，一直持续到距今约40 000年时，发生了区域性下沉，变成了山间湖滨环境，沉积了含有淡水丽蚌化石的砾石沉积(Ch_1孔深84米处为沉积间断面)。在孔深76米，钻透一棵埋藏树干(已炭化)。观察表明，该树干系横伏于地层中。^{14}C年龄为>36 000年B. P.。大约从距今35 000年开始，随着玉木冰期中亚间冰期的到来，当地发生了亚间冰期海侵，乃沉积了砾石层(在Ch_1孔岩心62.73～70.69米出现含有孔虫砾石层)，若与相邻钻孔相比[3,4]，该处应相当于快速沉积区，表明地壳在持续下沉。从上述讨论可知，当玉木冰期中的上亚间冰期发生时，长江沉积物对研究区尚无明显影响。当玉木冰期最盛时期，东海海面较今日要低约130米，这里再度变为湖相环境，形成了厚层粉砂沉积。在全新世到来之前，湖泊变浅，形成了沼泽，发育了泥炭，其年龄为距今10 790±120年B.

P.,那时的海面可能要低于现在约 60 米。随着全新世的到来,世界洋面迅速升起,淹没了早先的沼泽环境,出现了浅海环境。进入中全新世以后,东海海面进一步升起,原先流入黄海的长江河道,进一步缩短,长江口不断后退,海水到达今日镇江附近,构成了海湾。这时来自长江的物质开始影响到本区,其年龄在距今 6 000~7 000 年间。随着河口三角洲的逐渐形成,终于形成了边缘沉积以上的底积沉积、前积沉积,在陆上形成了顶积沉积,构成了今日长江水下三角洲沉积体系。

参考文献

[1] 葛利普,1936,中美工程师学会月刊,17 卷 5 期,18-20 页.
[2] 唐宝根等,1986,海洋地质与第四纪地质,6 卷 2 期,41-52 页.
[3] 林景星,1986,杭嘉湖平原晚更新世以来海侵及海平面变化,中国海平面变化,海洋出版社,140-147 页.
[4] 赵松龄等,1986,中国东部沿海近三十万年以来的海侵与海面变动,中国海平面变化,海洋出版社,115-123 页.
[5] Cressey, G. B., 1928, The China Jour. Sci. & Arts., V. 8, N. 6, p. 334-345.
[6] Gilbert, G. K., 1855, U. S. Geol. Sur. 5th Ann. Rept., p. 104-108.
[7] Scruton, P. C., 1960, The Mississippi delta, In: Deltas. editor M. C. Broussard, Houston Geol. Society, p. 38-40.

SEDIMENTARY STRUCTURE AND ENVIRONMENTAL EVOLUTION OF SUBMERGED DELTA OF CHANGJIANG RIVER SINCE LATE PLEISTOCNE

Abstract

According to the analysis of cores Ch_1 (99 m), Ch_2 (63 m), and Ch_3 (39 m), which were drilled in the outside of Changjiang River estary by the Institute of oceanology, Academia Sineca, the submerged delta of the Changjiang River formed in post glacial period consists of foreset, bottomset and marginal deposit.

The fore set usually is over 10-14 m in depth, divided into two parts: the upper part is generally composed of yellowish silts which contain many marine mollusk larva shells, and the lower part is the interbeds of thin silt and clay layers, both indicate the variablity of sedimentary environments. The lower boundary of the bottomset is at the depth of 22.07-46.5 m, it is about 20-30 m thick and consists of grey clay sediments showing a stable and fine grain depositional period. Most of the cores contain thin silt layers in the bottomset by which the bottomset also can be divided into two parts, the upper softer part and the lower harder part. The marinal deposit is mainly composed of thin unsorted silt-fine sands it contains a lot of well preserved marine mollusk fossils, representing a typical littoral environment.

Under the marginal deposit is the silt sediment formed in W rm glacial term during the low sea level, in which developed thin peat sediments e. g. at the depth of 36.14-36.16 m in core Ch_1, the dark pure peats with ^{14}C age of 10,790±120 years B. P., and at 48.4 m, with ^{14}C age 18,740±650 years B. P..

In the middle Late Pleistocene, a set of graval sediments in Ch_1 deposited at 76.03-76.10 m. There are the preserved truncks with ^{14}C age>36,000 years B. P. We found an individual of Pseudorotalia gaimardii at 62 m and 70 m respectively, and some fresh water Lamprotula sp. at 76 m and 84 m. Beneath 84.24 m there is a discontinuous surface.

The middle Pleistocene sediment of Ch_1 consists of clay layer intercalated with fine sand. The thermoluminescent dating at 88.2 m, 88.3 m and 91.8 m are $(215\pm10.7)\times10^3$, $(233\pm11.6)\times10^3$, and $(255\pm12.3)\times10^3$, years respectively. There is a discontinuous surface at 91.96 m.

From the above-mentioned data, the studied area was a land deposit environment in the late Middle Plesitocene. During the subinterglacial of Würm glaciation a transgression occurred, later, in the Würm glaciation maximum it became a lake environment. Finally, when the climate was getting warmer in Holocene, the area changed to a neritic environment again and with the growth of the river estary delata, the modern submerged delta system of the Changjiang River has formed.

本文刊于1987年《沉积学报》 第5卷 第3期
作者:秦蕴珊 赵松龄

冲绳海槽浮岩微量元素的特征及其地质意义*

摘要 对冲绳海槽9个浮岩样品做了仪器中子活化分析。根据浮岩微量元素的特征讨论了岩浆的物质来源、结晶演化过程以及岩浆活动与冲绳海槽地质构造的联系。提出冲绳海槽黑色浮岩和灰白色浮岩不仅来自不同的岩浆源,而且经历了不同的形成过程。灰白色浮岩反映了冲绳海槽的地质构造性质,在成因上与海槽区的构造活动有关。

冲绳海槽是一典型的弧后盆地,东西两侧以陡峭的正断层为特征,海槽底部分布着第四纪海底火山。高的布格异常和热流值(平均值为4.06HFU[5,10])、介于大陆型地壳和大洋型地壳之间的地壳厚度(15～28 km,平均20 km[2])以及海槽轴部存在的张性断裂带[7]等,都说明冲绳海槽是一个目前正在活动的弧后裂陷盆地。

冲绳海槽分布着黑色和灰白色两种不同性质的浮岩。前者是碱性系列的粗面岩,主要分布在海槽北部的个别站位;后者属钙碱性系列的流纹英安岩,在海槽中广泛分布。根据两种浮岩的分布和磨圆程度,作者推断黑色浮岩可能是来自冲绳周围的陆架或岛弧,而灰白色浮岩则是原地火山喷发的产物[4]。在灰白色浮岩中,存在两种斑晶矿物组合,分别代表了岩浆结晶作用的两个世代。橄榄石、磁铁矿、钛铁矿、富镁的单斜辉石和斜方辉石、基性斜长石(A_n=50%～89%),代表了岩浆早期结晶的矿物组合;中、酸性斜长石、石英、黑云母则可能是岩浆作用晚期的产物。

一、方法与结果

将大块浮岩破碎,取中间新鲜样品1～2 g,于玛瑙研钵中磨细、磨匀(>100目),在80℃烘箱中烘4小时。冷却后,称取20～30 mg,用高纯铝箔包好待用。

将配好的一定浓度的混合标准溶液,用Eppendorf移液管定量移取滴在滤纸上,待干燥后用高纯铝箔包好待用。

把制好的样品和标准一起放入重水反应堆中照射20小时,中子通量为8.0×10^{13}中子·厘米$^{-2}$·秒$^{-1}$。冷却三天后,再将样品和标准分别装在测量小瓶中。

用SCORPIO-300程控γ谱仪分别于冷却的第四天和第十天两次测量样品和标准的γ能谱,然后用自编的程序计算出样品中各元素的含量。所用Ge(Li)探测器的分辨率为1.87 keV(对^{60}Co,1332.5 keV),相对探测效率达28%,峰康比好于50∶1。

9个浮岩样品的仪器中子活化分析结果列于表1。为了便于对比,将洋隆低钾拉斑玄武岩的某些微量元素含量亦列于表1中。

* 中国科学院海洋研究所调查研究报告第1431号。

表 1　浮岩中微量元素的含量(×10⁻⁶)

元素＼岩类＼站位	31°15′N 128°37′E	30°30′N 129°01′E	29°48′N 128°30′E	28°06′N 127°22′E	27°50′N 127°36′E	26°42′N 126°56′E	26°26′N 125°54′E		27°48′N 127°36′E	30°30′N 129°01′E	洋隆低钾拉斑玄武岩[6]
	灰白色浮岩									黑色浮岩	
La	20.8	13.0	13.2	9.2	14.4	13.6	12.4	12.7	8.8	56.0	3.9
Ce	46.5	34.5	34.6	16.4	28.9	35.3	29.3	30.9	26.9	119.0	12
Nd	21.6	30.6	20.0	10.0	11.5	21.1	20.4	31.8	19.2	66.3	
Sm	3.6	5.0	5.1	2.7	3.1	5.0	4.2	5.0	3.9	9.8	3.9
Eu	0.7	1.5	1.5	0.7	0.8	1.6	1.3	1.6	1.2	2.8	1.4
Tb	0.6	1.3	1.3	0.6	0.6	1.3	1.2	1.4	1.0	1.4	1.2
Yb	2.3	5.3	5.4	2.7	2.5	5.3	4.8	5.4	4.1	3.7	4.0
Lu	0.38	0.84	0.87	0.42	0.44	0.85	0.73	0.85	0.66	0.60	
Fe(%)	1.1	2.4	2.3	1.7	1.8	2.4	1.9	2.4	2.7	5.1	
Co	1.0	2.1	2.0	2.5	3.2	2.0	1.4	2.0	6.1	10.6	32
Ni	—	—	—	—	—	—	32.7	—	40.7	—	100
Sb	0.63	0.25	0.42	0.32	0.70	0.35	0.32	0.73	0.94	0.35	
Th	10.6	4.5	4.4	3.4	7.1	4.5	3.9	4.5	3.7	10.6	0.18
Rb	117.0	51.5	49.7	31.6	63.9	51.0	44.7	50.4	45.9	76.8	1
Sr	102.0	80.0	45.6	151.0	117.0	70.9	67.1	118.0	122.0	488.0	135
Sc	6.7	13.9	13.0	8.5	6.9	13.9	11.5	14.3	13.1	10.3	
Ba	499	241	208	259	373	242	183	216	255	1100	11
Hf	3.7	5.7	5.8	2.9	4.3	5.9	5.2	5.8	4.7	5.7	
Cr	2.4	2.2	—	—	5.4	—	1.2	—	16.0	5.9	300
Ca(%)	1.2	1.7	1.9	2.3	1.7	1.5	1.6	1.7	1.5	3.1	
Ta	0.55	0.42	0.40	0.19	0.39	0.48	0.41	0.49	0.34	0.40	
U	1.90	0.57	0.51	—	2.21	0.68	1.33	1.71	0.78	2.2	0.1
Cs	7.9	3.3	3.0	2.5	3.2	3.2	2.8	3.2	3.3	1.8	0.02
Rb/Sr	1.15	0.64	1.09	0.21	0.55	0.72	0.67	0.43	0.38	0.16	0.007
La/Yb	9.04	2.43	2.44	3.40	5.78	2.55	2.61	2.34	2.11	14.78	1.0
Eu/Sm	0.20	0.31	0.29	0.27	0.24	0.31	0.30	0.31	0.30	0.29	

由表 1 可以看出，相对洋隆玄武岩来说，灰白色浮岩富含 Th，Rb，Ba，U，Cs，La，Ce，Sm 等大离子亲石元素，即所谓的更亲湿岩浆元素（more-hygromagmatophile[8]）；而贫 Fe，Co，Ni，Cr 等铁族元素，显示出岩浆经过分异作用的特征。黑色浮岩与灰白色浮岩在微量元素组成上的明显不同，突出表现在黑色浮岩的 La，Ce，Nd，Sm，Eu 等轻稀土元素及 Ca，Sr，Ba

等元素的含量较灰白色浮岩为高，特别是Sr和Ba的含量，黑色浮岩高出灰白色浮岩几倍乃至10倍以上。

两种浮岩的球粒陨石标准化的稀土元素分布模式也有着本质的差别(图1)。9个灰白色浮岩的稀土元素分布模式相似：①都呈轻度的轻稀土富集型(La/Yb=2.11～9.04)；②都有明显的负Eu异常。黑色浮岩的稀土元素分布模式属于轻稀土高度富集型(La/Yb=14.78)，并且没有明显的负Eu异常。

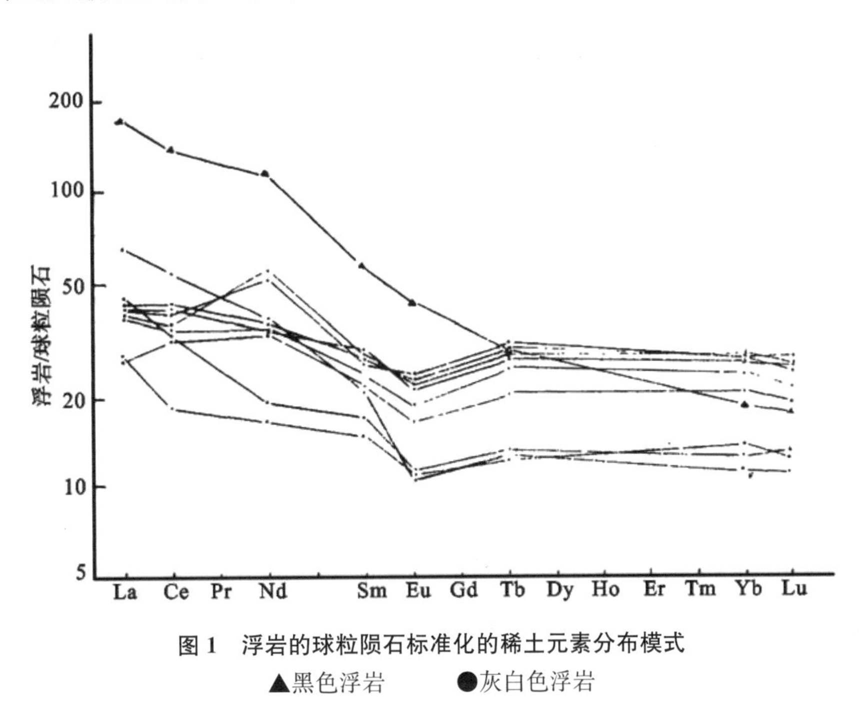

图1　浮岩的球粒陨石标准化的稀土元素分布模式

▲黑色浮岩　　●灰白色浮岩

二、讨论

1. 岩浆的结晶演化过程

火成岩中，Sr含量的高低取决于岩浆的性质、形成岩浆的构造环境以及岩浆所经历的演化过程。图2表明：Sr在碱性岩中高度富集，并且相对于洋隆玄武岩来说，大陆玄武岩Sr的含量较高。这说明火成岩中Sr含量的高低可能与岩浆源深度或岩浆经受地壳物质的混染程度有关。黑色浮岩中Sr的高含量可能是由于岩浆来自地下较深的岩浆源或者在上升到地表的过程中曾受到地壳物质的强烈混染造成的。灰白色浮岩中Sr含量异常低(低于洋隆低钾玄武岩)，除了与岩浆源的深度有关外，可能主要是岩浆的结晶分异作用造成的。Sr可以置换Ca进入斜长石晶格中，它在斑晶斜长石与液态玄武质岩浆之间的分配系数为K_D=1.83[3]，在斑晶斜长石与液态英安质岩浆之间的分配系数则达K_D=2.84[3]，所以，大量的斜长石晶体自岩浆中结晶析出会造成残余岩浆中Sr和Ca的同时亏损。灰白色浮岩中Sr和Ca的含量明显较低，说明在灰白色浮岩岩浆作用的早期有斜长石的结晶析出。浮岩中见到的基性斜长石斑晶正是在火山喷发过程中，岩浆裹挟了部分早先结晶的斜长石造成的。岩浆作用早期的结晶分异作用亦可以由明显的负Eu异常所证明。在所有稀土元素中，只有

Eu 可以在岩浆作用中以二价离子存在，并且 Eu^{2+} 可以和斜长石中的 Ca^{2+} 形成广泛的类质同象替换（在斜长石与液态英安质岩浆之间，Eu 的分配系数 $K_D=2.11$[3]），所以，斜长石的结晶析出同样造成了 Eu 的相对亏损。黑色浮岩中，Sr 和 Ca 的含量较高以及没有明显的负 Eu 异常与其中没有早期结晶的斜长石斑晶是一致的。说明在黑色浮岩岩浆作用期间没有发生明显的斜长石结晶分异作用。

在岩浆作用中，Ba 与 K 的性质相近，主要赋存在钾长石及云母类矿物中。黑色浮岩中 Ba 的含量异常高是岩浆强碱性的反映（K_2O 为 3.88%，Na_2O 为 5.63%）；灰白色浮岩中 Ba 含量相对较低，说明岩浆来自贫碱性组分的岩浆源。

稀土元素在辉石和与之平衡的液态岩浆之间的分配系数明显地表现出 $K_{La}<K_{Ce}<\cdots<K_{Gd}\leqslant\cdots\leqslant K_{Yb}$[1,3]。这说明辉石相的结晶析出，将使得残余岩浆富集轻稀土元素而贫重稀土元素。两种浮岩的球粒陨石标准化的稀土元素分布模式都表明有辉石相结晶分异作用的可能性。但黑色浮岩中轻稀土的高度富集似乎与其强碱性的关系更为密切，因为随着原子序数的递增，稀土元素的碱性递减，稀土元素的这种特征会导致在碱性岩中更加富集轻稀土元素。

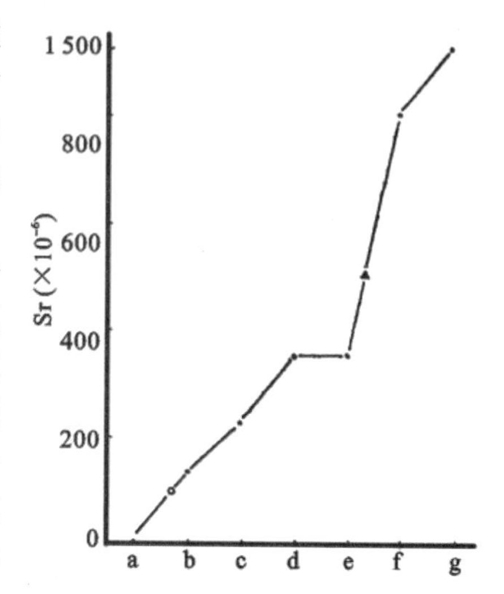

图 2　产于不同构造环境的玄武岩 Sr 的含量

（除本文样品外，资料转引自文献[6]）

a. 球粒陨石；b. 洋隆低钾玄武岩；c. 岛弧低钾玄武岩；d. 岛屿拉斑玄武岩；e. 大陆裂谷拉斑玄武岩；f. 大洋碱性玄武岩；g. 大陆裂谷碱性玄武岩。

▲黑色浮岩　○灰白色浮岩

综上所述，冲绳海槽的灰白色浮岩和黑色浮岩不但来自性质不同的岩浆源，而且经历了不同的演化过程。斜长石的结晶析出是灰白色浮岩岩浆结晶分异作用的突出特征，初始岩浆可能是贫碱性组分的橄榄拉斑玄武质岩浆，经过基性斜长石、辉石、橄榄石等矿物的结晶析出而演化成酸性岩浆。黑色浮岩以强碱性为特征，可能来自地下更深的岩浆源或者与地壳物质有一定的关系。在岩浆作用期间没有明显的长石类矿物的结晶分异。

2. 岩浆活动与地质构造

D. A. Wood 等(1979)[8]提出了基性到酸性火山岩的精确的 Th-Hf-Ta 三角形图解，并且作为判别岩浆构造环境的一种手段。1980 年，D. A. Wood 等[9]再次证明了该图的可用性，并指出，在区别破坏性板块边缘熔岩与其他构造环境喷出的熔岩方面，Th-Hf-Ta 图比迄今提出的任何地球化学判别图都更有效。在该图上，9 个浮岩样品全部投影在 D 区，即属于破坏性板块边缘玄武岩的分异产物(图 3)。说明两种浮岩在成因上都与太平洋板块的俯冲有关。浮岩的岩性与日本岛弧的钙碱性系列火山岩相近，但更接近 Th 顶角，并且表现出贫 Ta 的特征。说明在岩浆作用阶段还有一定数量的 Fe-Ti 氧化物结晶析出。

板块边缘火成岩中 Rb-Sr 组分的含量，对反映火山区的地壳厚度是灵敏的[6]。在 Rb-Sr-地壳厚度网格图上(图 4)，绝大部分灰白色浮岩投影在地壳厚度为 20～23 km 的区内，最大为 27 km，最小值是 19 km。这与根据重力资料计算的结果(15～28 km，平均 20 km[2])基本吻合。

黑色浮岩所对应的地壳厚度大约为 31 km,与报道的中国东海陆架和琉球岛弧的莫霍面深度(约 30 km)接近。

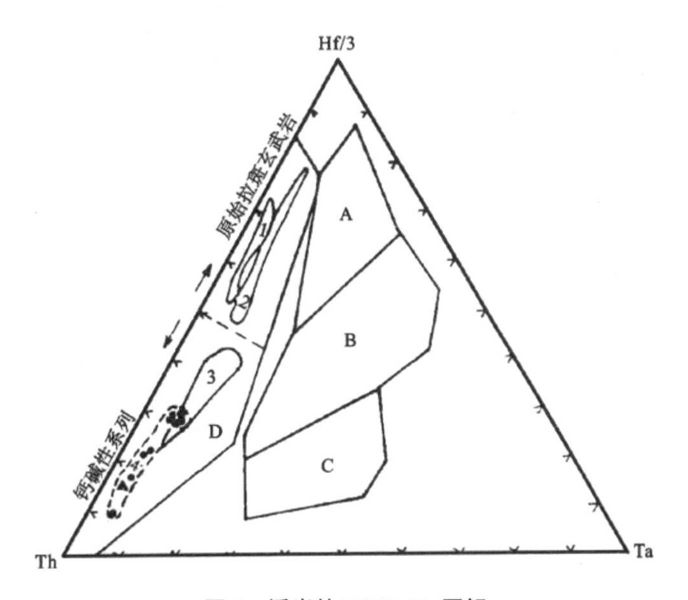

图 3 浮岩的 Hf-Th-Ta 图解

(据 D. A. Wood, 1979, 1980)

A. 正常型洋脊玄武岩;B. E 型洋脊玄武岩;C. 板块内碱性玄武岩及其异产物;D. 破坏性板块边缘玄武岩及其分异产物。

1. 九州—帕劳海岭;2. 日本拉斑玄武岩;3. 日本钙碱性系列;4. 冲绳海槽浮岩。

▲黑色浮岩 ●灰白色浮岩

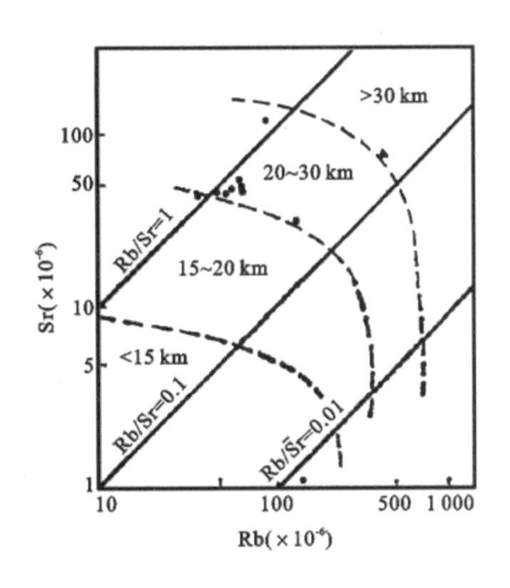

图 4 浮岩在 Rb-Sr-地壳厚度关系图上的投影

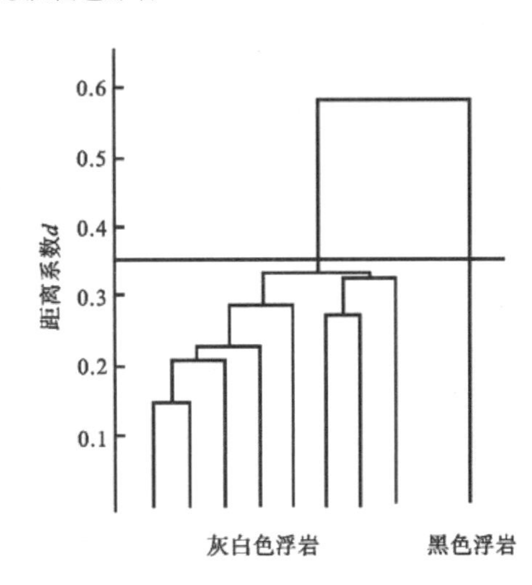

图 5 冲绳海槽浮岩微量元素聚类谱系图

3. 分析结果的数学处理

选用距离系数为统计量:

$$d_{ik}=\sqrt{\frac{\sum_{i=1}^{26}(x_{ij}-x_{kj})^2}{26}}\quad (j=1,2,3,\cdots,26)$$

对上述不同站位的 9 个样品进行聚类分析，结果如图 5 所示。若以距离系数 $d=0.35$ 为分类标准，黑色浮岩与灰白色浮岩截然分开，而灰白色浮岩样品之间没有明显的差别，说明广泛分布在冲绳海槽的灰白色浮岩可能是同源岩浆的产物。

三、结语

（1）冲绳海槽浮岩微量元素的特征进一步证明，黑色浮岩和灰白色浮岩的母岩浆不仅来自不同的岩浆源，而且经历了不同的结晶演化过程。灰白色浮岩岩浆是由来自地幔的橄榄拉斑玄武质岩浆经过充分的结晶分异作用演化而成的酸性岩浆。在岩浆作用的早期，有橄榄石、辉石、基性斜长石以及 Ti-Fe 氧化物等矿物相的结晶析出。黑色浮岩岩浆可能来自地下较深的岩浆源，或者与地壳物质有较密切的关系。

（2）冲绳海槽的火山活动反映了海槽区的地下结构性质，地壳厚度在 20 km 左右。黑色浮岩所反映的地壳厚度与中国东海大陆架以及琉球岛孤的地壳厚度更接近，说明广泛分布于冲绳海槽的灰白色浮岩是原地火山喷发的产物，而黑色浮岩则可能来自邻近地区的火山喷发。

（3）从岩石学的角度，作者认为冲绳海槽的岩浆活动与太平洋板块的俯冲作用有关，是弧后扩张导致冲绳海槽张性裂陷的产物。尽管在冲绳海槽广泛分布着酸性浮岩，但它们是由基性岩浆在地下一定深度的岩浆房内经过充分的结晶分异作用而成的。可以推断，在冲绳海槽有基性熔岩的侵入与喷出活动。

参考文献

[1] 王凯怡，1980. 利用稀土元素数据解释岩石成因过程. 国外地质 1：1-3.
[2] 金翔龙、喻普之、林美华等，1983. 冲绳海槽地壳结构性质的初步探讨. 海洋与湖沼 14(2)：105-116.
[3] 赵振华，1982. 稀土元素地球化学研究方法. 地质地球化学 1：26-33.
[4] 翟世奎，1986. 冲绳海槽浮岩的分布及其斑晶矿物学特征. 海洋与湖沼 17(6)：504-512.
[5] Herman, B. M., R. N. Anderson and M. Truchan, 1978. Extensional tectonics in the Okinawa Trough, In: Geological and geophysical Investigations of Continental Margins. Watkin, J. S. et al. Eds., Am. Assoc. Pet. Geol. Mem., 29: 199-208.
[6] Kent, C. C., 1982. Plate Tectonics & Crustal Evolution. Second Edition. New York, Toronto, Oxford, Sydney, Paris, Frankfurt, p. 129.
[7] Masaaki, K., 1981. Backarc Volcanism and Rifting in the Okinawa Trough. Abstracts 1981 IAVCEI Symposium, Arc Volcanism, p. 179.
[8] Wood, D. A., 1979. A re-appraisal of the use of trace elements to classify and discriminate between magma series erupted in different tectonic settings. Earth Planet Sci. Lett. 45 (2): 326-334.
[9] Wood, D. A., 1980. The application of a Th-Hf-Ta diagram to problems of tectonomagmatic classification and to establishing the nature of crustal contamination of basaltic lavas of the British tertiary volcanic province. Earth Planet. Sci. Lett. 50 (1): 11-28.
[10] Yasui, M. E., D. K. Nagasaka and T. Kishii, 1970. Terrestrial heat flow in the seas around the Nansei Shoto (Ryukyu Islands). Tectonophysics 10: 225-234.

THE TRACE ELEMENT CHARACTERISTICS OF THE PUMICE IN THE OKINAWA TROUGH AND ITS GEOLOGICAL SIGNIFICANCE[①]

ABSTRACT

The Quaternary volcanic rocks of the Okinawa Trough are composed of greyish pumice and black pumice, of which the former is predominant. Trace elements were determined on 9 selected rocks. The material source and process of crystalline differentiation of pumice magma are elaborated in this paper based on the characteristics of trace elements of the pumices. Meanwhile, the correlation between magma activity and tectonism is discussed as well. It has been shown that the greyish pumice and the black pumice are not only from different magma sources but also througth different processes of crystalline evolution

本文刊于1987年《海洋与湖沼》 第18卷 第4期
作者:秦蕴珊 翟世奎 毛雪瑛 柴之芳 马淑兰

① Contribution No. 1431 from the Institute of Oceanolgoy, Academia Sinica.

A STUDY ON THE TURBIDITY SEDIMENTS FROM THE SOUTH AREA OF THE OKINAWA TROUGH

ABSTRACT

Since 1980's we have carried out the detailed investigations of the sedimentation in the Okinawa Trough. We used the piston corer to obtain the samples. The maximum length of the core is 7.95 m. The turbidity sediments mainly distributed in the southern part of the Trough near the side of the shelf. The many different bedding identified by X-radiography and some bottom sole marking are presented. A lot of data of study indicated that the material source of the turbidity sediments came from the edge of the shelf. Their formations are discussed in this paper.

In order to investigate the transport of the coarse sediments, an intensive investigation of the Okinawa Trough area has been conducted with piston corer since 1981 and a lot of sediment cores have been obtained, the longest one being 7.95 m. And then, analyses and identifications of grain size, mineral, organisms, X-ray photography for part of the samples have been made. It is indicated that the coarse sediments in the deep water area are a kind of turbidity sediments. Hence, in this paper, taking the cores from the south of the Trough as an example, we make a preliminary study on the characteristics of some turbidity sediments of the Okinawa Trough.

Ⅰ. THE CHARACTERISTICS OF THE TURBIDITY SEDIMENT LAYERS

In the Okinawa Trough, the turbidity sediment layers appear alternately between coarse pale colour sediments and fine grained, dark colour hemipelagic mud, which are easily to be distinguished (see Fig. 1). Generally speaking, the grain size of the turbidity sediment layers consists of fine sand and silt sand. The sand grain at the bottom is homogeneous and pure, and has an abruptly changing contact boundary with the mud layer under the turbidity sand. From bottom to up of the turbidity sediment layers there are the graded bedding. In the upper parts of the graded bedding there often exists horizontal laminated bedding, and then, the sand layer rapidly changes to mud layer, but there is no evident contact boundary between the two layers. So, in the turbidity sediment layers of the Trough, the A and B layers of Bouma Sequence can usually be found, Their characteristics are described as follows:

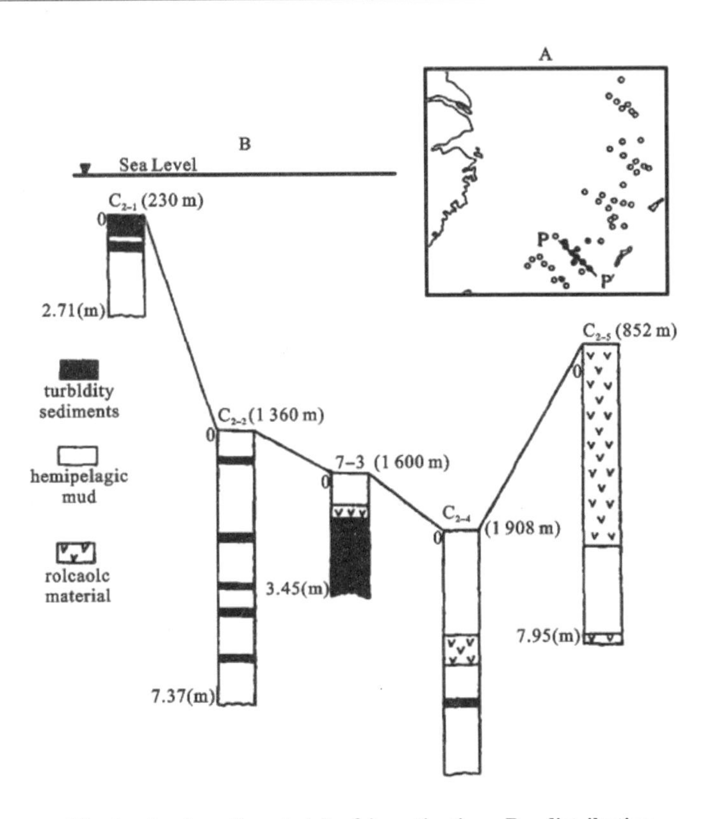

Fig. 1 A—Location sketch of investigation; B—distribution of turbidity sediment layer in P-P'profile.

◦ —Investigating station; • —turbidity sediments existing station.

1. *The Component of the Sediments*

The turbidity sediments consist mainly of fine sand, very fine sand, coarse silt, fine silt and clay fraction. Because the grain size grades of the turbidity sediments have different combinations, different sedimentary types may be formed (see Table 1). Among them, the fine sand sediments are very commonly seen and the silt sediments come in second. Because the quantity of clay fraction in the same turbidity sediment layers increases progressively from the bottom to the top, therefore, the grain size gradation appeared(see Table 2). It is evident from the X-ray photographs that the increasing of mud fraction is close related to the existence of thin fine laminated bedding which contains much mud. Also, it can be seen from the component of grain size that almost no grain whose size is small than 2φ exists in the turbidity sediment layers, its mean size (MZ) is bigger than 3φ and its sorting coefficient (δ_1) is usually more than 1, even bigger than 2 and 4. The frequency curve can be divided into two parts, that is to say, the grain size curve of sediments is characterized by two peaks which are demarcated by 5φ. In this case the sediments get badly sorted. Meanwhile, the probability curve consists mainly of three parts.

Table 1　Component of Grain Size of Turbidity Sediments from Some Cores

Cor No. & Sequence(cm) \ Fraction(φ) %	Mid. Sand	Fine Sand	Very Fine Sand	Coarse Silt	Fine Silt	Clay of Mud	δ_1	MZ_φ
	1～2	2～3	3～4	4～6	6～8	>8		
C_{2-2}，88-90		32.1	13.6	3.9	12.9	31.5	4.06	6.24
C_{2-2}，290-295		22.2	14.1	8.7	14.6	40.4	4.0	3.20
C_{2-2}，425-42		45.5	33.3	5.9	4.1	11.0	2.14	3.86
C_{2-2}，614-618		69.9	21.8	6.5	1.9	0	0.59	2.99
C_{2-2}，35-40		9.5	40.5	34.1	4.4	11.5	1.98	4.55
C_{2-2}，410-417		0	12.3	72.3	9.0	6.0	1.19	4.97

Bottom Samples near the Edge of Shelf in the East China Sea

D233	18.5	71.6	9.7	2.2			0.54	2.60
D277	19.6	67.2	7.6	5.6			0.66	2.41
D283	14.0	67.4	7.8	10.8			0.84	2.64

Table 2　Component of Grain Size in Different Layer Position from the Same Turbidity Sediments

Cor No. & Sequence(cm) \ Fraction(φ) %	Fine Sand	Very Fine Sand	Coarse Silt	Fine Silt	Clay of Mud	δ_1	MZ_φ
	2～3	3～4	4～6	6～8	>8		
C_{2-4} 458-468 up	0.9	14.5	65.4	7.4	11.8	1.87	5.21
458-468 down	10.1	54.8	14.4	4.7	16.0	3.00	5.01
C_{2-2} 150-155	1.1	31.4	37.2	11.1	19.2	2.98	5.57
155-160	7.2	31.9	29.9	7.3	14.6	2.37	4.99
C_{2-8} 211-213		24.8	40.4	12.7	22.1	2.81	6.0
213-215	14.1	56.1	17.0	4.2	8.6	1.65	3.89
C_{1-4} 105-112 up		2.0	52.0	17.5	28.5	2.56	6.78
105-112 down		55.9	28.4	8.8	7.0	1.47	4.51
C_{1-4} 290-300		37.3	50.4	9.9	2.5	1.0	4.61
300-305 up	10.7	60.8	28.5			0.53	3.71
300-305 down	11.5	71.6	16.9			0.44	3.58
6-3 138-140		12.6	42.1	33.3	12.0	1.46	5.69
150-160	4.8	42.3	36.2	4.9	11.8	2.11	4.67
160-165	9.5	68.5	15.7	1.9	4.4	0.99	3.68

As for the component of minerals, there is a marked difference between the turbidity sediment layer and the hemipelagic mud layer. Now the component of sediments whose grain sizes are bigger than 0.063 mm is exampled. In the turbidity sediment layers, the light minerals, such as quartz, feldspar, and the heavy minerals, such as hornblende, epidote, dolomite are still more, but pyrite and biological shells are less. In the hemipelagic mud layers, the situation is quite the opposite (Table 3). Most of the pyrite found in hemipelagic mud are authitenous and exist in spherulite or fill in some shells. Besides, some minerals which are related to the products of volcanic activity, such as volcanic glass, hypersthene and small pumice debris, are commonly seen in the hemipelagic mud layers.

Table 3 Comparison of Mineral Content between Turbidity Sediment and Hemipelagic Mud in Site C_{2-2}

Mineral / % / Sequence(cm)	Heavy Minerals				Light Minerals		Others
	Pyrite	Hornblende	Epidote	Dolomite	Quartz	Feldspar	Shells
40-50 Hemipelagic Mud	61.8	3.9	1.6	2.7	3.7	4.0	56.0
88-90 Turbidity Sediments	8.7	36.2	19.1	9.4	43.5	24.3	12.7
140-150 Hemipelagic Mud	51.2	2.4	3.0	1.9	8.0	5.2	83.1
290-295 Turbidity Sediments	10.5	29.6	21.0	13.9	47.5	34.8	11.9
540-550 Hemipelagic Mud	78.7	5.8	4.4	2.6	13.6	15.0	61.4
614-618 Turbidity Sediments	2.5	31.3	22.7	18.2	48.6	35.9	0.3
Shelf		38.7	16.2	9.1	41.5	45.4	

As for the microbiological component, also there is evident difference between the turbidity sediment layer and the hemipelagic mud layer. Take the results of analysis results of foraminifera and Ostracoda from the two cores: C_{2-2} and C_{2-3} as example, the former is located in a depth of water 1315 m, and the latter in 2023 m. In the cores, the benthonic foraminifera can be divided into two kinds, one is a common species in a water depth of more than 200 m off the East China Sea, such as *Orisodorsalis tener*, *Martinotiella communes*, *M. bradyana*, *Ceratobutlimina contraria*, *Cibicidoides mundula*, *Uvigerina asperula*, *U. dirupta*, *Osangularia culter*, *Globotulimina affinis*, *Cibidides wuellerstorfi*, the other is a common species in the continental shelf (0-200 m), but it still can be divided into two types, one is commonly seen in the depth of water more than 50 m off the mid-outer-continental shelf and the other is within the depth of water 50 m near-shore, the former is as follows: *Pseudorotalia gaimardii*, *P. indopacifica*, *Textularia foliacea*, *T. porrecta*, *Spirorutilis fistulosa*, *S. wrighfi*, *Hanzawaia Nipponica*, *Elphidium asiaticum*, *E. advenum*, *Chilostomella cushmani*; the latter: *Quinqueloculina akneriana*, *Elphidium malagordanum*, *Ammonia parkinsoniana*, *A. tepida*, and *Rectoelphidiella tepida*, *Pseudoeponides anderseni*, *Protelphidium compressum*, *Pseudogyroidina sinensis* which live in the brackish water environment, but the amount of nearshore species is extremely small. All foraminifera and Ostracoda in the cores follow a regular distribution pattern, that is to say, the existence of deep water species and continental shelf species is common, with the deep water species having a dominant content. But, the content of the continental shelf species within the turbidity sediment layer increases abruptly, and the deep water species decreases. The situation in the hemipelagic mud layers is contrary to that in the turbidity sediment layers (Fig. 2).

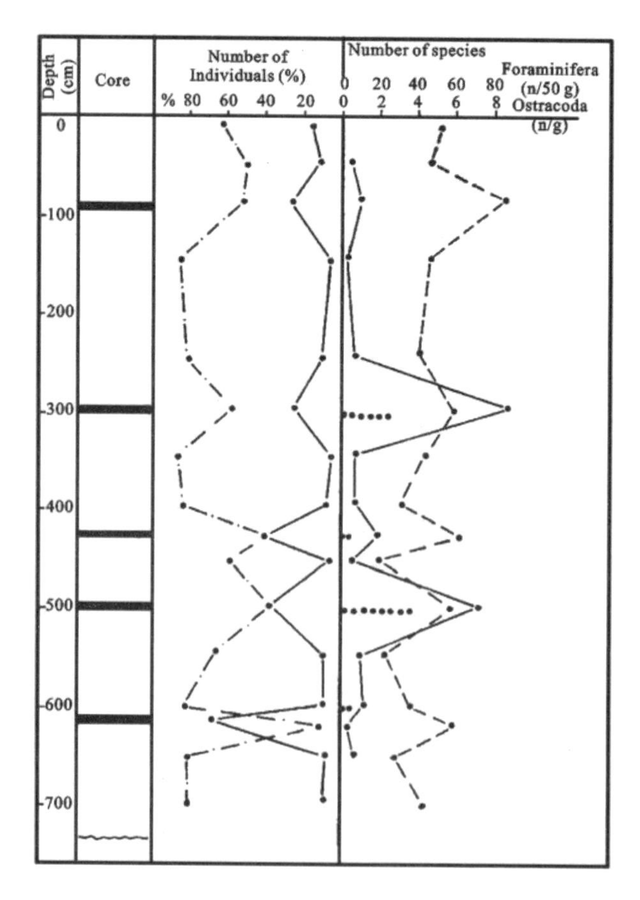

Fig. 2. Comparison of foraminifera and ostracoda contents of core $C_{2\text{-}2}$.
▬ Turbidity sediment layer; —— continental shelf foraminifera; ·-·-· deep water foraminifera; —— number of species of Ostracoda; ······ number of species of continental shelf Ostracoda; ---- number of species of benthonic foraminifera.

Ostracoda are all benthonic genus and species, similar to foraminifera, it can be divided into three types, i. e. deep water (hemi-deep sea), shallow water (mid-outer-continental shelf) and nearshore types. The typical hemipelagic species are *Hirsulocythere dasyberma*, *Cytheropteron fenestratum*, *Krithe producta*, *Bradleya areata*, *B. dictyon*, *etc.*

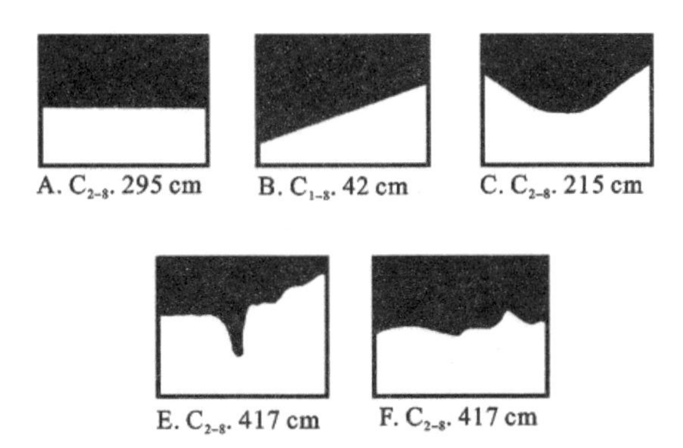

Fig. 3 Shape of contact boundary between turbidity sediment layer and underlying hemipelagic mud.

The common species in the mid-outer-continental shelf are *Semicytherura minaninipponica*. *S. hanaii*, *Typhlocythere japonica*, *Lobosocytheropteron higashikawai*, *Sclerochilus* sp. etc. The nearshore species are mainly *Cushmanidea triargulata*, *Loxoconcha* spp., *Xestoleberis* sp., *Cytheropteror miurense*, *Aurila* sp., *Hemicytherura cuneata*, etc. Ostracoda of the continental shelf type and the deep water type in the cores have the same variations as foraminifera's (see Fig. 2).

2. The Contact Relation between Turbidity Sediment Layers and the Hemipelagic Mud Layers

The bottom of turbidity sediment layers forms a very clear boundary with the underlying hemipelagic layers because of the sudden change in grain size and the obvious difference in colour (sometimes it has the dark colour band). The shapes of the boundary may be divided into: Straight line form (Fig 3-A,B), arc form (Fig. 3-C) and irregular form (Figs 3-E,F). It can be seen from the shapes of the boundary mentioned above that the underlying strata (layers) have ever been eroded, washed during the removal and deposit processes of the turbidity sediment. In addition, the transitional form can be seen only in the contact relation between volcanic and turbidity sediments, and it takes gradually the irregular shape of transition.

3. Some Other Microstructural Characteristics of Turbidity Sediment Layers

Except for the shapes of contact boundary, graded bedding and a little horizontal laminated bedding in the upper part of turbidity sediments, some observations about turbidity sediment layers and hemipelagic mud layers have been made by means of X-ray photography so as to reveal more microstructural characteristics. It is found from the results that the microstructure is rather abundant, for example, the horizontal laminated bedding exists not only in the upper but also in the middle. However, the laminated bedding in the lower is usually sparse. In the upper the number of laminated very easily disturbed, transported and redeposited. They consist mainly of fine sand whose proportions of grain size grade is very stable in a large region (see Table 1). Turbidity sediments formed on the bases of these materials certainly have retained the original characteristics of grain size, minerals, organisms and so on. Secondly, the slope of the wide continental shelf turns to be steep at the edge of shelf, i. e. from average 1′ suddenly to 1°-3° and to the maximum 5°-7°. The water depth off the edge gets deeper. These abrupt changes of slope and depth make the sediments nearby become so unstable that it is very easy for them to move towards the bottom of the Trough under the effects of storms, earthquakes and volcanic activities. Thirdly there is the influence of typhoon. The East China Sea is one of the areas that the summer-autumn typhoon passes through. According to the statistics, there were 778 times of typhoons during 1949-1969 in NW Pacific, among them, there were 407 times of strong typhoons which belong to 12 grade [2]. Fourthly there are effects of earthquake and volcanic activity. The Okinawa Trough, as a part of the earthquake belt around the Pacific, is violent in earthquake and volcanic activity. There happened 40 times earthquakes more than magnitude 7 in the area from Kyushu Island (Japan) to Taiwan (P. R. C) during the past few decades and there are a lot of active volcanoes on the Trough and Japanese Islands [3]. Many turbidity sediments and volcanic materials, which are in contact with each other or even mixed with each other, were found during the investigation.

Ⅲ. DISCUSSION

(1) Because the turbidity sediment layers are thin in thickness, and have a great amount of single layer, so it is difficult to compare them in different cores. It is considered that the turbidity current was weak in intensity, slow in speed, little in the amount of materials carried to deep water and little in the extent of influence.

(2) It can be found from sand layer of some cores that there are more than two graded beddings. With regard to this pattern of formation it seems that some sand layers are the result of more than two turbidity currents but not of one. Hence, it also seems that the turbidity deposition occurred sometimes rather frequently.

(3) The appearance of a great deal of juvenile Ostracoda of continental shelf species in the turbidity sediments indicates that they are carried to Okinawa Trough by the turbidity current and buried there. The occurrence of many intact Ostracoda shells reveals that the turbidity sediments are transported into Okinawa Trough in form of suspended matter. Because the suspended transportation divides double shells into single ones, its shape and surface structure were preserved during the transportation.

(4) With respect of the fact that the turbidity sediments contain more silt and mud, less fine sand and no medium sand as compared with the sediments of continental shelf

edge, and that the minerals of continental type are mixed with those of Trough type and with organisms to some extent, it could be seen that the mixture and sorting of different types of materials take place during the processes of their transport to the Trough. The absence of medium sand reveals that the turbidity current speed is so low that the sand can hardly be brought to the Trough.

References

[1] 秦蕴珊,郑铁民,东海大陆架沉积物分布特征的初步探讨,黄东海地质,科学出版社,1982,39-51.
[2] 陈世训等,气象学,农业出版社,1981,1-268.
[3] 范时清等,中国东部海洋地震及其形成原因的研究,黄东海地质,科学出版社,1982,30-38.

本文刊于 1987 年 *ACTA OCEANOLOGICA SINICA* Vol. 6 Supp Ⅱ
作者:Qin Yunshan Zheng Tiemin Xu Shanmin

海洋沉积学的若干名词解释

一、海洋沉积(Marine Sediment)

各种海洋沉积作用所形成的海底沉积物的总称。沉积作用一般可分为物理的、化学的和生物的3种不同过程，由于这些过程往往不是孤立地进行，所以沉积物可视为综合作用产生的地质体。

研究海底沉积物的类型、组成、分布规律、形成过程和它的发育历史，是海洋沉积学的主要内容，也是海洋地质学的重要组成部分。

海洋沉积物及其土力学性质的研究可分为海底电缆和输油管道的铺设、石油钻井平台的设计和施工等海洋开发前期工程提供重要科学依据。海底沉积物的形成环境的研究，可为石油等海底沉积矿产的生成和储集条件提供重要资料，有关现代三角洲和碳酸盐沉积相的研究，日益受到重视。海底沉积物是地质历史的良好记录，运用“将今论古”原则对它加以研究，对认识海洋的形成和演变具有重要意义。

研究简史 1872～1876年英国“挑战者”号考察，揭开了海洋沉积物调查研究的序幕，特别是有关深海沉积物的分类至今仍有重要意义。1899～1900年，荷兰“西博加”号船进行的调查在沉积物的分布及组成等方面也取得重要成果。

第二次世界大战后，随着军事的需求和海底石油等矿产资源的勘探开发，海洋沉积物的研究获得长足进展。人们开始对特定海域和重大理论课题开展专题调查研究。20世纪40年代末期，F. P. 谢泼德和M. B. 克列诺娃的海洋地质学专著相继问世，系统地总结了当时对海洋沉积的认识。50年代末60年代初，由于大规模的国际合作和新技术、新方法的运用，使海洋沉积物的研究提高到一个新水平。尤其是海底沉积矿产、浊流沉积、现代碳酸盐沉积和陆架沉积模式的研究取得了不少新认识。

60年代末期开始实施的深海钻探计划，使海底沉积的研究进入新的阶段，特别是在深海沉积物的类型与分布以及成岩作用的研究方面获得了大量重要资料。

70年代以来，海洋沉积的研究更加深入全面，并派生出一些新的研究方向。如沉积动力学的研究已为很多国家所重视，它的主要目的是解决碎屑物质在不同水动力条件下的搬运过程，以及海底的沉积和侵蚀机制，强调现场观测，在海上使用沉积动力球，可同时测定含砂量、底层流速、流向等多种参数，使研究由静态阶段向动态方向发展。

中国在20世纪50年代末开展了大规模的海洋调查，这是中国海洋沉积学研究的开端。60年代以来，又先后对渤海、黄海、东海、南海的沉积类型，物质组成，沉积速率以及陆架沉积模式和沉积发育历史进行了深入的专题调查。在海岸和海底沉积物的搬运及其动力过程的研究方面也有很大的进展，同时还开展了深海远洋沉积的调查研究。

来源、搬运和沉积　影响沉积作用和沉积类型的重要因素。

物质来源　海洋沉积物的来源分为以下几类:①陆源,主要是陆地岩石风化剥蚀的产物,如砾石、砂、粉砂和黏土等,是典型的陆源沉积物。②海洋组分,主要是从海水中由生物作用和化学作用形成的各种沉积物,如海洋生物的遗体,海绿石、磷酸盐、二氧化锰等自生矿物及其某些黏土等。③火山作用形成的火山碎屑,大洋裂谷等处溢出的来自地幔的物质,以及来自宇宙的宇宙尘等。

蚀源区的性质决定了陆源物质的原始特征,从而对沉积物的性质产生深刻影响。如黄河径流所携带的固体物质有70%左右沉积在河口区。其特点是$CaCO_3$含量较高,含有角闪石、白云母、绿帘石等重矿物组合,粒径以0.01～0.05毫米占优势。这些特点不同于长江物质形成的沉积。

在缺少陆源物质的海域,来源于生物作用和化学作用的产物占有重要地位。在某些海域,特别是较深的海域,生物作用的产物和生物遗体可成为主要的物质来源,如南海外陆架、东海冲绳海槽的有孔虫细砂以及大洋中的生物软泥等。自生矿物也主要见于陆源沉积速率低的海域,如南太平洋中部的沸石沉积等。

物质搬运　在不同海域,物质搬运的动力条件不同。

陆源物质入海主要是河流的搬运,其次是浮冰和风力等地质作用搬运(见下表)。

各种地质营力搬运入海的陆源物质估计量

搬运方式	搬运量(亿吨/年)
河流悬浮物质	185.3
河流溶解物质	32
浮冰搬运	15
风运物质	16
海岸及海底侵蚀产物	5
总计	253.3

由河流搬运入海的陆源碎屑很少达到深海,主要是在近岸河口区和内陆架沉积下来,只有少量细粒物质被带到外陆架及更远处。在高纬度海域,由于冰川作用和浮冰搬运,形成了大量粗碎屑沉积。

在大陆边缘,特别是陆架海的物质搬运主要受潮流、密度流、风海流和风浪等作用控制。如欧洲北海,潮差达3米以上,潮流的表面流速可超过2米/秒。沉积物的搬运受潮流作用控制。有的陆架沉积作用主要受风海流与暴风浪控制,天气好时风海流悬移细粒物质散布到陆架各处,风季时暴风浪对粗粒物质进行搬运。但是,陆架水流往往是由综合因素形成的,在同一陆架的不同部位其流场也不相同。在近岸带一般以波浪和潮流的作用为主。在内陆架往往是由温、盐、密度差与风形成的海流所控制,它们常沿海岸或向外海流动,致使某些大河搬运入海的细粒物质沿海岸扩展或被搬运至远海区,这种模式在中国东海和南海较为典型。外陆架及大陆坡处往往是由与海岸平行的洋流所控制,如黑潮暖流。上升流对物质搬运所起的作用虽属局部性的,但具有特色,一些磷酸盐沉积往往与上升流活动有关。

大陆坡沉积物可因滑坡作用向深海运动，或由于碎屑物质与水混合形成高密度水流即浊流，浊流是将沉积物从陆缘搬运到深海区的主要机制，特别是在冰期低海位时，由河流输送到陆架外缘的沉积物随即以浊流形式进入深海。切割陆架外缘和陆坡的海底峡谷就是输送沉积物的重要通道。另外，底层流(包括等深线流)在深海区沉积物的搬运中起着重要作用。它可以搬运黏土、粉砂甚至细砂，在海脊、海山和深海平原上造成侵蚀。

在高纬度地区，浮冰是搬运沉积物的重要方式。它们目前主要分布在极地至南、北纬55°左右；在更新世冰期曾远达南、北纬35°左右。正是由于物质搬运营力的特殊性而使高纬度地区的沉积类型别具一格。

风对海洋沉积物的搬运也有一定作用，如沿大西洋东岸的撒哈拉大沙漠一带，热带风可搬运大量微尘入海。某些深海和浅海沉积物中的黏土和火山灰等也与风的搬运作用有关。

搬运海洋沉积物的营力虽然复杂多变，但就整体来说，起主导作用的仍然是海水的动力条件。

沉积速率 海洋沉积物的沉积速率在海底不同的部位相差甚大。沉积速率的不均一性反映了沉积环境的差异性，从而在沉积类型和沉积厚度上表现出很大的差别。影响沉积速率的主要因素有物质来源状况、气候、构造作用等。在物质来源充足，生物作用产物十分丰富的海域，沉积速率很高，反之则低。由于快速沉积期常与慢速沉积、无沉积或侵蚀期相互交替，故通常使用平均值来表达不同环境中沉积速率的大小。

世界大型三角洲和河口区的沉积速率，最高可达50 000厘米/千年左右。在陆坡和陆隆最高可达100厘米/千年，而深海区一般只有0.1～10厘米/千年。由于深海沉积速率低，加之洋底年龄不老于侏罗纪，故深海洋底的沉积厚度小，平均不过500米。各大洋的沉积速率也有所不同。大西洋沉积速率较高。太平洋不少海域距陆甚远，大洋周缘被海沟环绕，陆源物质难以越过海沟到达大洋区，故沉积速率较低。北冰洋由于覆冰沉积速率也低。

现代浅海环境中有时会出现无沉积区，可看做短期的沉积间断；深海钻探揭示，深海沉积中沉积间断也十分常见。这就为某些海洋组分，如自生矿物的大量形成提供了有利条件。

沉积类型 传统上，按深度将沉积物划分为：近岸沉积(0～20米)，浅海沉积(20～200米)，半深海沉积(200～2 000米)，深海沉积(大于2 000米)。概括地说，可以将海洋沉积划分为大陆边缘沉积和深海沉积，陆隆沉积则介于两者之间。在大陆隆处常见到具有交错纹层的粉砂沉积物，呈透镜体分布，可能由等深线流形成，所以称为“等深线流沉积”。这是近年在陆隆处发现的一种新的沉积类型。

大陆边缘的沉积物主要来自陆源碎屑，可根据沉积物的粒度大小及级配状况划分出砾石、砂、粉砂和泥等沉积类型。生物作用在深海沉积物中居重要地位，因此，可根据生物种类及其含量将深海沉积物划分为有孔虫软泥、颗石软泥、硅藻软泥、放射虫软泥等类型。此外尚有浊流沉积物、火山沉积物、褐黏土以及自生沉积物等非生源沉积物。

沉积分带 海洋沉积物的分布受气候、距陆地远近和深度等的控制，从而呈现出纬度分带、环陆分带等分带现象。海洋沉积物的分带性是一种具全球规模的宏观现象。各种分带同时存在，相互交织在一起，加以存在有浊流、上升流以及火山活动等区域性现象，致使海洋沉积物呈现出十分复杂的分布格局。

纬度分带 在极地冰带，广泛出现冰川等海洋沉积。在干燥亚热带，褐黏土十分发育。

在湿润的温带和赤道带，生物沉积作用极其旺盛，除有钙质软泥外，硅藻软泥主要见于纬度较高的温带海域，放射虫软泥富集于赤道带。在两极高纬度地带，沉积物富含长石、岩屑等易风化物质，黏土矿物以绿泥石和伊利石为主。在化学风化强盛的赤道带，石英含量升高，黏土矿物以高岭石和蒙脱石为主。深海区最低的沉积速率（小于1毫米/千年）和最小的沉积厚度见于亚热带，最高的沉积速率（1～10厘米/千年）和最大的沉积厚度则出现于赤道带和北温带、南温带。

濒临中国的各个海域，沉积物的纬度分带亦有其特点。例如，渤海沉积物中的重矿物组合以不稳定矿物占优势，如角闪石、绿帘石等。随着纬度的降低，稳定矿物大量出现（与物源也有一定联系）。从北向南，沉积物的"石英化"程度和自生碳酸盐沉积都有明显增高，在南海出现了自生文石等。

环陆分带　在陆缘浅海，以陆源碎屑沉积为主；在半深海海域，既有陆源物质，也有生物作用和化学作用形成的沉积；至深海区，则主要是生物作用和化学作用形成的深海沉积。自陆缘向远洋方向，沉积速率和沉积厚度明显降低；沉积物从偏灰绿色逐渐过渡为红褐色。

二、浅海沉积(Shallow Sea sediment)

水深大致为20～200米范围内的海底沉积，主要分布在大陆架区，也称陆架沉积。浅海沉积物的物源主要来自大陆，但在外陆架和一些低纬度海区，也可见到自生的碳酸盐沉积和生物沉积。

类型　浅海沉积物主要由陆源碎屑组成，根据粒径大小及级配状况可划分为砾石、砂、粉砂、泥或黏土等主要类型。美籍加拿大海洋地质学家K. O. 埃默里按成因将陆架沉积物划分为以下5种类型：①陆源沉积物。大陆岩石风化和侵蚀的产物，被河流、风、冰川等搬运入海的沉积物，如砾石、砂、粉砂等。②残留沉积物。较早时期形成而残留于现今海底的沉积物，其形成与冰后期的海侵有关。残留沉积所显示的早期沉积环境（如滨岸、陆上环境）与目前所处的浅海环境截然不同。③自生成因的沉积物。从海水中沉淀，通过化学作用而形成的沉积物，如海绿石、磷酸盐等。④生物成因的沉积物。主要来源于生物体，大部分由钙质物质组成。⑤残余沉积物。指下伏岩层遭受风化而就地形成的沉积物。

埃默里认为，现代陆架面积的70%被残留沉积物所覆盖。有的学者则对残留沉积物的概念提出了修正，将改造过的残留沉积物，另称为变余沉积物。

分布　物质来源状况和搬运方式对陆架沉积物的分布有重要影响。在陆源物质十分丰富的开阔陆架上，主要为粉砂质泥。由于受海流，特别是沿岸流的影响，陆源物质的强沉积区多半局限在一定范围内（如离岸几十海里的范围内）。如果陆架狭窄，整个陆架区往往被现代陆源物质所覆盖。若陆架宽阔，现代陆源物质尚不足以覆盖整个陆架区，则残留沉积物可直接出露于海底。

砂质沉积是浅海陆架上最常见的沉积类型，主要分布在平坦而开阔的陆架上和海底浅滩、海湾入口处及其外侧附近。

泥质沉积主要来源于河流的悬移质，多分布在大河口外面、半封闭海湾内、开阔陆架的低凹部分及有大河注入的内陆架上。

砾石沉积主要见于海峡内、岩石岬角外面以及基岩裸露的海底附近。

碳酸盐沉积主要分布在陆源沉积速率较低和纬度较低的陆架上，如美国东南岸外、澳大利亚西北海区等。有少量碳酸盐以“藻脊”形式出现在陆架边缘，是由各种藻类及有孔虫等生物遗体组成。

浅海沉积物的分布常受区域性特点与纬度分带的影响。如下图所示，陆源砂和粉砂广布于中纬度海域，在低纬度海域往往被钙质生物沉积所代替，冰川搬运的物质主要出现在两极地区。自高纬度海域至低纬度海域，随着化学风化的增强，沉积物中长石的含量减少，石英的含量增多。自生成因的沉积物多出现在上升流地带的陆架外缘（主要在大洋东缘）。

影响因素 影响浅海沉积物形成和分布的因素十分复杂。主要有：①水动力条件，特别是水体的流动，是沉积物搬运的重要营力。②物质来源状况，陆源物质可通过河流、冰川、海岸侵蚀等途径输入浅海区。③生物作用，生物骨骼与遗壳参与沉积物的组成；生物体对沉积物的扰动，形成一些特殊的结构与构造。④化学作用，特别是在海水与淡水的混合区，对细粒物质的沉积起主导作用，而在一些低纬度海域，可与生物作用一起形成碳酸盐等沉积。⑤陆架的轮廓、宽度与海底地形要素。⑥海平面变动过程。⑦气候的影响，可形成沉积物的纬度分带（见海洋沉积）。

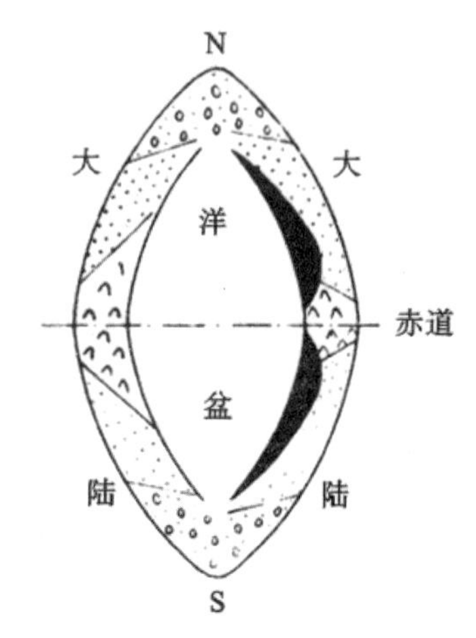

现代浅海沉积物主要类型的理想分布图

中国海域的浅海沉积 濒临中国大陆的各海域具有广阔的浅海陆架区。上述陆架沉积的各种成因类型在中国陆架海均有所反映。根据沉积物的大尺度分布状况，并考虑到古地理变迁，可把中国陆架沉积划分为两个形成时期和成因各不相同的类型：①由河流搬运入海的现代细粒碎屑物质；②残留沉积。在东海陆架，由长江等河流搬运入海的细粒物质主要分布在内陆架区，大致以水深 50～60 米等深线为界，其外直到陆架边缘为广布的残留沉积。这两种沉积类型构成了东海陆架沉积的基本格局，这种状况可一直延伸到南海陆架，只是这两类沉积的分布面积比例随着陆架宽度的变化而有所差异。有时，在这两类沉积之间存在过渡类型。

三、半深海沉积（Hemipelagic Sediment）

水深大致在 200～2 000 米范围的沉积物。主要分布在大陆坡，又称陆坡沉积。大陆坡是一个分开大陆和大洋的全球性巨大斜坡，是大陆和洋盆之间的过渡地带。陆坡沉积也具有明显的过渡性质，它既不同于浅海沉积，又有别于深海沉积。滑坡所造成的影响是它的显著特点。其物质来源以陆源碎屑为主。生物作用与化学作用形成的沉积多于浅海区，少于浅海区。在有些海区，碳酸盐沉积的比重明显增加。

陆坡沉积物的粒度小于浅海沉积物。沉积物中约 60%是泥，25%是砂，10%是岩块和砾石，其余的 5%是贝壳和生物沉积。越过陆架坡折线后，沉积物往往从砂变成泥。粗粒沉积只呈斑块状分布，有些海区基岩裸露，它们常与崎岖的海底形态有关。

滑坡沉积物在陆坡沉积中占有突出地位。其形成与陆坡的不稳定性有关，坡度过陡或沉积速率过大常导致滑坡。滑坡沉积体后缘遭受拉张,导致断裂;前端遭受挤压,形成冲断层、褶皱和拱起的小丘。在地形和地震剖面上显示为岗丘状、杂乱的坡面,不连续的反射层。在沉积岩心中可见到扭曲层理。

大陆坡上广泛发育海底峡谷。它虽为侵蚀地形,但有的谷底堆积有大量沉积物,其主要特征是:沉积物主要为泥质,夹有少量粗碎屑物质;峡谷出口处往往是浊流沉积分布区;沉积物中普遍含有浅水有孔虫及海绿石;峡谷中常有更新世末期和冰后期的沉积物。

第四纪冰期低海位时,河流穿过当时的滨海平原(现在的大陆架),将大量物质直接搬运到陆坡上堆积。沉积速率增大,沉积粒度变粗,滑坡沉积物尤其常见,在陆坡特别是它的下部形成了巨厚的沉积。

濒临中国大陆的南海和东海的陆坡上,沉积物虽以陆源为主,但生物和自生成因的沉积也占显著地位,如南海北部陆坡上形成了自生海绿石砂;东海陆坡出现有孔虫等生源沉积物,并有浊流沉积分布。

四、浊流沉积(Turbidity Sediment)

浊流沉积作用形成的沉积物。浊流是一种富含悬浮固体颗粒的高密度水流,其密度大于周围海水,在重力驱动下顺坡向下流动。浊流多发生于大陆边缘地区,常受地震、滑坡、暴风浪等因素所触发,是将陆源物质由浅海输送到深海的重要机制,可在大陆边缘或洋盆区形成浊流沉积。强大的浊流可折断海底电缆而造成危害。近数十年来,人们广泛运用浊流理论解释海底峡谷、海底扇和深海砂质沉积物的成因。地质时期形成的古浊流沉积物常成为石油的贮集层。因此,浊流沉积作为一种独特的沉积类型受到广泛重视。

浊流沉积的特征是:①具有递变层理,自下而上粒度由粗变细,显示由衰减水流沉积而成。递变层是浊流沉积的主体。一般递变层愈厚,其粒度也愈粗。在递变层之上可出现平行纹层。②由于浊流周期性地反复发作,砂质为主的浊流沉积层常与细粒的深海或半深海沉积呈互层,细粒沉积常常是浊流活动间歇期的产物。单个浊流沉积层厚度不大,一般自数厘米至数米不等,单层浊流层可以稳定地延布于较大面积上;多层重复出现,总厚度可以较大。③每个浊流层的底面与下伏细粒泥质层之间呈突变接触关系;浊流层的顶部,则逐渐过渡为泥质层。浊流层底面发育大量印痕,为浊流沿泥质层之上冲刷而成,或由所携带的砾石、生物遗体等刻画而成。有的底面印痕为生物扰动所致。④浊流沉积中可有旋卷层理,其形成与局部液化作用有关。⑤深海的浊流沉积中含有生活于近岸和浅海环境的有孔虫和介形虫等微体生物,有时含大的贝壳和植物残体;而在浊流层之间的细粒沉积层中,则不含这类移位或再沉积的浅水生物遗骸,细粒沉积层中可有深海的底栖生物。⑥物质组成以陆源碎屑为主,包括岩屑、石英、长石和云母等,分选中等或较差,有时含海绿石,泥质层中含有黏土矿物及细分散的石英。在局部地区,浊流沉积可由碳酸盐或火山物质组成。⑦浊流沉积多呈长条状或舌状展布,在陆坡外缘常呈扇形,其长轴方向垂直于岸线。

现代海底所见的浊流沉积,其形成时代多在全新世之前,尔后形成的频率相对减少。

浊流沉积主要分布于:①大陆坡麓部及其相邻的深海平原。②在大河口外和海底峡谷口外常形成大型浊积扇,如恒河口外的浊积扇,分布于整个孟加拉湾,延伸 2 000 余千米,其他如密西西比河和亚马孙河口外也有浊积扇。③岛屿外缘的深海区,如夏威夷群岛周围有火山物质组成的浊流沉积。④一些边缘盆地及海沟地带，东海冲绳海槽南部的浊流沉积，与半深海软泥呈互层，单个浊流层的厚度一般为几十厘米，具有典型的递变层理，其物质组成与东海陆架沉积酷似，其成因可能与地震和火山活动有关。

五、深海沉积(Deep Sea Sediment)

水深大于2 000米的深海底部的松散沉积物。主要分布在大陆边缘以外的大洋盆地内。深海沉积物主要是生物作用和化学作用的产物，还包括陆源的、火山的与来自宇宙的物质。其中浊流、冰载、风成和火山物质在某些洋底也可以成为主要来源。

由于海底自生矿产资源主要产于深海，而且古海洋学、古气候学的发展也有赖于深海沉积物的研究，深海沉积的研究日益受到重视。

类型 深海沉积物的主要类型如下：

生物沉积物。统称生物软泥，指含生物遗体超过30%的沉积物。主要有两种：①钙质软泥，为钙质生物组分大于30%的软泥(生物组分以碳酸钙为主)，包括有孔虫软泥(抱球虫软泥)、白垩软泥(颗石藻软泥)和翼足类软泥。②硅质软泥，为硅质生物组分大于30%的软泥(生物组分以非晶质二氧化硅为主)，包括硅藻软泥和放射虫软泥。

非生源沉积物。主要有：①褐黏土，②自生沉积物，③火山沉积物，④浊流沉积物，⑤滑坡沉积物，⑥冰川沉积物，⑦风成沉积物。

有些学者常把深海的各种生物软泥和褐黏土称为远洋沉积物。

分布 不同的沉积类型，其分布不同。

钙质软泥。覆盖大洋面积约45.6%。主要分布在大西洋、西印度洋与南太平洋。分布水深平均约为3 600米。以有孔虫软泥分布最广，颗石藻软泥次之，翼足类软泥主要由文石组成，易于溶解，分布很窄，主要存在于大西洋热带区水深小于2 500～3 000米的地方。

硅质软泥。覆盖大洋面积约10.9%。硅藻软泥主要分布在南、北高纬度海区(南极海域与北太平洋)，平均水深约3 900米。放射虫软泥主要分布在赤道附近海域，平均水深约为5 300米。

褐黏土。也称红黏土或深海黏土，为生源物质含量小于30%的黏土物质。因含铁矿物遭受氧化而呈现褐色至红色。在大洋中所占面积约为30.9%，主要分布在北太平洋、印度洋中部与大西洋深水部位。分布水深平均为5 400米。由于分布水深较大，生源物质大部分被溶解，所以非生源组分占优势。主要成分是陆源黏土矿物，此外还有自生沉积物(如氟石、锰结核等)、风成沉积物、火山碎屑、部分未被溶解的生物残体及宇宙尘等。

自生沉积物。海水中由化学作用形成的各种物质。主要有锰结核、蒙脱石和氟石等。锰结核的分布十分广泛，但其成分随地而异(见深海锰结核)。蒙脱石与氟石在太平洋与印度洋比较丰富，大西洋稀少。

火山沉积物。来自火山作用的产物。主要分布在太平洋、印度洋东北部、墨西哥湾与地中海等地。

浊流沉积物。由浊流作用形成的沉积物，常呈陆源砂和粉砂层夹于细粒深海沉积物中。主要分布在大陆坡麓附近，在太平洋北部和印度洋周围较发育。

滑坡沉积物。由海底滑移或崩塌形成的物质。主要分布在大洋盆地的边缘及一些地形较陡的海域。

冰川沉积物。大陆冰川前端断落于海中形成的浮冰挟带着来自陆地和浅水区的碎屑物质，可达远离大陆的深海地区。当浮冰融化，碎屑物质沉落海底，便形成冰川沉积物。主要分布在南极大陆周围和北极附近海域。

风成沉积物。为风力搬运入海的沉积物。主要分布在太平洋和大西洋南纬30°和北纬30°附近的干燥气候带及印度洋西北海区。风成沉积物一般不单独列为深海沉积的一种类型。

此外，在深海沉积物中经常发现的宇宙尘，因其数量较少，一般也不单独列为一种沉积类型。但是深海宇宙尘的研究具有重要的价值。

概括地说，深海沉积物分布的状况是：各大洋中以钙质软泥和褐黏土为主，钙质软泥主要分布在海岭和高地上，褐黏土则见于深海盆地；硅质软泥和冰川沉积物主要分布在南、北极附近海域；放射虫软泥主要分布在太平洋赤道附近；自生沉积物分布在太平洋中部和南部以及印度洋东部；浊流沉积物分布在洋盆周围；火山沉积物散布在各地并在火山带附近富集。

影响因素 影响和控制深海沉积的因素除物质来源外，搬运营力和沉积作用也有重要影响。在深海区，搬运沉积物的营力主要有大洋环流、浊流和深海底层流等。在局部海域风与浮冰的搬运也有重要作用。环流将细的陆源悬浮物与生源物带至深海，在底层流活动强烈的大洋边缘，常顺流向形成窄长的沉积体。在底层流活动弱的地区，沉积物均一地覆盖于海底。

洋盆中由于生物、物理和化学条件的不同，导致各类沉积物的沉积因素也不同。影响钙质沉积物的主要因素有生物的供应、水深、深水循环状况等。虽然钙质生物死亡后在下沉过程中大部分被溶解，但生产力越高，在海底堆积的生物残体的绝对量就越多，所以钙质软泥主要分布在热带和温带生产力高的海域。此外，碳酸盐补偿深度对钙质沉积物的分布也有重要影响。影响硅质沉积物的主要因素有：硅质生物的供应量，硅质骨骼的溶解程度等。例如，在南、北两极附近海水中含有丰富的硅藻，因此，硅藻沉积物广布于高纬度海域。

深海沉积物的沉积速率极其缓慢，一般为0.1～10厘米/千年。由于受陆源物质的影响，从洋盆边缘到中心，沉积速率由大变小，而且，不同的沉积类型，甚至不同的洋底部位上其沉积速率也有很大的差别。钙质沉积物的沉积速率为1～4厘米/千年；硅质沉积物的沉积速率为0.1～2厘米/千年，深海黏土的沉积速率最低，小于0.1～0.4厘米/千年。

六、海底地质取样和观测(Geological Sampling and Observation at the Sea Bottom)

由于海水的覆盖和海底沉积物较松散，海底地质取样和观测方法与陆上有所不同。主要方法有以下几种。

海底地质取样 有多种取样工具可供使用，在常规调查中一般使用下列取样器：

采泥器。用于采取海底表层沉积物样品。按其张口面积的大小分0.025平方米、0.1平方米和0.25平方米等不同规格。

取样管。用于采取柱状(岩心)样品。主要有重力取样管和活塞式取样管两种类型。取心长度为数米至20米左右，与沉积物类型有关，通常在泥质沉积区取心较长，在砂质沉积区较硬的海底上取心较短。

箱式取样器。用于采取不受扰动的沉积样品及其上覆底层海水，样品可用于沉积物结构构造分析、^{210}Pb测年、沉积物与海水之间的地球化学交换以及锰结核的定量研究等。

深海取样。1968～1983年实施的深海钻探计划，可在深海洋底钻穿数百米厚的沉积层达到玄武岩基底，少数钻孔钻进洋底达1 000余米，从而获得了比较完整的深海岩心剖面。近年来在深海钻探中进一步采用了液压活塞取心技术，可取得长200～300米的未扰动岩心，为大洋地层学和古海洋学研究提供了极有利条件。

此外，为了取得海底锰结核、岩石及贝壳等样品，常使用拖网技术。

测量与观测 由于取样的深度和范围受到限制，在海上工作经常使用各种仪器来测量和观测海底的地质情况，如沉积物的分布、沉积层的厚度变化和海底表层沉积物的特征等。除海洋地球物理测量技术外，常用的设备和方法还有：

地层剖面仪。利用声波在海底的不同物理界面（地层界面）上发生反射的原理进行工作，常用的频率为3.5赫兹，通常可测量几十米以内的地层界面及沉积物性质，有时也使用中深层剖面仪以探测更深的地层结构。

旁侧声纳。利用高频声波在海底反射的原理来探测海底地貌、沉积结构的一种仪器。对于研究海底沙波、波痕等形态尤为有用。

海底照相。将海底照相装置放于海底附近连续拍摄海底的表面情况，用于研究表面沉积物的结构、与生物作用的关系以及锰结核的分布等。

潜水观测。科学家或潜水员带上潜水装置到海底进行直接观测和取样。但目前只限于水深几十米的浅水海域，乘坐潜水器可潜入几千米直到万米的水深。除进行直接观测外，还可用机械手采集海底样品。

参考书目

[1] K. O. Emery, Relict Sediments on Continental Shelves of world, *The American Association of Petroteum Geologists Bulletin* Vol. 52, No. 3. pp. 445-464, 1968.

[2] W. H. Berger, Deep Sea Sedimentation, C. A. Buck & C. L. Drake, eds, *The Geology of Continental Margins*, Springer-Verlag, New York, 1974.

[3] H. 布拉特等著，《沉积岩成因》翻译组译：《沉积岩成因》，科学出版社，北京，1978.（H. Blatt, et al., Origin of Sedimentary Rocks, Prentice-Hall, New Jersey, 1972.）

本文刊于1987年中国大百科全书出版社《中国大百科全书》一书

作者：秦蕴珊

冲绳海槽浮岩的岩石化学特征及含氟性的讨论

内容提要 本文根据常量元素及挥发性组分氟的分析结果，讨论了冲绳海槽两种浮岩的不同岩石化学特征，并与吉林长白山浮岩和日本岛弧的浮岩进行对比，结果表明，它们与大陆的浮岩有明显差异。

主题词 岩石化学 浮石 冲绳海槽

冲绳海槽位于琉球岛弧与中国东海大陆架之间，是一典型的弧后盆地。对冲绳海槽火山活动的研究将有助于探讨冲绳海槽的成因，丰富和发展弧后盆地的成因理论。曾有人对冲绳海槽灰白色浮岩的岩石化学性质进行过讨论，但对于分布并不广泛的黑色浮岩岩石化学研究还未见报道。本文对采自冲绳海槽不同站位两种浮岩的 10 个样品做了化学全分析及 F 的分析，讨论了两种浮岩在岩石化学上的差异，并与我国吉林长白山浮岩及日本岛弧的浮岩进行了岩石化学对比。

灰白色浮岩的基质为玻璃质，斑晶矿物以斜长石、紫苏辉石、磁铁矿为主，其次有普通辉石、石英，还有少量的橄榄石。黑色浮岩中的斑晶矿物以钾质中长石、斜方辉石和磁铁矿为主，亦有少量的正长石和橄榄石。

一、分析方法

冲绳海槽浮岩是海底火山喷发的产物，它长期被淹没于海底，其化学组成无疑受到海水的影响。浮岩全岩的 X 射线分析也表明，浮岩表面有海水蒸发所留下的食盐晶体。为了较正确地反映浮岩本身的化学组成，采取了下述分析方法：将大块样品破开，取中间的新鲜部分做分析，并分析氯的含量，以 NaCl 的形式表示。通过校正，消去 NaCl 所占的百分数，结果列于表 1 中。

氟的分析是采用离子选择电极法。首先称 0.5 g 烘干的新鲜样品于镍坩埚内，以碱熔样，冷却后用 100 mL 水提取于塑料杯中。吸取澄清液 25 mL，用 1∶1 的硫酸溶液调至 pH＝5.7～6.5，并且用水稀释至 50 mL。用氟离子电极法测定氟的含量，结果见表 2。

二、浮岩的岩石化学特征

浮岩取样站位如图 1 所示。表 1 中的 $C_{3\text{-}2}$ 号样品是受到强烈风化的灰白色浮岩，样品呈土黄色，气孔内充填有其他泥质沉积物。长白山浮岩样品采自吉林长白山天文峰。

由表 1 分析结果可见灰白色浮岩属于酸性岩浆岩。黑色浮岩和灰白色浮岩有着本质的差别，明显地表现在 C.I.P.W 标准矿物组成上，黑色浮岩的钾长石和钠长石以及透辉石的含量相对灰白色浮岩高得多，而石英的含量则相对较少。冲绳海槽的两种浮岩都与吉林长白山的浮岩有一定的差别，后者更富钾长石。

表 1　浮岩的化学全分析结果

样品种类		灰白色浮岩								黑色浮岩		长白山浮岩
样品站号		Z_{V}-9	Z_{V}-10	Z_{III}-3	Z_{II}-4	Z_{I}-4	C_{3-2}	Z_{VII}-3	Z_{VI}-4	Z_{II}-4	Z_{I}-4	
分析结果(%)	SiO_2	70.68	68.82	70.64	68.71	71.73	67.99	70.63	70.78	58.54	58.65	71.58
	Al_2O_3	13.10	13.48	13.88	13.13	13.24	12.62	13.75	14.02	16.41	15.92	11.44
	TiO_2	0.30	0.32	0.33	0.58	0.20	0.30	0.33	0.34	0.84	0.90	0.18
	Fe_2O_3	0.88	1.56	1.09	1.32	0.62	3.15	0.92	0.86	2.76	1.90	1.80
	FeO	1.85	1.40	2.34	1.93	1.23	1.15	2.38	2.54	4.05	4.96	1.96
	CaO	2.97	3.03	2.58	2.69	2.51	2.51	2.59	2.70	3.49	3.78	0.21
	MgO	1.10	0.77	0.60	1.04	0.47	1.22	0.81	0.56	1.74	1.55	0.15
	K_2O	1.67	2.24	1.84	2.94	2.94	2.57	1.92	1.80	3.80	3.06	4.63
	MnO	0.096	0.295	0.190	0.132	0.044	0.303	0.105	0.149	0.488	0.213	0.084
	P_2O_5	0.052	0.071	0.070	0.129	0.045	0.073	0.059	0.072	0.475	0.455	0.020
	Na_2O	4.06	4.10	4.92	3.78	3.57	3.43	4.80	4.73	5.61	5.65	5.66
	CO_2	0.03	0.65	0.16	0.28	0.67	0.39	0.02	0.05	0.37	0.64	0.08
	H_2O^+	2.65	2.94	1.32	3.41	2.91	4.48	1.79	1.34	1.13	1.23	1.71
	总和	99.42	99.67	99.97	100.07	100.17	100.19	100.10	99.94	99.70	99.80	99.50
CIPW标准矿物	Q	33.41	34.83	29.22	31.18	39.65	35.99	28.37	29.31	4.36	5.05	25.50
	Or	10.20	13.68	11.02	17.97	17.86	15.87	11.54	10.79	22.77	23.73	27.39
	ab	35.12	27.86	40.27	29.63	22.85	25.47	41.07	39.98	43.67	40.75	33.04
	an	13.20	15.06	11.52	12.36	12.50	12.51	10.61	12.19	10.86	10.58	—
	C	—	0.49	—	—	1.32	0.74	—	—	—	—	—
	di	1.37	—	0.84	0.47	—	—	1.74	0.78	2.92	4.57	0.83
	hy	4.58	3.34	4.34	4.25	2.74	3.12	4.49	4.74	7.69	8.14	3.41
	Nc	0.07	1.62	0.39	0.70	1.66	0.98	0.05	0.12	0.90	1.56	0.19
	ap	0.13	0.17	0.17	0.32	0.11	0.18	0.14	0.17	1.14	1.07	0.03
	il	0.59	0.62	0.64	1.14	0.39	0.60	0.64	0.65	1.62	1.73	0.33
	mt	1.32	2.33	1.60	1.98	0.92	4.00	1.36	1.26	4.06	2.79	—
	hm	—	—	—	—	—	0.53	—	—	—	—	—
	Ac	—	—	—	—	—	—	—	—	—	—	5.22
	Nc	—	—	—	—	—	—	—	—	—	—	1.86

利用 QAPF 图解，灰白色浮岩全部投影在流纹英安岩区；黑色浮岩则落入石英粗面岩区；吉林长白山浮岩则属于碱性流纹岩。

H. de la Roche 等(1980)提出了用 R_1R_2 图解对火山岩进行分类的方案。如图 2 所示,

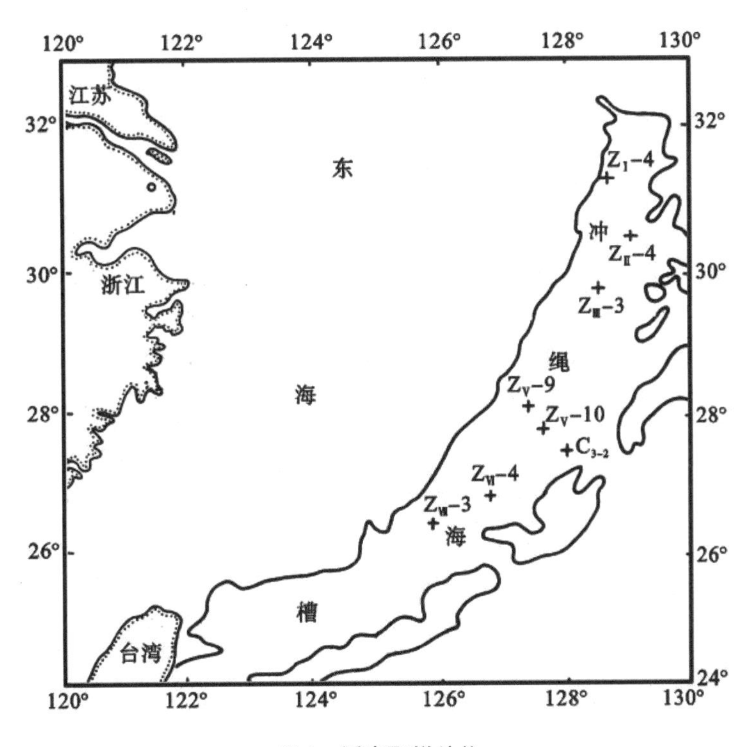

图 1 浮岩取样站位

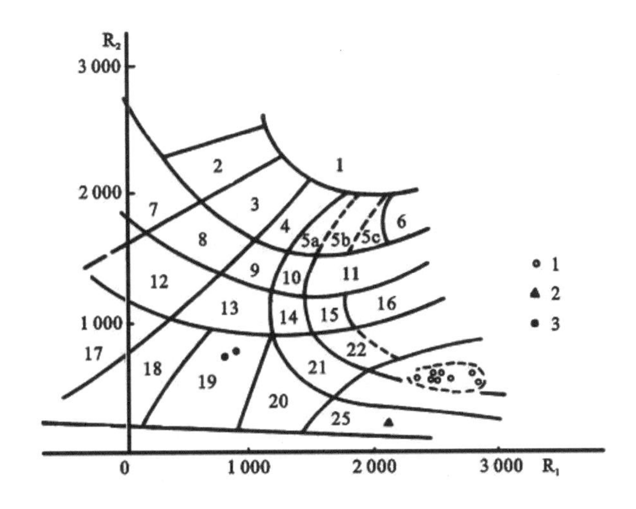

图 2 浮石的 R_1R_2 图解

1. 灰白色浮岩 2. 长白山浮岩 3. 黑色浮岩

其中:

$$R_1 = 4Si - 11(Na + K) - 2(Fe + Ti)$$

$$R_2 = Al + 2Mg + 6Ca$$

式中符号 Si,Al,…表示根据岩石化学分析数据计算的相应的阳离子数。这种分类法涉及到

了所有的主要阳离子，并且可以从图上看到同系列岩石之间的亲缘关系。在 R_1R_2 图上，灰白色浮岩全部投影在 23 号流纹英安岩区，两个黑色浮岩都投影在 19 号粗面岩区；长白山的浮岩则落在碱性流纹岩区。从图上还可以看出，灰白色浮岩与橄榄玄武岩的关系密切；而黑色浮岩和吉林长白山浮岩则与碱性玄武岩似有亲缘关系。

根据一些岩石化学图解（如硅碱图、碱度对 SiO_2 图解和 AFM 图等）都能判别两种浮岩有显著差异，灰白色浮岩具属钙碱质岩石，黑色者为碱质，而长白山的为过碱质浮岩。

三、浮岩含氟性的讨论

氟在岩浆中以 F^- 离子状态存在，为强挥发性组分。在岩浆的分异演化过程中，氟趋向于富集在酸性流体中。所以，火成岩中氟的含量在一定程度上可以反映岩浆的分异程度。灰白色浮岩中氟的含量变化于 $(291\sim590)\times10^{-6}$（表 2），比日本岛弧拉斑玄武岩的氟含量（$(58\sim145)\times10^{-6}$）高得多（Ken-Ichi Ishikaw 等，1980），反映了岩浆强烈的分异作用。黑色浮岩中氟的含量达 $1\,076\times10^{-6}$，大陆（长白山）浮岩中的氟含量则高达 $2\,132\times10^{-6}$，这两种浮岩中 F 的高含量除了与岩浆的分异作用有关外，主要原因可能是它们的强碱性和亲陆性。Ken-Ichi Ishikaw 等研究了岛弧玄武岩中的氟含量，也发现在横切岛弧的剖面上，玄武岩中氟的含量自大洋一侧向大陆一侧明显增加，并且这种趋势与玄武岩的碱性增强是一致的。

表 2 浮岩中的氟含量（$\times10^{-6}$）

样品种类	灰白色浮岩								黑色浮岩	吉林长白山浮岩
样品站号	Z_V-10	Z_{II}-4	Z_I-4	Z_V-9	Z_{VIII}-3	C_3-2	Z_{VI}-4	Z_{III}-3	Z_{II}-4	
F	326	561	573	309	590	391	529	573	1 076	2 132

四、化学分析资料的数学处理

为了研究冲绳海槽浮岩样品之间的相互关系，以及冲绳海槽浮岩与岛弧或大陆浮岩的亲疏性，对所得到的化学分析资料进行了 Q 型聚类分析。参加聚类分析的 10 个冲绳海槽浮岩样品数据以及长白山浮岩的分析结果见表 1；所选用其他地区浮岩的化学全分析值列于表 3。

如图 3 所示，在由 10 个冲绳海槽浮岩样品所形成的聚类谱系图上，若以距离系数 $d=0.30$为分群标准，则将浮岩分为三组：除 $C_{3\text{-}2}$ 号风化样外，其他七个灰白色浮岩组成一组，两个黑色浮岩组成另一组。若以距离系数 $d=0.40$ 为分群标准，则黑色浮岩和灰白色浮岩截然分开。尽管在冲绳海槽自北到南广泛分布有灰白色浮岩，但在灰白色浮岩样品之间没有可以识别的差异，说明它们在岩石成因上的共性，可能是同源岩浆的产物。

在由冲绳海槽浮岩、日本有珠山浮岩、我国吉林长白山浮岩所组成的聚类谱系图（图 4）上，若以距离系数 $d=0.25$ 为分群标准，可以分成五组：第一组由七个冲绳海槽的灰白色浮岩和两个日本有珠山的紫苏辉石英安岩浮岩组成；第二组只有一个样品，即日本有珠山的含角闪石、铁紫苏辉石流纹岩浮岩；第三组包括吉林长白山的三个岩石样品；第四组代表了冲绳海槽灰白色浮岩的风化样（$C_{3\text{-}2}$ 号）；第五组由冲绳海槽的两个黑色浮岩组成。

表 3 部分陆地和岛弧火山岩的化学组成

产地		中国吉林长白山		日本有珠山		
岩石名称		玻质粗面岩	玻质碱流盐	含角闪石，铁紫苏辉石流纹岩浮岩（1663 年喷发）	紫苏辉石英安岩浮岩（1882 年喷发）	紫苏辉石英安岩浮岩（1977 年喷发）
化学组成	SiO_2	67.88	70.81	73.04	70.83	68.74
	Al_2O_3	12.55	10.63	12.95	14.86	15.52
	TiO_2	0.31	0.11	0.26	0.33	0.45
	Fe_2O_3	3.00	2.60	1.11	1.86	1.42
	FeO	2.85	4.01	1.54	1.61	2.39
	CaO	1.25	0.75	2.41	3.53	3.78
	MgO	0.24	0.23	0.36	0.78	0.84
	MnO	0.06	0.10	0.06	0.09	0.88
	P_2O_5	0.19	0.05	0.43	0.08	0.28
	K_2O	4.71	3.47	1.14	0.93	1.10
	Na_2O	6.31	5.97	5.07	4.71	4.62
	CO_2	—	—	—	—	—
	H_2O^+	0.51	0.93	1.02	0.05	0.47
	总和	99.88	99.66	99.39	99.66	99.69
资料来源		（赵宗博等，1956）		（Katsui Y. 等，1978）		

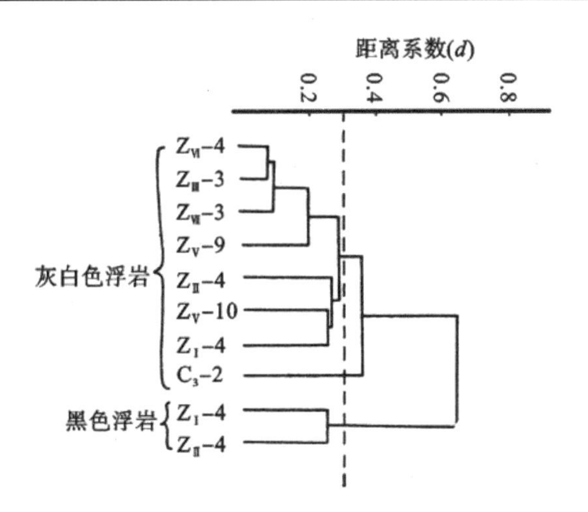

图 3 冲绳海槽浮岩的常量元素聚类谱系

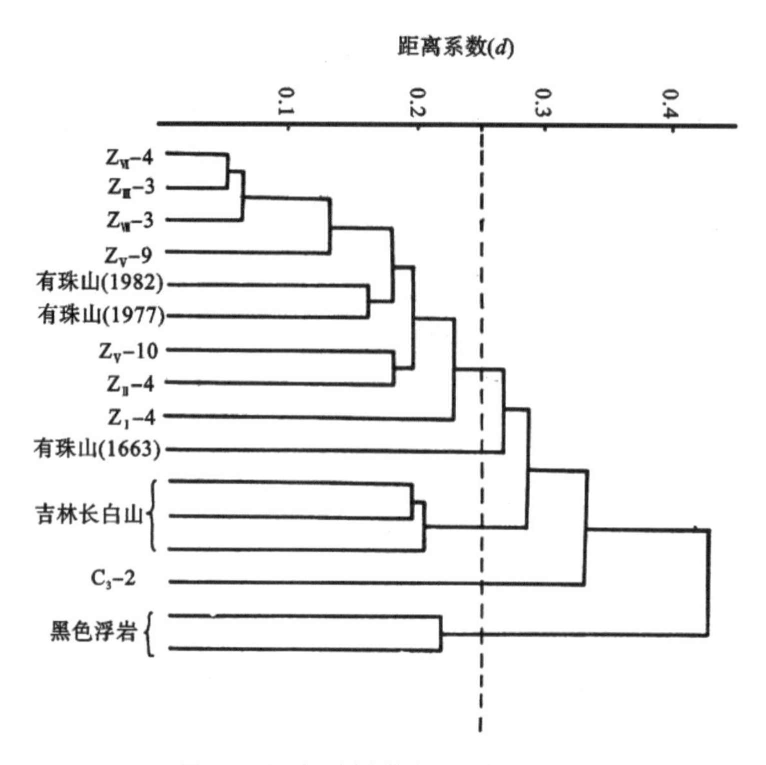

图4　不同地区浮岩的常量元素聚类谱系

聚类分析结果表明：从化学成分上看，冲绳海槽的灰白色浮岩与日本有珠山的紫苏辉石英安岩浮岩的形成过程相似。有珠山火山是日本现代最活动的火山之一，它位于北海道西南部喷火湾(Funka-Wan)北岸。有珠山的火山活动始于晚更新世，以大规模火成碎屑流的喷发揭开了长期火山活动的序幕。在人类历史之前，主要喷发物是低钾拉斑系列的橄榄石、辉石玄武岩和基性安山岩。经过几千年的休眠之后，于1663年喷发出大量的含角闪石的铁紫苏辉石流纹质浮岩。此后，直到1978年，喷发物是以斜长石、紫苏辉石以及钛铁矿为主要斑晶矿物的英安岩浮岩。这些自人类历史以来的酸性岩浆，被认为是早先的拉斑玄武质岩浆在岩浆房中结晶分异的极端产物(Katsui, Y. 等, 1978)。冲绳海槽的灰白色浮岩可能有类似的生成过程，即属于拉斑玄武质岩浆分异演化后期的产物。灰白色浮岩中存在的橄榄石、辉石、基性斜长石(最大An值达89号)等斑晶矿物说明在岩浆作用期间存在着早期的结晶分异作用。

五、结语

冲绳海槽的黑色浮岩和灰白色浮岩是岩石化学上截然不同的两种岩石类型；前者是碱性系列的粗面岩，后者则属于钙碱性系列的英安岩类。在广泛分布于冲绳海槽的灰白色浮岩样品之间，没有明显的差异。

黑色浮岩可能是由碱性玄武岩浆经过分异作用而形成的，在化学成分上有一定的亲陆性；灰白色浮岩可能与日本有珠山的紫苏辉石英安岩浮岩有相似的成因过程，即属于拉斑玄武质岩浆分异演化的极端产物。灰白色浮岩与吉林长白山的浮岩亦有着本质的差别，后者以强碱性和含挥发性组分 F 为特征，代表了大陆火山岩类型。

工作中得到中国科学院地球化学研究所解广轰副研究员的大力帮助并提供了吉林长白山的浮岩样品，山东海洋学院的张保民教授、赵其渊副教授曾审阅了论文初稿，在此表示衷心的感谢。

参考文献

[1] 赵宗溥(1956)，中国东部新生代玄武岩类岩石化学研究，地质学报，36，3 期，316-359 页.

[2] H. de La Roche et al. (1980), A classification of volcanic and plutonic rocks using $R_1 R_2$-diagram and major-element analyses-its relationships with current normenclature. *Chemical Geology*. 29, (3-4), 183-210.

[3] Katsui, Y, et al. (1978), Preliminary report of the 1977 eruption of USU volcano. Jour, Fac. Sci., Hokkaido Univ. Ser. IV, 18, (3), 385-408.

[4] Ken-Ichi Ishikaw et al. (1980), Flourine contents and behaviour of the quaternary volcanic rocks of Japan and the application in rock orgin. Journal of Volcanology and Geothermal Research. (8), 161-175.

PETROCHEMICAL CHARACTERISTICS OF COMMON ELEMENTS AND CHLORINE IN PUMICE FROM THE OKINAWA TROUGH

Abstract

This paper discusses the petrochemical characteristics of two types of pumice (greyish-white and black) distributed in the Okinawa Trough based on the analyses of common elements and volatile chlorine in ten pumice samples. The results indicate that the black pumice and greyish-white pumice in the Okinawa Trough belong to two completely different types of pumice, the former being trachyte of the alkaline series and the latter being rhyodacite of the calcalkaline series. The above conclusion is consistent with the mineralogical characteristics of phynocrysts from the pumices. In addition, the pumices from the Okinawa Trough are also compared with those from the Changbaishan Mountain of China as well as from the Japanese island arc.

本文刊于 1988 年《地球化学》 第 2 期

作者：秦蕴珊　翟世奎

STUDY ON SUSPENDED MATTER IN SEAWATER IN THE SOUTHERN YELLOW SEA

Abstract Distribution of suspended matter in seawater in the Southern Yellow Sea is investigated in five regions: 1) the Northern Jiangsu bank, the highest TSM (total suspended matter) content region; 2) the high TSM content region off the Changjiang River mouth; 3) the high TSM content region off the Chengshan Cape; 4) the low TSM region off Haizhou Bay; 5) the central part of the Southern Yellow Sea, a low TSM content region. The vertical distribution of TSM is mainly characterized by a spring layer of suspended matter, written as "suspended-cline" whose genesis is related to storms in winter. In this paper, non-combustible components and grain sizes in suspended matter, relationship between suspended matter and bottom sediments, and salinity in seawater are described. Investigation result shows that, in this area, suspended matter comes mainly from resuspended bottom sediment and secondarily from present discharged loads from rivers and biogenic materials. Discharged sediments from the Huanghe River move around the Chengshan Cape and affect the northwestern region of this area. Sediments from the Changjiang River affect only the southern part and have little or no direct influence on the central deep region. Wave is the main factor affecting distribution of suspended matter. Water depth controls the critical depth acted on by waves. The cold water mass in the central region limits horizontal and vertical dispersions of terrigenous materials. Suspended matter here has the transitional properties of the epicontinental sea. Its concentration and composition are different from those of a semi-closed sea (such as the Bohai Sea) and those of the East China Sea outer continental shelf or those near oceanic areas.

Suspended matter in seawater shows an important link to the present sedimentary process. Distribution characteristics of suspended matter in the Yellow Sea were first investigated during 1958-1960 by Qin et al. who reported that concentration of suspended matter in winter was greater than that in summer. Later investigations on suspended matter by others (Emery, O. K. et al. 1969; Wageman, J. M., et al. 1970; Honjo, S., et al. 1974; Yamamoto, S. 1979) in this area showed that concentration of total suspended matter (TSM) in surface water in autumn ranges from 1 mg/L to more than 4 mg/L and that combustible matter predominate in the central part of the Yellow Sea while non-combustible matter predominate in the coastal zone. Yang and Milliman (1983) indicated sediment from the Huanghe River flows through the Yellow Sea to the East China Sea.

This paper is based mainly on data obtained in two cruises by the R/V "Science 1" of the Institute of Oceanology, Academia Sinica, during a joint 1983-1984 investigation by the Institute and the Woods Hole Oceanographical Institution. Suspended matter and light transmission were measured synchronously in water columns at 55 stations. Vertical continuous distributional data of suspended matter in the water columns were calculated by analysing the interrelation between TSM and transmission.

Ⅰ. CORRELATION BETWEEN TSM AND TRANSMISSION

Propagation of light in seawater is attenuated by suspended matter. Regression analysis on TSM and transmission shows that

$$Y=82.321e^{-0.079x}$$

where Y is transmission, x is TSM.

Their interrelation coefficient $r=0.9125$. The test value corresponding to 1% is 0.372. These parameters are very well correlated. Hence, using continuously measured data, the continual value of TSM can be calculated from the transmission data.

Ⅱ. DISTRIBUTION OF TSM

1. Horizontal Distribution in Nov. 1983

The investigation result (Fig. 1) shows that surface water on the Northern Jiangsu Bank has the highest (more than 200 mg/L) TSM content. In the common delta of the old Huanghe and Changjiang rivers, where water depth is less than 30 m, TSM decreases with increase of depth and distance from the coast. The TSM gradient is largest in front of the Northern Jiangsu Bank. The northeastward directed TSM isolines off the Changjiang River mouth show that sediment discharged from the Changjiang River has a weak influence on the southern part of the investigated area. The northward flow of warm water current (the remnant Taiwan Warm Current (TWC) with northern boundary at approximately 33°N) with lower TSM content and higher salinity affect the area off the Changjiang River mouth. In the northern part of the investigated area, off the Chengshan Cape, 5 mg/L isolines extending from the north to the southwest along the south coast of the Shandong Peninsula (where salinity is less than 31‰) show that a part of sediments discharged from the Huanghe River moves round the Chengshan Cape to influence the northwestern region of this area (Qin et. al., 1983). In the central region, TSM is less than 1 mg/L.

The distribution model of TSM at the 20 m deep water layer is generally identical with that at the surface.

TSM distribution is higher at the bottom of the Northern Jiangsu Bank, where TSM is more than 500 mg/L. The highly turbid water off the Changjiang River mouth mixes with the turbid water coming from the Northern Jiangsu Bank, which is also clearly influenced by the TWC (Fig. 1).

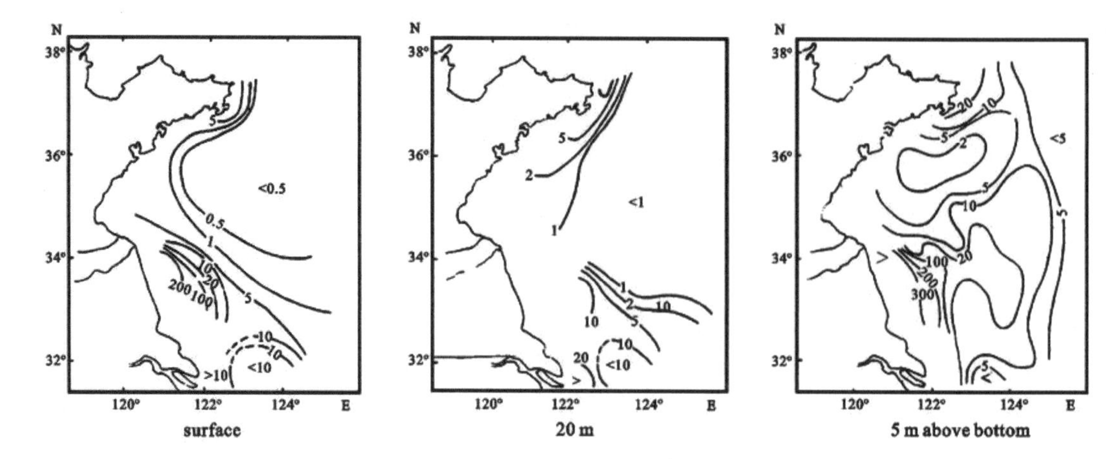

Fig. 1 Distribution of TSM (mg/L) Nov. 1983

Seawater is clear even during a storm in the low TSM content region off Haizhou Bay. The formation of this region is probably related to the relict sediments and weak tidal current (Xia et. al. , 1984; Ding, 1985).

The investigated area was divided into five regions as follows: 1) The Northern Jiangsu Bank, the highest TSM content region; 2) The area off the Changjiang River mouth, a high TSM content region; 3) The area off the Chengshan Cape, a high TSM content region; 4) The area off Haizhou Bay, a low TSM content region; 5) The central part of the Yellow Sea, a low TSM content region.

2. Vertical Distribution in Nov. 1983

Four sections are analyzed in this paper (Fig. 2). Some important distribution patterns of TSM can be clearly seen from Fig. 2.

1) On section a, TSM decreases rapidly to less than 10 mg/L northwestward from the Changjiang River mouth. At the same time, a tongue-like current with higher concentration of suspended matter near the bottom empties into the Changjiang River nearshore area. 2) In the 40-50 m deep water layer, the TSM gradient of large variation looks like a pycnocline or thermocline, so it is called a spring layer of suspended matter or written as "suspended-cline". (Qin et al. , 1986). Under the "suspended-cline", concentration of TSM is higher and seawater is turbid; above it TSM decreases obviously and water is clearer. 3) Affected by winter storms and tidal current constantly, TSM is high from surface to bottom on the Northern Jiangsu Bank. 4) Off the Chengshan Cape suspended matter is generally concentrated in the lower part of the water column.

3. Distribution of TSM in July 1984

Horizontal and vertical distribution models of TSM in July, 1984, were similar to those in Nov. 1983 (Figs. 3, 4).

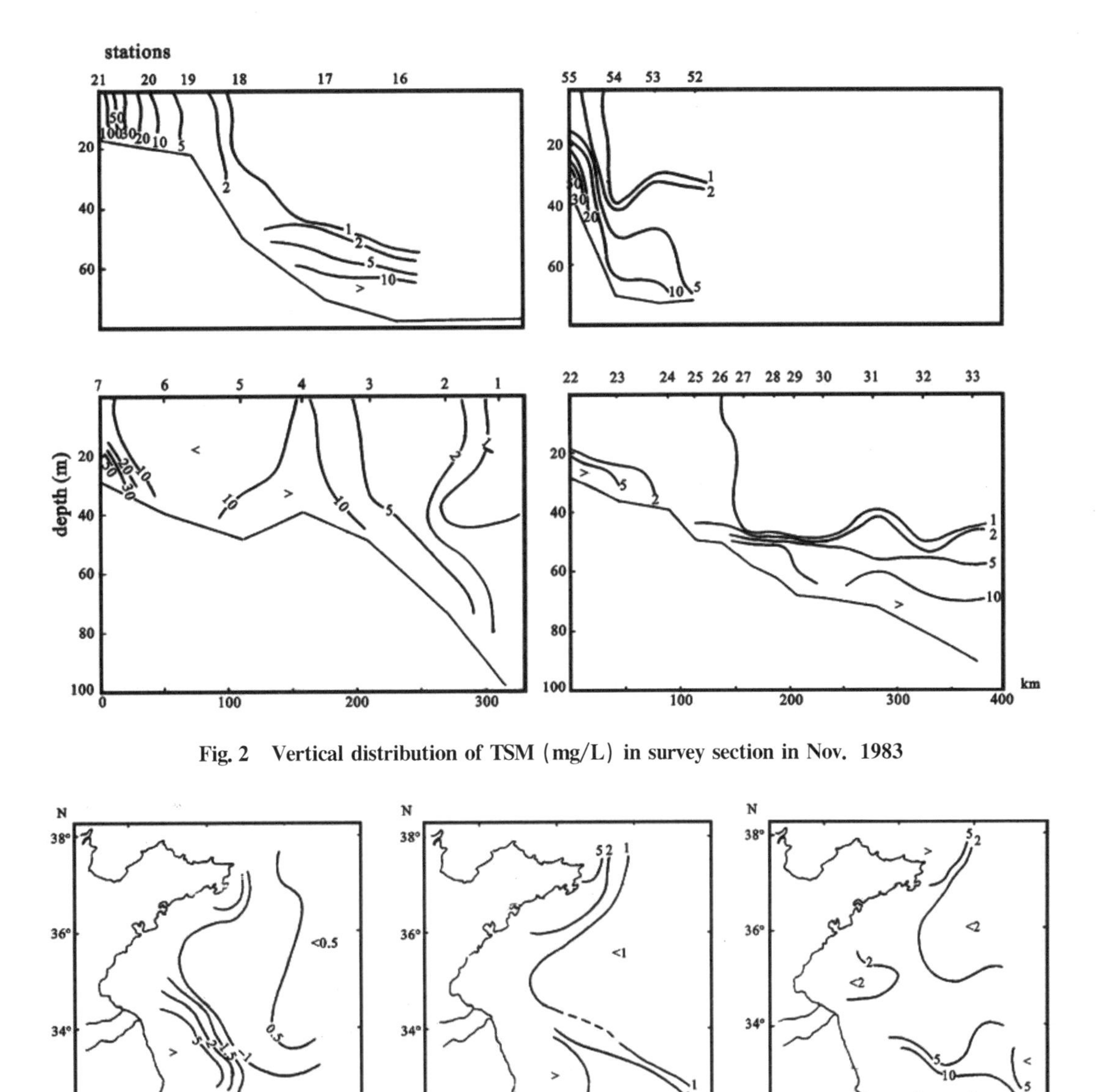

Fig. 2 Vertical distribution of TSM (mg/L) in survey section in Nov. 1983

Fig. 3 Horizontal distribution of TSM (mg/L) in July, 1984

There were higher concentrations on the Northern Jiangsu Bank, the areas off the Changjiang River mouth and the Chengshan Cape, but TSM was generally less than that in Nov., 1983, especially in shallow water regions. Lower TSM concentration regions are still located off Haizhou Bay and in the central region of the survey area. The "suspended-cline" (in July, 1984) was not clearer than that in Nov. 1983.

Comparison with adjacent seas shows TSM in the investigated area is less than that in the semi-closed Bohai Sea but higher than that in the outer continental shelf of the East

China Sea and near oceanic areas. So TSM distribution in the investigated area possesses a transitional characteristic.

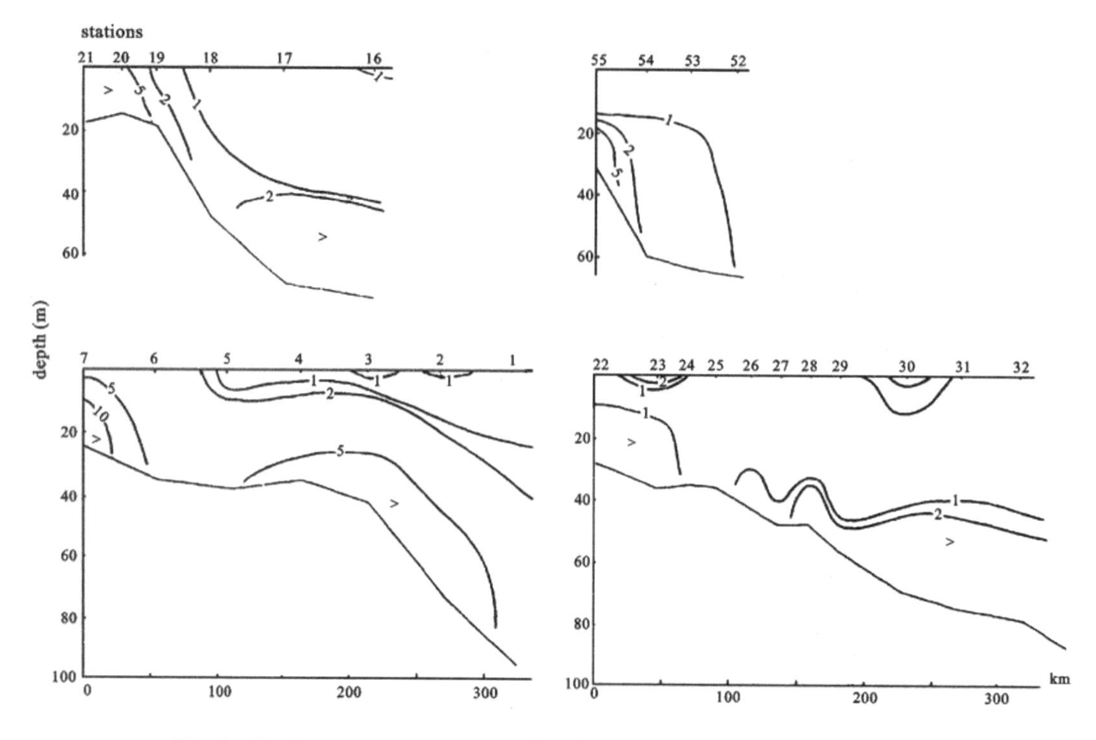

Fig. 4 Vertical distribution of TSM (mg/L) on survey sections in July, 1984

Ⅲ. NON-COMBUSTIBLE COMPONENT IN SUSPENDED MATTER

Residual weight of suspended matter after burning at 500℃ accounts for the non-combustible components, and the weight lost, the combustible components. The former contain debris minerals, clay minerals and some siliceous organic skelates, such as *Consinodiscaceae*, *silicoflagellate Rhizosolenia*, etc.; the latter contain various organisms, some organic films, some fecal pellets, etc.

Distribution of non-combustible components in suspended matter in Nov. 1983 showed that (Fig. 5) in surface water, concentration of non-combustible components decreases with increase of water depth and distance from the coast. For example, non-combustible components account for more than 90% of TSM on the Northern Jiangsu Bank, 70%-90% in the nearshore area of Shandong Peninsula, and less than 50% in the central region with water depth of more than 50 m, but the combustible component composed of plankton increases remarkably. Near the sea-floor, non-combustible components are higher than those in the upper water column, accounting for 70%-90% of TSM in the central region. In July 1984, non-combustible components decreased accordingly because of the large reproduction of planktons but still exceeded 70% of TSM on the Northern Jiangsu Bank.

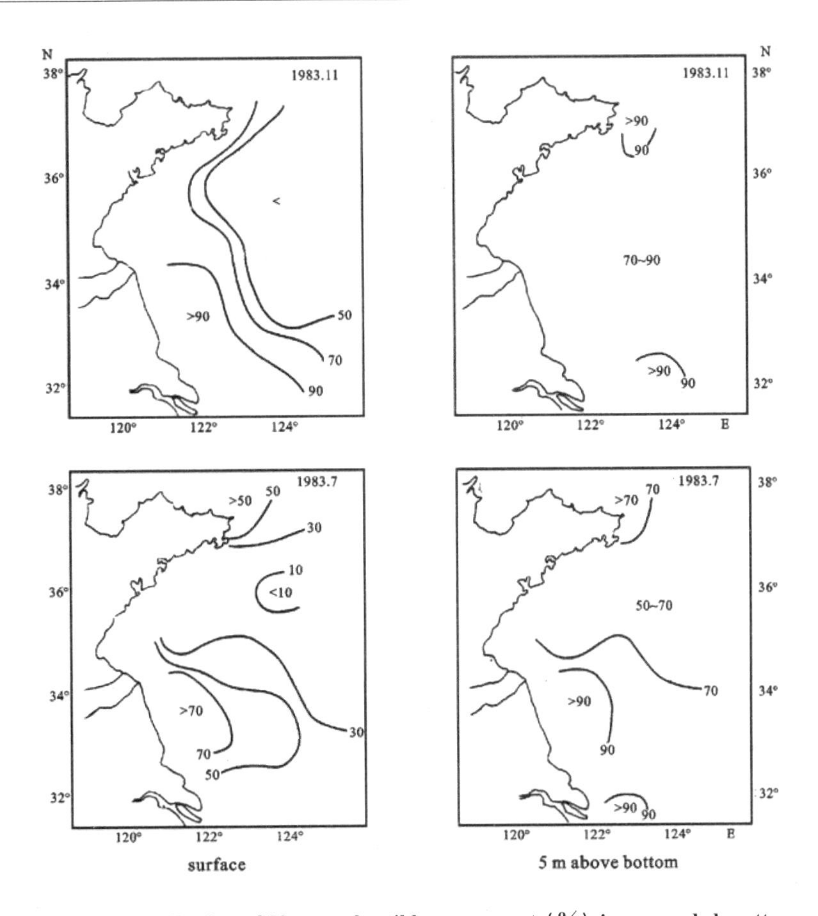

Fig. 5 Distribution of Non-combustible component (%) in suspended matter

Distribution characteristics of non-combustible components mentioned above are similar to those of TSM (i. e. three high and two low concentration regions). Non-combustible components in suspended matter in this area are 2-8 times more than those in the outer continental shelf and adjacent oceanic areas. This shows that the investigated area is greatly influenced by terrigenous sediments. This is one of the essential characteristics of sedimentation in the epicontinental sea like the Yellow Sea.

Ⅳ. GRAIN SIZE DISTRIBUTION OF SUSPENDED MATTER

Grain sizes of suspended matter were measured in the field by a Coult calculator. Mean diameters (MdΦ) and standard deviations ($\delta\Phi$) were calculated (by means of the Folk and Ward equation) from the grain size data. Sediments in suspended matter varied from coarse silt to clay particles and a small quantity of sand particles. Their sortings are generally from middle to poor. δ_{Φ} ranges from 0. 7-1. 4. In surface water suspended matter are mostly fine silt (4-8 μ) and clay particles ($<$ 4 μ). Off the Changjiang River mouth the two together account for 60%-80% of TSM. The weight of coarse particles ($>$ 50 μ) is generally less than 10% of that of TSM.

Suspended matter is finer nearshore and coarser in the deep region (Fig. 6). In the near sea-floor water, MdΦ of suspended matter increases from nearshore to offshore too, but not very clearly. The coarse component of suspended matter mainly consists of schistose minerals, quartz, feldspar, and carbonate minerals. In addition there are also some planktons, fecal pellets, organic films and flocculates of clayey particles.

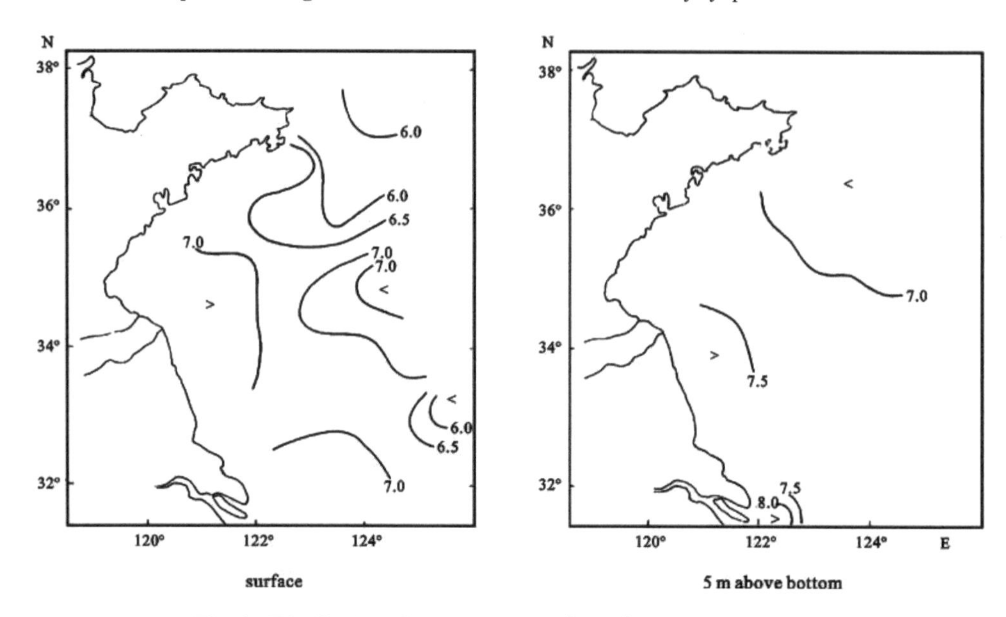

Fig. 6 Distribution of mean diameter (Md_{Φ}) of suspended matter

Flocculation experiments show that the critical flocculating diameter is 32 μ (Zhang et al, 1981) and that the maximum is no larger than 64 μ (Kranck, 1973). In sediments discharged from the Changjiang River, content of fine grain (< 32 μ) ranges from 80% (in flood season) to 90% (in dry season). With variation of the water medium these fine grains of sediments flocculate continuously and coarsen. Their depositional velocity is increased by 3-7 times, so that most of the fine particles in discharged sediments from rivers settle down nearshore off the estuaries. On the contrary, coarser schistose minerals can be transported far by current. In addition, some fine particles in suspended matter may be swallowed by animals and excreted by them as coarse fecal pellets and rapidly deposited on the sea-floor. All these are important factors causing the suspended matter to be fine in the estuary and nearshore and coarse offshore. In the central region of the investigated area, the relative increase of large planktons is also a factor causing the increase of grain size of suspended matter there.

Ⅴ. DISCUSSION

1. Wave Influence on Distribution of Suspended Matter

Waves have greater influence on distribution of suspended matter than the variation of seasonally discharged sediments. In summer, discharged sediments coming from the Changjiang and Huanghe rivers are twice that in winter. TSM in early winter (Nov. 1983), however, especially in shallow water regions, was six times that in summer (July, 1984). In the central region of this area, seasonal variation of TSM is small. There is good evidence that high concentration of TSM is caused by winter storms. For example, in the first cruise during a storm on Nov. 16-17, 1983, when wave height was 3 m and wave period was 9 s, TSM at station No. 11 was twice (at the surface) to six times (near the sea floor) that at station No. 10. Silt content in suspended matter increased to some extent too (Fig. 7).

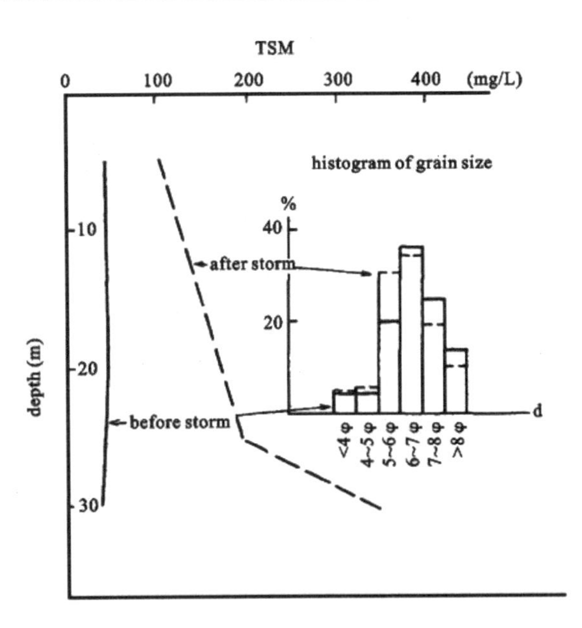

Fig. 7 Variation of TSM and grain size of suspended matter before and after storm

2. Genesis of the "Suspended-Cline"

The genesis and distribution characters of the "suspended-cline" are still unknown. Observational data showed the "suspended-cline" appeared clearly on Nov. 1983 on the upper part of a pycnocline. In the investigated period from Nov. 16-17, 1983, there was a storm with wave height of 3 m and period 9 s., and the active depth reached to 45 m. On the sea-floor of 50 m water depth, orbital speed of water is 18 cm/s, which is almost equal to the threshold velocity of sediments there (U. S. Army Publications, 1975). If the cold air blows mostly southward in early winter, eddy scales of seawater may increase and fine sediments on the sea-floor are usually in a semi-mobile state, so sediments on the sea-floor of 50 m or more water depth may be disturbed and resuspended easily. Sediment resuspended is dispersed horizontally and vertically and transported by current. Therefore, it can be inferred that the genesis of the "suspended-cline" has relation to storms. In other words, higher TSM near the sea-floor is caused by upward vertical diffusion of bottom sediments. The "suspended-cline" generally represents the upper diffusional boundary of bottom sediment. In the second cruise (July, 1984) during spring tide, the wind force was less than 4 degrees; the maximum speed of tidal component M_2 was about 15 cm/s near the sea-floor. The "suspended-cline", although it appeared then, was not clear. Therefore, it can be inferred that wave acts more strongly than tidal current on the genetic process of the "suspended-cline".

3. Relationship between Suspended Matter and Sediment

As mentioned above, waves can stir sediments and resuspend and disperse them upward. Therefore, a part of suspended matter in seawater comes from bottom sediments. Comparison of components of suspended matter near the bottom with those of sediments at the same stations shows that suspended matter comes mainly from the fine part of sediments instead of from all of them (Table 1 and Fig. 8).

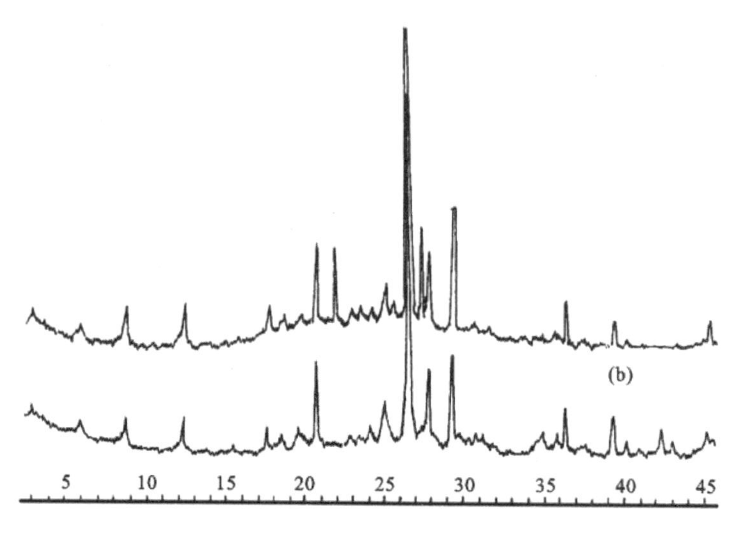

Fig. 8 Mineral component of suspended matter in bottom water (a) and fine Component (〈63 μ〉) in bottom sediment (b) at Sta. 11

According to data on the combustible components, the organic component in suspended matter reaches to 50%-70% in the central region and 5%-30% nearshore. However, content of organic matter in sediment is generally 2%-3% in the central region and 0.8%-1.5% nearshore. This fact means that more than 90% of organic components in suspended matter break down because of biological and chemical weathering in the seawater column or after they settled down (Honjo et al, 1974). Therefore, suspended matter in seawater comes from sediments but differs from them because suspended matter can be easily transported and broken down.

Table 1 Comparison between grain sizes of sediment and suspended matter

Diameter(mm) \ Station No.	11		13		21		28		55	
	S.	S. M.	S.	S. M.	S.	S. M.	S.	S. M.	S.	S. M.
>0.063	17.2	3.6	15.7	0.4	18.4	0.8	1.2	0.5	1.5	0.5
0.063-0.032	6.7	4.5	6.1	0.8	16.0	5.1	10.8	4.5	31.0	6.5
0.032-0.016	13.3	30.9	7.8	6.2	13.5	11.1	11.5	16.5	20.0	25.8

(continued)

Diameter(mm) \ Station \ No.	11		13		21		28		55	
	S.	S. M.	S.	S. M.	S.	S. M.	S.	S. M.	S.	S. M.
0.016-0.008	13.3	32.7	4.4	30.1	11.5	19.4	10.4	37.2	11.0	29.6
0.008-0.004	7.8	18.9	11.0	38.2	7.8	31.6	9.7	27.1	4.6	22.2
<0.004	37.0	9.4	55.0	24.1	32.8	25.0	56.2	14.2	31.9	15.4

S: Sediment S. M. : Suspended matter

If dynamic conditions and water depth are the same, fine sediment will supply more TSM to the water column (Qin et al, 1982). Comparison of sediment distribution pattern with TSM does not show any definite interrelation between them. For example, on the Northern Jiangsu Bank, TSM is high but sediment is coarse. Off the Haizhou Bay, where coarse sediment is covered, TSM is always low whether in summer or winter. In the central region where fine sediment is covered TSM is always low, too. Interrelation between them is complicated due to the influence of topography, dynamic conditions, etc.

4. Interrelation between TSM and Salinity

Off the Changjiang River mouth influenced by diluted water with a vast amount of discharged sediments, the beam attenuation coefficient decreases with the decreases of salinity (Kanan et al, 1983). In fact, attenuation of a beam is mainly affected by TSM in the water column. In the investigated area, TSM decreases with the increase of salinity (Qin et al, 1986) (Fig. 9). This negative correlation between TSM and salinity suggests the influence of terrigenous sediment in the investigated area.

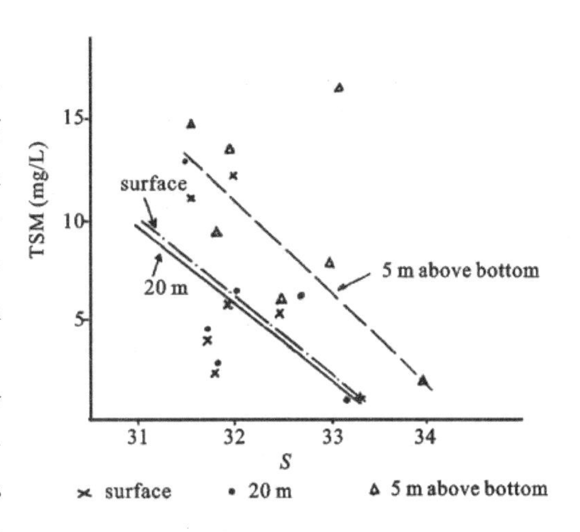

Fig. 9 Relationship between TSM and salinity

5. Sources and Dispersion Process of Suspended Matter

As mentioned above, 1) storms cause resuspension of bottom sediments and obvious increase of TSM, especially in shallow water regions; 2) high TSM flow from the Changjiang River mouth and the Chengshan Cape forms tongue-like currents in this area. The interrelation between TSM and salinity is negative; 3) in the nearshore region and near the sea-floor, the major component in suspended matter is non-combustible, on the contrary, in the central region, combustible components in suspended matter are high. The above three facts show the sources of suspended matter are: resuspended sediments, present discharged sediments from rivers, and biogenic materials in seawater. The former two of the three are main sources, but which is the predominant one.

According to statistical data, discharged sediments from rivers surrounding the Yellow Sea is about 15×10^6 tons annually. If it plus discharged sediment from the Huanghe River passes through the Bohai strait, the total discharged sediment, does not exceed 25×10^6 tons annually (Qin et al, 1983). The volume of seawater in the Yellow Sea is about 17,000 km^3. If all of the discharged sediments from rivers suspend in the sea water column, the average concentration of suspended matter will be only about 1. 2-1. 5 mg/L, which is obviously lower than the measured concentration. Therefore, the predominant source of suspended matter in seawater should be resuspended sediments instead of present discharged sediment from rivers.

Sediments resuspended by waves and tidal currents increase TSM in seawater through horizontal and vertical dispersions. On the Northern Jiangsu Bank resuspended sediment is transported by Northern Jiangsu alongshore current southeastward to Cheju Island (Fig. 10). Sediment discharged from the Huanghe River passes through Bohai Strait, moves around the Chengshan Cape and disperses southwestward. The western limit of its influence does not reach beyond Laoshan Bay (Qin et el, 1983). Discharged sediment from the Changjiang River is 480×10^6 tons annually. Most of it settle down on the delta and near the river mouth region or is transported southward, only a small part of it disperses northeastward to affect the southern part of the investigated area. Direct influence of present discharged sediments from rivers on the central region of the investigated area is weak because currents with large amounts of suspended loads from rivers in the central region of this area are impeded by the Southern Yellow Sea cold water mass.

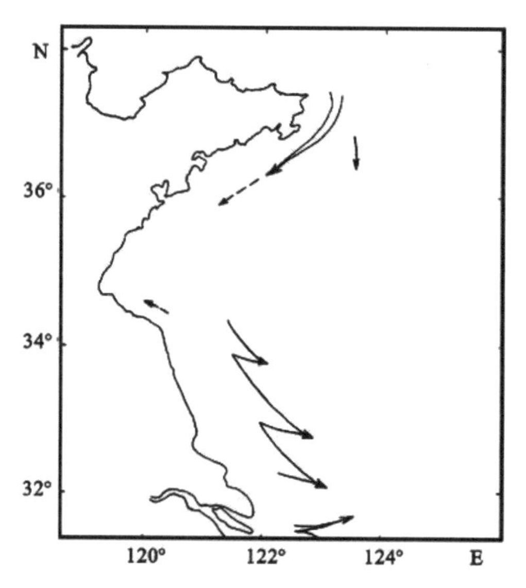

Fig. 10 Transport direction of terrigenous materials

Ⅵ. CONCLUSION

1. The predominant source of suspended matter in seawater is resuspended sediments from the sea floor. A secondary source is present discharged sediments from rivers and biogenic materials. Properties of suspended matter may not be similar to those of sediments at the same place. It can be considered that suspended matter, to a great extent, comes but also differs from bottom sediments.

2. Present discharged sediments from the Huanghe River mainly affect the northern

and western parts of this area; those from the Changjiang River affect the southern part, but have little or no direct influence on the central part.

3. Wave is suggested to be the main factor affecting distribution of TSM. Bottom sediment can be stirred up by billows and consequently increase TSM. Water depth controls the critical depth acted on by waves. The cold water mass in the central region of the Yellow Sea limits the horizontal and vertical diffusions of suspended matter.

4. Suspended matter in the Southern Yellow Sea is characterized by the transitional properties of the epicontinental sea. Its concentration and components here are different from those of the semi-closed sea (such as the Bohai Sea), those beyond the East China Sea outer continental shelf and those close to the oceanic areas.

References

[1] Emery, O. K. et. al., 1969. Geological structures and some water characteristics of the East China Sea and Yellow Sea. Technical Bulletin, ECAFE 2:3-49

[2] Ding, Winlan, 1985, The characterstics of the tide and tidal current in the Bohai Sea and Yellow Sea. Studia Marina Sinica S: 27-40. (in Chinese with English abstract)

[3] Hanjo, S,. et. Al., 1974. Non-combustibles suspended matter in surface water off eastern Asia. Sedimentology 21: 555-575.

[4] Kanan, Matsuike et. al., 1983, Turbidity distribution near oceanic fronts in the coast region of the China Sea. Lamer 21: 133-144.

[5] Krank. k, 1973. Flocculation of suspended matter in the sea. Nature 246: 348-350.

[6] Qin, Yunshan et. al., 1983. Study of Influence of Sediment Loads Discharged from the Huanghe River on Sedimentation in the Bohai Sea and Yellow Sea, Proceeding of SSCS: pp. 83-92.

[7] Qin, Yunshan et. al., 1986. A study on total suspended matter in winter in the South Yellow Sea. Marine Sciences. 10(6): 1-7. (in Chinese with English abstract)

[8] Qin, Yunshan et. al., 1982. Study on the suspended matter in sea water of the Bohai Sea. Acta Oceanologica Sinica 4(2): 191-200. (in Chinese with English abstract).

[9] U. S. Army C. E. R. C., 1975. Shore protection manual 1: 4-61.

本文刊于1988年*CHIN. J. OCEANOL. LIMNOL* Vol. 6 No. 3

作者:Qin Yunshan (秦蕴珊) Li Fan (李凡) Xu Shanmin (徐善民)
J. Milliman 和 R. Limeburner

南黄海浅层声学地层的初步探讨

提要 利用数学地震仪、地质脉冲仪和3.5 kHz浅层剖面仪测量结果显示：南黄海地层可分为三个大层组，即第四系、上第三系和下第三系(或第三系以前的地层)。它们分别沉积在南、北两个沉积中心中，这两个沉积中心始终控制着盆地的沉积。在盆地发展过程中，西部大陆的物质一直是盆地沉积的主要物质来源。第四纪时，黄河已经显示了它对南黄海影响的主导地位。无论是第三纪还是第四纪沉积物均以陆相为主。第四纪的地质历史是复杂多变的，至少有两次以上的成陆过程。

近年，中国科学院海洋研究所与美国伍兹霍尔海洋研究所合作对南黄海进行了地质调查与研究。合作的重点之一是利用数字地震仪、地质脉冲仪、浅层剖面仪等对南黄海地质的薄弱环节——浅地层结构开展系统的测量(图1)。1983及1984年两个航次的测量结果，不仅对探索南黄海沉积史有理论意义，而且为揭示南黄海石油开发区的地质背景提供了科学依据。

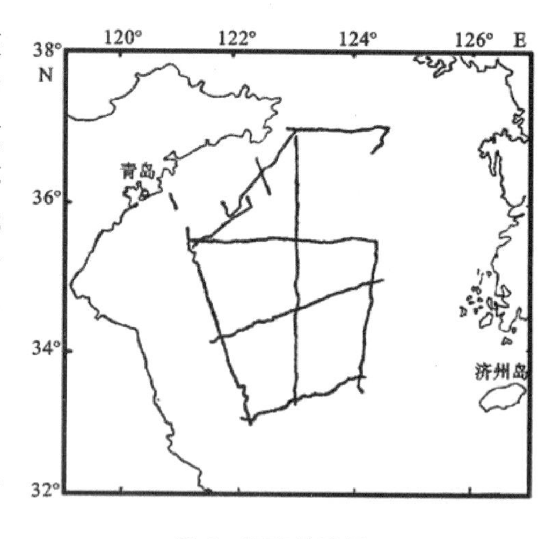

图1 调查航迹图

Fig. 1 Navigation chart

一、地震声学层组的划分及其特征

据两秒地震记录图谱，南黄海浅地层自上而下可概略地分为三个层组：第一层组各层面近乎水平，清晰，延续性好，可以连续追踪，该层组的厚度在各层组中最小，最大厚度仅300余米，但分布面积最大；第二层组各层面略有起伏，但仍然近乎水平，只有局部地区和上层组之间略有轻微的不整合关系；第三层组为一套反射信号最强的地层组成，起伏大，延续性差，它在区内反映出几个大型的隆起和坳陷，在隆起地区附近可以明显的见到它和上覆层组之间的不整合关系，而在坳陷区两个层组之间的关系并不十分清楚，只能根据反射面的强度来粗略地判断和区分两者。依据第三层组所反映的大型坳陷来看，南黄海沉积盆地由南、北两个次一级的盆地组成，从第二个层组地层大规模超覆第三组地层来看，在盆地发展的后期，由于整体沉陷而最终合并成一个统一的沉积盆地。图2为调查区的一段地震剖面记录，明显地显示了盆地各层组间的垂向分布及各层组间的关系。

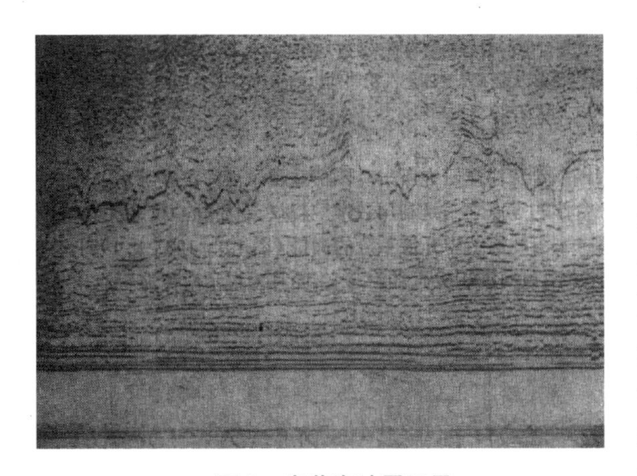

图 2 南黄海地震记录

Fig. 2 Profile of acoustic seismic record in the South Huanghai Sea

近年来，南黄海一带初步钻探和地球物理研究结果表明，南黄海沉积盆地的西界可延伸到苏北一带，并组成一个大型统一的沉积盆地，称为苏北—南黄海沉积盆地。元古代时，它属于扬子地台的一部分[1]，震旦纪遭受海侵，整个古生代一直到晚三叠纪基本上是处于持续沉降和接受沉积的状态，印支运动使它褶皱隆起并伴随着断裂和岩浆活动，出现充填性沉积，开始了苏北—南黄海沉积盆地的萌芽。燕山运动之后，随着大规模岩浆侵入和火山喷发，断陷进一步扩大，并沉积了河湖相及火山物质为主的一套上白垩和下第三纪沉积，为沉积盆地的形成奠定了基础，但这时它仍和扬子地台其他沉积盆地有一定的联系。喜马拉雅运动之后，由于周围盆地褶皱隆起，苏北—南黄海才真正作为一个独立的沉积盆地存在，接受了大量陆源物质的沉积。据估计，仅新生代沉积层厚度就可达 4 000～7 000 m[3]，如加上白垩系则可超过 7 000 m[2]，所以苏北—南黄海是以新生代沉积为主的沉积盆地。

据上所述，我们认为地震记录上的第一层组应为第四系；第二层组为上第三系；第三层组为下第三系或下第三系以前的地层(可能包括中生界、古生界以及前古生界)。在两秒地震记录中的隆起区，我们所见的主要是中生代以前的地层；在坳陷区则主要是下第三系的一部分。

二、沉积盆地基底的轮廓和第三系

从两个航次调查以及 K. O. Emery 1968 年的调查资料可知，第三层组顶部反射面的分布大体上反映了苏北—南黄海沉积盆地的基本轮廓(图 3)，即以新生代地层为主所构成的沉积盆地：主体部分集中分布于 124°E 以西的南黄海海域，向边缘，尤其是向山东半岛和朝鲜半岛的方向迅速抬升、尖灭。盆地中部有一个 NEE 向的隆起，把盆地分割成南、北两个部分，即两个次一级的盆地，均以 NE 向，因东西错开而呈“多”字形排列，以 122°E 的经线为界，北边的盆地向东延伸；南边的则向西伸向苏北，并和苏北一带的新生代沉积连成一体。南、北均有东、西两个沉积中心，埋深都超过 1 500 m。

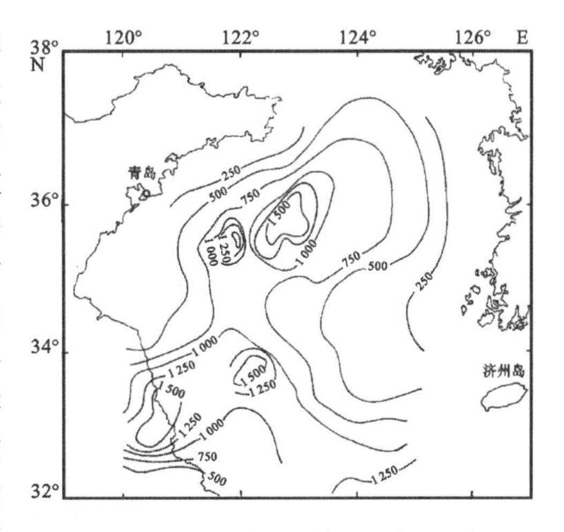

图 3 新生代沉积盆地及上第三系底界深度(m)

Fig. 3 Neozoic sedimentary basin and the depth of bottom boundary of Neogene (m)

由图 3 也可知上第三系在南黄海的分布轮

廓及底界的埋藏深度。可以想象得到由于中部隆起的存在，势必形成南、北两个部分在岩性、岩相和沉积厚度等特征上的差异，而钻孔资料初步的研究也证实[3]，在下第三系两部分的差异比较明显，如南部盆地渐新统的下部含煤，厚 169～222 m，上部缺失；北部下部则富含钙质沉积和介形虫，厚 490～790 m，上部为一套含石膏的棕红色砂泥岩沉积，厚 150～210 m。我们认为，随着南、北两个部分沉积厚度的增大，中部隆起高度的减小，南北差异也在缩小，可能到了晚第三纪的中晚期，由于整个南黄海地区的整体沉降，南、北两个部分的明显差异才最后消失，从而组成了一个统一的巨大的苏北—南黄海沉积盆地。在盆地发育的初期，显然南、北两个次一级的盆地是主要的沉积场所，中部隆起则受到侵蚀，成为物源区；但从隆起区第三层反射界面来看，隆起区受到的侵蚀并不十分强烈，所以可以认为，南黄海巨厚和大范围沉积物的形成，主要的物源并不是邻近的隆起区，而是大型河流从西部大陆输入的结果。从该区的地质发展史看，南、北两个沉积中心的形成在以后的沉积过程中一直起着积极的作用。

三、第四系的分布特征

第四系的分布和盆地的轮廓大体一致。在调查区内它的厚度一般超过 100 m，东薄西厚，且有向西增厚的趋势，在苏北海岸附近，最大厚度超过 300 m。第三纪的沉积中心附近，第四系的厚度也引人注目，只是具体的部位和形状略有差异(图 4)。这说明第四纪时南、北两个沉积中心附近的沉降速度和物质的供给仍然比周围其他海区大；同时，也暗示了在第四纪期间从苏北方向进入海盆的物质可能占据着主导地位，其次才是其他方向的输入物。

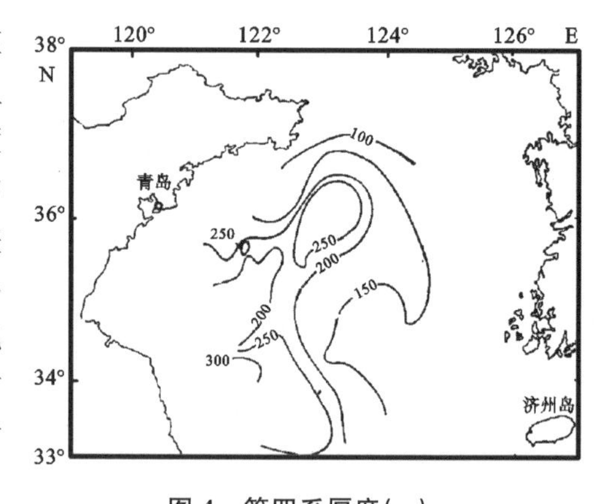

图 4　第四系厚度(m)

Fig. 4　Quaternary thickness (m)

在地震记录剖面上，第四系是清晰而且单调的图谱，但在浅地层剖面仪的记录上，它则是一组复杂多变的图像，如河流相沉积形成的大型前积层、交错层和各种形态的埋藏古河道；海、湖相沉积的水平层理；起伏不平的多次侵蚀面等古地质体。它们纵横交错、复合叠加，反映了复杂的环境演变和沉积过程。

关于第三系的沉积相，已有过一些报道，即它是以陆相沉积为主的一套地层，而第四系，据剖面反映，河流相等陆相沉积仍占较大比例，说明南黄海的第四纪沉积还是以陆相为主。

四、晚更新世侵蚀面的分布特征

在第四系古地质体中，引人注目的是古侵蚀面的存在，该面以上的地层产状有水平的，也有斜交的，后者往往可以明显地见到大型的交错层和强烈割切的古河道和河流相沉积。它的出现为探讨第四纪历史的演变提供了依据，特别是为南黄海几次成陆提供了证据。在调查区，这种侵蚀面可以见到两层，有时能见三层，说明南黄海至少有两次以上成陆的历史。可能由于保存、埋深和记录等方面的原因，只有最顶部的一层可以连续追索和对比。显然，这是第四纪时最末一次冰期——玉木冰期黄海出露水面，并在大陆条件下形成的侵蚀面，所以时代应属于晚更新世。侵蚀面有些起伏，其初步测量的结果表明(图 5)，它埋藏深度有随现在海水变深而增大的趋势，距海面深度的等值线也和海域的轮廓相似。在调查区内，它最浅的埋藏区位于苏北海岸附近，距水面约 40 m；最深处在南黄海中部 124°E 附近，距水面超过 100 m。上述特征说明了晚更新世时，南黄海盆地地形轮廓和坡度变化趋势已经和现在相近。

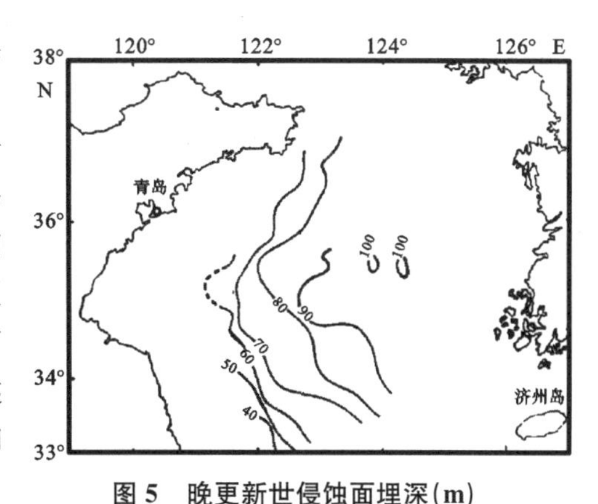

图 5 晚更新世侵蚀面埋深(m)

Fig. 5 Depth to Late Pleistocene erosion surface (m)

至于晚更新世侵蚀面以上的地层厚度，在近中国大陆附近厚度最大，南黄海中部以东的海域除了古河道上出现比较厚沉积之外，一般较薄。最大厚度超过 50 m 的地层位于调查区的西北部和西部，接近于老的沉积中心，但位置略偏北(图 6)。这清楚地反映出两个方向物源区对它的影响：一个是苏北一带，一个是北黄海方向。后者主要是黄河物质的沉积即黄河入渤海之后，排入海中的物质除了沉积于渤海之外，一部分进入北黄海并沉积于调查区，其中大部分又集中沉积于海区的西北部。苏北一带的物质来源除了黄河之外，还有长江的影响。

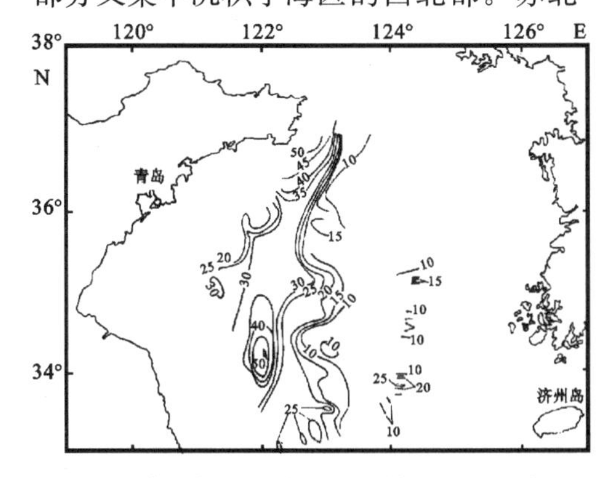

图 6 晚更新世侵蚀面以上的沉积层厚度(m)

Fig. 6 Sediment thickness above Late Pleistocene erosion surface (m)

这在记录剖面上可观察到若干迹象，如有时可以看到两个不同方向的大型前积层，一个主要方向是东；另一个主要方向是北。两个不同方向沉积构造的出现，显示了黄河和长江对海区沉积的影响。从不同方向沉积构造出现的比例来看，长江对南黄海的影响较弱，而起主导作用的是黄河。这种以黄河为主的沉积作用，和今日的状况是相似的。海水中悬浮体是沉积物的前身，现在海水中悬浮体含量和分布能很好地指示物源区对海域沉积的影响。据南黄海悬浮体测量结果表明，悬浮体的高值区主要分布于苏北(老黄河入海区)和山东半岛东南部(图 7)，前者为已沉积的黄河物质的再悬浮和再搬运，后者为现在黄河入海物质在本海区的扩散。这说明现在沉积的主要物质均和黄河有关。

五、晚更新世侵蚀面以上地层的沉积特征

本地层，按其沉积特征可分为上、下两部分。

1. 下部　属于晚更新世—早全新世沉积。晚更新世沉积是海退期处于陆地条件下形成的以砂等粗粒物质为主的一套地层；而早全新世沉积则是海进时形成的，可能是海进时改造了部分原来的沉积物而形成的新的沉积层，它对声波的吸收和反射的性质比较接近于前者，只是在沉积构造方面略有区别，相反和上覆地层则明显不同。此外，它的沉积厚度较小，难

于和底层分开，所以把两种不同环境沉积的地层归成一组，称为晚更新世—早全新世沉积层。这一组沉积层的厚度较薄，一般小于 15 m，最厚为 30 余米(图8)。有时它埋深很浅，甚至露出海底。出露海底的部分习惯上称为“残留沉积”。这套地层的主体部分主要反映了南黄海最后一次成陆期间的沉积特征。

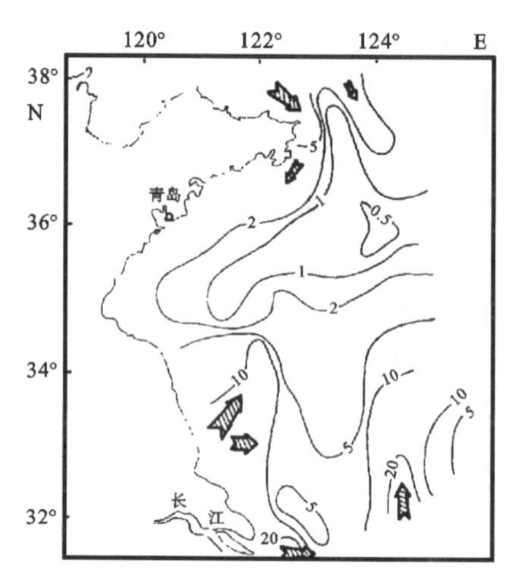

图 7 夏季底层海水中悬浮体含量分布(mg/L)

Fig. 7 Distribution of suspended matter in the bottom water in summer (mg/L)

2. 上部 属中—晚全新世沉积。这是本区最年轻的一套地层，顶部直接出露海底，绝大部分沉积物由粉砂和黏土组成，海侵最盛期到现在所形成的一套海相沉积地层，习惯上称为全新世沉积或现代沉积，是海洋地质调查过程中研究最多的沉积物。目前沉积作用仍在进行，最大厚度超过 40 m，集中分布于山东半岛的东端，几乎是紧贴海岸(图9)；其次是苏北海岸附近，最大厚度超过 20 m。在上述的两个海区，都可以清楚地看到正在延伸的前积层。现代沉积层的分布并不均一，一般厚度为 2～5 m，有的海区甚至几乎不存在现代沉积的影响。悬浮体的测量结果进一步阐明了南、北两个物源区的影响，另一方面还可以看到，虽然西北海区早期的沉积中心附近沉积强度较小，但从图 9 可见已经出现了沉积物向那里移动的趋势。

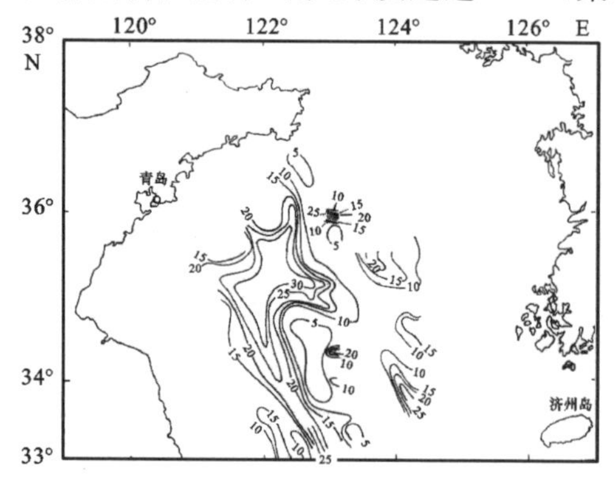

图 8 晚更新世—早全新世沉积层厚度(m)

Fig. 8 Thickness of Late Pleistocene-Early Holocene sediment (m)

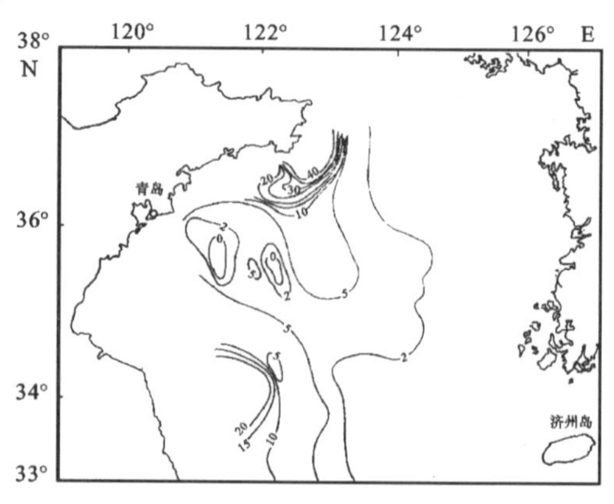

图 9 中—晚全新世沉积层厚度(m)

Fig. 9 Thickness of Mid-Late Holocene sediment (m)

六、结论

从以上所述可以得到以下几点认识。

1. 南黄海沉积盆地由南、北两个坳陷组成，在新生代沉积盆地发育过程中，这两个沉积中心始终控制着盆地的沉积，即使中部隆起已经消失，南、北形成统一的沉积盆地之后，仍然对盆地的沉积产生一定的影响。

2. 在盆地发展过程中，西部大陆的物质一直是盆地沉积的主要物质来源。在第四纪时，黄河已经显示了它的主导地位，而长江则和今日一样，对南黄海的沉积只产生次要的影响。所以，南黄海沉积的基本格架早已存在。

3. 无论是第三系还是第四系，南黄海的沉积以陆相占优势。

4. 南黄海第四纪地质历史是一个复杂多变的过程，至少有两次以上的成陆历史，经受了河、湖、海等多种地质营力的作用。

参考文献

[1] 王尚文，1983. 中国石油地质学. 石油工业出版社.
[2] 刘宗云，1984. 南黄海盆地新生代介形类及地层研究. 海洋地质与第四纪地质 4(1):59-65.
[3] 柴利根、王舒畈、宋岳雄等，1982. 南黄海构造体系与油气远景评价，海洋地质研究 2(2):9-19.

A STUDY OF SHALLOW ACOUSTIC STRATIGRAPHY IN THE SOUTH HUANGHAI SEA

ABSTRACT

A joint project of marine geology in the south Huanghai Sea was conducted by the Institute of Oceanology, Academia Sinica and the Woods Hole Oceanographic Institute, USA during 1983-1984. In the investigations, side-scan sonar, low-frequency (3. 5 kHz.) echosounder, high-resolution Geopulse system, and digital seismic system were used to gain some new know ledges about shallow stratigraphy.

1. On the basis of the seismic profiles (2 second record) the shallow strata of the seafloor can be mainly divided into 3 units: Quaternary (upper layers), Neogene (middle) and Eogene or pre-Eogene (lower) sequences. A prominent upper erosional surface is assumed to be Late Pleistocene in age and many buried channels apparently indicate the Huanghe River courses during lower Pleistocene sea level.

2. The sedimentary basin of the south Huanghai Sea consists of two depressions, one in the north, one in the south of the sea. Those depositional centres generally control over their sedimentation during the basin's development. If the central uplift disappeared, the two depressions were unified into a large basin as shown in the present.

3. The depositional material was mainly derived from the continent. Huanghe River was the dominent sediment source and the Changjiang River the second during Quaternary, the same as of today. So there was already a basic outline of the south Huanghai Sea basin in the past.

4. Continental sedimentation was also dominent during Tertiary and Quaternary in the south Huanghai Sea.

5. Quaternary history of the south Huanghai Sea is a complex and changeable process. At least twice was the land and subjected to the attack by river, lake, sea and other geological actions.

本文刊于 1988 年《海洋与湖沼》 第 19 卷 第 5 期
作者：秦蕴珊 赵一阳 郑铁民 唐宝珏 J. D. Milliman

BURIED PALEO-CHANNEL SYSTEM IN THE WEST YELLOW SEA

Since the Late Quaternary, eustatism has undergone great changes in the coastal area of eastern China. Sunk paleo-channels have been discovered in some regions at sea bottom of the China Sea [1-3]. As a result of unequilibrium of sediment processes, some sunk paleo-channels covered by thin sedimentary strata can be faintly identified according to characteristics of topography. However, other paleo-channels, which were buried deeply below, cannot be found only by features of sea bottom. To trace the buried paleo-channels, it is in need of utilizing some geophysical instruments with high resolution. In the investigation of sediment dynamics in the south Yellow Sea, Institute of Oceanology, Academia Sinica (ASIO) cooperated with Woods Hole Oceanographical Institution (WHOI), USA using geopulse, side scan sonar with profiler produced by F. O. R. E. Inc, USA, in 1983-85. Taking advantage of electro-magnetic acoustic source, geopulse is highly efficient, emitting pulse length of 0.5 ms and generating maximum power of 450 Joule. Side scan sonar has acoustical frequency of 100 kHz, measuring to the range of 200 m on each side. The profiling system uses a crystal emission transducer, having a power of 4-7 kW and emitting pulse length of 0.5-1 ms. The above instruments utilize time varying gain section (T. V. G.), so that the best profile record can be reached.

Marine geomorphology and sub-bottom structures of strata were measured with these instruments. In this area, the total length of measuring lines is about 2000 km, in which more than 60 buried paleo-channels and 2-3 paleo-erosional surfaces were first discovered. The water depth is 30-80 m and the buried depth below sea bottom is 0.5-20 m. Shown from the records of buried paleo-channels, some have clearer figuration of river valley and the form of them is typical. In addition, buried delta, buried lakes and sand dunes were also discovered. Although the investigated area is restricted within the west of south Yellow Sea, the records still supply abundant data for studying the distribution of paleo-river system and paleogeographic change since the Late Quaternary.

Ⅰ. CROSS SECTION PATTERN AND SEDIMENTARY CHARACTERISTICS OF BURIED PALEO-CHANNELS

Buried paleo-channels discovered in this area can be divided into patterns in cross section form as follows: (ⅰ) The symmetric river valley. The cross section of the paleo-channel is symmetric and generally small (Fig. 1). (ⅱ) The asymmetric river valley. It can be subdivided into the single channel and the double channel. The common characteristics are that the slope on one side is steep (the erosional side) and that on the other side gentle (the accumulation side). Asymmetry of the river valley is the common property of the meander and braided rivers, particularly of the paleo-channels in this area. The maximum width of the asymmetric river valley is more than 8 km. (ⅲ) Narrow and steep river valley. It is also asymmetric. The main characteristics are that the valley is not large in width but deeper, and the slope is steeper on one side, too. (ⅳ) The complex river valley. More than three small channels were in a large river valley. Perhaps they were developed from a meander or braided river, or the migration of channels. (ⅴ) The double-layered river valley. There are two-layered channels, high and low at one surveyed station. Clear reflection was seen between layers in some locations, probably indicating that the sedimentation was uncontinuous (Fig. 2).

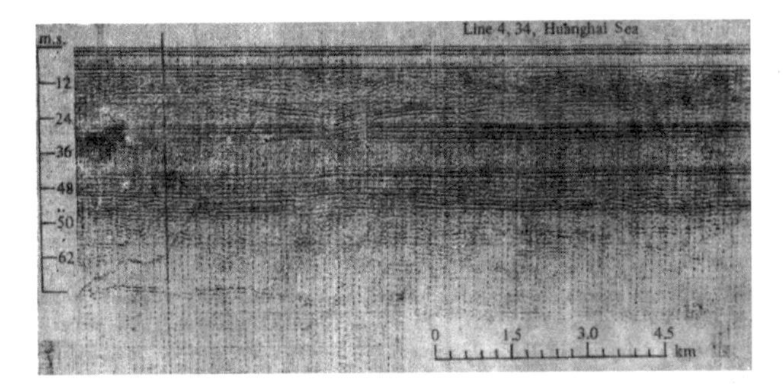

Fig. 1 The buried symmetric river valley

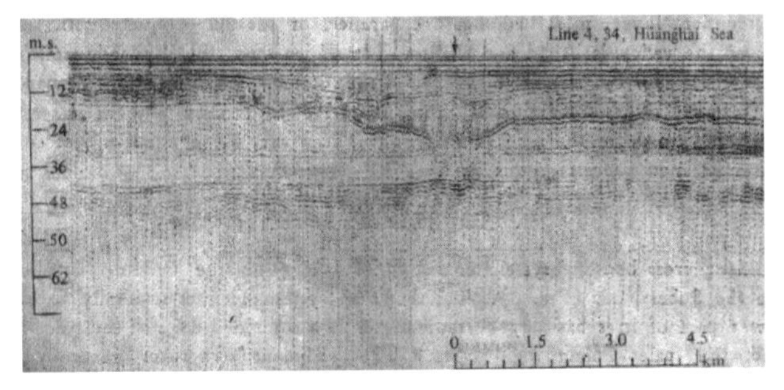

Fig. 2 The buried double-layered river valley

In the section of buried paleo-channels, most are asymmetric valleys, added by complex valleys and double-layered valleys, making the braided and meander rivers the main pattern in this area. This is consistent generally with the characteristics of rivers in Huabei area of China.

The sedimentary structures for the above-mentioned buried paleo-channels are complex, varying in character. According to the sub-bottom characteristics recorded by spectrum and referred to the core data, the sedimentary strata can be divided into three layers as follows: (i) The lower sediment layer. The lower part of filling sediments in the paleo-channel shows the feature of meandering and random lines and its color varying from dark to bright in the recorded spectrum. Perhaps, this means that sediments are fine sandy and silty, with various cross beddings, and the dip angle of some beddings is about 30. It is inferred that they are the inner structure of some sand bodies in the paleo-rivers. The thickness varied, too, about 20 m in the deeper river. (ii) The middle sediment layer. The middle sediment layer includes the sediments on flood land. The characteristic of this layer is that the lines on the spectrum are clear and range orderly. Some lower lines are wavy or oblique-bedding with small angles. The beddings develop well. On the flood land, together with the lower sediment layer, this layer forms a vertical sedimentary model analogous to double unit structure, which is equivalent to flood land facies or alluvial plain facies sediments. (iii) The upper sediment layer. This layer is similar to the acoustical transparent layer observed during the survey of the East China Sea[1]. On the lower part, the reflection is clear and the lines recorded on the spectrum are bright or colourless, being transparent or semi-transparent, maximum thickness about 10 m. However, some survey lines are pinched out. This sediment layer is equivalent to soft marine sediment.

The three sediment layers mentioned above formed a full transgression sequence in this area.

It is very interesting to note the development of double-layered paleo-channels (Fig. 2). It can be seen that in the lower sediment layer filling the channel, larger cross beddings are well developed, and the channel is deeper. However, in the upper sediment layer, most beddings are parallel, or parallel obliquely with small dip angle and the valley is broad and shallow. It shows that the hydrodynamic condition has changed from strong to weak and then stable. This condition, perhaps, manifests that the river is transitional from maturity to senility and meander course swings evenly to form the lake as a bayou. This river, being aged, is just consistent with transgression process in this area.

Ⅱ. THE BURIED PALEO-DELTA

A clear cross bedding system consisting of larger oblique bedding is discovered outside the Subei bank (Fig. 3). The bedding system declines generally to east and the lower part of it is basically horizontal. It is a combined delta of the paleo-Huanghe and the paleo-Changjiang rivers. The sediment structures generally reflect the character of foreset and bottomset beds of the delta. These cross beddings extend eastward to 122°30′E, 34°30′N and 123°E, 33°20′-34°00′N, where the sea water depth is 50-60 m. In addition, in the central part of the Yellow Sea, where water depth is 60-80 m, longitude 124°E and latitude 33°-35°N, larger cross beddings analogous to foreset of the delta were discovered discontinuously. Perhapsthey are the delta sedimentary body formed in different stages in the Late Pleistocene low stand of sea level.

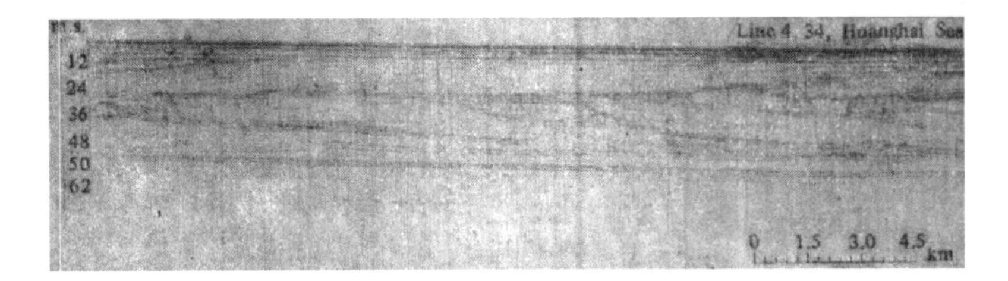

Fig. 3 The buried paleo-delta

Ⅲ. ON FORMATION TIMES OF THE BURIED PALEO-CHANNELS

It can be obviously seen from the recorded spectrum of the sub-bottom profile that on the upper part of strata there is generally a continuous and clearer reflecting erosional surface, above which the most typical one is the acoustical transparent layer equivalent to marine sediments of the Holocene. Under erosional surface, the sediments are of river facies or alluvial facies formed during the end of the Pleistocene or the Early Holocene low stand of sea level. It merits attention that in the north of the south Yellow Sea, near latitude 35 30′N, the thickness of acoustical transparent layer thins out gradually or even pinches out. The lower older sediments under erosional surface is basically exposed on the sea-bottom. The pinched out position of the Holocene sediment is just identical with the east boundary of distribution of relict sediments off the Haizhou Bay[4]. This further proves that buried paleo-channels and corresponding erosional surface were formed during the end of the Late Pleistocene or Early Holocene low stand of sea level, in conformity with the time that buried pests were formed and then discovered on the upper sediment layer in this area [3]. As to the time when the buried paleo-channel in deeper parts of the strata were formed, it remains to be verified.

Ⅳ. DISTRIBUTION OF BURIED PALEO-CHANNEL SYSTEM

According to section form and distribution position of buried paleo-channels discovered at more than 60 survey stations and bottom topography, the distributional figuration of buried paleo- channel system was only an initially inferred one (Fig. 4). This map needs to be completed and corrected further.

It is shown from this map that the paleo-river flowing southwards from the north Yellow Sea, perhaps, converged some rivers flowing from the southeast coast of the Shandong peninsula, the north of Jiangsu Province and the west coast of Korea, forming a vast water system and flowing to the south through this area.

The Huanghe River, formed finally during the Pleocene or the Middle Pleistocene, emptied into the Bohai or Yellow Sea through Yumen and Shanmenxia gorges. Geographically, this paleo-water system was near to the Huanghe River system. At the same time, it is proved by drilled information that during the end of the Late Pleistocene or the Early

Holocene low stand of sea level, the character of sediment in this area is analogous to that of sediments with high content of carbonate calcarious in the Huanghe River valley, so it is called the paleo-Huanghe River system. This system and the paleo-Huanghe River system discovered in the northeast of the East China Sea stand opposite and perhaps link up to each other at some distance.

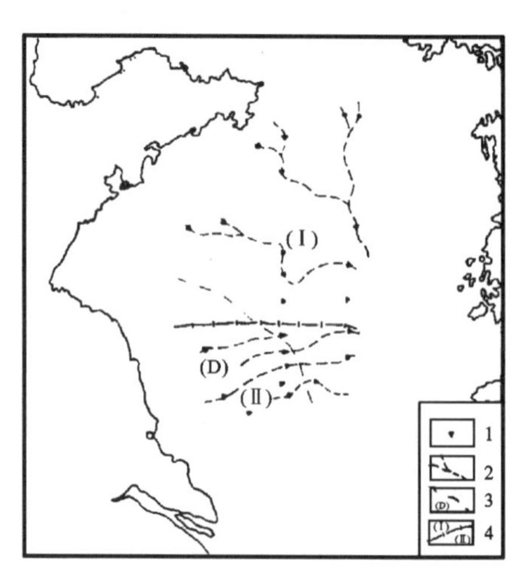

Fig. 4 Schematic map of the buried paleo-channel system in the south Yellow Sea.
1, Position of the buried paleos-channel; 2, paleo-river system; 3, paleo-Huanghe-Changjiang combined delta; 4, (Ⅰ) paleo-Huanghe River system; (Ⅱ) paleo-Changjing River system.

Another water system is on the south of latitude 34° N. This paleo-water system consists of some paleo-channels extending to the east, northeast and southeast from the Subei bank. It is located on the east of Qionggang port where the water is shallow. Qionggang has once been the mouth of the paleo-Changjiang River in the Early Holocene [6]. Its formation was related to the development of the paleo-Changjiang River. Therefore, it can be called the paleo-Changjiang River system. Distributional figuration of this river system needs to be studied further because it is near the south limit of the investigated area.

In addition, according to the above data, the area of combined delta of paleo-Huanghe and paleo-Changjiang rivers has been plotted and the north boundary of the paleo-Changjiang River might be possibly extending to latitude 34°N.

It can be seen from the map that distribution of paleo-river system is not coordinated with paleo-delta, and evidently they are formed at different times. The relationship between them needs to be investigated further.

References

[1] 林美华,海洋科学,1981,1:24-27.
[2] 李凡等,海洋科学集刊,23(1984),57-67.
[3] 耿秀山,海洋科学,1981,2:21-26.
[4] 王振宇,海洋地质研究,1982,3:63-70.
[5] Xu Jiasheng, Scientia Sinica, 25(1982), 2:200-213.
[6] 申宪忠等,黄渤海海洋,1983,1:74-79.
[7] Butenko, J. et al., NOAA Cooperative Agreement, NA 8/AA-H-00008, 1983.

本文刊于1988年《科学通报》 Vol. 33 No. 6
作者:Qin Yunshan (秦蕴珊) Li Fan (李凡)
Tang Baojue (唐宝珏) J. MILLIMAN

南黄海海水中悬浮体的研究*

提要 本文通过对海水中悬浮体样品的过滤、分析及结合海水透光度测量，得出1983年11月和1984年7月海水中悬浮体的平面分布和垂直分布模式：水平分布有三个高含量区和两个低含量区，黄河及长江的现代输入物质对中部深水区基本上没有影响；垂直分布出现明显的层化现象，11月份，在密度跃层下缘出现悬浮体跃层。本区悬浮体含量和成分，具有陆间海的过渡性特征。悬浮体的主要来源是海底沉积物的再悬浮，其次是河流输入物和浮游生物。海浪是影响悬浮体分布的主要因素。潮流加强了海浪的作用，并与海流一起，将掀起的物质搬运他处。海底地形在一定条件下，控制了海浪作用的临界深度。黄海中部冷水团影响了悬浮体的水平扩散和垂直扩散。

黄海是一个典型的陆间海，沉积作用受周围陆源物质的强烈影响。黄河和长江年平均输沙量约为15.6亿吨，占世界大河输沙量的1/5[11]。虽然现代黄河、长江的泥沙主要输入渤海和东海，但是，历史上，它们都曾流入过本区。苏北浅滩——古黄河、古长江复合三角洲的存在，以及调查区大量埋藏古河道的发现证明，它们对本区沉积作用都曾发生过巨大影响。近20多年来，不少学者从不同角度对其沉积作用进行了研究，作为沉积作用重要环节的海水中悬浮体的研究，虽然引起了重视[9]，但报道不多。

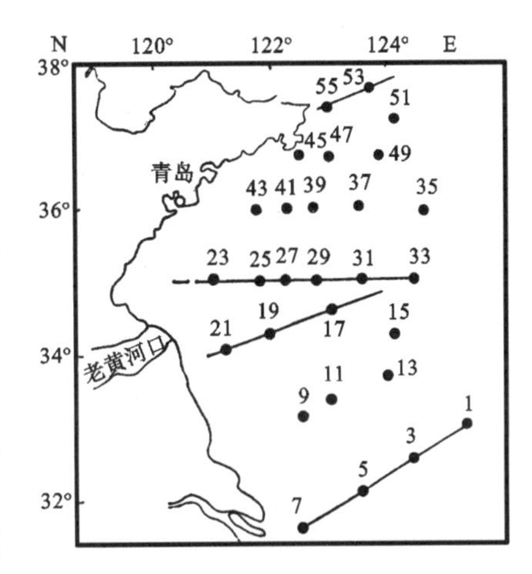

图1 悬浮体测量站位

Fig. 1 Suspended matter surver stations

1983和1984年，中国科学院海洋研究所和美国伍兹霍尔海洋研究所合作，使用“科学一号”调查船对南黄海沉积过程及晚第四纪地质历史进行了两个航次的调查，其中包括对悬浮体的空间变化和季节分布的观测，以便查明现代陆源物质对本区的影响过程。调查中分别在55个站位采集了上、中、下三层水样，同时进行了海水透光度观测(图1)，悬浮体垂向连续分布的资料是利用悬浮体含量与透光度相关分析求得的。

一、悬浮体含量与海水透光度

光束在海水中传播，因受海水中悬浮颗粒的影响而衰减。取海水中悬浮体含量及同步

---

* 中国科学院海洋研究所调查研究报告第1462号。

郭玉洁研究员鉴定硅藻，郑铁民、姜秀衍、李本兆、黄裘获、张捷阳、段伟民等同志参加了海上调查，蒋孟荣、高淑贤、张弘等同志清绘图件，谨此致谢。收稿日期：1987年9月19日。

观测的透光度资料①进行回归分析，令 y 为透光度，x 为悬浮体含量，则

$$y=82.321\,e^{-0.079x}$$ ②

相关系数 $r=0.9126$，相对于 1%的检验值为 0.372，相关良好(图 2)，如果直接对透光度取对数值，则两者之间呈线性关系，即

$$y=0.655+0.332x$$ ②

因此，用透光度的连续资料，据上述两式，都可算得测点悬浮体的垂向连续分布值。

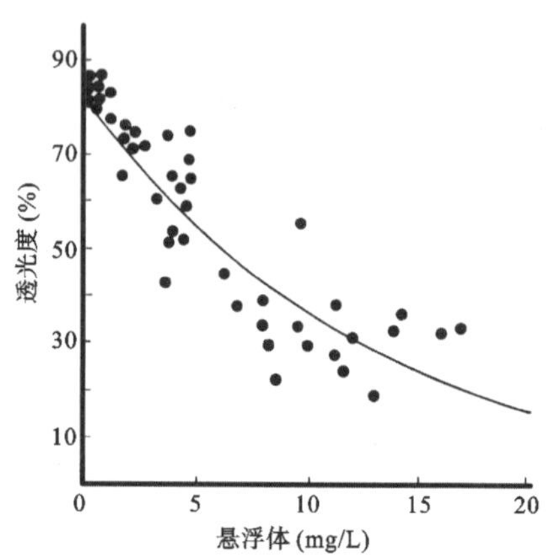

图 2 海水透光度与悬浮体含量相关曲线

Fig. 2 Relation between transmission and suspended matter

二、1983 年 11 月悬浮体的含量分布

已有专文论述[5]。为了便于对比，本文仅列举其 4 个基本特征(图 3)：①平面分布可分为三个高含量区和两个低含量区，即苏北浅滩、长江口外和成山角外高含量区，南黄海中部和海州湾外低含量区。②成山角外悬浮体含量较高的浑水，沿山东半岛南岸向西延伸，反映了黄河的泥沙对本区西北部的影响。③长江口外悬浮体高含量区中有一低含量舌由南向北延伸，反映了台湾暖流的影响。④受中部冷水团的影响，现代输入的陆源物质对中部深水区影响很弱。

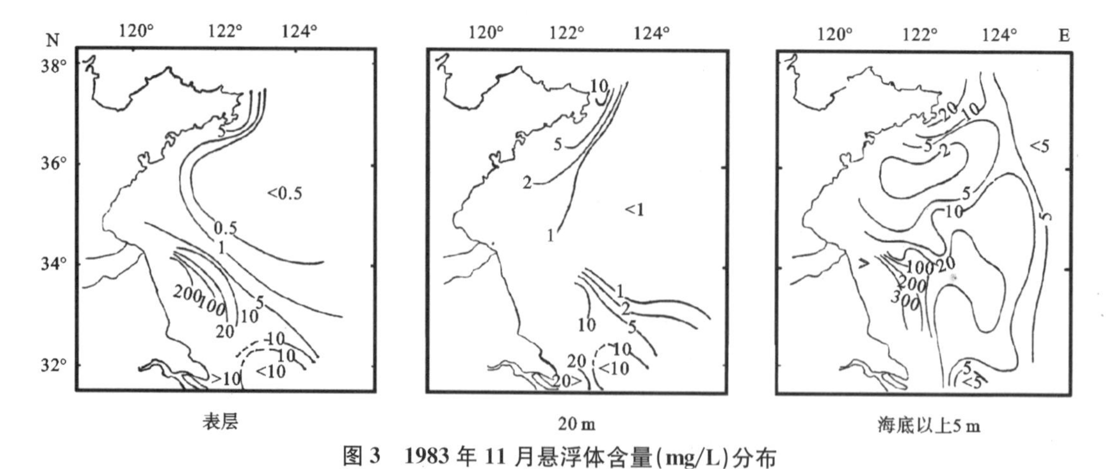

图 3 1983 年 11 月悬浮体含量(mg/L)分布

Fig. 3 Horizontal distribution of total suspended matter (mg/L) Nov. 1983

悬浮体垂向分布的特征是(图 4)：①长江口外的浑水向外海扩散的范围，一般不大于 60 km，再往外，含量迅速下降。从输沙的角度上看，应以底层为主。②海水中有明显的层化现象。在中部 40～50 m 水层附近，出现一个悬浮体含量梯度较大的水层，其形式和特点类似于跃层，故暂称之为悬浮体跃层。跃层以下，悬浮体含量高，海水浑浊；跃层以上，海水较为清澈。

---

① 透光度资料是由赵保仁同志提供的。

② 式中各系数是根据 47 组资料求得的，随着资料的积累它们将进一步得到修正。

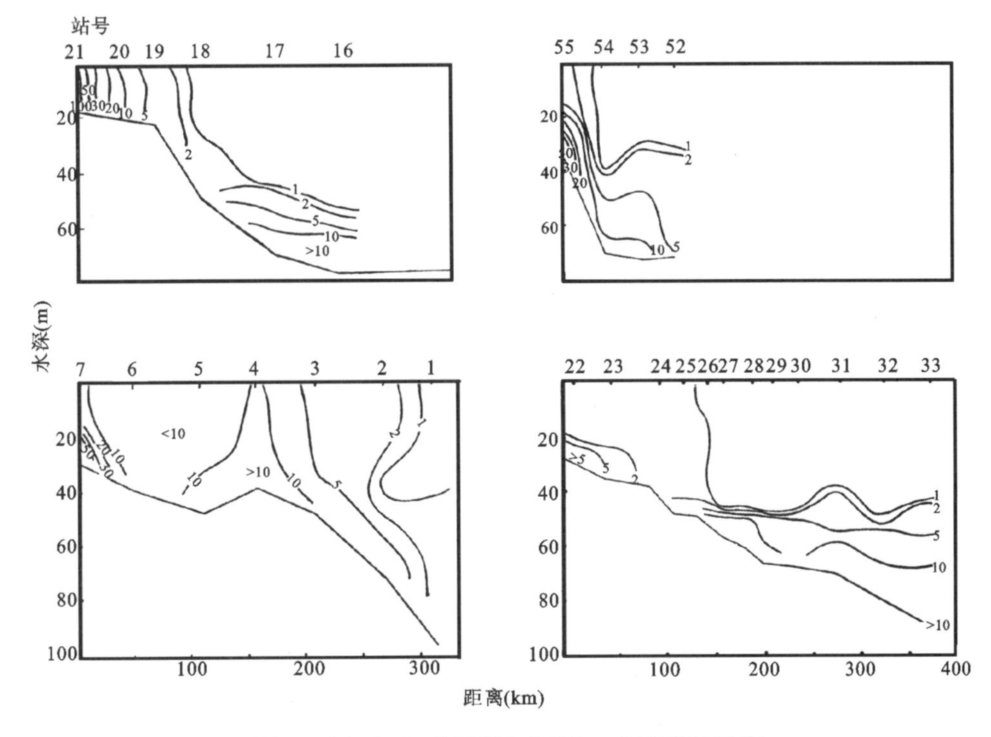

图 4　1983 年 11 月悬浮体含量(mg/L)新断面分布

Fig. 4　Sectional vertical distribution of total suspended matter (mg/L) Nov. 1983

三、1984 年 7 月悬浮体的含量分布

悬浮体含量平面分布的模式和 1983 年 11 月相似(图 5)。但其含量普遍减少，特别在浅水区，更为明显。悬浮体垂直分布的模式也与上述相似(图 6)，即表现出由近岸向远海、由底层向表层减少的趋势；同时，悬浮体的垂向分布也有明显的层化现象，但跃层现象不如 1983 年 11 月份明显。

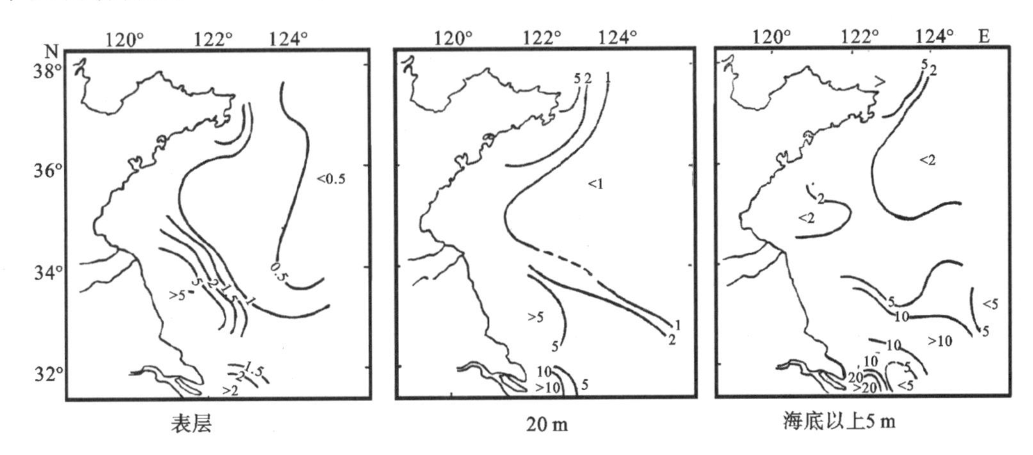

图 5　1984 年 7 月悬浮体含量(mg/L)分布

Fig. 5　Horizontal distribution of total suspended matter (mg/L) Nov. 1983

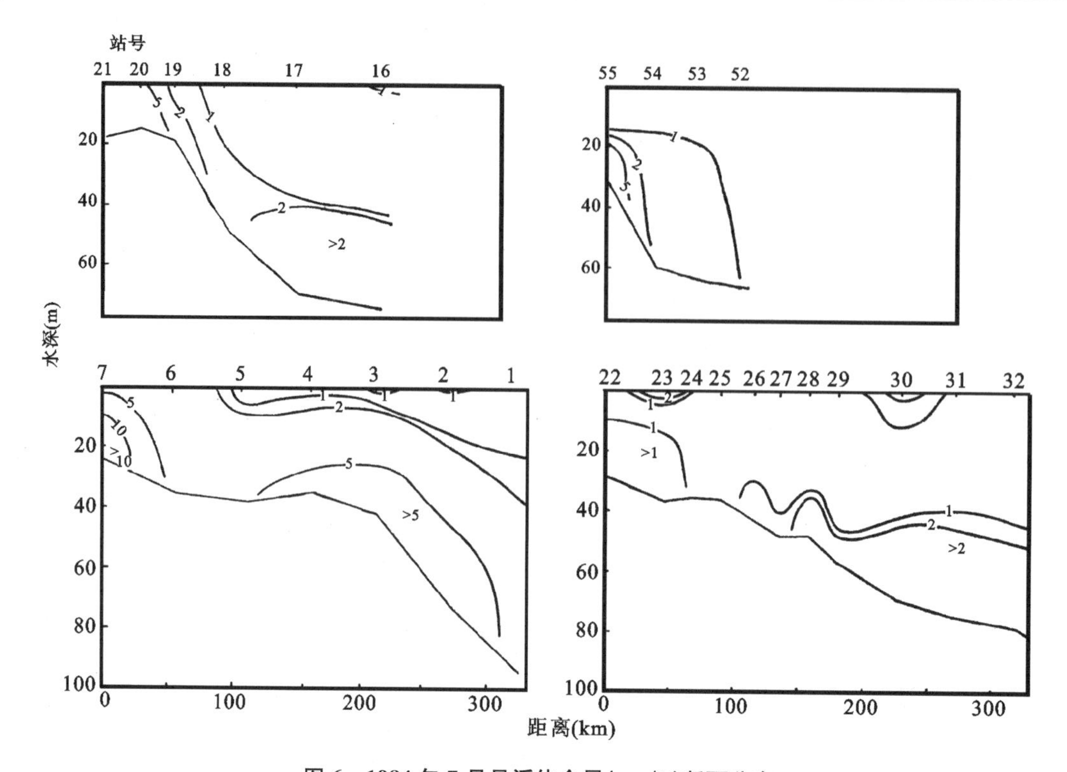

图 6 1984 年 7 月悬浮体含量(mg/L)断面分布

Fig. 6 Sectional vertical distribution of total suspended matter (mg/L) Jul. 1984

若将调查区的悬浮体含量与邻近海区进行对比,可以看出,该区明显地低于渤海而高于东海外陆架及近洋区[6,9]。因此,就悬浮体含量而论,介于渤海和东海外陆架及近洋区之间,具有明显的过渡性质。

关于悬浮体跃层的季节变化及形成机制等问题,目前尚不清楚。从 1983 年 11 月的实测资料看,跃层季节变化的位置大体接近于密度跃层的下部。

1983 年 11 月测量期间为小潮汛,但有 8～10 级大风。当时,波高 3 m,波周期为 9 s。若按文献[13]推荐的公式计算,其起动临界水深为 45 m。如果考虑到冬季常有寒潮南下,加大了水体垂直涡动的强度,同时,观测表明,海底最表层的沉积物常处于半流动状态,易于悬浮,加之潮流影响,有可能使更深处的海底沉积物再悬浮起来。由此看来,悬浮体跃层的出现,可能与冬季暴风浪的搅动有关。跃层大致代表了沉积物垂直扩散的上界。它受海水密度层化的明显抑制[3],反过来,跃层的存在也对海水的密度、浮力等重要物理性质有所影响。应予说明,这里所指的密度不是海洋物理学中的定义,而是把海水作为一种含有悬浮体的浑浊液对待。

海水中悬浮体含量的大量增加,明显改变了其物理性质和力学性质。其中,特别是海水密度和滞性系数的增大,使海底沉积物切应力增加,增强了对海底的侵蚀作用。苏北浅滩潮流沙脊间的侵蚀沟的形成,可能与这种高浓度的悬浮物流的侵蚀作用有关。此外,具有高浓度悬浮体的海水,在一定的水流重力特征和泥沙粒径条件下,有可能形成浑浊流。

1984 年 7 月测量期间风力小于 4 级,但正值大潮汛。这里虽是弱潮区,然而底层水中

M_2分潮的流速却最大可达 15 cm/s[1]。如果考虑到海底最表层的沉积物处于半流动状态，则潮流也可能使它们再悬浮起来，提高下部悬浮体的含量，也有可能形成跃层，但是，不如风浪形成的明显。

另一值得注意的现象是，在长江口外第 3，4 两个测站之间，两次测量中，海水中都出现悬浮体高含量值。其位置大体相当于水深 40 m 的水下阶地的前缘[2]，从这里向东，海底坡度迅速增加。本区是沙质沉积物分布区，而悬浮体含量却相对较高，其原因尚需进一步调查。

四、悬浮体中的非可燃组分

将悬浮体放在 500℃的高温下燃烧，其残渣的重量为非可燃组分的含量，失去的重量则为可燃组分。前者主要为碎屑矿物、黏土矿物及一部分硅质生物的骨骼[如轴环藻(*Adtinocyclus*)、等刺硅鞭藻(*Diciyocha*)(图 7)、根管藻(*Rhizosolenia*)]。可燃组分中主要为生物的有机体及水中的褐色有机薄膜。此外，还见有数量不等的生物排泄的粪球(*Ceacal pallet*)等。

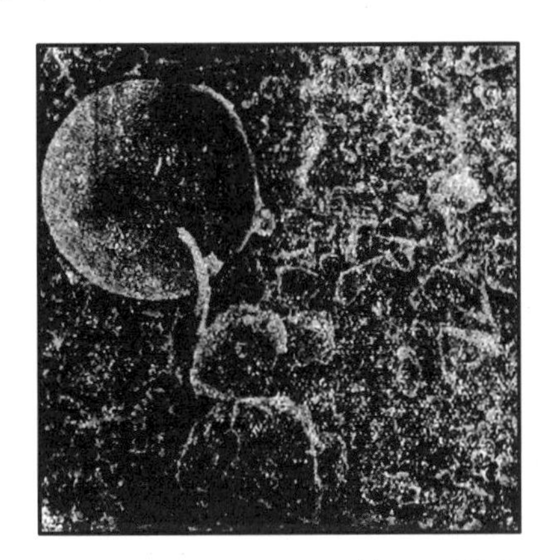
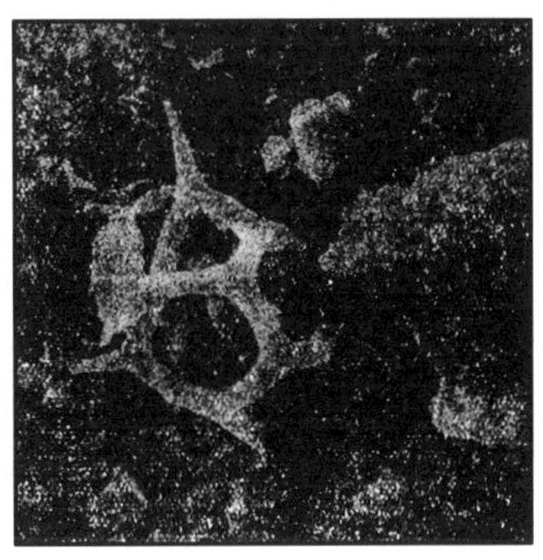

图 7　第 45 测站表层海水悬浮体中的硅藻

Fig. 7　Diatom in surface water suspended matter at Station 45

由图 8 可以看出，表层悬浮体内非可燃组分的含量随水深和离岸距离的增加而减少。在苏北浅滩及长江口外，非可燃组分的含量＞90％，说明那里的海水中主要是陆源碎屑物；大于 50 m 的深水区，非可燃组分的含量减少到 50％以下，而由浮游生物为主体组成的可燃组分的含量却明显增加。这可能是由于南黄海中部上升流影响的结果[10]。同时，底层海水中的非可燃组分的含量，明显高于上层，即使在中部深水区内也达 70％～90％。1984 年 7 月，由于海水中浮游生物大量繁殖，非可燃组分含量相对减少。然而，在苏北浅滩等浅水区，其含量仍然超过 70％。

和东海外陆架及邻近大洋比较，调查区中非可燃组分的含量，高于前者 2～8 倍[9]。这说明，虽然目前由河流输入到东海区中的泥沙量不多，但是，本区受陆源物质成分的影响仍然较为强烈，这也反映了南黄海具有陆间海地过渡性特征。

五、悬浮体的粒度分布

粒度分布是用库尔特计数器在现场测定的①。悬浮体颗粒包括了从粗粉砂到黏土等各

① 粒度分析资料是钱正绪、陈开耀、李岩同志提供的。

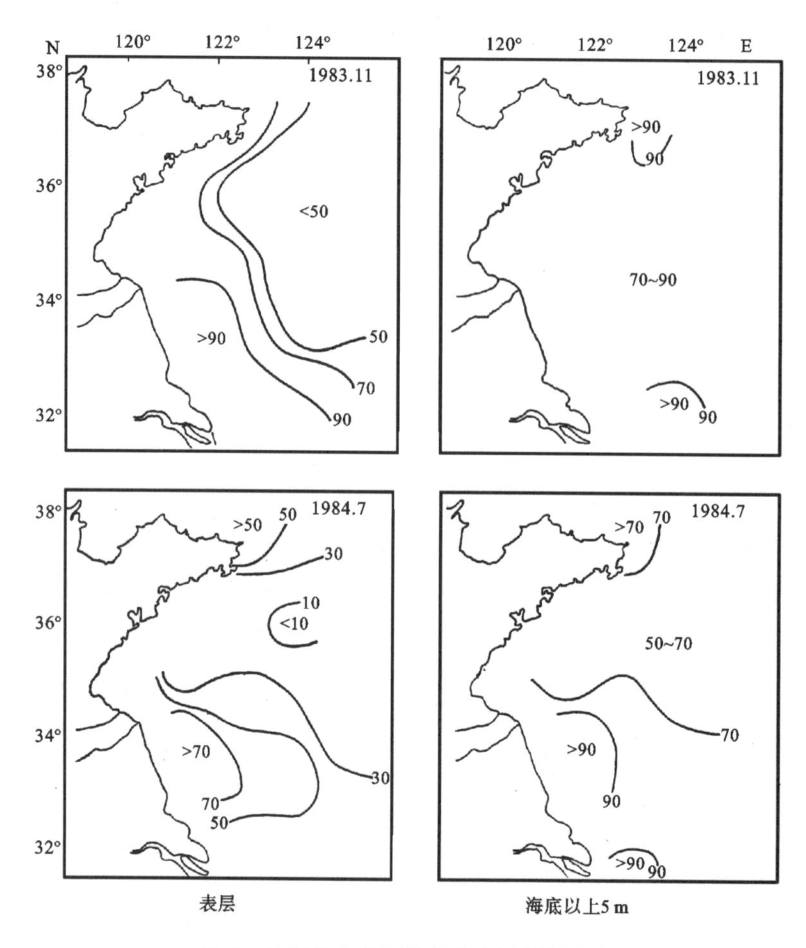

图 8　悬浮体中非可燃组分含量(%)分布

Fig. 8　Concentration (%) distribution of non-combustible component in suspended matter

种粗细不同的颗粒，分选性较差。标准离差 σ_φ 值一般为 1.0～1.40，其中以粒径 4～8 μm 的极细粉砂和<4 μm 的黏土粒级的含量较多。特别在长江口外浅海区，以上两种粒级的含量可达 60%～80%。粒径大于 63 μm 的颗粒含量，除个别站位以外，一般不足 10%。表层海水中，悬浮体的平均粒径值的分布，在长江口和海州湾大于 7φ；深水区，除了个别海区以外，一般都小于 7φ。也就是说，悬浮体的平均粒径有近岸浅水区细、远岸深水区粗的分布趋势(图 9)。但是，这种趋势与成山角附近海区不同，那里近岸的悬浮体颗粒较粗，而且，粗粒物质绕过成山角沿山东半岛南岸向西南延伸。

底层悬浮体虽然有从近岸向远岸变粗的趋势，但不如表层明显。与表层比较，底层的颗粒偏细。

粗颗粒的悬浮体中，主要是石英、长石、碳酸盐及云母类片状矿物，其次为大型浮游生物、生物粪球、有机膜及黏土颗粒的絮凝体等；细粒物质为黏土矿物。

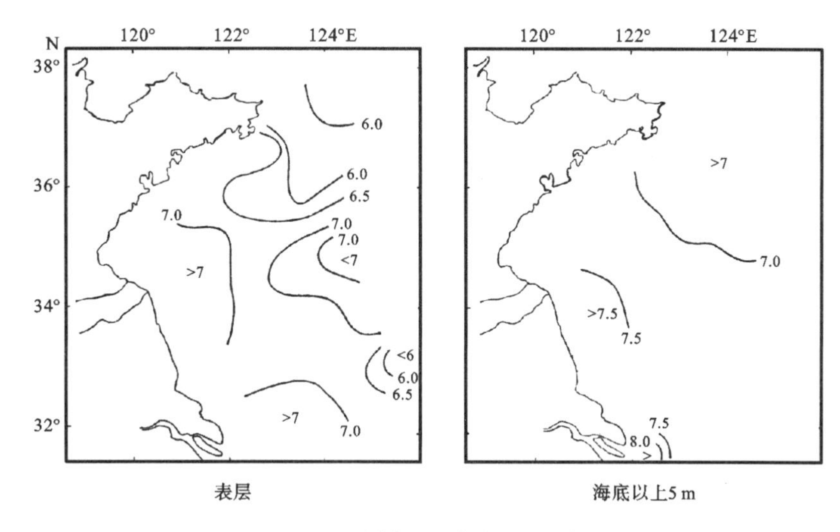

图9　悬浮体平均粒径(φ)分布

Fig. 9　Mean diameter (φ) distribution of suspended matter

发生絮凝作用的临界粒径为32 μm①,最大不超过64 μm。盐度在10时为发生絮凝作用的最佳值。长江向海中输入的悬移质砂中,粒径小于32 μm颗粒的含量占80%(洪水期)～90%(枯水期)②。这些泥沙输入海中后,随介质条件的变化不断发生絮凝作用,粒度粗化,从而使大量细粒物质沉积在河口及河口前近海区;相反,较粗的片状颗粒及部分矿物颗粒,却能漂浮到较远的海区。此外,细粒物质易被生物吞食,变成粪球等,这都是形成近岸细、远岸粗的重要因素。

六、讨论

调查区中部深水区,表层水中悬浮体平均粒径较粗,主要是大型浮游生物含量相对增加的结果;低层粒度较粗则与海底沉积物的再悬浮有关。

1. 海浪对悬浮体含量分布的影响

和其他海区一样,明显大于对河流输沙量的影响[8]。长江、黄河等河流,夏季输沙量一般比冬季大1倍左右,而近海冬季悬浮体含量却比夏季大5倍以上(除河口外)。中部深水区悬浮体含量的季节变化小于浅水区,这显然是受风暴的影响。1983年11月16～17日两天大风,苏北浅滩外缘,波高3 m,周期9 s,测点10和11位置相同,分别于风暴前后采样,悬浮体含量差1(表层)～6倍(底层)。其中,粗粒含量也有增加(图10)。悬浮体含量的大量增加说明,大浪对其作用的海

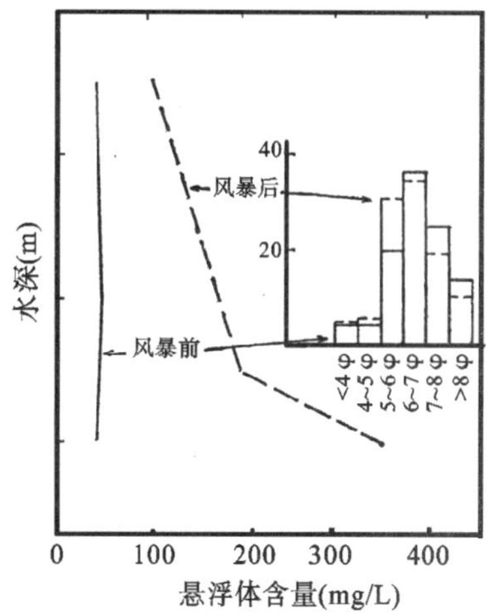

图10　风暴前后悬浮体含量及粒度变化

Fig. 10　Variation of concentration, grain size of suspended matter before and after storm

① 张志忠,1981。长江口细粒泥沙的絮凝实验研究。杭州大学地理系,河口与港湾研究室。

② 资料由南京河床实验站资料室提供。

底有明显的侵蚀作用。此外,从不同周期的海浪对比看出,长周期涌浪对悬浮体含量影响明显大于风浪。

2. 悬浮体与海底沉积物之间的关系

将同一站位底层悬浮体和表层沉积物样品进行分析比较证明,悬浮体主要来自沉积物中的细粒部分(表 1)。如果将表层沉积物细粒级(<0.063 mm)中的矿物成分进行比较,可以看出两者基本是一致的(图 11)。

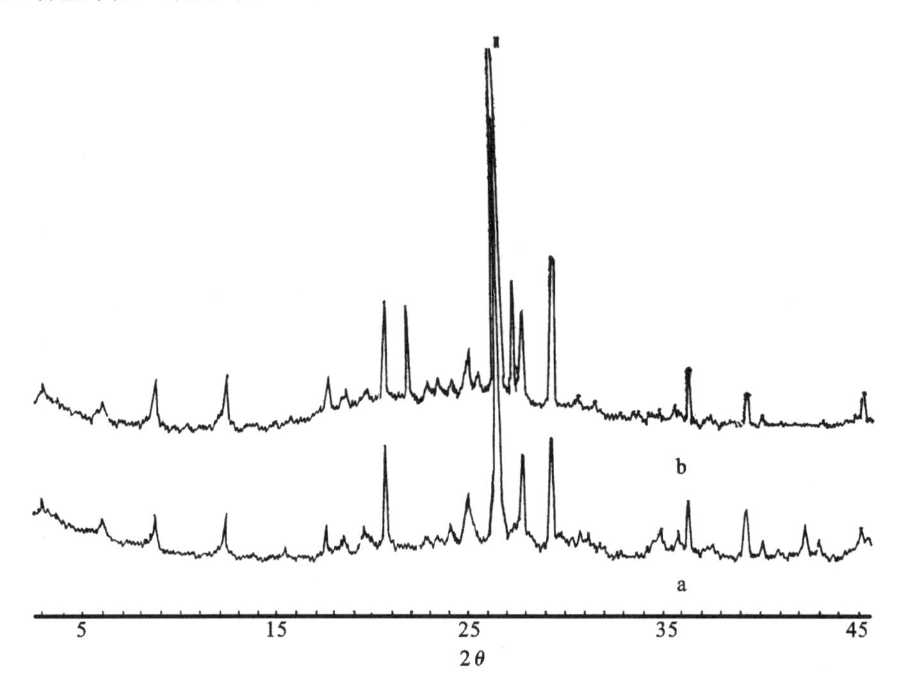

图 11 第 11 测站底层悬浮体(a)和表层沉积物细粒级(b)X 衍射谱

Fig. 11 X-ray diffractograms of suspended matter near bottom water layer
(a) and fine grain in surface sediments (b) at Station 11

从悬浮体中可燃组分含量得知,有机组分在中部深水区达 50%~70%;近岸浅水区达 5%~30%。然而,沉积物中的有机质含量,在中部深水区一般为 2%左右;近岸浅水区为 0.8%~1.5%。如果将悬浮体中的有机组分和沉积物中的有机质比较,可以看出,后者明显偏小。这意味着,悬浮体中的有机物质在沉积过程中或沉积以后,损耗达 95%以上,因此,从某种程度上可以说,悬浮体来自沉积物而异于沉积物。由于悬浮体的易动性和易损性,其性质与同地沉积物的性质不一定有直接联系。

对悬浮体来源之一的沉积物来说,如果水深相同,在同样水动力条件下,细粒沉积物将会给海水提供更多的悬浮体[6]。但是,如果将海底沉积类型图和悬浮体含量分布图进行比较可以发现,两者并无明显联系。例如,在苏北浅滩悬浮体含量很高,但却沉积着细砂;海州湾外粗粒残留沉积物区,悬浮体含量很低。由此可见,海底沉积类型对悬浮体含量并不起决定作用,两者的关系,常因海底地形及水动力因素的综合作用而复杂化。

表 1　沉积物与悬浮体粒度成分对比(%)

Tab. 1　Comparison of grain size between surface sediment and suspended matter in near bottom water layer (%)

站位 / 粒径(mm)	11		13		21		28		55	
	沉积物	悬浮体	沉积物	悬浮体	沉积物	悬浮体	沉积物	悬浮体	沉积物	悬浮体
>0.063	17.2	3.6	15.7	0.4	18.4	0.8	1.2	0.5	1.5	0.5
0.063～0.032	6.7	4.5	6.1	0.8	16.0	5.1	10.8	4.5	31.0	6.5
0.032～0.016	13.3	30.9	7.8	6.2	13.5	11.1	11.5	16.5	20.0	25.8
0.016～0.008	13.3	32.7	4.4	30.1	11.5	19.4	10.4	37.2	11.0	29.6
0.008～0.004	7.8	18.9	11.0	38.2	7.8	31.6	9.7	27.1	4.6	22.2
<0.004	37.0	9.4	55.0	24.2	32.8	25.0	56.2	14.2	31.0	15.4

3. 悬浮体的来源及沉积过程

①大风浪导致悬浮体含量显著增加,特别是浅水区;②长江口外、成山角近海区,分别有悬浮体高含量舌伸向调查区;③近岸浅水区和底层海水中悬浮体内的非可燃组分高,中部深水区,特别是表层海水中则可燃组分低。以上三点分别代表悬浮体的三个来源:海底沉积物的再悬浮;现代长江和黄河等河流的输出物;海水中的浮游生物。

从悬浮体中非可燃组分和可燃组分的对比中可以看出,整个调查区内非可燃组分占绝大多数,它们包括海底沉积物的再悬浮和现代河流输沙两个部分。然而,这两种来源中以哪一种为主呢? 据估计,现代黄海周围,包括从朝鲜河流入海的约为1 500万吨[7]和黄河通过渤海海峡输入的泥沙[12],总量一般不超过2 000万～2 500万吨。长江年平均输沙量为4.8亿吨,但其中绝大部分向东南和南部扩散[4],仅对调查区的南部有较小影响,目前尚难以定量估算。若暂不考虑长江的影响,黄海海水体积约为17 000 km^3,假定入海泥沙全部悬浮于海水中,它们所能形成的悬浮体平均含量为1.2～1.5 mg/L,远小于调查区内实测含量。由此可见,悬浮体的主要来源应当是海底沉积物的再悬浮。冬季风暴不但使苏北浅滩等浅水区的泥沙大量悬浮,而且加强了苏北沿岸流的作用,将再悬浮的泥沙向济州岛方向搬运。

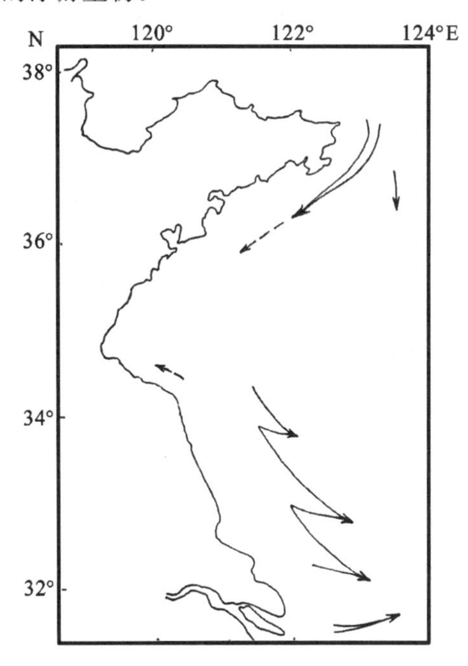

图 12　南黄海陆源悬浮体扩散方向示意

Fig. 12　Schematic diagram showing spread direction of terrigenous sediment in South Yellow Sea

综上所述,调查区内悬浮体的扩散基本轮廓为(图12):黄河入海泥沙的一小部分,通过渤海海峡,绕过成山角,沿山东半岛南岸向西搬运,范围一般不超过崂山湾；长江入海泥沙绝大部分向东和东南方向扩散，而一小部分仍可以被冲淡水携带向东北，影响调查区的南部；苏北浅滩受潮流和海浪的侵蚀，泥沙常处于搬运和再悬浮状态，再悬浮的泥沙以悬浮体的形式向济州岛方向搬运；海州湾外及中部深水区，悬浮体含量很少，在那里，现代陆源物质影响很少，沉积作用缓慢；海州湾外残留沉积物分布区，沉积速率几乎为零，中部深水区，全新世以来平均沉积速率一般不超过 5～10 厘米/千年[10]。若按现代悬浮体含量资料估计，近代沉积率远小于此数。

七、结论

1. 调查区海水中悬浮体的主要来源是海底沉积物的再悬浮(除河口外)，其次是现代河流输沙和浮游生物。由于悬浮体的易动性和易损性，其性质和相同地区海底沉积物不尽相同，因此，从某种程度上说，悬浮体来自沉积物而异于沉积物。

2. 黄河现代入海的泥沙主要影响调查区的西北和北部，长江仅影响其南部边缘。它们对于中部深水区的直接影响很弱。

3. 影响悬浮体含量分布的主要因素是海浪。河流输沙的影响仅在近河口浅海区较为明显。巨大的海浪能够明显提高悬浮体的含量；潮流加强了海浪的作用，并与海流一起，将掀起的物质搬运他处。海底地形在一定的条件下控制了海浪作用的临界深度。黄海中部的冷水团，影响了本区悬浮体的水平扩散和垂直扩散。

4. 调查区悬浮体的含量和成分，既不同于渤海那样的半封闭型的内海，又不同于开阔的东海外陆架及近洋区。它们具有陆间海那种过渡型的特征。

参考文献

[1] 丁文兰，1985. 渤海和黄海潮汐潮流分布的基本特征. 海洋科学集刊 25：27-40.

[2] 林美华，1981. 东海海底地形特征. 海洋科学 Ⅰ：24-27.

[3] 赵保仁、胡敦欣、熊庆成，1986. 秋末南黄海的透光度及其与环流的关系. 海洋科学集刊 27：97-105.

[4] 秦蕴珊、郑铁民，1982. 东海大陆架沉积物分布特征的初步探讨. 黄东海地质. 科学出版社，39-51 页.

[5] 秦蕴珊、李凡、郑铁民，1986. 南黄海冬季海水中悬浮体的研究. 海洋科学 10(6)：1-7.

[6] 秦蕴珊、李凡，1982. 渤海海水中悬浮体的研究. 海洋学报 4(2)：191-200.

[7] 程天文，1984. 我国主要河流入海径流量、输沙量对沿岸的影响. 海洋学报 7(4)：460-471.

[8] Bothmer，M. H. C. M. Parmenter and J. D. Milliman，1981. Temporal and spatial variation in continental shelf and slope water off the north-eastern U. S. Estuarine and Shelf Science 13：213-234.

[9] Honjo，S. K. O. Emery and Satoshi Yamamoto，1974. Non-combustible suspended matter in surface water off eastern Asia. Sedimentology 21：555-575.

[10] Hu Dunxin，1986. Upwelling and sedimentation dynamic. Chin. J. Oceanol. Limnol. 2(1)：12-19.

[11] Milliman，J. D. and R. H. Meade，1983. World-wide delivery of river sediment to the oceans. The Journal of Geology 9(1)：1-21.

[12] Qin Yunshan and Li Fan，1983. Study of Influence of Sedimentation in the East China Sea. Proceedings of SSCS，91-101.

[13] U. S. Army CERC，1975. Shore Protection Manual. 1：4-61.

SUSPENDED MATTER IN THE SOUTH YELLOW SEA

ABSTRACT

Suspended matter in sea water has been investigated in the South Yellow Sea during 1983-1984. The result shows that horizontal distribution of suspended matter might be divided into five regions: The region off Northern Jiangsu coast, characterized by highest concentration of more than 200 mg/L in surface water; the region off the estuary of the Changjiang River and off the Chengshanjiao Cap with high concentration of suspended matter; the region of central part of the South Yellow Sea and off the Haizhou Bay with low concentration; the region around the Chengshanjiao Cap with turbid water carrying sediment from the Huanghe River stretching westward and exerting influence part of this area ; the tongue shaped region with higher concentration of 20 mg/L extending to the northeast and exerting influence on the south part of the investigated area. The central region of the South Yellow Sea are not immediately affected by present sediments discharged from the Huanghe and Changjiang Rivers.

The vertical distribution of the suspended matter is clearly stratified. It is interesting to note that there is a layer around which concentration variation gradient of suspended matter is larger. It looks similar to pycnocline or thermocline, so it might be called"suspended—cline". Its depth is located under the pycnocline and perhaps having effect on some important properties of sea water by mixing liguid with various suspended matter.

Most of the suspended matter is those resuspended from sea floor and the sediments from rivers and biogenic matter. The concentration and component of suspended matter are different from those in the semiclosed Bohai Sea and over the outer continental shelf in the East China Sea.

Main factor influencing the concentration distribution of suspended matter is wave. Sediment loads from the rivers only affect the estuary and nearshore areas. Tidal current strengthens the action of wave on sediment on sea floor. Cold water mass in the central region of the South Yellow Sea also exert influence on horizontal and certical dispersion of suspended matter.

本文刊于 1989 年《海洋与湖沼》 第 20 卷 第 2 期

作者:秦蕴珊 李 凡 徐善民 J. Milliman R. Limeburner

南黄海夏季海水中悬浮体的研究

摘要 南黄海夏季表层海水中悬浮体的高值区出现在苏北近岸一带，测得的最高值为7.57 mg/L，其次是长江口和调查区的北部。低值区大面积分布在调查区的中部和山东半岛以南，悬浮体含量小于0.5 mg/L。远岸的悬浮体垂向分布中有一个极为明显的分层性。在长江口外的悬浮体分布中可看到台湾暖流的影响，它的存在限制了长江入海物质的向东扩散。尽管7月是黄河和长江的丰水期，大量物质被携带入海，但还未能构成悬浮体的主要来源。其主要来源是沉积物的再悬浮。其次才是河流携入的物质，海水中的生物组分居三。现代河流入海物质的影响范围主要是调查区南、北两端。在深水区，温度、盐度跃层的形成限制了底层悬浮体向上扩散。海水中物质的运移主要在海水底层进行，以悬浮—沉积—再悬浮—再沉积的方式进行着物质的运移和交换。

1983年11月(冬季)和1984年7月(夏季)中国科学院海洋研究所和美国伍兹霍尔海洋研究所合作，曾两次对南黄海的悬浮体进行系统的调查研究。其中有关冬季的调查成果已有专文论述[1]，本文着重对夏季悬浮体的分布特征作初步探讨。调查站位见图1。

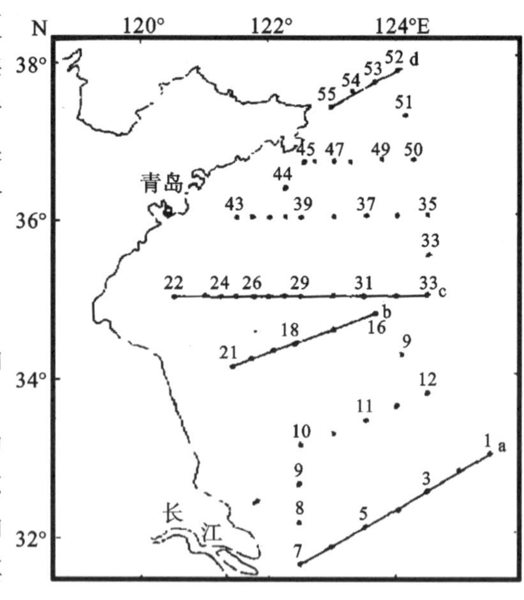

图1 调查站位图

一、悬浮体含量的平面分布

悬浮体含量的平面分布特征可用表层和底层(距海底约5 m，下同)的分布作为代表。

表层的分布特征如图2a所示。悬浮体的最高值区位于海州湾南侧和长江口之间的苏北近岸，测得的最高值分别为7.53 mg/L和6.37 mg/L。尽管长江口附近也较高，但据其正东第7号站所知，其值也仅为1.86 mg/L，比上述最高值低得多。在近岸，其高值区似乎与苏北的高值区相连，但在其正东的123°E附近明显地被一个含量小于1 mg/L低值区阻隔，所以可认为，长江排放入海的物质主要的影响范围并未超过123°E的海域，与地质研究所获得的结论一致[2]。而上述低值区的出现，可能与逼近长江口的台湾暖流有关。据6 m深处的测量资料可知，那里的盐度超过32，比周围同等深度的其他测站均大。由于低值区占据面积较小，苏北和长江口近岸一带仍是西南部含量较高和分布面积较大的高值区。在调查区北部,有一个大于 1 mg/L 的含量区由调查区外伸入,调查期间测得的最大值为 1.58 mg/L,其分布范围虽较小,但有发展成一个高值区的趋势。对于整个南黄海来说,大部分面积为小于 1 mg/L,甚至小于 0.5 mg/L 的低值区所占据。

底层悬浮体含量明显地比表层增大,分布也较复杂(图 2b)。其中高值区仍分布于苏北和长江口之间,最高值见于长江口外,为 25.89 mg/L,与表层一样,长江口外的高值在 123°E 附近变小,之后在 124°E 附近复又增大。由于苏北、长江口以及调查区东部高值连成一体,使整个调查区南部几乎处于高值区的控制下,其值均大于 5 mg/L。至于长江口外高值区之间出现的低值,在底层表现得更为明显,盐度也显著地大于 32。调查区北部的高值也表现得很突出,它已明显地伸到调查区内,且分成两支,主支绕过成山头顺着海岸向西南方向伸展,测得的最高值为 9.25 mg/L;分支则以南南东方向伸向调查区中部。虽然其值小于南部,但它代表了向外海扩散的现代黄河物质对本区的影响[1]。在南、北两个高值区之间的海州湾及中部广大海域均为低值区,含量一般为 1~2 mg/L。

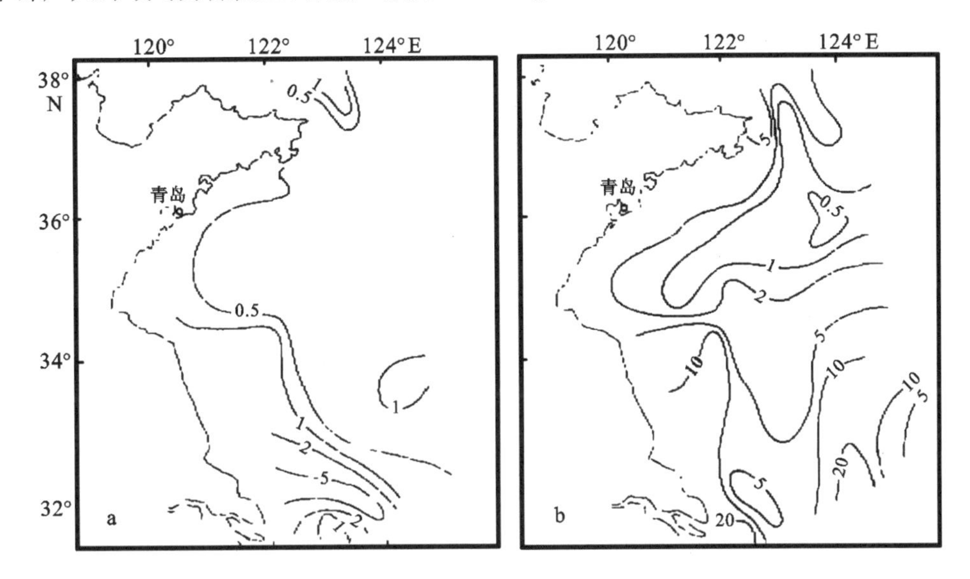

图 2　悬浮体含量(mg/L)的平面分布(1984 年 7 月)

a—表层　b—底层

综上所述,夏季悬浮体的分布可以分为三个大区:一是南部高值区,二是北部中值区,三是中部低值区。南部又可进一步分为三个亚区:一是长江口外,二是苏北近岸一带,三是调查区的东南部。南部三个亚区的形成,可能代表了不同物源的影响。

二、悬浮体含量的垂直分布

关于垂直分布的特征可选取北部、中部和南部四个剖面作为代表(图 3)。为了了解其含量的连续变化,剖面中的数值均从海水透光度与悬浮体的回归方程中求得(详见下文)。

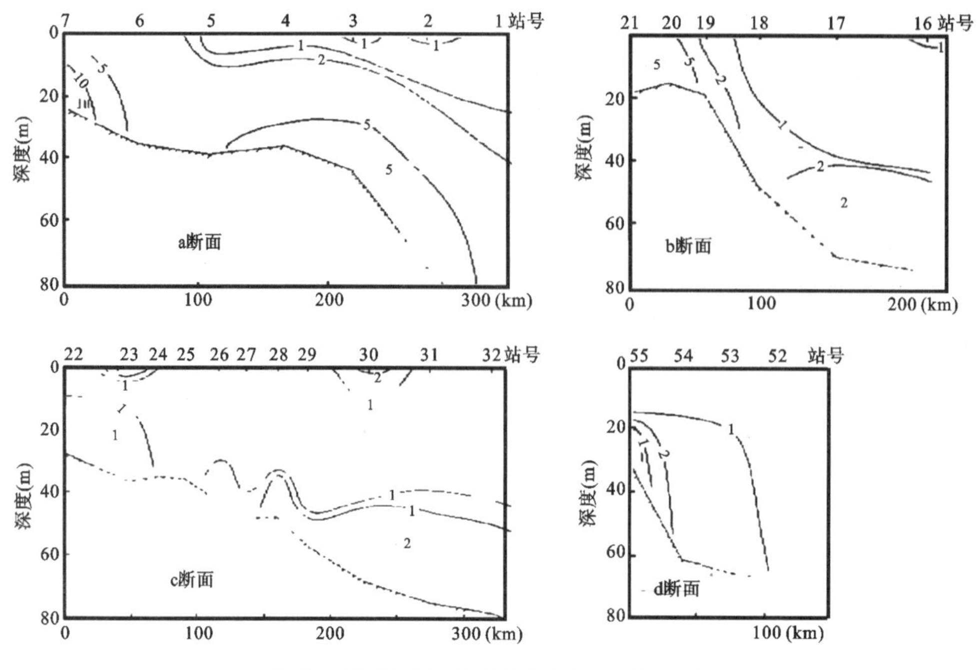

图 3　悬浮体含量的垂直分布(1981 年 7 月)

(剖面位置见图 1)

长江口外剖面显示,长江有一股浑水向其外伸出,但其正东方向的前峰(10 mg/L)并没有超过 123°E,再次证明了长江排放入海的物质在其东部的影响范围极其有限,其主体的运动方向是紧靠海岸向西南方向延伸[2],所以 124°30′E 附近底层海水中出现的高值,与直接排放入海的长江物质关系不密切,可能是已沉积或半沉积的物质重新悬浮所致。

苏北近岸一带上、下层之间差别较小,悬浮体处于强烈的混合状态。总的含量分布趋势是由岸向海方向逐渐减小,仅在水深较大的黄海中部才出现明显的分层现象。

海州湾剖面紧靠苏北,但与苏北不同,海水中悬浮体含量和垂向变化极小,显得单调。有些海域甚至出现近岸比远岸值低的现象,反映了近岸带的物质来源少。海水的动力条件比较稳定,没有物质的大量运移。

山东半岛东侧、高含量的悬浮体紧贴海岸分布,尤其是中下水层中其值更高,向外海方向含量迅速减小。

在含量的垂直分布上,常可在深水区见到较大的梯度变化,即所谓"悬浮体跃层"[1]。它的出现与海水中的盐度、温度、密度等跃层存在着密切的关系(图 4)。图中的悬浮体以透光度表示,故与悬浮体含量成负相关关系。关于"悬浮体跃层"问题,将在下文进一步讨论。这里不再赘述。

总之,可把垂直分布分为三种类型:一是强烈混合型,无明显的分层现象;二是上、下层之间存在着明显的分层性;三是处于两者之间的一种过渡状态。第一种分布于近岸一带,第二种分布于较远岸的深水区,第三种则分布于前两者之间以及河口附近。

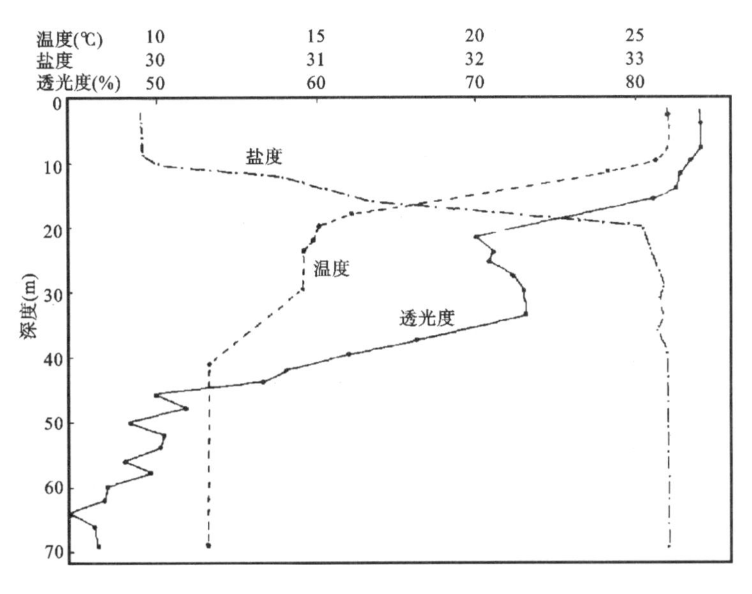

图 4 海水中温度、盐度和透光度关系的一个实例

三、悬浮体烧失量的分布和悬浮体中的一些生物信息

烧失量系指悬浮体在温度 500℃灼烧 1 h 之后所失去的重量，也称可燃组分，一般以百分数表示。烧失量主要是生物机体中易于烧失的部分，烧失量的多寡与悬浮体中含有生物数量的多少有关，所以它可作为生物含量的量度。相反，也可作为无机碎屑含量的量度。

表层悬浮体的烧失量一般较大，调查获得的最高值为 97%，位于 32°N，123°30′E 的长江口外的残留沉积区附近[2]。一般海域均在 60% 以上。底层悬浮体的烧失量较小，其中最高值仅达 71%，一般在 20% 以下。上、下层之间相差甚为悬殊。在水平分布方面，一般近岸较低，远岸较高。从表层的分布中可看出(图 5a)，大于 80% 的高值出现在广阔的海区中部与调查区的北端和南端附近。小于 40% 的低值区分布于近岸一带，苏北的低值甚至伸向外海。成为中部和南部两个高值的分界。其他海域为小于 60% 的中值区。对于底层，大于 20% 的就算比较高的，但其分布面积较小，主要在山东半岛东南侧以及南端和北端附近。其他海域均小于 20%(图 5b)。

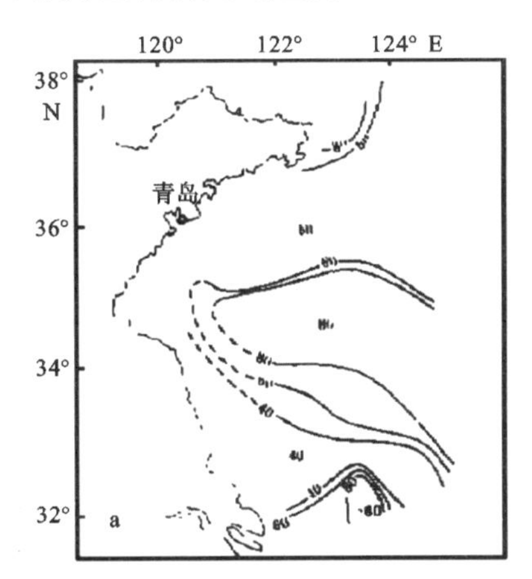

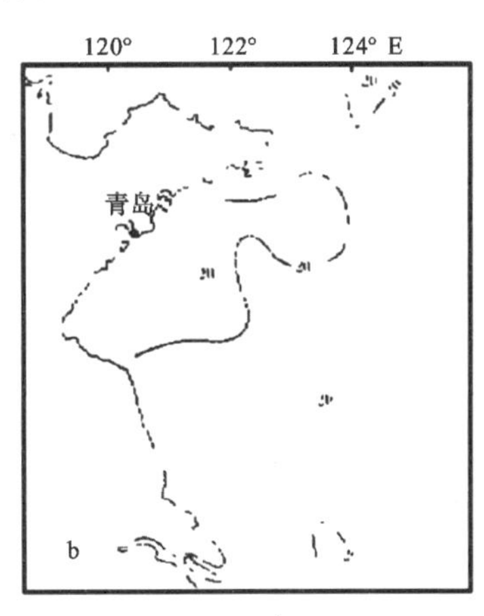

图 5 烧失量(%)分布

a—表层 b—底层

百分含量仅能表示出生物和非生物间的比例关系。如改用 mg/L 为单位则可反映出其

实际重量，表1为百分含量(%)和mg/L两种单位所作的比较。

表1 悬浮体烧失量的%和mg/L两种单位的数值比较

站号	4		6		10		16		33		45		52	
含量	%	mg/L	%	mg/L	%	mg/L	%	mg/L	%	mg/L	%	mg/L	%	mg/L
表层	38	0.38	74	0.70	55	0.57	73	0.19	81	0.29	45	0.17	57	0.12
底层	14	2.38	6	0.31	16	1.31	11	0.33	13	0.52	14	0.27	35	0.43

从表1中可看出，以百分比(%)表示的烧失量一般表层高，而以mg/L表示则往往表层低。这表明尽管底层海水的温度和所受的光照量较少，但作为浅水区的黄海，底层海水中的生物量仍较丰富。只是由于底层无机碎屑的影响，使其百分含量变小。海水中浮游生物的存在是影响远岸表层悬浮体的主要因素；而底层则受无机碎屑的控制。用显微镜对悬浮体标本进行的观察中亦可得到证实，如表层悬浮体标本中，尤其是远岸区，可看到数量上占据明显优势的浮游生物；而底层标本中，无机碎屑几乎掩盖了一切。由于远岸表层海水中的生物含量占主导地位，因此海水中的颗粒直径比近岸的粗。

关于悬浮体中的生物成分，据初步观察和鉴定，其中大的个体几乎全是一些海藻类，甚至肉眼也可轻易见到。小的个体中除了一些鱼卵和其他生物碎屑外，绝大部分是硅藻类。据扫描电镜对几个站标本的初步观察结果，已经发现了10余个属种的硅藻，它们主要是：宽边圆筛藻 *Coscinodiscus marginatus* Ehr.，虹彩圆筛藻 *Coscinodiscus oculusiridis* Ehr.，有翼圆筛藻 *Coscinodiscus bipartitus* Rattary，离心列圆筛藻囊区变种 *Coscinodiscus exceutrjcus* Var. *fasciaulatu* Hust，布氏双尾藻 *Ditylum brightwelli*(west)Grunow，小等刺硅鞭藻 *Dictyocha fibula* Ehr.，双菱藻 *Surirella* sp.，多甲藻 *Protoperidinium* sp.，曲舟藻 *Pleurosigma* sp.，双壁藻 *Diploneis* sp.，辐杆藻 *Bacteriastrum* sp.，硅鞭藻 *Dictyocha speculum* (Ehr.) Hackel等。它们的生态多样，有浮游的、底栖的，还有喜暖水性的。此外，还有很多无法确定种属的生物，它们的个体或群体往往比周围的无机碎屑颗粒大，形态也较特殊，易于分辨。

四、悬浮体的粒度

悬浮体是由各种形态和不同粒径的颗粒或集合体组成，其中除了大的和不规则的浮游生物外，一般为较细小的无机碎屑颗粒。

在近岸一带的表层海水中，它们以直径小于0.016 mm的细粉砂和小于0.004 mm的黏土颗粒为主构成，二者又往往以集合体或絮凝体的形式存在，大小不一。在滤膜上，由于各形体之间互相重叠、连成一片而难于获得较为完整的形态，主要成分是无机碎屑。相反，远岸则以零散分布的较大颗粒的单个个体为主，其中以不规则状的生物体占着绝对优势。无机碎屑主要是云母等片状矿物，其次是长石、石英等轻矿物，初步测得的最大直径为0.1～0.18 mm，一般有明显的棱角，有时还可见到较完整的外形。表明它们在进入水域之后一直是处于悬浮和半悬浮状态。并被运到远岸海域。

五、与悬浮体有关的几个问题的探讨

(一)悬浮体含量和透光度的关系

海水透光程度和海水中所含的物质颗粒(悬浮体)有着密切的关系(图6),颗粒的多寡和性质直接影响着透光度的强弱。在悬浮体测量过程中,对不同深度的海水进行连续采样和测量存在着一定的困难,而透光度则可通过仪器进行连续的测量和记录。所以,可用透光度值来获得悬浮体的含量,如以 y 代表海水透光度,x 为悬浮体含量。本次调查获得的悬浮体和透光度的关系式是[1]

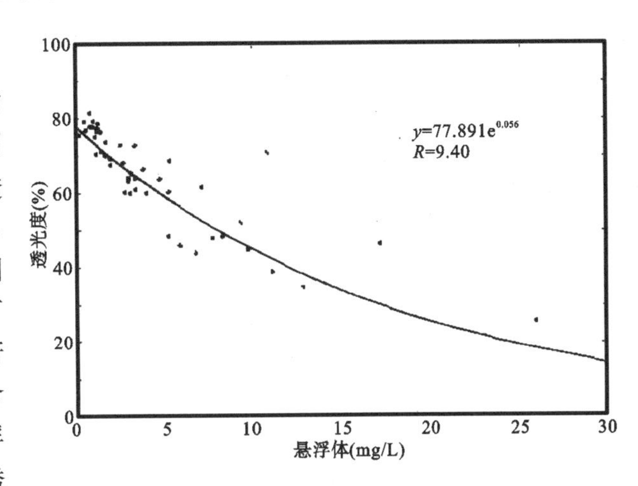

图 6　海水透光度和悬浮体含量的关系曲线

$$y=77.891e^{0.056x}$$

(二)悬浮体与温、盐、密跃层的关系

在南黄海存在冷水团的海域,海水的温度、盐度、密度等垂向变化上均存在着大的梯度变化,即存在跃层现象,而跃层的范围随季节不同而异。在有跃层的海区,悬浮体含量也存在着大的梯度变化(见图 4),即"悬浮体跃层"。其分布和变化趋势与温、盐、密跃层一致,只是后者的层面略浅,或者说"悬浮体跃层"位于温、盐、密跃层之下。据初步的研究认为[2],跃层界面附近存在着一个湍流边界层,使水体变得极为稳定和保守,并限制了潮流或海流的扩散。潮流和海流是物质在海水中运移的主要携带者和动力,既然潮流和海流的活动受限,物质的扩散,尤其是向上扩散也就受限。所以当入海的物质,由于本身密度的影响进入海水底层之后,在未成为海底永久性沉积物之前,在近岸区强烈的水动力作用下,它们还有向上扩散的可能。当它们向外海运移、并处于水文跃层之下时,它们的扩散将受到跃层的控制。跃层的存在如一层无形的单向阀,在一般情况下仅允许物质进入,只有在跃层的界面受到破坏时,才可能有一部分物质溢出,两大部分将处在它的控制下,富集于底层海水中,并形成了一个"悬浮体跃层"。所以,悬浮体跃层的存在、扩大或缩小将随着温盐跃层的变化而改变。物质在底层海水中的运移也在跃层之下进行。

(三)悬浮体来源

前述南、北两个近岸分布的悬浮体高含量区,正是两个以无机碎屑为主的物质来源区。其一是输入渤海的现代黄河物质,它是在沿岸流的作用下进入调查区的北部海域。在进入本区时,虽已是强弩之末,但仍是黄海重要的物质来源。其二是长江口到苏北一带,它是南黄海影响面积最大的物质来源区。可分为苏北和长江口两个部分。苏北源区是历时 7 个多世纪在苏北入海的古黄河物质再悬浮之后形成的。据历史记载和统计,在水动力的作用下,苏北海岸正以每年 30～110 m 的速度被侵蚀后退[3],使大量物质被携带入海。另一方面,苏北一带是南黄海西部潮流速度最大的海域(图 7)[4,5],最大潮流速度可达 140 cm/s 以上。强大的潮流对海底的冲刷和侵蚀，在苏北岸外塑造了著名的五条沙潮成地貌景观，同时也造成了大量物质重新被悬浮、搬运和再沉积。在苏北近岸一带的水域中形成大面积分布的浑水区，尤其是在大潮和大风浪期间。那里千里赤水、浊浪排空的海况极为壮观，大量物质的悬浮和运移使那里成为南黄海重要物源区之一。至于长江源区显然是长江的入海物质。处于研究区南界的长江平均每年有 4.8×10^{8} t 的泥沙入海，如此大量泥沙的运移，自然会对本区的悬浮体数量产生影响。但从海水中悬浮体含量的分布来看，长江源区仅有一小部分物质和苏北源区的物质混合，大部分的排放物与苏北区无关。从7月中旬卫星图像中也可看到，长江入海的浑水舌与苏北浑水之间存在着明显的清水区（图8）。另外，长江口外残留沉积区的存在，表明长江的入海物质并无大量的东移和北进。因此可认为，现代的长江口入海物质仅影响到南黄海南缘有限的局部海域，或者说研究区南部出现的悬浮体高含量区主要是苏北再悬浮物质的影响。

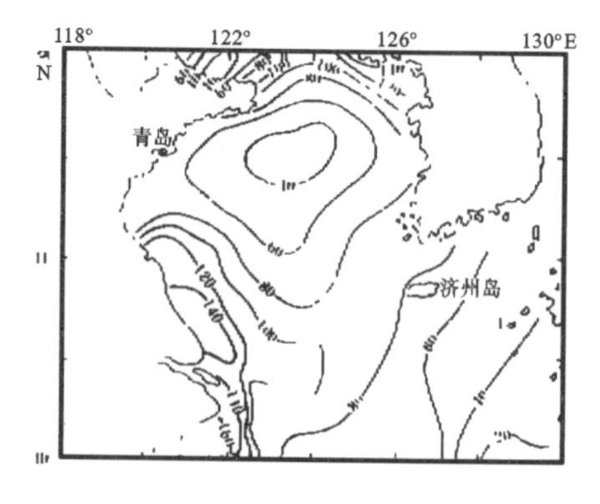

图7 南黄海最大潮流分布图

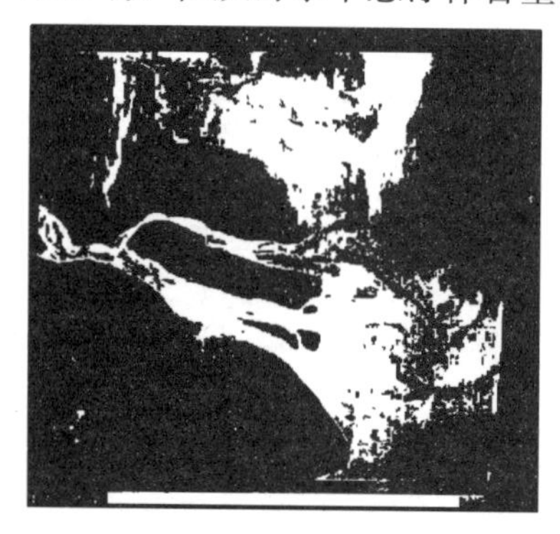
图8 长江口卫星图像(1981.7.15)

总之，南、北两个源区物质的性质是不同的，一是现代河流的入海物质，一是沉积物的再悬浮，但无论是前者还是后者，均与黄河的物质有关。

六、结论

(1)7月正值长江和黄河的丰水期，大量物质被排放入海，但对黄海海区悬浮体来说，并未构成其主要来源，而沉积物的再悬浮则起着重要的支配地位，其次才是现代河流的入海物质，海水中的生物组分居第三位。

(2)现代河流入海物质的影响范围集中在研究区的南端和北端附近。

(3)苏北一带的悬浮体是南黄海物质向外海扩散的主要物源，其扩散强度显然超出本区，可影响到东海北部。

(4)温度、盐度和密度跃层的存在限制了悬浮物在垂直方向上的扩散和混合，导致悬浮体含量也出现“跃层”分布现象。

(5)悬浮体的扩散和运移的主要途径不是通过海水表层，而是在表层以下的水体中，尤其是底层的水体中进行，以悬浮—沉积—再悬浮—再沉积的方式进行着物质的运移和交换。

(6)远岸生物体相对数量的增多，导致海水中物质颗粒直径大小的分布出现反常，即近岸细远岸粗。

(7)作为浅水区的南黄海，底层海水中仍存在着丰富的生物活动和影响。

扫描电镜工作由董太禄、黄求获同志完成。硅藻种属的鉴定由郭玉洁、周汉秋等同志协助，仅此致谢。

参考文献

[1] 秦蕴珊、李凡、郑铁民、徐善民，南黄海冬季海水中悬浮体的研究.海洋科学，10(1986)，6：1-7.
[2] 秦蕴珊、郑铁民，东海大陆架沉积物分布特征的初步探讨.黄东海地质，科学出版社，1982：89-51.
[3] 虞志英、陈德昌、金镠，江苏北部旧黄河水下三角洲的形成及其侵蚀改造，海洋学报，8(1986)，2：197-206.
[4] 丁文兰，东海潮汐和潮流特征的研究，海洋科学集刊，第 21 集，科学出版社，1984：135-148.
[5] 丁文兰，渤海和黄海潮汐潮流分布的基本特征，海洋科学集刊，第 25 集，科学出版社，1985：27-40.

本文刊于 1990 年《海洋学报》 第 12 卷 第 6 期
作者：郑铁民 赵一阳 李 凡 秦蕴珊 J·D·米里曼

海底资源开发中的灾害地质问题

一

近20年来,随着海洋石油开发的迅猛发展,海底灾害性地质问题越来越引起有关部门的重视,良好的地层条件将使石油开发工程顺利进行,反之,则事倍功半,甚至前功尽弃,因遇地质灾害而造成重大损失者不乏其例。如1969年美国密西西比河三角洲上三个石油井架曾因克米尔飓风引起的海底滑坡而倾倒;1973年3月墨西哥湾海区曾发生一起浅层天然气喷发而引起平台失火。在我国,1977年莺歌海盆地作业的一个自升式钻井平台,在水深75米处海底插桩时,两条腿插入了三米处即稳定,而另一条腿插入21米尚不稳定,以致平台倾斜位移;1980年8月,一台自升式平台在珠江口盆地遇上了上硬下软的所谓"鸡蛋壳"式地层,钻井突然下陷,迫使钻井移位,等等。实践证明,灾害地质问题已成为海洋油气开发成败的重要问题之一,因而成为油气开发前期研究工作的重要组成部分,同时灾害性地质问题,不仅与油气开发有关,而且与港工建筑、海底其他工程(如国防工程)等都有密切关系。

二

从工程上看,灾害地质问题,主要是海底的稳定性问题。灾害地质的研究即是采用各种先进的技术手段,调查研究影响海底工程设施中各种不稳定因素的特征、分布规律、形成原因等等,以便因势利导,保证工程之顺利进展。

灾害地质现象可分两类:一是由地层内部各种不稳定因素导致的灾害,如各种类型的埋藏古河道、古湖泊沼泽;活动性断层或浅断层;崩塌或海底滑坡;浅层高压储气层;沉积物垂向物理性质的突变;底辟作用,等等。另一类是与地形地貌发育有关的不稳定因素,如各种活动的水下沙丘、沙坡、潮流沙脊群等;泥流、潮流沙脊群等;泥流;强烈的海底侵蚀或堆积;各种沟谷地貌,等等。

上述灾害性地质地貌现象因各海区的构造背景,发育历史,沉积环境变迁,及现代水动力条件等的不同而表现各异。我国陆架海晚第四纪以来历经沧桑变化,陆架海底广泛分布着大小不同、形状各异的埋藏古河道、古三角洲、古湖泊等等。这是影响海上钻井工程最多的一种不稳定因素。

埋藏古河道:从河床断面的形态上可分为对称型的、不对称型的、双层或多层的、窄陡的、复式的等类型。它们组成了一个大小不等的水系,如古黄河水系、古长江水系、莺歌海盆地古水系等。埋藏古三角洲常具有大型交错层系,有的具有浅层天然气。埋藏古湖泊为大小不同的蝶形凹地,充填沉积物为具有大型水平或低角度平行斜层理的细软沉积物,稳定性差。

双层或多层古河道多为河流发育，河曲摆动形成的。有些记录剖面中可以清楚地看到，下部河床起伏不定，充填沉积物具高角度的大型交错层系，上部河床渐变为宽浅的凹地，沉积物具水平或低角度斜层理，再往上为细软的海相沉积，即所谓声学透明层，这是一套完整的海侵层序，南黄海、莺歌海区都有发现，为研究调查区的古环境变化提供了有价值的资料。

断层：实测记录表明，更新世地层中有的发育一些断层，断距一般为 5～15 m，其中有些向下延伸，可能与下部地层活动有关，有的仅在上部发育。显然，海底断层造成的沉积物的垂直位移对海底施工安全有一定影响。

海底滑坡：目前我们尚没有大型海底滑坡的地球物理记录。但据中科院海洋研究所对台湾浅滩地区的调查，那里有大型的滑坡，其表现：1978 与 1982 年地形对比，100 m 等深线向北后退最大约 45 km，显然，这是受本区活跃的地震活动的影响，同时，也可能为台风形成的海底地层触发性滑动。其他，在涠洲岛附近、南海北部大陆架边缘、长江口外部见有规模不等的滑坡。

底辟作用：一般规模较小。

沉积物层物理性的突变：即所谓“鸡蛋壳”式地层。在长江口、黄河口海滩及近滨发现，70 年代初，长江口区曾有一潜水员陷入丧生。记录谱上有类似的记录，但无钻孔资料证明。

海底沙丘、沙坡、潮流沙脊群：在我国陆架海底上，是规模很大、分布较广的危险性地貌类型。沙坡本身的巨大起伏已经对输油管线的铺设造成影响，而沙丘群的活动则对其造成更大的威胁。

群体凹坑：其成因可能与下部早期天然气的喷溢有关。莺歌海盆地、珠江口盆地等都有发现。

泥流：主要在大河口三角洲区，如长江口、黄河口外都见有一类似于异重流或浊流的泥流。泥流的活动有可能造成强烈的海底侵蚀(主要在陆坡区)或淤积。

海底侵蚀和堆积：显然，它们对输油管线的铺设，甚至对石油平台的安全以及其他水下工程，都有直接影响。很可惜，当前这部分工作国内尚未开展。它是沉积动力学研究的重要内容，从灾害性地质的角度上看，也是不可缺少的组成部分。目前国际上已蓬勃发展，建议今后应当予以重视，引进或研究设备，填补空白。

沟谷地貌：可能与海底侵蚀作用或断层发育有关。

三

我国海底灾害性地质的调查工作刚刚起步，手段尚不完备，内容尚不全面。但是，由于紧密联系实际，也取得了不少成绩。下一步希望能够补充和改进调查设备，增加调查内容，培养人才，结合钻孔资料，提高对灾害性地质现象的识别能力，深入研究灾害性地质现象的规律性，有目的地做些实验研究，同时，也应充分利用这些手段促进海洋地质相邻学科的发展，以便更好地为社会主义现代化建设服务。

本文为 1990 年在广州举行的学术会议报告摘要

作者：秦蕴珊

中国近海细粒级沉积物中的方解石分布、成因及其地质意义

摘要:近年来的中国近海陆架沉积学研究中,方解石在黏土级(<2 μm)沉积物中的存在引起了许多学者的注意。它已被用做指示黄河沉积物运移的标志性矿物。本研究使用X射线衍射的方法分析了中国近海295个表层样品,并探索了方解石矿物的X射线衍射定量分析方法。结果表明:①中国近海沉积物中除少数样品外,几乎普遍存在方解石矿物;②黄河物质富含方解石。其输运与沉积基本上控制着渤海和南黄海的方解石分布;③东海和南海的方解石分布趋势呈沿岸低、向外海方向增高,与钙质超微浮游生物的总量分布一致;④黄河物质中的方解石是陆源的,而东海和南海远离海岸地区的大量的方解石则是现代海洋生物沉积作用的产物;⑤由于方解石矿物在中国近海沉积物中广泛存在并且具有两种成因类型,在中国近海陆架上使用方解石矿物作为来源的标志应引起很大注意。

20世纪80年代以前,海洋细粒沉积物中的非黏土矿物组成之一——方解石的研究往往被忽视。自杨作升[1]和Milliman等人[2,3]相继报道方解石在黄河、长江入海物质的运移与鉴别中的明显意义以来,方解石的研究就被人们重视起来。但是在中国近海陆架上,方解石是否真的可以作为黄河物质的标志性矿物?这需要在对整个陆架区域的方解石分布、成因有一个全面的了解之后方能去回答。

本研究使用X射线衍射的方法分析了中国近海295个样品中的黏土级(<2 μm)方解石的百分含量,并对方解石的X射线衍射定量分析方法进行了探索。分析区域包括渤海全区、黄海大部、东海及冲绳海槽全区、南海北部陆架及北部湾全区。站位设置如图1和图2所示。

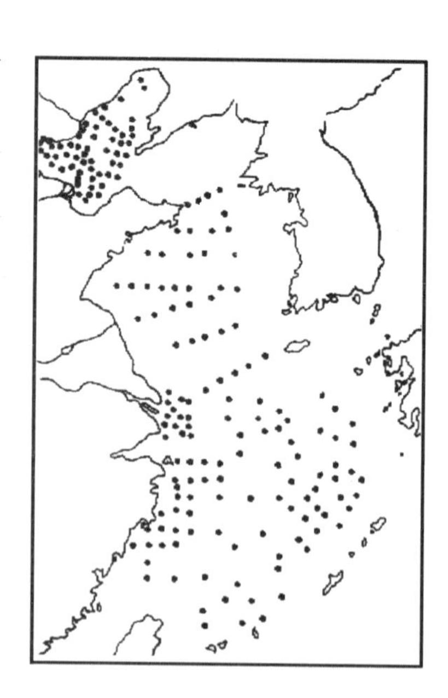

图1 渤海、黄海及东海取样站位图

一、定量分析方法

细粒级中方解石矿物的定量分析是一项有待进一步探索的工作。有关中国近海方解石的文献中,尚未见有关绝对定量分析内容的报道。本研究所使用的定量分析方法,是作者的一次尝试,现简述如下。

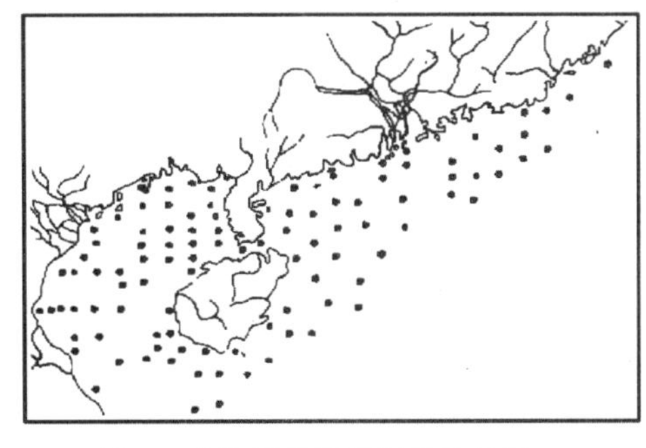
图 2 南海及北部湾取样站位图

众所周知，方解石在 X 射线衍射图谱上的特征反映是 29.4°2θ 的衍射峰。此峰的高低（或强度）与样片的厚度、方解石的含量、结晶程度及其中的阳离子类质同象程度等诸因素有关。从理论上找出峰强度与以上诸因素的相关关系已经非常困难，而要把这些理论上的相关关系应用于实际分析工作中则更加困难。这意味着我们必须寻找其他途径。工作中，我们首先设计了控制样片厚度的方法[4]。其次，把在同样仪器条件（一般为电压 40 kV，管流 50 mA，扫描速度为 2°2θ/min，扫描范围为 15°～40°2θ）下得到的衍射峰的强度与样品的其他分析项目的数据相对比。进行统计分析，以求找到某种新的方法。

通过相关分析我们发现，中国近海 295 个样品中的方解石峰高（29.4°2θ）与元素 Ca 的含量的相关数高达 0.9995，几乎呈直线型关系。二者的回归方程为

$$Ca\% = 0.136\ H + 0.068 \tag{1}$$

式(1)中，Ca%为 X 荧光元素分析得到的样品中 Ca 的百分含量值，H 为方解石特征峰（29.4°2θ）的峰高值（以 mm 计）。从 Ca%与 H 的近乎直线型的相关关系可以推知：①峰高 H 与方解石的含量直接相关；②小于 2 μm 粒级中 Ca 的存在形式基本上是单一的方解石矿物形式，其他存在方式可以忽略不计。这样，我们自然可以由式(1)推导出下式：

$$CaCO_3\% = 0.34\ H + 0.17 \tag{2}$$

式(2)即是我们要得到的方解石百分含量（$CaCO_3$%）与其特征峰峰高 H 的关系式。实际上，在描述方解石在海洋沉积物中的分布时，是否对峰高与含量进行换算对于分析结果已无大影响，这主要是因为二者呈近乎直线型的关系。需指出的是，使用上述方法计算方解石的百分含量，一定要控制样片厚度和保持恒定的仪器条件[4]。不同的海区和制样厚度将得出不同的关系式。本次工作的制样厚度设定为 50 μm。

二、分析结果及讨论

非黏土矿物方解石在中国近海细粒级沉积物中的分布比较普遍。除部分近岸站位未出现 29.4°2θ 方解石衍射峰外，其他区域基本上皆有大小不同的衍射峰，说明其含量变化较大。值得注意的是，南黄海中部部分站位未发现 29.4°2θ 的衍射峰，这说明这一地区的方解石含量甚微。

由表 1 可看出，冲绳海槽、南海北部陆架区和东海陆架区都含有相对于黄河影响较强烈的渤海及南黄海更高的方解石。显然，使用方解石作为黄河物质的指示性矿物以区别长江物质的方法[1~3]应引起广泛注意。黄河物质即使能被搬运到整个中国近海陆架，也很难出现上述远离黄河入海口的东海陆架、冲绳海槽和南海北部陆架的高含量的来自黄河的方解石。这些方解石矿物应与黄河物质无关，而是另一种成因的矿物。分析一下方解石在中国近海的分布情况则很容易证明这一点。

表 1 各海区方解石的含量平均值

海区	分析样品数	峰高值(mm)	含量(%)
渤海	61	18.7	6.5
南黄海	38	12.2	4.3
东海陆架区	62	19.6	6.8
冲绳海槽	35	64.3	22.0
南海北部陆架区	50	27.4	9.5
北部湾	49	11.0	3.9

由图 3 和图 4 可看出:①在黄河口、长江口和珠江口三大河口区中,以黄河口方解石的含量最高(达 15.5%,峰高为 45 mm),长江口次之(介于 2%~5%之间,峰高 5~15 mm),珠江口最低(在 0~3.5%之间,峰高为 0~10 mm)。南黄海废黄河口区方解石的含量亦高达 12%(峰高为 35 mm)。而且在三大河口区中,方解石的分布均呈明显的向外海方向增高(长江口和珠江口)或减低(黄河口和废黄河口)的趋势,这说明以方解石来区别黄河和长江沉积物是有一定合理性的。②在河口区近海方解石的分布反映了河流入海物质的影响范围。在渤海中,黄河的影响可达渤海中部;在南黄海中,废黄河口区再悬浮物质的影响则仅局限于黄海西部,对南黄海的槽底及东部海区则影响甚微或无影响。南黄海中部泥块区的极低含量的方解石说明,这块细粒沉积物的物质来源应与黄河无关。传统的解释认为,这一细粒沉积区来源于现代黄海物质绕过胶东半岛东端进入该区沉积[5]或属现代黄海暖流沉积[6];而最近的研究则认为,该区或者是末次冰期前的某一条与黄河物质成分差异很大的河流的河口细粒沉积物的残留物,称之为“残留泥”[7],或者是陆架沙漠化的衍生沉积物[9,10],其实也是一种形式的细粒残留沉积物。与渤海和黄海相似,长江口近岸南下的低方解石分布带和长江口外东部海区的大面积含量在 5%~9%(峰高为 15~25 mm)的区域,均可作为低含量方解石的长江物质的影响范围,而珠江口沿岸向西偏转南下的含量在 0~3.5%的区域又反映了珠江物质的影响范围。以上均为方解石矿物作为河流入海物的标志的有效的范例。③然而与渤海和南黄海的情况相反,东海陆架至冲绳海槽、南海北部陆架和北部湾均出现明显而相似的分布趋势,即近岸方解石含量较低,向外海方向明显地增高,外海许多区域方解石的含量已明显高于黄河口方解石的含量。很明显,这种完全相反的分布预示着一种与陆源物质输入可能完全无关的沉积作用机制。为了搞清楚这种看起来是异常的分布的成因,我们把黄河口区的样品和冲绳海槽、东海外陆架及南海外陆架的样品做了扫描电子显微镜观察。结果

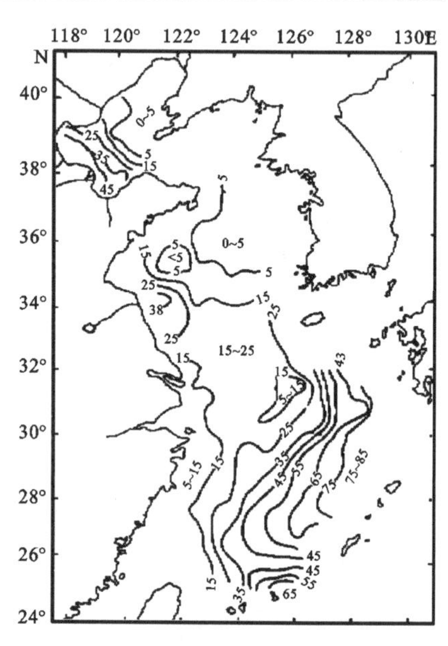

图 3 渤海、黄海及东海细粒沉积物中的方解石的峰高(mm)

表明，黄河口区样品几乎未发现颗石藻壳体，而在研究的其他海区的样品中则观察到了大量的颗石藻壳体或碎片，但未见有完整的球体。事实上，20 世纪 80 年代初以来，许多研究者相继报道了东海表层沉积物的钙质超微浮游生物的研究成果。汪品先等人[11,12]及章纪军等[13,14]的研究成果表明，许多钙质超微浮游生物的种属含量及超微浮游生物在表层沉积物中的总含量在东海及冲绳海槽中都随着离岸距离加大、水深变深而增加（图 5），这与本研究的结果是相一致的。由此可知，东海和南海的高含量方解石应与现代海洋生物沉积作用密切相关，这些方解石大多是以钙质超微浮游生物沉积的形式存在于表层沉积物之中的，它与来源于黄河的陆源方解石有明显的成因差别。因此，在东海和南海海区使用方解石矿物作为河流物质的标志物[1~3]时，首先要区别两种不同成因的方解石。而就目前的研究水平所限，定量地区分这两种成因的方解石是困难的。

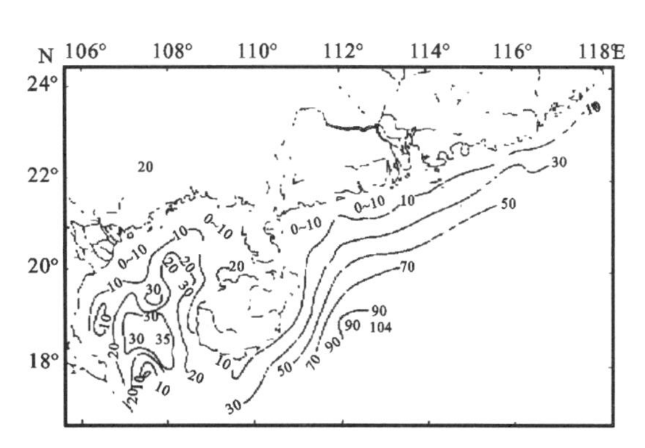

图 4　南海及北部湾细粒级沉积物中方解石的峰高(mm)

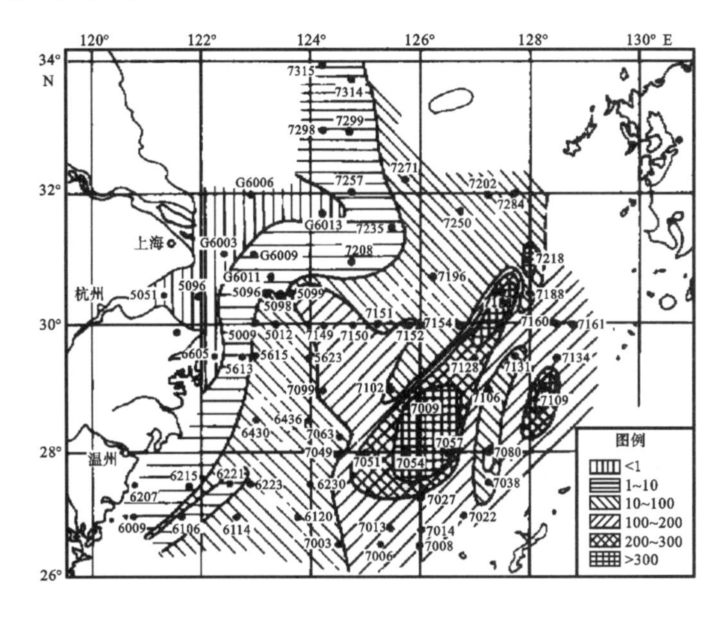

图 5　东海表层沉积物中钙质超微浮游生物的含量方布(每视域中的个数,400)[1]

三、几点结论

(1)使用统计学的方法，进行如本文所述的方解石矿物 X 射线衍射定量分析是有效的。

(2)中国近海细粒级沉积物中的方解石基本上是两种成因的。一种是以黄河物质输入为代表的陆源型成因类型，另一种是以颗石藻等生物沉积为代表的海洋生物沉积型。

(3)在渤海与黄海海区中，使用方解石作为黄河物质的指示性矿物是有效的；而在东海和南海中使用同样的指标则要区分开生物成因与陆源方解石。这在目前是困难的。

(4)在渤海和黄海中,方解石含量随离岸距离加大而减少,说明黄河物质影响逐渐微弱;而在南海和东海,分布情况则相反,离岸越远,方解石含量越大,说明其海洋生物沉积作用逐渐增强。

(5)鉴于方解石矿物分布有明显的规律性,细粒级沉积物中的方解石矿物可望成为研究海洋沉积物的成因、来源、运移等的有效手段。在今后的海洋沉积学研究中将会有越来越明显的地质意义。

参考文献

[1] Ynag. Z. S.(杨作升) and J. D. Milliman. Fine-grained sediments of the ChangJiang and Huanghe rivers and sediment sources of the East China Sea. Proc. int. Svm. On Sedimentation on the Continental Shell, with Spec. Rel. to the East China Sea, China Ocean Press, Beijing, 1983, 405-415.

[2] Milliman, J. D., et al., Transport and deposition of river sediment in the Changjiang estuary and adjacent continental shelf. Continental Shell Research. 4(1985a), 37-45.

[3] Milliman, J. D., et al., Modern Huanghe derived muds on the outer shelf of the East China Sea: identification and potential transport mechanisms. Continental Shelf Research, 4(1985b), 175-188.

[4] 李国刚. X射线衍射黏土矿物分析制样方法. 海洋科学,10(1986),2:13-18.

[5] Qin Y. S.(秦蕴珊) and Li Fan(李凡),Study of influence of sediment loads from Huanghe River on sedimentation in Bohai Sea and Huanghai Sea. Proc. int. Svm. Sedimentation on the Continental Shell, with Spec. Rel. to the East China Sea, China Ocean Press, Beijing, 1983, 83-92.

[6] 刘敏厚,吴世迎,王永吉. 黄海晚第四纪沉积. 海洋出版社,1987,31-36.

[7] 李国刚. 中国近海表层沉积物中黏土矿物的组成、分布及其地质意义. 海洋学报,12(1990),4:470-479.

[8] Zhao Songling(赵松龄) and Li Guogang(李国刚). Desertization on the shelves adjacent to China in the later Late Plieistocene. Cihu. J. Oceanol. Limnol. (English Version). 8(1990), 4 (forthcoming).

[9] Zhao Songling(赵松龄) and Li Guogang(李国刚). Origin and shallow-layer structure of the sediments in the Yellow Sea trough. Acta Oceanologica Sinica. 10(1991), 1:107-115.

[10] 汪品先等. 东海表层沉积物中钙质超微浮游生物的初步研究. 海洋学报,3 (1981):188-192.

[11] Wang P.(汪品先) and C. Samtleben. Calcareous nannoplankton in surface sediments of the East China Sea. Marine Micropaleontology, 7(1983): 100-103.

[12] Wang P.(汪品先) et al., Distribution of calcareous nannoplankton in the East China Sea. Marine Micropaleontology. China Ocean Press. Beijing, 1985, 21-228.

[13] Zhang, J,(章纪军) and W. G. Siesser. Calcareous nannoplankton in continental shelf sediments, East China Sea. Micropaleontology. 23(1986):271-281.

[14] Zhang, J,(章纪军). Calcareous nannoplankton in surface sediments of the East China Sea and its environmental implications. Acta Oceanologica Sinica (English version), 7 (1988), 2:266-285.

本文刊于1991年《海洋学报》 第13卷 第3期

作者:李国刚 秦蕴珊

气候变化及海岸环境

提要：中国的黄河三角洲及其沿岸与意大利波河(Po River)三角洲及其沿岸，尽管地理位置相距甚远，环境条件又完全不同，但通过对比研究，发现两者在演化趋势方面确有相同之处，特别是对比全球性气候变化，更表现出与气候变化相对应的周期性。主要表现在冷/湿气候期 1300～1400A. D. 和 1550～1850A. D. ，及短时间尺度 10～35 年冷/湿与热/干气候期的交替都直接影响河流的发育及海岸线的变迁。

关键词：黄河三角洲　波河三角洲　气候　环境

从世界范围内的观测，自 20 世纪初，全球性海岸地区处于海退趋势，1950 年之后处于临界期。这种情况与 19 世纪的总趋势是相反的。意大利有 8 000 km 的海岸线，记录了海岸带的明显变迁。现今意大利约 45%海岸地区处于海侵性的侵蚀状态，而这一状态在 20 世纪 50 年代中表现很明显，随后又处于相对稳定状态。

众所周知，地质历史的记录，表明了几次大的气候变化。运用地质、地貌、冰川、古植被、考古以及历史记载的研究，可以相当精确地恢复历史时期的气候变化。理论上认识，最有价值的资料应该是有史以来的气象学记录。

气候变化影响环境，对于冰川、河流、植被的影响是很容易识别的，而对于海岸带的影响显得相当复杂。

一方面是由于人类的活动，另一方面，重要的原因是海岸带是处于“动力学平衡”的区域，这一特征使其与其他稳定环境相比就显得复杂。事实上，海岸带是处于海、陆界线之间，而控制平衡的因素主要是由河流搬运、供给的沉积物，海岸在波浪、潮汐侵蚀及再搬运作用和风搬运作用下的沉积。

我们的研究目的在于充分考虑自然条件、气候变化对海岸带演化的影响，及现代人类对海岸环境的改造。根据收集到的资料，进行理论上的推算来设计对海岸环境的保护。通过对阿尔卑斯冰川前缘在过去 3 000 年中，反映出五次“寒冷/湿润”阶段与“温暖/干燥”阶段的更替，现在已被证实。在欧洲，冷期造成几次大的洪水灾害，发生在 1300～1400A. D. 和 1550～1850A. D. 。

在较长时间气候周期中，短时间的周期(10～35 年)，寒冷、多雨气候与温暖、干燥气候的更替称为“布鲁克纳”周期(Bruckner Cycles)(Brückner，1890)。图 1 表示树的年轮研究的标准曲线(Bartholin，1984)，记录了自公元 436 年至今的年轮变化，对应北欧相同时期(长时间尺度和短时间尺度)的气候变化。

通过对比不同的影响参数，如降雨量、温度、年轮曲线等，我们发现，气候变化的趋势不仅在欧洲是吻合的，而且在世界性范围内也是一致的。

图 2 记录了阿尔卑斯冰川变化，欧洲的年轮记录及英国中部、中国上海的温度变化记录，从公元 1500 年至今，最为明显的“温暖/干燥期发生在 20 世纪 70 年代中叶，随后寒冷/湿润期到来至今 20 年左右”。

干燥期特征是降雨量低，气候变暖，非洲沙漠区域扩大(沙哈拉区域)，中东、印度的西部及中国、日本的北部区域沙漠化。这一现象具有全球性(Ji，Yan et Lin，1988)，这一趋势继续发展，而且对自然环境有着很严重的影响。

气候变化对海岸带的影响，表现明显是在三角洲区域。当气候处于寒冷/湿润期，由于降雨量的增加，造成洪水，致使大量物质被搬运入海。这种现象不仅在欧洲常见，乃至北半球国家也都有类似的情况。典型的例子是美国的密西西比河。如图 3 所示，明显地看出三角洲叶在近 5 000 年以来的演化。

气候的摆动在欧洲表现是阿尔卑斯冰川的变化。主要在第四期(2 800～2 200 年 B. P.，对应年代为 850～250 B. C.。在这一阶段，坏的气候条件发生在 900～300 B. C.)；第五期(1900～700 年 B. P.，对应年代为 50～1250A. D.。在这一时期中，坏的气候条件是在 400～750 A. D.)；第七期(500～0 年 B. P.，对应年代为 1450～1950 A. D.)，在这一时期中 1550～1850 年之间称为小冰期。现仅从“小冰期”时期来研究和比较两个相距很远、完全不同的两条河流，意大利的波河和中国的黄河，这对于理解海岸带现状及演化趋势是十分重要和有意义的。

图 4 反映出波河三角洲系统在寒冷、湿润的气候条件下，即“小冰期”时的发育情况。事实上，从 20 世纪 70 年代中期开始的“温暖/干燥”的气候期，阵雨量减少，洪水、暴风雨都相对减少，使海岸带处于相对稳定的状态。在此期之前的 20 年是属寒冷/湿润期，但这 20 年与以前的寒冷期不同，岸线的后退，代替了海岸线的向前推进。

当然，强烈的暴风雨、波浪对河流的物质来源有很大影响。新的结果是由于人类的活动(转移海底沉积物，破坏沙丘，抽取地下水造成的地壳下沉等)，这些人类活动，起到控制沉积物质，防止对海岸的破坏。

图 5 和图 6，是记录黄河下游的演化过程及其河口的变化。

在过去的 3 000 年中，黄河下游随着气候变化而演化的事实，在世界上是很突出的：在 1128 年，处于寒冷/湿润期，黄河改道，从注入渤海，改道为注入黄海。随之而来的温暖—干燥气候期，称为中古气候佳期(medieval climatic optimum)(见图 1)。在 1855 年黄河又重新改道转入渤海，而这一时期是处于“小冰期”(little ice age)。如果我们研究一下 1855 年之后的海岸线变迁，图 6 所显示的海岸线的推进则是处在寒冷/湿润期，即处在 70 年代开始，温暖/干燥期之前的 20 年坏的气候条件。同时图 7 所反映的最近 40 年以来的黄河与波河的变化情况也是相当吻合的。

当我们在解释处于寒冷/湿润气候期的黄河三角洲海岸线向前推进，而波河三角洲的岸线在 20 世纪 50 年代，60 年代则处于后退，我们需要认识到黄河的大量物质来源，而波河由于物质的不足处于侵蚀的状态。

事实上气候条件只能说明，强烈暴风雨的次数增加，这样引起海岸的进、退。对比黄河、波河，我们分析一下两者的进、退原因。在寒冷/湿润气候期，海岸带的平衡，主要受控于河流物质来源的多少，以及暴风雨的次数，如果物源供给大于波浪对沉积物的再搬运，这样海岸带就会自然加宽，反之，物源不足会造成波浪对海岸侵蚀。在温暖/干燥气候期，暴风雨次数少，沉积物供给量也减少。

对于两个三角洲，1600 年至今由于大洪水造成大量沉积物入海，是发生在“小冰期”气候条件下，造成海岸的推进。

小尺度的气候变化在 10～35 年范围内，海岸的变化不大，特别是在 20 世纪 50 年代之后，主要是人类的活动控制了海岸的变化，这在波河表现明显。因为从河流输入物质减少，而海浪的侵蚀作用增强，而在黄河口，则主要仍然受自然条件的控制，气候的变化直接影响海岸带的动力平衡。

我们对比相距很远，而且环境条件完全不同的区域，目的是为了以新的、更综合的理论、观点研究过去和预测未来。因为自然条件和人类的活动对于海岸带的开发利用是非常重要的。

地质环境的变化不论从短时间尺度还是较长时间尺度上都直接或间接地受到气候变化的影响和控制。而对于气候变化规律、模式的研究，又需要根据地质记录(主要是根据在不同环境下保存的沉积物)，因而，尽管科学家都从各自的学科和研究角度，提供理论模式，进行综合分析，以期正确的认识过去，准确的预测未来。

本文提出了气候变化的规律，及较长时间尺度和较短时间尺度的周期性变化以及对河流三角洲及海岸带区域的影响，归纳如下：

(1)气候的分期特征。根据研究区域特点划分二类：一类寒冷/湿润气候；二是温暖/干燥气候。在寒冷/湿润气候特征是寒冷、多雨，而且经常有灾害性暴风雨，造成洪水。而温暖/干燥气候期的特征则是温暖、少雨、干燥，造成区域性沙漠化。当然，这些特征是具有区域性的，只是我们研究黄河、波河三角洲及沿海区域所涉及的。

(2)较长时间尺度的气候变化在公元 1300～1400 年和公元 1550～1850 年，为两个“小冰期”即属于上面提到的寒冷/湿润、多雨气候期。短时间尺度“10～35 年”的冷/湿，暖/干气候期的交替需要进一步研究其规律性和人类活动的影响，这对于预测未来，减少灾害是非常重要的。

(3)三角洲及海岸带的研究和治理，意大利有很多成功的经验，值得我们在进行这方面工作时学习和借鉴。

THE CLIMATIC CHANGES AND THE COASTAL ENVIRONMENT

Abstract Although the Yellow River Delta and Bohai Sea coastal zone are long distance and different environment with Po River Delta and Adriatic Sea coastal zone, the comparison of data of two different areas and the evolution trend of two areas are quite similar. The influence of natural climatic changes on the evolution of the deltas and coastal zones exists both in ancient and modern times. The cold / wet period occurred in 1300-1400A. D. and 1550-1850 A. D. within this "large scale" climatic cycle, and shorter periods (10-35 years) of cold rainy weather alternated with warm/dry period are known as "Bruckner cycles" which have influence on the evolution of the deltas and coastal zones.

Key Words: Yellow River Po River Adriatic Sea Climate Environment

Since the beginning of this century, everywhere in the world, the coastal areas have been affected by a widespread regression which reached the critical stage after 1950. This situation is in contrast with the general trend of accretion that has affected the coastal zone in the past century. The 8000 km of Italian coast show a large variety of shoreline.

Today about forty-five percent of the Italian coast is threatened by a progressive and general degradation which mainly is manifested as beach erosion. This phenomenon seemed to worsen in the 50's after a long period of general beach stability.

It is known that the geological records testify several climatic changes in the geological history.

Using geological, geomorphological, glaciological, paleobotanical, archeological and historical investigations, it has been possible to reconstruct the sequence of the climatic variations with a good accuracy especially for the historical times. Logically the best accuracy in the reconstructions is for the last years, thanks to the meteorological records.

The effects of climatic changes on the evolution of the natural environment are of primary importance.

While for glaciers, rivers and vegetation the effect of the climate is easy to recognize, for the coastal zone the configuration is more complex.

This happens, not only for the strong human influence that we have at present in the coastal area, but also because this area has a dynamic equilibrium that is necessary for its stability and that is more complex if compared with that one typical of all the other environments.

In fact, this area is the boundary between sea and land, and the agents that control this equilibrium are the sediment supply by rivers and the reworking of these sediments by the wave action generated on the sea surface by the wind.

The aim of this work is to consider the influence of natural climatic changes on the evolution of the coastal zone and the possible implication, in modern times, of human activities on the configuration of the present coastline.

On the basis of the data collected, it has formulated a hypothesis of general interest for the coastal environment to find the possibility to prevent the coastal erosion.

Considering the fluctuations of the ice front in the glaciers in Tirol (Al. ps) during the last 3000 years, five cold/wet periods, alternated with warm/dry periods, have been identified. The cold periods, producing in Europe several hydrogeological calamities, are:

1400- 1300 A. D. and 1550- 1850 A. D.

Within this "large scale" climatic cycle, shorter periods (10-35 years) of cold/rainy weather alternated with warm/dry periods are known as Bruckner cycles (Bruckner, 1890).

The dendrochronological standard curve in Fig. 1 (Bartholin, 1984) shows, from 436 A. D. up to the present time, the same climatic fluctuations (1arge and small scale) in the same periods in the northern Europe.

Utilizing the comparison among different parameters like rain-fall, temperature, dendrochronological curves, etc. it is possible to note the coincidence of a climatic trend in the some periods not only in Europe, but everywhere in the world.

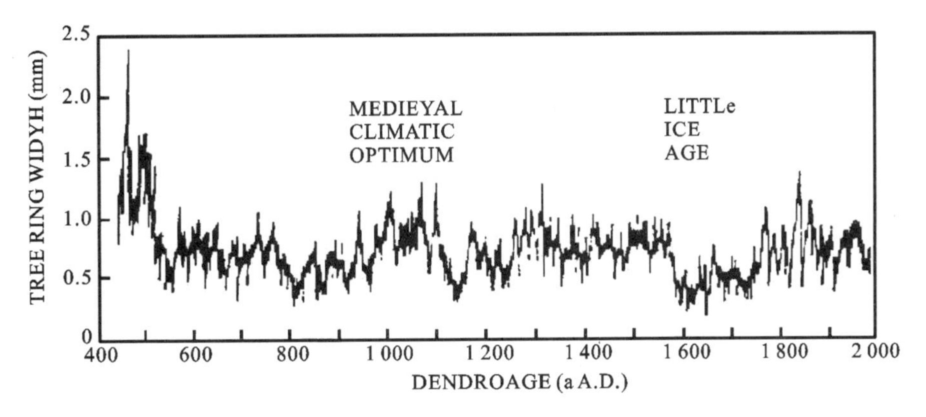

Fig. 1 Dendrochronological standard curve: Northern Sweden from 436 A. D. up to present (Bartholin, 1984)

The Fig. 2, according with the glacier fluctuations in Tirol and European dendrochronological data, shows a coincidence between central England and Shanghai temperature from 1500 up to present.

The presence of a warm/dry period is a particular evident today, beginning in the middle of 70's, after a cold/wet period of about twenty years.

This dry period, distinguished by low rain- fa11 and warm weather, caused an increasing of desertification in Africa (Sahel area), Middle East,

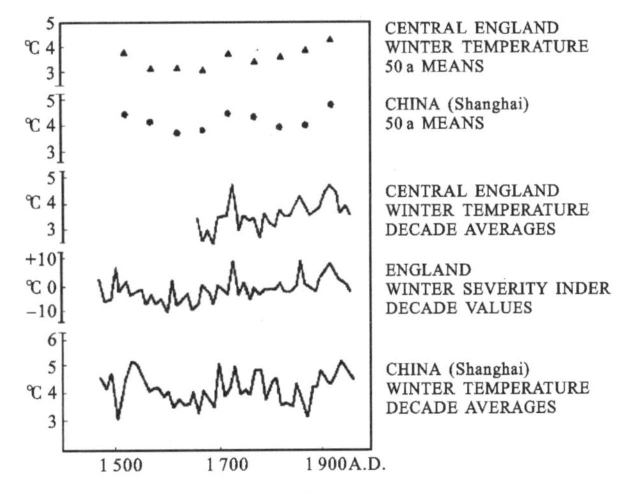

Fig. 2 Comparison between the winter temperature records for central England and China since 1500 A. D. (H. H. Lamb, 1982)

Western India, Northern China and Japan. It means that these phenomena are not regional, but of planetary interest (Ji, Yan and Liu, 1988) and they continue to develop and to have a strong influence on the natural environment.

A consequence very evident of the influence of the climatic changes in the coastal zone is shown by the deltas, progradation during the cold/wet periods, when there is a large amount of sediment yielded by floods due to the abundance of rain-fall and increasing of landslides in the mountains on the back.

This phenomenon is common not only in Europe, but in the whole northern hemisfere even in zones very far from European countries. A typical example is the evolution of the Mississipi (USA) shown in Fig. 3. It is an important note of the coincidence of the variations of the delta lobes, during the last 5000 years, with the cold/wet periods evidenced by the fluctuations of the ice front in the alpine glaciers in Europe. This is mainly evident for the phase 4 (2800- 2200 B. P. corresponding to 850- 250 B. C.) during the bad weather conditions of the period 900-300 B. C. ; the phase 5 (1900- 700 B. P. corresponding to 50-1250 A. D.) during the bad weather conditions of the period 400-750 A. D. ; the phase 7 (500-0 B. P. corresponding to 1450-1950 A. D.) during a period characterized by the "little ice age" in 1550-1850.

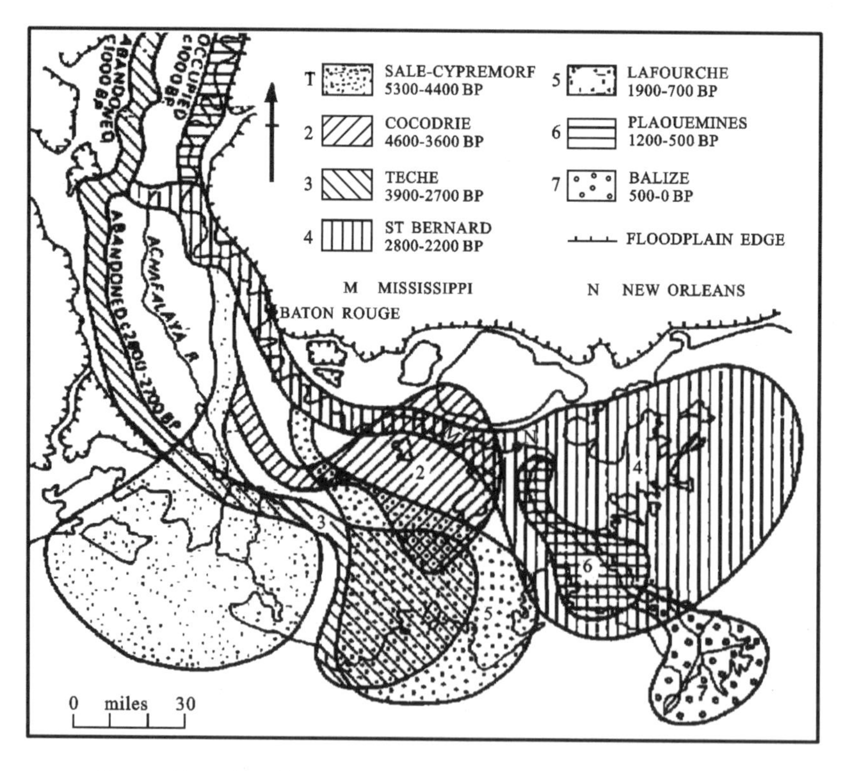

Fig. 3 Evolution of the Mississippi Delta during the last 5000 years

(Chorley, Schum, Sugden, 1984)

Considering only the times from the "little ice age" up to present, the comparison between two rivers very different and far like the Po River (Italy), and the Yellow River (China) is very interesting and the results are very important to understand the evolutional trend of the coastal zone in the modern times.

The Fig. 4 shows the correspondence between the major developing of the Po River Delta system and the cold/humid weather conditions during the "little ice age". Actually, from the middle of the 70's, the warm/dry weather without abundance of rain-fall, floods and storms points out a quiet situation along the coast after the precedent 20 years cold/wet period.

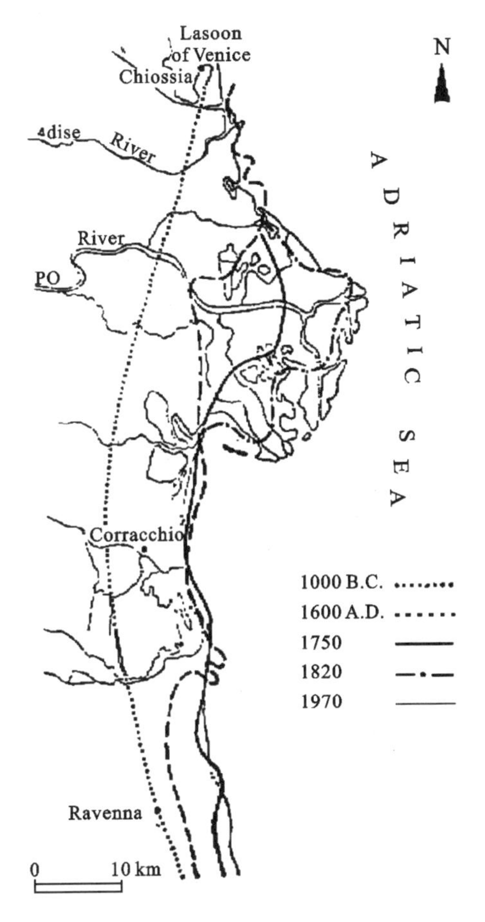

Fig. 4 Evolution of the Po River Delta (Nelson, 1970)

The difference with ancient times is that the last critical period, around 20 years, produced a regression of the shoreline instead of an advancing.

It means that the violence of the storm waves prevailed on the natural nourishment of the sediment yielded by the river. This new result is due to the human activity on the coastal zone (artificial removals of rivers' bed material, destruction of sand dunes, the subsidence by the artificial extractions of fluids, etc.) that diminished the sediment to the sea and permitted the prevailing of the storm attack.

The Fig. 5 and 6 show the evolution of the Yellow River and the variations of the mouthes.

The changes of the lower course of the Yellow River during the last 3000 years correspond to climatic variations well known everywhere in the world: the change from Bohai Sea to the Yellow Sea in 1128 corresponds to the cold/wet period following the warm/dry "medieval climatic optimum", (see Fig. 1) and the return from the Yellow Sea to the Bohai Sea happened in 1855 during the last phase of the "little ice age". On the other hand, if we consider the growing fate of the Yellow River Delta after 1855, it is possible to see a continuous advancing of the shoreline (Fig. 6) with the major increase during the cold/wet periods.

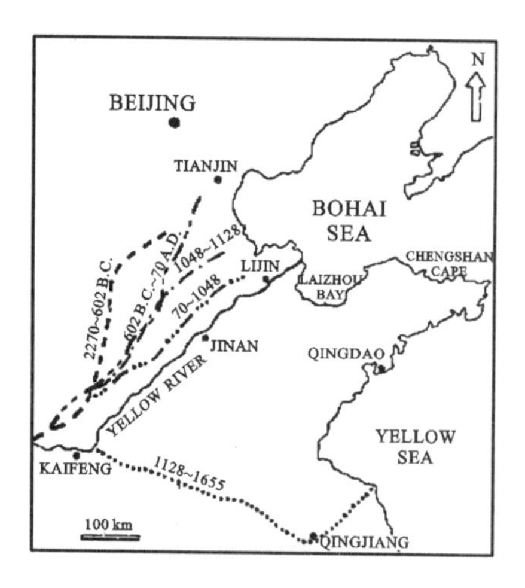

Fig. 5 The variations of the Yellow River from 2270 B. C. up to the present time (Liu Cangzi, H. J. Walker, 1989)

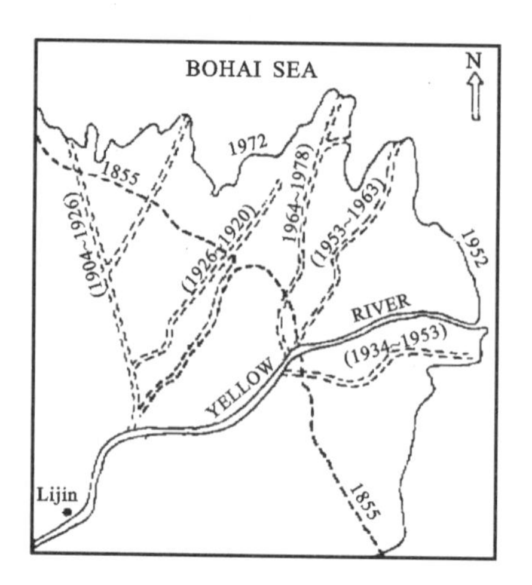

Fig. 6 The Yellow River Mouth's evolution from 1855 up to the present time (Yu Guohua, Bao Shudong, Li Zegang, 1987)

This is true even for the last 20 years' bad weather conditions before the present warm/dry period beginning after the 70's. The Fig. 7 diagram shows very good the coincidence for the last 40 years of the climatic changes valid for the Yellow River and The Po River in the same periods。

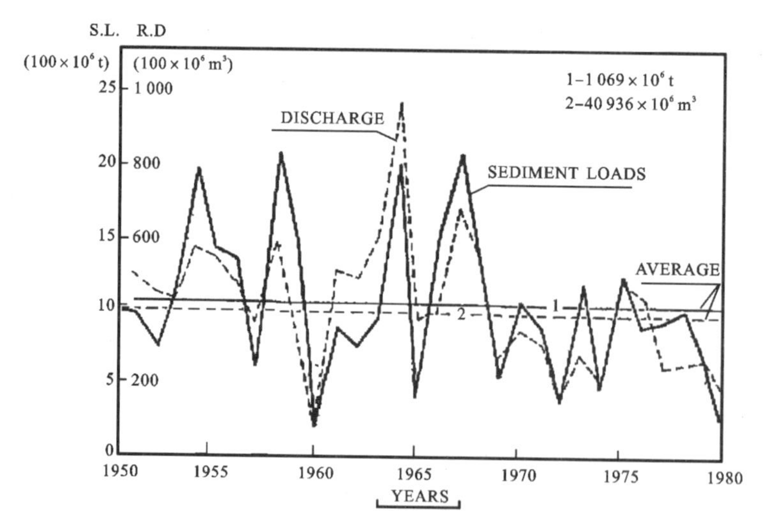

Fig. 7 Annual change of discharge and sediment loads of the Yellow River 1950-1980 (Qin Yunshan, Li Fan, 1986)

To explain the difference between the continuous advancing of the Yellow River Delta during the last cold/wet period and regression of the shoreline in the Po River Delta in the same period during the 50's and 60's, we must consider that one cannot simply state that cold/wet climate induces a greater precipitation with a greater sediment supply to the sea and therefore a shoreline advancement.

In fact, these weather conditions imply even a greater frequency of strong storms, that may cause a shoreline regression.

Examining the evolutional trend of the Yellow River and of the Po River Deltas and the close connection of their evolution with the general advancing and regressive trends for the coastal zone it is possible to formulate the following hypothesis.

In a period of cold and wet weather, the coastal equilibrium is controlled by the relationship between the large river sediment supply and frequency of strong storms. If the sediment supply is greater than the removal of sediments caused by the wave action, the beach becomes wider. Instead, if the sediment removal is bigger than the supply, the coastline moves backwards.

In the period of warm and dry weather, the sediment supply to the sea is less and the storms are rare.

The reason for the great development of the two considered deltas from 1600 up to the last century is that the fluvial sediment input, connected with the "little ice age" climate condition, has been much bigger than the output caused by the attack of the waves in storm conditions. Then the smaller climatic variations, with a 10-35 years' period, have induced a progressive reduction in the coastline advancement, since the beginning of the present century and reaching its full development at the end of the 50's, when the sediment supply typical of cold periodsbecame inadequate because of the human action on the coastal zone and on the areas lying behind.

Such an environment out of balance because of the lack of sediment supply by rivers has caused the wave action to become the control parameter causing erosion. This latter event is true for the Po River Delta caused by the massive human activities at present and, of course, for the littoral stretches with the same conditions at the present time, but for the Yellow River Delta, without high degree of anthropic action, the influence of the climate fluctuations is free to guide the evolutional trend of the coastal zone.

To conclude, one can say that, while in the past, the coastal equilibrium was controlled by the natural events, and at present they jointly act with the effects caused by human action. This especially happened in environments where the dynamic equilibrium was delicate in itself.

This configuration is valid for both the Po River Delta and the coastal zone in general where massive human activities are present.

This is an attempt to examine coastal stretches very far and different, and to understand and predict the evolutional trend, under a new and more complete point of view, of the coastal zone: a natural and delicate environmeat more and more important for present economical activities.

The geological environment changes on long time scale or short time scale are directly or indirectly influenced or controlled by the climatic changes, but study on climatic changes should be based on the different environment sediments record. Now scientists pay more attention to the global changes and have made different "change cycles" or "change models" to explain the causes of climatic changes and predict for the future. The aim is to correctly understand the past and accurately predict the future.

Based on the data, this paper considered the long time scale and short time scale climatic change cycles and influences on the deltas and coastal areas as follows:

1. The climatic stages can be divided into two different types: A, cold/wet stage, B, warm/dry stage. During cold/wet stage, the weather is cold, and there is abundance of rainfall and storm that caused floods. Warm/dry stage is distinguished by low rainfall and warm weather which caused an increasing of desertification. Our results indicate the comparison between Yellow River and Po River and their delta and coastal areas, which are controlled by the climatic changes and human activities.

2. 1300-1400 A. D. and 1550-1850 A. D. known as "little ice age", are characterized by cold/wet weather. The cold/wet and warm/dry periods alternate, which have directly influenced human activities and economic development.

3. There are many valuable research results and experiences on delta and coastal areas which are useful for us to develop the important area in China.

References

[1] Bartholin. T. S. 1984: Dendrochronology in Sweden. in Morner N. A. and Karien W. (Ed..). Climatic changes on a yearly to millennial basin. D. Roidel P. C., Dordrecht. PP: 261-262.

[2] Bruckner. E., 1890: Klimaschwankungen seit 1700 nebest Bemerkungen uber der Klimaschwankungen der Diluvialzeit. "Geographische abbandlungen", B. IV H., Wien. PP. 153-184.

[3] Carbognin. L.. Gatto, P. and Marabini F., 1985: Correlations between shoreline variations and subsidence in the Po River Delta. Italy-Land subsidence. I. A. H. S. publication. n. 151. PP. 6.

[4] Carbognin. L.. Gatto, P. and Marabini F., 1984: Guidebook of the eastern Po plain (Italy): a short illustration about the environment and land subsidence-Venezia, III Congresso Internazionale sulla Subsidenza. PP. 80.

[5] Carbognin. L., Marabiui. P-. 1989: Evolutional trend of the Po River Delta (Adriatic Sea, Italy)- The 28th International Geological Congress. Washington D. C. U. S. A, July 9-19. Vol-1. P Proceeding, PP. 238-239

[6] Chorly R. T. Schumm. S. A. Sugden. D. E 1984: Geomorphology, Methuen, London.

[7] Faggi, P. 1986: Un convegno sullo avlluppo delle terre asciutte nella Repubblica Popolare Chinese. Rivista geogr. 1t, n. 93.

[8] Hansen, J. and Le Bedeff. S. 1987: Global trends of measured surface air temperature. Journal of Geophysical Research. Vol. 92. PP. 345-372

[9] Kai Yen. 1987: Coastal and port engineering in China. Attidal II COPEDEC. Beijing- China.

[10] Lamb. H. H. 1977: Climate. Present. Past and Future, Vol. 2, Methuen. London.

[11] Liu Cangzi. Walker. H. L. 1989: Sedimentary characteristics of Cheniers and the formation of the

Chenier plains of East China. Journal of coastal Research, Vol. 5. n. 2. Charlottesville- U. S. A.

[12] Marabini. F. 1985. Evolution trend of the Adriatic Coast (Italy)- Coastal Zone 85. 1V Symposium on coastal and ocean management. 30/7-2/B/B5, Baltimore U. S. A. Proceedings, Post conference volume, PP. 428- 439.

[13] Marabini F. , Veggiani. A. . 1990: L' iufluenza delle fluttuasioni elimatiche sull evoluzione del delta de Po dal secolo XVI ad oggi. - Atti Conveguo Sull acologia del delta del Po-Alharella 16- 18 Settemhre 1990.

[14] Marabini F. , Veggiani. A. . 1991: Evolutional tread of the coastal zone and influence of the Climatie fluctuation. Atti del C. O. S. U. Ⅱ-Long Beaeh U. S. A. , 2-4 April 1991.

[15] Nelaon, B. W. , 1972: Mineralogical differentiation of sediments dispersed from the Po Della, in: The Mediterranean Sea. a Natural Sedimentation Laboratory, D. J. Stanley (Eds.), pp. 441- 453.

[16] Oromhelli. G. Porter. S. C. , 1982: Late Holocene fluctuation of Brenta glacier. "Geografia fisica e dinamica quaternaria". 5. pp. 14-37.

[17] Schweingruber. P. H. , Bartholin. T. , Schar. E. and Briffa. K. R. , 1998: Radiodensitometric dendroclimatological conifer chronologies from Lapland (Scandiuavia) and the Alpa (Switzerland) -Boreas l7: pp. 559-566.

[18] Yu Guohua, Bao Shudong. Li Zegang, 1987: Deposition, erosion and control on the silt- muddy beach, Atti del Ⅱ COPEDEC. Beijing- China.

[19] Ji Jiyun, Yen Zhongwei, Liu Yongxiong. 1987: Climatic variation of deserta in China. "Desert Port and future evolution" —IGCP 252. UNESCO Scient. report, pp. 53.

[20] Qin Yunshan, Li Fan. 1986: Study of influence of sediment loads discharged from Huanghe River on sedimentation in Bohai Sea and Huanghai Sea. Studia Marina Sinica N. 27. Sep. 1986, Academia Sinica China.

[21] Veggiani. A. , 1986: L' ottimo climatico medievale in Europa: testimonianze lungo la fascia costiera padano-adriatica. Studiromagnoli, XXXVII. pp. 26.

[22] Veggiani. A. , 1985: Ⅱ delta del Po e I'evolusiona della reta idrografica padana in epoca storica. Atti dell' academia della scienze, Universit di Bologna, PP. 37-68.

[23] Veggiani. A. , 1986: Le fluttuasioni del clima dal XVIII al XX secolo. I cicli di Bruckner. Torricelliana. Boll. Soc. Torricelliana Sc. Lett. . Faenza. n. 37. PP. 107-159.

本文刊于1992年《海洋地质与第四纪地质》 第12卷 第1期

作者:F·马拉比尼 秦蕴珊 A·维基亚尼 苍树溪

沉积物选择性起动机理及其在砾石沉积临界值分析中的应用*

提要 混合粒径条件下沉积物的起动机理不同于均匀粒径条件下沉积物的起动机理。混合粒径条件下沉积物的起动，可由沉积物转动角 Φ 随相对粒径及颗粒形状而变化的依从关系进行解释。通过对砾石沉积物因不同粒径、形状而发生选择性起动的动力过程的分析，得出了砾石沉积物转动角选择性起动的理论模式，采用该模式来定量计算潮汐流和河流中砾石沉积物选择性起动的临界值，计算结果和测量结果吻合，从而证实了该模式的可靠性。

关键词 沉积物 选择性起动 运动机理

具有不同粒径、宽度及形状的沉积物在水流中的选择性起动是沉积物搬运研究中的一个十分重要的方面。选择性起动控制着沉积物的次序和分选作用，因而控制着河流和海滩砂矿的形成[6]。选择性起动，近来还被用来解释河流和潮流中砾石沉积临界值同标准谢尔兹曲线之间的差异[11]。本文首先对以转动角为基础，沉积物因粒径、形状的不同而发生选择性起动的动力过程进行分析，尔后以粒径、形状同选择性起动作用间的相互关系来直接计算混合粒径沉积物选择性起动的临界值，而野外测量数值同这些计算值的比较则对转动角选择性起动的理论模式进行了验证。

一、沉积物起动临界转动角的分析

沉积物颗粒临界转动角的分析，最早由 White 和 Bagnold 给出[1]。下面只给出其简略推导过程。

如图 1 所示，颗粒的临界起动与颗粒围绕其同下伏颗粒的支点 P 所发生的转动作用有关，当水流施加的力矩大于颗粒本身重矩时，颗粒即开始起动。水流的牵引力和颗粒在水中的重力可分别表示为 $f_d=\tau_0 A_p$ 和 $f_w=(\rho_s-\rho)gV_\rho$。式中 τ_0 为水流产生的底层应力；A_p 为颗粒在水流方向的投影面积；ρ_s 和 ρ 为颗粒和流体的密度；g 为重力加速度，V_ρ 为颗粒体积。当水流牵引力和颗粒重力矩相等时，则有

$$\tau_t A_p \times BP=(\rho_s-\rho)gV_\rho \times AP \tag{1}$$

或者

$$\tau_t=(\rho_s-\rho)g\frac{V_\rho}{A_p}\times\frac{AP}{BP} \tag{2}$$

式中，τ_t 为临界状态下的水流应力，BP 和 AP 分别为牵引力和颗粒重力力臂。由图 1 可以得出，$BP/AP=\tan\Phi$，这里 Φ 定义为顶层颗粒的转动角。大部分自然砾石的形状近似于三

---

* 中国科学院海洋研究所调查研究报告第 2047 号。图件由袁巍、严理绘制，特此致谢。
接收日期：1989 年 6 月 24 号。

轴椭球体[4]，因而 A_p 和 V_ρ 可分别表示为$\frac{\pi D_a D_c}{4}$和$\frac{\pi D_a D_b D_c}{4}$。$D_a$，$D_b$，$D_c$ 分别代表椭球状砾石的长、中、短轴直径。若把上述关系代入公式(2)可以得出：

$$\tau_t = k(\rho_s - \rho) g D_b \times \tan\Phi \tag{3}$$

公式(3)也可写成

$$\theta_t = \frac{\tau_t}{(\rho_s - \rho) g D_b} = k\tan\Phi \tag{4}$$

式中，θ_t 为谢尔兹临界参数；k 为比例系数。文献[4]曾证明中轴直径 D_b 最接近于颗粒的等值粒径，因而公式(3)和(4)中 τ_t 和 θ_t 对 D_b 的依从关系是合乎逻辑的。

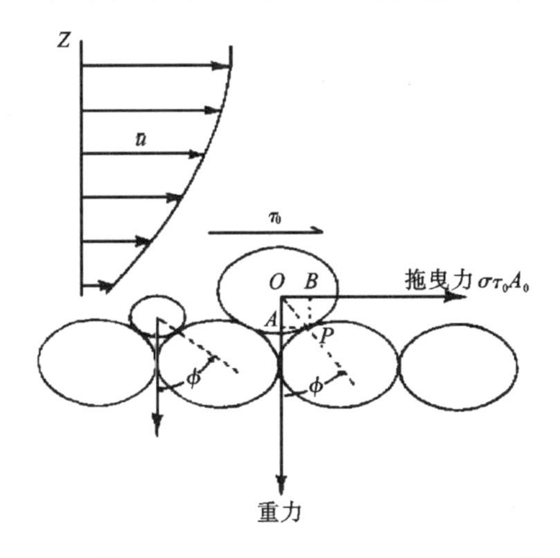

图 1　椭球状颗粒在 $\bar{u}$ 和 τ_0 作用下转动角起动的临界状态($\bar{u}$ 为水流速度)

Fig. 1　Threshold critical condition of ellipsoids gravel pivoting angles under effect of current velocity $\bar{u}$ and bottom tangential stress

标准谢尔兹曲线(图 2)是利用均匀粒径颗粒进行水槽实验而获得的。在均匀粒径条件下，颗粒转动角往往被认为是 33°，约等于沉积物的静止角。然而，文献[8]利用砾石及文献[10]利用砂粒进行的转动角实验中发现，在均匀粒径条件下的 Φ 并不是常数，而是取决于颗粒的形状和粒径，并得出了下述经验关系式：

$$\Phi = e(D_b / K_b)^{-f} \tag{5}$$

式中，K_b 为底层颗粒的平均粒径；e 和 f 为经验系数。公式(5)表明，沉积颗粒的转动角反比于 D_b/K_b 比值，因而 Φ 随 D_b 即 D_b/K_b 比值的增加而减小。文献[8]在利用砾石沉积进行的实验中发现 f 系数，也即 Φ 同 D_b/K_b 经验曲线的坡度自球体、椭球状砾石，棱角状砾石到迭瓦状构造而依次减小，表明随着扁度、棱角度和组构对 Φ 影响的增强，Φ 随相对粒径比 D_b/K_b 变化的趋势减弱。在 $D_b/K_b = 1(\Phi = e)$ 的条件下，其结果证明 e 系数自球体、椭球状砾石、棱角状砾石及迭瓦状构造而逐渐增加，表明在均匀粒径条件下转动角 Φ 将随扁度、棱角度的增加及迭瓦构造的形成而增加。文献[8]和[10]实验获得的 e 和 f 系数及其实验条件列于表 1。

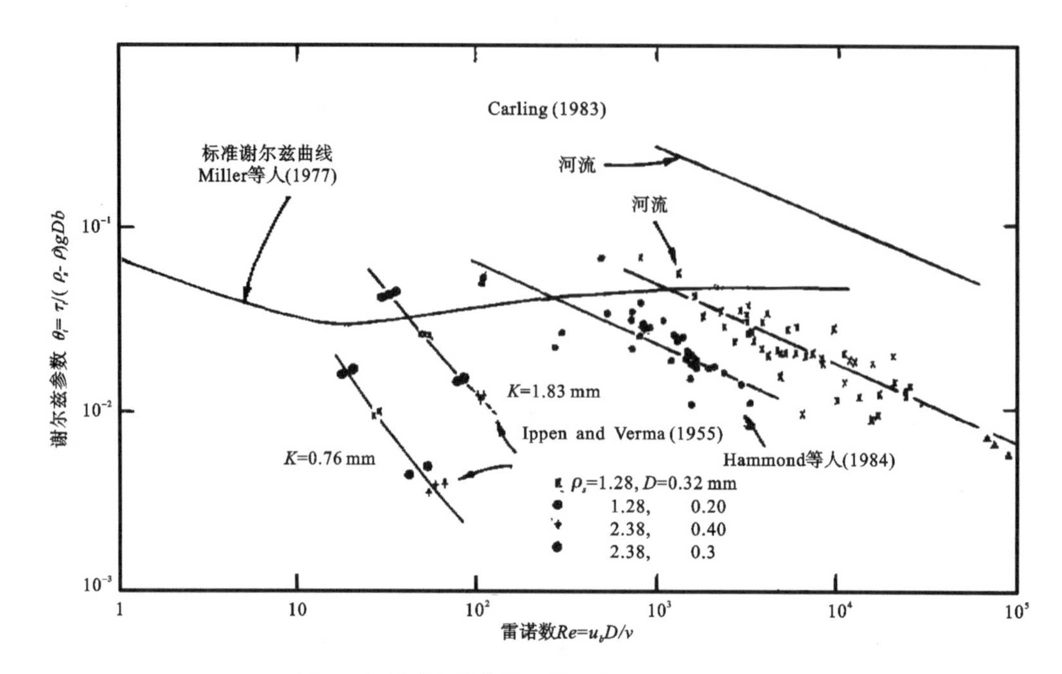

图 2 标准谢尔兹曲线及其同各测量结果的差异

Fig. 2 Difference of typical Shields' curve experiment results

表 1 实验获得的 e 和 f 系数及相应的实验条件

Tab. 1 e and f coefficients from the experiment and relative experiment condition

实验条件描述	e 系数	f 系数	来源
均匀砂粒球体	49.0	0.3	文献[10]
自然海滩砂	62.0	0.3	同上
粉碎石英岩砂	71.0	0.3	同上
均匀粒径球砾石			
颗粒顶转动 $D/x\leqslant 1$	36.3	0.55	本文
$D/x>1$	36.3	0.72	本文
颗粒间转动	20.4	0.75	本文
自然椭球状砾石			
颗粒顶转动 $D_b/x_b\leqslant 1$	39.4	0.32	本文
$D_b/x_b>1$	39.4	0.53	本文
颗粒间转动	51.9	0.36	本文
棱角状砾石	51.3	0.33	本文
扁平状砾石	37.8	0.33	本文
叠瓦状砾石	63.6	0.32	本文

根据公式(4),(5)及表 1,在均匀粒径($D/K=1$)的条件下。谢尔兹曲线不应只有一条,而是应该有一系列具有不同 θ_t 相互平行的谢尔兹曲线,从而反映出颗粒形状、棱角度及组构

对谢尔兹系数 θ_t 的影响。文献[7]利用公式(4),(5)和表1,将不同形状、棱角度及构造下的 θ_t 值同球体颗粒间转动的 θ_t 值相比而进行归一,得出了一组谢尔兹曲线(图3)。

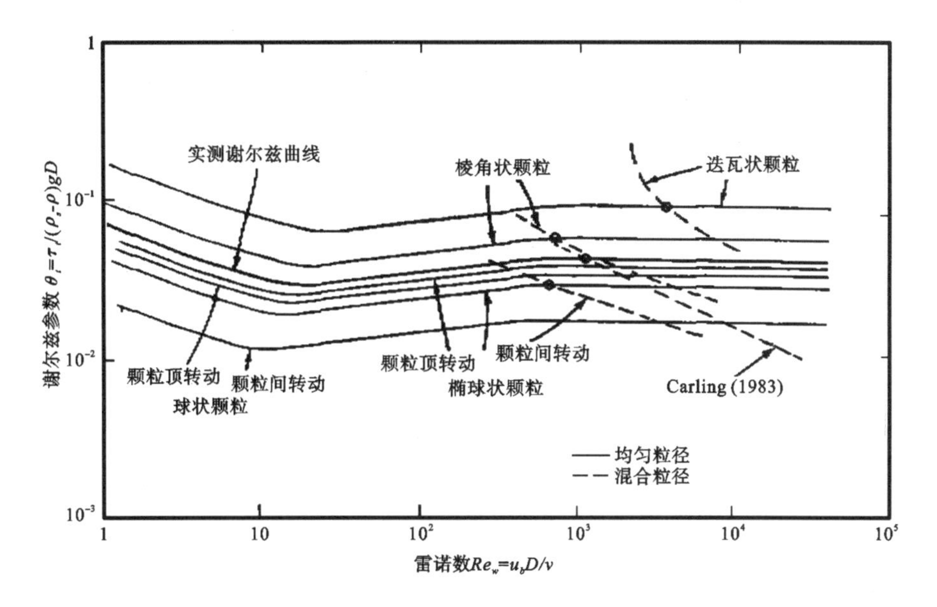

图3 颗粒粒径、形状及迭瓦构造对沉积物临界谢尔兹参数的影响[7]

Fig. 3 Effect of grain size, shape and imbrication structure on sediment critical Shields' coefficients

由图3可知,在均匀粒径条件下形状、棱角度及组构不同的颗粒具有不同的谢尔兹曲线,球体、椭球状砾石、棱角状砾石及迭瓦状砾石的谢尔兹曲线,在垂向上由下向上依次平行排列。因此,在同一粒径条件下,沉积物颗粒可按形状、棱角度及构造发生选择性起动。

二、由沉积物转动角计算谢尔兹临界参数的方法

若将公式(5)代入公式(4),则可得出

$$\theta_t=\frac{\tau_t}{\rho_s-\rho}=k\tan[e(D_b/K_b)^{-f}] \tag{6}$$

公式(6)可用来直接由 D_b/K_b 计算临界谢尔兹参数 θ_t。在运用公式(6)之前,必须求得公式中的几个参数,即比例系数 k、参数 e 和 f 以及底层砾石沉积物的平均中轴粒径 K_b。表1表明,参数 f 将取决于颗粒的形状和棱角度。对于棱角状砾石,f 约等于0.33;而对于磨圆较好的椭球状砾石,f 等于0.53($D_b/K_b\geqslant1$)和0.32($D_b/K_b<1$)。参数 e 则主要取决于颗粒的大小和形状,如表1给出自然砂的 e 参数为62.0,球状砾石的 e 参数为36.3;而对椭球状砾石来说,e 约等于39.4。因而知道了沉积物粒径、形状和磨圆度,便可由表1得知相应的 e 和 f 参数。

如果将测量到的谢尔兹临界参数 θ_t 和雷诺数 Re 绘于标准谢尔兹曲线中,选择性起动条件下的 θ_t/Re 关系将同均匀粒径条件下的标准谢尔兹 θ_t/Re 曲线相交叉。在这一交叉点上可以认为 $D_b/K_b=1$,而 K_b 则一般假定为底层沉积物的平均中轴直径,这一假定已由Day(1980)的动力水槽的实验所证实[5]。所以 K_b 可以由沉积物的粒度资料获得。在 K_b 已知条

件下，表1可用来查得相应的 e 值。当 $D_b/K_b=1$ 时，砾石沉积物的 θ_t 值约等于一个常数值 $\theta_t=0.045$，因而将 $D_b/K_b=1$，e 值以及 $\theta_t=0.045$ 代入公式(6)即可得到比例系数 k，从而公式(6)可用来计算混合粒径条件($D_b/K_b\neq1$)下沉积物选择性起动的谢尔兹参数 θ_t 以及相应的水流应力。

由于本文是利用野外测量到的选择性起动数据来验证公式(6)所给出的混合粒径沉积物选择性起动转动角模式，因而 K_b 和 k 也可以由下述方法获得：首先把选择性起动条件下测量到的 θ_t 值绘于谢尔兹图中，由测量得出的谢尔兹曲线同标准谢尔兹曲线相交，而在此交点处 D_b 等于 K_b。根据 $u_{*t}=\sqrt{\tau_t/\rho}$($u_{*t}$ 为临界剪切流速)，公式(6)可改写成

$$\theta_t=\frac{\tau_t}{(\rho_s-\rho)gD_b}=\frac{\rho u_{*t}^2}{(\rho_s-\rho)gD_b} \tag{7}$$

由于 $Re=\frac{u_{*t}D}{v}$(这里 v 为运动度黏度)，因而，

$$\theta_t=\frac{\rho(Rev)^2}{(\rho_s-\rho)gD_b^3} \tag{8}$$

对公式(8)中的 D_b 求解：

$$D_b=K_b=\left[\frac{\rho(Rev)^2}{(\rho_s-\rho)g\theta_t}\right]^{\frac{1}{3}} \tag{9}$$

所以，如果两谢尔兹曲线交点处坐标 Re 和 θ_t 已知的话，公式(9)即可用来计算 K_b。文献[10]在对均匀粒径 $D_b/K_b=1$ 条件下转动角 Φ 同中轴直径 D_b 间相互关系所进行的研究中得出，椭球状砾石的转动角同 D_b 的关系：

$$\Phi=e=44.17\times(D_b)^{-0.09} \tag{10}$$

在 $D_b/K_b=1$ 的交叉点处，公式(6)可变为

$$\theta_t=k\tan(e) \tag{11}$$

由于 e 参数可由 D_b(这里 $D_b=K_b$)及公式(10)得出，而 θ_t 即为谢尔兹图中交叉点处的 θ_t，因而 k 则可由下式求得：

$$k=\frac{\theta_t}{\tan(e)} \tag{12}$$

通过上述方法，公式(6)中的 k，e，f 和 K_b 四个参数均已求得，由公式(6)描述的沉积物转动角选择性起动模式即可用来计算不同粒径 D_b 下沉积物选择性起动的临界谢尔兹参数 θ_t。而由公式(6)计算得出的数值又可同实际测量到的 θ_t 值相比较，从而对这一模式作进一步的验证。

三、沉积物选择性起动转动角模式的应用

在计算 θ_t 和 Re 值时，Hammond 等人(1984)所用的颗粒粒径为等值粒径 $D=(D_aD_b)^{\frac{1}{2}}$，式中的 D_a 和 D_b 分别为沉积物颗粒的长轴和中轴直径。对沉积物转动角进行的实验表明，D_a 的影响可以忽略不计[9]，因而我们只用 Hamrnond 等人的 D_b 数据对 θ_t 和 Re 重新进行了计算，所得出的 θ_t/Re 经验曲线见图4。指数回归分析给出：

$$\theta_t=0.88(Re)^{-0.51} \tag{13}$$

该经验曲线同 Miller 等人的标准谢尔兹曲线在 $\theta_t=0.043$ 和 $Re=380$ 处相交，利用上

述 θ_t 和 Re 以及 $v=0.014\ cm^2/s$, $\rho=1\ g/cm^3$ 和 $\rho_s=2.75\ g/cm^3$，公式(9)得出 $K_b=0.75$ cm。由于 Hammond 等人曾将这些砾石描述为椭球状，而在潮流作用下具有较好磨圆度，根据表 1 及公式(10)，可以得出其 e 值约为 45.3°，f 值为 0.53(当 $D_b/K_b\geqslant1$)和 0.32(当 $D_b/K_b<1$)。若把上述 $e=45.3°$ 和 $\theta_t=0.043$ 代入公式(12)，则可得出 $k=0.043$。利用上述得出的各参数及公式(6)所表示的沉积物转动角选择性起动模式可定量地计算谢尔兹参数 θ_t。计算结果与实际测量结果的比较绘于图 5。显而易见，实际测量结果同模式预测结果吻合较好。在谢尔兹参数较小时，二者吻合较好，随 θ_t 的增加，吻合性变差。公式(6)给出的计算曲线与实际测得的谢尔兹曲线也相互吻合(图 4)。

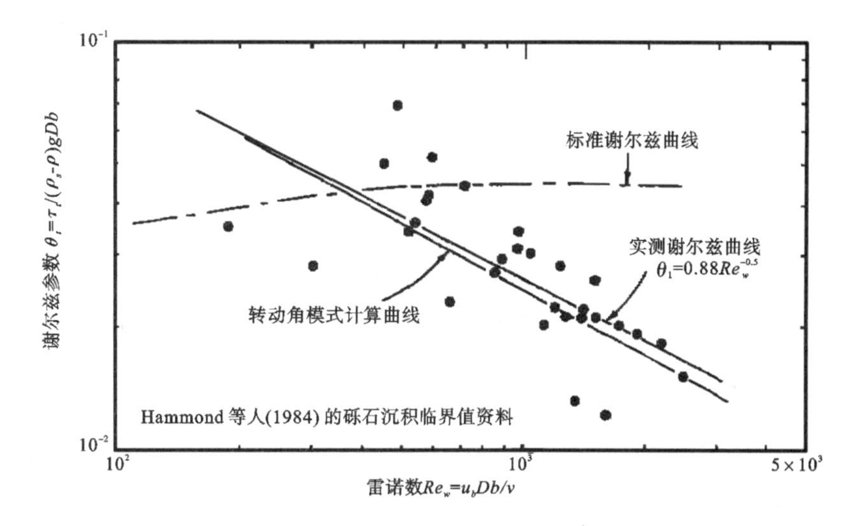

图 4 Hammond 等人测量获得的潮流中砾石沉积选择起动谢尔兹曲线同标准曲线的偏差

Fig. 4 Deviation of gravel selective entrainment Shields' curve in tidal current from Hammond' measurements and typical Shields' curve

图 5 中计算数值同测量数值的偏差，很可能是由平均粒径 K_b 的采用所导致。对于每一测量得到的 θ_t 值而言，K_b 应是位于起动颗粒之前并与之相接触的砾石的中轴直径。而在利用公式(6)进行的计算中，K_b 则是整个底层沉积层的平均中轴直径，这一平均中轴直径同各个具体的平均中轴直径是不完全相等的。因而，尽管公式(6)的计算结果同实际测量的结果大体趋一致，但它们之间的偏差还是存在的。

在分析中，我们采用了文献[2]，[3]在测量中所获得的原始平均中轴粒径 D_b 和切应力 τ_t；而在计算雷诺数 Re 时，我们则选择了 $v=0.013\ cm^2/s$ 作为运动黏度的平均值。测量得出的 Re 和 θ_t 值均以谢尔兹图的形式绘于图 6 中。指数回归分析给出的结果同测量到的结果与测量到的 θ_t-Re 曲线并不十分吻合，因而图中较为吻合的曲线由目测绘出，该曲线可表示为 $\theta_t=3.28(Re)^{-0.53}$(图 6)。在描述河流中沉积物时，Carling 指出，砾石沉积物的形状以扁球状为主(占 57.6%)，次为球状(占 22.8%)[2]。因而利用本文第二节给出的相同方法，我们得出底层平均中轴直径 $K_b=20$ cm。由公式(10)及表 1 则可得出 f 值应为 0.53 ($D_b/K_b\geqslant1$)和 $f=0.32$(当 $D_b/K_b<1$)，$e=41.5°$。最后利用公式(12)，可得出 $k=0.051$。利用上述 e，f，K_b 和 k 值及公式(6)描述的沉积物选择性起动模式，可对临界谢尔兹参数 θ_t

进行计算。同样当这些计算得出的 θ_t 值绘于图 7 中同测量到的 θ_t 值相比较时，二者十分吻合(图 7)。若将计算结果绘于图 6 给出的谢尔兹图中时，由公式(6)给出的计算曲线与实际测量到的曲线也十分一致(图 6)。

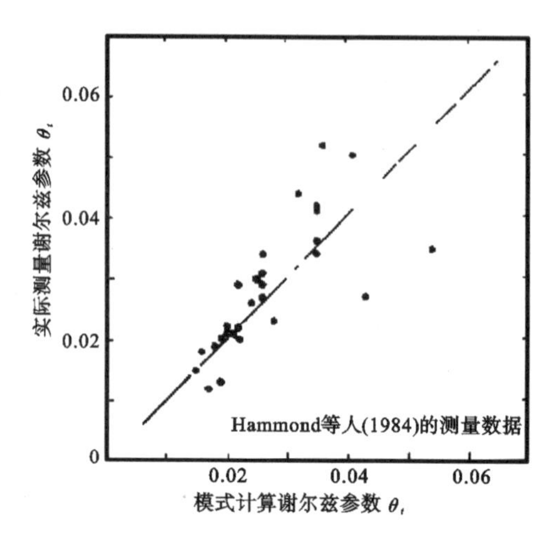

图 5　转动角选择性起动模式计算得出的谢尔兹参数同 Hammond 等人实际测量数值的比较

Fig. 5　Comparison between Shield's parameter from predicted by pivoting selective entrainment analysis and Hammond' measurements

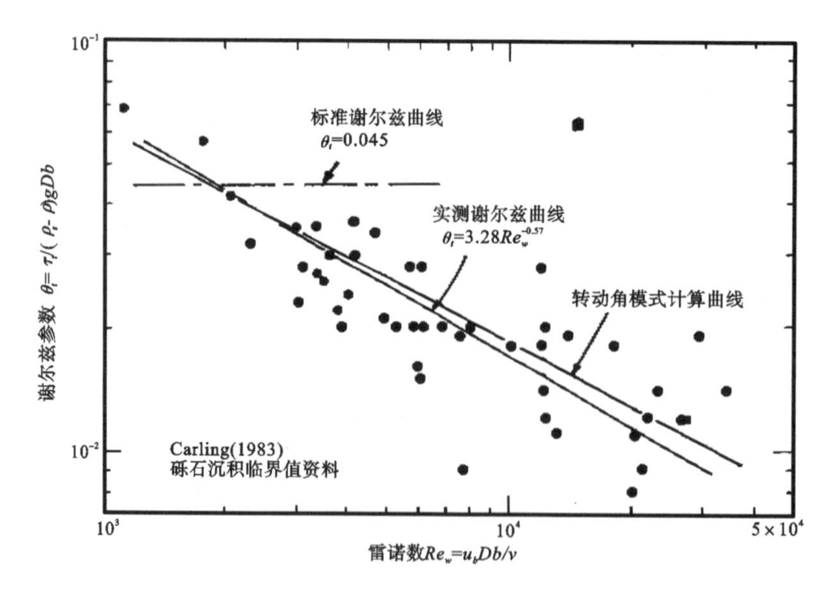

图 6　Carling 测量得到的河流中砾石沉积物选择性起动谢尔兹曲线同标准谢尔兹曲线的偏差

Fig. 6　Deviation of gravel selective entrainment Shield's curve in river from Carling' measurements and typical Shield's curve

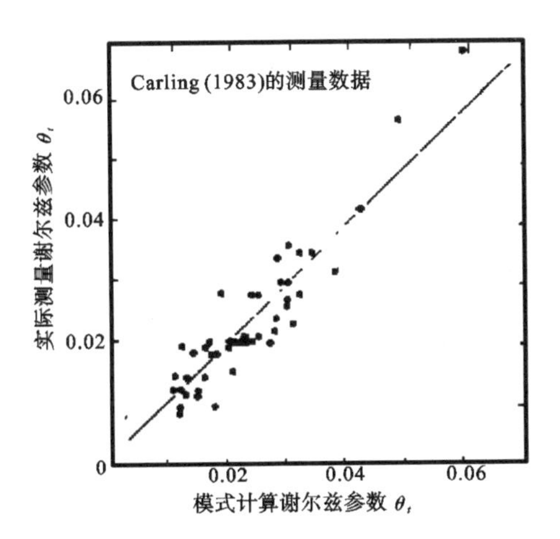

图 7　选择性起动模式计算得出的谢尔兹参数临界值同 Carling 实际测量数值的比较

Fig. 7　Comparison between Shield' critical parameter predicted by selective entrainment and Carling' measurements

根据以上对 Hammond 等人和 Carling 对砾石沉积物选择性起动临界资料的分析，可以看出沉积物转动角随粒径的变化可很好地解释他们所发现 θ_t 值同标准谢尔兹曲线的偏差，从而为混合粒径条件下沉积物的选择性起动建立了一个基本的模式。

四、结语

(1)在均匀粒径和混合粒径条件下，沉积物起动的机理不相同。混合粒径条件下，沉积物的起动可由转动角 Φ 随相对粒径 D_b/K_b 的变化模式所控制。沉积物选择性起动的转动角模式可由公式(6)给出。

(2)如果沉积物的粒度和形状资料已知的话，公式(10)和表 1 可用来求得 K_b，e 和 f 系数。若假定均匀粒径($D_b/K_b=1$)砾石具有常数 $\theta_t=0.045$，则由公式(6)可得出系数 k，从而公式(6)所表示的转动角模式可用来计算混合粒径条件下，砾石沉积选择性起动的临界谢尔兹参数 θ_t。

(3)利用 Hammond 等人和 Carling 在潮流和河流中获得的砾石沉积物选择性起动临界值资料，对公式(6)描述的模式进行了验证，公式(6)的计算结果同测量结果相吻合，从而为混合粒径条件下砾石沉积物的选择性起动建立了一个基本的模式。

(4)公式(6)给出的转动角模式同实际测量结果仍有一定偏差，笔者认为这一偏差可能是由对水流上举力的忽略所导致。

参考文献

[1] Bagoold, R. A., 1941. The Physics of Blown Sand and Desert Dunes, Metbuen, London. 265pp.

[2] Carling, P. A., 1983. Thresbold of coarse sediment transport in broad and narrow natural streams, *Earth Surf. Proc. and Landf.*, 8: 1-18.

[3] Carling, P. A. and Reader. N. A., 1982. Structure, composition and bulk properties of upland stream gravels. *Earth Surf. Proc. and Landf.*, 7: 349-365.

[4] Cui, B. and Komar, P. D. 1984. Size measures and the ellipsoidal form of clastic sediment particles. *J. Sedim. Petrol.*, 54: 783-797.

[5] Day. T. J., 1980. A study of initial motion characteristics of particles in graded bed material, *Geol. Surv. Can. Curr. Rel.*, B01A: 281-286.

[6] Kornar, P. D. and Wang, C., 1984. Processes of selective grain transport and the formation of placers on beaches. *J. Geol.*, 92: 637-655.

[7] Komar, P. D. and Li, Z., 1986. Pivoting analyses of the selective entrainment of sediments by shape and size with application to gravel threshold, *Sedimentol.*, 33: 425-436.

[8] Li, Z. and Komar, P. D., 1986. Laboratory measurements of pivoting angles for applications to selective entrainment of gravel in a current. *Sedimentol.* 33: 413-423.

[9] Li, Z., 1985. Pivoting Angles of Gravel and Their Application in Sediment Threshold Studies. M. S. Thesis, Oregon State University. 90pp.

[10] Miller, R. L., and Byrne, R. J., 1966. The angle of repose for a single grain on a fixed rough bed, *Sedimentol.*, 6: 303-314.

[11] Slingerland, R L. 1984. Role of hydraulic sorting in the origin of fluvial placers, *J. Sedim. Petrol.*, 54: 137-150.

MECHANISM OF SEDIMENT SELECTIVE ENTRAINMENT AND APPLICATION TO GRAVEL THRESHOLD ANALYSIS

Abstract

Entrainment mechanism of sediment with mixed grain sizes is different from that of uniform grain size. The variations of the pivoting angles with grain size and shape can be employed to explain this sediment entrainment under mixed grain sizes. General selective entrainment processes according to particle size and shape are analysed. Based on these analyses, a mathematical model is obtained which can be expressed as:

$$\theta_t = k\tan[e(D_b/K_b)^{-f}]$$

where θ_t is Shields entrainment function, D_b is the diameter of the top particle under entrainment, K_b is the mean grain size of the bottom grains and k, e and f are coefficients determined by flow and sediment characteristics. When this mode is applied to predict gravel selective entrainment in river flows and tidal currents, the calculated values show good agreement with the measured values.

Key words: Sediment, Selective entrainment, Entrainment mechanism

本文刊于1992年《海洋与湖沼》 第23卷 第1期

作者:李振林 秦蕴珊 Paul D. Komar

CLIMATIC VARIATIONS IN THE COASTAL ZONE—COMPARISON BETWEEN THE PO RIVER DELTA (ADRIATIC SEA, ITALY) AND THE HUANGHE RIVER DELTA (BOHAI SEA, CHINA)*

Abstract The aim of this work is to research the influence of natural climatic changes on the evolution of coastal zone in modern times and the possible implication of human activities on the configuration of the present coastline. Comparison of data of two very far and different areas, the Po River delta, Adriatic Sea and Huanghe River delta, Bohai Sea, reveals the planetary diffusion of climatic fluctuations and their effects on coastal evolution.

Key words: climatic variations Po River delta Huanghe River delta

INTRODUCTION

Since the beginning of this century, the world's coastal areas have been affected by widespread shoreline regression which reached the critical stage after 1950. This situation is in contrast with the general trend of coastal zone accretion in the past century.

This phenomenon, especially in the most recent period, is due to the intensive human activities in the coastal areas and the smaller sediment supply to the sea caused by the quarrying activities along the rivers. Especially during recent times, sandy dunes and wooded areas have been cleared for various purposes; the removal of river bed material decreased the sediment supply from the rivers to the sea and increased irreversibly the shoreline regression often found, in greater or lesser degree all over the world.

Other causative factors for erosion of the coastal zone and the flat areas near it are the hydraulic works on the rivers, the geotechnical works on the mountain slopes, and subsidence caused by extraction of fluids (freshwater and methane-producing water) from the ground. These are the main causes for erosion, but we must also consider the effect of the storm waves on the erosion process of the coastline. Big storms are generally connected with weather conditions typical of a general climatic worsening. In order to better under-

* Contribution No. 820 from the Marine Geology Institute, C. N. R., Italy. Contribution No. 2207 from the Institute of Oceanology, Academia Sinica. Project supported by the National Natural Science Foundation of China.

stand the processes that control the coastal evolution, it is therefore necessary to quantify the influence of climatic changes and the possible interactions with human activities on the landscape.

EFFECT OF CLIMATIC CHANGES ON THE ENVIRONMENT

There are evidences of several climatic changes in geological times. In the Quaternary (the last about 2 million years), there were several glacial stages alternated with interglacial ones. The present period belongs to an interglacial stage starting 10000 years ago.

Scientific research in the last decades indicated the Holocene trend was towards a general climatic improvement over that of the last glacial stage (W rm). Inside this general trend, we can distinguish in the Holocene some secondary climatic changes that strongly influenced the environmental conditions.

Using geological, geomorphological, glaciological, paleobotanical, archeological and historical investigations, it has been possible to reconstruct with good accuracy the sequence of the climatic variations, especially for the historical times. Logically the most accurate reconstruction is for the more recent times.

For prehistorical times, we have to support the reconstructions with correlations to historical descriptions for the most catastrophic events. Other correlation parameters are variations in the ice fronts, changes in vegetation, variations in the features of rivers, lakes, marshes, the appearance or disappearance of animal and plant species, the shape and thickness of the annular rings of trees (dendrochronology).

Study of the variations of the ice front in the Fernau Glacier in Tirol (Alps) for the last 3 000 years, revealed five cold and humid periods: 1400-1300 B. C., 900-300 B. C., 400-750 A. D., 1150-1300 A. D., 1550-1850 A. D. that produced several hydrogeological calamities in Europe and the Mediterranean Basin.

Study of the past extensions of glaciers is a typical methodology used in paleoclimatology.

Researches have been carried out to correlate the configuration of glaciers with relevant meteorological parameters. Correlation analysis of the most recent glacial variations with the immediately preceding meteorological events shows that the glacier reaction to a variation of its mass balance is always delayed for a certain time depending on the glacier features, and that the glacier front advances after particularly big snowfalls connected with particularly low temperatures, especially during the ablation season. From the discussion above it can be concluded that during glacier advance peculiar meteorological and geomorphological conditions increasing rainfall, decreasing temperature resulting in higher speed in the geomorphic processes acting on the lateral slopes and on the lowest part of the valley) modify the landscape. This means that in this period more evident evolution of the landscape occurs, because the landforms are dependent on the action of other agents such as rainfall, wind, thermal variations and gravity. Greater soil erosion led to larger transport and deposition of fluvial sediments resulting in variations in the water courses associated with morphological variations on the river bed.

In the big alluvional plains, such as the Po River plain, associated with these processes, there are some rivers which tend to become hanging rivers because of the decreased water depth of the river bed. It has been found in many European areas and in the Mediterranean Basin that as a result of climatic changes (increasing rainfalls), there was overflowing on the lateral sides of the river valleys, caused by the increased discharge and sediment transport in the rivers. In these alluvional plains the prevailing conditions caused the rivers to change their hydrographic configurations. Typical examples are the Po River and the Huanghe River.

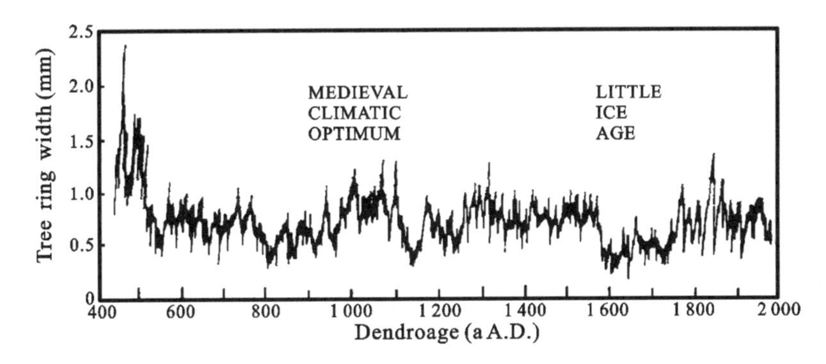

Fig. 1 Dendrochronological standard curve: Northern Sweden since 436 A. D. (Bartholin, 1984)

When the climate condition tends again to be normal and stable over a long period of time, the hydrography will assume a particular pattern, the river beds will become deeper, and big floods will be rare. The climatic changes and their influence on the environmental evolution will be discussed below. Up to now the hypothesis generally accepted is that the river bed progradations were due to the deforestation of the mountains, the lack of natural or human hindrance to materials from the soils, and the effect of agriculture.

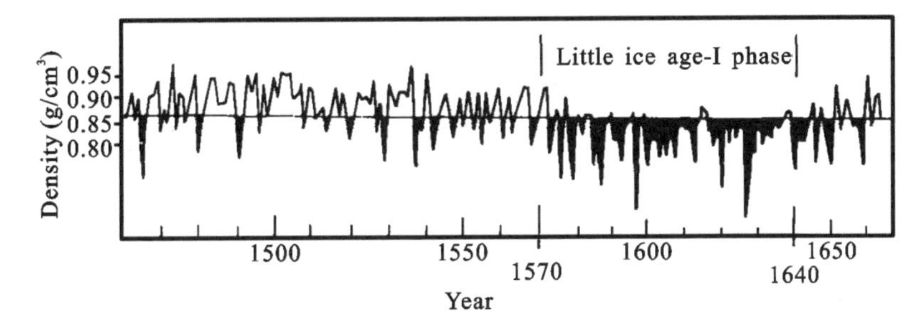

Fig. 2 The curve of the maximum latewood density values for a tree which grew in the period 1460-1660 in Europe (F. H. Schweingr ber, 1988)

Delta progradation is common over all Europe and generally in the whole Northern Hemisphere. Without doubt human activity causes this general trend. In fact it is certain that the "Little Ice Age" occurred in the period 1550-1850 as evidenced by two advances (in 1600-1620 and in 1800-1820) in the extension of the Alpine glacial termini. These two advances reached their peaks about 200 years apart. Dendrochronological studies confirmed that in the first advance all European glaciers extended from the Scandinavian area to the Alps.

Figure 1 (Bartholin, 1984) shows the climatic changes in Sweden since 436 A. D.

It is well known that latewood density values give information on the weather conditions in summer (Figure 2). Within this "large scale" climatic cycle, 10-35 year periods of cold rainy weather alternated with warm dry periods are known as "Bruckner Cycles".

The reclamation work in the Po River plain between the first half of the 16th century and the early part of the 17th century is strong evidence of the climate conditions in the "Little Ice Age".

Increased rainfall caused slumps, landslides and similar phenomena in the hills and mountains, and resulted in large amounts of clastic materials being carried away to cause the filling of river beds by sediments.

It is known that close to the end of the 16th century many ports along the Adriatic coast were filled up by sand.

Around 1850 the "Little Ice Age" ended with worsening climate.

The small 10-35 year cycle fluctuations of cold/wet and warm/dry climate that followed had minimum and maximum temperature values well above those during the "Little Ice Age". It is very interesting to consider the worldwide climatic changes in the same period noted by Bruckner and other scientists in Europe (Figure 3).

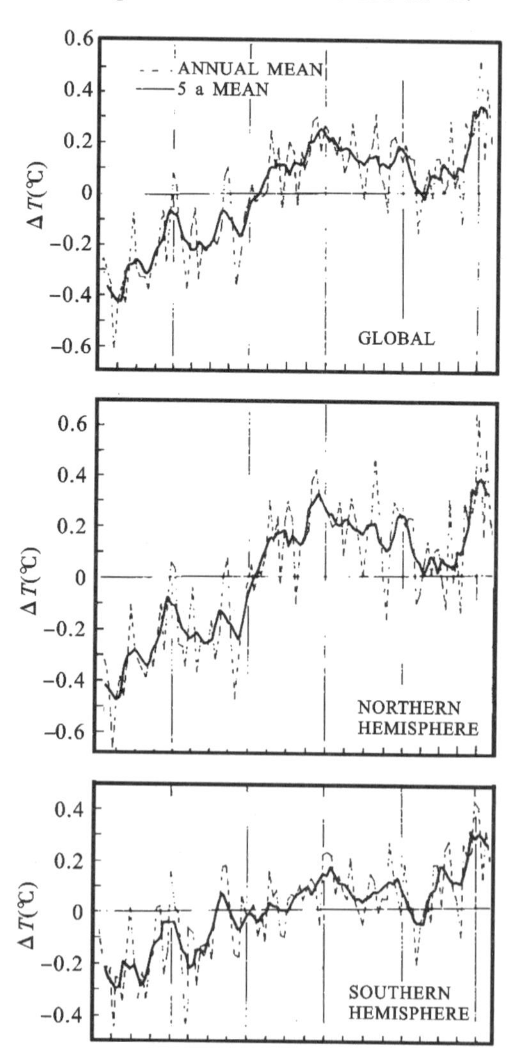

Fig. 3 Global and hemispheric surface air temperature change from 1880 to 1980 (Hansen et al., 1987)

Comparisons of climatic parameters (rainfall, temperature, dendrochronological curves, etc.) in different parts of the world show similar climatic trends in the same periods.

Figure 4 shows the correspondence between Central England and Shanghai temperature.

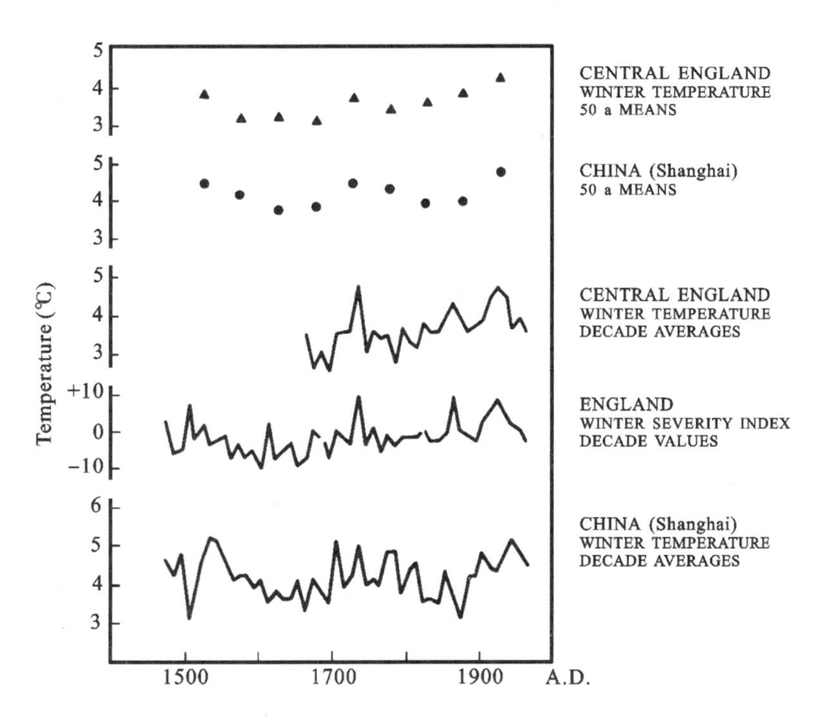

Fig. 4 Comparison between the winter temperature records for central England and China since 1500 A. D. (H. H. Lamb, 1982)

The notable warm/dry period which began in the middle '70s in Europe and the Northern Hemisphere today is characterized by low rainfall and warm weather that caused increasing desertification in Africa, the Middle East, Western India, Northern China and Japan. These phenomena are not only of regional, but also of worldwide interest (Ji, Yan and Lin, 1988), and continue to develop and strongly influence the natural environment.

THE PO RIVER DELTA EVOLUTION

The Po River delta is the extreme manifestation of the complex morphological events which, about one million years, resulted in the vast area enclosed by the Alps and the Apennines being filled with sediments that eventually built up the about 34,000 km^2 Po Valley extending into the Adriatic Sea as a projection of the delta. The formation process of the deltaic system dated back to about 2000 years ago when the beach line extended along the beach ridges of sand dunes still visible today on the mainland. The continuous contribution of sediment from the river seaward has progressively prograded the present deltaic system.

In contrast to the reduced quantity in the past, the solid contribution is more obvious today, both in coarse material (sand) and in fine material (silt and clay). The finer suspended material is distributed in a strip extending for about 80 km seaward.

In ancient times, the uncontrolled river system, subject to intermittent ruinous flooding, had always caused serious problems to the human settlements in the Po River plain. Figure 5 shows the changes of the river from the 10th century B. C. to the 14th century A. D. These changes, due to breaches, modified the hydrology arid morphology of the Po Valley and influenced the configuration of the delta.

In Roman and later times canals and dams were constructed to control and correct the course of the river. The breaches were caused by floods during periods of wet weather and the new flow routes to the sea followed the hollows in the tectonic structures.

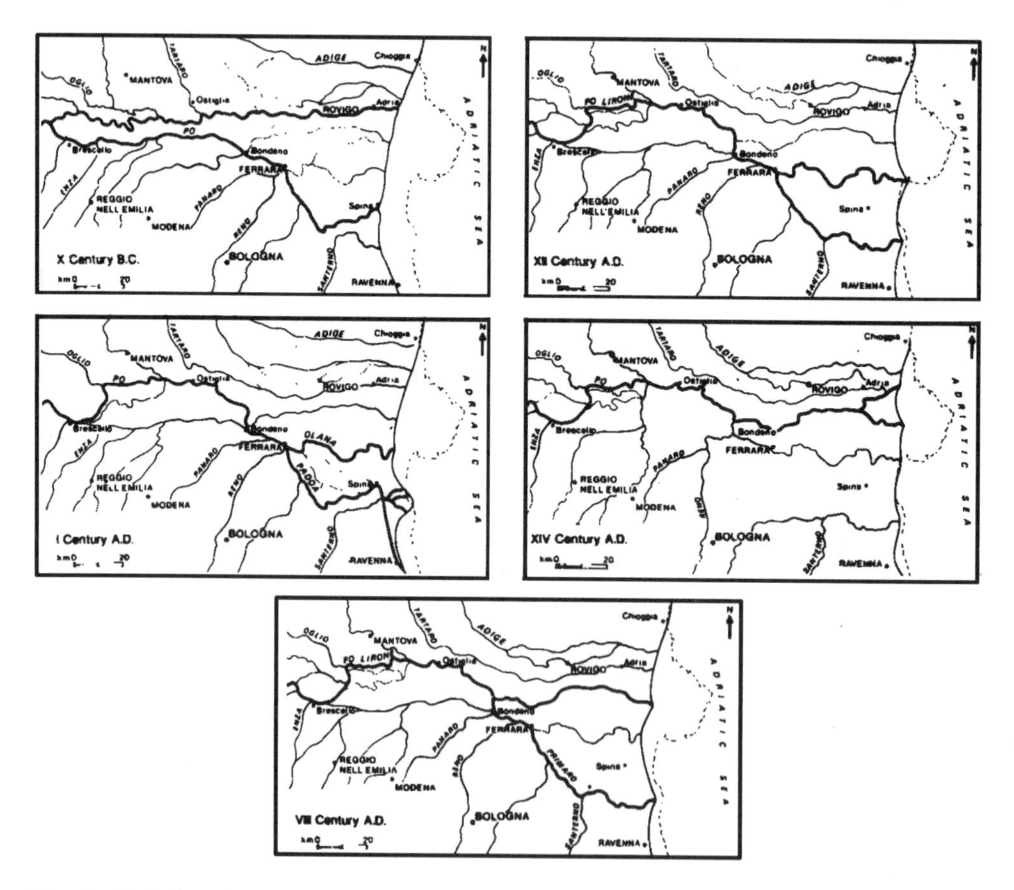

Fig. 5 Evolution of the Po River from 10th century B. C to 14th century A. D. (Veggiani, 1985)

In fact, owing to differential subsidence, the areas over the synclinal became hollower than the areas over the anticlinal, and the new river bed followed these surface lines corresponding to the buried synclinals.

The evolutionary phase of the Po River delta can generally be reconstructed through photogeological examination which identifies the ancient dune lines marking the old shorelines behind the present shoreline.

The evolution of the Po River delta was characterized by an initial phase identified by ten cuspate deltas that afterwards evolved into lobe deltas. The growing rate was changeable, from the Etruscan Age to 1600, close to 450 m/100 a, and since 1600 has averaged 7 km/100 a. The oldest lobe-delta in the 12th century resulted from the breach of the "Ficarolo", when the central mouth of the Po River moved northwards.

The abundant and constant supply of sediment to the Venice Lagoon, since 1550 at the beginning of the "Little Ice Age", undermined the existence of the lagoon. The lagoon being the best military defense of Venice, the Republic of Venice put up hydraulic works to preserve it (diversion of the major lagoon tributaries into the sea, relocation of the sea entrances, and digging of canals for inland navigation) and around 1600 the Venetians moved the Po River mouth southwards by digging a canal in the area of Porto Viro.

Since then the delta system has continued to grow seaward to the present configuration. The growing dynamics of the Po River delta is quite simple. The sediments carried seaward by the river are discharged at the river mouths, where they are reworked by wave action to form sand bars at the front and sides of the mouths. If the supply of sediment is abundant and constant the bars tend to grow and emerge from the water to be fixed by marsh vegetation and eventually join the mainland. This is the formation process (which can be cyclical) of the delta system of lagoon and small pockets of water. If the rate of sediment supply markedly decreases, the wave action becomes destructive, particularly on the extreme water pockets portion of the delta, destroying what was built before.

Examination of the cartographic data (especially 1811-1812) for 1600 to the present time (Figure 6) shows the coastline growing seaward.

The maximum advance of the shoreline was observed in the 1953 survey. Then between 1960-1970 the coastline moved back towards land.

At present the water bodies tend to be filled up by sediments that move the coastline seaward. It should be pointed out that the actual configuration of the coastline is different from that obtained in the 1950s survey and that the coastline has moved inland. The outer part of the delta being very unstable in the period 1960-1970 is in line with a general tendency to erosion that has affected all the Italian coasts, especially the Adriatic ones.

It is interesting to note the correspondence between the major development of the Po River delta system and the cold/wet weather conditions. It is particularly evident for the Ficarolo breach (12th century) due to the bad climatic period following the warm/dry medieval climatic optimum (see Figure 1).

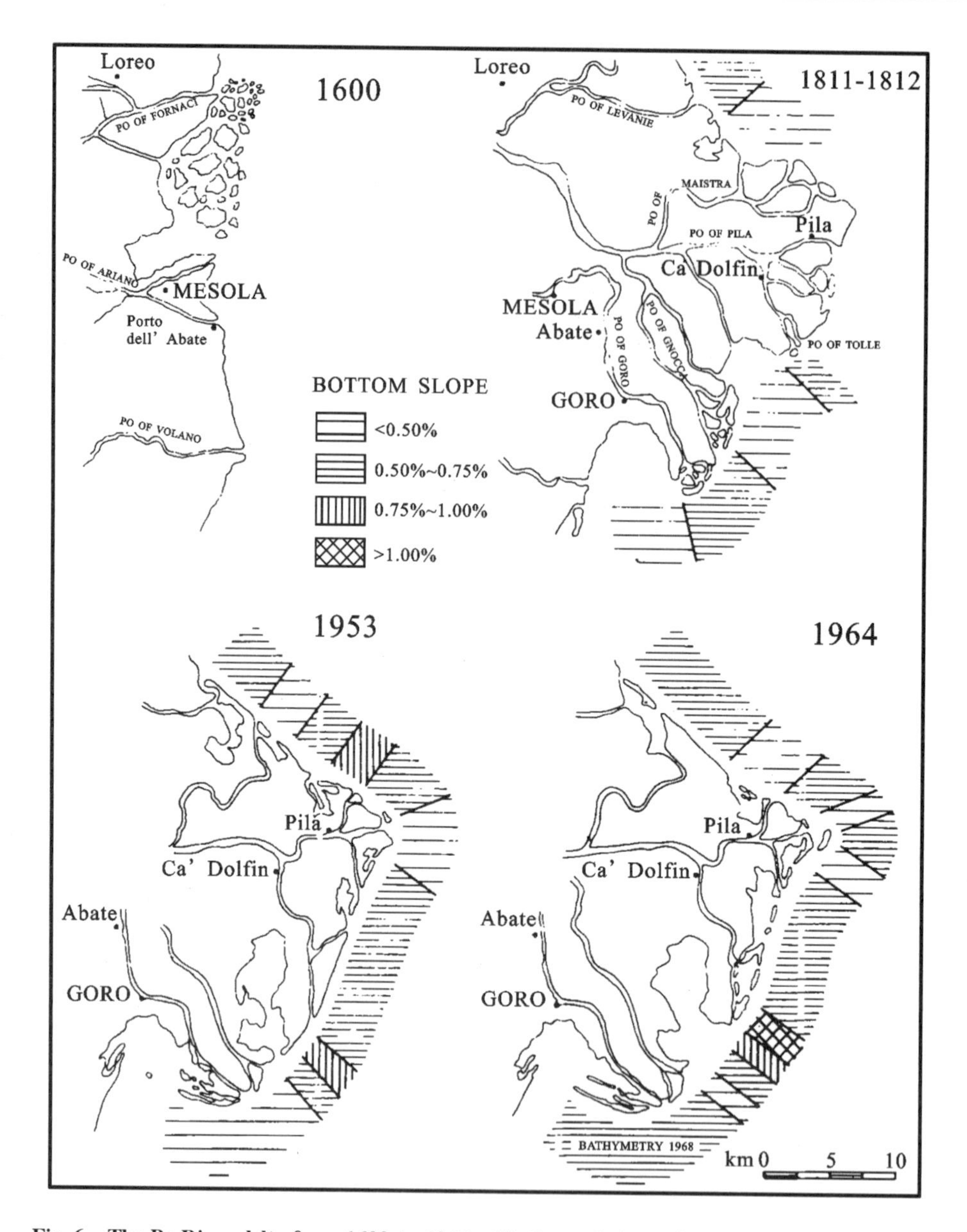

Fig. 6 The Po River delta from 1600 to 1964 with the variations of the bottom slope from the shoreline to the 5 m isobath (Carbognin and Marabini, 1989)

Another example is the large advance of the Po River delta from 1600 to 1820 during the "Little Ice Age" (see Figures. 1 and 2).

The warm/dry weather without frequent rain, floods and storms since the 70s along the coast contrasts with the weather in the preceding cold/wet period. The difference with ancient times is that during a recent critical period of about 20 years, instead of advancing, the shoreline retreated, indicating that the violent storm waves diminished the rivers' sediment yield to the coast as a result of human activity in the coastal zone (removals of river bed material, destruction of sand dunes, the subsidence by the extractions of fluids, etc.)

THE HUANGHE RIVER DELTA EVOLUTION

The Huanghe River is well known as one of the largest rivers in world and has evolutional similarities to the much smaller Po River. During the last 4 000 years, the lower course of the Huanghe River changed several times along three directions: Kaifeng-Tianjin, Kaifeng-Lijin, Kaifeng-Qingjiang (Figure 7) to shift the river mouth from the Bohai Sea to the Yellow Sea, a shift of as much as 500 miles.

The critical changing point was near Kaifeng. Figure 8 shows the buried structures that, like the Po River's, control the river course when breaches occur due to big floods.

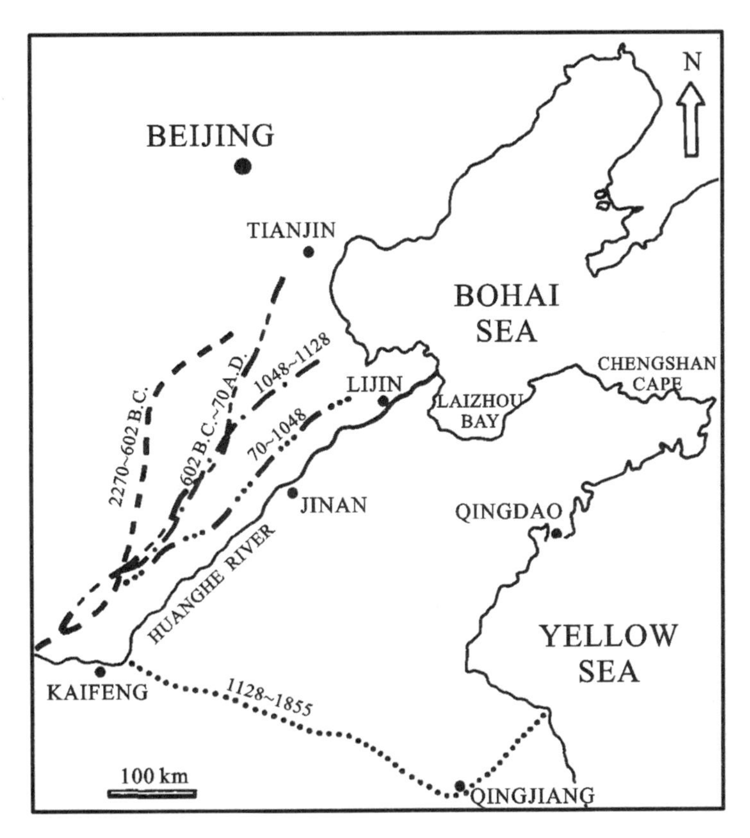

Fig. 7 The variations of the Huanghe River since 2270 B. C. (Liu Cangzi and H. J. Walker, 1989)

Figure 7 shows only the main changes of the Huanghe River, among which is the very interesting variation in the period 1128-1855 when the river entered into the Yellow Sea at the end of a cold/wet period and returned north into the Bohai Sea in 1855, at the end of the "Little Ice Age".

Examination of the Yellow Sea coastal stretch near the old Huanghe River mouth (Figure 8、Figure 9) will reveal the maximum advance of the shoreline between 1578—1776 during the critical phase of the "Little Ice Age".

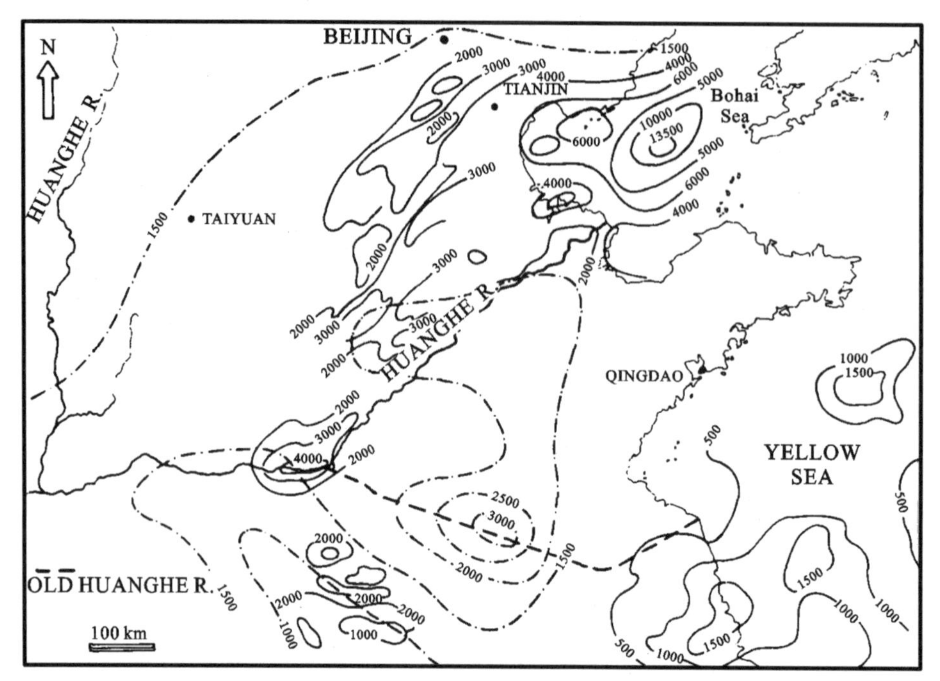

Fig. 8 Contour lines of the buried structures controlling the Huanghe River during breaches due to big floods (The Marine and Tectonic Map of China, 1983)

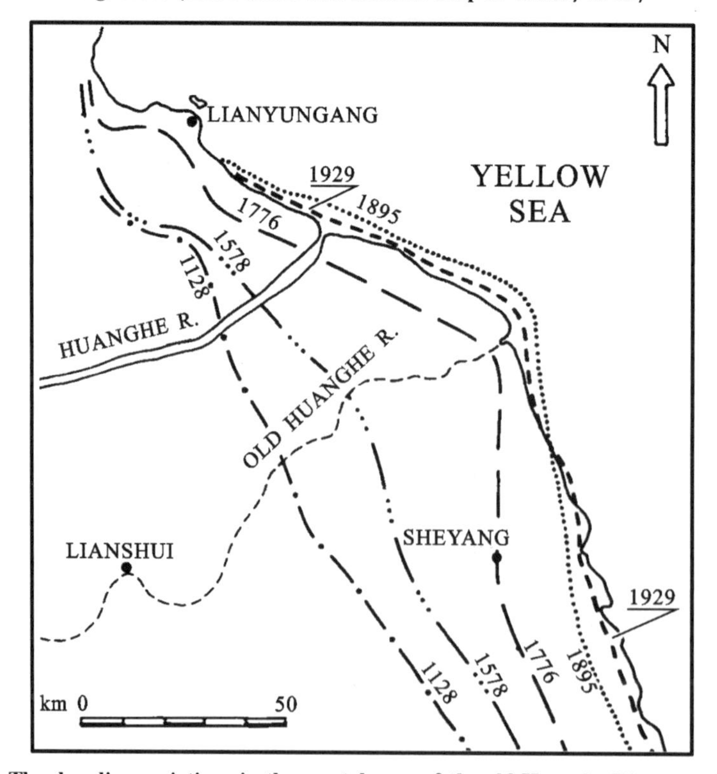

Fig. 9 The shoreline variations in the coastal zone of the old Huanghe River mouth in the Yellow Sea (Liu Cangzi and H. J. Walker, 1989)

At present the Huanghe River delta stretches about 160 miles before entering into the Bohai Sea, includes a flat area of about 950 square miles and falls about three inches per mile in the lower stretch. The abundant sediment load is mainly silt and clay. Figure 10 shows the sediment loads and discharge from 1950 to 1980.

During 1951-1980, the annual average of sediment loads discharged from the Huanghe River was 1069×10^6 t/a, which accounted for around 80% of the total sediment load emptied into the Bohai Sea and Yellow Sea from rivers except the Changjiang River. It shows that sediment loads discharged from the Huanghe River play the most important role in the sedimentation in this area. About 70% of the total sediment loads from the Huanghe River settled down at the mouth and nearby area and the rest were spread towards the sea under the influence of the tidal currents and waves.

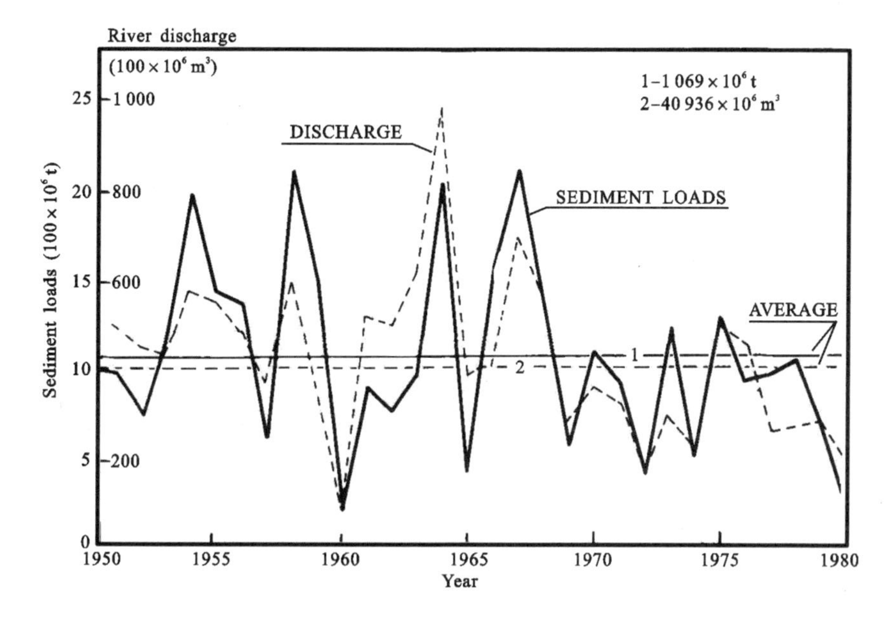

Fig. 10 Annual discharge and sediment loads of the Huanghe River, 1950-1980 (Qin Yunshan and Li Fan, 1986)

Sediment loads discharged from the Huanghe River were predominantly loess with abundant $CaCO_3$ which can be used to distinguish their dispersion range and intensity. Investigation indicates that the influence of sediment loads from the Huanghe River on Bohai Bay and the middle of the Bohai Sea is stronger than that on Laizhou Bay. The annual average of sediment emptied into the Yellow Sea through the Bohai Strait is estimated to be about 5-10 million tons. Most of that is transported around the Chengshan Cape to the west along the southern coast of the Shandong Peninsula; a small part is dispersed to the center of the Yellow Sea and deposited together with sediments from other sources to comprise the fine grain sediments there. The rest is transported to the East China Sea.

The large amount of sediment deposited near the mouths of the river causes (under the action of waves) radical changes of the shoreline and migration of the mouths (Figure 11).

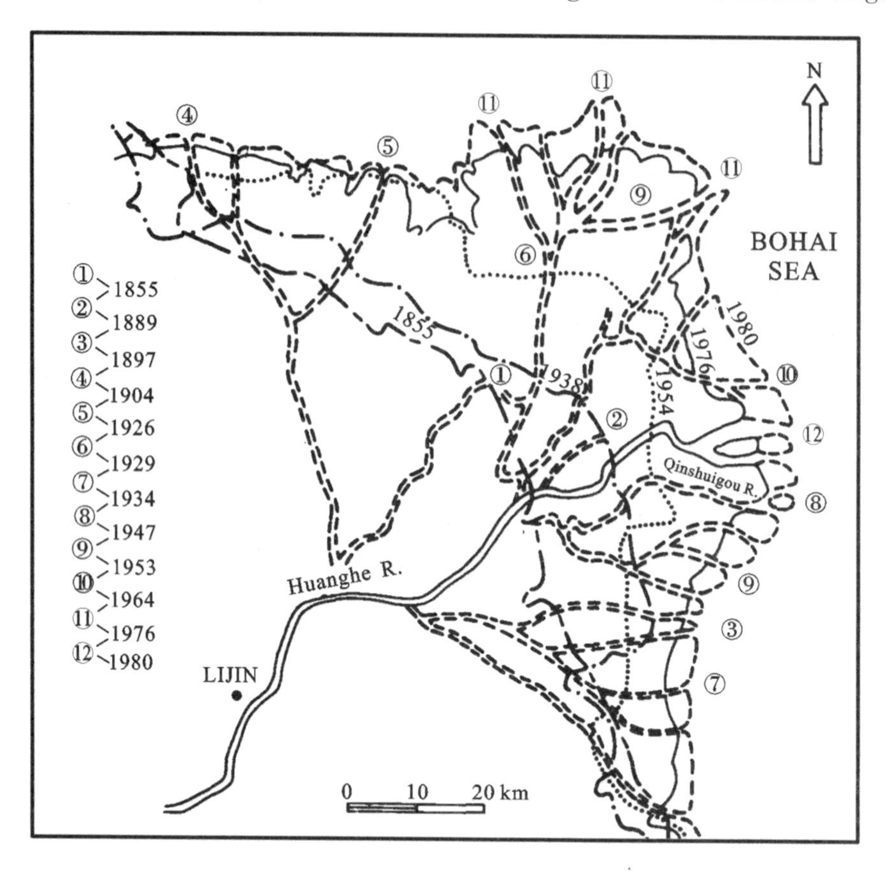

Fig. 11 The Huanghe River mouth evolution and the shoreline variations from 1855 to 1980 (Yan Kai, 1987)

The growing dynamics of the Yellow River delta causing this periodic changing of the mouths is very simple. The large amount of fine sediments carried to the river mouth is reworked and distributed by waves, producing the bars there. Afterwards, under the action of storm waves, the bars tend to close the river mouth and the continued interaction between deposition of fine sediment and storm waves action varies the shoreline and causes a continuous migration of the mouths of the Huanghe River.

This situation is responsible for many rapid advances and regressions of the shoreline along the silty-mud littoral dependent on the Huanghe River. Due to the absence in the Huanghe River delta of the intensive human activity like that in the Po River delta, there has been great general regressions of the shoreline in the last decades. The large sediment yield from 1950 to 1970 and the minor quantity from 1970 up to 1980 (Figure 10), corresponding to cold/wet weather followed by warm/dry weather, is revealed by the different degree of shoreline advance in Figure 11.

This correlation of shoreline variation to the climatic conditions is the same even for the flow variations of the Po River in the same periods (Figure 12). This means that two rivers so far apart and different are simultaneously and similarly influenced by the climatic fluctuations.

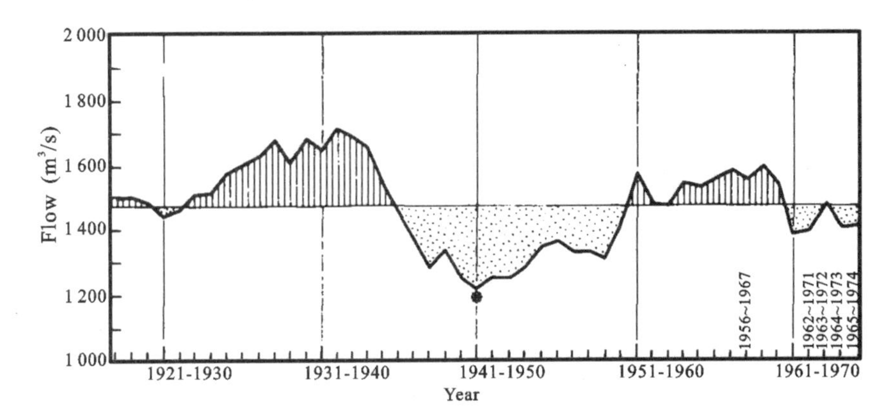

Fig. 12 The "movable" 10- year mean discharges of the Po River between 1918 and 1974 (Cati, 1981)

CONCLUSION

The effect of climatic changes on the evolution of the natural environment is of primary importance.

It is easy to recognize the climatic influence on glaciers, rivers and vegetation, but for the coastal zone which has more complex configuration, this is not easy because of the too often strong human influence in the coastal stretches worldwide and because these zones are in dynamic equilibrium.

In fact, the dynamic equilibrium of this area between the sea and the mainland is controlled by the fluvial sediment supply and the distribution of these sediments by wave action generated at the sea surface by the wind.

This implies that one cannot simply state that cold/wet climate induces greater precipitation and sediment supply to the sea and therefore shoreline advances. In fact, these climatic conditions lead to a greater frequency of strong storms that may cause shoreline regression.

Through examination of the evolutional trend of the Huanghe River and Po River deltas since the Middle Ages, and of the close connection of their evolution with the general trend of coastal zone advance and retreat, a hypothesis can be formulated based on the evidence given by the data.

In a period of cold and wet weather the coastal equilibrium is controlled by the relationship between the large river sediment supply and the frequency of strong storms. If the sediment input is greater than removal caused by wave action, the beach becomes wider; but if the sediment removal is bigger than the input, the coastline retreats.

In the period of warm and dry weather, the sediment supply to the sea is less and storms are rare. Therefore the coastline generally tends to move around an equilibrium point, or slightly seawards.

It is shown that cold and wet weather conditions are determinant factors for coastal evolution.

The reason for the great development of the two considered deltas from 1600 up to the last century is that the fluvial sediment input, connected with the "Little Ice Age" climate condition, was much bigger than the removal caused by storm waves.

The smaller climatic variations with 10-35 years period, induced progressive reduction in the coastline advance from the beginning of the present century, reaching maximum reduction at the end of the ′50s when the sediment supply in the typical cold periods became inadequate because of human activity in the coastal zone and the areas behind.

Such environmental imbalance due to lack of sediment supply from rivers made wave action the factor causing erosion. This is also true for the Po River delta subject to intensive human activities and, of course, for the littoral stretches with the same conditions at the present time, but for the Huanghe River delta without high degree of anthropogenic influence, the influence of the climate fluctuations controls the evolutional trend of the coastal zone.

This is a period of warm and dry weather characterized by low rainfall and few storms, and the erosive tendency on the Po River delta on the Adriatic coast has apparently stopped and the coastline is stable everywhere (or tends to move seaward) with or without coastal protection works. But this does not mean that the threat of erosion is over, as examination of past climatic fluctuations show we are going towards a period of cold and wet weather and can expect an increase in storm frequency, and the erosive action of sea waves, along with the low sediment supply may cause coastal erosion as had occurred in the past.

This is the first attempt to comparatively examine, from a new and more comprehensive point of view, two far apart and different delta areas, and to understand and predict the evolutional trend of the coastal zone, the natural and delicate environment of which is becoming more and more important for present economical activities.

References

[1] Bartholin, T. S., 1984. Dendrochronology in Sweden. *In*: Morner, N. A. and Karien, W. (ed.), Climatic Changes on a Yearly to Millennial Basis, D. Reidel P. C., Dordrecht. pp. 261-262.

[2] Bruckner, E, 1890. Klimaschwankungen seit 1700 nebest Bemerkungen ber die Klimaschwankungen der Diluvialzeit. In: Geographische Abbandlungen, B. IV. H., Wien, pp. 153-184.

[3] Carbognin, L., Gatto, P. and Marabini, F., 1985. Correlations between shoreline variations and subsidence in the Po River delta, Italy-Land subsidence, I. A. H. S. publication, n. 151, pp. 1-6.

[4] Carbognin, L., Gatto, P. and Marabini, F., 1984. Guidebook of the eastern Po plain (Italy): a short illustration about environment and land subsidence-Venezia, Ⅲ Congresso Internazionale sulla Subsiden-

za, pp. 1-80.

[5] Carbognin, L. and Marabini, F., 1989. Evolutional trend of the Po River delta (Adriatic Sea, Itay). The Proceedings of the 28th International Geological Congress, Washington D. C., U. S. A., July 9-19, Vol. I, pp. 238-239.

[6] Carbognin. L., Gatto, P., Marabini, F. et al., 1982. Influenza dell' abbassamento del suolo sull'evoluzione del litorale Emiliano-Romagnolo-CNR-ISDGM, Venezia, TR 121, PP. 1-51.

[7] Cati, 1981. Idrografia e idrologia del Po, Roma.

[8] Faggi. P., 1986. Un convegno sullo sviluppo delta terre asciutte nella Repubblica Popolare Cinese. Rivista Geogr. It. n. 93.

[9] Hansen, J. and Le Bedeff, S., 1987. Global trends of measured surface air temperature. Journal of Geophysical Research 92: 345-372.

[10] Ji Jiyun, Yan Zhongwei and Lin Yongziong., 1988. Climatic variations of deserts in China. Desert Post and Future Evolution, IGCP 252, UNESCO Scient. Report, pp. 53.

[11] Lamb, H. H., 1982. Climate, history and the modem world. Methuen, London.

[12] Liu Cangzi and Walker, H. J., 1989. Sedimentary characteristics of Cheniers and the formation of the cheniers plains of East China. Journal of Coastal Research 5 (2).

[13] Marabini, F. and Veggiani, A., 1991. Evolutional trend of the coastal zone and influence of the climatic fluctuations. Atti del C. O. S. U, Ⅱ-Long Beach U. S. A., 24 April 1991.

[14] Orombelli, G. and Porter, S. C., 1982. Late Holocene fluctuations of Brenta glacier. Geografla fisica e dinamica quaternaria 5: 14-37.

[15] Qin Yunshan and Li Fan, 1986. Study of influence of sediment loads discharged from Huanghe River on sedimentation in Bohai Sea and Huanghai Sea. Studia Marina Sinica 27.

[16] Schweingruber, F. H., Bartholin, T., Schar, E. et al., 1988. Radiodensitometric-dendro-climatological conifer chronologies from Lapland (Scandinavia) and the Alps (Switzerland). Boreas 17, pp. 559-566.

[17] The Editorial Board for Earth Sciences. 1983. The Marine and Tectonic Map of China. Science Press. Beijing.

[18] Veggiani, A., 1985. Ⅱ delta del Po e l'evoluzione dells rete idrografica padana in epoca storica. Atti dell' Accademia delle Scienze, Universita di Bologna. pp. 37-68.

本文刊于1993年 *CHIN. J. OCEANOL. LIMNOL.* VOL. 11 No. 3

作者:Francesco Marabini Antonio Veggiani
QIN Yunshan(秦蕴珊) CANG Shuxi(苍树溪)

SEDIMENTATION IN EASTERN CHINA SEAS

Ⅰ. INTRODUCTION

Studies on the sedimentation in the Bohai Sea, Huanghai (Yellow) Sea, and East China Sea (Fig. 1) have been increasing since the 1960's. Based on a large quantity of bottom sediment samples collected by the Institute of Oceanology, Academia Sinica, this paper discusses the distribution, mineral and chemical compositions, material source of sediments and models of sedimentation in these seas.

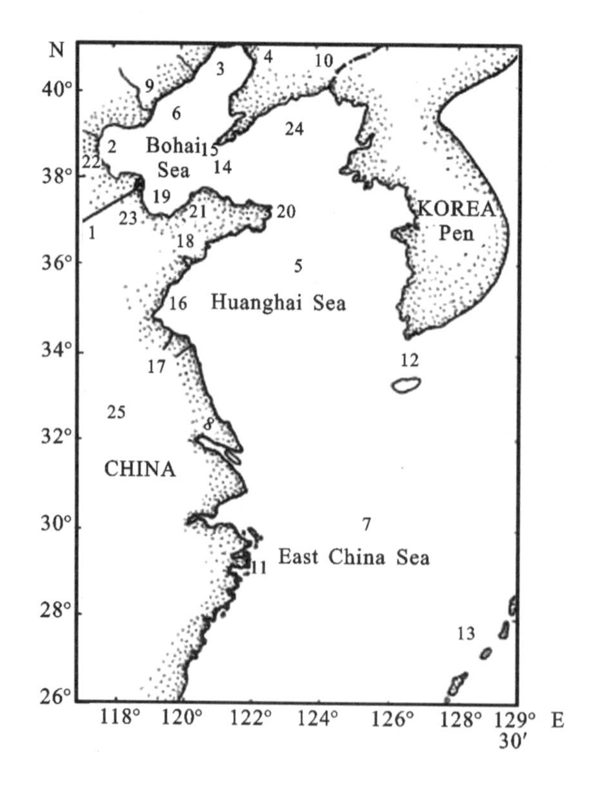

Fig. 1 General geographic map of the area investigated.

1, Huanghe River; 2, Bohai Bay; 3, Liaodong Bay; 4, Liaohe River; 5, Huanghai Sea; 6, Bohai Sea; 7, East China Sea; 8, Changjiang River; 9, Luanhe River, 10, Yalujiang River; 11, Zhoushan Islands; 12, Jizhou Island; 13, Okinawa Trough; 14, Bohai Strait; 15, Liaodong Bank; 16, Haizhou Bay; 17, Ancient Huanghe River; 18, Qingdao; 19, Laizhou Bay; 20, Chengshanjiao; 21, Shandong Peninsula; 22, North China Plain; 23, Lijin; 24, Liaonan; 25, Jiangsu; 26, Haiyang.

Ⅱ. DISTRIBUTION OF SEDIMENTS

Classification of bottom sediments was based on their median grain size (Qin, 1963). Fig. 2 shows the distribution of sea bottom sediments.

A. Clayey Mud

Clayey mud in the Bohai Sea covers the modern Huanghe (Yellow) River delta and its adjacent shallow sea to the northeast, the western central Bohai Sea, and the central and southern Bohai Bay. The clayey mud is bright yellowish to brown in color, semi-fluid, and rich in $CaCO_3$. It basically keeps the properties of sediment load discharged from the Huanghe (Yellow) River. With increasing distance away from the river mouth, the sediment turns dark, and $CaCO_3$ content decreases mainly because of the mixing of additional sediments from other sources.

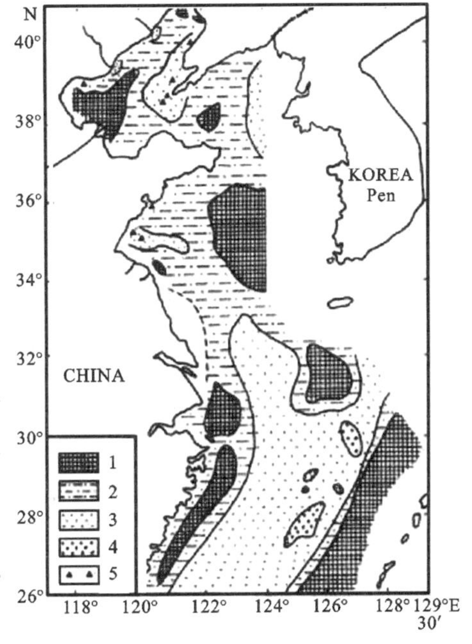

Fig. 2 Distribution of bottom sediments in the Bohai, Huanghai and East China seas.
1, clayey mud; 2, silt; 3, fine sand; 4, medium sand; 5, gravel.

In the Liaodong Bay, clayey mud is derived from the Liaohe River and less affected by the load of the Huanghe River.

Clayey mud is also distributed in the western part of North Huanghai Sea and its deeper part (>50 m in water depth). The sediment is brownish-grey or dark-grey and with medium amount of $CaCO_3$. This indicates the mixing of sediments from the Huanghe River and other sources.

In the East China Sea, a clayey mud belt covers the area off the (Yangtze) River mouth and extends southwestward along the shore. Materials of this belt are obviously discharged from the Changjiang River. This belt usually is limited within 50-60 m isobath in the East China Sea, narrows near the Taiwan Strait, and mixes with the fine-grained sediment of the South China Sea south of the Taiwan Strait.

Regions of mud arc found in the southwest of the Jizhou Island within 50-100 m isobathes as well as in the main part of the Okinawa Trough.

B. Sand

Sand is distributed in the northern Bohai Strait, the Liaodong Bank, a small region in the Haizhou Bay, and the outer shelf of the East China Sea.

On the Liaodong Bank, sand grains are well sorted. Two saltation populations are recognized. The sand has a small amount of $CaCO_3$ but a high content of heavy minerals as well as broken and polluted foraminifera shells with brown spots. These are relict coastal sediments, forming the strongly eroded seafloor of the Liaodong Bank. Their heavy mineral assemble differ from those of sediment supplied by the Huanghe River (Chen *et al.*, 1982).

Sandy sediments in Haizhou Bay are distributed mainly in the northern part of the ancient Huanghe River delta. These sediments have 10%-30% of mud and high content of $CaCO_3$. Shells of littoral or estuarine mollusca, such as *Arca* and *Ostrea rivularia* were found in places. A hard clay sequence was encountered of coring at about 30 m depth. Layers of calcium nodules in the sequence contain high content of Si, Al, Ca, Mg, and Ti, indicating a continental origin.

Well sorted fine sand is predominant on the outer shelf of the East China Sea, forming the largest sandy area in the northern China seas. The percentage of grains with $d<0.01$ mm decreases from the north to the south in the area. This is area of relict sediment originally derived from the ancient Changjiang River during the low sea stand of the W rm glacial epoch. Shells of littoral mollusca were found in these sediments. Radiocarbon dating of the shells give the ages between 10,000- 20,000 a B. P. (Table 1) (Qin, 1979)

Table 1 Radiocarbon Dating of Some Mollusca Shells from the Outer Shelf of the East China Sea

Shells	Location	Depth (m)	Radiocarbon dating (a B. P.)
Ostrea gigas	29°30′N, 126°30′E	109	22,770±880
Pecten albicans	27°30′N, 125°30′E	135	8,700±150
Pecten albicans	29°00′N, 127°00′E	174	15,030±750
Paphia amabilis	26°28′N, 123°00′E	120	15,740±750
Pecten spp.	29°30′N, 126°00′E	105	10,270±500
Paphia amabilis	29°30′N, 126°00′E	105	8,880±500

C. Silt

Silt is present in the Huanghai Sea and the shallow (<80 m) portion of the Bohai Sea. It forms the transition zones between clayey mud and sand areas. In areas east of the Laizhou Bay to the south of the Bohai Strait, well-sorted, brown and grey silt grains compose 50%-70% of the sediment volume. The content of $CaCO_3$ is only next to that of the sediment at the mouth of the Huanghe River, suggesting a Huanghe River source. In the eastern and southeastern part of the Huanghe Sea, silt is dark and with low $CaCO_3$ content, indicating a subdued effect of the Huanghe River.

In the East China Sea, the distribution of silt is limited to areas between sandy and muddy areas, or to narrow belts between two muddy areas.

Ⅲ. COMPOSITIONS OF SEDIMENTS

Sediments in the northern China seas consist of terrigenous and non-terrigenous components. The terrigenous component is composed of rock fragments and detrital minerals. The non-terrigenous component consists of organic matter and bio-detritus, authigenic minerals and volcanic materials. The organic matter in sediments derived from the soft part of organisms is the most abundant in clayey mud. Bio-detritus are mainly made of tests and spicules and are enriched in the Okinawa Trough and on the outer shelf of the East China Sea. The content of authigenic minerals is in general very low. Volcanic materials are concentrated in sediments of the northern Okinawa Trough north of 26°N.

A. Mineral Compositions

Mineral compositions of sediments in the study area are of three types: terrigenous, authigenic, and volcanic minerals. Of these, terrigenous minerals are the most abundant. Authigenic and volcanic minerals are concentrated locally.

Fifty-seven terrigenous minerals are identified (Chen *et al.*, 1979). Among these, quartz and feldspar are the most abundant light minerals, while hornblende, epidote, schistose minerals, (nuscovite, chlorite, and biotite), and ilmenite are the most abundant heavy minerals.

Ten different authigenic minerals have been found, of which glauconite is the most abundant, pyrite ranks the second, collophane the third. A small amount of goethite, aragonite, siderite, magnesite, dolomite, manganese nodules, and ferrinodules are also present.

Glauconite may be divided into three types on a morphological basis: glauconite pellets, glauconite as fillings of organism, and glauconite in booklets. Glauconite pellets are the most abundant type. Most glauconite pellets in the East China Sea are black, while those in the Huanghai Sea are brownish-green. Yellowish-green and light yellow ones are less abundant. Some glauconite pellets have shallow sutures or networks of cracks on theirs surfaces. The size of glauconite pellets ranges from 0.1 mm to 1 mm, and most greater than 0.25 mm. They contain quartz, feldspar, mica, and hornblende impurities. Organisms having glauconite fillings include mainly foraminifera, secondarily mollusca and bryozoa, and rare ostacod. The infilling glauconite varies in color from black to brownish-green, most black.

Table 2 shows chemical composition of various types of glauconite. X-ray powder diffraction data show that glauconite has a series of reflections of basal spacing (001), $d(060) = 1.519\text{-}1.525$ and has a micaceous structure between dioctahedral and trioctahedral. Diffractograms of black glauconite pellets in the East China Sea indicates the glauconite has a random interstratification of non-expanding and expanding layers.

Table 2 Chemical compositions of Glauconite

Chemical composition	Glauconite in the outer continental shelf of the East China Sea			Infilled glauconite in the Okinawa Trough		Glauconite pellet in the Huanghai Sea	
	Pellet (black)	Infilled (black)	Booklet (black)	Green	Light yellow	Brownish-green	Lightgreen
SiO_2	44. 65	34. 23	43. 50	47. 65	43. 6	46. 7	46. 38
TiO_2	0. 29	0. 22	0. 33	0. 62	0. 56	0. 65	0. 72
Al_2O_3	4. 95	5. 01	5. 05	5. 13	7. 16	6. 45	13. 28
Fe_2O_3	23. 82	19. 49	23. 46	21. 95	15. 25	24. 55	11. 96
FeO	1. 44	2. 00	1. 50	1	1. 0	1	1. 2
CaO	1. 62	8. 56	1. 38	3. 14	9. 77	1. 45	5. 91
MgO	4. 87	8. 17	6. 88	3. 76	3. 12	3. 1	3. 47
Na_2O	0. 44	0. 36	0. 26	0. 30	0. 27	0. 29	1. 17
K_2O	4. 48	2. 46	3. 30	3. 16	2. 04	4. 4	3. 25
H_2O_4	7. 00			9. 1	8. 70	8. 8	6. 8
H_2O^-	5. 07						
CO_2	0. 62			3. 52	7. 94	1. 54	5. 12
P_2O_5	0. 15			0. 11	0. 12	0. 2	0. 33
MnO				0. 03	0. 06	0. 15	0. 34

Glauconite is widely distributed. A high content of glauconite pellets is found in sediments in the northern part of the Bohai Strait (121°20′E, 38°30′N) and on the outer shelf of the East China Sea (126°00′E, 29°30′N). Infilling glauconite is concentrated in the northern part of the Okinawa Trough (128°00′E, 30°00′N). Booklet glauconite is seen mainly in sediments on the outer shelf of the East China Sea, but generally in a low content. Its sedimentary environment was studied by Chen (1980).

The authigenic pyrite in sediments appears as fillings of foraminifera, as framboids, and as sticks. Most pyrite grains are framboidal. SEM photos show that these pyrite consists of octahedral microcrystals as its basic building units. The framboidal pyrite is spheric in shape, about 22-270 μm in diameter (Cheng, 1981). Infilling pyrite is mainly concentrated in 0. 25-0. 10 mm grains, while framboidal pyrite is largely concentrated in grains of >0. 25 mm and 0. 1-0. 05 mm sizes and closely related to organic muddy sediments. Authigenic pyrite is mainly distributed in areas near the Bohai Strait and in the eastern part of the South Huanghai Sea. Cheng (1981) investigated the sedimentary environment for authigenic pyrite in the eastern part of the South Huanghai Sea, where the Eh is low, pH and mud content are high (Table 3). In such environment, sulphate reducing bacteria tend to induce colloidal chemical precipitation of iron sulphide.

Table 3 The Sedimentary Environment of Rich Authigenic Pyrites in the Eastern Part of the Southern Huanghai Sea (from 9 Samples of Mud)

Media	Matter	Value
Bottom solution	pH	9.04
	Fe^{2+} (%)	0.119
	Fe^{2+} (%)	0.96
	SO_4^{2-} (%)	0.277
Bottom water	pH	8.02
	SO_4^{2-} (mg/L)	2,540.8
	Cl^- (mg/L)	18,647.8
	Salinity	32.067
Sediment	Content of mud (%)	79.63
	Mud	0.001,27
	So	3.285
Organic matter (%)		1.85

In general, authigenic pyrite is concentrated in muddy and silty sediments, while authigenic glauconite in sandy sediments. This results in a spatially inverse correlation between these two authigenic minerals on the continental shelf of the East China Sea.

Volcanic minerals include hypersthene, augite, hornblende, magnetite, feldspar with vesicular wall, quartz, acicular apatite, and volcanic glasses. These minerals usually appear as euhedral crystals with complete domes and are distributed mainly in the northern part of the Okinawa Trough.

Compositions of clay minerals in the study area are rather uniform. Illite is the major component; chlorite, kaolinite, montmorillolite, halloysite, vermiculite, and interstratified clay minerals are less in quantity, and palygorskite-sepiolite is scarce. High content of montmorillolite is found in the Liaodong Bay, the mouth of the Yalujing River, and the eastern slope of he Okinawa Trough. The content of Kaolinite is higher in the East China Sea than in the Bohai Sea (Shi *et al.*, 1984). In the Bohai Sea, the content of SiO_2 in clay minerals decrease southwards, while contents of CaO_2, K_2O_2 and LOI (loss of weight on ignition) of clay minerals decrease northeastwards.

Based on distributions of mineral assemblages, the northern China seas may be divided into eight mineral provinces (Fig. 3).

1) South Bohai Sea and northwest Huanghai Sea mineral province, which is characterized by a high content of schistose minerals and calcite supplied by modern Huanghe River.

2) North Bohai Sea and the northern North Huanghai Sea mineral province. Sediments in this province have a high content of orthoclase and are contributed by many rivers, such

as the Liaohe, Luanhe, and Yalujiang rivers. Marine erosion of coast and islands also contribute.

3) Qingdao mineral province, whose sediments contain a significant amount of epidote, which is known as one of the relict minerals.

4) Ancient Huanghe River mouth mineral province, which is recognized by its high content of schistose minerals. Sediments in the province were supplied by the ancient Huanghe River and reworked later.

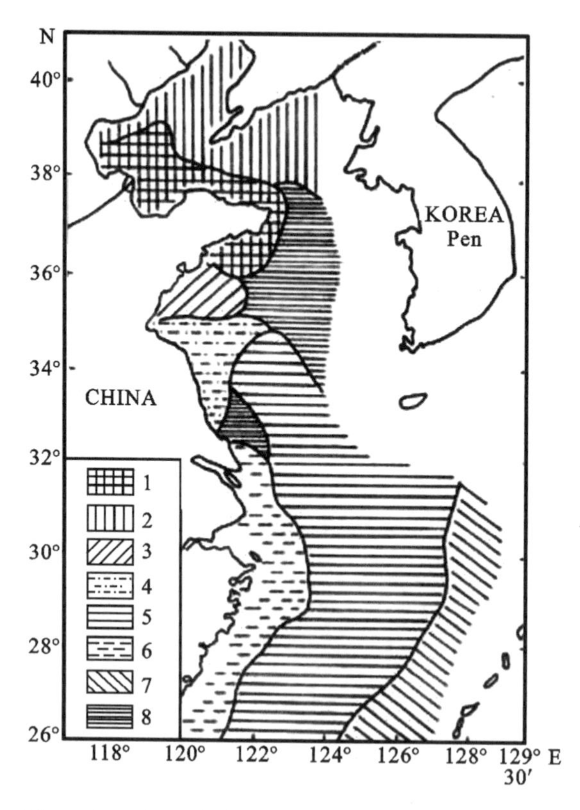

Fig. 3 Mineral provinces in the Bohai, Huanghai and East China seas.

1, South Bohai Sea and northern Huanghai Sea mineral province; 2, North Bohai Sea and northern North Huanghai Sea mineral province; 3, Qingdao mineral province; 4, Ancient Huanghe River mineral province; 5, Southeast Huanghai Sea-middle East China Sea mineral province; 6, Western East China Sea mineral province; 7, Okinawa Trough mineral province; 8, Transitional mineral province.

5) Southeast Huanghai Sea to middle East China Sea mineral province. This is a hornblende and metamorphic mineral (staurolite, kyanite, and andalusite) province. Mainly derived from the ancient Changjiang River, its materials were reworked in a later period. A portion of sediments in the northern part of this province are supplied by the Huanghe River.

6) Western East China Sea mineral province, which is characterized by high contents of dolomite and schistose minerals derived from the modern Changjiang River.

7) Okinawa Trough mineral province. This is a hypersthene and volcanic glass province with sediments supplied mainly by eruptions or oceanic volcanoes.

8) Transitional mineral province.

B. Chemical Compositions

Some chemical compositions in sediments of northern China seas are shown in Table 4 and Fig. 4. In general, Bohai Sea sediments are relatively rich in Fe; Huanghai Sea sediments rich in organic matter; and sediments in the East China Sea are rich in P and N.

Table 4 The Average Content (%) of Main Chemical Compositions in the Sediments of the Bohai, Huanghai and East China Seas

Chemical composition	Bohai Sea			Huanghai Sea			East China sea		
	I	II	III	I	II	III	I	II	III
Fe	387	0.73-5.15	3.48	62	1.33-4.45	3.06	200	1.10-4.77	3.20
Mn	387	0.038-0.175	0.076	62	0.018-0.24	0.082	196	0.22-0.134	0.052
P	387	0.01-0.09	0.05	62	0.021-0.071	0.048	200	0.030-0.084	0.051
$CaCO_3$	387	0.004-35.08	4.66	365	0.35-38.93	5.6	572	2.83-58.33	
N	387	0.02-0.21	0.08	365	0.004-0.239	0.058	80	0.04-0.22	0.09
Organic matter	387	0.05-1.16	0.52	286	0.05-3.13	1.27	572	0.06-2.96	0.54

Note: I. Number of samples; II. Range; III. Average content.

The grain size of sediment plays an important role in controlling the contents of elements. Average contents of most elements increase with the decrease of grain size. The enrichment of elements in ine-grained sediments are attributable to their high adsorption capability, high abundance of rganic matter, and low content of quartz.

Besides grain size, the effect of authigenesis may be important locally. For example, Mn content increases with the decrease of grain size in most areas, but the maximum content of Mn (0.14%) in sediments of the Huanghai Sea is recorded in sandy sediments, in which authigenic Mn is 86% of the total Mn content.

On the inner shelf of the East China Sea, regional distribution of Fe, P, Cu, and Ni is roughly parallel to the coastline (Fig. 4). This may be due to the variation of grain size and mineral content in relation to the distance from the coast, the decrease of terrigenous materials, and the intensification of chemical and biological processes with increasing distance from the shore, and the action of alongshore current.

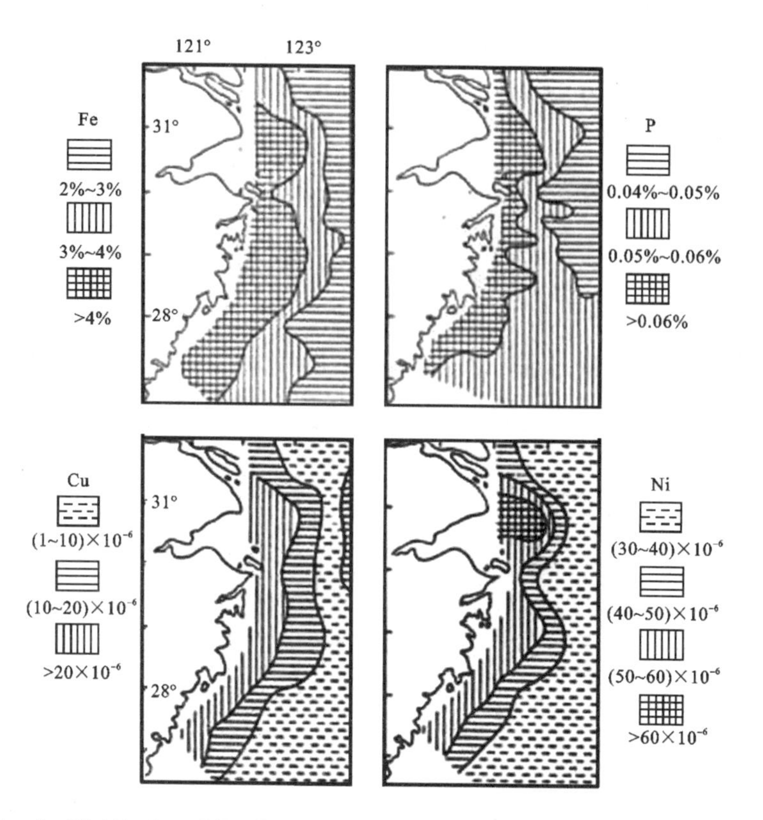

Fig. 4 Distribution of Fe, P, Cu, and Ni in the sediments of the East China Sea

In sediments of the Hnuanghai Sea and the shelf of the East China Sea, the terrigenous detrital index (Zs) of Fe, Ti, Cu, Co, Ni, Zn, Cr, and B, except of Mn ana P, is considerably greater than their authigenic index (Zz) (Table 5). This feature may be called "the philo-continental property", and these elements may be used as indicators for a continental origin (Zhao, 1983). The abundance of indicator elements in sediments of the Okinawa Trough is intermediate between that of the shelf of the East China Sea and that of the Pacific Ocean (Table 6). This is the consequence of the intermediate geographic position of the trough.

Table 5. Terrigenous Detrital Index (Zs) and Authigenic Index (Zz) of the Elements in the sediments of the Huanghai Sea and the East China Sea

Element	Huanghai Sea		East China Sea Continental shelf	
	Zs	Zz	Zs	Zz
Fe	87	13	80	20
Mn	44	56	48	52
Ti	96	4	92	8
P	38	62	35	65

(Continued)

Element	Huanghai Sea		East China Sea Continental shelf	
	Zs	Zz	Zs	Zz
Cu	82	18	78	
Co	80	20		22
Ni	83	17	76	24
Zn	93	7	85	15
Cr	86	14		
B			73	27

From Zhao. 1983

Table 6 Abundance of Indicator Elements[a]

Indicator clement	East China Sea continental shelf	Okinawa Trough	Pacific Ocean
Fe (%)	3.20	3.63	5.44
Mn	0.052	0.259	0.74
Cu ($\times 10^{-6}$)	17	27	338
Ni	25	39	224
Zn	68	84	
B	109	147	300
Ra ($\times 10^{-12}$)	0.41	0.93	8.7

From *Zhao et al.*, 1984.

The source of $CaCO_3$ in these shallow seas includes terrigenou calcareous marine deposits, marine chemical and biochemical deposits, and especially, loess. Predominant load discharged from the Huanghe River is loess rich in $CaCO_3$, thus $CaCO_3$ content in sediments off the Huanghe River mouth may be used to estimate the dispersion range and intensity of the river load. Distribution of $CaCO_3$ in sediments of the Bohai and Huanghai sea is shown in Fig. 5. High content ($>10\%$) of $CaCO_3$ appears off modern and ancient Huanghe River mouths. The relict sediment in Haizhou Bay also is high in $CaCO_3$, probably due to the concentration of calcium nodules. Moderately high (5%-10%) $CaCO_3$ are observed in sediments of central Bohai bay, the western-central Bohai Sea, Laizhou Bay, offshore northern Shandong peninsula, and northern Bohai Strait. These are the areas under the influence of the Huanghe River discharge. The western part of the South Huanghai Sea and the area of ancient Huanghe-Changjiang delta complex are also of moderately high $CaCO_3$, Very low content (1%-3%) of $CaCO_3$ appears in the nortnern Bohai Sea, suggesting the lacking of the sediment supply from the Huanghe River.

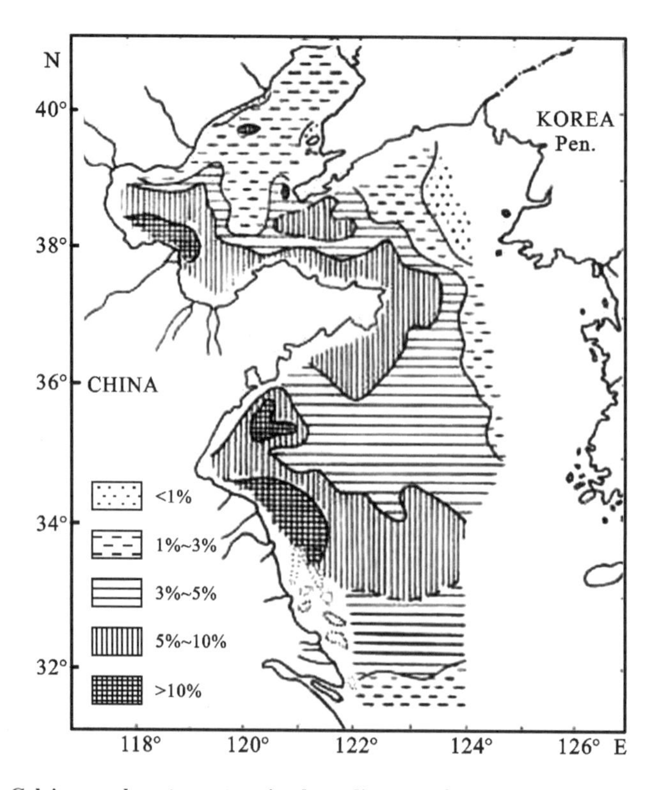

Fig. 5 Calcium carbonate content in the sediments of the Bohai and Huanghai seas.

Ⅳ. CONTRIBUTIONS OF THE HUANGHE AND CHANGJIANG RIVERS

Sediments of the Huanghai, Bohai, and East China seas are mainly derived from the Huanghe and Changjiang rivers.

The Huanghe River is famous for its high sediment load. The lower reaches of the river have swayed back and forth over the North China Plain frequently. The modern Huanghe River, with a total length of 5460 km and a drainage area of almost 750,000 km^2, runs through nine provinces on its way to the Bohai Sea. Statistical data recorded at Lijin hydrometric station in 1951-1980 show that its average load of sediment was 26.1 kg/km^3, and average sediment discharge was 1069×10^6 t annually, more than that from the Amazon River and twice that of the Changjiang River. Other rivers running into the Bohai Sea contribute about 91×10^6 t annually, less than 10% of the total load entering the Bohai Sea (Qin *et al.*, 1983).

The large sediment discharge of the Huanghe River causes a rapid seaward advance of the shoreline and the deltaic apex. Frequent and large-scaled changes of the lower reaches of the river have led to the alternative sedimentation and erosion-reworking of both the ancient and modern Huanghe River deltas. The modern Huanghe River affects mainly the Southern Bohai Sea and offshore northern Shandong Peninsula(Fig. 6); the ancient Huanghe River affected mainly the western part of the South Huanghai Sea. A rough estimation by the flux balance method indicates that about 70% of the sediment load of the Huanghe River settle down at or near its mouth (Qin, 1982).

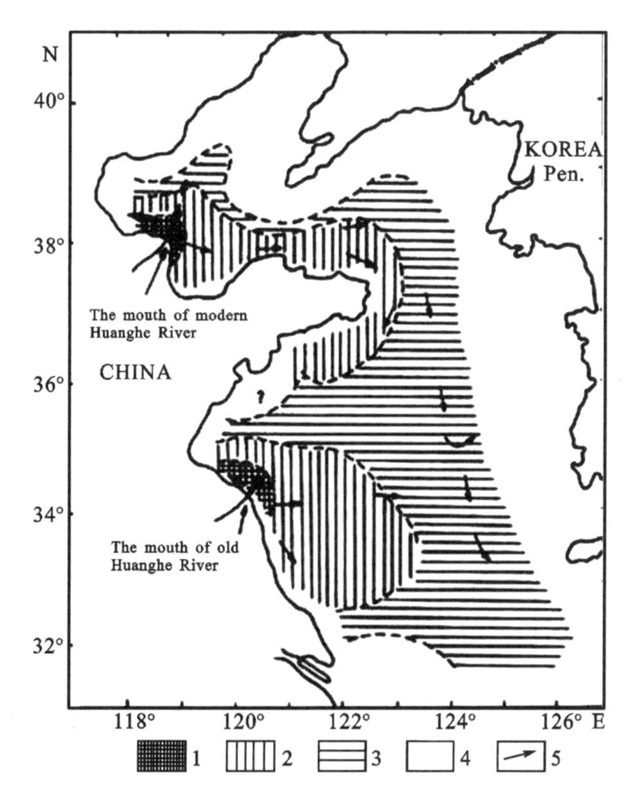

Fig. 6 Schematic map showing the influence of sediment loads discharged from the Huanghe River.
1, strong; 2, medium; 3, weak; 4, no influence; 5, direction of sediment transport.

There is a tidal standing wave node near the Huanghe River mouth. Suspended matter is transported by a fast alongshore current from the east to the west. Its velocity drops gradually as the current flows toward the top of the Bohai Bay, resulting in the deposition of sediment in the western Bohai Bay. Remaining sediment load is carried by a residual current flowing northward. In summer, the alongshore and residual currents are intensified under the influence of southeastward winds, and the sediment discharge of the Huanghe river is large since it is the flood season. Then most sediments are transported to and deposited in the Bohai Bay and the central Bohai Sea. In winter, an eastward residual current develops due to the wind blowing from the north. It joins the eastward density current and transports the suspended matter from the mouth of the Huanghe River to the Laizhou Bay. At this time, however, the sediment discharge from the Huanghe River is much smaller than that in the summer. So the influence of the river on the sedimentation in the Laizhou Bay is weaker than that in the Bohai Bay. On the Liaodong Bank and in the northern part of the Bohai Strait, the sediment load from the Huanghe River does not settle down because the fast tidal current erodes the seabed.

In summary, sediment load from the Huanghe River exerts the greatest influence on its estuary, large influence on the Bohai Bay and the western central Bohai Sea, and some influence on the Laizhou Bay and southern Bohai Strait.

There are water exchanges between the Bohai and Huanghai seas through the Bohai Strait. A cold and high-salinity Liaonan alongshore current and density currents from the North Huanghai Sea enter the Bohai Sea via the Bohai Strait, forming a circulation in the Bohai Sea and then flow out to the Huanghai Sea through the southern Bohai Strait. This outward flow carries the sediment load discharged from the Huanghe River to the Huanghai Sea. The net sediment transport from the Bohai Sea to the Huanghai Sea is about 5-10 million tons annually.

The Huanghai warm current flowing to the north and the Liaonan alongshore current flowing westwards restrict the northward and eastward spreading of the sediment load from the Huanghe River. Hence, this load has little influence on the northern Bohai Sea and the eastern Huanghai Sea.

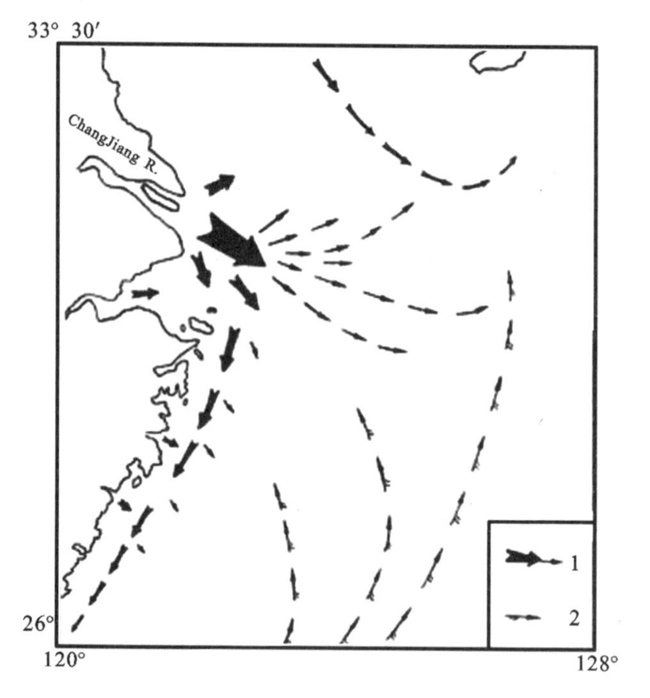

Fig. 7 Schematic map showing the transport direction of terrigenous sediments (1) and materials derived from the ocean (2).

The Changjiang River is the longest river in China. It delivers about 4.8×10^8 tons of sediments annually into the sea. These sediments mainly deposit at the mouth of the river. A portion of fine materials is carried southward onto the inner shelf of the East China Sea (Fig. 2). Obstructed by the high-velocity Kuroshio current, these materials do not go further east. Thus the outer shelf of the East China Sea is dominated by relict sediments, which were supplied by the ancient Changjiang River and then reworked.

The directions of sediment transportation in the northern China seas are schematically shown in Fig. 7.

References

[1] Chen, Li-rong, Xu, Wen-qing, and Shen, Shun-xi (1979) "Mineral composition and their distribution

pattern in the sediments of the East China Sea". Science Bulletin 15. 709-712 (in Chinese, with English abstract).

[2] Chen, Li-rong. Xu, Yu, and Shi, Ying-min *et al*. (1982) "Glauconite in the sediments of East China Sea", Scientia Geologica Sinica 3, 205-217 (in Chinese, with English abstract).

[3] Chen, Li-rong. Luan, Zhao-feng, and Zheng, Tie-min et al. (1982) "Mineral assemblages and their distribution patterns in the sediments of the Gulf of Bohai Sea". Chin. J. of Oceanol. Limnol. 1 (1), 82-103.

[4] Cheng, Qing (1981) "Study on the authigenic pyrites in sediments of the South Huanghai Sea", Acta Geologica Sinica 3, 232-244 (in Chinese, with English abstract).

[5] Qin, Yun-shan (1963) "A preliminary study on the topography and bottom sediment types of the continental shelf of China Sea". Oceanologia et Limnologia Sinica 5 (1), 71-86 (in Chinese, with Russian abstract).

[6] Qin, Yun-shan (1979) "A study on sediment and mineral compositions of the sea floor of the East China Sea", Oceanologica Sinica 4(2), 191-200 (in Chinese, with English abstract).

[7] Qin, Yun-shan and Li, Fan (1983) "Study of influence of sediment loads discharged from Huanghe River on sedimentation in Bohai Sea and Huanghai Sea", in Proceedings of International Symposium on Sedimentation on the Continental Shelf, with Special Reference to the East China Sea, Hangzhou, China Ocean Press, Beijing, p. 1 and pp. 91-101.

[8] Shi, Ying-min, Yang, Guang-fu, Chang, Guo-xian, and Li, Kun-ye (1984) "Investigation of clay mineral in the sediments of the Bohai Sea", Studia Marine Sinica 21, 305-318 (in Chinese, with English abstract).

[9] Zhao, Yi-yang (1983) "Some geochemical patterns of shelf sediments of the China Sea", Scientia Geologica Sinica 4, 307-314 (in Chinese, with English abstract).

[10] Zhao, Yi-yang and Yu, De-ke (1983) "Geochemical analysis of the sediments of the Huanghai Sea", Oceanologia et Limnologia Sinica 14 (5), 434-446 (in Chinese, with English abstract).

本文刊于 1994 年 *Oceanology of China Seas* Volume 2 Editor by Zhou Di

作者:Qin Yun-shan

海洋风尘沉积物与环境气候效应*

陆地上的风沙和风尘至今已进行了详尽的研究，而对于海洋风尘沉积物研究程度则较差。近年来随着全球环境气候变化研究的深入，海洋风尘沉积物成了学科研究的热点和前沿课题。本文将重点讨论海洋风尘沉积物与环境气候之间的关系。

1 研究历史与现状

1846 年，达尔文在环球旅行时研究了落在“猎犬”号探险船上的大量风尘样品，提出海底是由风尘铺成的结论。近代，Radczewski（1939）与其后的 Rex 和 Goldberg（1958）及 Bonatti 和 Aarhenius（1965）等人首先确认了风尘沉积在深海沉积中的重要作用[1]。

自 20 世纪 60 年代末开始，对海洋风尘沉积物的研究日见重视和深入，研究范围遍及世界三大洋，十几个海区，研究内容涉及海洋风尘的粒度组成、矿物组成和硅藻等诸多方面，提出了一些关于海洋风尘搬运沉积机理的理论，并将大洋岩心中风尘的堆积速率、风尘的中值粒径、石英的中值粒径和百分含量等参数的变化与陆地和全球的气候环境变化联系起来讨论，取得了一些有意义的结果。近 30 年来在海洋风尘沉积研究方面作出重要贡献的国外学者有 Prospero 和 Bonatti(1969)、Beltage(1972)、Windom(1975)、Johnson(1979)、Sarnthein(1980)、Parmenter 和 Folger(1974)、Blank(1985)、Rea(1985)、Cepoba(1979)、ГорбуНова(1992)等[2]。

我国在海洋风尘沉积物方面的研究起步较晚。1992～1994 年，中国科学院海洋研究所对西菲律宾海区西部晚第四纪以来的风尘沉积物的矿物学、沉积学和地球化学特征进行了系统的研究，探讨了其物质来源和该区的古大气环流特征，从此开始了对中国海及其邻近海域现代风尘沉积物的研究。1994 年，同济大学、中国科学院南海海洋研究所等单位与德国合作对南海的现代风尘沉积物进行了研究。

目前，人们对晚新生代以来海洋风尘沉积物的分布和特征已有了比较明确的认识。主要的风尘沉降区均位于曾作为主要粉尘源区的陆地的下风方向。海洋风尘输入的最重要的地区有东大西洋、西北大西洋、西北印度洋、西南太平洋、东赤道太平洋和西北太平洋。现在研究程度最高的地区是东大西洋。海洋风尘沉积物的研究方法和研究手段业已趋于成熟，研究内容趋于明确，形成了一个独特的研究领域。

2 海洋风尘对古环境古气候的反映和记录

根据现代的估算，每年由风带到海洋中的物质有 16×10^{8} t 之多，超过进入深海的河流悬

---

* 中国科学院海洋研究所调查研究报告第 2628 号。

浮物的数量,构成了海洋沉积物的重要来源[3],风尘沉积物在深海区可形成独立的沉积类型,在某些海区,风尘沉积物甚至可达沉积物总量的80%,较之陆相风尘沉积,海洋风尘沉积物的记录更为完整连续,而且海洋沉积物中的生物组分提供了极好的地层和年代标志,从理论上讲,海洋风尘沉积物至少可提供白垩纪以来全球大气环流连续变化的信息,对古环境古气候具有重要的指示意义。下面以东大西洋和西菲律宾海的风尘沉积物为例来说明它对古环境、古气候的记录和反映。

与撒哈拉沙漠临近的东大西洋是海洋风尘沉积物研究的经典地区。许多学者研究后普遍认为,在寒冷时期输入东大西洋的风尘通量增加,而在温暖时期却减少[5]。①通过深海岩心研究发现,在18 000年前的末次冰期极盛期,8°～28°N间没有河流输入物,表明当时径流量小,而撒哈拉大气层粉尘的粒径加大,粗到与西欧高纬地带的黄土相近。与现代粉尘一样,当时粉尘亦由向西转为向北搬运。冰期时21°～27°N间的无色信风粉尘分布带无论是长度还是宽度上都比现在大得多。其原因是当时风力较今为强。信风加强的推断与当时上升流增强及径流减弱的情况相符。近年来在撒哈拉北缘发现了现代风携粉尘的飞行路线,粉尘在属于西风带的旋风前区可到达地中海东部沿海地区,在冰期最盛时该风带大体上也处于这个位置,而强度则大得多,因为当时来自撒哈拉的黄土在以色列最为发育。②在距今6 000年前的气候最暖期,西非岸外海洋沉积物以细粒河流输出物为主,从深海岩心的孢粉分析可知,当时撒哈拉地区的植被比现在和冷期繁盛得多,表明那时大陆上降水量大,形成丰富的地表径流。其时撒哈拉大气层的粉尘粒度明显变细,无色粉尘带几乎完全消失,深海沉积物中的上升流标志也消失,说明信风强度大为减弱。

据我们对西菲律宾海区西部沉积物岩心的研究,该区的晚第四纪沉积由三部分组成:上部为黄色与棕红色交互的全新世沉积,中部为黄色的末次冰期最盛期沉积物,下部为青灰色与绿灰色的亚间冰期沉积,中部的沉积中风尘沉积物含量高,石英含量也高,粒度粗,而上、下部风尘沉积物含量低,石英含量也低,粒径细。这反映了其沉积时的环境气候条件的不同。在末次冰期时,气候变冷,海平面下降,季风盛行,中国沿海风尘沉积物发育。到了冰期最盛时,中国黄、渤海全部出露,东海大部分陆架出露,南海陆架也部分出露,这些由沙泥质物质组成的出露陆架,成为巨大的粉尘源地,在强大的冰期季风作用下,上述粉尘被大量搬运至中国邻近海域(包括西菲律宾海),成为海洋沉积物的主要来源,而河流的搬运作用则退居次要地位,沉积物呈黄色,反映其来源区或沉积区风化不彻底,到了全新世,气候变暖,海平面上升,风力减弱,海洋中风尘沉积通量减小,河流成为搬运陆源物质入海的主要营力,随着陆地风化作用的加剧,海洋中出现了红色沉积物。

上述两个地区的研究结果都表明冰期时海洋风尘沉积通量增大,其他一些地区的研究也得到了相似的结果。如Thide(1979)对西南太平洋海相沉积物的观察表明,末次冰期时来自澳大利亚的富含石英的风尘输入量比现在的多,学者们将此归因于冰期干燥度的增加。现在一般认为:冰期时海洋风尘沉积物的沉积速率高,而间冰期海洋风尘沉积物的沉积速率低。

3 风尘沉积物对海洋环境的影响

谈到陆地风沙和风尘,人们首先想到的是坏的影响和结果,如侵蚀土壤、危害交通安全、污染空气、窒息牲畜以及传播疾病等等。海洋风尘则不然，它对海洋环境还起着好的影响和作用。

在学术界有一个长期争论不休、悬而未决的问题，就是末次冰期时气候寒冷，海平面下降，而海洋中的生物生产力并未下降，反而升高。有关专家认为此系沿岸径流发育，带入海洋中较多营养物质所致。对中国近海及沿海的第四纪研究结果并不支持这种推论。据我们最近的研究结果，此系冰期时风力大为增强，粉尘向海洋的输入量增大，大量的营养元素（特别是 Fe）被输运到海洋中的结果。北半球的鱼类产量远高于南半球，这也很可能与北半球的风尘输入量远高于南半球有关。

海洋生态学的研究结果表明，Fe 是生命必不可少的元素，更是大洋浮游生物（特别是硅藻）的限制性因素。生物学家在北太平洋的实验研究表明，当 Fe 存在时，硅藻猛增，没有 Fe 硅藻不能生长。所以有的学者主张在南大洋施加有限量的 Fe 肥，以加速其初级生物生产力的增长[5]。海洋表层浮游生物的增长对 Fe 的需求量是很大的，大量的 Fe 可由富 Fe 的风尘沉积物来满足，有人曾用 ^{58}Fe 作为示踪剂研究了海水中溶解 Fe 在海洋气溶胶颗粒（即海洋风尘）上的吸收作用，得出结论：①矿物气溶胶颗粒对溶解 Fe 的吸附能力可能大于 27 nmol/mg；②悬浮颗粒的浓度是控制 Fe 被吸附的主要因素，大部分易溶解 Fe 可能被吸附在海洋表层中悬浮颗粒上，特别是气溶胶颗粒的有机膜上；③开阔海洋中矿物气溶胶的增加会导致海水中溶解 Fe 的净增加。总之，风尘是大洋表层水中溶解 Fe 的主要来源，中太平洋北部表层海水中大部分的溶解 Fe 可能是由风尘提供。

与其他大陆的粉尘相比，中国大陆粉尘含有丰富的 Fe 元素，输送到大洋中必将对海洋初级生物生产力产生重要影响，早在 20 世纪 50 年代末，人们就发现北太平洋存在一条相对富含石英的洋底沉积物带，从日本南部向东延伸，穿过夏威夷群岛几乎到达北美西海岸。这条带南界模糊，北界清楚，主要为风尘沉积物，局限在 30°～40°N 范围内，与中国黄土的主要分布区的纬度是一致的。种种证据表明，北太平洋沉积物的粉尘源区是中国北方的黄土和亚洲的沙漠。

海洋风尘沉积物通过对海洋生物生产力施加影响，可以对气候和环境变化起到调控作用。现在普遍认为 CO_2 是影响气候变化的限制性因素，大气中 CO_2 含量增加会引起温度上升、海平面上涨。海洋可以吸收大气中的 CO_2，抑制温室效应。全球海洋总固碳能力估计为 20～60 Gt/a[6]，这相当于人类活动向大气中释放 CO_2 量的几倍到十几倍。然而，光合作用固碳的绝大部分是在真光层周而复始地循环，有一少部分能够沉出真光层到达深层乃至沉积物中，进入长周期（若干年甚至上千年）循环。这种由生物海洋学过程构成的碳从大气向海底的转运机制称为生物泵[5]。风尘沉积物给海洋带来丰富的 Fe，增加浮游生物的初级生产力，通过生物泵的作用将大气中的 CO_2 转移到海底，从而影响气候的变化。

4 我国海洋风尘沉积物研究的发展趋势

与我国毗邻的西北太平洋海域，海洋风尘沉积作用极为发育。我们应选择该区对其进行深入系统研究，一方面至少可以提供第四纪以来中国乃至东亚大陆的环境和气候的完整的、连续的演化记录，有许多是陆相沉积没有保存或无法提取出来的；另一方面可以促进加深海洋生态、初级生物生产力的研究，有重要的理论和实际意义。我国在海洋风尘沉积物方面的研究工作已经有了良好的开端，已形成了一套完整的海洋调查研究体系；另外我国陆地黄土的研究取得了举世瞩目的成就，为对西北太平洋海区风尘沉积物的研究提供了借鉴经验和对比资料。在进行这项研究时必须是多学科的，包括海洋地质学、沉积学、海洋化学和海洋生物学等。

研究的重点内容：①现代海洋风尘的搬运沉积过程及机制；②海洋风尘沉积物的柱状演化特征及其所反映的古气候、环境序列；③风尘的元素（特别是 Fe 等）在海洋中的化学和生物化学循环过程。

参考文献

[1] Pye. K. 著 1991. 风扬粉尘及粉尘沉积物. 海洋出版社，1-6.

[2] 石学法，1994. 海洋科学中若干前沿领域发展趋势的分析与探讨（论文集）. 海洋出版社，24-29.

[3] 同济大学海洋地质系，1989. 古海洋学概论. 同济大学出版社，120-147.

[4] 焦念志，1994. 海洋科学中若干前沿领域发展趋势的分析与探讨（论文集）. 海洋出版社，107-119.

[5] 王荣，1992. 海洋科学，6：18-21.

[6] Eppley, R. W., 1989. The Productivity of the Ocean; Present and Past. by Berger, W. H. *et al*. John Wlley Sons Limited (N. Y.)85-97.

本文刊于 1995 年《海洋科学》 第 4 期

作者：秦蕴珊　石学法

西菲律宾海风成沉积物的研究*

关键词 西菲律宾海 风成沉积物 古环境 古气候

1988年,中国科学院海洋研究所“科学一号”调查船在菲律宾海西部所采集的3个柱状样品(WP1,WP2和WP40孔)中发现了黄色沉积层,其外貌酷似中国的黄土沉积,WP1孔(13°47.1′N, 125°34.4′E,水深2 208 m,柱样长225 cm),位于菲律宾海沟东侧,西距吕宋岛600 km,WP2孔(6°20.1′N, 126°26.7′E,水深1 580 m,柱样长195 cm)和WP40孔(6°51.2′N, 126°37.63′E,水深2 540 m,柱样长175 cm)位于菲律宾海沟西侧,临近棉兰老岛(图1)。此3孔的柱状样岩性基本相似,柱样均由粉砂质黏土与黏土质粉砂组成,含有孔虫与火山灰。但柱样的不同层位在颜色上有明显差异,自上而下可分为3层:上层为棕黄色与褐红色,厚约0.5 m,中层为黄色,厚约1 m,下层为灰色与青灰色,未见底。这是我国首次在深海盆地中发现如此广泛的陆源沉积物,尽管由于资料上的限制,对其成因上的解释有不少疑惑,但它的陆源性质是确定无疑的。考虑到这层黄色沉积物位于菲律宾海沟东侧,近岸的陆源物质难以到达,因而我们初步认定它们可能是风成事件沉积,它们对于研究该区的古环境、古气候,特别是古大气环流等有着重要意义。

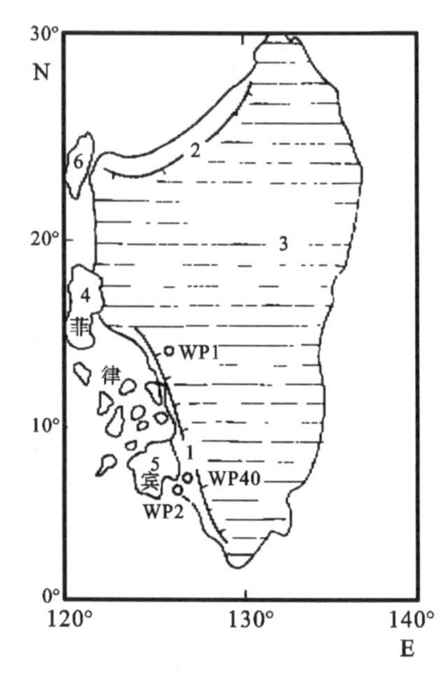

图1 取样站位图

1.菲律宾海沟 2.琉球海沟
3.菲律宾海盆 4.吕宋岛
5.棉兰老岛 6.台湾省

现以WP1孔为例,详细探讨其中黄色沉积层的组成、来源与成因。

1 WP1孔柱状样的岩性特性

该区沉积层自上而下分为3层:①0~52 cm,以棕黄色和褐红色的粉砂质黏土为主,夹黏土质粉砂薄层,样品松软、均一。有孔虫含量较高,有火山灰。②52~175 cm,由黄色粉砂质黏土组成,夹黏土质粉砂及少量砂质黏土薄层,有孔虫含量较上层低,结构不均一。③175~225 cm,为灰色、青灰色粉砂质黏土层,夹少量黏土质粉砂薄层,结构均匀,含较多有孔虫

* 1994-10-31收稿,1995-02-28收修改稿
国家自然科学基金资助项目

(图 2)。根据 WP1 孔的岩性状况,本文对其 52～175 cm 层位的黄色沉积物进行了深入的研究,现摘述如下。

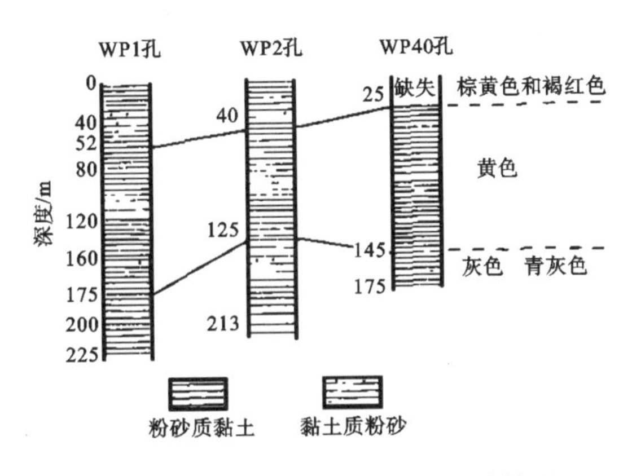

图 2 WP1、WP2 和 WP40 孔柱状岩性图

2 WP1 孔黄色沉积物的粒度与矿物组成

黄色沉积物中黏土与粉砂含量各占 45.5%,细砂占 8.5%,在个别层位中含极少量中砂。平均粒径为 6.81φ。与中国西北黄土[1]和渤海沿岸黄土[2]相比,WP1 孔的黄色沉积物要细得多。其原因有二:一是风尘搬运到本海区经过的距离远,致使粒度变细;二是海洋中的风尘沉积物混入了较细的海洋悬浮体。但与上、下层位相比,黄色沉积物的粒径仍较粗。砂和粉砂含量高,黏土含量低。风洞和大气粉尘悬浮体搬运实验表明,0.07～0.01 mm 粒径的粒组是易浮动与分散的[1],称为风尘的"基本粒组",由此可见,黄色沉积物中风尘沉积占有相当的含量,导致了其粒径比上下层位粗。

黄色沉积物的矿物组成中石英占 21.5%,其粒径大都小于 0.063 mm,个别>0.063 mm。黏土矿物中的伊利石占 14.4%,它的开形指数(Ns)为 1～2[3],说明它的对称程度比较高,这也是在气候干冷条件下形成的伊利石特征之一。绿泥石占 23.1%,一般来说,极地海洋中绿泥石含量最高,它是干寒机械风化作用强烈地区的产物。本区绿泥石富含铁,呈边缘不规则的片状,角钝圆,具它生绿泥石特征[4],是来自于中国大陆的物质。高岭石占 20.4%,是(亚)热带环境的产物,来自于菲律宾岛屿,也属陆源矿物。蒙脱石含量最高(42.1%),是海底火山物质的风化产物,但用 EDS 测试结果表明,其中含有 1/5 的 Al-蒙脱石,这种蒙脱石往往是陆源的[5]。此外,在黏土粒级中的非黏土矿物中出现了少量碎屑方解石晶体,呈薄片状,边界清晰,厚度均一,此种矿物是中国黄土中常见矿物之一,这再次成为黄色沉积物来自中国大陆的佐证之一。此外还发现石膏,含量虽低,但广泛存在,尤其在 WP1 孔 50 cm 以下的层位中出现频率更高,石膏也是一种干燥环境的产物,因而它不可能来自于湿润的菲律宾海区。综上所述,黄色沉积物的矿物组成中含大量的陆源矿物,且大部分具有来自于干寒区的特征,菲律宾海位于热带区,因而这些物质只可能来自于中国大陆,而运移这些物质的也只能是风,再根据其粉砂与黏土中陆源矿物的含量,估计黄色沉积物中风尘物质占 60%左右。

3 WP1孔黄色沉积物的化学组成

该沉积物在常量元素的组成上与深海沉积物相差甚远，反映其在成因上的差异。黄色沉积物中 $CaCO_3$ 与 Mn 含量均低于其上、下层位，这说明当它沉积在菲律宾海时，对该海区的生物沉积有稀释作用，导致了 $CaCO_3$ 含量下降。此外，Mn 是一种变价元素，它的低含量说明当时气候变冷，也正是风尘沉积发育的时期，且其含量与中国黄土中 Mn 的含量相近[6]。黄色沉积物的稀土元素(La, Ce, Nb, Sm, Eu, Tb, Yb, Lu)配分模式与中国黄土也基本相似，表现为模式曲线具有负斜率，说明陆源组分起了主导作用。上述资料进一步说明，WP1 孔中的黄色沉积物主要是由陆源组分组成的。

4 WP1孔黄色沉积物的物源

根据氧同位素曲线①、$CaCO_3$ 与 Mn 含量变化特征推断，WP1 孔中黄色沉积物为晚更新世末次冰期最盛期沉积。末次冰期时，黄、渤海全部出露，东海海平面下降，中国大陆与这些出露的陆架构成了粉尘源地。冰期时风力较今为强盛，对陆源物质的搬运力极强，强大的冬季季风将上述地区的粉尘吹扬到西菲律宾海，形成了黄色风尘沉积。另外，WP1 孔的地理位置与黄色沉积物的物质组成都证实了这一结论。WP1 孔远离大陆，沿岸无大河入海，与菲律宾岛屿之间有菲律宾海沟相隔，因而河流、海流与浊流均不可能使陆源物质越过海沟而沉积在 WP1 孔处。黄色沉积物中又存在众多干寒地区的物质，沉积物外貌又酷似中国黄土，由此可以认为，WP1 孔中的黄色沉积物主要是来自于中国大陆的风成沉积物。

致谢 文中图由袁巍同志清绘，特此致谢。

参考文献

[1] 刘东生，安芷生，文启忠，等. 黄土与环境. 北京：科学出版社，1985，191-287，256-263
[2] 李培英，夏东兴，刘国海. 中国东部海岸带黄土成因及冰期沙漠化之探讨. 见：梁名胜等主编，中国海陆第四纪对比研究. 北京：科学出版社，1991，58-68
[3] 王诗佾. 伊利石“开形指数”的地质意义探讨. 沉积学报，1987，5(1)：48-57
[4] 张天乐，王宗良. 中国黏土矿物的电子显微镜研究. 北京：地质出版社，1978，1-175
[5] ГорбуНова З Н. 世界海洋沉积物中蒙脱石的堆积史(石学法译). 海洋地质动态，1990，(10)：10-12
[6] 文启忠，余素华，刁桂仪，等. 中国黄土地球化学. 北京：科学出版社，1989，36-114

本文刊于 1995 年《科学通报》 第 40 卷 第 17 期
作者：秦蕴珊 陈丽蓉 石学法

① 闫军. 西太平洋边缘海区晚更新世以来古气候、古海洋学研究. 中国科学院海洋研究所博士学位论文，1990

大洋钻探与大洋地壳研究

提要 近代地球科学有两大发展趋势：一是向地球深部延伸，目的在于探查地球深部的物质组成[1]与作用过程，其代表性学科即地球动力学；二是向全球性扩展，把区域性的地学问题同全球变化联系起来，研究大气圈、生物圈、水圈和冰冻圈的变化及其复杂的相互作用，代表性学科即广义的环境科学。由于海洋占地球表面的71%以上，洋壳只有5 000～6 000 m厚，海底又有丰富的矿产资源，因此人类目前比以往任何时候都更加重视海洋科学的研究。多国合作、学科交叉、全球考察、发展技术等成为海洋科学研究中的突出特点。大洋钻探计划(ODP)是当今举世瞩目的国际性海洋科学研究计划，其前身深海钻探计划(DSDP)孕育了20世纪70年代的地学革命，为“新全球构造理论”——板块构造学说的发展提供了关键性的证据。自1983年启动的ODP已取得了举世公认的丰硕成果，其作用很可能会导致下一个世纪的另一场地学革命。本文论及了ODP与大洋地壳研究的关系。

关键词 大洋钻探计划 大洋地壳研究

大洋钻探计划(ODP)是当今规模最大的国际性大洋科学研究计划。其前身深海钻探计划(DSDP)自1968年首航墨西哥湾，到1983年期间几乎航行了所有的大洋盆地(北极除外)，在624个钻位，钻取了总长98 000 m的岩心，首先揭开了人类系统地研究海底未知世界的序幕。在20世纪70年代发生了地学革命，可以毫不夸张地说，大洋地壳的研究是孕育这场地学革命的摇篮，同时又是未来地学新理论建立与发展的重要支柱之一。到了80年代，板块构造理论得以完善，但是对板块运动、洋壳生成、洋壳和上地幔的矿物组成与化学成分，以及气候变化的许多重要因素仍了解不多。ODP带着数项技术使命，如要钻得更深、在高纬地区打钻、在洋中脊顶部钻透新生成的地壳，以及钻孔内的物理化学测量等，首钻始航于1985年，迄今已有50多个航次，钻取了约90 000 m长的岩心。

ODP的成功已吸引了众多的成员国，使目前直接参与该计划的国家达到了19个[2]，并且仍有继续增加的趋势。1990年5月ODP委员会在其制定的长期规划[2]中共提出了16项目标，其中与海底岩石圈有关的有：①探查大洋下地壳和上地幔的结构；②与地壳增生有关的岩浆作用；③板块内部的火山作用；④汇聚型板块边缘的岩浆作用和地球化学通量；⑤大洋地壳和上地幔的动力学；⑥板块运动学；⑦离散型板块边缘的变形作用；⑧汇聚型板块边缘的变形作用；⑨板块内的变形作用；⑩与地壳增生有关的热液作用；⑪板块边缘处的流体作用。

1 大洋地壳与上地幔的成分

根据洋中脊玄武岩的研究结果，洋壳主要由橄榄拉斑玄武岩组成，上地幔则由相当于橄榄岩化学成分的物质构成。大部分组成洋壳的拉斑玄武岩源于亏损型岩浆元素的上地幔。然而，并非所有的洋脊段都是类同的，还有部分大洋中脊由源于富集型地幔的E型洋脊玄武岩组成[3]。这一方面反映了洋壳物质组成上的差异，另一方面也反映出上地幔的不均一性。尽管 ODP 已在重要的洋脊地段打钻，但由于经费和钻探技术的限制，无论在覆盖面，还是钻孔深度上都距人们所期望的还有很大的差距。最近的海底岩石学研究表明，洋壳的成分远比已有模式所推论的要复杂得多。这种差异可能比它们的相似性更为重要[4]。

1.1 洋壳和上地幔的结构与组成

对洋壳及上地幔的结构和成分的了解对于了解固体地球如何随时间而演化，以及导致这种演化的因素是至关重要的。尽管板块构造为这些研究提供了一个基本的运动学框架，但是，至今我们仍缺乏 2/3 以上大洋地壳的结构、成分和物理性质的直接知识；不了解导致洋壳与上地幔物质成分非均一性的因素；不清楚岩石圈内部各地球物理层间界面的性质。所以，在确定洋壳的总体成分和原位物理性质，解释地震法所确定的地壳分层，了解洋壳的蚀变历史和形成年龄，洋壳深部钻探是必不可少的。另外，只有深部钻探才能对一些重大而又悬而未决的问题给出确定的答案，例如，蛇绿岩如何同“正常”洋壳相比较，来自地幔的初始熔融物的成分是什么，它们又如何在岩浆房中遭改造，海洋磁异常的成因是什么，等等。

1.1.1 大洋钻探计划的主要进展

ODP 的第 106 和 109 航次在大西洋中脊离扩张轴仅数千米的断裂谷内成功地将钻孔伸到“零龄”地壳，采到了蛇纹岩和部分蛇纹岩化的方辉橄榄岩。这些典型的下地壳或上地幔岩石只存在于非常浅的地壳深度内，表明缓慢扩张的大洋中脊以非常浅的岩浆供应或普遍的地壳变薄为特征。第 102、109 和 111 航次在 DSDP 所钻的三个最深钻孔(395A、418A 和 504B 号孔)所做的录井测量和钻孔试验提供了有关年轻和古老洋壳物理性质的特有资料。在 504B 号钻孔有些意外地发现在该孔 1 000 m 深之下，是由第二层部分隐伏的枕状熔岩和席状岩脉组成，普遍具有低的渗透性。如此低的渗透性不可能有热液循环存在于更下部的地壳内。唯一高渗透性的部分是上部 100～200 m 深的枕状玄武岩。这些结果对于把大洋中脊处的热液作用模式化和了解大洋地壳的蚀变历史是极为重要的。第 118 航次在南印度洋中脊上的 735B 号钻井获取了 500 m 长的辉长岩岩心，首次获得洋壳第三层岩类物质的连续剖面。研究该剖面内地球化学和岩石学上的变化，将使得在真正的地层学意义下研究古大洋岩浆房内的岩浆演化。在该孔所做的录井测量和钻孔试验还首次提供了有关洋壳第三层物理性质的重要资料。船上分析表明下部洋壳岩石具有异常高的磁化率。如果证明这一特征具有区域性，则大大有助于我们了解地球的磁场是怎样被记录在大洋地壳内的。由 ODP 115 航次在印度洋所做的古地磁资料导致了颇有争论的“真极游移”学说。该学说认为地球旋转轴相对于地幔参考系随时间而变化。正如热点所表明的那样，这种变化可能对应于地球的主惯性矩的改变。这些颇具挑战性的结果对于从地幔动力学到板块构造再造的研究都具有重要的意义。

DSDP 钻探对于确认洋底生成于大洋中脊作出了贡献，但却未能解释大陆为什么、并且是怎样破碎的。ODP 的第 119～123 航次在印度洋的钻探探讨了岩石圈为什么在这里扩张，大西洋的第 103 和 104 航次则注意到了大陆是怎样碎裂的。印度洋钻探表明在某些地区岩石圈的扩张是因为远场(far-field)应力，而不是由于地幔对流所产生的局部应力。这一令人震惊的结果动摇了早期的与地幔上涌有关的岩石圈上隆总是存在于大陆破裂之前的假说。第 103 和 104 航次的钻探结果解决了举世争议的有关断裂大陆边缘演化的问题。先前的两种断裂学说之一认为在先于海底扩张之前的大陆断裂期间、广泛存在有大陆岩石圈的拉伸和变薄，并且实际上没有伴随的岩浆作用。另一种学说则认为大陆岩石圈只有小量的拉伸而伴随有大量的岩浆作用。钻探资料表明两种学说都可能是正确的。

1.1.2 未来钻探

钻到大洋地壳深层直至岩石圈上地幔，系统地研究地壳的结构、成分和蚀变历史，与大洋地壳形成有关的岩浆作用，上地幔的成分等，是我们研究整个海底过程，乃至陆地地质学的基础。同时又可以验证我们对地球物理资料的解释，提供有关洋壳物理性质（如地震波速、密度、孔隙度、渗透率等）的原位信息。ODP 可为实现这些研究作出重要的贡献，在某些情况下可提供其他方法所不能获得的极为重要的资料。因此，ODP 中地壳钻探的一个关键目标是钻透总厚 6 000 m 的洋壳层。到 2000 年沿活动的增生型板块边界建立一个永久性的海底岩浆活动观测站是 ODP 计划的另一个重大目标。

1.2 洋壳增生带的岩浆作用

地球表面的 60%产生于大洋扩张中心。洋壳的增生作用涉及岩浆活动、构造运动和热液循环，以及它们之间复杂的相互作用，对此所知很少。钻探可给出熔岩的垂直地层学，用来研究洋脊单一地点岩浆活动的短时间变化，其时间跨度小于形成第二层所需要的时间（1 万～10 万年）；钻孔可用于孔下试验和长期的地球物理监测，其资料将极大地丰富我们对地幔岩浆上涌和洋壳生成过程的认识。ODP 106、109 和 114 航次设在大西洋中脊之上，而第 117 航次则在红海入口处。这些钻探虽然都取得了许多宝贵的资料，但是仍难以满足研究海底扩张过程的需要。今后钻探的一个关键目标是发展对地壳深部的穿透能力，为了研究地壳的增生过程，人们支持建立“天然实验室”的设想，它由数排相距相对较近的钻孔构成，用于各种长期和短期的钻孔试验和观测。这种钻探对于研究发生在大洋扩张中心复杂而又相互关联的岩浆活动、构造运动和热液活动，以及洋壳的蚀变历史可提供特有的信息。

1.3 洋底板块内的岩浆作用（热点火山）

板块内的火山作用是发生于洋盆内的第二种常见的火山活动类型。它有多种形式，包括近轴火山、线状火山链、无震洋脊、大洋高原和块状离轴溢流玄武岩或浸入杂岩。热点是上地幔的熔融异常区，在岩石圈之上产生线状火山岛链、海山及火山脊。由于其特点是取向与所在板块的运动方向一致，并且远离热点火山作用的年龄逐渐递增。因此，沿热点轨迹打钻可以提供有关板块运动历史的重要资料，这正是我们认识全球构造的基础。

ODP 在印度洋的第 115 航次就是研究始于西印度洋的德干溢流玄武岩，继续向南经拉克代夫、马尔代夫和查戈斯岛链，然后结束于马斯卡林海台和年轻的毛里求斯和留尼汪火山岛的热点火山链。这一近乎南北向的直线形热点地貌平行于奈恩蒂斯特中脊，两者共同显示着印度在过去约 100 Ma 中离开冈瓦纳超级大陆向北的运动。由于热点在地幔中似乎是固定的，因此在给定热点之上喷发的火山都应在磁化的玄武岩中记录着相同的磁纬度。然而，第 115 航次发现沿热点轨迹所记录的古纬度有规则性的漂移。留尼汪热点似乎在 55 Ma 之前位于现在位置以南相距 8°的地方，而自那以后便向北移动。对时间平均地磁场如果假定一地心轴偶极子模式，这便证明热点并非固定。另外，这一结果支持了来自太平洋海盆的资料，那里的资料表明具有类似规模的夏威夷热点在相同的时间内曾向南移动。两项研究都与老的真极游移说是一致的。也就是说，地球整个外表相对旋转轴曾有过转动，在古地磁参考系内太平洋地幔似乎曾向南运动，而在同一时期印度洋地幔则向北运动。

通常认为热点发生于地幔或核幔边界，所以热点岩浆作用的研究成为我们探索地球深部过程的“探针”或“窗口”[5,6]。今后钻探工作的重点之一是研究年轻热点火山的岩浆演化特征，钻取热点火山作用由初期的碱性阶段过渡到拉斑玄武岩质阶段的有价值的、受地层控制的样品。研究在大洋中脊附近形成的海山对扩张中心的研究是个补充。

1.4 汇聚型板块边界的岩浆作用

在汇聚边缘，大洋岩石圈通过循环进入地幔。尽管通过加积作用、仰冲板块下部的黏结作用和岛弧火山作用使俯冲板块的一部分转变为上覆的岛弧，但冷的大洋岩石圈在这里循环下沉到地幔深部，并同化在上地幔内。汇聚型板块边缘（岛弧）的岩浆作用以钙碱性火山岩系为特征，并且以安山岩为主。岩浆可能来源于俯冲的洋壳、上覆楔形地幔和大陆型地壳。钻探可以直接有助于：①定量研究俯冲板块上的沉积物和地壳的成分；②弧后扩张盆地的成因及其发展演化；③确定仰冲板块上岩浆活动的性质和历史。

DSDP 和 ODP 已在部分汇聚型板块边缘打钻，主要是研究加积棱柱体内流体的作用。如针对小安的列斯前弧的第 110 航次是钻透加积棱柱体并进入俯冲沉积物的第一个钻孔（671～676 孔，取岩心 1 897.70 m），又如秘鲁边缘的第 112 航次、阿曼边缘的第 117 航次等。在典型的弧后盆地——日本海和马里亚纳海盆等也已打下了许多钻孔，旨在研究弧后扩张型盆地的岩浆作用及其与典型大洋盆地在地壳物质成分上的差异。

总的说来，现有技术条件下的钻探应沿从下冲板块，横穿弧前区、岛弧和弧后区的横断面打钻。下冲板块上的钻孔应穿透沉积物直至热液蚀变带，弧前钻孔需要能确定弧前海底是普通洋壳还是岛弧火山作用的早期产物，岛弧钻探应与火山和岛弧深成岩石的研究相结合。尽管在典型的弧后盆地已打下了不少的钻孔，但对于弧后扩张初期盆地（如冲绳海槽）内的岩浆作用仍缺少基本的资料和足够的重视。而研究弧后盆地早期的岩浆作用研究是查明弧后盆地的成因及其发展演化的关键[7]。

1.5 岩石圈内的流体循环

流体在岩石圈内的作用是当今海洋科学研究中的一个新的课题。在全球性大洋中脊和弧后扩张中心的板块增生带普遍有温度驱动的热液流及其沉积形成的热液硫化物矿床。传统观点认为海水在洋中脊轴部地带形成一个循环系统：在中脊断裂谷冷而密度大的海水沿裂隙下渗；下渗的海水与热的洋壳和火山物质反应，密度变小，成分中富含 Si、Ca、Fe、Mn 和 H_2S 等，而亏损 Mg、Na 和 O_2；低密度的热液流体沿断裂通道上升，经热液喷口喷出海底，并且由于化学环境条件的改变以及温度的降低导致金属硫化物沉淀。下渗的海水每 8～10 Ma 循环一次[8]。前已述及，ODP102、109 和 111 航次的井下录井资料表明洋壳高渗透性的部分仅仅是上部 100～200 m 深的枕状玄武岩层。这些结果对传统的海底热液循环模式提出了质疑。在冲绳海槽海底热液活动的研究中，最近的同位素资料[9]证明，热液中既有来自下渗海水经循环和与下伏玄武岩反应后的组分，但也的确有源于地幔或地下岩浆房的热液喷溢。另外，海底热液循环系统存在的全球性意义在于：如果海底热液活动在地质历史中一直存在，热液沉积的多金属沉积物应该随时间的推移同大洋板块一起向大洋中脊的两侧移动。其结果将在全球性大洋地壳沉积层与玄武岩基底层之间形成一个海底热液矿化层[10]。DSDP已于20世纪70年代初报道在大洋基岩之上有渗透性强、富含金属的基底沉积物[11,12]。ODP在菲律宾海的几个钻井剖面的底部均发现了富Fe、Mn的沉积物。在有的钻孔覆于玄武岩基底之上的铁质黏土至少有50 m厚。这些沉积物的常量与微量元素组成都与洋中脊扩张中心的正常热液沉积物具有明显的相似性。尽管如此,要想证明上述推断的正确与否仍有待于进一步的大洋钻探。

由构造运动所驱动的水力流则决定着汇聚型板块边缘沉积物增生的方式以及成岩作用机制。俯冲板块所携带的流体和增生棱柱体的失水可能控制着深源地震的分布。重力驱动的地下径流作为被动型板块边缘条件下主要的化学再分配过程正日益受到重视。另外,对流体在沉积剖面的运动还不甚了解,不知道它们是属于由重力、机械应力还是由热哪一种作用所驱动。这些流体导致的物质和热的迁移影响着地球化学循环的速率,因而也是了解像CO_2这种物质在大洋和大气中的丰度及其变化的关键。

1.6 洋壳与上地幔的不均一性

前已述及,无论是洋壳还是上地幔物质在化学组成上都是不均匀的。区域性的差异是由地幔内部引起,还是受构造环境条件的控制,至今仍不清楚。据已有资料推测洋壳之下既有已分离出陆壳并经历过去气作用的残留地幔,又有未经过熔出陆壳组分的原始地幔。来源于前者的岩浆$^{87}Sr/^{86}Sr$比值低,$^{145}Nd/^{144}Nd$比值高,亏损LREE,低K_2O等,其代表性岩石为正常洋中脊拉斑玄武岩;后者与前者性质相反,大洋中的代表性岩石主要有大洋火山岛和热点火山岩等。不清楚造成洋壳与上地幔物质成分上差异的原因就难以进行全球性的岩石对比,也难以追溯研究地质历史中的岩浆作用,更难以讨论原始幔生岩浆溶体的物质组成与在岩浆房中遭改造的过程。

2 洋底岩石圈的动力学、运动学和变形作用

尽管板块构造理论已被绝大多数地质学家所接受,但有关板块运动驱动力问题仍是该理论的脆弱点。在今后的几年中,ODP要对了解岩石圈动力学和运动学,以及岩石圈的变形过程作出新的贡献。在固结的沉积物和基岩钻孔中布设观察测量仪器进行现场应力测量可以评价板块驱动力模式,并且揭示转换断层和洋中脊体系的动力学。长期的地球物理观测,对于改进更深部的全球地震层析成像技术将有独到之处,而且可以详细地研究像中脊顶部和转换断层这种特殊构造环境中的动力学过程。对岩石圈变形的研究日益重视活化作用与对渗透性、孔隙流体压力和地球化学指标等参数的测量。这一研究将加深了解岩石圈在板块边界和有应力以及流体作用下的流变行为。

2.1 离散型板块边缘的变形作用

板块离散或板块断裂形成洋壳的事实已为世人所认可。但是,断裂的过程和方式仍然有争议。另外,断裂边缘可有、也可无大规模的火山活动。ODP在Voring(挪威外海)的钻探证明一些大陆边缘最外部向海倾斜的反射地层确实是大量的火山物质。然而,由于未能钻透整个深度至今还不知道这些火山岩全部范围内的成分,也不清楚火山地层之下的基岩是变薄了的陆壳还是大洋地壳。在伊比利亚半岛的加利西亚边缘近海,像地幔一样的超基

性岩见于浅层地壳内,在沿该边缘的其他地方的海底还发现了橄榄岩露头。这在一定程度上证实了包括切割整个地壳深度的低角度分离的简单剪切断裂模式。山脉和地壳的隆起并非只限于汇聚型边缘环境。像横贯南极的山脉和加利福尼亚的塞拉内华达这种典型的山脉被认为是由于更大一块坳陷岩石圈的破碎而抬升的地壳碎片。最近在印度洋破碎洋脊上的钻探又提供了这种构造形式的另一个例子。对这种回弹形式的构造知道很少,尤其是在地壳下沉之后通常都跟随有断裂事件。ODP 另一重要的成果是发现在同一个造山带中既可以有发散型构造,也可能同时存在有汇聚型构造。第 107 航次在第勒尼亚海的钻探便是例证。钻探清楚地证明弧后张裂的年代是在晚中新世之后,而大洋地壳的形成则从上新世至今,这个时间恰恰对应于靠海槽一侧的亚平亚褶皱带中逆冲断层的年龄。

2.2 汇聚型板块边缘的变形作用

汇聚型板块边缘是一级构造和地形单元,其中部分又是大型地震的发源地。因为活动的汇聚型边缘多在水下,要解决与物质平衡和应力状态有关的问题,钻探是必不可少的。如果能确定应力状态的空间和时间变化,就可以评价加积棱柱体或楔形地幔体演化的各种机械模式。推测质量平衡(刮掉的与俯冲的之比)和强度(震与无震之比)不仅要有原位应力测量,也要有诸如流体压力、渗透率和温度之类的物理性质的原位测量。除了测量孔隙流体的存在,还需要研究它们的化学成分和温度,以便确定它们的物源区和流体迁移途径。对活火山弧之下的沉积物和地壳进行广泛的取样研究将有助于确定下沉洋壳、楔形地幔以及仰冲陆壳对这些火山岩层的贡献。所有这些研究工作都要以钻探为基础和前提。

2.3 洋底板块内的变形作用

岩石圈板块内部远不如发散和汇聚型边缘复杂,它是研究偏应力下岩石圈性质的理想场所。在这里可以研究岩石圈对各种负载的反映。通过把位移、沉降/隆起历史或岩石圈板块内变形的其他表现形式与模式预测作对比,可以得知地壳和上地幔流变学的大量信息。ODP 提供了研究世界范围内板块内变形作用的基本手段,可以从中得到板块内变形作用的几何学和时间资料。在增进了解变形过程及导致变形的动力方面,应力测量起着极为重要作用。

2.4 洋壳和上地幔动力学

尽管已精心建起了板块运动的观测基地,作用于板块且使之运动的各种各样的力,如洋脊推力、海沟拉力及板块拖力的相对重要性还没有解决。确定近场或远场应力,例如,沿大洋和大陆边缘转换断层滑动所需要的力,可提供认识地壳的机械性质和像圣·安德烈斯这样大断层的地震活动的重要线索。为了在全球范围内建立板块运动(或循环)的动力学,最起码要确定地球上尽可能多的主应力的方向。目前,全球应力测量图还很少,在大陆上有一些分散的钻孔应力测量,但大洋中的资料不多。ODP 所钻钻孔的应力测量要求用来解决板块为什么会运动,以及在板块边缘它们是如何相互作用的这种未曾得到解决的全球性问题。为了研究上地幔动力学。ODP 可作出如下两个独到的贡献;①扩展全球地震测网,使之包括位于海底钻孔内的地震测点,以实质性提高地幔层研究的空间分辨率;②对更老的沉积地壳、海山、洋底高原和热点火山进行系统填图。如果使 ODP 的工作与陆上的长期观测结合起来,便可得到有关全球地球结构、岩石圈演化、震源研究和海啸警报及其监测的资料。

2.5 板块运动学

要全面了解长期的全球性变化需要有过去板块构造的知识。地球大气圈、水圈、冰冻圈和生物圈的演化与陆地和海洋在过去的分布是不可分割的，与大洋板块和大陆板块的早期位置和运动也是密不可分的。尽管已很好地确定了过去数千万年来全球性板块运动的历史，但早于约 65 Ma 的历史却知道很少。如果我们要让古海洋学和古气候学模型符合全球情况，就必须研究新生代以前的板块运动学和板块的构形。大洋盆地包含了对重建板块早期位置和板块相对及绝对位移所必需的大量信息。破碎带和磁异常可提供板块长期相对位移的直接测量资料，而古地磁资料和热点轨迹则把这些位移与各种各样的全球参考系联系起来。第三纪以前的板块运动的辨认依赖于热点轨迹和中生代地壳的测年。钻探依然是为测年和古地磁测量而在大洋底取样的唯一可用技术。

3 结语

20 世纪后 50 年的地球科学可以说是"海洋世代"，国际上许多权威的科学家认为地球科学的"海洋世代"将延至 21 世纪。丰富的海底矿产资源将为人类所利用，重大的地质理论的验证以及许多全球地质事件的查明将依赖于海洋地质学研究。目前，ODP 正在与其他大型的全球地质科学研究相结合，成为地球科学中集岩心取样、录井和建立观测站于一体的，起主导作用的大型国际科学研究计划。ODP 业已取得的成果正在从根本上改变人类对其生存地球的认识，可以毫无夸张地说大洋钻探工作正在孕育着下一个世纪新的地学革命。

中国是一个邻海国家，位于西太平洋沟-弧-盆体系边缘，拥有东海和南海两个典型的边缘海，向外邻近菲律宾海盆和马里亚纳海盆，冲绳海槽又是处于扩张作用初期的弧后盆地[7]，是研究海底岩石圈构造及其演化过程的最理想的场所之一。

我们必须尽一切可能，争取早日成为 ODP 的成员国之一。同时，应该充分利用国内现有的基础和条件，加强对中国毗邻海区和深海、半深海盆地的研究。研究汇聚型板块边缘地壳和岩石圈的结构和构造、地壳和上地幔的物质组成、海底热液活动及其成矿作用、弧后扩张型盆地内的岩浆作用机制及其成因等。积极地为 ODP 来东海或南海打钻做好准备。

参考文献

[1] 谢鸿森等译. 地球物质研究. 西安：西北大学出版社，1991.

[2] Joint Oceanographic Institutions Inc. Ocean Dilling Program (Long Range Plan 1989-2002). Washington, 1990. 119pp.

[3] Schilling J G. Rare-earth variations across "normal aegments" of the Reykjanes ridge, 60-53°N, mid-Atlantic ridge, 29°S, and east Pacific rise, 2-19°S, and evidence on the composition of the underlying low-velocity layer. Journal of Geophysical Research, 1975, 80(11): 1459-1473

[4] 翟世奎. 海底火成岩岩石学研究. 中国海洋科学研究及开发. 青岛：青岛出版社，1992，207-211.

[5] 莫宜学. 九十年代岩石学的发展趋向. 地学前缘，1994，1(1-2)：52-56.

[6] 邓晋福. 岩石物理化学与岩石物理学. 地学前缘，1994，1(1-2)：57-62.

[7] Zhai Shikui et al. Magmatic evolution of Okinawa trough during its early spreading stage. Chin J Oceanol Limnol, 1994, 12(3): 246-254.

[8] Roy Chester. Marine Geochemistry. London: Academic Division of Unwin Hyman Ltd., 1990. 698pp.

[9] Masaaki KLMURA et al. Research results of the 284, 286, 287 and 366dives in the Iheya depression and the 364 dive in the Isena Holl by "SHINKAI 2000". Jamstectr Deepsea Research. TOKYO: Japan Marine Science and Technology Center. 1991, 147-161.
[10] Davies T A,Gorsline D S. Oceanic sediments and sedimentary processes. In :Chemical Oceanography. Riley J P, Chester R (eds). London: Academic Press, 1976, 5:1-80.
[11] Von der C C and Rex R W. Amorphous iron oxide precipitates in sediments cored during Leg 5. Deep Sea Drilling Project. In: Mcmanus D A and Shipboard Party (ed). Initial Reports of Deep Sea Drilling Project. 5,541.
[12] Andrews A J, Fyfe W S. Metamorphism and massive sulphide generation in oceanic crust. Geoscience, Canada, 1976, 3.

OCEAN DRILLING PROGRAM AND STUDY OF OCEANIC CRUST

Abstract

At present, the earth sciences have two important tendencies, one is to explore the compositions, structure and processes of the Earth's deep interior with the representative subject of geodynamice, the another is to study the global changes and interactions in/ between the atmosphere, biosphere, hydrosphere and cryosphere with the represent of generalized environmental science. As the ocean covers about 71% of the Earth's surface, the oceanic crust has only thickness of 5-6 km and is rich of mineral resources at/in the ocean floor, the research of marine science has highlier been considered than any times before. Multinational collaboration, multidiscipline intersection, global consideration and technological development have constructed the highlight points in the research of marine sciences. Ocean Drilling Program (ODP) is the largest and worldwide attention-attracting international program in the marine science research. The predecessor of ODP is the Deep Sea Drilling Project (DSDP) which was pregnant with the 'geoscience revolution' in the 1970s and provided the theory of new global tectonics or plate tectonics with key evidences. ODP started in 1983 has achieved universally acknowledged great successes and will most possibably bring about the another geoscience revolution in the next century. In this article, the relationship of ODP with the research of oceanic crust is discussed.

Key words: Ocean Drilling Program, Oceanic crust research.

本文刊于1995年《地球科学进展》 第10卷 第3期
作者:翟世奎 秦蕴珊

末次冰期以来陆架环境演化及沉积作用

近年来，使用新的海上探测手段所获得的资料表明，只有将陆架上的沉积作用与陆架的环境演化进程联系起来进行综合研究，才有可能揭示出沉积作用时空变化的机制。我们把晚更新世末期以来的陆架演化及其相关沉积大体划分为四个阶段：泛大陆时期、青年期陆架、壮年期陆架和现代陆架。

1 泛大陆时期

晚更新世末期时的一个重要地质事件就是海面大幅度下降，到距今 18 ka 前后的盛冰期时，海平面降到了最低位置，即降到水深 140～160 米处的现代陆架的边缘附近。这时中国的渤海、黄、东、南海的陆架区几乎全部裸露成陆并与中国大陆连为一体成为广泛的陆架平原区。

这次大幅度的海面下降是全球性的。在北美形成了巨大的劳伦秦得冰原，面积超过1 000万平方千米。在欧洲则形成了斯勘狄纳维亚冰原，覆盖了北欧和西北欧的大部分地区。这些冰原的形成和其他一些因素的共同作用，使全球的海平面大幅度下降了 130～150米，陆架裸露成陆。但对北美和欧洲来说，裸露的陆架又重新被冰川覆盖，形成了特有的地理景观。而在亚洲(包括中国的陆架区)并没有大冰盖的形成，而以干旱和寒冷为其特征。出露的陆架遭受着强烈的风力吹扬作用。所以，晚更新世末期时中国东部地区的环境特征大致是：①降低了气温和增强了的蒙古高压。盛冰期时，全球气温大约降低了 8℃，气温的降低使蒙古高压得到加强，给亚洲大陆的大部分地区带来了寒冷而干燥的气流，吹蚀着内陆也吹蚀着裸露的陆架。风力作用应是控制环境变化的重要动力因素。②海水温度大幅度下降。盛冰期时，大洋水温下降了 6℃。据汪品先教授的资料，与现代相比，我国南海冬季表层水温平均下降了 5℃，夏季表层水温平均下降了 2℃，形成了同纬度的低温区。海水温度的降低与大陆的寒冷和干旱是相互对应的。

在以风力为主要营力的条件下，以粉砂和黏土为主的沉积物，或说黄土沉积物则极易形成。在渤海的部分海底、山东蓬莱附近、庙岛列岛、辽东半岛和大连一带、青岛外海的海底以及海州湾一带的黄土便是这个时期形成的。但是，在庙岛列岛一带的同期黄土中含有丰富的海相有孔虫化石，而且黄土粒度也较粗，所以可以认为它们是近源(如来自渤海)风成沉积物。

在陆架边缘仍保留着大片海退时形成的一些以粗粒物质为主的滨海相沉积。这类沉积在东海和南海的外陆架分布得相当广泛。在风力作用下其中的细粒物质可能被直接搬运到陆坡，甚至更远的地区。

当前争论较大的问题是，在泛大陆时期，黄河和长江等大的河流是否穿越了“陆架平原”,以及它们是否直接流入陆坡的深水区。

2 青年期陆架

在距今 18 ka 前后,全球气温转暖,海平面开始回升,到 12 ka 海平面可达到相当于现代水深 110～120 米处并有过短暂的停留,形成了台地。这时期的陆架是比较狭窄的,与壮年期陆架相比,海面回升的速度是缓慢的。海平面的回升冲刷着残留在陆架边缘,即外陆架上的滨海相的粗粒沉积,又由于缺少河流输入的细粒物质的补充,致使这些粗粒沉积进一步粗化并提高了分选度。海水入侵和沉积物的粗化,形成了良好的氧化环境,为自生矿物海绿石的形成创造了条件。

3 壮年期陆架

约从距今 12 ka 开始,海面回升的速度加快,到距今 8 ka 左右,海面已经到达现代陆架的 50～60 米深度处并短暂的停留而形成了台地。我们常以这个深度为界,将陆架划分为内、外陆架。东海与南海已通过台湾海峡连为一体,南黄海中部也为海水淹没,就面积而言,泛大陆时期的“陆架平原”可能只留下 1/3 的残余部分了。

由于海侵速度较快,以前海退时形成的沉积和地层层序以及裸露成陆时形成的一些陆相沉积在遭受冲刷、改造的同时,大部分也保存下来并被海水淹没。这就是人们称为“残留沉积”的一个组成部分。

随着海侵范围的增加和海水深度的增大,在外陆架地区更有利于自生海绿石的生长。在东海和南海外陆架广泛形成的海绿石,它们多数都充填在有孔虫介壳内。但在另外一些地区,如南黄海中部,主要是细粒物质分布区具有还原环境,自生的黄铁矿也开始形成。

气候的进一步变暖,随之而来的则是降水量和河流径流量的增强。长江、黄河等大河流可能穿过残余的陆架平原而直接入海,甚至形成小型的水下三角洲。

在北部的渤海和黄海的大部分地区以及小于 50～60 米的地区仍为陆地,当河流穿越其地表入海时,可在这些区内留下一些各种类型的古河道。如果说盛冰期时海平面与河流是“双向后退”的话,在冰后期的壮年期陆架,它们之间的关系则可能是“双向前进”的状况。

4 现代陆架

海平面在水深 50～60 米处短暂停留后,约从距今 8 ka 开始又迅速回升直至形成了现代陆架。这一时期是全新世沉积最为发育的时期,主要特点有:

(1)上述的陆架平原已完全被海水淹没,在其上的各种地貌形态和沉积类型有的逐渐为全新世沉积覆盖。所以,如使用一些先进的探测手段,即可看到水下台地,其他如埋藏三角洲、大片滨海相的沉积、风成侵蚀面和陆相沉积(如黄土)都可能存在,只是形成的时代和位置不同而已。海州湾的黄土沉积未被全新世沉积覆盖而直接出露于海底。

(2)陆架区的水动力条件和环流结构已形成为今日的状况,对物质的搬运和沉积格局起着重要作用。

(3)现代河流输入物质提供了丰富的物质来源。但是,河流输入的碎屑物质的大部分(60%～70%)都在河口及其邻近海域沉积下来形成三角洲等沉积体系,以悬浮体形式向更远的海区输送的量是不大的，不足以覆盖外陆架区的残留沉积区（动力条件也不充分）。同时现代河流入海的细粒物质在河口及近岸区沉降后与残留沉积形成鲜明的对照。

（4）在外陆架区充填在有孔虫介壳内的自生海绿石继续生长发育，而在内陆架的一些泥质沉积区，因有机质含量高，有利于自生黄铁矿的大量形成。在东海外陆架海绿石含量可占沉积物总量的5%左右，在福建南部陆架区甚至可占30%以上，在南黄海中部，黄铁矿的最高含量可占重矿物的80%～90%。

（5）在某些海区的沉积过程中，生物作用与化学作用起着重要影响。

（6）全新世沉积的厚度在各地的差异很大，可从零变到10米，甚至几十米，主要是受古地形起伏、物质来源和水动力条件的影响。

海平面回升过程中曾有过波动，本文不作讨论。

本文刊于1996年《大自然探索》 第15卷 第58期
作者：秦蕴珊

SEA SURFACE SALINITY AND BOTTOM WATER OXYGENATED CONDITIONS IN WESTERN EQUATORIAL PACIFIC MARGINAL SEAS DURING THE LAST GLACIAL AGE*

Abstract Based on Core GGC-6 from the South China Sea (SCS) and Core GGC-29 from the Sulu Sea, planktonic and benthic foraminifera and organic carbon measurements were used to evaluate the water mass conditions in these sea areas during the last glacial age. The results show that the higher organic carbon contents in the SCS and Sulu Sea during the last glacial period were mainly caused by low dissolved oxygen concentrations in bottom waters and that in the last glacial to Holocene, the fluctuation of dissolved oxygen in the bottom waters was large in the SCS and relatively stable in the Sulu Sea. In addition, increased precipitation reduced surface water salinities, which caused the water column to be more stratified in the SCS and Sulu Sea during the last glacial period. This process lowered dissolved oxygen concentrations in bottom waters, which resulted in better preservation of organic matter in both basins.

Key words: salinity, oxygenated condition, last glacial age, South China Sea, Sulu Sea

INTRODUCTION

The western Pacific consists of a series of marginal basins (two of which are the SCS and Sulu Sea) that are separated from each other by sills of varying depths. The 8,202. ft depth sill separating the SCS from the western North Pacific allows Pacific intermediate water to enter the SCS. In contrast, the Sulu Sea is completely surrounded by a sill, most of which is shallower than 100 m in depth. The deepest channel into the Sulu Sea is 420 m deep (Mindoro Strait) and cuts across the sill that separates the Sulu Sea from the SCS.

These environments resulted in special hydrographic settings. The sedimentary records on both basins contain the history of how these hydrographic conditions have changed through time. Very little is known, however, about the SCS and Sulu Sea sedimentary and paleoceanographic history. Several sediment studies on the SCS (Rottman, 1979; Thunell, 1990, 1992) and Sulu Sea (Exon et al., 1981; Linsley et al., 1985) clearly indicated that the special bottom water conditions resulted in special depositional environments.

This study aimed to determine how surface and bottom waters of the SCS and Sulu Sea

* Contribution No. 2938 from the Institute of Oceanology, the Chinese Academy of Sciences.

responded to the last glacial low sea level. Changes in surface and bottom water conditions in both basins during the last glacial period were assessed by micropaleontological and geochemical records generated from the SCS core GGC-6 and the Sulu Sea core GGC-29.

MATERIALS AND METHODS

The two giant gravity cores collected from the SCS and Sulu Sea (Table 1) for this study were sampled at 10 cm intervals. For micropaleontological analysis one half of each sample was dissolved in fresh water and wet sieved to remove the fine fraction (<63 μm). Benthic foraminifera were hand picked from the remaining fraction >150 μm. A portion of each sample was used to determine records of organic carbon content.

Table 1 Giant cavity core locations

Core number	Sea area	Water depth (m)	Location
GGC-6	South China Sea	2975	118°03′9″E 12°09′1″N
GGC-29	Sulu Sea	1535	118°49′9″E 08°17′7″N

STRATIGRAPHY

The $\delta^{18}O$ stratigraphy of planktonic foraminifer *Globigerinoides sacculifer* (Fig. 1) for core GGC-6 shows that the 40 cm section corresponds to the Glacial/Holocene boundary (Thunell et al., 1992). The FP-12E transfer function equation of Thompson (1981) was applied to the faunal results of core GGC-29 to evaluate sea surface paleotemperatures. The paleotemperature curves (Fig. 2) of core GGC-29 clearly indicated the 70 cm section corresponds to the boundary of Glacial /Holocene.

RESULTS

1. Planktonic and benthic foraminifera

Fig. 1 on the downcore variations in the abundances of planktonic foraminifera *Globigerina bulloides* and *Neogloboquadrina dutertrei* and benthic foraminifera *Planulina wellerstorfi* and *Cibicidoides pseudoungerianus* as well as the planktonic oxygen isotopic records show that *Globigerina bulloides* was distinctly dominant, but that *Neogloboqudrina dutertrei* had obvious dominance, during the last glacial period; and that benthic foraminifera *Planulina wuellerstorfi* and *Cibicidoides pseudoungerianus* preferring oxygenated environment did not thrive during the last glacial.

The planktonic foraminifera *Globigerina bulloides* and *Neogloboquadrina dutertrei* variations in GGC-6 (Fig. 2) are similar respectively to those in GGC-29. Benthic foraminifera *Bolivina robusta* preferring low oxygen environment was dominant during the last glacial.

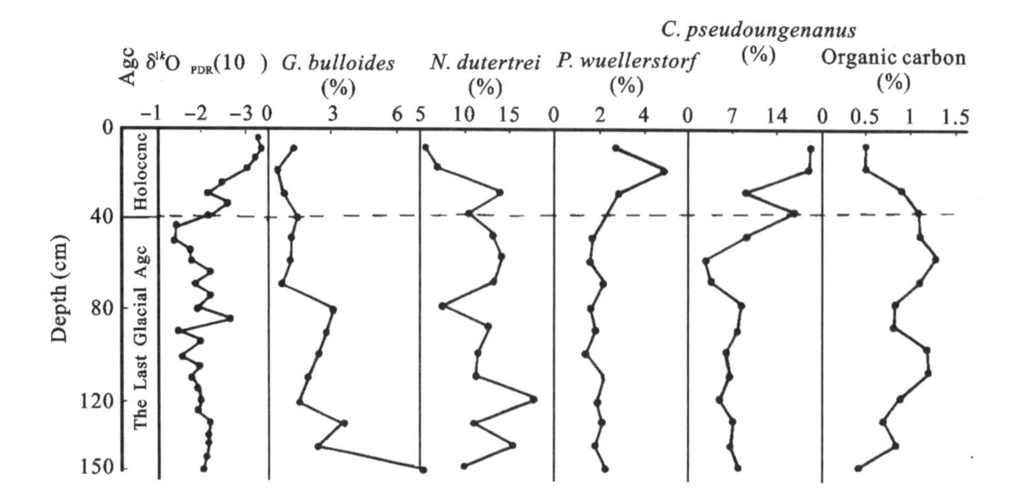

Fig. 1 Downcore variations of planktonic for aminiferal oxygen records and abundances of the planktonic foraminifera *Globigerina bulloides* and *Neogloboquadrina dutertrei*, the benthic foraminifera *Planulinu wuellerstorfi* and *Cibicidoides pseudoungerianus* and organic carbon contents in GGC-6. Dashed line marks the boundary between the last Glacial Age and Holocene.

2. Organic carbon

The organic carbon records for GGC-6 and GGC-29 have similar trends. The Holocene section of both cores was marked by low organic carbon contents. In contrast, organic carbon contents were high during the last glacial age (Tab. 2, Fig. 1, Fig. 2).

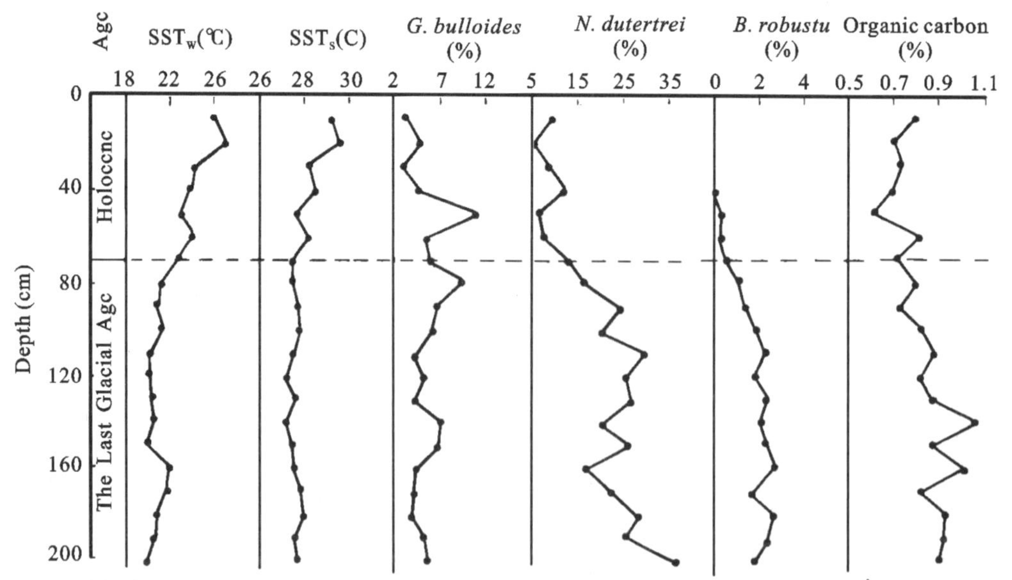

Fig. 2 Downcore variations of the SST, planktonic foraminifera *Globigerina bulloides* and *Neogloboquadrina dutertrei*, the benthic foraminifer *Bolivina robusta* and organic carbon contents. Dashed line marks the boundary between the last glacial age and Holocene in GGC-29

Table 2 Organic carbon contents (%) for GGC-6 and GGC-29

Core number	Holocene			The last glacial age		
	Max.	Min.	Ave.	Max.	Min.	Ave.
GGC-6	1.07	0.48	0.62	1.29	0.39	0.92
GGC-29	0.81	0.65	0.73	1.06	0.73	0.88

DISCUSSION

1. Depositional environments during the last glacial age

Both cores show high contents of organic carbon during the glacial. Generally, two main factor control the content of organic carbon in the sediments: increased surface productivity and low bottom water oxygen concentrations resulting in better preservation of organic matter. The planktonic foraminifera *Globigerina bulloides* has been shown to be a good indicator of high surface water productivity (Prell and Curry, 1981). In Fig. 1 and Fig. 2, the trends of organic carbon changes do not coincide with the curves of abundances of *Globigerina bulloides* in both cores. These results indicated that the higher organic carbon contents were not simply due to increased surface productivity during the last glacial period.

Benthic foraminifera *Planulina wuellerstorfi* and *Cibicidoides pseudoungerianus* are good indicators of well ventilated water mass (Lohman, 1978; Schnitker, 1980; Arnold, 1983). The GGC-6 record showing the two species were dominant during Holocene suggests that the dissolved O_2 concentration during the last glacial age was lower than that during Holocene in this sea area, and that the low dissolved O_2 concentration in bottom waters resulted in good preservation of organic carbon in the GGC-6 sea area. On the other hand, the higher organic carbon contents and lower abundances of *Planulina wuellerstorfi* and *Cibicidoides pseudoungerianus* in GGC-6 indicate that bottom waters were poorly oxygenated during the last glacial age.

There was obvious positive correlation (Fig. 3, $r=0.7275$) between organic carbon and benthic foraminifera *Bolivina robusta* preferring low oxygen environments (Ingle et al., 1980; Resig, 1981). This suggests that within the Sulu Sea the organ-

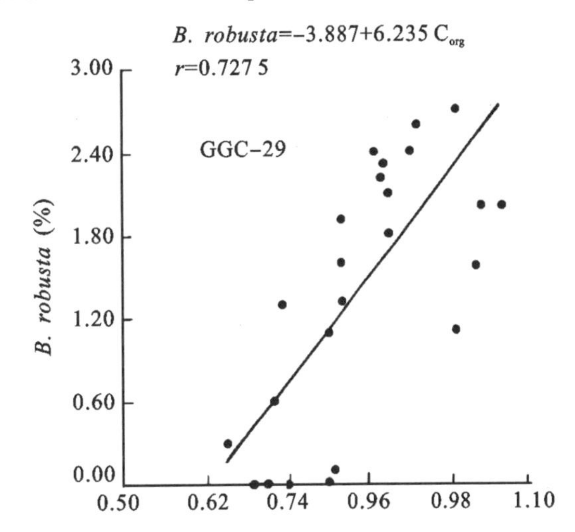

Fig. 3 Correlation between organic carbon and benthic foraminifera *Bolivina robusta*

ic carbon contents in sediments were largely controlled by the amount of dissolved oxygen in the bottom waters. Therefore, higher organic carbon contents and dominance by *Bolivina robusta* suggest that enhanced low bottom water oxygen concentrations resulted in better preservation of organic matter in the Sulu Sea during the last glacial period.

Table 2 shows that the Glacial/Holocene magnitude of organic carbon contents was 0.81% in GGC-6 and 0.41% in GGC-29. These results indicate that from the last glacial to Holocene the fluctuations of the dissolved oxygen in SCS bottom waters was larger than that of the Sulu Sea, and that the oxygenated condition in Sulu Sea bottom waters was relatively stable.

2. Surface water conditions during the last glacial age

High abundance of *Neogloboquadrina dutertrei* in late Quaternary sediments has been used as an indicator of low salinity and high productivity in the Mediterranean (Thunell, 1978), the Bay of Bengal (Cullen, 1981) and the Sulu Sea (Linsley et al., 1985). In this study, the high abundances of *Neogloboquadrina dutertrei* apparently indicate that surface water salinities were relatively low during the last glacial age. If the high abundances of *Neogloboquadrina dutertrei* reflected increased surface water productivity, the planktonic $\delta^{13}O$ record should show positive enrichment due to the preferential removal of higher $\delta^{12}O$ (Shackleton et al., 1983). The planktonic $\delta^{13}O$ enrichment, however, did not occur (Linsley et al., 1985). In fact, based on data from several sources, Jones and Ruddiman (1982) concluded that sometime between 16,000 and 8,000 years ago the Southeast Asian sea areas experienced increased precipitation which greatly lowered surface water salinity. Our study also agree with Duplessy's (1982) findings of increased precipitation during the last glacial maximum south of 10°N in the Indian Ocean and Manabe and Hahn's (1977) simulation of global tropical climate and their prediction of increased precipitation in the northern tropics at 18,000 a B. P.

Fig. 1 and Fig. 2 show that planktonic foraminifera *Neogloboquadrina dutertrei* and organic carbon have good positive correlations, especially in GGC-29. These results suggest that during the last glacial period waters in the SCS and Sulu Sea apparently became more stratified and oxygen deficient due to reduced surface waters salinities. Especially in the Sulu Sea, enhanced isolation of the basin due to glacial lowering of sea level resulted in more stagnation of deep water. This result agreed with Linsley et al.'s (1985) finding in the Sulu Sea.

CONCLUSION

1. During the last glacial period, higher organic carbon contents in the SCS and Sulu Sea were not due to increased surface productivity, but caused by low dissolved oxygen concentrations in the bottom waters. In addition, from the last glacial to Holocene the dissolved oxygen in bottom waters was relatively stable in the Sulu Sea, but fluctuated widely

in the SCS.

2. During the last glacial period, increased precipitation reduced the surface water salinities, which caused the water column to be more stratified in the SCS and Sulu Sea. This process lowered dissolved oxygen concentrations in the bottom waters, which resulted in better preservation of organic matter in both basins. Especially in the Sulu Sea, enhanced isolation of the basin due to glacial lowering of sea level resulted in more stagnation of bottom water.

ACKNOWLEDGMENTS

We are very thankful to Prof. R. C. Thunell for providing core samples from the University of South Carolina, USA, and to Dr. P. R. Thompson of ARCO Oil and Gas Company for calculating the paleotemperature.

References

[1] Arnold, A J. , 1983. Foraminiferal thenatocoeneses on the continental slope off Georgia and South Carolina. J. Foraminiferal Res. 13(2): 90-99.

[2] CLIMAP, 1976. The surface of the ice age earth. Science 191: 1131-1137.

[3] Cullen, J. L. , 1981. Microfossil evidence for changing salinity patterns in the Bay of Bengal over the last 20000 years. Palaeogeogr. Palaeoclimatol. Palaeoecol. 35: 315-356.

[4] Duplessy, J. C. , 1982. Glacial to interglacial contrasts in the north Indian Ocean. Nature 295(5849): 494-498.

[5] Exon, M. F. , Haake, F. W. , Hartmenn, M. et al. , 1981. Morphology, water characteristics and sedimentation in the silled Sulu Sea, southeast Asia. Mar. Geol. 39: 165-195.

[6] Imbrie, J. , Hays, J. D. , Martinson D. G. et al. 1984. The orbital theory of pleistocene climate: support from a revised chronology of the marine δ18O. In: Milankovitch and Climate, edited by A. L. Berger et al. , Reidel publishing company, Dordrecht. pp. 269-305.

[7] Ingle Jr. , J. C. , Keller, G. , Kolpack, R. L. , 1980. Benthic foraminiferal biofacies, sediments and water masses of the southern Peru-Chile trench, Southeastern Pacific Ocean. Micropaleontology 26(2): 113-150.

[8] Jones, G. A. , Ruddiman, W. F. , 1982. Assessing the global meltwater Spike. Quat. Res 17: 148-172.

[9] Linsley, B. K. , Thunell, R. C. , Morgan, C, et al. , 1985. Oxygen minimum expansion in the Sulu Sea, western Equatorial Pacific, during the last glacial low stand of sea level. Mar. Mioropaleontol. 9: 395-418.

[10] Lohman, G. P. , 1978. Abyssal benthonic foraminifera as hydrologic indicators in the Western South Atlantic Ocean. J. Foraminiferal Res, 8(1): 6-34.

[11] Manabe, S,Hahn. D. G. , 1977. Simulation of the tropical climate of an ice age. T. Geophys. Res. 82(27): 3889-3911

[12] Martinson, D. G. , Pisias, N. G. , Hays, T. D. et al. , 1987. Age dating and the orbital theory of the Ice Ages: development of a high resolution 0 to 3000000 Year Chronostratigraphy. Quat. Res 27:

1-29.

[13] Prell. W. L. Curry, W. B. 1981. Faunal and isotopic indices of monsoonal upwelling, Western Arabian Sea. Oceanologica Acta 4(1): 91-98.

[14] Resig, J. M. 1981. Biogeography of benthic foraminfera of the northern Nazca plate and adjacent continental margin. Geol. Soc. Am. Mem. 154: 619-666.

[15] Rottman, M. L., 1979. Dissolution of planktonic foraminifera and pteropods in the South China Sea sediments. J Foraminiferal Res. 9(1): 41-49.

[16] Schnitker, D., 1980. Quaternary deep sea benthic foraminifera and bottom water masses. Annv. Rev. Earth Planet. Sci. 8: 343-370.

[17] Thompson. P. R., 1981. Planktonic foraminifera in the west North Pacific during the past 150000 year, comparison of modem fossil assemblages. Palaeogeogr. Palaeoclimatol. Palaeoecol. 35: 241-279.

[18] Thunell, R., Boyle, E., Culvert, S. et al., 1990. Glacial to Holocene climatic and oceanographic changes in the South China Sea, Western Equatorial Pacific. Eos 71: 1357.

[19] Thunell, R. C., 1992. Glacial-Holocene biogenic sedimentation patterns in the South China Sea: productivity variations and surface water Pco2. Paleoceanography 7(2): 143-162.

本文刊于1997年*CHIN. J. OCEANOL. LIMNOL* Vol. 15 No. 1

作者:LI Tie-gang (李铁刚) QIN Yun-shan(秦蕴珊)
DONG Tai-lu (董太禄) CANG Shu-xi(苍树溪)

加深对山东沿海泥沙运移与环境研究

浅海环境是泥沙运动和堆积作用的最为活跃的区域，也是海洋开发的重点区域。应用海洋沉积动力学技术，如地质钻孔、旁侧声纳和浅地层剖面探测以及泥沙搬运的数学模型等，可查明沉积物的类型和空间分布，并评估沉积作用对环境的影响。随着山东省经济建设的高速发展，必然要在海岸带附近不断兴建各类港口码头、电厂（如核电）等新兴产业基地和加速基础设施的建设。而所有这些建设都必须认识和了解有关海岸带泥沙运移的状况和规律，才能对工程建设的可行性进行评估。在今后10年内，山东省海洋资源和海岸带开发将成为经济增长的关键。因此，对海岸带和近海的泥沙运动、资源和环境问题应及早作战略上的考虑和深入研究。

一、海底沉积物的开采（用于建筑等目的）可能造成包括海岸带侵蚀在内的一系列环境问题

过去已经发生了因海底挖砂而造成海岸侵蚀和沿岸群众财产损失的事件。因此，在资源开发中首先需要弄清资源的类型、数量和分布状况，在此前提下研究泥沙资源的可开采量和开采量、开采方式，以免造成不良的环境影响。由于对砂砾物质需求量的不断增加（今后10年每年需求量将以100万～1 000万吨计，且需求量呈上升趋势），海底砂砾这种方便的资源具有一定的开发潜力；但是，这种资源的开发受到数量和环境问题的限制，因此需要及早考虑在保证海岸带可持续发展的前提下开采这一建筑替代的资源。

二、沉积物的堆积（自然状态或人为干扰条件下）可能对海岸带的生态系统产生负面影响

例如，在荣成市的月湖，口门附近沉积物淤塞导致了生态系统急剧恶化，使该地干品海参的产量从20世纪70年代末的1 500千克下降到现在的50千克；该海湾是天鹅保护区，但天鹅的数量也急剧下降。对此类生态系统，应考虑依靠沉积动力学技术，整治其物理环境，达到恢复和保护生态系统的目的。在这个方面，海湾环境的自然平衡状态和成因国内外都已进行过大量的研究；应用这些成果，有可能通过人工方法建立起符合自然平衡规律的人工均衡系统，从而达到环境整治的目的。仍以月湖为例，可采取适当的沉积学、地貌学措施，使海湾的泥沙运动状况恢复到良性状态，提高湾内外水体交换的强度，最后与海洋生态学技术相结合，改进环境的生态质量。这对于山东省海洋产业的发展将起到积极的推动作用。

三、在海岸带旅游资源中，海滩是山东省沿岸的重要资源

例如在青岛，每年夏天这里的海滩都吸引了大批游人。但是，海滩的质量还缺乏评估手

段。可以用沉积学方法来比较、判别海滩砂的质量，并用科学技术手段改进海滩质量，使这一重要旅游资源得到保护和持续利用。过去，已在山东省沿岸取得了数以万计的沉积物样品和数据；这些数据可以从粒度特征和物质组成方面进行详细的研究，并结合沿岸波浪状况弄清楚沉积物与海滩上各种不同尺度的形态的关系。根据此类研究，可以提供山东省海滩旅游资源的数量、质量和分布的定量数据，并制订保持和提高海滩质量的技术方案。这项研究对山东省旅游事业的上规模、上档次的发展是必要的。

四、随着山东省海岸带经济的发展，海岸带范围的土地利用问题将十分突出

今后城市的发展不可能无止境地以牺牲优质耕地为代价。解决问题的主要途径之一是围海造地，但是围海的环境可行性必须经过充分的科学论证。预计山东沿海今后10年内需新增的城市用地将达500平方千米的量级。因此，土地资源的开发利用研究已成为迫切的任务。以青岛为例，按照把该市建设成为国际大都市的规划，今后10年左右新增城市用地将达到100平方千米的量级，其中一部分可通过开发坡地解决，但是占用耕地将成为一个严重的问题。如果能从胶州湾获得50平方千米的土地，将极大地缓解土地矛盾，胶州湾沿岸的开发对城市市容的改进也是很有益的。但是，胶州湾又是青岛港口的依托区域，怎样做到港口和土地资源的最佳利用，做到港口和土地资源开发的相互促进而不是相互干扰；怎样做到在人口众多资源有限的青岛建设现代化等课题，这些方面都需要在海岸动力学方面进行扎实的研究。

本文刊于1998年《专家谈山东科学技术》一书

作者：秦蕴珊

南黄海沉积学研究新进展——中韩联合调查*

提要 于1996年6～7月开展了中韩南黄海联合调查。此次调查取得了若干新进展:①根据沉积物颜色探讨了黄河物质的影响;②从东到西获得了连续的回声测深记录;③首次查明了东部泥的分布特征;④对中部泥有了进一步的认识;⑤取得了有关悬浮物分布的新资料;⑥揭示了东部泥形成的水动力环境。

关键词 沉积学 中韩联合调查 南黄海

南黄海介于中国大陆和朝鲜半岛之间,我国虽已多次进行过地质调查,但均限于其西部及中部,而东部靠近韩国一侧长期基本处于"空白"状态。为了对南黄海有一个系统和完整的认识,中国科学院海洋研究所与汉城大学海洋研究所合作,于1996年6月26日至7月6日,乘中科院海洋所"科学一"号船,开展了南黄海沉积学联合调查,重点地区在东部泥区及中部泥区。通过此次调查,获得了许多前所未有的新样品、新资料及新认识,大部分样品和数据正在室内分析整理中,现仅就若干新进展报道于后。

1 海上调查

此次调查共设35个站位(详见图1),调查内容包括:①沉积物采样(表层样、重力活塞柱样和箱式柱样);②悬浮物采样(分上、中、下3层);③CTD测量;④海流测量;⑤浅地层剖面测量;⑥回声测深等。

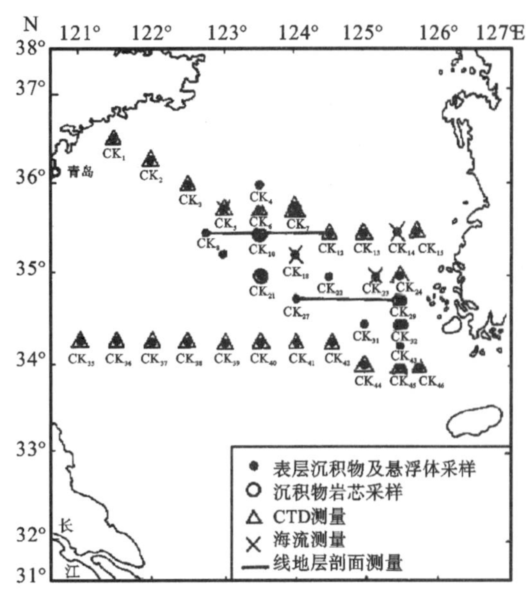

图1 调查站位

Fig. 1 The stations visited during the 1996 summer cruise

* 中国自然科学基金和韩国科学工程基金资助项目49576288号。

中国科学院海洋研究所调查研究报告第3218号。本文曾在1996年11月20～23日在汉城召开的国际黄海全新世及晚更新世环境研讨会上报告。

感谢中国自然科学基金会和韩国科学工程基金会的共同资助。参加调查的中方人员还有李坤业、官晨钟、李凤业、王从敏、彭马川、杜全胜、顾秋青等11人;韩方人员还有崔镇勇等5人,特表谢意。

收稿日期:1997-06-16

2 结果与讨论

现仅就此次调查中所取得的若干结果，作以下几个问题的简单讨论。

2.1 从沉积物颜色看黄河物质对南黄海的影响

黄河源物质在南黄海的扩散，可以说遍及各处，但其在各处的影响确有主次之分。南黄海西部显著受黄河物质影响已成定论，但中部乃至东部受黄河物质影响如何却看法不一，如有些学者认为中部泥，甚至东部泥均主要源于黄河。作者(1991)曾依据矿物和地球化学“指示剂”，提出中部泥并非主要来源于黄河的观点，该论点已在本次调查中进一步得到证实。在自西而东的连续沉积物采样中，沉积物的颜色发生有规律的变化，即西部显示黄河物质的“本色”——土黄色；至中部逐渐过渡为以灰色为主略带黄的色调——灰黄色；至东部灰色加深，黄色已不明显。由此可见，黄河的主要影响区在西部；中部受影响的程度次之，东部受影响较弱。

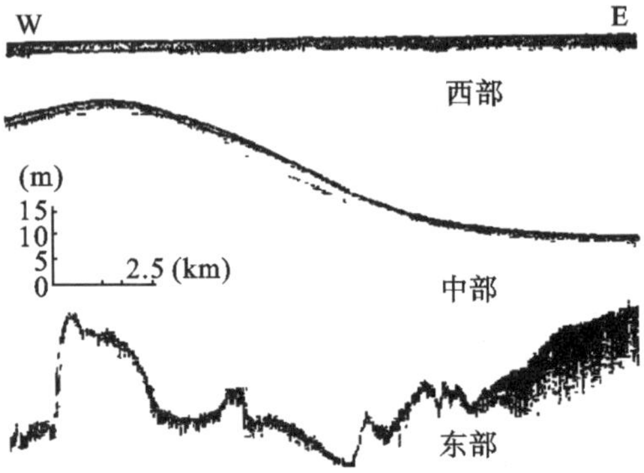

2.2 从西到东获得了连续的回声测深记录

过去南黄海的测深记录，多是断续的、局部的，而本次调查利用回声测深仪从西到东连续地获得了测深剖面，从中可直观地一目了然地看出南黄海海底地形的典型特征：西部平缓、单一；至中部偏东呈槽状，即“黄海槽”，最大水深 98 m；东部地形变陡且复杂，起伏大，呈现溺谷切割和沟脊地形，详见图 2。

图 2 南黄海地形特征

Fig. 2 Topographic characteristics of the southern Yellow Sea

2.3 首次查明了东部泥的分布特征

通过回声测深和浅地层剖面仪测量记录，查明了东部泥的分布特征与中部泥明显不同。众所周知，中部泥呈连续状分布，而东部泥却呈连续透镜状分布；尤其特殊的是泥的分布除在地形凹处外，有的却分布在地形的凸起处(图 3 和 4)。造成东部泥此种分布的原因，应与这里强的海流和潮流的塑造作用有关。此外东部泥的厚度较中部泥大，泥层可达 26 m。

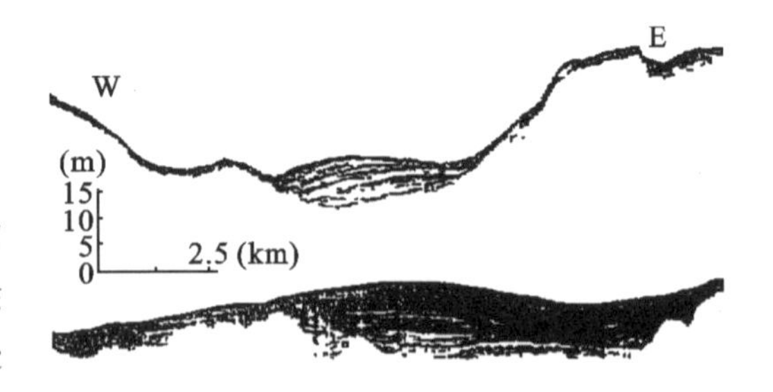

图 3 黄海东部泥的分布特征(回声测深仪记录)

Fig. 3 Distribution patterns of the eastern mud deposit (Echo-sounder records)

2.4 对中部泥有了进一步的认识

以往对中部泥调查较多，其分布呈连续状，其厚度认为仅 3～5 m，但根据本次回声测深剖面和浅地层剖面分析，分布确呈连续状，但其最大厚度可达 16 m。关于中部泥和东部泥的分布模式如图 5 所示。

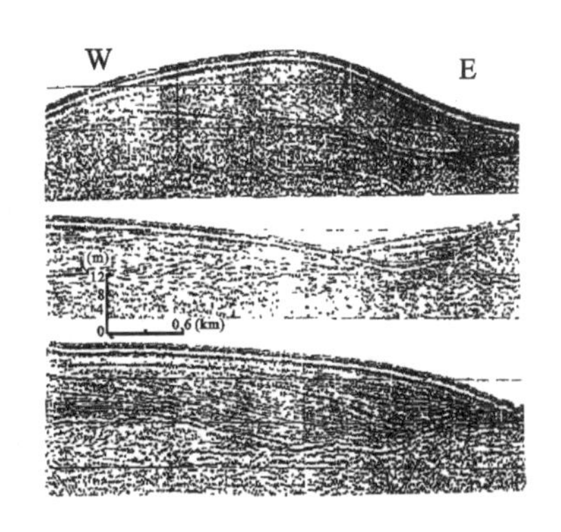

图 4 黄海东部泥的分布特征(浅地层剖面仪记录)

Fig. 4 Distribution patterns of the eastern mud deposit (Subbottom profiler records)

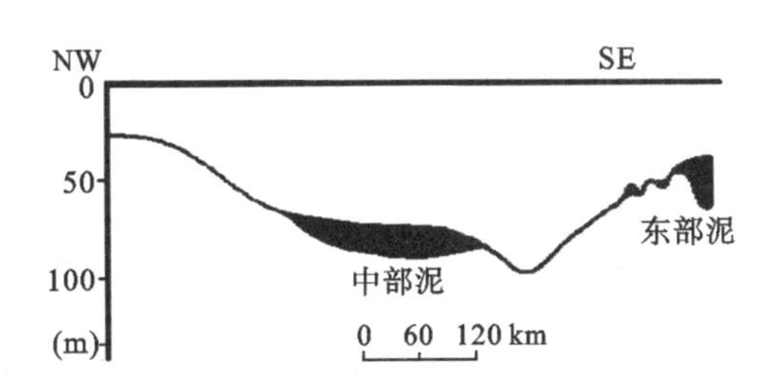

图 5 黄海中部泥和东部泥的分布示意

Fig. 5 Distribution patterns of the central and eastern muds

2.5 取得了有关悬浮物分布的新资料

悬浮物测量表明,在大风(风暴)条件下水层底部悬浮物质含量明显增高(如 CK15 站,风暴伴生最大波高 5.5 m,底层悬浮物最大浓度达 63.5 mg/L,水深 54 m),这意味着风暴可引发海底沉积物的再悬浮。影响的水深可达 50~90 m。须提及的是,深水站位的中层悬浮物的浓度受风暴影响较小,表明沉积物再悬浮效应主要限于水层的底部。此外,依据悬浮物和海流资料,计算出黄海暖流的细粒物质年通量约为 10^5 t。由于水交换是以悬浮物浓度低为特征的黄海暖流向北取代了南黄海较浑浊的水团,故而悬浮物由南黄海向东海的净搬运定大于 10^6 t/a。有关悬浮物分布的新资料,详见另文[1],不再赘述。

2.6 揭示了东部泥形成的水动力条件

Hu, D. X. (1984)和赵一阳等(1991)对南黄海中部泥的沉积动力学研究颇多,而东部泥的沉积动力学研究尚无报道。基于本次调查的测流及 CTD 资料可知:①东部泥区流速强于中部泥区,前者可达到海底沉积物启动的临界值,后者几乎达不到该值,因此中部泥区可看做聚集来自不同方向、不同物源的“沉积物捕集器”(Sediment trap);而东部泥区局部有冲蚀现象,从而造成特殊的分布。②水温、密度和盐度的垂直分布表明,水温和密度跃层均强,而盐度跃层强度不大,由此可见,夏半年在南黄海对悬浮物沉降有明显影响的密度跃层主要是因水温跃层的存在而形成。③东部泥区夏季观测的余流揭示,上层(5 m 层)最大余流为东向流,54 cm/s,底层(60 m 层)最大余流为北西向流,16 cm/s,上层水呈顺时针向流动,辐合下沉,下沉速度约为 2.2×10^{-3} cm/s;下层水呈逆时针方向流动,辐散上升,上升速度约为1.0×10^{-4} cm/s,据此推断贴近海底处海水有向泥区中心辐合之势,东部泥即在这种水动力条件下形成(图 6)。

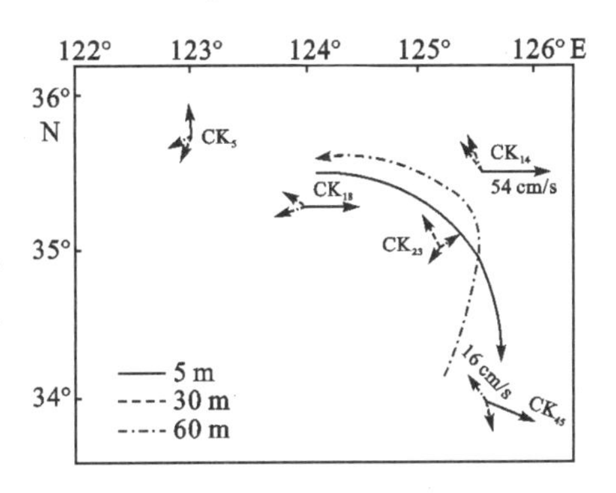

图 6 黄海东部泥区水动力特征

Fig. 6 Hydrodynamic characteristics of the eastern mud area

参考文献

[1] Gao. S. et al. , Proceeding of The Korea-Chian International Seminar on Holocene and Late Plerstocene Environments in the Yellow Sea Basin. Seoul: Seoul National University Press. 1997. 83-98.

RECENT DEVELOPMENT IN THE SOUTHERN YELLOW SEA SEDIMENTOLOGY——THE CHINA-KOREA JOINT INVESTIGATION

Abstract In order to obtain a systematic and region-scale understanding of the sediment dynamics of the southern Yellow Sea, a cruise to the region was organised jointly by the Institute of Oceanology, Chinese Academy of Sciences, and the Department of Oceanography, the University of Seoul, in Junc-july 1996. Progress achieved from this cruise includes that: (1) the influence of the material input from the Huanghe River is evaluated on the basis of the sediment colour, (2) continuous echo-sounding records are obtained along two east-west trending profiles. (3) for the first time the exact distribution pattern of the mud deposits over the eastern part of the region in identified; (4) a progress is made in the study on the characteristics of the central mud deposit;(5) new data with regard to distribution parterns of suspended matter are collected; and (6) the hydrodynamic conditions for the formation of the eastern mud deposit are revealed.

Key Words: Mud deposit, Sediment transport, Southern Yellow Sea

本文刊于1998年《海洋科学》 第1期

作者:赵一阳 朴龙安 秦蕴珊 高 抒 张法高 于建军

中国陆架沉积模式、海洋风尘沉积、冲绳海槽的火山沉积和浊流沉积

一、中国陆架沉积模式(Sediment Model of Continental Shelf in China Sea)

早在1919年,D. Johnson曾提出了世界陆架的沉积模式,他强调陆架区的海底沉积物与上覆水体之间应处于动力均衡状态。陆架上每个部位沉积物的粒径大小和地形坡度都受波能的控制,粒径大小又要随水深的加大和离岸距离的加大而逐渐变细,以致达到均衡状态。随着海上调查资料的积累,终于证明这种沉积模式与实际不符。

1932年,F. P. Shepard开始向Johnson的沉积模式提出挑战。他认为:大部分陆架都发育有薄层而又复杂的沉积类型,它们不是现代海洋沉积物,而是晚更新世低海面时的沉积物。K. O. Emery(1968)在Shepard的模式基础上又加以补充。根据全球若干大陆架收集来的大量地质资料,将世界陆架沉积类型划分为原生沉积、有机沉积、残余沉积、残留沉积和碎屑沉积等五大类。

20世纪70年代,P. Swift等又将前两种模式结合起来,提出了第三种陆架沉积模式,他认为既要考虑陆架面随着时间的推移而会逐渐处于动力均衡状态,也要考虑晚更新世末期以来的海面升降,就是说,现代陆架沉积模式应该是过去各种环境的沉积与现代浅海环境沉积作用的共同结果。所以将其称为"海侵—海退"型的沉积模式。

在上述科学家的研究工作中,对中国陆架的沉积状况,虽有所涉及,但都不深入。直到1961年,K. O. Emery等发表了专门文章讨论中国海的状况,但由于是根据海图上的标志资料和渔民采集的标本资料,所以编绘的图件比较概略。几乎与此同时,自1958年起,我国开展了大规模的海洋普查,首次用调查船在中国各陆架区做了详细的陆架沉积物调查。这样就可能根据最新资料,在Emery的工作基础上提出中国陆架沉积模式。

简言之,可将中国陆架沉积物的分布概括归结为:①渤海、北黄海及北部湾之沉积类型呈不规则的斑块状分布,沉积物粒度的相互交替现象有时可截然出现;②南黄海沉积类型呈带状分布,随着深度的增加和离岸距离的加大,由西向东,组成沉积物的颗粒质点逐渐变小;③在东海,除济州岛西南及浙江近海外的广阔地区均为细砂覆盖,其沉积物的空间分布都与南黄海与南海相连接;④南海陆架沉积大体上亦呈带状分布,即近岸带为细粒沉积,向外则为粗粒沉积;⑤沿着闽、浙之海岸外有一细颗粒沉积带通过台湾海峡将南海沿岸之软泥带连接起来,而其外缘的粗粒沉积带亦有类似的状况。

上述陆架沉积的分布轮廓可清晰地显示出,从沉积物的大面积分布及研究碎屑物质的分异过程和顺序出发并根据末次冰期时海面升降的状况,我们可将中国陆架沉积划分为两个不同时期的两种成因类型:其一主要为河流搬运入海的细粒碎屑物质,即全新世的沉积;

其二为海水所淹没,但并未被全新世沉积覆盖的主要是末次冰期时形成的各类沉积物,即所谓的残留沉积。

在讨论中国陆架沉积模式时,必须充分考虑以下两个因素:

(1)末次冰期以来的陆架古环境和海平面的升降。末次冰期及其最盛期的陆架的自然环境到底怎样认识,关系到残留沉积的类型、分布及其成因。这是认识陆架沉积模式的最关键,也是争论最多的一个焦点。

(2)全新世海侵发生以来,陆架沉积的物质来源及其物质组成特点,特别是这些物质入海后在水动力条件影响下所发生的迁移、沉积过程。资料表明,现代由河流搬运入海的物质在海底的沉积是十分不均衡的,影响范围是有限的。因此,即使在内陆架海区也可见到未被全新世沉积覆盖的末次冰期时的许多残留沉积,而不像以前所说的那样,残留沉积只出现在外陆架海区。

近年来,对中国陆架沉积模式的研究不断出现一些新的学术见解:①强调水动力因素对陆架沉积模式的控制作用,并据此划分出与水动力条件相适应的沉积类型;②根据"冷涡"出现的海区,其对应的海底沉积物都是软泥类沉积这一事实,提出了陆架区存在着"冷涡通道"沉积的新见解;③根据大量地球物理资料,提出了末次冰期时,陆架发生过"沙漠化"并产生了一系列的衍生沉积,从而使"残留沉积"的研究更加深入。是否发生过"陆架沙漠化"尚有争论。但以下事实是存在的:①渤海海底全新世沉积之下广泛分布着砂质沉积,并在局部地区见有埋藏沙丘;②在辽东半岛和山东半岛北部沿岸广泛分布着含有有孔虫等化石的黄土沉积,主要是末次冰期时的产物;③在海州湾等海底的许多地方也发现近源风成黄土沉积而未被全新世沉积覆盖,成为"残留沉积区"。由此可见,末次冰期时,中国陆架,特别是北方陆架区风成作用曾起过重要的作用,这一点,似乎已为多数科学家所共识。

二、海洋风尘沉积(Marine Aeolian Dust)

海洋风尘沉积是大气中悬浮的固体颗粒降落到海底形成的沉积物,风尘沉积是海洋沉积物的重要来源。根据估算,每年由风带到海洋中的物质有 16 亿吨之多,超过进入深海的河流悬浮物的数量,风尘沉积物在深海区可构成独立的沉积类型,在某些海区,风尘沉积物甚至可达沉积物总量的 80%。对于研究事件沉积,风尘沉积物可起到独特的作用。从理论上讲,海洋风尘沉积物至少可提供白垩纪以来全球大气环流连续变化的信息。因而海洋风尘沉积物的研究不仅具有沉积学的意义,而且对研究古气候和古环境也有重要意义。

对于海洋上空中的风尘最早进行科学研究的可以追溯到达尔文。1846 年,达尔文在环球旅行时研究了落在 Begle 号探险船上的大量风尘样品,提出海底是由风尘铺成的结论。自 20 世纪 60 年代末开始,对海洋风尘沉积物的研究日渐重视和深入,研究文献剧增。研究范围遍及世界三大洋、十几个海区,研究内容已涉及海洋风尘的粒度组成、矿物组成(特别是石英和黏土矿物特征)、地球化学特征、磁性特征和生物特征(尤其是淡水硅藻)等诸多方面,提出了一些关于海洋风尘搬运沉积机理的理论,并将大洋岩心中风尘的堆积速率、风尘及其中石英颗粒中值粒径、石英的百分含量等参数的变化与陆地和全球的气候环境变化联系起来讨论,取得了一些有意义的结果。

我国在海洋风尘沉积物方面的研究起步较晚,从 1992 年起,有些科学工作者对菲律宾海区的风尘沉积物的矿物学、沉积学和地球化学特征进行了详细的研究，探讨了其物质来源和该区的古大气环流特征；对中国海及其邻近海域的现代风尘和古代风尘沉积物进行比对研究，已取得了初步成果。

经过近 20 年来的研究，人们对晚新生代以来海洋风尘沉积物的分布和特征已有了比较明确的认识。主要的风尘沉降区均位于曾作为主要粉尘来源的大陆地区的下风方向。海洋风尘输入的最重要的地区有东大西洋、西北大西洋、西北印度洋、西南太平洋、东赤道太平洋和西北太平洋。迄今研究程度最高的地区是东大西洋。

海洋风尘沉积物具有如下基本特征：①粒度组成。降落到海洋中的风尘，一般经历了较长距离的搬运，主要由小于 16 微米的颗粒组成。一般说来，当搬运的距离超过几百千米时，对流层中细粒粉尘的粒度和成分就趋向于一致。②矿物组成。任何一种风尘的矿物组成主要取决于源区的物质性质，一般主要矿物为石英、长石、云母和黏土类矿物，其次为方解石、白云石，还常见有石膏和蛋白石。③地球化学特征。现代海洋上空捕获的风尘，其常量元素受宿主矿物控制，而微量元素（特别是金属元素）含量都比较高，这是人类活动污染的结果，它可作为人类对环境影响的一个监测指标。至于海洋沉积物中风尘沉积的精确化学成分是很难确定的，因为混入海洋自生元素和亲生物元素。④非晶质和生物组分。现代粉尘一般含有 2%～5%的非晶质铁和有机质以及 3%～8%的非晶质铝，海洋风尘沉积物中常含有许多淡水硅藻植物、真菌孢子和不透明的有机球粒。

由于海洋风尘沉积物的影响因素众多，又混入了海洋组分，研究难度较大，因而要求尽可能采用全面和多样的手段进行研究。除经典的粒度分析、矿物学和地球化学方法外，近年来又应用了一些新的方法和手段，如根据岩石磁性参数研究风尘沉积的强度和物源，根据花粉等值线图对比古今大气环流，根据孢粉和放射虫资料的对比研究季风的变化，根据淡水硅藻和蛋白石恢复源区的古环境和古气候，根据卫星遥感资料跟踪现代尘暴等等。

虽然海洋风尘沉积物的研究迄今已做了大量工作，积累了不少资料，但该领域的研究程度仍是很低的，今后研究工作的重点应放在海洋风尘沉积物的全球变化效应，而研究目标应致力于了解地质历史时期古大气环流和环境的演化，借助于海洋风尘沉积物的垂直变化重建或修正补充邻近大陆的古气候序列。

三、冲绳海槽的火山沉积和浊流沉积（Volcanic and Turlidity Sediment in Qkinawa Trough）

关于岛孤体系的形成和发展以及与其相关联的沉积作用，一直是海洋地质学研究的重大问题之一。

冲绳海槽位于东海大陆架与琉球岛孤之间，地处弧后，呈弧形向东南方向凸出，是环太平洋沟弧体系中的一个扩张型半深海盆地。海槽的东、西两侧展布着陡峭的正断层，槽底地层复杂，高差变化极大。大致以北纬 27°为界，北部沟谷纵横，北浅南深，水深由 700 余米降至 2 000 米左右；北纬 27°以南的海底相对平坦，但深度较大，最深处可达 2 700 米左右。地壳厚度为 15～28 千米，平均为 20 千米左右，介于大陆型地壳与大洋型地壳之间，火山和地震活动十分活跃。

在这样地质背景下发育的沉积作用也十分丰富多彩，其中最具特色的是火山沉积和浊流沉积，以及近年来才发现的海底热液活动与相关沉积。

1. 冲绳海槽的火山沉积

火山沉积主要分布在海槽的北部和中部(北纬 27°以北)，沉积物主要由软泥组成，矿物组合为斜方辉石(被火山玻璃包裹)、斜长石、高温石英和针状磷灰石等典型火山型矿物，并广泛出现浮岩砾石、火山灰和火山玻璃。浮岩砾石的大小为 1～300 毫米，以灰白色为主。在浮岩中存在着两种矿物组合；一为橄榄石、富镁斜方辉石、基性斜长石和磁铁矿，这是典型的基性岩的矿物组合，另一类为中酸性斜长石、石英和黑云母等，这是酸性岩的矿物组合(以前者为主)。这些灰白色的浮岩属于钙碱性系列的流纹英安岩，除漂浮于海面和见于表层沉积物者外，还在柱状沉积物中成层出现。日本学者发现的海底热液沉积(即热泉)也是在海槽中北部。

根据岩心中浮岩和火山玻璃的分布状况，确定了至少三次大的火山喷发旋回，同时用铀系法测定了三个层位中的浮岩年龄，自上而下为全新世(1 万年)、晚更新世晚期(3 万年)和晚更新世中期(7 万年)，反映了火山活动的多旋回性。

上述资料表明，冲绳海槽火山活动的初始岩浆是来自地幔的橄榄拉斑玄武质岩浆，但有岩浆喷发出海底之前或在喷发过程中，发生了非平衡体系的混合作用，使早期结晶下沉到岩浆房底部的橄榄石、基性斜长石、辉石和磁铁矿等矿物又混入到经过充分分异的酸性岩浆中，同时受到地壳物质的混杂，在同化之前一起喷出地表。

2. 冲绳海槽的浊流沉积

调查区的浊流沉积主要分布在海槽的南部海域(北纬 27°以南)，而且浊积层在该海域又主要发育在西坡靠东海大陆架的一侧。形成浊流沉积物十分频繁，但是每一层浊积层的厚度却很小，一般不大于 15 厘米，常见为 2～7 厘米，最厚的可达 2 米以上。

组成浊积物的颗粒直径多在 2～4 毫米之间，即以细砂为主，粉砂次之，这与典型的深海浊积物显著不同。同时含有直径大于 6 毫米的颗粒。浊流沉积具有高含量的石英、长石等轻矿物至角闪石、绿帘石等重矿物，在生物组成上含有东海陆架海底沉积物中常见的有孔虫和介形虫等陆架种属，这些物质组成的特点与东海陆架极为相似，显示了浊流沉积的物源方向。

浊积层中除见有少量的纹理外，构造比较单调。但用 X 射线照相后发现，浊积层的微构造十分发育，如在几厘米的浊积层中，其纹层是由泥质沉积在砂层中有规律的层状富集形成的。

在砂层上部，一般可见到包卷层理，即相当于波马层序中的 C 层特征为数不多，但砂层中的卷曲现象却十分常见。

在所研究的浊积层中，始终没有见到完整的波马层序，最常见的是波马层序中的 A、B 两层，在少数浊积层中可见到 C 层。这清楚说明，海槽中的浊积层主要是由时间尺度较短、剧烈阵发性的因素诱发而形成的，因此也可将其看做一种事件沉积。

上述资料表明，海槽中的浊流沉积与深海大洋中所见到的浊积层完全不同，同时也说明了形成这些浊积层的动力机制不是单一的。它的形成条件主要有以下三点：

(1)海槽南部的海底坡度突然增大，平均坡度可由 1′增至 1°～7°，为浊流的形成提供了先决条件。

(2)东海陆架外缘广泛分布着以细砂为主的沉积物，在特定的条件下，极易向海槽流动，提供了物质基础。

(3)在风暴、地震和火山活动的诱发下，陆架外缘的沉积物沿着坡度很大的陆坡向下流动，其中应以风暴(如台风)形成的动力机制为主，地震、火山活动次之，海槽南部是风暴、火山和地震的多发地带。

综上所述，冲绳海槽沉积作用的轮廓是十分清晰的，除生物沉积作用以外，其北、中部主要为火山沉积，南部主要发育浊流沉积，地理界线十分清楚，因而有所谓“南水北火”的沉积模式。

本文刊于1998年中国科学技术出版社《地球系统科学》
作者：秦蕴珊

末次间冰期以来地球气候系统的突变

摘要:地球气候系统的突然变化是近年来地学研究的热点。取自极地冰心、海洋沉积物和陆地的古气候记录表明,末次间冰期以来全球经历了一系列数百年—千年时间尺度的气候突变事件,证明了在末次冰期—间冰期旋回大尺度气候变化背景下,全球气候存在较大不稳定性这一基本事实。尽管末次间冰期以来,这些数百年—千年时间尺度气候突变时间的成因和影响范围还存在明显的不确定性,但已从诸如末次间冰期(MIS 5e)中期的干冷事件、末次冰期的Dansgaard-Oeschger旋回、Heinrich事件和Younger Dryas事件以及发生在全新世冰后期的一些降温事件的研究中,获得对过去130 ka来气候变化过程总体上的认识和理解。综述了近年来的主要研究成果,介绍了有关末次间冰期以来全球气候突变事件发生的时间、过程和机制等最新的研究进展。

关键词:气候突变 末次间冰期 末次冰期 全新世

随着2 500 ka B. P.前北半球冰盖的建立,全球气候冷暖的波动虽然仍延续着第三纪的气候模式,但变动的幅度却明显增加。尤其是近900 ka来,米兰柯维奇轨道韵律的线性驱动在地球气候长期的周期性变化中的作用已被广泛接受[1]。然而,取自冰心[2]和深海沉积物[3,4]的古气候记录表明在末次冰期—间冰期旋回中存在一系列数百年—千年时间尺度的气候突变事件。显然,这些千年尺度快速的气候波动不能简单地用轨道参数的变化来解释,因此对近130 ka以来的气候波动事件的研究成为近年来古气候研究的热点,也是进展最快的研究主题之一。目前,正在实施的多项国际合作计划和项目,都把高分辨率古气候记录作为主要的研究内容,以期获得高精度的全球对比,进而深入研究其发生的特征、成因机制及各种反馈效应。

1 末次间冰期开始的时代

关于末次间冰期的定义存在两种意见,一种是只相当于海洋氧同位素期(MIS 5e),持续时间约20 ka,相当于陆地的Eemian期[5];另一种是指整个氧同位素5期,持续时间约57 ka[6]。这里我们沿用Shackleton[5]的定义。因为如果结合被广泛接受的近900 ka来地球冰期—间冰期旋回是以100 ka为周期的观点[1],这样的划分更趋合理。对末次间冰期的认识普遍被接受的是来自大洋底栖有孔虫的氧同位素记录[5]。之后,随着大量取自冰心、陆地和海洋记录的增多,末次间冰期开始年代的不确定性也随之增加。

关于MIS 5e开始的年代,最具代表性的是根据氧同位素值所估算的最大冰川体积的时限所建立的时间表,即SPECMAP曲线[7,8]。Imbrie等[7]和Martinson等[8]所标定的MIS 5e开始的年代分别为128 ka B. P.和130 ka B. P.。然而,最近取自深海沉积物[9,10]和珊瑚礁[11,12]的资料却表明末次间冰期的变暖可能早在132 ka前就已经开始了,比SPECMAP的氧同位素 5/6 的界限[7]老 4 ka。南极 Vostok 冰心记录却显示末次间冰期的变暖始于 140 ka B. P.，而不是 132 ka B. P.[13]，这样南极末次间冰期的变暖较北半球的冰盖消融至少提前了 8 ka。美国内华达州南部一断裂带内垂直碳酸岩脉的 $\delta^{18}O$ 记录与海洋 $\delta^{18}O$ 记录相当吻合[14]，然而精确的 U-Th 系列和 ^{231}Po 的年代数据表明 MIS 5e 的开始时间是 142 ka B. P.[15]，与南极变暖的开始时间接近。因此，人们开始怀疑 SPECMAP 时间表关于氧同位素 5/6 界限时标的可信度[14]。但 Raymo[16] 根据近 15 年来大洋钻探所积累的 $\delta^{18}O$ 资料对 SPECMAP 时间表，尤其是针对氧同位素 5/6 的界限进行了重新的评估，进一步证实了 Imbrie 等[7]的 SPECMAP 可靠性。

如果上述的年代标度都是准确的，则末次间冰期开始的时间及其所持续的时间在全球范围内就有不一致的可能性。总体上体现在陆地、海洋的气候条件与冰体积或海面高度的变化之间的差异，反映了全球气候的变化受到地球气候系统内部多种因素之间的反馈效应及区域性因素的影响。在客观上，为我们对陆地、海洋和冰心古环境记录的对比和解释，以及目前全新世间冰期与之进行总体上的类比带来了困难。

2 末次间冰期的气候不稳定性

末次间冰期是近 150 ka 来全球最暖的时期，整体的气候条件与目前的全新世间冰期相似，表现为海洋表层水温相近，海面稍高[17]。由于两次暖期具有总的相似性，以此为根据通过类比末次间冰期，可以用来预测当前间冰期的持续时间，研究在以后数百年或千年尺度内可能发生的气候突然变化。因此，近年来对这一时期气候状况的研究引起了地学界的关注。

在末次间冰期内存在较强的气候不稳定事件，最初的证据是来自 GRIP 冰心的气候记录[2,18]。GRIP 冰心的电导率（风尘的替代指标，大量的灰尘代表寒冷干旱的气候）和氧同位素（大气温度的替代指标）的记录显示末次间冰期曾被一些短期的冷事件打断。这些冷事件似乎持续了几千年，变冷的幅度类似于冰期和间冰期的变化，是很强的气候变化过程。然而，进一步的研究证明 GRIP 冰心中老于 110 ka B. P. 的冰层受到冰川运动的扰动[19]。最近通过对 GRIP 冰心进行精心的恢复和对扰动冰层中的氮、甲烷、氦等气体更为详细的分析证明了末次间冰期内的冷事件确实是气候变化的信号[20]。

在 GRIP 冰心中发现末次间冰期内有气候不稳定的迹象之后，人们开始在全球更大的范围内寻找证据。首先取自北大西洋高分辨率的同位素和生物记录显示 MIS 5e 内气候变化很小或没有变化[4,21,22]。然而，在其他海洋记录中却找到了这个时期气候不稳定的证据。Cortijo 等[23]认为在 MIS 5e 中期，即 125～122 ka B. P. 期间北大西洋亚极地区域的海水表层水温降低了 2℃，并伴随着北大西洋深层水的衰减。其南部的西北欧陆架[24]及挪威海[25]的海洋记录也显示了一个相似冷事件的存在。Maslin 等[26]对 ODP658 站高分辨率的海洋记录研究进一步表明，这一事件可能在几十年或更短的时间内发生，持续的时间不超过 400 a。之后气候开始回暖，但没有恢复到 MIS 5e 最暖的状态。此外，欧洲湖泊的孢粉记录也显示末次间冰期时的气候出现较大的不稳定事件[27,28]。

末次间冰期气候不稳定的证据亦取自西北欧以外的地区。最近，取自苏禄海的海洋记录[17]和中国的黄土记录[29]显示这一时期西太平洋和中国中部的气候也存在着与一些高纬度古气候记录相似的不稳定事件。对 MIS 5e 冷事件的进一步支持也间接地取自澳大利亚西部的珊瑚礁记录,高精度U系测年表明末次间冰期时,全球主要的造礁期集中在127~122 ka B. P. 之间,并在122 ka B. P. 冷事件开始时结束[11]。

综上所述,末次间冰期的中期,即122 ka B. P. 左右,全球或局部区域确实发生了一个寒冷干燥的事件,其特征是北大西洋的环流发生了变化、北欧海和大西洋的表层海水温度降低了几度、西欧由森林过渡到干草原和树木的混合、亚洲冬季季风加强。尽管这一冷事件强度较弱,但它发生在盛间冰期的背景下,依然是一个非常重要的气候变化。然而,由于目前缺乏足够的全球范围内的证据,这一事件的全球意义尚需进一步论证。

3 末次冰期(MIS 5d-2)的气候不稳定性

由于全球所记录的末次间冰期结束的时间几乎与SPECMAP时间表相同[14],因此末次冰期的开始时间应是115 ka B. P. ,即MIS 5d/5e的界限。根据海洋记录,末次间冰期结束于发生在115 ka B. P. 左右的一个快速降温事件[7,8],这一事件发生在不到400 a的时间里[30]。随着末次间冰期的结束,在持续近100 ka的末次冰期内发生了一系列全球或区域性的气候突变事件和短期的冷暖交替过程。在这些波动中最为强烈的是Dansgaard-Oeschger暖事件和Heinrich冷事件及末次冰消期的Younger Dryas事件。这些事件最突出地反映在格陵兰冰心、北大西洋的深海岩心和欧洲及北美的孢粉记录里,说明它们在北大西洋区域尤为强烈。

3.1 Dansgaard-Oeschger旋回和Heinrich事件

根据格陵兰冰心$\delta^{18}O$记录推算的大气温度的变化表明,在115~14 ka B. P. 之间,共出现了24个快速的变暖事件,即Dansgaard-Oeschger事件。其年平均变化幅度为5℃~8℃,每一个暖期之后紧接着一个冷期,并以1~3 ka为周期,这就是所谓的Dansgaard-Oeschger旋回,每个旋回开始只需数十年甚至更少的时间,持续数百年至2 000 a,平均持续约1 500 a[18,31,32]。北大西洋的深海沉积物也曾记录了相应的海水表层温度、冰山外泄过程和温盐环流的变化[3,33-36]。

Heinrich事件是在信号上与Dansgaard-Oeschger事件截然相反,并以北大西洋发生大规模冰川漂移事件为标志,代表大规模冰山涌进的气候效应而产生的快速变冷事件[3,37]。在末次冰期总的冰期气候背景下,北大西洋共发生了6次强烈的冰川漂移事件,即代表发生6次大的Heinrich事件,其时代依次分别为16. 8、24. 1、30. 1、35. 9、50和66 ka B. P. [3,32]。根据格陵兰的冰心记录,几次大的Heinrich事件使大气温度在冰期气候条件下又降低3℃~6℃[31]。这些事件基本上以5~10 ka为周期,持续的时间为200~2 000 a[38]。Heinrich事件发生在Dansgaard-Oeschger旋回中的最冷期,代表上一次旋回的结束,随后的变暖又代表新的旋回的开始,可见Heinrich事件与Dansgaard-Oeschger旋回并不是两个孤立的气候演变过程。

由于这些事件具有明显的高频特性,使在全球范围内对这些事件地质记录的识别和对比的难度增大,目前还没有足够的证据证明末次冰期的这些高频古气候演化事件具有全球性意义,尤其是Dansgaard-Oeschger事件的全球证据相对更少。然而,近年来随着测年技术的提高、大量高分辨率古气候记录的获得,越来越多的研究成果表明这些气候事件的影响范围并不仅限在北大西洋区域。

在北半球高纬度区域，东北太平洋 ODP Hole 893A 岩心的浮游有孔虫氧同位素及其群落结构的变化等古气候替代指标所反映的气候变化的时间、速度、幅度等特征与格陵兰冰心的记录几乎完全一致，快速的变暖过程使海水表层温度在短短的几十年内上升了 3℃～5℃[39]，其变化强度之大，甚至影响到东北太平洋深层水的演化[40]。

在北半球中低纬度区域，北大西洋[41]、地中海[42]和西北太平洋[43]的海洋记录与欧洲[27]和北美[44]的孢粉记录及中国的黄土记录[45,46]都显示有 Heinrich 和 Dansgaard-Oeschger 事件的印记。来自西北印度洋阿拉伯海的古季风记录表明，Heinrich 事件和 Dansgaard-Oeschger 旋回深刻地影响着 110 ka B. P. 来西南季风强度在千年尺度上的变化[47]。此外，来自赤道大西洋[48]、红海[49]、孟加拉湾[50]、中国热带湖泊和南海的古气候记录，也显示了低纬度气候对高纬度区域的快速响应。可见，尽管在北大西洋以外地区气候的波动较小，但 Heinrich 和 Dansgaard-Oeschger 事件的影响效应很可能是全球性的。

3.2 Younger Dryas 事件

末次冰期在向全新世的转暖过程中，被一个快速的冷事件打断，这就是所谓的 Younger Dryas 事件，是迄今在冰心、陆地和海洋沉积物的古气候记录中研究最为详细的一次快速气候变冷事件。这一最初发现于北大西洋及其相邻区域的事件，几乎可以在全球范围内的海洋和陆地的古气候记录中找到相应的证据。较为公认的 Younger Dryas 事件的年代界于 11～10 ka B. P. 之间[51]，最近 Bond 等[32]标定的日历年界限是 12. 9～11. 5 ka B. P. ，峰值出现在 12. 2 ka B. P. 。

Younger Dryas 事件以格陵兰的冰心记录最为强烈，气温的最大降幅可达 8℃[52]，可见 YoungerDryas 事件是一个非常剧烈的气候演变过程。由于 Younger Dryas 事件与 Heinrich 事件极为相似，如果弄清 Younger Dryas 事件的细节过程和成因机制，就可以通过类比来研究 Heinrich 事件等一系列冷事件的细节特征和发生机制。因此，随着高分辨率古气候记录的积累，人们已从简单的对比开始着手研究其发生过程的细节特征，以探讨其真正的形成机制。近年来对格陵兰冰芯的研究表明，从 Younger Dryas 事件盛期到全新世的变暖在北冰洋只用了几十年，约一半的变暖过程集中在一个不到 15 a 的时期内，并以一系列的阶梯式的变暖过程为特征，每一阶段用了不到 5 a 的时间[53]。

4 全新世的气候突变

对全新世的气候特征，历来存在两种不同的看法。即使是最近的一些研究成果也是处在两种看法的争论之中。一种看法是认为全新世的气候异常的稳定[25]；而另一种看法则是随着全新世开始，发生了一系列快速的广泛分布的气候变化事件，其中格陵兰冰心提供了最为清晰的气候记录[54]。最近，取自北大西洋的海洋记录显示，冰后期共出现 8 次冰川漂移碎屑事件，它们的峰值分别出现在 1. 4、2. 8、4. 2、5. 9、8. 1、9. 4、10. 3 和 11. 1 ka B. P. ，表层海水温度的变化幅度可达 2℃，说明气候曾发生了实质性的变化。而更使人感兴趣的是这些事件的发生与 Dansgaard-Oeschger 旋回的频率相同，即近 1. 5 ka 的周期，似乎是末次冰期的气候波动在冰后期的延续[32,55]。全新世 1. 5 ka 的旋回性，不仅出现在北半球的海洋和陆地古气候记录[56]中，而且显示在南半球的海洋记录中[57]。目前对 1. 5 ka 旋回的形成机制尚不清楚，但由于它与我们目前的生存环境密切相关，因此对其成因机制的研究将会成为新的研究热点。

尽管目前还不能断定发生在全球各区域内的全新世气候突变事件具有特定的全球意义,但几次重要的气候事件的影响强度和范围却明显存在全球印记。发生在8.2 ka B.P.的事件是全新世影响最大的突然降温事件。它开始于8.4 ka B.P.,于大约8 ka B.P.前结束,持续400 a左右,这一事件清楚地记录在格陵兰冰心中,其强度相当于Younger Dryas事件的一半,并以一个快速的较现在温暖和潮湿的气候事件结束[58,31]。该事件使全球很大范围出现干凉的气候环境,取自北非和南亚的古气候记录显示,此时夏季季风雨消失,使其处在显著的干旱状态[59]。总之,以短暂的寒冷、干旱和风的强度增大为特征的这一事件波及从热带到北极的很多区域[58]。

中晚全新世,即5 ka B.P.以来,快速的由干冷到暖湿或由暖湿到干冷的气候变化在世界很多地方都有记录,只是强度弱于以前的气候突变事件。如取自北美洞穴方解石的氧碳同位素记录显示,气候在5.9 ka B.P.快速上升了3℃,又在3.6 ka B.P.前后下降了4℃[60]。在4.8～4.5 ka B.P.前后,欧洲阿尔卑斯地区出现一个持续300 a的冷事件,它与末次间冰期的冷事件很相似,二者均发生在间冰期最佳期之后,代表着气候恶化趋势的开始[61]。

始于中世纪晚期结束于公元1650年的小冰期事件[62],清晰地记录在GISP 2冰心的风吹海盐的化学指标中[31,54],这一事件甚至出现在北大西洋高分辨率的海洋记录中[63]。中晚全新世的这些气候事件,不同的记录对其发生的年代、速度和强度的反应存在着差异。然而,目前人们最关心的是这些较晚的气候事件是否遵循1.5 ka全球冷/干气候事件模式。因为从末次间冰期到早全新世,甚至更老的气候旋回中都出现了1.5 ka周期的成分[64],如果相似频率的气候波动也发生在中晚全新世,很可能为人类认识过去和预测未来的气候变化提供一个新的思路[55]。

5 气候突变机制的探讨

由于代表第四纪长周期气候变化的地球外部动力机制无法解释这些数百年至千年时间尺度的气候突变事件,随之提出了众多以地球气候系统内部动力因素对气候突变的触发和放大效应为主要思路的解释机制,如对米兰柯维奇驱动的非线性反馈[65]、冰盖内部动力驱动下的冰山涌进[66]、大气系统内部的冷循环[3]和大洋内部的不稳定[67]等。其中,北大西洋环流的变化对气候突变的触发或放大作用是目前解释气候突变事件最主要的机制。

北大西洋的环流模式是东北流向的墨西哥湾流携带高温、高盐的表层水到北欧海域后,冷却浓缩下沉进入深海形成北大西洋深层水。反过来,深层水形成时的拉力维持着墨西哥湾流的强度,保持热带水进入北大西洋的流量,将巨大的热量带入并影响欧洲大陆。如果北大西洋表层水下沉过程减弱或停止,墨西哥湾流变弱或关闭,冬季形成的海冰可以在1 a的大部分时间里存在,这可以反射太阳的热量,导致相邻陆地凉爽的夏季和较冷的冬季,由于此时大气是来自寒冷的海冰表面而不是温暖的湾流水团,使欧洲和西西伯利亚的气候变得寒冷和干燥[68]。这一机制也解释了为什么北大西洋及北欧区域对气候突变事件的反映最为强烈[10]。

大洋环流模式的研究结果表明,输入北极海域的淡水通量一个小幅度的增加就会引起北大西洋深层水生产的停止。影响北大西洋深层水产生过程的几种主要的可能是:进入北大西洋正在融解的冰山数量增加，例如 Heinrich 事件；冰盖边缘巨大的冰坝湖泊的突然注入；来自北美劳伦太得冰盖的融水通过圣劳伦斯湾的注入，这种情况曾被作为 Younger Dryas 事件的触发机制[69]。

当然，冰山淡水的注入是由冰盖内部动力因素[66]还是因外部的气候变化[70,32]引起的仍在争论之中。而淡水的注入所导致的北大西洋深层水的减弱或终止作为气候突变的触发器或放大器似乎是事实存在的。众多对大洋沉积物的研究结果表明在 Heinrich 事件、Younger Dryas 事件及近 130 ka 的其他冷事件期间，北大西洋的深层水形成过程出现明显减弱或停止[71~73]。同时，深层水形成的减弱，标志着一个暖期的结束，随之而来的是一个冷事件的发生，反之深层水形成的恢复又标志着一个暖期的开始和上一次冷事件的结束[36]。深层水的减弱过程可以在很短的时间内完成，如在 Younger Dryas 事件开始时只用了不到 300 a 的时间[69]。

此外，一些研究结果还表明北大西洋环流的变化除了对北大西洋和大西洋的气候产生相对直接的影响外，还会通过大气圈内部动力过程对全球的气候产生敏感的影响。如世界很多地区温度和降雨大幅度的变化很可能是北大西洋深部环流关闭和开启的结果。非洲和亚洲季风带的气候近些年的变化也与北大西洋环流 10 a 尺度的强弱变化有关[74]。

6 结语

迄今为止，有关末次间冰期以来一系列数百年至千年时间尺度的快速冷暖气候突变事件的成因和影响范围的研究还存在很大的不确定性。进一步说，这些事件即使具有全球性效应，但是否具有全球同时性也是值得深入研究的课题。最近的研究成果证明格陵兰在 36 ka B. P. 和 45 ka B. P. 的两次暖事件较南极滞后 1 ka，在 47～23 ka B. P. 期间的气候变化南极平均较格陵兰提前 1～2. 5 ka[75]。因此，对一个事件的全球性研究单纯从时代上对比似乎是不够的，应从时代和过程两方面进行综合分析。这就需要三个必要的条件：首先是高分辨率的古气候记录的获取，目前只有几个站位能获得 10 a 尺度的记录，其中最好的是冰芯的古气候记录，现正在实施的 IMAGES 项目、大洋钻探计划（ODP）和 IGBP-PAGES 项目都以获得高分辨率陆地、冰川和海洋记录作为主要目标之一；其次是开发年代模型，解决对不同区域、不同记录的对比；第三是高灵敏度多项古气候替代指标的提取。目前对大于 10 ka 尺度的轨道驱动变化和 El Nino 及南方涛动（ENSO 事件）等小于 10 a 尺度的变化有了基本的认识。然而，我们对发生在 10 a～10 ka 时间尺度的气候旋回却未找到真实的解释机制。因此，如果没有多项具有较高灵敏度的古气候替代指标的提取和综合分析，要对在 10 ka 时间尺度上的区域或全球性的气候突变机制进行定量化是非常困难的。

参考文献

[1] Imbrie J, Boyle E, Clemens S, et al. On the structure and origin of major glaciations cycles, linear responses to Milankovich forcing[J]. Paleoceanography, 1992, 7: 701-738.

[2] Taylor K C, Alley R B, Doyle G A, et al. The flickering switch of late Pleistocene climate change[J]. Nature, 1993, 361: 432-436.

[3] Bond G, Broecker W, Johnsen S, et al. Correlations between climate records from North Atlantic sediment and Greenland Ice[J]. Nature, 1993, 365: 143-147.

[4] McManus J F, Bond G C, Broecker W S, et al. High resolution climate records from the North Atlantic during the last interglacial[J]. Nature, 1994, 371: 326-329.

[5] Shackleton N J. The last interglacial in the marine and terrestrial records[A]. In: Proceedings of the Royal Society of London. 1969, B174: 135-154.

[6] Bowen D Q. Quaternary Geology[M]. Pergamon: Oxford Press, 1978. 99-108.

[7] Imbrie J, Hays J D, Martinson D G. The Orbital theory of Pleistocene climate: support from a revised chronology of marine δ18O record [A]. In: Berger A, Imbrie J, Hays J, et al eds. Milankovich and Climate[C]. Norwell MA: Reidel Press, 1984. 269-305.

[8] Martinson D G, Pisias N J, Hays J D, et al. Age dating and the orbita ltheory of ice ages: development of a high-resolution 1 to 300000 years chronostratigraphy[J]. Quaternary Research, 1987, 27 (1): 1-29.

[9] Broecker W S, Henderson G M. The sequence of evenets surrounding termination Ⅱ and their implication for the cause of glacial-interglacial CO2 changes[J]. Plaeoceanography, 1998, 13: 352-364.

[10] Maslin M A, Sarnthein M, Knaack J-J, et al. Intra-interglacial cold events: an Eemian-Holocene comparison[A]. In: Cramp A, MacLeod C, Lee S V, et al, eds. Geological Evolution of the Ocean Basin: Results from the Ocean Drilling Program, Geological Society of London, Special Pulication[Z]. 1998, 131: 91-99.

[11] Stirling C H, East T M, McCulloch M T, et al. High-precision U-series dating of corals from Western Australia and implications for the timing and duration of the last interglacial[J]. Earth and Planetary Science Letters, 1995, 135: 115-130.

[12] Slowey N C, Henderson G M, Curry W B. Direct U-Th dating of marine sediments from the two most recent interglacial periods [J]. Nature, 1996, 383: 242-244.

[13] Jouzel J, Barkov N I, Barnola J M, et al. Extending the Vostok ice-core record of palaeo-climate to the penultimate glacial period[J]. Nature, 1993, 364: 407-411.

[14] Winograd I J, Landwehr J M, Ludwig K R, et al. Duration and structure of the past four interglaciations[J]. Quaternary Research, 1997, 48(2): 141-154.

[15] Edwards R L, Cheng H, Murreil M T, et al. Protactinium-231 dating of carbonates by thermal ionization mass spectrometry: implications for Quaternary climate change [J]. Science, 1997, 276: 782-786.

[16] Raymo M E. The timing of major climate terminations[J]. Paleoceanography, 1997, 12 (4): 577-585.

[17] Linsley B K. Oxygen-isotope record of sea level and climate variation in the Sulu Sea ove the past 150000 years[J]. Nature, 1996, 380: 234-237.

[18] Dansgaard W, Johnson S J, Clausen H B, et al. Evidence for general instability of past climate from a 250 kaice-core record[J]. Nature, 1993, 364: 218-220.

[19] Johnsen S J, Clausen H B, Dansgaard W, et al. The Eemain stable isotope record along the GRIP ice core and its interpretation[J]. Quaternary Research, 1995, 43: 117-124.

[20] Steffensen J P, Clausen H B, Hammer C U, et al. The chemical composition of cold events within the Eemian section of the Greenland Ice Core Project ice core from Summit, Greenland[J]. Journal of Geophysical Research, 1997, 102: 26747-26753.

[21] Keigwin L D, Jones G A J. Western North Atlantic evidence for illennial-scale changes in ocean circulation and climate [J]. Geophysical Research, 1994, 99(6): 12397-12410.

[22] Oppo D W, Horowitz M, Scott J L. Marine core evidence for reduced deepwater production during

Termination Ⅱ followed by a relative stable substage 5e(Eemian)[J]. Paleoceanography, 1997, 12(1):51-63.

[23] Cortijo E, Duplessy J C, Labeyrie L, et al. Eemian cooling in the Norwegian Sea and North Atlantic Ocean preceding continental ice-sheet growth[J]. Nature, 1994, 372: 446-449.

[24] Seidenkrantz M S, Kristensen P, Knudsen K L. Marine evidence for climatic instability during the last interglacial in shelf records from north west Europe [J]. Journal of Quaternary Science, 1995, 10: 77-82.

[25] Fronval T, Jansen E. Eemian and early Weichselian(140-60) aleoceanography and paleoclimate in the Nordic seas with comparisons to Holocene conditions[J]. Paleoceanography, 1997, 12: 443-462.

[26] Maslin M A, Tzedakis C. Sultry last interglacial gets sudden chill[J]. EOS(Transactions of the American Geophysical Society), 1996, 77: 353-354.

[27] Thouveny N, de Beaulieu J L, Bonifay E, et al. Climate variations in Europe over the past 140 ka deduced from rock magnetism[J]. Nature, 1994, 371: 503-506.

[28] Field M, Huntley B, Muller H. Eemian climate fluctuations observed in a European pollen record[J]. Nature, 1994, 371: 779-783.

[29] An Zhisheng, Porter S C. Millennial-scale climatic oscillations during the last interglaciation in central China[J]. Geology, 1997, 25: 603-606.

[30] Adkins J F, Boyle E A, Keigwin L, et al. Variability of the North Atlantic thermohaline circulation during the last interglacial period [J]. Nature, 1997, 390: 154-156.

[31] Mayewski P A, Meeker L D, Twickler M S, et al. Major features and forcing of high-latitude Northern Hemisphere atmospheric circulation using a 110000 year long glaciochemical series[J]. Journal of Geophysical Research, 1997, 102: 26345-26365.

[32] Bond G C, Showers W, Chese by M, et al. Apervasive millennial-scalecycle in the North Atlantic Holocene and glacial climate[J]. Science, 1997, 278: 1257-1265.

[33] Broecker W S. Massive iceberg discharges as triggers for global climate change[J]. Nature, 1994, 372: 421-424.

[34] Bond G C, Lotti R. Iceberg discharges into the North Atlantic on millennial time scales during the last deglaciation[J]. Science, 1995, 278: 1257-1265.

[35] Oppo D W, Lehman S J. Suborbital timescale variability of North Atlantic Deep Water during the past 200,000 years[J]. Paleoceanography, 1995, 10 :901-910.

[36] Rasmussen T L, van Weering T C E, Labeyrie L. Climatic instability, ice sheets and ocean dynamics at high northern latitudes during the last glacial period(58-10 kaBP)[J]. Quaternary Science Reviews, 1997, 16: 73-80.

[37] Andrews J T. Abrupt changes(Heinrichevents) in late Quaternary North Atlantic marine environments [J]. Journal of Quaternary Science, 1998, 13(1): 3-16.

[38] Elliot M, Labeyrie L, Bond G, et al. Millennial-scale iceberg discharges in the Irminger Basin during the last glacial period: Relationship with the Heinrich events and environmental settings[J]. Plaeoceanography, 1998, 13: 433-446.

[39] Hendy I L, Kennet J P. Latest Quaternary North Pacific surface-water responses imply atomosphere-driven climate instability[J]. Geology, 1999, 27: 289-384.

[40] Lund D C, Mix A C. Millennial-scale deep wate oscillations: reflections of the North Atlantic in the deep Pacific from 10 to 60 ka [J]. Paleoceanography, 1998, 13(1): 10-19.

[41] Chapman M R, Shackleton N J. Millennial-fluctuations in North Atlantic heat flux during the last 150,000 years[J]. Earthand Planetary Science Letters, 1998, 159(1): 57-70.
[42] Cacho I, Grimalt J O, Pelejero C, et al. Millennial scale climatic changes in the W-Mediterranean Sea: Implications for the ocean-atmosphere connections [J]. Journal of Conference Terra Abstracts, 1999, 4: 166.
[43] Tada R, Irino T, Koizumi I. Land-ocean linkages over orbitaland millennial time scale recorded in late Quaternary sediments of the Japan Sea[J]. Paleoceanography, 1999, 14: 236-247.
[44] Benson L W, Lund S P, Burdett J W, et al. Correlation of late Pleistocene lake-level oscillation in Mono lake, California, with North Atlantic climate events[J]. Quaternary Research, 1998, 49(1): 1-10.
[45] Porter S C, An Z S. Correlation between climate events in the North Atlantic and China during the last glaciation[J]. Nature, 1995, 375: 305-308.
[46] Parker E, Bloemendal J, Heslop D, et al. Sub-millenial scale variations in the east Asia monsoon system recorded by dust deposits from the north-western Chinese loess plateau[J]. Journal of Conference Terra Abstract, 1999, 4:1 60.
[47] Schulz H, Rad U V, Erlenkeuser H. Correlation between Arabian Seaand Greenland climate oscillations of the past 110000 years[J]. Nature, 1998, 393(1): 54-57.
[48] Zhao M, Beveridge N A S, Shackleton N J, et al. Molecular stratigraphy of cores off northwest Africa: sea surface temperature history over the last 80 ka[J]. Paleoceanography, 1995, 10: 661-675.
[49] Geiselhart S, Hemleben C, Erlenkeuser H. Highresolution stratigraphy of stable oxygen isotope stages 1 and 3 in the Southern Red Sea[J]. Journal of Conference Terra Abstracts, 1999, 4: 174.
[50] Hofmann A, Kudrass H-A, Wiedicke M, et al. High-frequency changes of the monsoonal system during the last 80000 years recorded in the sediment cores from the northern bay of Bengal[J]. Journal of Conference Terra Abstracts, 1999, 4: 171.
[51] Broekge W S, Andrge M, Wolfli W, et al. The chronology of the last deglaciation: Implication to the cause of the Younger Dryas Event[J]. Paleoceanography, 1988, 3(1): 1-19.
[52] Fanning A F, Weaver A J. Temporal-geographical meltwater influences on the North Atlantic conveyor: implications for the Younger Dryas [J]. Paleoceanography, 1997, 12(2): 307-320.
[53] Tayler K C, Mayewski P A, Alley R B, et al. The Holoce ne-Younger Dryas transition recorded at Summit, Greenland [J]. Science, 1997, 278 :825-827.
[54] O'Brien S R, Mayewski A, Meeker L D, et al. Complexity of Holocene climate as reconstructed from a Greenland ice core[J]. Science, 1996, 270: 1962-1964.
[55] Campbell I D, Campbell C, Apps M J, et al. Late Holocene -1500 a periodicities and their implication [J]. Geology, 1998, 26: 471-473.
[56] McDermott F, Huang Y, Longinelli A, et al. Holocene climate in stability on the eastern margin of the North Atlantic: evidence from Irish speleothems [J]. Journal of Conference Terra Abstracts, 1999, 4: 156.
[57] Lamy F, Hebbeln D, Wefer G. Holocene climate change recorded in marine sediments of southern Chile(41°S)[J]. Journal of Conference Terra Abstracts, 1999, 4: 169.
[58] Alley R B, Mayewski P A, Sowers T, et al. Holocene climatic instability: aprominent widespread event 8200a ago[J]. Geology, 1997, 25: 483-486.
[59] Lamb H F, Gasse F, Benkaddour A, et al. Relation between century-scale Holocene arid intervals in

tropical and temperature zones[J]. Nature, 1995, 373: 134-137.

[60] Dorale J A, Gonzalez L A, Reagan M K, e tal. A high-resolution record of Holocene climate change in speleothem calcite from Cold Water Cave, northeast Iowa[J]. Science, 1992, 258: 1626-1630.

[61] Baroni C, Orombelli G. The Alpine'iceman'and holocene climatic change[J]. Quaternary Research, 1996, 46(1): 78-83.

[62] Bradley R S, Jones P. The little ice age[J]. The Holocene, 1992, 3: 367-376.

[63] Keigwin L. The little ice age and medieval warm period in the Sargasso sea[J]. Science, 1996, 274: 1504-1508.

[64] Oppo D W, McManus J F, Cullen J L. Abrupt climate events 500000 to 340000 years ago: evidence from subpolar North Atlantic sediments[J]. Sciences, 1998, 279: 1335-1338.

[65] McIntyre A, Molfino B. Forcing of Atlantic equatorial and subpolar millennial cycles by precession[J]. Science, 1996, 277: 1867-1870.

[66] MacAyeal D R. Binge purge oscillations of the Laurentide ice sheet as a cause of the North Atlantic's Heinrich events [J]. Plaeoceanography, 1993, 8: 775-784.

[67] Sakia K, Peltier W R. Amulti-basin reduced model of the global thermohaline circulation: paleoceanographic analyses of the origins of ice-age climate instability[J]. Journal Geophysical Research Ocean, 1996, 101(C10): 22535-22562.

[68] Overpeck J, Hughen K, Hardy D, et al. Arctic environmental change of the last four centuries[J]. Sciences, 1997, 278: 1251-1256.

[69] BergerW H, Jansen E. Younger Dryasepisode: ice collapse and super-fjord heat pump[A]. In: Troelstra S R, van Hinte J E, Ganssen G M, eds. The Younger Dryas[C]. Amtsterdam: Koninklijke Nederlandse Akademie van Wetenschappen, 1995. 62-105.

[70] Hulbe C L. An ice shelf mechanism for Heinrich layer production[J]. Paleoceanography, 1997, 12: 711-717.

[71] Zahn R J S, Kudrass H R, Park M H, et al. Thermohaline instability in the North Atlantic during meltwater events: Stable isotopes and ice-rafted detritus from core SO75-26 KL, Portuguesemargin [J]. Paleoceanography, 1997, 12: 696-710.

[72] Rosell-Mele A, Maslin M A, Maxwell J R, et al. Biomaker evidence for Heinrich' events[J]. Geochimica Cosmochimica Acta, 1997, 61: 1671-1678.

[73] Seidov D, Maslin M. North Atlantic deep sea circulation collapse during Heinrich events[J]. Geology, 1999, 7(1): 23-26.

[74] Hurrell J W. Influence of variations in extratropical wintertime teleconnections on northern hemisphere temperature[J]. Geophyscial Research Letters, 1996, 23: 665-668.

[75] Blunier T, Chappellaze J, Scwander J, et al. Asynchrony of Antarctic and Greenland climate change during the last glacial period[J]. Nature, 1988, 394: 739-743.

ABRUPT CHANGES IN EARTH'S CLIMATE SYSTEM SINCE LAST INTERGLACIAL

Abstract Abrupt changes in the Earth's climate system have generated much interest recently. The plaeoclimatic records from the ice cores, the oceans and the land indicated that the Earth's climate system experienced a series of rapid changes on timescales of centuries to millennium and gave evidence for large climate instability against the general background of the last interglacial-glacial cycle. Although significant uncertainties remain about both the cause(s) and the scale of the impact of these abrupt climatic events, there is growing general knowledge of change process in climate during the past 13,000 years based on the studies of some important rapid climatic oscillations, such as a cold and dry event near the middle of the last interglacial, Dansgaard-Oeschger cycles, Heinrich events and Younger Dryas event during the last glacial and some cooling events during the Holocene. In this review, we summarize the recent study outcomes and show up the recent progress in the timing, process and mechanisms of the abrupt climatic events since the last interglacial.

Key words: Abrupt climatic changes; Last interglacial; Last glacial; Holocene.

本文刊于2000年《地球科学进展》 第15卷 第3期

作者:秦蕴珊 李铁刚 苍树溪

海底矿产资源及其应用前景

随着陆地上矿产资源的日益减少，人们自然把注意力移向海洋。海洋面积占地球的2/3，蕴藏着丰富的矿产资源。世界上海底石油的产量已占全部石油产量的30%左右。我国海上石油工业有了长足的发展，海底石油的产量可占到石油总产量的11%。分布十分广阔的大洋金属结核，因其含有丰富的Cu、Co、Ni等有用金属，早已引起人们的重视，我国也在东太平洋的C-C区圈定7.5万平方千米的开辟区，已获联合国的批准。海底矿产资源十分丰富多样。本文着重介绍海底热液硫化物和天然气水合物这两种十分重要的资源。

1 海底热液硫化物矿

1.1 发现

1948年瑞典的“信天翁”号科学考察船在红海中部考察时发现了水温和盐度异常，随后在该处的进一步调查中发现了多金属软泥。研究认为，这种多金属软泥的形成和海底扩张有关。20世纪60年代末70年代初，人们把海底照相技术用于海底扩张洋脊区的调查时，在大洋中脊发现了一系列的热液喷口，并证明多金属的软泥正在那里沉积形成。1972年、1976年在哥拉帕哥斯扩张脊和1984年在冲绳海槽进行的海底热液调查研究时都发现了很高的热流异常。如冲绳海槽的某些测站的热流值达到200多毫瓦/平方米，这比正常的海底热流值高三倍多。随后在这些区域进行的深潜调查都发现了海底热液硫化物矿的存在。此外，海底热液硫化物矿的发现很大程度上还依赖于人类的深潜技术的成熟。美国*ALVIN*号深潜器、法国的NAUTILE号深潜器、前苏联的MIR号深潜器及日本的深海2000号和深海6500号深潜器都在海底热液活动及其热液硫化物矿产的调查研究中起到了非常重要的作用。从1963年美国“发现者”号在红海发现热液成因的多金属软泥，到1979年*ALVIN*号深潜器在东太平洋海隆发现正在生长的热液黑烟囱，直到现在，现代海底热液硫化物矿产的调查研究已经经历了半个多世纪的历程。半个多世纪以来，科学家们经过不懈的努力取得了令人注目的调查发现和研究成果。

1.2 分布

随着调查活动不断进行，海底热液硫化物矿产区的发现已从特定的区域拓展到大洋中脊，从弧后盆地拓展到板内火山。很快，人们认识到海底热液硫化物矿产在全球的海底是一种十分普遍的地质现象。已经知道，大洋中三大构造背景(大洋中脊，板内火山和弧后盆地)普遍发育热液硫化物矿。虽然对大洋中除大洋中脊、板内火山和弧后盆地以外的其他地区没有更多的调查资料，但可以肯定，大洋中构造活动的地区应是海底热液硫化物发育的主要场所。到目前为止，我们已经在世界海底发现了100多个热液硫化物矿化点。根据我们的研究结果，现代海底热液硫化物主要分布在中低纬度的洋中脊的中轴谷和火山口附近，水深一般在 2 600 米，处于洋中脊扩张段地形较高的部位，并且扩张速率和热液活动区的分布密切相关。

1.3 潜在的巨大资源

1978 年在东太平洋海隆发现块状硫化物以后，热液成矿的问题在现代海底热液活动的调查研究中得到了足够的重视。到 1993 年在世界海底已圈定了 139 处热液硫化点，其中多处资源量超过百万吨。例如，东太平洋海隆勘探者海脊的块状硫化物堆积体，直径达 200 米，高为 10 米，储量大于 1.5 Mt；北胡安德福卡海脊 7 处热液堆积体，直径 400 米，高 60 米，估计每处资源量超过 1.0 Mt；红海阿特兰提斯Ⅱ海渊的热液金属储量估计为 94.0 Mt；大西洋中脊 TAG 热液活动区的一处硫化物堆直径 250 米，高 50 米，估计块状硫化物的储量为 5.0 Mt。另外，根据对西太平洋劳海盆黑白烟囱体的调查研究，无论从规模大小还是硫化物的含量看，其储量都不低于大西洋中脊 TAG 热液区。加上绵延在 4 千米长，200 米宽的地带中存在着数百个锰烟囱，按一般厚度 4.5 厘米计算，资源量估计超过 10.0 Mt。可见整个世界海底热液矿产资源十分可观，资源开发前景十分诱人。

1.4 我国的研究

早在 1985 年我国就有学者提出了热液成矿的多元理论，并注意了洋脊地下热液在 Fe、Cu 等硫化物沉淀中的作用。但这一时期我国在这方面的研究仅限于理论研究和以国际合作的形式参与国外的调查研究。1988 年和 1990 年中、德、美合作利用德国的“太阳”号科学考察船两次对马里亚纳海槽的热液硫化物进行调查。1993 年，中国科学院海洋研究所首次用“科学一”号在冲绳海槽进行了一个航次的热液矿床的调查，并在 1994 年 3 月再度组队对冲绳海槽的热液硫化物进行实地调查。1998 年我国的“大洋一”号在马里亚纳海槽开展了首次大洋热液矿点实验调查。我国经过短短十几年的大洋热液矿产调查取得了较为注目的成绩。例如，我们在冲绳海槽的热液样品中发现金和银的含量都很高。

2 天然气水合物

现代社会经济增长的基础是对能源的占有和利用。当今世界能源的 80%来自化石燃料——煤、石油和天然气。随着经济的发展、人口的增长，人类对资源的需求也在逐年增大。按照我们传统的化石燃料理论和勘探结果，人类行将面临不可再生化石燃料资源的短缺问题。因此，寻找新型替代(或称后续)资源以解决资源短缺问题，维持经济持续发展，是我国也是世界各国共同面临的重要课题。天然气水合物自 20 世纪在海底沉积物中广泛发现以来，因其分布广、资源量大、能量高而引起了科学界的高度重视，并被认为可望成为“21 世纪行将枯竭的常规油气能源的后续能源”。日本科学家的最新研究结果表明，日本的天然气水合物探明储量可供日本在石油和天然气枯竭后使用 140 年。这一结果足以引起我们对天然气水合物研究的高度重视。可以预计 21 世纪，天然气水合物单从能源的角度来看将会扮演一个非常重要的角色。

2.1 稳定赋存和分布

天然气水合物是一种水包气(一般是甲烷)的笼形物，外形似冰。水分子形成一个笼形格架，中间为一个气体分子。很多气体分子的大小都适合于填充到笼形格架中形成水合物，如二氧化碳、硫化氢和一些低碳的碳氢化合物。一般地，如果笼形格架中充填了二氧化碳则称为二氧化碳水合物，如果充填了甲烷则称为甲烷水合物。研究表明，天然气水合物是在一定的温度—压力条件下才形成并稳定存在的。气体水合物主要形成于低温高压的环境中。温度范围一般为－10℃～30℃，相应的压力范围为 1～100 MPa。如果温度升高，相应的压力也必须升高。比如在 0℃，只要压力条件大于 3 MPa 就可以形成气体水合物，而当温度升高到 20℃时，压力必须大于 20 MPa，气体水合物才能形成并稳定存在。

根据天然气水合物稳定存在的稳压范围容易推知，天然气水合物主要存在于两极低温的陆区和深海高压的沉积物中。目前，已在世界各大洋和大陆内海确定了 80 多处天然气水合物远景区，其中多处经海底钻探得到证实，如秘鲁近海、美国东部和西部海域、日本近海等。

2.2 潜在的巨大能源

据资料，陆地面积的 27%、海域面积的 90%都有天然气水合物分布，而且目前已知的绝大多数天然气水合物为甲烷水合物。甲烷水合物是甲烷气体的捕获器，在 1 个大气压下，分解单位体积的甲烷水合物，可以得到 160 体积的甲烷气。因此，在地表以下深约 2 000 米的浅层沉积天然物水合物内隐藏着大量的甲烷。甲烷水合物的含碳量是所有化石含碳量的两倍。这种甲烷水合物的能量通量（在标准状况下每单位体积岩石中的甲烷体积）是其他非常规气源（如煤层、黑色页岩和深部含水层）能量通量的 10 倍，是常规天然气能量通量的 2～5 倍。其储量大约相当于煤炭和常规石油天然气总量的 3 倍。根据美国地质学家的资料，现代天然气水合物总资源量为 $1\times10^{18}\,m^3$，据第 28 届地质大会资料，天然气水合物的资源量可达 $28\times10^{13}\,m^3$。可见，天然气水合物的储量极为丰富。有些科学家已肯定地指出天然气水合物将是 21 世纪的重要能源。

2.3 国外对天然气水合物的研究

20 世纪 80 年代以来，俄、美、日、加、德、荷、印等国在海洋天然气水合物调查与开发方面给予高度重视，从资源储备的战略高度相继制定了长远发展规划和实施计划。应该指出的是，90 年代以来天然气水合物的研究才蓬勃发展起来。美国 1995 年在 ODP 第 164 航次中，率先在布莱克海脊布设了三口勘探井，首次有计划地取得了天然气水合物样品。1995～1999 年，日本基本完成了南海海槽天然气水合物的海上地球物理调查，3 000 米的勘探井揭穿增生楔的天然气水合物沉积。在 1998 年 5 月，美国参议院资源委员会一致通过"海底天然气水合物研究与资源开发计划"。21 世纪大洋钻探计划（ODP21）也将海底天然气水合物的形成机理确定为主要的学术目标之一。印度针对本国资源不足的现状，在 1996～2000 年间设立了寻找海底天然气水合物资源的专项研究，计划投入 5 600 万美元在孟加拉湾和阿拉伯海开展调查研究工作。

近 10 年来，对海底天然气水合物的产生条件、分布规律、形成机理、环境效应、勘查技术、开发工艺、经济评价与环境保护等方面的研究已取得实质性进展。

2.4 我国边缘海域的天然气水合物研究

近年来，国内有关单位召开了以天然气水合物为主题的研讨会，强调了在我国开展天然气水合物研究的意义，并首先资助了南海海域天然气水合物的海上调查工作。目前，我国一些主要的科技项目，如国家自然科学基金项目、ODP 项目、973 项目、S863 项目等都把天然气水合物的研究列为重点的研究内容。

我国东海及邻近的海域不仅具有丰富的地质内涵，而且具有丰富的石油天然气资源。从 20 世纪 60 年代开始在该区域进行的以构造演化和矿产资源(油气)评价为主要目的的地质地球物理调查，积累了大量的可资天然气水合物研究的资料。其中包括地质取样资料、海底温度资料、地壳热流资料、地温梯度资料、折射地震资料、多道地震资料、钻井资料等。资料显示，在我国边缘海域(东海、南海和台湾东部海域)中的部分地区具备天然气水合物稳定存在的水深条件和海底温度条件。ODP 第 184 航次在南海的钻探结果显示出天然气水合物的化学异常，南海北部陆缘多处地震剖面上都识别出 BSR。专为天然气水合物研究而在南海布设的地震测量剖面图上也发现有明显的 BSR 显示。最近，我国东海及邻近海域的天然气水合物研究与勘探工作正在进一步展开。

本文刊于《2000 年世界华人论坛》一书

作者：秦蕴珊　栾锡武

现代海底热液活动的调查研究方法

摘要 介绍了国外在现代海底热液活动调查研究中使用的方法和技术手段。现代海底热液活动是普遍发育于大洋中活动板块边界及板内火山活动中心的一种在岩石圈和大洋之间进行能量和物质交换的过程。其突出的表象是高温的热液从海底流出，并由此造成热液活动区和上覆水体的物理与化学异常。海底热流测量、海底岩石取样、水体的 CH_4、^3He 和 Mn 异常观测、硅氧异常观测、多波束测量、OBS 观测、深潜调查等都是进行现代海底热液活动调查研究的重要手段。其中水体异常的观测是最为快捷有效的，而深潜器的直接观测是现代海底热液活动研究必不可少的。

关键词 现代海底热液活动；调查研究方法

引言

现代海底热液活动是普遍发育于大洋中活动板块边界及板内火山活动中心的一种在岩石圈和大洋之间进行能量和物质交换的过程。其突出的表象是高温的热液从海底流出。这一海洋地质现象造成特殊的海底地貌特征和上覆水体异常，并由于高温热源的存在，在现代海底热液活动区通常具有较高的海底热流异常。对现代海底热液活动的调查研究则基本是利用现代的技术设备对现代海底热液活动特有的海底地貌特征和相关的异常进行捕捉。

最早正是由于瑞典的“信天翁”号科学考察船在红海地区发现底层水的温、盐度异常，美国“发现者”号在对这种温、盐度异常作进一步时调查时才发现了多金属软泥，从而导致现代海底热液活动调查研究的开端。在当时，这种多金属软泥被认为是热液成因的，后来载人深潜器在东太平洋海隆发现这种多金属软泥正在热液喷口附近形成。底层水的温、盐度异常则成为现代海底热液活动的一个重要指标，深潜器则成为进行现代海底热液活动调查研究一个重要的手段。

冲绳海槽热液活动区的发现则是由于高热流异常的发现。1984 年日本实施岩石圈计划在冲绳海槽中部的伊平屋测得高热流异常，最高达 1 600 mW/m^2。到 1986 年日本就在此处发现了高温的闪光水。高热流异常也成为现代海底热液活动存在的一个重要证据。国外在现代海底热液活动的调查研究方面已有多年的经验。我国由于条件的限制，在这方面的研究多限于理论研究，海上调查并不多。

1 现代海底热液活动的调查研究方法

1.1 现代海底热液活动区的海底热流测量

地球在持续不断地以种种形式由内向外进行着热传递。地壳热流是衡量地球热量散失的一个指标，在20世纪70～80年代曾有广泛的海底热流调查，结果表明，全球的平均地壳热流值约为60 mW/m^2，海底地壳的热流值稍高于陆地的地壳热流值，板块扩张边界的热流值高于板块聚敛边界的热流值。存在热液活动的地区是地壳表面热散失强烈的区域，地壳热流值应该远高于平均值。

在冲绳海槽发现热液活动之前就曾有过详尽的热流测量，其中在海槽的北部、中部和南部都出现过高出平均三倍的热值。1984年日本在冲绳海槽实施DELP计划，在伊平屋测得的热流值为1 600 mW/m^2，推测有热液活动存在[1]。后来先后在此区发现了低温热水(42℃)[2]和高温热液流体(220℃)[3]，证实了热液活动的存在。继伊平屋发现热液活动区后又在伊是名、南奄西和八重山等区域发现热液活动区。以前和随后的热流调查表明，热液区为高热流异常区，特别是伊是名热液区，“深海2000”的热流测量竟高达30 000 mW/m^2[4]。

除冲绳海槽外，在其他的热液活动区如各拉帕各斯扩张中心[5]、Cascadia盆地的Baby Bare热液活动区[6]都是由于首先发现了高的地壳热流异常后才发现热液活动区的。

目前已知，高热流是热活动区的一个重要特征，高热流异常一方面可以引导我们去寻找热液活动区，另一方面有成为热液活动存在的佐证。

1.2 现代海底热液活动区的岩石采样

岩石采样是海洋地质调查最常用的调查手段，也是现代海底热液活动有力的调查方法之一。对已知的热液区进行岩石样品的采集可以对热液区的地球化学特性、热液成矿机制和热液成因机制等进行研究。对未知的热液区进行采样，如果采到热液区特有的岩石样品，则有希望在该区域找到热液活动区。热液岩石采样所采用的采样器一般有：强有力抓岩机，重力岩心取样器，斗链式挖掘器等。采样器上一般还配有摄像装置[7]，用以对采样目标的实时检测。

1.3 现代海底热液活动区热液柱的CH_4、^3He和Mn异常观测

从热液喷口喷出的热液流体和周围海水混合上升至中性浮力面后，形成较为稳定形态的热液柱。热液柱和正常的海水相比，其中富含化学元素和悬浮颗粒。从而通过水体的物理或化学分析可以确定热液柱的存在。但在某些海域，如弧后扩张地区，一些浊度异常、Mn和CH_4分布异常与热液过程无关，所以必须用包括物理化学和生物化学的多种独立的方法来鉴定水体异常，保证热液活动识别的可靠性。

一般深层海水中，CH_4的浓度往往小于10 nl/kg，^3He浓度仅为5.5×10^{-5} nl/kg，而溶解Mn的浓度一般为40 ng/L。现代海底热液活动区热液柱的CH_4、^3He和Mn含量都很高。例如，冲绳海槽伊是名和伊平屋热液活动区热液柱的CH_4浓度分别为8 900 nl/L和3 800 nl/L[8]。EPR 21°N热液活动区热液柱^3He的浓度可达0.83E-13 cc/g[9]。TAG热液活动区热液柱Mn的浓度为680 μmol/kg[10]，JDFR热液活动区热液柱Mn的浓度为545 μmol/kg[11]。下表给出几个热液活动区热液柱的CH_4、^3He和溶解Mn的测量值(表1)。

从表1可以看出，热液柱和正常的底层海水相比，其中CH_4、^3He和Mn的浓度有较大异常，一般地，三者异常的耦合出现是热液柱的典型特征。

水样中^3He，Mn，CH_4的浓度[18,19]是在实验室中经过分析以后得出的。这种方法的弱点是速度慢、数据量小、不能对水体异常进行实时观测。

表 1 热液区的 CH_4、Mn 和 ^3He 异常

Table 1 CH_4、Mn and ^3He anomaly of hydrothermal fields

热液区	CH_4	Mn	^3He
EPR 21°N		849 μmol/L[11]，960[10]，610 μmol/kg[11]	0.83E-13cc/g[9]
EPR 11°～13°N		808～2900 μmol/kg[13]	
Galapagos		360～1140 μmol/kg[13]	
JDFR		545 μmol/L[11]	
Guaymas		184 μmol/L[11]	
Gorda 脊		30 nM/L[12]	1.04E-13 cc/g[12]
TAG		680 μmol/kg[10]	
中印度洋脊	3.3 nM[17]	9.8 Nm[17]	
Loihi 海山	300 nL/kg[3]		60E-5 nL/kg[3]
伊平屋脊西侧	3 800 nL/L[8]		
伊是名	8 900 nL/L[8]		
PACMANUS	83 nL/L[15]		
Manus	6.47 $nmol/dm^3$[16]	99.7 $nmol/dm^3$[16]，297 μmol/L[11]	
Woodlark		500～700 μmol/L[11]	
Lau Basin		5 800～7 100 μmol/L[14]	

1.4 现代海底热液活动区热液柱的硅氧异常观测

热液流体和海水混合后同样可以改变原来海水的硅氧浓度，从而引起硅、氧浓度异常。本文引用 Cascadia 盆地热液活动区的测量结果[6]说明热液活动区热液柱的硅氧浓度异常特征。

Cascadia 盆地海区，正常情况下溶解氧的浓度值在海面最大，随深度的增加而迅速降低，并在 1 000 m 左右取得最小值，而后缓慢增加，直至海底。溶解硅的浓度值在海面最小，随海水深度的增大而迅速增大，同样在 1 000 m 左右的深度，其浓度增大的幅度明显降低，而后缓慢增大直到海底。与此不同的是，在该盆地中出现热液活动的区域，溶解氧和溶解硅的浓度都在水深 2 400 m 处开始迅速增加。硅异常可达 50 μmol/L，而氧异常可达 0.5 mL。硅、氧异常的出现要求有额外的硅氧源，Casscadia 盆地底层海流不可能是硅、氧的补给原因，而且在其他地方也没有发现类似的异常现象，热液才可能是直接的补给源。随后在该盆地中 Boby bare 热液活动区的发现证实了这种推测是正确的。

海水中硅、氧的浓度需要对所采水样进行室内检测后才能给出，将这种方法用于热液活动的观测，同样存在数据量小、速度慢、不能对水体异常进行实时观测的弱点。

1.5 现代海底热液活动区热柱的 CTDT 异常观测

如前所述，从高温的热液喷口喷出后，和周围的海水混合后，必然改变周围海水的温度、盐度。又由于热液流体中含有大量的悬浮颗粒，热液流体和周围海水混合后除引起温度、盐

度、密度异常外还将引起海水的透光度异常。CTDT 可以对水体实施现场的温度、盐度和透光度测量。

早在 1988 年 Thomson 等[6]就用装有压力和水温传感器的热探针在卡斯卡地亚盆地进行了热液活动调查研究。热探针具有很高的分辨率，可以每 10 秒钟记录一个水体的现场温度值。但因为热探针达到热平衡需要一定时间，这就限制了用热探针进行水体温度测量时热探针上升或下行的速度。1993 年 Thomson 等[6]重又在该盆地进行水体的热液活动调查。此次调查使用了两种剖面包。一种是将一个数字 CTD 和一个透光度仪(T)及一个 9 瓶取样器组合在一起；另一种是将一个改造的 CTD、一个透光度仪和一个声多普勒流速剖面仪(ADCP)组合在一起。两组装置都进行剖面上行和下行的测量，记录数据直接传输到船上，CTDT 以 25 kHz 的频率取样，温度和盐度的测量精度分别为 0.001℃ 和 0.01，该系统可以比较快的速度进行上升和下行的测量。结果在该盆地的 Baby Bare 区发现了较大的温度、盐度异常和海水浊度异常。而且温度、盐度异常和透光度异常相关性很好。这种偶合说明 CTDT 异常是热液成因的，而不是海底沉积物的再悬浮现象。

后来，为了有效地通过水体各种异常测量来进行现代海底热液活动的调查研究，出现了多种热液柱剖面仪，如 CTD-RMS 系统和 MAPR 剖面仪等。这些仪器一般都由 CTD、透光度仪、声脉冲发射器和多个取样瓶组成。可以对水体的温度、盐度和透光度进行直接的实时测量，并能够在需要时对水体进行取样。这种剖面仪既可以固定在某一个站位进行上行和下行的测量，也可以将其沉放在离海底一定的距离以一定的速度在行进中测量。近几年这种仪器设备和工作方法在东南印度洋、西南印度洋和印度洋三叉脊区的现代海底热液活动调查研究中得到了广泛的应用并取得了很好的效果[11,17,20,21]。

1.6 海底照相、旁扫声纳、多波束测深

热液活动区在地形上往往有一些特有的标志，如烟囱、硫化物丘、海底裂隙、热液生物群落等。旁扫声纳系统、海底照相系统、多波束仪的研制与应用，可以对海底热液系统进行直接的观测，这对海底热液活动的研究有较为重要的贡献。较早使用的 Augus 摄像系统可以拍摄 35 mm 的彩色照片，工作时将它沉放到距海底 4 m 处，拍摄半径为 6 m，考察船以 0.5～1 节的速度行进，它可以每 8～16 秒拍摄一次，每投放一次 Augus 系统可以拍摄 3 000 幅彩色照片，当光源增强时，Augus 系统可以提升到距海底 10～15 m 处，从而增大拍摄半径。其位置由其工作状态和船的位置决定，拍摄的照片直接传到船上处理。Augus 系统在各拉帕各斯热液活动区一条 150 km 长的剖面上共获得 57 000 张彩色海底照片，为热液活动区的研究提供了详细的海底地形、地貌资料[22]。SeaMarc Ⅰ 和 Marc Ⅱ 是一种深拖旁扫声纳和多波束测深系统，附带的照相系统用以对比声纳图像，有 1.5，3，6 km 等多个扫描宽度选择挡。该系统曾多次进行热液系统的海底测量[23]。

1.7 现代海底热液活动区的 OBS 观测

热液活动区一般处在构造活动的部位，深部的岩浆活动、断裂活动、下渗海水的高温汽化都会产生大小不等的地震活动，这是现代海底热液活动区的又一重要特征。这已经为现代海底热液活动区的 OBS 观测所证实，并且 OBS 观测已成为现代海底热液活动观测的一项重要手段。

Hussong 等[24]在马里亚纳海槽热液活动区附近的扩张脊—转换断裂带—扩张脊的交会处，安放了 6 台 OBS，测得每天发生 15 次局部地震，量级 15～40，确定了 300 多个震源。震源集中在大约 5 km 宽、75 km 深的地震带上。Kiyoyuki 等[25]用小阵列 OBS 排列来观测伊是名海穴中黑烟囱口处热液活动区的地震颤动。投放的三个 OBS 呈三角形排列。间距为 500 m，投放 4 天，共记录了 40 小时的地震记录。从背景颤动分辨出三种事件：自然地震 50 次，持续时间短，能量小的间断地震事件共 30 次，持续时间一般为 10～12 分钟的小地震事件多次。

1.8 深潜调查

深潜器在现代海底热液活动的调查研究中发挥了非常重要的作用，它可以直接下潜到热液活动区，观测热液烟囱的形态、测量喷口的温度、采集烟囱及块状硫化物标本、采集热液生物标本、拍摄热液活动的照片等。美国的 Alvin 号深潜器、法国的 Nautile 号深潜器在东太平洋海隆及大西洋中脊热液活动区的调查研究中功勋卓著，前苏联 Mir 号深潜器、日本的深海 2000 号和深海 6500 号深潜器在西太平洋边缘、印度洋海隆热液区的调查研究中则是功不可没。

2 小结

现代海底热液活动持续不断地由地球的内部向外传递着物质和热量，一方面它把地球内部的有关信息带给我们，同时也在不断地调整、改变着我们的生存环境，它的发现同时带给我们认识地球内部和外部环境的两把钥匙。现代海底热液活动的研究在海洋科学的研究中虽然年轻，但却占有相当重要的地位。

到目前为止，现代海底热液活动的调查研究已经历了半个世纪的里程，但我们无论对海底调查的程度还是对热液活动本身的认识都是远远不够的。据不完全统计，我们对海底进行热液活动调查的面积尚不足整个世界海底面积的 1%，在相当长的一段时间进行海上的现代海底热液活动调查仍将是今后这方面工作的重点。

利用 CTDT、热液柱剖面包、MAPR 等仪器设备对水体异常（包括化学异常和物理异常）的调查是一种快捷、有效的方法。进行海底热流测量、OBS 观测等地球物理方法也是现代海底热液活动研究的重要手段。而对热液喷口详细的温度、热液流速、化学成分、烟囱形态特征等测量则离不开深潜器的实地调查。

参考文献

[1] Kimura M I. Report on DELP 1984 Cruises in the Middle Okinawa Trough, Part V: Topography and Geology of the Central Grabens and their Vicinity[J]. Bulletin of the earthquake research institute university of Tokyo, 1986, 61: 269-310.

[2] Kimura M I. Active hydrothermal mounds in the Okinawa Though back arc basin[J]. Technophysics, 1988, 145: 319-324.

[3] 蒲生俊敬. 夏威夷附近烙希海山的海底热液活动[J]. 海洋科学(日), 1986, 12: 789-794.

[4] Kinoshita M M, Yamano. Hydrothernmal regime and constraints on reservoir depth of the Jade site in the Mid-Okinawa Trouth inferred from heat flow measurements[J]. J Geophys Res, 1997, B4: 3183-

3194.

[5] Williams D L. Von Herzen R P. The Galapagos spreading centre: Lithospheric cooling and hydrothermal circulation [J]. Geophysics JRAS, 1974, 38:5 87-608.

[6] Thomson R E, E E Davis. Hydrothermal venting and geothermal heating in Cascadia Basin[J]. J Geophys Res, 1995, 100: 6121-6141.

[7] Lalou C, Reyss J L. Initial chronology of a recently discovered hydrothermal field at 14°45′N[J]. MAR, EPSL, 1996, 144: 483-490.

[8] Ladage S. The exit of vapour of hot water in a back arc basin[J]. Nature, 1991, 78: 64-66.

[9] Lupton J L, G P Klinkhammer. Helium-3 and manganese at the 21N east pacific rise[J]. Marine Geology, 1980, 122: 67-74.

[10] Rona P, S D Scott. A special issue on seafloor hydrothermal mineralization: new perspectives[J]. Economic Geology, 1993, 1935-1976.

[11] Lisitzin A P, V N Lukashin, V V Gordeev. Hydrothermal and geochemical anomalies associated with hydrothermal activities in the SW Pacific marginal and back arc basins [J]. Marine Geology 1997, 142: 7-45.

[12] Lupton J E, E T Baker. Tracking the Evolution of a Hydrothermal Event Plume with a RAFOS Neutrally Buoyant Drifter[J]. Science. 1998, 280: 1051-1055.

[13] Richards H G. 洋底热泉[J]. Science Progress, 1985, 69: 275-275.

[14] Fouquet Y. Metallogenesis in Back-Arc Environments: The Lau Basin Example[J]. Economic Geology. 1993, 88: 2154-2181.

[15] Binns R A, Scott S D. Actively forming. Polymetallic sulfide deposits associated with felsi volcanic rocks in the eastern manus back arc basin, Papuua New Gguinea[J]. Marine Geology, 1993, 2226-2236.

[16] Gamo T, H Sakai, J Ishibashi, E Nakayama. Hydrothermal plume in the East Manus Basin, Bismarck Sea: CH_4, Mn, Al, and pH anomalies[J]. Deep-Sea Res. 1993, 40: 2335-23459.

[17] Gamo T E. Nakayama K Shitashima. Hydrothermal plumes at the Rodriguez triple Junction, Indian ridge[J]. EPSL, 1996, 142: 261-270.

[18] Klinkhammer G, R Rona Mgreaves. Hydrothermal manganese plumes in the Mid-Atlantic Ridge rift vally[J]. Nature, 1985, 314: 727-731.

[19] Charlou J L, P Rona and H Bougault. Methane anomaly over TAG hydrothermal field on Mid-Atlantic Ridge[J]. J Marine Res, 1987, 45: 461-472.

[20] Scheier D S, E T Baker, K T Johnson. Detection of hydrothermal plumes along the South east Indian Ridge near the Amsterdam-St[J]. Plateau Geophy Res Lett. 1998, 25, 97-100.

[21] German C R, E T Baker, C Mevel. Hydrothermal, activity along the southwest Indian ridge[J]. Nature, 1998, 395: 490-493.

[22] Ballard R D, Van Andel T H. The Galapagos rift at 86 W: Variations in volcanism, structure and hydrothermal activity along a 30 km segment of the rift valley[J]. J of Geophys Res, 1982, 87: 1149-1161.

[23] Crane K. Structrral evolution of the EPR axis from 13°10′N to 10°35′N: interpretation form seamark I data[J]. Tectonophysics, 1987, 136: 65-124.

[24] Hussong D M. Seismicity associated with back arc crustal spreading in the central Mariana Trough[J]. the tectonic and geophysical monograph, 1983, 27: 217-234.

[25] Kiyoyuki K. Preliminary experiment of seismic observation using 3-OBS array at the black smoker venting site in the Izena Calron, Okinawa Trough[J]. Jamstectr Deepsea Research(1991), 1991, 193-199.

SURVEY METHODS OF MODERN HYDROTHERMAL ACTIVITY

Abstract Modern hydrothermal activity is a progress of exchanging heat and mass between oceanic lithosphere and ocean which commonly developed among active oceanic plates margins and intro-plate volcanic center. The extremely feature of it is the high temperature fluid flow out from the sea floor and causes physical and chemical anomaly both in the upper water body and the area around the hydrothermal field. Heat flow measurement, rock sampling, CH_4, ^3He, Mn, Si, O measurement, sea beam, OBS and submersible measurements are all the survey methods to study the modern hydrothermal activities. Among this, hydrothermal plume measurement is the fast and effective method, submersible mobile is absolutely necessary in the study of modern hydrothermal activities.

Keywords Modern hydrothermal activity; Survey methods

本文刊于2002年《地球物理学进展》第17卷 第4期

作者:栾锡武 秦蕴珊

中国海洋调查(1958～1960)
(Marine Investigation in China)

中国海洋调查亦称全国海洋普查，是根据1956年制定的“国家十二年科学发展远景规划”中“中国海洋的综合调查及其开发方案”的要求而开展的一次全国性大规模海洋调查，由国家科学技术委员会气象海洋组指导，参加单位有中国人民解放军、中国科学院、水产部、高教部、交通部和中央气象局等系统的60多个单位，参加的科技人员达600多人，船只50多艘。

这次普查的目的是，通过全面系统的综合调查，取得中国近海各个海区的物理、化学、地质、生物以及气象的时空变化的基本资料，研究它们的特点，为开展海区的自然资源调查、加强国防建设、发展海上交通、建立水文气象预报和渔情预报系统，以及进一步开展海洋科学研究服务。为此，调查内容包括了海洋科学的各个主要学科，而海洋地质是其中的重要组成部分。

调查范围是黄、东海区限于东经124°以西，南海限于北部大陆架，调查的最大水深为200米，全部调查在北海(北纬34°以北)、东海和南海三个海区分别进行，共设置83条水文断面、570个大面观测站，经过试点之后，正式进行了每月一次的整个海区的大面调查，其中对底质、生物和海水中的悬浮体则每季进行一次。在上述的570个大面观测站上只进行了测深、沉积物表层取样，以及按季度进行了悬浮体调查，在大约1/3的大面站上进行了柱状取样，少数测站进行了拖网取样。

调查资料表明，根据陆架的形态和宽度变化可将中国海的陆架分成三类：①半封闭的陆架，如北部湾、渤海和黄海；②宽阔的陆架，如东海；③狭窄的陆架，如南海。陆架区的地形形态特征可表述为：①坡度平缓，在渤、黄、东海一般不超过0°02′，而南海地形略陡；②在黄、东海的大部分沿岸区地形较陡，并有随离岸距离的加大而地形坡度逐渐变缓的趋势，即陆架内缘的坡度大于其外缘的坡度；③在基岩和砂质海岸以及构造上升区外的海底地形较陡，如闽、浙及山东半岛外部；而在泥质海岸以及相对下沉海岸外的地形则较平缓，如苏北及渤海湾一带。在大部分陆架区，控制海底地形发育及其形态特征的主要因素是，沉积—堆积作用和沿岸新构造运动的强度及时空变化。

海洋普查，首次对我国陆架区的海底沉积进行了全面系统的海上调查和部分室内分析，基本上查明了海底沉积物的类型及其空间分布规律。其主要特点是：①渤海、北黄海及北部湾的沉积类型呈现不规则的斑块状分布，有时明显呈现出沉积物粒度的相互交替现象；②南黄海沉积类型呈规则的带状分布，随着水深的增加和离岸距离的加大，组成沉积物的颗粒则逐渐变小；③在东海，除浙江近海和长江口以外的广大海区均被细砂类沉积覆盖。其沉积物类型的空间分布形态实际上可与南海连为一体；④南海(不含海南岛周围)北部陆架沉积物呈规则的带状分布，但其粒度的分布格局则呈两头细、中间粗的现象(外部的细粒沉积带为大陆斜坡上的沉积)；⑤沿着闽浙海岸外，有一细的软泥带通过台湾海峡将浙江沿海外围的细粒软泥带与南海沿岸的软泥带连接起来，而其外缘的粗粒细砂带亦有类似的情况。此外，如果以50～60米等深线为界将我国浅海陆架分为内陆架与外陆架的话，那么在陆架内部主要分布着以软泥—粉砂为主的细粒沉积(最近调查表明，在内陆架的某些地区也有细砂出现)，而在陆架外部则分布着粒度较粗的细砂沉积物。

对海底沉积类型的成因进行了研究，可将中国海的陆架沉积划分为两个不同时期的两种成因类型，其一主要为河流搬运入海的现代细粒碎屑物质，分布在陆架内部的细粒沉积，称为内陆架沉积；其二是被海水所淹没了的早期的滨海相沉积，分布在陆架外部的细砂沉积，可能是末次冰期最盛期低海位时于滨海地带形成的沉积而残留在海底的，称为外陆架沉积。既然这两类沉积是在不同时期沉积下来的不同沉积类型，那么它们的物质组成、次生变化、分布地区以及其他沉积学特点必有显著的差异。例如，在矿物组成上最重要的特征是海绿石的变化。据统计，在外陆架沉积物中普遍含有自生的海绿石矿物，在南海外陆架一些沉积物中海绿石的含量可占沉积物总量的20%～25%，而在细粒的现代碎屑沉积物中则没有或很少含有海绿石，此外如有孔虫、$CaCO_3$和有机质的含量等也都有明显的差异。

调查工作结束后，撰写出《中国近海海底地形及海底沉积物的分布》报告，由国家科学技术委员会气象海洋组海洋综合调查办公室编为《全国海洋综合调查报告》第七册(内部)。这是中国海洋地质调查最早的基础资料。其中的科学认识为以后的多项调查结果所证实，并不断予以补充和修正，中国海洋调查所起的历史作用和重要影响是巨大的。

本文刊于2002年福建出版社《20世纪中国学术大典》一书
作者：秦蕴珊

东海陆坡及相邻槽底天然气水合物的稳定域分析

摘要 利用实测的海底温度和海底热流资料对东海陆坡和冲绳海槽中轴以西的槽底地区的海底温度场和热流场进行了分析。利用地震声纳浮标和OBS(Ocean Bottom Seismometer)资料将本研究区的地层划分为6层，自上而下地层的速度分别为1.8(1.8～2.2)km/s、2.2(2.0～2.5)km/s、2.8(2.7～3.2)km/s、3.4～3.6 km/s、4.2(4.1～4.7)km/s、5.1 km/s。上部的1.8～2.2 km/s的速度层相当于第四纪的地层，2.8 km/s的速度层相当于上新世上部的地层，3.4～4.2 km/s的速度层相当于上新世下部的地层。天然气水合物稳定域覆盖的面积从水深约500 m的陆坡下缘到冲绳海槽的中轴部分约70 000 km^2，相当于整个东海海域面积的1/10。稳定带的厚度从400 m(研究区中部)到1 100 m(研究区北部和南部)不等。适合水合物稳定赋存的地层主要是第四纪(1.8 km/s、2.2 km/s)和上新世的地层(2.8 km/s)。根据热流、构造活动性和稳定带的厚度分析，研究区北部和南部更适合天然气水合物的稳定赋存。

关键词 东海陆坡 冲绳海槽 天然气水合物 稳定域

1 引言

东海西起我国浙闽大陆，东至琉球群岛，北部通过朝鲜海峡与日本海相连，南部以台湾海峡与南海相接，总面积约77万平方千米，是位于西太平洋边缘的一个重要的边缘海。东海拥有宽广的陆架、复杂的陆坡和年轻的弧后盆地，这里不仅沉积地层丰厚，构造活动更是异常活跃，多年来一直是海洋地质、地球物理调查研究的热点区域之一[1～4]。东海陆坡位于东海陆架和冲绳海槽之间，自北东向南西延伸，在宽度30～40 km范围内，水深从200 m(陆架外缘)增加到2 500 m(槽底)。陆坡区不仅地形复杂，而且构造非常活跃，最近的地质、地球物理调查表明：东海陆坡在地形、地球物理场和构造方面都表现出被动大陆边缘的一些特征①②。冲绳海槽则是一个舟状、半深水槽形盆地，北浅(700 m)、南深(2 700 m)，槽底地形平坦，是一个正在发育的年轻的弧后盆地[5～7]。

最近，方银霞等[8]、孟宪伟等[9]、栾锡武等[10]开展了东海地区天然气水合物的研究工作，他们利用已有的地质地球物理资料对该地区天然气水合物的远景进行了初步的预测。上述工作引起了人们对该地区水合物研究的重视。“科学一”号、“奋斗七”号等科学调查船于2000～2001年在东海陆坡及邻近的槽底地区进行了水合物的调查(资料在处理中)。本文利用已有的海底温度资料、地壳热流资料、地温梯度资料、地震声纳浮标资料和一些陆架区

① 栾锡武. EA_{02}、EA_{04}区块地球物理补充调查研究报告. 青岛：中国科学院海洋研究所，2001.

② 刘保华. EA_{03}区块地球物理补充调查研究报告. 青岛：国家海洋局第一海洋研究所，2001.

的钻井资料，对本区的水合物的稳定域进行了研究，以期对本区水合物远景区的圈定和水合物目的层的确定有所贡献。

2 气体水合物稳定存在的温度压力条件

Fraday[11]和 Villard[12]较早地开展了水合物温-压曲线的实验室研究工作。他们发现，温度和压力是控制水合物形成的两个非常重要的因素，只要温度和压力条件合适，多种气体，如氯气、甲烷和乙烯等都可以形成水合物。Kobayashi 等[13]及 Kvenvolden 等[14]对气体水合物形成并稳定赋存的条件作了更为详细的研究，修正了此前 Fraday 和 Villard 得出的温度、压力条件曲线。此外，他们还发现，水合物溶液的溶入物及其浓度也可对水合物的稳定存在产生影响。如在纯水、纯甲烷的系统中分别溶入 CO_2、C_2H_6、H_2S 和 C_3H_8 气体以及 NaCl，气体水合物的稳定曲线会随溶入物的浓度变化而变化。图 1 是 Kvenvolden 和 McMenamin[14]给出的气体水合物相图。从相图可以看出，气体水合物在自然界稳定赋存的温度范围一般为－10℃～30℃，相应的压力范围为 1～100 MPa。由此，MacDonald[15]指出，气体水合物主要稳定赋存于两极地区和深海地区的浅地圈中。

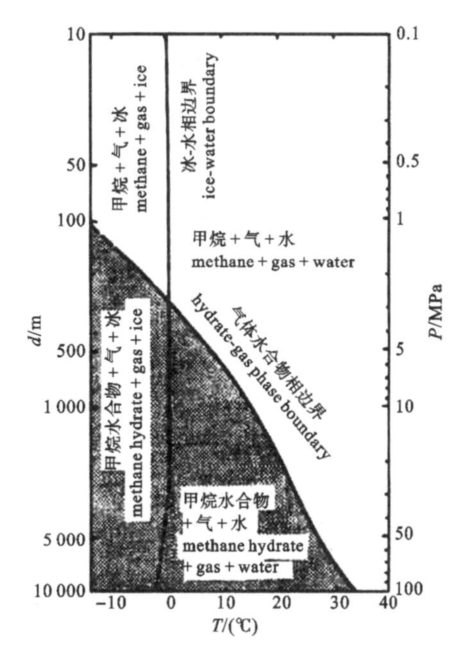

图 1 甲烷气形成水合物的温度-压力条件[14]

Fig. 1 Phase diagram showing boundary between free methane gas and methane hydrate for a pure water and pure methane system[14]

3 研究区地球物理特征

3.1 海底温度分布

目前，整个东海地区除陆架个别热流站位和石油探井有海底温度数据外，其他区域很少有海底温度的数据报道。

1999 年，中国科学院海洋研究所的“科学一号”科学考察船在东海陆坡和相邻海槽实施了海底沉积物采样调查和海底沉积物温度测量（“KX99 航次”），取得了一批宝贵的海底温度资料。该航次的海底沉积物温度测量是在考察船的后甲板上进行的，即用温度计直接测量箱式取样器（尺寸为 0.8 m×0.8 m×0.8 m）中取到的海底沉积物的温度，并将此测量温度视为海底沉积物的温度。温度测量时，尽量选择箱式取样器中未扰动的沉积物部分进行。据分析，沉积物从海底上升到海面，一方面由于环境压力的降低会使其温度降低 0.2℃～0.3℃，另一方面，虽然箱式取样器的尺寸较大，但由于从海底到海面的时间较长（一般 2 h），且环境温度变化较大（10℃～20℃），所以从海底上升到海面，由于热传导的原因，其温度会上升 0.2℃～0.3℃。考虑到温度和压力综合效应，可以把在甲板上所测的温度作为沉积物的海底温度。另外，在 500～800 m 的半深水海区，0～2 m 表层沉积物的温度明显地受到季节变化的影响，变化幅度都在1℃～2℃。水更深时，海底温度基本不受季节变化的影响，所以在本问题中不予考虑季节变化对海底温度的影响。表1给出了这次海底温度测量的结果。

表1 “KX99航次”的海底温度测量结果

Table 1 Seafloor temperature results of “KX990” cruise

λ_E/(°)	Φ_N/(°)	T_O/℃	λ_E/(°)	Φ_N/(°)	T_O/℃	λ_E/(°)	Φ_N/(°)	T_O/℃	λ_E/(°)	Φ_N/(°)	T_O/℃
128.125	31.685	15	127.032	30.656	14	127.310	32.936	14	126.017	30.000	17
127.842	31.905	14	127.177	30.631	11	127.473	32.902	15	125.000	28.533	16
127.366	32.498	14	128.256	30.422	4	127.002	32.858	13	124.592	31.652	17
127.834	31.068	14	128.558	30.357	4	127.122	32.835	14	125.147	29.583	17
127.811	30.903	17	128.732	30.392	4	127.272	32.806	14	121.748	26.940	21
127.002	31.617	13	127.998	30.523	14	127.549	32.613	15	122.263	27.467	17
126.394	26.903	4	127.142	30.496	14	127.997	32.584	14	125.790	30.300	16
126.126	26.918	4	127.294	30.469	14	127.202	32.536	15	127.460	31.683	13
126.937	26.918	4	127.909	30.352	7	127.515	32.478	14	127.613	31.656	14
126.154	26.641	3	128.219	30.300	5	127.711	32.442	15	127.112	31.611	13
125.747	26.926	4	128.524	30.227	3	127.067	32.484	14	127.271	31.586	14
125.827	26.814	4	127.107	30.360	15	127.169	32.414	15	127.424	31.551	14
126.096	26.459	4	127.270	30.331	14	127.004	32.308	13	128.343	31.377	15
126.178	26.326	3	127.566	30.275	15	127.110	32.282	14	128.579	31.348	6
125.705	26.768	5	127.717	30.246	14	127.005	32.178	13	127.004	31.500	13
125.895	26.512	3	127.866	30.218	13	127.099	32.147	14	127.239	31.453	13
126.076	26.247	4	128.027	30.188	7	127.255	32.120	14	127.389	31.423	14
125.340	26.689	9	128.243	30.159	4	127.720	32.036	14	127.693	31.369	17
125.783	26.103	6	128.494	30.104	4	127.065	32.026	14	127.006	31.366	13
125.846	26.026	3	127.070	30.232	16	127.218	31.996	14	127.200	31.319	14
125.129	26.737	20	127.219	30.205	15	127.375	31.971	14	127.353	31.299	14
125.316	26.505	3	128.151	30.030	5	127.529	31.939	14	127.505	31.265	14
124.998	26.667	21	128.464	29.975	3	127.036	31.894	15	128.884	30.988	4
125.508	25.974	4	127.659	29.972	11	127.189	31.868	14	127.010	31.218	13
124.986	26.428	18	126.994	27.520	4	127.347	31.850	15	127.163	31.189	14
125.000	26.139	3	127.446	32.772	14	127.647	31.779	14	127.315	31.162	14
125.088	26.054	6	127.684	31.910	15	127.800	31.752	14	128.846	30.857	5
125.155	25.934	4	127.958	31.723	14	127.000	31.767	14	127.003	31.084	14
125.234	25.813	3	128.577	31.467	6	127.144	31.740	14	127.130	31.057	14
125.107	25.733	2	122.182	28.027	17	127.253	31.695	13	127.591	30.973	19
125.276	25.500	4	124.917	29.083	17	128.457	30.647	3	128.204	30.846	6
125.009	25.615	4	124.938	29.200	18	128.623	30.626	4	128.771	30.726	5

(续表)

$\lambda_E/(°)$	$\Phi_N/(°)$	T_O/℃	$\lambda_E/(°)$	$\Phi_N/(°)$	T_O/℃	$\lambda_E/(°)$	$\Phi_N/(°)$	T_O/℃	$\lambda_E/(°)$	$\Phi_N/(°)$	T_O/℃
125.125	25.410	5	125.050	29.325	17	127.059	30.788	14	128.971	30.679	5
126.115	26.475	7	125.083	29.417	17	127.217	30.764	14	127.094	30.929	14
127.493	33.005	15	125.442	29.133	17	128.132	30.579	7	127.247	30.896	13
127.001	32.996	14	124.931	29.767	23	128.299	30.554	4	127.863	30.777	11
127.160	32.966	14	125.792	29.572	16	128.894	30.435	4	128.320	30.675	5

注：T_0为海底温度。

“KX99 航次”共获得 148 个海底温度测量数据，主要分布于东海陆架边缘、东海陆坡、冲绳海槽的北部和中部。这些海底温度资料基本上反映了本研究区域的海底温度分布特征(图 2)。从图 2 可以看出，海底的温度分布明显和海底的深度相关。海底的深度较浅，温度较高；海底的深度较深，则温度较低。整个东海陆架，海底平均温度在 18℃左右。沿陆架由西向东，水深增加，海底温度也逐渐降低，在陆架边缘，水深为 250 m 左右，海底温度一般在 12℃～16℃。冲绳海槽区域水深较大，海底温度较低。在冲绳海槽北部，海底温度一般在 5℃～8℃；而冲绳海槽中部槽底的温度一般则在 3℃～5℃，最低的海底温度为 2℃(表 1)，位于冲绳海槽中部，水深为 2 127 m。

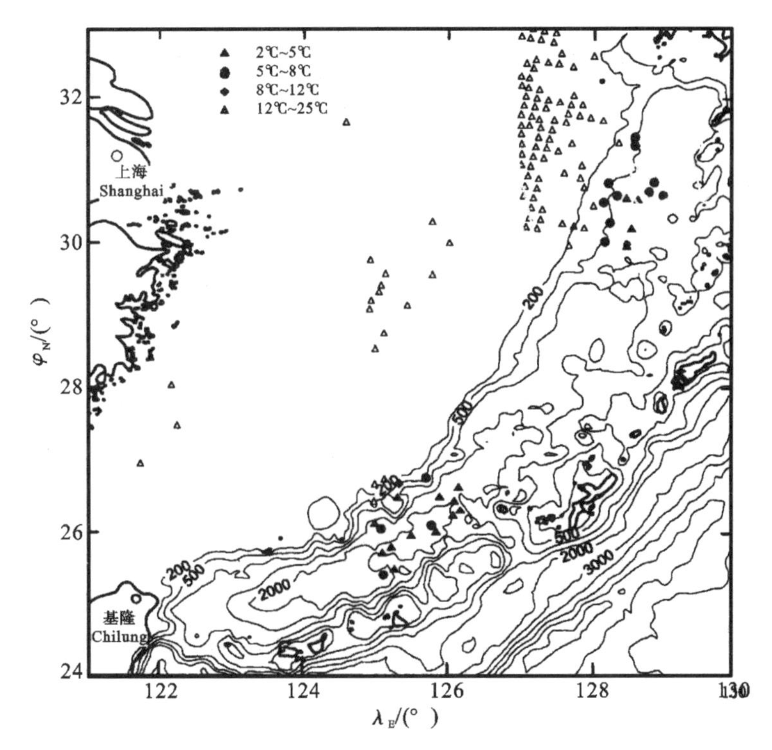

图 2 研究区的海底温度测量结果(等值线单位:m)

陆架区的海底温度数据来自“KX90-1”航次和“KX91-1”航次[16].

Fig. 2 Seafloor temperature of the study area(Isoline unit: m)

3.2 海底热流分布

本研究区的海底热流测量工作开始于20世纪60年代。1969年日本单独在菲律宾海、琉球岛弧和冲绳海槽进行了39个站位的热流测量，获得了东海地区第一批海底热流数据[17]。之后，苏联、美国、德国、法国和我国台湾大学等都在该区进行了海底热流测量工作。20世纪90年代后，中国科学院海洋研究所也在东海地区进行了多个航次的热流测量工作[16]，使得该区域成为热流测量的热点[18]。图3显示了本研究区的海底热流分布情况。

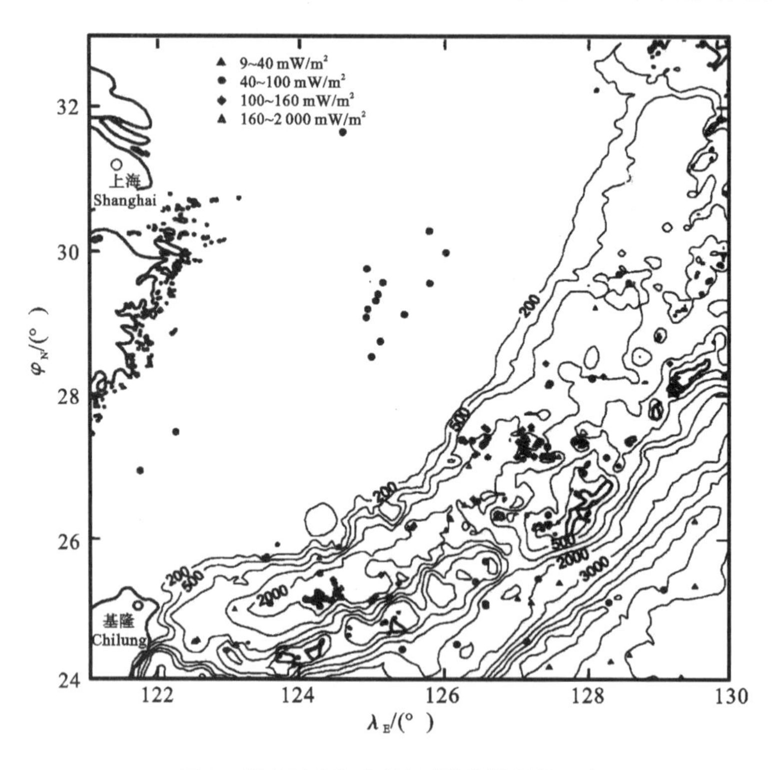

图3 研究区的海底热流(等值线单位:m)

Fig. 3 Heat flow of the study area(Isoline unit: m)

从图3看出，冲绳海槽表现出复杂的热流分布特征，整个区域为一个热流异常区。本区共有228个热流值(没有对热流站位按照测量密度进行取舍)，其平均值为196 mW/m^2。这是一个很高的平均热流值。虽然其中包含着若干个高热流测站的重复测量所带来的干扰，但高出东海陆架三倍多的平均热流值足以说明这是一个高热流地区。冲绳海槽的热流值不仅高，而且热流值变化范围很大，最低8 mW/m^2，最高2 800 mW/m^2。高而变化的热流特征表明冲绳海槽地质的复杂性，这在整个地球热流数据中是罕见的。高热流出现的位置主要在冲绳海槽的中部，这是高热流位置出现最为集中的部位，其次是北部，冲绳海槽南部的热流值相对较低。但在南部八重山地堑和北部的鹿儿岛湾也有高热流出现。详细的热流调查表明，冲绳海槽北部和中部高热流异常是沿海槽中轴展布的，仅限于沿海槽轴10 km宽的中央裂谷带上。DELP84和SO34两个航次在海槽中轴得到16个热流值，其中15个超过220 mW/m^2，16个值平均为500 mW/m^2[19,20]。另外，海槽中3个已探明的甚高热流异常区都位于海槽中轴。例如，夏岛 84 海凹（27°35′N，127°09′E，水深 1 700～1 800 m），热流值为 508±407 mW/m²；东海凹（27°35′N，127°12′E，水深 1 700～1 800 m），热流值为 710±690 mW/m²；伊士名洼陷（27°13′～27°17′N，127°03～127°06′E），热流值为 360±220 mW/m²。除冲绳海槽中轴地区外，海槽盆地中部的热流值一般为 80～100 mW/m²，北部的热流值一般为 80 mW/m²，南部较低，一般为 40～60 mW/m²，东海陆坡地区的热流值一般为 60 mW/m²左右。

3.3 速度地层结构

为研究东海及其邻近海域的地壳结构，自 20 世纪 60 年代开始，Murauchi 等[21～25]在东海区域进行过双船、地震声纳浮标和 OBS 的折射地震测量[26]。从 20 世纪 80 年代开始，中国科学院海洋研究所在东海区域进行了 20 多个站位的地震声纳浮标折射地震测量和 7 个 OBS 折射地震测量[26]。

本文的研究区从北向南选择了 4 个剖面（剖面 1～剖面 4）（图 4）对速度结构进行了详细的讨论。剖面 1 包括 LU66、LU67、C318、LU68、LU69、LU70 和 LU71 共 7 个折射地震测量站位，西起东海陆架，水深 190 m，东至海槽底中轴，水深 780 m。剖面 2 包括 V177、C317 和 V176 共 3 个折射地震站位，水深为 124～1 052 m，跨陆架、陆坡和槽底。剖面 3 位于中部冲绳海槽，从陆架到槽底分别为 V191、V190、C314 和 SB18 共 4 个折射地震测量站位。最南部的剖面 4 包括 OKS3、OKS4、OKS5、OKS6 和 OKS7 共 5 个 OBS 站位（表 2，图 5）。

从速度资料分析可以看出（见图 4），本研究区的地层纵向分层明显，自上而下共存在 6 个速度层，速度分别为 1.8 km/s、2.2（2.0～2.5）km/s、2.8（2.7～3.2）km/s、3.4～3.6 km/s、4.2（4.1～4.7）km/s 和 5.1 km/s。

研究剖面最上部的 1.8 km/s、2.2（2.0～2.5）km/s 和 2.8（2.7～3.2）km/s 3 个速度层在全区广泛分布，地层厚度变化不大，特别是上层基本上和海底平行，表明未经受过构造变动。4.2～5.1 km/s 的速度层在全区发育，自西向东比较稳定，地层厚度普遍很大。3.4～3.6 km/s 的速度层仅在东海陆架和冲绳海槽中的部分地区出现，厚度很薄，不连续，表现为沉积透镜体。

表 2 用于本研究的速度地层数据、海底温度、海底热流和热导率

Table 2 Data of velocity layer, seafloor temperature, heat flow and thermal conductivity

站号	剖面号	λ_E/(°)	Φ_N/(°)	H_W	H_2	V_2	H_3	V_3	H_4	V_4	H_5	V_5	H_6	V_6	T_O	H_F	C_K
LU66		127.67	30.17	0.19	0.55	1.9	0.51	2.3	0.82	2.8	0.76	3.4			12	80	2.5
LU67		127.88	30.23	0.36	0.41	1.9	0.58	2.5	0.59	2.9		4.1			8	80	2.5
C318		128.01	30.30	0.4	0.26	1.8	0.63	2.15		2.9					6	80	2.5
LU68	1	128.08	30.27	0.41	0.56	1.9	0.34	2.4		2.7					5	80	2.5
LU69		128.26	30.27	0.66	0.54	1.9	0.56	2.2	0.87	3.2		4.1			4	40	2.5
LU70		128.41	30.32	0.88	0.68	1.9	1.08	2.2				3.9			3	40	2.5
LU71		128.62	30.4	0.86	0.69	1.9	0.45	2.3		3.5		3.5			3	40	2.5

（续表）

站号	剖面号	λ_E/(°)	Φ_N/(°)	H_W	H_2	V_2	H_3	V_3	H_4	V_4	H_5	V_5	H_6	V_6	T_O	H_F	C_K
V177	2	127.01	29.24	0.12			0.8	2.1	1.46	2.85	1.96	3.6		4.7	12	80	2.5
C317		127.57	29.25	1.0	0.47	1.8	0.6	2.2	0.59	3.12	1.25	3.65		5.1	4	100	2.5
V176		127.92	29.28	1.0	0.81	1.8	0.36	2.25	0.79	2.8	0.82	3.55		4.7	3	100	2.5
V191	3	125.69	27.41	0.14	0.83	2.0	0.89	4.15	3.75	5.1		6.2			12	80	2.5
V190		126.25	27.13	1.48	0.56	1.8	0.74	2.4	1.28	4.0		5.35			4	80	2.5
C314		126.43	27.08	1.79	0.8	2.11	0.4	3.6		4.25					3	100	2.5
SB18		126.37	26.76	1.82					2.9	3.5		4.2			3	100	2.5
OKS3	4	124.29	25.8	0.7	0.8	1.8	1.7	2.8	2.9	4.5	4.8	6.0	7.0	7.0	10	80	2.5
OKS4		124.31	25.7	1.8	0.2	1.8	1.7	2.8	2.7		4.8	6.0			3	100	2.5
OKS5		124.33	25.6	1.82	0.6	1.8	1.7	3.0	2.7	4.4	4.8	6.0			3	40	2.5
OKS6		124.35	25.5	1.9	0.8	1.8	1.4	2.8	2.6		4.8	6.0			3	40	2.5
OKS7		124.37	25.4	1.92	1.4	1.8	1.2	2.8	2.8	4.2	4.8	6.0			3	50	2.5

注：H_W、H_2、H_3、H_4、H_5、H_6分别为各测站解释的水层和第1至第5速度层的厚度(单位：km)，V_2、V_3、V_4、V_5、V_6分别为第1至第5速度层的速度(单位：km/s)，T_0、H_F和C_K分别为各测站的海底温度(单位：℃)、海底热流(单位：mW/m^2)和热导率(单位：W/m·K).

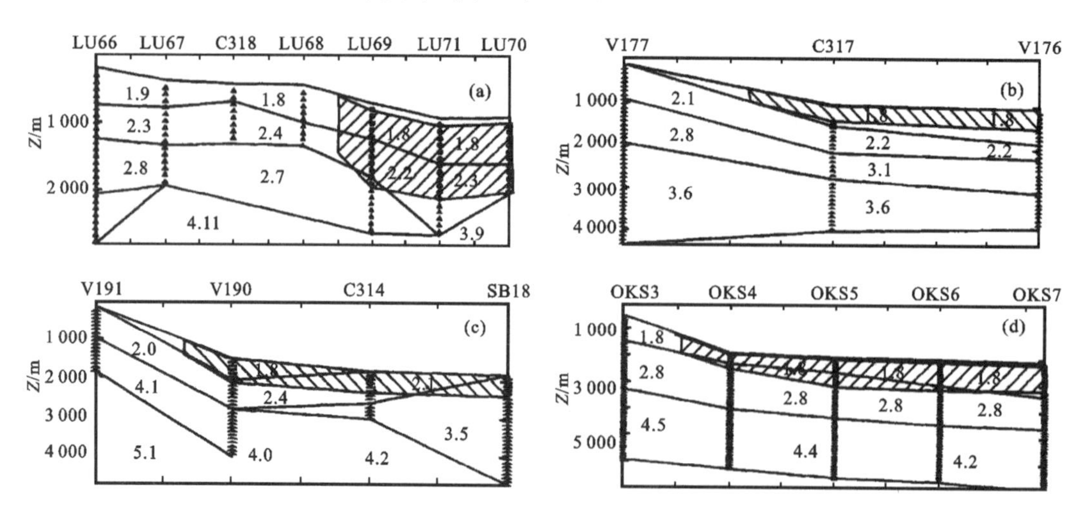

图4 速度地层与天然气水合物的稳定域(图中数字为地层速度,单位:km/s)

(a)剖面1;(b)剖面2;(c)剖面3;(d)剖面4.图中的黑圆圈表示此处的温度和压力适合水合物赋存，黑三角表示此处的温度和压力不适合水合物的赋存。阴影线将符合条件的圆点连接起来并做适当外推，形成本文推断的天然气水合物的稳定域.

Fig. 4 Velocity layer and stability zone of gas hydrate

根据东海陆架和琉球岛弧的地层对比分析，本区地层上部的1.8～2.2 km/s的速度层为第四纪的地层，2.8 km/s的速度层为上新世上部的地层，3.4～4.2 km/s的速度层为上新世下部的地层①。

3.4 地层的密度

东海陆坡和海槽槽底地区由于没有钻井资料，因而没有系统的地层密度数据。本文根据东海陆架区钻井岩心资料及速度—密度关系对地层的密度数据进行了推测。认为本区最上部第四纪地层的密度在 2.2～2.3 g/cm^{3}之间，第四纪地层以下至上第三纪地层的平均密度为 2.4 g/cm^{3}左右。

4 天然气水合物的稳定域

本文所选的 4 个剖面分别位于东海的北、中和南部，并都从陆架跨越陆坡一直延伸到冲绳海槽槽底(图 5)，从而具有广泛的代表性。19 个计算点中每个计算点都是一个地震声纳浮标测站或 OBS 测站，其下的速度地层划分有充分的根据。各计算点的海底温度和热流是用最近测点的实测数据替代的，或是根据本文讨论的海底温度和热流的分布规律给定的(表 2，图 5)。天然气水合物的稳定域按照图 1 来确定，首先确定计算点处海底以下某点的温度和压力，然后将这一温度和压力与图 1 给出的曲线进行对比，看是否适合于天然气水合物的稳定赋存。本文只考虑纯甲烷气形成水合物的情况。

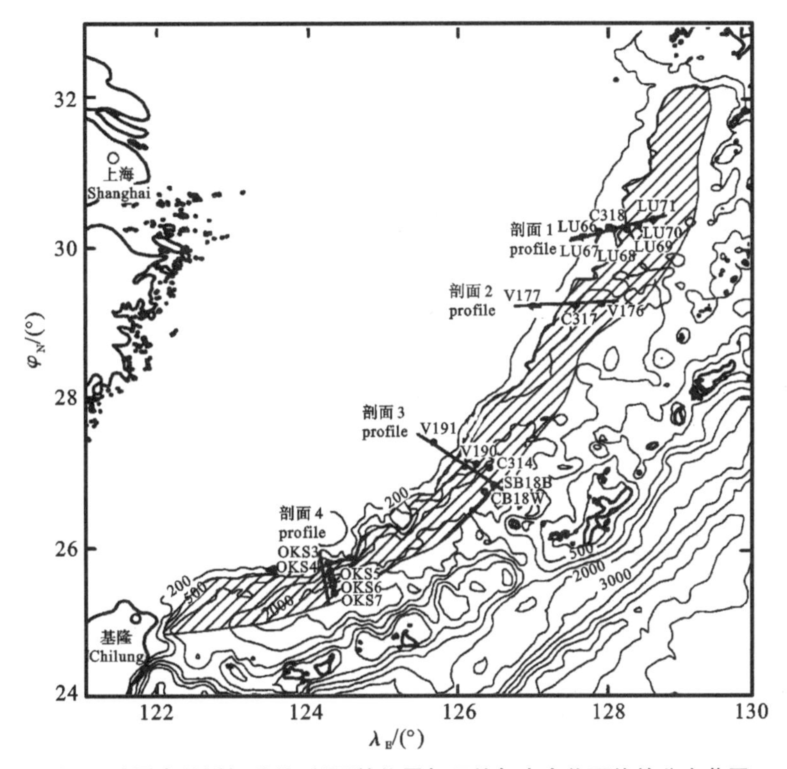

图 5 地震声纳浮标站位、剖面的位置与天然气水合物可能的分布范围

Fig. 5 Map showing possible gas hydrate distribution area (shadow area)

① 栾锡武，张训华. 东海地震反射波组的特征和层序划分，黄海、东海海域地球物理特征. 青岛：中国科学院海洋研究所，2001.

由海底热流和地层热导率可以确定地层的温度梯度。根据这一温度梯度，从海底温度算起，海底以下任意点的温度是可以计算的。本区 6 个速度层的热导率全部给定为 2.5 W/(m·K)，关于热导率的推导请参见文献[27]。海底以下某点的压力是根据上述提出的密度分布求取的。本文使用了静岩压力。一些学者在进行水合物实验室研究与稳定带研究中使用了静水压力[28,29]。

本文 19 个计算点中的 7 个计算点之下不可能出现水合物的稳定域(图 4)。这些点都位于陆坡的上缘，水深小于 400 m。水合物的稳定域从陆坡的下缘开始出现，水深最浅为 660 m(LU69 点)。在最北边的剖面 1 上，水合物的稳定域出现在两个层位，上面是 1.8 km/s 速度层，下面是 2.2 km/s 速度层；在剖面 2 和剖面 3 上，水合物的稳定域只在上面的 1.8 km/s 速度层中出现；在剖面 4 上，则在 1.8 km/s 和 2.8 km/s 两个速度层中出现水合物的稳定域。稳定域的厚度也有差异。在剖面 1 和剖面 4 上，稳定域的厚度可达 1 100 m 左右；而在剖面 2 和剖面 3 上，稳定域的厚度为 400～500 m。

根据上述计算，图 5 给出了东海陆坡和邻近槽底天然气水合物可能的分布范围。图中阴影覆盖的面积为水合物可能出现的区域，西侧一般从陆坡下缘水深 500 m 左右开始，由于资料所限，向东截止到冲绳海槽的中轴(中央地堑)。这样，阴影区的总面积约 70 000 km^2，略小于整个东海总面积的 1/10。

5 讨论与结论

稳定域的分析是天然气水合物勘探前期工作的一项重要内容，是确定下一步工作区域和明确目的层位的关键。本文给出的天然气水合物的稳定域范围和稳定域厚度是粗略的。这首先是由于数据密度低的原因。东海陆坡及冲绳海槽中的热流数据有 200 多个，但相应的海底温度数据不足 150 个。热流数据在冲绳海槽揭示了多个热流异常区，但海底温度数据由于数据少就没有相应的反映。目前的热流站位也多集中在冲绳海槽的中轴地区。中轴以外其他槽底地区和陆坡地区测量密度很低。另外，海底温度、海底热流测量的误差、地层密度和地层热导率的不确定性都会影响水合物的分布范围和稳定域的厚度。

应该强调，水合物的稳定域是指天然气水合物可以稳定存在的区域，并非指稳定域中一定有天然气水合物赋存。要有天然气水合物在稳定域中赋存还必须有适宜的物源条件和适宜的构造条件。东海陆架和冲绳海槽中都发育巨厚的沉积地层。这构成了天然气水合物很好的物源条件。但冲绳海槽是一个年轻的弧后盆地，其中地震频繁、断裂发育、构造活跃，尤以中部冲绳海槽最为突出。很强的活动性有利于天然气水合物的形成，但可能并不利于稳定赋存。

本文的剖面 2 和剖面 3 位于研究区的中部，由于热流值较高，水合物稳定带的厚度很薄，只有 400～500 m。而北部的剖面 1 和南部的剖面 4，水合物稳定带的厚度都超过 1 000 m。从水合物的稳定带的厚度看，研究区北部和南部要比中部更适合水合物的稳定赋存。

天然气水合物稳定域覆盖的面积从水深约 500 m 的陆坡下缘到冲绳海槽的中轴部分约 70 000 km^2，相当于整个东海海域面积的 1/10。稳定带的厚度从 400 m(研究区中部)至 1 100 m(研究区北部和南部)不等。适合水合物稳定赋存的地层主要是第四纪(1.8 km/s、

2.2 km/s)和上新世的地层(2.8 km/s)。从热流、构造活动性和稳定带的厚度分析,研究区北部和南部更适合天然气水合物的稳定赋存。

感谢审稿人对本文提出的宝贵意见。

参考文献

[1] 秦蕴珊,赵一阳,陈丽蓉主编.东海地质.北京:科学出版社,1987
QIN Yunshan, ZHAO Yiyang, CHEN Lirong. East China Sea Geology. Beijing: Science Press, 1987
[2] 刘光鼎主编.中国海区及邻域地质地球物理特征.北京:科学出版社,1992
LIU Guangding eds. Geologic Geophysic Features of China Seas and Adjacent Regions. Beijing: Science Press, 1992
[3] 金翔龙主编.东海海洋地质.北京:海洋出版社,1992
JIN Xianglong eds. Marine Geology of East China Sea. Beijing: Oceanic Press, 1992
[4] 许东禹主编.中国近海地质.北京:地震出版社,1997
XU Dongyu eds. Off shore Geology of China Seas. Beijing: Seismological Press, 1997
[5] 李乃胜主编.冲绳海槽地热.青岛:青岛出版社,1995
LI Naisheng eds. Heat Flow of Okinawa Trough. Qingdao: Qingdao Press, 1995
[6] 翟世奎,陈丽蓉,张海启.冲绳海槽的岩浆作用与海底热液活动.北京:海洋出版社,2001
ZHAI Shikui, CHEN Lirong, ZHANG Haiqi. Magmatic Activity and Hydrothermal Activity of the Okinawa Trough. Beijing: Oceanic Press, 2001
[7] 栾锡武,石耀霖.冲绳海槽地球动力学热模拟.海洋科学集刊,1995,36:129-135
LUAN Xiwu, SHI Yaolin. Thermal dynamic modeling of Okinawa trough. Studia Marina Sinica, 1995, 36: 129-135
[8] 方银霞,金翔龙,杨树峰.冲绳海槽西北边坡天然气水合物的初步研究.海洋学报,2000,22(增刊):49-52
FANG Yinxia, JIN Xianglong, YANG Shufeng. Gas hydrate study of the North west slope margin of the Okinawa Trough. Acta Oceaniologica Sinica, 2000, 22(Suppl.): 49-52
[9] 孟宪伟,刘保华,石学法,等.冲绳海槽中段西陆坡下缘天然气水合物存在的可能性分析.沉积学报,2000,18(4):629-633
MENG Xianwei, LIU Baohua, SHI Xuefa, et al. The possibility existence of gas hydrate in the lower slope margin of middle Okinawa Trough. Acta Sedimentologica Sinica, 2000, 18(4): 629-633
[10] 栾锡武,初凤友,赵一阳,等.我国东海及邻近海域气体水合物可能的分布范围.沉积学报,2001,19(2):315-321
LUAN Xiwu, CHU Fengyou, ZHAO Yiyang, et al. The possible distribution of gas hydrate in the area of East China Sea and its vicinity. Acta Sedimentologica Sinica, 2001, 19(2): 315-321
[11] Fraday M. On the condendation of several gases into liquids. Phil. Trans., 1823, 22: 189
[12] Villard M. Dissolution des liquids et des solids dans les gaz. Campt. Rend., 1888, 106-453
[13] Kobayashi R, Katz D L. Methane hydrate at high pressure. Petrol. Technol., 1949, 1-66
[14] Kvenvolden K A, McMenamin M A. Hydrocarbon gases in sediment of the shelf, slope, and basin of the Bering Sea. Geochim. Cosmochim. Acta, 1980, 44: 1145-1150
[15] MacDonald G J. The future of methane as an energy resource. Annual Review of Energy, 1990, 15: 53-83
[16] 喻普之,李乃胜主编.东海地壳热流.北京:海洋出版社,1992.50-57

YU Puzhi, LI Naisheng eds. Heat Flow of East China Sea. Beijing: Oceanic Press, 1992. 50-57

[17] Yasui M, Epp D, Nagasaka K, et al. Terresstrial heat flow in the seas round the Nansei Shoto(Ryukyu Islands). Tectonophysics, 1970, 10: 225-234

[18] 栾锡武. 琉球沟弧盆系海底热流分布特征及冲绳海槽热演化的数值模拟. 海洋与湖沼,1997,28(1):44-49

LUAN Xiwu. Study of heat flow distribution of Ryukyu T-A-Ba system and thermal dynamic modeling of Okinawa Trough. Oceanologia et Limnologia Sinica, 1997, 28(1): 44-49

[19] Yamano M, Uyeda S, Kinoshita H, et al. Report on DELP 1984 cruises in the Middle Okinawa troug, Part: Heat flow measurements. Bull. Earthq. Res. Inst. Univ. Tokyo, 1986, 61: 251-267

[20] Yamano M, Uyeda S, Fruukawa Y, et al. Heat flow measurements in the north and middle Ryukyu arc area on R/V SONNE in 1984. Bull. Earthq. Res. Inst. Univ. Tokyo, 1986, 61: 311-327

[21] Murauchi S, Den N, Asano S, et al. Crustal structure of the Pilippine Sea. J. Geophs. Res., 1968, 73: 3143-3171

[22] Lee C S, Jr. Shor G G, Bibe L D. Okinawa Trough: Origin of a back-arc basin. Marine Geology, 1980, 35: 219-241

[23] Ludwig W S, Murauch S, Den N, et al. Structure of east China Sea-west Pilippine Sea margin off southern Kyushu, Japan. J. Gophys. Res., 1973, 78: 2526-2536

[24] Leyden R, Ewing M, Murauchi S. Sonobuoy refraction measurement in the East China Sea. Am. Assoc. Petrol. Geol. Bull., 1973, 57(12): 2396-2403

[25] Hirata N, Kinoshita H, Latao H. Reporton DELP 1988 cruises in the Okinawa Trough. Part3, Crustal structure of the southern Okinawa Trough. Bull. Earthq. Res. Inst., Univ. Toyo, 1991, 66: 37-70

[26] 栾锡武,高德章,喻普之,等. 中国东海及邻近海域一条剖面的地壳速度结构研究. 地球物理学进展,2001,16(2):28-34

LUAN Xiwu, GAO Dezhang, YU Puzhi, et al. The crust velocity structure of a profile in the area of East China Sea and its vicinity. Progress in Geophysics, 2001, 16(2): 28-34

[27] 栾锡武,高德章,喻普之,等. 中国东海陆架盆地地层热导率研究. 海洋与湖沼,2002,33(3):335-341

LUAN Xiwu, GAO Dezhang, YU Puzhi, et al. Thermal conductivity of the Cenozoic layer of East China Sea Shelf. Oceanologia et Limnologia Sinica, 2002, 33(3): 335-341

[28] 刘芙蓉,王胜杰,张文玲,等. 关键参数加权法对 NGH 生成条件预测模型的修正. 天然气地球科学,1998,9(4):50-57

LIU Furong, WANG Shengjie, ZHANG Wenling, et al. Key parameters used to correct the NGH forecasting model. Natural Gas Deoscience, 1998, 9(4): 50-57

[29] Miles P R. 欧洲大陆边缘甲烷水合物的远景分布. 刘文汇译. 天然气地球科学,1998,9(3):57-60

Miles P R. Gas hydrate distribution on Euroasia continental margin. Translated by LIU Wenhui. Nature Gas Geoscience, 1998, 9(3): 57-60

THE STABILITY ZONE OF GAS HYDRATE IN THE SLOPE OF EAST CHINA SEA AND NEIGHBORING TROUGH BASIN AREA

Abstract We analyze the distribution of temperature and heat flow of the sea floor sediment in the area of East China Sea slope and West basin area of the Okinawa Trough. Based on the Sonar Buoy and OBS data, 6 velocity layers are recognized, each of which has velocity of 1. 8(1. 8～2. 2)km/s, 2. 2(2. 0～2. 5)km/s, 2. 8(2. 7～3. 2)km/s, 3. 4～3. 6 km/s, 4. 2(4. 1～4. 7)km/s and 5. 1 km/s, respectively. The upper velocity layer of 1. 8～2. 2 km/s corresponds to the Quaternary sediment stratum. The layer with velocity 3. 4～4. 2 km/s is the Pliocene sediment stratum. The area that is suitable for stable existence of gas hydrate by the temperature and pressure is 70,000 km^2 about 1/10 the total area of East China Sea. The thickness of the stability zone ranges from 400 m (Middle Part of Okinawa Trough) to 1100 m (North and South Part of Okinawa Trough). The Quaternary and Pliocene layers are suitable for stable existence of gas hydrate. According to the tectonic stability and heat flow, the north part and south part of the Okinawa Trough are the most perspective area for the gas hydrate explorations.

Key words East China Sea slope, Okinawa trough, Gas hydrate, Stability zone.

本文刊于 2003 年《地球物理学报》 第 46 卷 第 4 期
作者:栾锡武 秦蕴珊 张训华 龚建明

冲绳海槽Jade热液区块状硫化物中流体包裹体的氦、氖、氩同位素组成

摘要：对冲绳海槽Jade热液区块状硫化物中流体包裹体的氦、氖、氩同位素组成进行了测定，流体包裹体的$^{3}He/^{4}He$比值为(6.2～10.1)Ra，均值为7.8 Ra，与大洋中脊玄武岩一致($^{3}He/^{4}He\approx(6\sim11)Ra$)。$^{20}Ne/^{22}Ne$比值为10.7～11.3，明显高于大气值(9.8)。而$^{40}Ar/^{36}Ar$比值的变化范围在287～334之间，接近大气值(295.5)。这些结果表明，块状硫化物中热液液体捕获的稀有气体是地幔和海水源组分混合的产物，且流体包裹体中的氦主要来自地幔，氖和氩主要来自海水。

关键词：氦、氖、氩同位素；海底块状硫化物；Jade热液区

1 引言

自在太平洋深海水中首次发现^{3}He富集以来[1]，先后在许多热液活动区也观测到了具高$^{3}He/^{4}He$比值的热液流体。这些流体的氦同位素组成相当稳定，其$^{3}He/^{4}He$比值约是大气(1.4×10^{-6})的8倍，与当地大洋玄武岩的氦同位素组成一致，且洋中脊热液体系中喷口流体的^{3}He富集可高达周围海水的20 000倍[2~5]。尽管如此，近期的研究表明，海底构造作用和/或岩浆活动等原因，可导致热液体系中氦浓度和^{3}He/热比值的相应变化[5~8]。而了解这种变化，单靠目前对喷口流体的现场监测显然不够。因此，热液沉积物成为人们关注的焦点，早期的研究表明，硫化物中流体包裹体可以很好地保存矿物沉淀时热液流体中稀有气体的信息，通过分析研究海底热液沉积物中流体包裹体的稀有气体同位素组成特征对解决热液流体的来源、演化和热液通量(hydrothermal flux)等问题有着重要的意义[7~12]。

在Jade热液活动区，侯增谦等[13]近期报道了热液硫化物中氦同位素的研究结果，提出了流体包裹体中存在幔源氦的观点，由于给出Jade热液区下部热水成矿系统中硫化物的$^{3}He/^{4}He$比值高达29.9 Ra(侯增谦等将其解释为下地幔的贡献)，远远高于该区喷口流体的$^{3}He/^{4}He$比值，但在其他热液活动区，如东太平洋海隆21°N和13°N，大西洋中脊23°N以及胡安德富卡洋脊中的Middle Valley，热液硫化物中流体包裹体的$^{3}He/^{4}He$比值变化范围并不大，均与当地喷口流体的氦同位素比值一致，具有相当的稳定性。因此，了解造成Jade热液活动区与众不同的主要原因、Jade区热液硫化物中流体包裹体捕获的其他稀有气体是否与氦一样来自深部地幔等问题具有一定的意义，它是进一步揭示该弧后盆地海底热液活动形成、演化机制的重要途径。为此，本文报道了块状硫化物中流体包裹体的氦、氖和氢同位素组成，重点探讨了该区的稀有气体的来源问题。

2 地质背景概况

冲绳海槽位于西北太平洋，受着菲律宾板块对欧亚大陆的俯冲作用，属构造活动的陆内弧后扩张盆地。海底热液活动主要分布在海槽的中部，地球物理资料显示，海槽中部的陆壳厚度约为 20 km，海底分布有未固结的全新世深海粉砂质黏土，其最大厚度为 20～30 m。沉积物下分布有晚更新世的长英质火山岩，与泥质沉积物和酸性凝灰岩互层产出。1988 年，在冲绳海槽中部 Izena Cauldron 的东北坡（27°15′N，127°04. 5′E）发现了 Jade 热液活动区。该区呈南西—北东向宽约为 600 m，长为 1 800 m 的带状展布，水深为 1 200～1 600 m。区内不规则地分布着活动的和窒息的硫化物——硫酸盐烟囱体与丘状堆积体（mound），除了部分烟囱体坍塌外，大多数烟囱体直立可高达 5 m。热液沉积物中主要的矿石矿物是闪锌矿、方铅矿、黄铁矿、白铁矿、黄铜矿、黝铜矿和砷黝铜矿，而重晶石、硬石膏、隐晶质二氧化硅和铅矾是主要的脉石矿物[14]

3 样品描述和分析

所有块状硫化物样品取自冲绳海槽中部 Izena Cauldron 中 Jade 热液活动区的下部块状硫化物堆积体，为灰黑色块状硫化物，孔隙发育，主要由闪锌矿、黄铜矿、方铅矿和黄铁矿组成，其详细的矿物学特征描述见文献[14]。

样品碎成 5 mm 左右的小颗粒，在真空系统中，恒温于 105℃并加热 48 h，去除水和表面吸附气体然后加热到 800℃，熔样 30 min，释放出的气体经海绵钛泵，锆—铝泵和液氮活性炭冷阱纯化，H_2，N_2，O_2，CH_4，H_2O，有机质等活性气体均被冷冻、吸附。氦、氖和氩同位素在中国地质科学院矿床地质研究所用乌克兰生产的 M1-1201G 惰性气体同位素质谱计测量。首先，纯净的氦和氖进入分析管道，进行氦、氖同位素分析，氖用电子倍增器接受，^4He 和 ^3He 分别用法拉第杯和电子倍增器接受，电子倍增器的分辨率达 1 200 倍，足够将 $^3He^+$ 与 $HD^+ + H_3^+$ 峰分开。然后，将活性炭冷阱温度升至 −80℃，将氩释放进入分析系统，进行氩同位素分析，氩用法拉第杯接受，分辨率为 600 倍。所测样品均以国际通用的大气作为工作标准（STP），即 $^3He/^4He = 1.4\times10^{-6}$，$^{20}Ne/^{22}Ne = 9.81$，$^{40}Ar/^{36}Ar = 295.5$。

4 结果和讨论

块状硫化物样品的氦、氖和氩同位素组成见表 1。由于现代海底热液硫化物的形成年龄较年轻，Jade 热液区中块状硫化物的铀含量（$0.93\times10^{-6}\sim5.6\times10^{-6}$）和钍含量（$0.41\times10^{-6}\sim2.61\times10^{-6}$）较低，且喷口流体的钾含量（最高为 72 mmol/kg）[14]也较低，排除了矿物中原地放射成因 ^4He 和 ^{40}Ar 给予较大贡献的可能，表明块状硫化物中流体包裹体的稀有气体基本上代表了同时代喷口流体的稀有气体同位素组成。同时，该区的地质背景和热液沉积物硫同位素组成所反映出的成矿物源与海水、中酸性火山岩和沉积物有关的研究结果[15]，以及海底块状硫化物铅同位素[16]和稀土元素组成的研究结果[17]，从不同的侧面又证实了该区海底热液成矿物质具有多来源的特点。因此，其稀有气体来源可能主要受大气，上、下地幔和陆壳四端元控制，且大气组分在本区主要来自海水是有可能的。

表 1 Jade 热液区海底块状硫化物的氦、氖和氩同位素组成

样号	矿物组成	^{3}He (×10^{-10})	^{3}He/^{4}He (×10^{-5})	R/Ra	^{20}Ne (×10^{-8})	^{20}Ne/^{22}Ne	^{21}Ne/^{22}Ne (×10^{-2})	^{36}Ar (×10^{-8})	^{40}Ar/^{36}Ar
HOK4-1	Sp+Py+Gn+Cp	0.002	0.87±0.26	6.2	1.0	11.0±0.20	2.9±0.1	1.12	329±3
HOK4-2	Sp+Py+Gn+Cp	0.007 6	1.42±0.05	10.1	0.5	11.3±0.06	2.7±0.1	7.38	287±3
HOK4-3	Sp+Py+Gn+Cp	0.004 3	1.01±0.11	7.2	0.5	10.7±0.08	3.0±0.3	21.4	312±1
HOK4-4	Sp+Py+Gn+Cp	0.004 5	1.09±0.27	7.8	2.7	10.8±0.02	2.8±0.02	26.5	334±1
大气端元[24,25]		0.00014	0.14	1	3.48	9.8	2.9	6.03	295.5
海水端元[24]		0.000 63	0.138	0.98	17.4	—	—	127	295.5
大陆端元[24]		0.000 3～0.06	0.001～0.1	0.007～0.7	0.01～0.05	—		0.03～0.37	1 650～170 000
地幔柱端元[27]		0.01～0.41	2.35～3.43	16.8～25.4	0.082～0.07	10.5～12.8	2.9～3.6	0.001～0.15	505～8 340
MORB 端元[23,24]		1.1～4.2	0.84～1.54	6～11	0.008～0.039	9.8～13.6	2.7～5.7	0.003 8～0.01	13 000～25 250
Loihi 玄武岩端元[23,24]		0.03～0.42	2.32～5	16.5～35.7	0.005～0.08	8.4～11.7	2.6～3.4	0.007～0.14	296～2 780
上地幔端元[22,28]		1.74	1.20	8.6	0.0226	12.5	6.5	0.027	28 000
下地幔端元[22,28]		18.6	4.20	30	4.83	12.5	3.5	0.065	5 000

Sp 为闪锌矿，Py 为黄铁矿，Gn 为方铅矿，Cp 为黄铜矿；^{4}He 为^{20}Ne 和^{40}Ar 标准温度和压力条件下的单位为 cm^{3}/g。

Jade 热液区块状硫化物中流体包裹体的^{3}He/^{4}He 比值为(6.2～10.1)Ra(表 1)，均值为 7.8 Ra，与该区喷口流体的^{3}He/^{4}He 比值相比略微偏高(R/Ra=5.8～6.6)[18,19]，而与本区长英质火山岩(R/Ra=5.4～8.7)[13]以及不同构造背景中喷口流体的^{3}He/^{4}He 比值(R/Ra=6.7～8.77)[20]基本吻合，并落在大洋中脊玄武岩(MORB)^{3}He/^{4}He 比值的变化范围内(6～11 Ra)[21]，表明块状硫化物中流体包裹体的氦主要来自一个 MORB 型地幔源区。同时 Jade 区块状硫化物中流体包裹体的^{3}He/^{4}He 比值，与来自东太平洋海隆的 21°N(R/Ra=5.8～8.0)[8]，13°N(R/Ra=6.85～9.30)[8,12]和大西洋中脊的 23°N(R/Ra=7.0～8.1)[8]中热液硫化物相比基本上一致，也间接证明了其块状硫化物中流体包裹体的氦主要来自 MORB 型地幔源区。而与侯增谦等[13]给出的 Jade 热液区下部热水成矿系统中块状硫化物的^{3}He/^{4}He 比值(R/Ra=10.6～17.9)相比，我们测得的块状硫化物中流体包裹体的^{3}He/^{4}He比值偏低，结合两者的数据看，这不仅表明该区下部块状硫化物具有相对较大的^{3}He/^{4}He比值变化范围，而且反映出块状硫化物中流体包裹体的氦源相对较复杂，很可能是上、下地幔和海水来源氦相互作用的结果。

块状硫化物中流体包裹体的^{20}Ne/^{22}Ne 比值(10.7～11.3)比大气(9.8)高，却低于上、下地幔端元(12.5)[22]，但是这些比值均落在 MORB 和 Loihi 玄武岩^{20}Ne/^{22}Ne 比值(分别为 9.8～13.6 和 8.4～11.7)[23]的变化范围之内，并且^{21}Ne/^{22}Ne 比值高达 3.0，比大气的比值(2.9)略微高一点，也落在 Loihi 玄武岩的变化范围之内(^{21}Ne/^{22}Ne≈2.6～3.4)[23]。同时，流体包裹体中^{20}Ne 的浓度(0.5×10^{-8}～2.7×10^{-8} cm^{3}/g)与 MORB(0.008×10^{-8}～0.039×10^{-8} cm^{3}/g)和 Loihi 玄武岩(0.005×10^{-8}～0.08×10^{-8} cm^{3}/g)[24]相比明显富集，明显低于大气(3.48×10^{-8} cm^{3}/g)和深海水(17.4×10^{-8} cm^{3}/g)[24]的氖浓度。这些表明，流体包裹体捕获的氖并非单一的来源，块状硫化物中流体包裹体的氖同位素组成也是地幔和海水来源氖混合的结果。从 R/Ra-^{20}Ne/^{4}He 图解(图 1)中，可以反映出，块状硫化物中流体包裹

体的稀有气体组成与大气和地幔端元均不一致,数据落在 Loihi 玄武岩和大气端元的等比例混合线的上方,不仅表明块状硫化物中流体包裹体捕获的稀有气体是大气和地幔端元的混合,且大气和地幔端元的混合作用是非等比例混合,同时反映出流体包裹体中地幔来源稀有气体组分有部分可能来自 Loihi 型地幔源区。

从块状硫化物中流体包裹体的氩同位素组成看,其$^{40}Ar/^{36}Ar$比值(287～334)靠近大气值(295.5)和 Loihi 玄武岩比值(296～2 780)[23,25],却远远低于 MORB 的$^{40}Ar/^{36}Ar$比值(13 000～25 250)[24]。流体包裹体中^{36}Ar的浓度高达 $26.5\times10^{-8} cm^3/g$,与大气的^{36}Ar浓度($6.63\times10^{-8} cm^3/g$)比较接近,且高于东太平洋海隆的 13°N(0.014×10^{-8}～$0.194\times10^{-8} cm^3/g$)[12],Loihi 玄武岩($0.007\times10^{-8}$～$0.14\times10^{-8} cm^3/g$)和 MORB($0.003 8\times10^{-8}$～$0.01\times10^{-8} cm^3/g$)[24]的氩浓度。

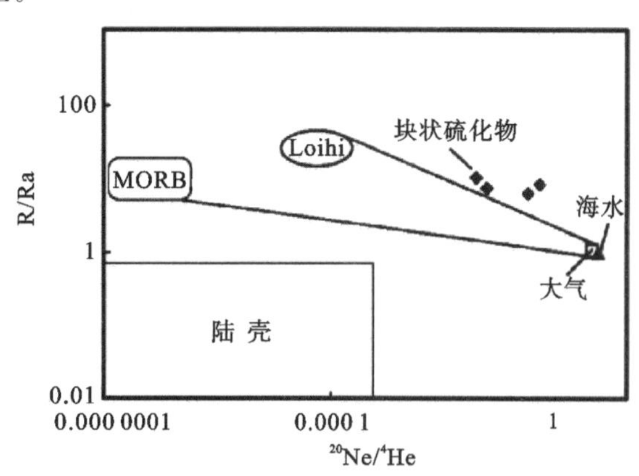

图 1　Jade 热液区块状硫化物中流体包裹体的$^{20}Ne/^{4}He$-R/Ra 图解

这表明块状硫化物中流体包裹体的氩同位素组成近似大气的。在$^{3}He/^{4}He$-$^{40}Ar/^{36}Ar$图解(图 2)上,数据落在一个有趣的范围内,可以通过 Loihi 型地幔组分和大气的混合来解释这些数据。根据 Langmuir 等[26]提出的二元混合模式计算方法,假设作为 Loihi 玄武岩源区的下地幔端元(LM)具有$^{40}Ar/^{36}Ar=5 000$和 R/Ra=30,可以看出下地幔端元和大气(A)的混合曲线,在决定混合曲线曲率的 $r=([^{36}Ar]/[^{4}He])_A/([^{36}Ar]/[^{4}He])_{LM}=200$ 时,可以很好地拟合所有的数据,此时,块状硫化物中流体包裹体有 18%～32%的稀有气体来自下地幔端元,而 68%～72%的稀有气体来自大气端元。但是,我们也无法排除这些数据是大气和上地幔端元组分混合的产物,同样假设作为 MORB 源区的上地幔端元(UM)具有$^{40}Ar/^{36}Ar=28 000$和 R/Ra=8.6,可以看出上地幔端元和大气的混合曲线,在 $r=([^{36}Ar]/[^{4}He])_A/([^{36}Ar]/[^{4}He])_{UM}=5 000$ 时,能很好地拟合部分数据,此时,块状硫化物中流体包裹体有 68%～89%的稀有气体来自上地幔端元,而 11%～32%的稀有气体来自大气端元(见图 2)。

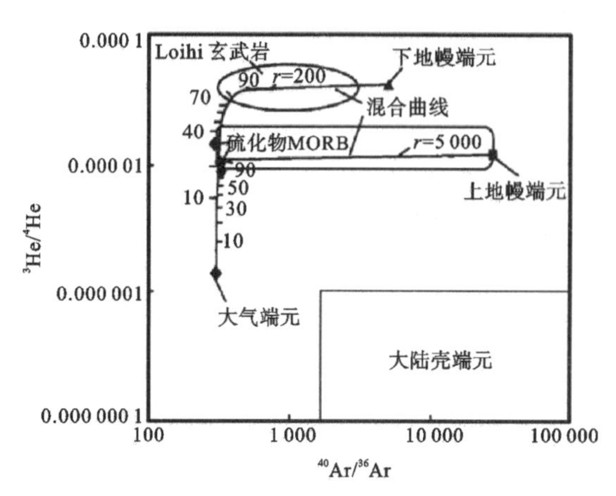

图 2　Jade 热液区块状硫化物中流体包裹体的$^{40}Ar/^{36}Ar$-$^{3}He/^{4}He$ 图解

表 2 块状硫化物各端元$^3He/^4He$，$^{20}Ne/^4He$ 和 $^{40}Ar/^4He$ 平均值的比较

端元	$^3He/^4He$	$^{20}Ne/^4He$	$^{40}Ar/^4He$
块状硫化物	$8.7\times10^{-6}\sim10.9\times10^{-6}$	0.09～0.64	160～2 110
大气[24]	1.4×10^{-6}	3.4	1 936.89
大陆壳[24]	4×10^{-8}	5.2×10^{-6}	0.52
MORB[24]	1.2×10^{-5}	7.8×10^{-6}	0.06
Loihi 玄武岩[24]	3.8×10^{-5}	8.6×10^{-4}	0.50

将块状硫化物中流体包裹体的$^3He/^4He$，$^{20}Ne/^4He$ 和$^{40}Ar/^4He$ 比值与大气、大陆壳、MORB 以及 Loihi 玄武岩进行对比（表 2），可以看出流体包裹体的^3He，^{20}Ne 和^{40}Ar 含量介于大气和地幔端元之间，与大陆壳端元相差甚远，并且由于海水具有低^3He、高^{20}Ne、高^{40}Ar 含量的特征，非常不同于上、下地幔具有的高^3He、低^{20}Ne 和^{40}Ar 含量的特征，再加之海水与上、下地幔相比，具有低$^3He/^4He$、$^{20}Ne/^{22}Ne$、$^{21}Ne/^{22}Ne$ 和$^{40}Ar/^{36}Ar$ 比值的特点，表明海水与地幔组分的混合作用对块状硫化物中流体捕获的稀有气体同位素组成将产生明显的影响。因此，块状硫化物中流体包裹体的氖和氩同位素组成具有类似大气的特点可能归因于海水的稀释作用，这也是块状硫化物中流体包裹体的$^3He/^4He$ 比值与下地幔端元相比偏低的原因。

5 结论

Jade 热液区块状硫化物中流体包裹体的氦、氖和氩同位素组成及其浓度均介于海水和上、下地幔端元之间，证实了流体包裹体中的稀有气体是海水和地幔组分混合的产物，且热液流体捕获的地幔源稀有气体组分可能部分来自 Loihi 型地幔源区。同时，上、下地幔与海水来源稀有气体组分不同比例的混合作用是导致 Jade 热液活动区热液硫化物中流体包裹体的稀有气体同位素组成与众不同的主要原因，使热液硫化物中流体包裹体的稀有气体同位素组成具有相对较大的变化范围，既表现出上地幔来源氦的特点，又表现出下地幔来源氦的特点，同时还体现出其热液流体捕获的氖和氩主要来自海水的特点。确定热液硫化物中流体包裹体的地幔稀有气体中上、下地幔来源组分所占的份额，尚需进一步的研究工作。

侯增谦研究员为本研究提供了样品，吴世迎研究员和赵一阳研究员为本文提出了建设性意见和帮助，在此一并表示深切的感谢。

参考文献

[1] Clarke, W P, Beg, M A, Craig, H. Excess ^3He in the sea: Evidence for terrestrial primodal helium [J]. Earth and Planetary Science Letters, 1969, 6: 213-220.

[2] Jenkins W J, Edmond J M, Corliss J B, Excess ^3He and ^4He in Galapagos submarine hydrothermal waters [J]. Nature, 1978, 272:156-158.

[3] Lupton J E, Klinkhammer G P, Normark W R, et al. Helium-3 and manganese at the 21°N East Pacific Rise hydrothermal site [J]. Earth and Planetary Science Letters, 1980, 50:115-127.

[4] Craig H, Horibe Y, Farley K A, et al. Hydrothermal vents in the Mariana Trough: results of the first

ALVIN dives [J]. EOS, 1987, 68:1531.

[5] Butterfield D A, Massoth G J, Mcduff R E, et al. Geochemistry of fluids from Axial Seamount hydrothermal emissions study vent field, Juan de Fuca Ridge: subseafloor boiling and subsequent fluid-rock interaction [J]. Journal of Geophysical Research, 1990, 95: 12895-12921.

[6] Baker E T, Lupton J E, Changes in submarine hydrothermal ^{3}He/heat ratios as an indicator of magmatic/tectonic activity [J]. Nature, 1990, 346: 556-558.

[7] Jean-Baptiste P, Fouquet Y, Abundance and isotopic composition of helium in hydrothermal sulfides from the East Pacific Rise 13°N [J]. Geochimica et Cosmochimica Acta, 1996, 60:87-93.

[8] Stuart F M, Turner G, Duckworth R C, et al. Helium isotopes as tracers of trapped hydrothermal fluids in ocean-floor sulfides [J]. Geology, 1994, 22: 823-826.

[9] Stuart F M, Duckworth R, Turner G, et al, Helium and sulfur isotopes in sulfide minerals from Middle Valley, Northern Juan de Fuca Ridge [J]. Proceedings of the Ocean Drilling Program (Scientific Results), 1994, 139:387-392.

[10] Turner G, Stuart F, Helium/heat ratios and deposition temperatures of sulphides from the ocean floor [J]. Nature, 1992, 357: 581-583.

[11] Elderfield H, Schultz A, Mid-ocean ridge hydrothermal fluxes and the chemical compositon of the ocean [C]. Annu Rev Earth Planet Sci, 1996, 24:191-224.

[12] Stuart F M, Turner G, Mantle-derived ^{40}Ar in mid-ocean ridge hydrothermal fluids: implications for the source of volatiles and mantle degassing rates [J]. Chemical Geology, 1998, 147: 77-88.

[13] 侯增谦,李延河,艾永德,等. 冲绳海槽活动热水成矿系统的氦同位素组成:幔源氦证据[J]. 中国科学(D辑),1999, 29:155-166.

[14] Halbach P, Pracejus B, Marten A, Geology and mineralogy of massive sulfide ores from the central Okinawa Trough, Japan [J]. Economic Geology, 1993, 88: 2210-2225.

[15] 曾志刚,蒋富清,翟世奎,等. 冲绳海槽中部 Jade 热液活动区中海底热液沉积物的硫同位素组成及其地质意义 [J]. 海洋学报,2000,22:74-82.

[16] 曾志刚,蒋富清,翟世奎,等. 冲绳海槽中部 Jade 热液活动区块状硫化物的铅同位素组成及其地质意义 [J]. 地球化学,2000,29:239-245.

[17] 曾志刚,蒋富清,秦蕴珊,等. 冲绳海槽中部 Jade 热液活动区中块状硫化物的稀土元素地球化学特征 [J]. 地质学报,2001,75:244-249.

[18] Sakai H, Gamo T, Kim E-S, et al, Venting of carbon dioxide-rich fluid and hydrate formation in Mid-Okinawa Trough backarc basin [J]. Science, 1990, 248: 1093-1096.

[19] Sakai H, Gamo T, Kim E-S, et al, Unique chemistry of the hydrothermal solution in the Mid-Okinawa Trough backarc basin [J]. Geophysical Research Letters, 1990, 17: 2133-2136.

[20] Jean-Baptiste P, Charlou J L, Stievenard M. et al. Helium and methane measurements in hydrothermal fluids from the Mid-Atlantic Ridge: the Snake Pit site at 23°N [J]. Earth and Planetary Science Letters, 1991, 106: 17-28.

[21] Kurz M D, Jenkins W J, Schilling J G, et al. Helium isotopic variations in the mantle beneath the central North Atlantic Ocean [J]. Earth and Planetary Science Letters, 1982, 58: 1-14.

[22] O'Nions R K, Tolstikhin I N. Behaviour and residence times of lithophile and rare gas tracers in the upper mantle [J]. Earth and Planetary Science Letters, 1994, 124:131-138.

[23] Hiyagon H, Ozima M, Marty B, et al. Noble gases in submarine glasses from mid-oceanic ridges and Loihi seamount: constraints on the early history of the earth [J]. Geochimica et Cosmochimica Acta,

1992, 56: 1301-1316.

[24] Allegre C J, Staudacher T, Sarda P. Rare gas systematics: formation of the atmosphere, evolution and structure of the earth's mantle [J]. Earth and Planetary Science Letters, 1986/87, 81:127-150.

[25] Sarda P, Staudacher T, Allegre C J. Neon isotopes in submarine basalts [J]. Earth and Planetary Science Letters, 1988, 91:73-88.

[26] Langmuir C H, Vocke R D J R, Hanson G N, et al. A general mixing equation with applications to Icelandic basalts [J]. Earth and Planetary Science Letters, 1978, 37: 380-392.

[27] Trieloff M, Kunz J, Clague D A, et al. The nature of pristine noble gases in mantle plumes [J]. Science, 2000, 288: 1036-1038.

[28] Staudacher T H, Sarda P, Richardson S H, et al. Noble gases in basalt glasses from a Mid-Atlantic Ridge topographic high at 14°N: geodynamic consequences [J]. Earth and Planetary Science Letters, 1989, 96: 119-133.

HE, NE AND AR ISOTOPE COMPOSITIONS OF FLUID INCLUSIONS IN MASSIVE SULFIDES FROM THE JADE HYDROTHERMAL FIELD, OKINAWA TROUGH

Abstract Helium, neon and argon isotope compositions of fluid inclusions have been measured in massive sulfide samples from the Jade hydrothermal field at the central Okinawa Trough. Fluid-inclusion $^{3}He/^{4}He$ ratios are between 6.2 and 10.1 times the air value (Ra), and with a mean of 7.8 Ra, which are consistent with the mid-ocean ridge basalt values [$^{3}He/^{4}He \approx (6\text{-}11)Ra$]. Values for $^{20}Ne/^{22}Ne$ are from 10.7 to 11.3, which are significantly higher than the atmospheric ratio (9.8). And fluid-inclusion 40Ar/36Ar ratios range from 287 to 334, which are close to the atmosperic values (295.5). These results indicate that the noble gases of trapped hydrothermal fluids in massive sulfides are a mixture of mantle-and seawater-derived components, and the helium of fluid inclusions is major from mantle, the Ne and Ar isotope compositions are major from seawater.

Key words: He-Ne-Ar isotopes; seafloor massive sulfides; Jade hydrothermal field.

本文刊于2003年《海洋学报》 第25卷 第4期

作者:曾志刚 秦蕴珊 翟世奎

大洋钻探对海底热液活动研究的贡献

摘要 大洋钻探为海底热液活动研究提供了大量数据资料和样品。在此基础上，通过研究流体—沉积物/岩石相互作用，热、物质通量和流体流动，分析构造对海底热液活动的控制作用，使人们对海底热液循环有所了解，并对深部热液成因石油的特征，海底热液沉积物的空间结构和物质组成，以及深部生物与海底热液活动的关系有了一些认识。未来通过实施IODP，海底热液活动研究将会取得更多新的成果。

关键词 贡献；海底热液活动；大洋钻探

引言

大洋钻探对海底热液活动研究的贡献，最早应追溯到1968年10～11月间DSDP的第2航次，该航次首次在海底玄武岩中发现了方解石脉。接着，在DSDP的第5航次中发现了沉积物中存在铁氧化物，并在下伏的玄武岩中观察到了蚀变现象(碳酸盐化、绿泥石化和蛇纹石化)。随后，在DSDP的第34和第42A航次，又观察到玄武岩的蚀变现象。特别是1979年7～12月间DSDP的第69航次，使人们观察到东太平洋科斯塔里卡(Costa Rica)裂谷以南201 km的Hole 504B，在上覆274.5 m沉积物的情况下(底部沉积物为含燧石的硅质灰岩，年代达上中新世)，下伏214.5 m长的岩柱中仍然存在玄武岩普遍蚀变的现象，其中的橄榄石矿物被蒙脱石等黏土矿物和文石、方解石等碳酸盐矿物部分或全部交代，并出现了蒙脱石脉和方解石脉，这种蚀变现象很难用简单的海水—岩石相互作用，或者是海底风化作用给出令人满意的解释。随着大洋钻探过程中海底岩石蚀变现象的不断出现，当时使人们很自然的将其与1979年4月研究人员在*Alvin*号上刚刚观察到的东太平洋海隆21°N的海底热液活动现象[1]联系起来，意识到海底热液活动对洋壳以及上覆沉积物均可能产生比较深刻的影响，有效地认识这种影响将成为一项极有意义的工作。

也就是从这个时候开始，人们明确提出将海底热液活动研究与大洋钻探计划联系起来，利用大洋钻探能有效揭示海底深部结构和物质组成的功能，了解海底热液活动的深部过程。从事这项开拓性工作的科学家，首先是Woods Hole海洋研究所的Detrick博士和全体Leg 106科学调查队员，这是因为Leg 106是ODP第一次在活动的海底热液硫化物分布区进行大洋钻探的航次。通过该航次不仅证实了大西洋洋中脊Snake Pit热液区的存在(此前，通过光学拖体曾发现该区存在沉积物颜色异常和生物残骸，推断该区可能存在海底热液活动[2])，表明在一个直径仅为几米的高温黑烟囱喷口区范围内进行浅钻工作是可行的，而且初步揭示了Snake Pit热液区硫化物堆积体的内部结构(黑烟囱体底部硫化物堆积体的厚度可达13 m，在距离烟囱体大于17 m的位置，海底热液硫化物堆积体的厚度可达3～6 m，且黑烟囱体下部分布着块状硫化物透镜体)和矿物组成(主要由黄铜矿、闪锌矿、黄铁矿、白铁矿和磁黄铁矿组成),并通过钻探过程中使用的电视摄像系统,发现了大西洋洋中脊 Snake Pit 热液区分布着(更小、可移动的生物体)与太平洋热液活动区不同的生物群落[3,4]。

1979~2003 年,138 个大洋钻探(DSDP/ODP)航次中,观察到海底热液活动迹象的航次占了 59%(包括 1996 年 6 月 20 日~8 月 15 日,在胡安德富卡洋脊东翼执行的调查研究洋壳中海底热液循环的 ODP 168 航次,Sites 1023~1032),其中专门针对海底热液活动区进行的大洋钻探有 Leg 106(1985 年 10 月 27 日~12 月 26 日,Sites 648~649,大西洋洋中脊蛇坑(Snake Pit)热液区),Leg 139(1991 年 7 月 4 日~9 月 11 日,Sites 855~858,东北太平洋北胡安德富卡洋脊(Northern Juan de Fuca Ridge)中海谷(Middle Valley)热液区),Leg 158(1994 年 9 月 23 日~11 月 22 日,Site 95,大西洋洋中脊 TAG 热液区),Leg 169(1996 年 8 月 21 日~10 月 16 日,Sites 856~857,1035~1038,北胡安德富卡洋脊中海谷热液区,南戈尔达(Gorda)洋脊的埃斯卡诺巴(Escanaba)海槽)和 Leg 193(2000 年 11 月 7 日~2001 年 1 月 3 日,Sites 1188~1191,西南太平洋东马努斯(Manus)海盆 Pacmanus 热液区),共 5 个航次,占了 3.6%。24 年来,围绕这些大洋钻探工作取得的丰富数据资料和样品,人们在进一步测试和分析的基础上,开展了较广泛的现代海底热液活动研究,对海底热液循环、热液区的深部结构和物质组成以及热液活动与深部生物圈的关系等重大问题均有了较深入的认识。

1 ODP 对海底热液活动研究的贡献

1.1 监测海底热液活动

无论是用载人深潜器还是用 ROV、电视抓斗和光学拖体,对海底正在喷出的热液流体进行观测都是短期、表面和间断式的。依据这些仪器设备获得的数据资料,很难回答海底热液流体是否一直喷出没有停歇、热液活动的周期有多长、对应的流体特征(温度、流速、化学组成)又是如何变化的等问题。而回答这些问题,是很好地了解海底热液活动对大洋热、化学结构影响情况的重要基础。于是,人们将 ODP 航次工作和长期监测设备结合起来,在钻孔中放置温度、压力等传感器,长期记录热液流体变化的一些基本特征和有关的环境参数。根据这些数据,研究海底热液活动随时间演变的特征。

1994 年 8 月~1995 年 3 月(期间也包括 ODP 158 航次作业),通过放置在 TAG 热液区的长期温度监测系统 Daibutsu 和高温探针 Hobo,分别对底水、海底下(subbottom)和热液喷口流体的温度进行了长期监测,发现底水温度变化具有半日周期的特点,观测到由于钻探的原因,不仅能使冷的海水直接通过钻孔输入热液流体通道,对热液流体通道产生冷却作用,而且能使通过钻孔输入的海水,对丘状体中硬石膏的溶解和沉淀产生一定作用,改变丘状体内部的局部渗透结构,导致热液流体的流动格局发生变化[5]。在 JdFR(Juan de Fuca Ridge)有沉积物覆盖的东翼,通过放置在 ODP 钻孔中的 CORK(Circulation Obviation Retrofit Kit)观测设备,监测了热液流体的压力和温度状况,认识到在两钻孔横向间距 2.2 km,覆盖沉积物厚度之比为 2.5∶1 的情况下,两钻孔基底温度的差别小于 2 K,且在洋脊和谷地,虽然两钻孔之间的水压差较小(约为 2 kPa),但由于存在较高的渗透率,也可导致流体的快速流动[6]。这为理解海底热液循环的运动机制提供了重要的数据资料。

1.2 了解海底热液循环

ODP 对海底热液活动研究的最大贡献之一是了解海底热液活动的深部过程,包括揭示海底热液循环的规模(目前已知海底热液循环不仅仅存在于洋中脊,在从刚诞生的洋壳到几百万年的洋壳中都可能存在海底热液循环),热液活动与沉积物、岩石相互作用的情况,热液活动的热、物质通量,流体流动以及控制海底热液循环的因素等多方面。从历年在ODP工作基础上发表的海底热液活动研究论文来看,有关海底热液循环方面的研究所占比例最高。

1.2.1 流体-沉积物相互作用

研究热液流体与围岩之间的相互作用可以很好地了解海底热液循环的物理化学效应。ODP在有沉积物覆盖的海底热液活动区进行过多次钻探(包括ODP 139、168和169航次),关于海底热液流体-沉积物相互作用的研究,主要是通过这些航次获得的数据资料、样品开展的,其研究涉及沉积物中孔隙水、热液成因自生矿物、有机质等多个方面。如James等[7]研究了ODP 169航次在戈尔达洋脊埃斯卡诺巴海槽获取的沉积物和孔隙流体样品,通过分析其碱性元素和Li、B同位素组成,指出当热液流体上升与上覆的碎屑沉积物作用时,可向沉积物输入一定量的碱性元素和B。在此基础上,Gieskes等[8]进一步发现在Site 1038,热液流体已经抵达浅部,并导致沉积物蚀变。

另一方面,借助大洋钻探(DSDP/ODP),人们对热液流体-围岩相互作用过程中形成的自生层状硅酸盐,也有了一些了解。如在研究ODP 168航次所获沉积物样品时,发现由于热液流体-沉积物相互作用,导致在1031和1029站,形成大量的自生铁锰蒙脱石,其与Na—K沸石一起沉淀共存,这些矿物几乎完全取代了生物成因的方解石[9]。在此之前,Inoue[10]还将JdFR东翼沉积物中的可交换阳离子组成作为距离(与洋脊轴)和深度的函数,研究了其在垂向和横向上的变化情况,计算了离子交换反应的选择系数,强调了在洋脊翼部沉积物中K和Ca的选择系数随温度的变化以及选择系数和温度之间的内在联系均与热液流体-沉积物相互作用有关。

在流体-沉积物相互作用方面,除了对沉积物的元素组成、孔隙水和自生矿物开展研究以外,Andersson等[11]还对ODP 139和168航次钻取的沉积物进行过总水解氨基酸、总有机碳和总氮含量分析,研究了热液流体-沉积物相互作用对氨基酸分解和转化的影响,发现在上部沉积物中,水解氨基酸占总有机碳含量的3.3%和总氮含量的12%以上。随着深度的增加,沉积物中氨基酸的总量明显减少,在热梯度大约为0.6℃/m或更高的钻孔中,这种趋势更加明显。随后,Simoneit等[12]对ODP 139和169航次获得的东北太平洋中海谷和埃斯卡诺巴海槽沉积物中的孔隙水,用高温燃烧法测定了其溶解有机碳含量。结果表明,在浅部由于高温热液流体对沉积物中有机质的作用,导致该处沉积物孔隙水中DOC含量出现最大值。在Site 856和1035,DOC含量随深度增加而增加也是由于热液流体-沉积物相互作用的结果。

此外,对如何了解海底热液流体-沉积物相互作用过程中,沉积物所表现出的蚀变特征,Urbat等[13]给出了一个新的研究思路,其对ODP 169航次在东北太平洋戈尔达洋脊扩张中心埃斯卡诺巴海槽的Site 1037和1038所获得的沉积物进行了磁性特征研究,并结合多元统计分析,用沉积物的磁信号示踪了热液蚀变作用,提出随着热液流体-沉积物相互作用程度的增加,磁性矿物的蚀变作用逐渐增加的观点。

1.2.2 流体-岩石相互作用

在大洋钻探(DSDP/ODP)200多个航次中,有关海底热液流体-岩石相互作用的研究,主要体现在 Hole 504B(1°13.6′N,83°43.8′W,科斯塔里卡海岭;Costa Rica Rift)。1981～1993 年,在 Hole 504B,共执行了 7 个航次(Leg69、70、83、111、137、140、148),使得 Hole 504B 是唯一钻到上部洋壳中席状岩墙体部分,连续且长达 1800 m 的钻孔(剖面由上至下,分为火山岩层、过渡层、上部席状岩墙层和反应区层),它现在被当做上部洋壳的参考剖面。这在大洋钻探的历史中也是唯一的。

对 DSDP/ODP Hole 504B 的流体-岩石相互作用研究表明,上部火成岩有两个不同的蚀变类型。上部火成岩的上部 300 m,显示出低温(小于 110℃)流体-岩石相互作用的特征,导致洋壳摄取了 Si、Mg、K 和 H、O,并且释放出一定量的 Ca 和 Al。上部火成岩的下部,在流体循环过程中,表现出非氧化状态下的流体-岩石相互作用特征(温度可达 150℃),在此过程中,Mg、Si、Al、Fe、H、O,以及较少的 Ca 和 Na 被保留在洋壳中[14]。进一步,Bach 等[15]研究了 Hole 504B 洋壳下部席状岩墙体中稀土元素的迁移问题,发现在洋壳席状岩墙体的强烈蚀变岩石中 REE 浓度与周围微弱蚀变岩石相比亏损达到 50%,表明在热液流体-岩石相互作用过程中,REE 是可以迁移的(与过去 Michard 等[16]和 Gillis 等[17]的认识不同)。最近,Chan 等[18]又给出了 Hole 504B 和 Hole 896A 洋壳上部 2 km 的 Li 和 Li 同位素剖面,报道了上部火山岩,由于是在低温条件下进行的流体-岩石相互作用,海水中的 Li 被蚀变黏土所摄取,与新鲜的洋中脊玄武岩(MORB)相比,具有 Li 富集(5.6×10^{-6}～27.3×10^{-6})和 δ^7Li 偏重(6.6‰～20.8‰)的特点。而深部火山岩,海水的循环已经受到了限制,其 Li 含量和同位素组成与 MORB 类似。在火山岩和席状岩墙体的过渡区,由于海水与上升热液流体的混合,以及伴随硫化物的沉淀,该区则具有 Li 富集,δ^7Li 相对偏轻(−0.8‰～2.1‰)的特点,反映出在热液流体-岩石相互作用过程中,玄武岩来源 Li 起到了一定的作用。随深度进一步下降,在席状岩墙体区,Li 含量减少到 0.6×10^{-6},这是高温反应区中流体-岩石相互作用的结果。

在进行海底热液流体-岩石相互作用研究过程中,人们还意识到在年轻洋壳中,低温(小于 150℃)热液流体-岩石相互作用的范围和类型,不仅会受到一些反映基底结构的因素影响(如岩石类型、渗透率、原生和次生结构),也会受到流体-岩石相互作用过程中流体性质的影响(如盐度、温度、fo_2),这些因素和流体性质将导致区域和局部低温热液流体-岩石相互作用的产物产生相当大的变化。Hunter 等[19]在 ODP 168 航次工作的基础上,使用岩石学、矿物化学和全岩 Sr—O 同位素相结合的方法,探讨了 JdFR 东翼低温热液流体-岩石相互作用的范围、类型和序列,分析了基底岩石和热液流体组成的变化对低温热液流体-岩石相互作用的影响,以及随时间流体-岩石相互作用条件和次生矿物组合的变化情况。结果表明,低温热液流体-岩石相互作用的变化,通过次生矿物组合的变化表现出来(从绿泥石+绿泥石/蒙脱石,到铁氢氧化物+绿鳞石,到皂石±黄铁矿,最后到 CaMg(±Fe,Mg)碳酸盐),而次生矿物的变化又可以用来反映流体-岩石相互作用条件的变化(最上部洋壳的热液流体-岩石相互作用,开始处于开放、氧化的条件,逐渐地向非氧化条件变化,且流体-岩石相互作用的程度随时间增加而增加)。同时,Elderfield 等[20]使用 ODP 168 航次中获得的孔隙水样品和基底流体样品,通过孔隙水、基底流体样品的化学分析和 Sr、O、S 同位素测定,指出热液流体与基底岩石的相互作用,导致 Ca^{2+} 增加,碱度、Mg^{2+}、Na^{+}、K^{+}、SO_4^{2-} 和 $D^{18}O$ 减少[20]。

1.2.3 热、物质通量

海底热液循环对地壳的结构和物质组成具有一定的改造作用，对大洋的热结构、化学和同位素组成具有一定的影响，目前对该问题更多的是一种定性的认识。因为，我们还没有寻找到一种很好的方法来定量海底热液循环过程中的热、物质通量，许多已建立的地球物理、化学模型[21,22]，对于热、物质通量的估算仍然存在着许多不确定性，如不能确切知道洋脊热液体系和离轴热液体系的规模，高温和低温热液流体之间的热、物质比例，以及海底热液循环体系的动态变化机制等，导致用不同模型估算的热、物质通量具有明显的差别。

目前，借助 DSDP/ODP 的有关资料数据和样品，探讨海底热液循环过程中的热、物质通量问题尚未取得实质性的进展，上述问题仍然存在。如 Laverne 等[14]基于 DSDP/ODP Hole 504B 席状岩墙体上部 400 m 中的辉绿岩，研究了热液蚀变作用过程中的化学通量。结果表明，辉绿岩颗粒具有相对大量的 Fe_2O_3（+4.0 g/100 cm^3），而且释放了许多 SiO_2（−6.8 g/100 cm^3）、CaO(−5.8 g/100 cm^3）和 TiO_2（1.6 g/100 cm^3），其次是 Al_2O_3（−0.7 g/100 cm^3）和 MgO(−0.7 g/100 cm^3）。同时，在低温热液蚀变过程中火山岩对 Mg 的摄取，导致了岩墙释放出更多的 Mg，其净通量是 -0.07×10^{14} g/a。Teagle 等[23]根据 Hole 504B 中硬石膏和硫化物（其由海水硫还原而成）的数量，计算给出了海水补给通量（1.36×10^{6} kg/m^2）和全球轴向热液流体通量（4.7×10^{12} kg/a，该值比基于热限制和全球化学收支情况估计的高温热液流体通量低 4～25 倍）。在此基础上，Teagle 等[24]进一步研究了 DSDP/ODP 504B 孔中岩石和硬石膏的 Sr 同位素组成，计算出热液流体对轴向高温热液循环的补给通量为$(1.7\pm0.2)\times10^{6}$ km/m^2。有关海底热液循环过程中的热、质通量问题，还有许多工作等待做。

1.2.4　流体流动与反应

我们知道流体对流导致洋壳（大于 1 Ma）中的热损失约占整个大洋热通量的 20%[25]，其涉及的流体通量可能是轴部黑烟囱和扩散流体系流体通量的 2 倍[21,26]。因此，研究上部洋壳中流体的流动对于了解海底热液活动过程中的热、质通量问题非常重要。解决这个问题最有效的方法之一就是运用大洋钻探获得的数据资料和样品，研究热液流体在沉积物、岩石以及不同界面之间的流动状况和物理、化学反应。

现在这方面的研究基础主要是 ODP 168 航次，该航次在 JdFR 的东翼布置了一条东西向 100 km 长的钻探剖面（对应的洋壳年龄为 0.6～3.6 Ma，共有 10 个穿透沉积物和最上部洋壳的钻孔）。通过研究该航次获得的沉积物和玄武岩样品，结合现场温度测定和沉积物中孔隙流体的化学组成分析，了解到横向流体流动距离较长，超过 100 km[27]。在玄武岩基底上部，流体流动的时间不超过 10 000 年，流体流动的速率为 1～5 m/a[20]。流体流动以及沉积物-流体相互作用过程中的离子交换均与沉积物的厚度有一定关系[28]。

此外，Gieskes 等[29]对 ODP 139 和 169 航次在中海谷热液区获得的沉积物和孔隙流体进行了研究，讨论了热液的基本特征和流体流动的过程（这对于模拟块状硫化物矿床的形成和保存非常重要），指出其中 Dead Dog 硫化物分布区的热液仍然活动着，而 Bent Hill 硫化物分布区的热液活动正在衰退。

1.2.5　构造对海底热液活动的控制

热液流体通过断裂、裂隙等构造体的流动是海底热液循环的重要内容之一。ODP 180 航次在巴布亚新几内亚附近海域的西伍德拉克（Woodlark）海盆钻取到断裂拆离区（主要由糜棱岩和碎裂岩构成，并随着热液流体的注入，形成一些脉岩）的岩石样品，为回答流体在构造体中是如何表现的，构造体又是如何影响流体运移等问题提供了一次机会。Kopf 等[30]对这些岩石进行了 B、C 和 O 同位素分析。虽然只初步给出了断裂拆离区中脉岩的 C、O 和 B 同位素组成特征（如方解石脉具有碳、氧同位素比值和硼含量较低的特征 δ^{13}C PDB 低于 -17×10^{-3}，δ^{18}O PDB 低于 -22×10^{-3}，B 含量小于 7×10^{-6}），了解到热液成因方解石脉的形成经历过脱水和去碳酸作用，断裂拆离区下伏高级变质岩是流体的源岩，以及该区普遍存在着的液化作用和富 CO_2 流体的活动，并认识到脉岩的多次破裂和重新胶结反映出热液产物的沉淀对于流体演化和断块的运移均具有重要的意义。很显然，这离我们的希望还有一定的距离，但此项工作无疑具有一定的开创性。可以预计，将来这方面的工作会进一步引起更大的关注。

1.3 认识石油的海底热液活动成因

在扩张中心，热液活动对悬浮和沉积的有机质具有明显的影响，在那里未成熟的有机质被快速热解形成类石油的产物。从沉积物分布较少的地区（以微量组成形式存在，如 EPR 13°N 和 21°N）到有大量沉积物分布的地区（以海底冷凝物和柏油状石油形式存在，如加利福尼亚海湾的瓜伊马斯（Guaymas）海盆、东北太平洋的埃斯卡诺巴海槽和中海谷），均能观察到这类热液热解物的产出。因而，海底热液喷口系统，被认为是研究现代石油形成、排出和迁移的天然实验室。

近期，在 ODP 航次工作的基础上，通过进一步的研究，人们对海底热液成因的石油有了进一步的认识。在东北太平洋中海谷热液区，Rushdi 等[31]对 ODP 169 航次获得的样品进行了研究，探讨了沉积有机质经海底热液作用形成类石油的过程。指出，来自深部沉积物的热液石油发生了迁移，并在较浅部位聚集（聚集的热液石油呈不连续分布，所处温度为 60℃～135℃），其 n-链烷熟化从高 CPI（碳优势指数）值（未成熟）到小于 1.0（成熟），具气体和挥发份组分含量低的特点，并证实高温热液作用也能够产生多环芳烃。同时，Simoneit[32]对在 ODP Site 858 处获取的热液石油样品进行了碳同位素研究，其 n-链烷和类异戊二烯烃的碳同位素组成表明，有机质是海洋和陆源混合来源。

在东北太平洋戈尔达（Gorda）洋脊埃斯卡诺巴海槽，Ishibashi 等[33]进行了沉积物中孔隙流体的 He 和 C 地球化学研究，同样说明了海底热液活动在有沉积物的环境中能够产生热液石油，即沉积层中的有机质被热解为石油，并认为这种转变过程相对于地球漫长的地质历史是“瞬时的”。同时，Rushdi 等[34]对埃斯卡诺巴海槽沉积物中有机质的热液作用研究，也得出了与中海谷类似的结论，即在 Site 1038，热液石油形成后迁移到浅部，其强的偶数碳优势指数（CPI<1.0）反映出 n-链烷熟化，所有热液石油样品均为陆源和海洋有机质的混合。在 Site 1038，高分子 PAHs（多环芳烃）的存在是高温热液作用下有机质被转化为热液石油的具体表现。而在 1037 站，仅在海底 450 m 以下的部位观察到有机质的熟化。

1.4 揭示热液沉积物的空间结构和组成

与铁锰多金属结核、富钴结壳所具有的面型分布特征不同，海底热液沉积物（指除热液流体、热液柱和喷口生物等以外，海底热液作用下沉淀的产物，主要由硫化物、硫酸盐、氧化物等矿物组成，可以呈烟囱体（chimney）、丘状体（mound）、脉体（vein）和壳体（crust）产出的结构，需要三维空间来描述。因此，目前只有通过大洋钻探才能很好地了解海底热液沉积物的深部结构和物质组成，它也是评估海底热液沉积物资源潜力的有效手段。现有的其他大洋调查手段和技术设备都无法胜任此项工作。

目前，ODP 对揭示海底热液沉积物空间结构和组成的贡献，主要通过第 106、139、158、169 和 193 五个航次体现出来。通过这些航次的工作，我们对大西洋洋中脊 Snake Pit 热液区、东北太平洋 JdFR 的中海谷热液区、大西洋洋中脊 TAG 热液区以及西南太平洋东马努斯海盆 Pacmanus 热液区中热液沉积物的空间结构和物质组成有了一定的了解。

第 139 航次明确了中海谷热液区在 856 站，其热液沉积物从上至下，超过 90 m 的剖面中，可分为以黄铁矿为主、闪锌矿和磁铁矿为次的块状硫化物分布层，以磁黄铁矿为主、黄铁矿和磁铁矿为次的块状硫化物分布层，以黄铁矿为主的块状硫化物分布层及以磁黄铁矿为主、黄铜矿为次的硫化物分布层，共 4 层。在第 139 航次的基础上，第 169 航次又在中海谷热液区 Bent Hill 的 856H 孔进行了钻探工作，500 m 深的钻孔，提供了一个完整的海底热液沉积物的空间结构和物质组成剖面图，得知该处块状硫化物的厚度不小于 100 m，块状硫化物体两侧较陡，底部近水平，剖面整体形态类似倒扣的“碗”，估计该块状硫化物体有 8.8×10^6 t；在块状硫化物体下部，钻孔深 200～210 m 之间，有一近似水平展布的富铜层，该层主要由等轴古巴矿和富铁黄铜矿组成，Cu 含量达到 16.1%，估计其与上部块状硫化物体的体积规模差不多。该富铜矿层的发现无疑为陆上寻找类似矿床提供了新的启示。在距离 856H 孔约 350 m 的 1035H 孔，其热液沉积物的空间结构和物质组成与 856H 孔明显不同，在钻深不到 300 m 的剖面上，块状硫化物体分上、中、下三层，上层块状硫化物体（海底下 8.8～30 m）以黄铁矿、白铁矿和闪锌矿为主，其次是黄铜矿、等轴古巴矿、磁铁矿和赤铁矿，脉石矿物主要是白云石和铁白云石；中层块状硫化物体（海底下 74.6～84.2 m）以黄铁矿、磁黄铁矿和闪锌矿为主；下层块状硫化物体（海底下 123～142.3 m）以闪锌矿（占硫化物中的 40%～70%）为主，其次是黄铁矿和磁铁矿。热液沉积物的这种空间结构反映出该处海底热液活动的多阶段性。在下层块状硫化物体之下也为富铜层，其厚达 50 m，比 856H 孔处的富铜层厚（约 2 m）[35,36]。从 856H 到 1035H 孔，若富铜层是连续的（尚待钻孔验证），这意味着中海谷热液区铜的资源量相当可观（铜的资源量应不少于 1.4×10^6 t）。

中海谷 158 航次揭示出大西洋洋中脊 TAG 热液区中热液沉积物的空间结构与物质组成和中海谷热液区明显不同。在 TAG 热液区，从钻深达 125 m 的剖面上可以看出，热液沉积物由上至下可以分为块状硫化物区、硫化物—硬石膏区、硫化物—二氧化硅—硬石膏区、硫化物—二氧化硅区和热液蚀变玄武岩区 5 个部分，剖面整体形态呈“叠碗”结构。其中，块状硫化物区的矿物主要为黄铁矿，硫化物—硬石膏区的矿物主要为黄铁矿和硬石膏，硫化物—二氧化硅—硬石膏区的矿物主要是黄铁矿、石英和硬石膏，硫化物—二氧化硅区的矿物主要是黄铁矿和石英，热液蚀变玄武岩区主要发生了硅化和绿泥石化蚀变。从 TAG 热液区中热液沉积物的空间形态、规模和组成来看，其与陆上特罗多斯（Troods）蛇绿岩中的塞浦路斯（Cyprus）型块状硫化物矿床比较相似。估计 TAG 热液区钻孔控制的块状硫化物体有 2.7×10^6 t 硫化物，块状硫化物体下伏的硫化物—硬石膏区、硫化物—二氧化硅—硬石膏区和硫化物—氧化硅区中具有 1.2×10^6 t 硫化物。其中，铜含量为 3×10^4～6×10^4 t，硫化物—膏区中的硬石膏约为 1.65×10^5 t[37,38]。

在西南太平洋东马努斯海盆的Pacmanus热液区，通过193航次，对该区热液沉积物的空间结构和物质组成有了一些新的认识，首先该区（位于马努斯弧后盆地）热液沉积物的空间结构和物质组成与中海谷热液区（位于有沉积物覆盖洋中脊）和TAG热液区（位于无沉积物覆盖洋中脊）明显不同。其次，Site 1188、1189、1190和1191四处钻孔剖面均表明该区下伏火山岩主要由英安岩和流纹质英安岩构成，且热液蚀变现象明显。在1188A孔，上部是未蚀变的流纹质英安岩，下部为遭受热液蚀变的火山岩，火山岩中出现大量脉体，包括硬石膏—二氧化硅脉体、二氧化硅—硬石膏—磁铁矿脉体，以黄铁矿为主的硫化物主要出现在脉体中。在1189A孔，除了与Site 1188一样的火山岩组成和许多脉体出现外，还出现了富黄铜矿—黄铁矿半块状硫化物（semimassive sulfide），以及以黄铁矿为主具网脉状、角砾状结构的脉体。Site 1190中火山岩的热液蚀变作用不太明显，其与Site 1188和1189近表面的新鲜火山岩比较相似。在Site 1191，热液蚀变作用的强度由上至下逐渐增加，该处的热液蚀变作用与Site 1188和1189明显不同之处，表现为硬石膏的缺乏和沸石的出现[39]。

1.5 发现海底生物圈与热液活动的关系

海底生物圈是近期被人们关注最多的海底科学前沿领域之一。人们借助ODP的有关航次，使用结构方面的证据，以及基因探针和实验手段，观察到洋底和洋壳中玻化玄武质岩石中所留下的微生物作用迹象，意识到海底生物圈与海底热液活动之间存在一定的关系。尽管如此，因为这方面的工作刚刚开始不久，许多问题仍亟待解决。如在洋中脊翼部和洋盆地壳中存在广泛、巨大的低温流体储库（小于100℃），对其生命潜力至今知之甚少。最近，在ODP Hole 1026B（该处钻孔穿透了247 m的沉积物盖层，钻入了48 m厚的下伏玄武岩洋壳），Cowen等[40]对使用CORK设备获得的样品和数据进行了研究，发现来自洋壳（3.5 Ma）的65℃流体可以支持微生物的生长。此外，Furnes等[41]报道了DSDP/ODP Sites 417D和418A（洋壳年龄为110 Ma），以及DSDP/ODP Sites 504B和896A（洋壳年龄为5.9 Ma）处玄武质玻璃样品的显微观察结果，对生物和非生物产生的改造作用进行了有效的区分，在此基础上量化了两种改造类型，并将其数据与矿物、孔隙度、渗透率和温度联系起来。结果表明，生物对洋壳与海水之间的化学交换具有一定的控制作用。在洋壳上部的250 m范围内，玄武质玻璃中的改造以生物改造作用（biotic alteration）为主（占整个玻璃中蚀变部分的60%～85%），向下生物改造作用所占比例持续下降，直到降到洋壳下部500 m处的10%～20%。从两个洋壳（非常不同的形成年代和构造背景，相同之处是均有厚沉积物覆盖，属典型的洋盆下伏洋壳，而不是洋中脊中可能存在深、快速热液循环的洋壳）中获得的有关生物改造作用数据，表现出的明显一致性，说明微生物对玻璃的改造作用主要局限在上部洋壳。而且在科斯塔里卡裂谷，钻孔温度测定表明，导致玻璃改造的微生物是喜温的，在至少90℃的温度环境下微生物依然生存得很好。

2 海底热液活动研究对IODP的期望

过去大洋钻探对海底热液活动研究的贡献，使科学家从二维海底表面观察海底热液活动的表现走向三维海底深部理解海底热液活动的过程，对上部洋壳的热液流体通量和海底块状硫化物体的空间结构、物质组成等问题均有了一定程度的认识。今天，即将到来的综合大洋钻探计划（IODP，Integrated Ocean Drilling Program），希望用10年的时间（2003～2013

年)，在大洋钻探的一系列相关技术有实质性提高的基础上，针对深部生物圈和海底下的海洋，环境的变化、过程和效应，固体地球循环和地球动力学这三大领域开展进一步的大洋钻探科学研究。同时，制定IODP科学计划的专家们已经清醒地认识到，IODP所希望深入了解的俯冲带地壳返回地幔时的蚀变类型，地球深部生物圈的范围和极端环境下生命的特征和分布(包括从海底热液喷口到深海平原，如此不同的环境中，生命均能存在的原因)，地壳和上部地幔中流体流动的深度、范围以及产生的物理、化学和生物结果(包括岩石圈和大洋之间的热、物质通量，热、物质交换可能对气候产生的影响)，深部反应区的热、水文和化学状况等问题，无不与海底热液活动有关。因此，将海底热液活动研究与大洋钻探紧密结合起来，对实现IODP预期的科学目标有着重要的意义。可以认为，IODP的实施，无疑为进一步开展海底热液活动研究提供了又一个绝佳的平台。

从现在为IODP提交的有关建议书也可以看出，科学家们对通过IODP解决海底热液活动研究过程中的重要问题，寄予了厚望。早在2001年9月14日，美国维多利亚大学的Gillis等8人就提出，在Leg 147的基础上，进一步对赫斯(Hess)海渊进行钻探，研究快速扩张洋脊中、深层辉长岩的特征，了解下部洋壳中热液蚀变的特征和范围，以及相应的热液通量问题。2001年9月28日，日本海洋科学技术中心的Takai等，提出在冲绳海槽中部的Iheya脊进行钻探，了解热液喷口处深部微生物群落的位置及其生存环境，分析喷口处深部生物的新陈代谢类型及其与化学物质和化学反应的关系，研究喷口处深部生物与海底热液活动的关系。2001年10月1日，加利福尼亚大学的Haymon等，提出在东太平海隆9°～10°N，与获得NSF资助的RIDGE 2000科学计划结合，通过IODP钻探了解海底热液活动的过程，研究海底微生物群落的特征，以及生物群落随深度和温度变化而变化的情况，了解微生物和热液循环相互作用的范围。此外，美国Rutgers大学的Rona等，提出重返大西洋洋中脊TAG热液区，认识从高温到中温到低温流体喷口处深部生物活动的特征，确定活动高温硫化物丘状体之下网脉区和下伏反应区的水—岩反应特征，了解海水是如何进入热液流体中的，并评估有关元素的交换情况以及它们对全球地球化学收支情况的影响，进一步了解慢速扩张洋脊中热液系统的时空演化。德国Freiberg大学的Herzig等，则提出在巴布亚新几内亚最东部海域，基利奈劳(Kilinailau)海沟和马努斯海盆之间的新爱尔兰海盆进行钻探，了解海底岩浆—热液体系的成矿特征，识别与岩浆—热液体系有关的生物—地质相互作用，模拟复杂碰撞区的岩浆演化和流体通量，重建复杂弧前区的火山历史。最近，加利福尼亚大学的Fisher等，在2003年4月1日提交的建议书中，也提出了希望通过IODP航次工作，在东北太平洋JdFR东翼实施钻探，开展有关海底热液活动方面的研究，了解洋壳中水文地质特征和活动热液系统中流体通道的分布情况，建立流体循环、蚀变作用和地质微生物过程三者之间的连接，并确定地震各向异性和水文各向异性之间的联系。

可以预计，随着IODP的实施，在监测技术不断提高的基础上(如CORK)，通过对流体流动和洋壳物理化学结构的定量描述，我们对海底热液循环、热液沉积物的空间结构和物质组成，以及与海底热液活动有关的生命现象等问题的认识，将上一个新的台阶。

参考文献

[1] RISE Project Group. East Pacific Rise: Hot springs and geophysical experiments[J]. Science, 1980,

207: 1421-1444.

[2] Kong L,Ryan W B F, Mayer L, et al. Bare-rock drill sites, ODP Legs 106 and 109:Evidence for hydrothermal activity at 23°N in the Mid-Atlantic ridge rift valley[J]. EOS, 1985, 65: 1 106.

[3] Honnorez J, Mevel C, Honnorez-Guerstein B M. Mineralogy and chemistry of sulfide deposits drilled from hydrothermal mound of the snake pit active field, MAR[A]. In: Detrick R, Honnorez J, Bryan W B, et al, eds. Proceedings of the Ocean Drilling Program, Scientific Results[C]. 1990, 106/109: 145-162.

[4] Kase K, Yamamoto M, Shibata T. Copper-rich sulfide deposit near 23°N, Mid-Atlantic Ridge: Chemical composition, mineral chemistry and sulfur isotopes[A]. In: Detrick R, Honnorez J, Bryan W B, et al, eds. Proceedings of the Ocean Drilling Program, Scientific Results[C]. 1990, 106/109: 163-177.

[5] Goto S, Kinoshita M, Matsubayashi O, et al. Geothermal constraints on the hydrological regime of the TAG active hydrothermal mound, inferred from long-term monitoring[J]. Earth and Planetary Science Letters, 2002, 203(1): 149-163.

[6] Davis E E, Becke K. Observations of natural-state fluid pressures and temperatures in young oceanic crust and inferences regarding hydrothermal circulation[J]. Earth and Planetary Science Letters, 2002, 204(1-2): 231-248.

[7] James R H, Rudnicki M D, Palmer M R. The alkali element and boron geochemistry of the Escanaba Trough sediment-hosted hydrothermal system[J]. Earth and Planetary Science Letters, 1999, 171(1): 157-169.

[8] Gieskes J M, Simoneit B R T, Goodfellow W D, et al. Hydrothermal geochemistry of sediment sand pore waters in Escanaba Trough-ODP Leg 169[J]. Applied Geochemistry, 2002, 17(11): 1435-1456.

[9] Buatier M D, Monnin C, Fr h-Green G, et al. Fluid-sediment interactions related to hydrothermal circulation in the Eastern Flank of the Juan de Fuca Ridge[J]. Chemical Geology, 2001, 175(3-4): 343-360.

[10] Inoue A. Two-dimensional variations of exchangeable cation composition in the terrigenous sediment, eastern flank of the Juan de Fuca Ridge[J]. Marine Geology, 2000, 162(2-4): 501-528.

[11] Andersson E, Simoneit B R T, Holm N G. Amino acid abundances and stereochemistry in hydrothermally altered sediments from the Juan de Fuca Ridge, northeastern Pacific Ocean[J]. Applied Geochemistry, 2000, 15(8): 1169-1190.

[12] Simoneit B R T, Sparrow M A. Dissolved organic carbon in interstitial waters from sediments of Middle Valley and Escanaba Trough, Northeast Pacific, ODP Legs 139 and 169[J]. Applied Geochemistry, 2002, 17(11): 1495-1502.

[13] Urbat M, Dekkers M J, Krumsiek K. Discharge of hydrothermal fluids through sediment at the Escanaba Trough, Gorda Ridge (ODP Leg 169): Assessing the effects on the rock magnetic signal[J]. Earth and Planetary Science Letters, 2000, 176(3-4): 481-494.

[14] Laverne C, Agrinier P, Hermitte D, et al. Chemical fluxes during hydrothermal alteration of a 1200-m long section of dikes in the oceanic crust, DSDP/ODP Hole 504B[J]. Chemical Geology, 2001,181(1-4):73-98.

[15] Bach W, Irber W. Rare earth element mobility in the oceanic lower sheeted dyke complex: Evidence from geochemical data and leaching experiments[J]. Chemical Geology, 1998, 151(1-4): 309-326.

[16] Michard A, Albarede F. The REE content of some hydrothermal fluids[J]. Chemical Geology, 1986, 55: 51-60.

[17] Gillis K M, Ludden J N, Smith A D. Mobilization of REE during crustal aging in the Troodos Ophiolite, Cyprus[J]. Chemical Geology, 1992, 98: 71-86.

[18] Chan L H, Alt J C, Teagle D A H. Lithium and lithium isotope profiles through the upper oceanic crust: A study of seawater basalt exchange at ODP Sites 504B and 896A [J]. Earth and Planetary Science Letters, 2002, 201(1): 187-201.

[19] Hunter A G, Kempton P D, Greenwood P. Low-temperature fluid-rock interaction-An isotopic and mineralogical perspective of upper crustal evolution, eastern flank of the Juan de Fuca Ridge (JdFR), ODP Leg 168[J]. Chemica l Geology, 1999, 155(1-2): 3-28.

[20] Elderfield H, Wheat C G, Mottl M J, et al. Fluid and geochemical transport through oceanic crust: A transect across the eastern flank of the Juan de Fuca Ridge[J]. Earth and Planetary Science Letters, 1999, 172(1-2): 151-165.

[21] Elderfield H, Schultz A. Mid-ocean ridge hydrothermal fluxes and the chemical composition of the oceans[J]. Annual Review of Earthand Planetary Sciences, 1996, 24: 191-224.

[22] Giambalvo E R, Fisher A T, Martin J T, et al. Origin of elevated sediment permeability in a hydrothermal seepage zone, eastern flank of the Juan de Fuca Ridge, and implications for transport of fluid and heat[J]. Journal of Geophysical Research, 2000, 105: 897-912.

[23] Teagle D A H, Alt J C, Chiba H, et al. Strontium and oxygen isotopic constraints on fluid mixing, alteration and mineralization in the TAG hydrothermal deposit[J]. Chemical Geology, 1998, 149(1-2):1-24.

[24] Teagle D A H, Bickle M J, Alt J C. Recharge flux to ocean-ridge black smoker systems: A geochemical estimate from ODP Hole 504B[J]. Earth and Planetary Science Letters, 2003, 210: 81-89.

[25] Stein C A, Stein S. Constraints on hydrothermal heat flux through the oceanic lithosphere from global heat flow[J]. Journal of Geophysical Research, 1994, 99: 3081-3095.

[26] Mottl M J, Wheat C G. Hydrothermal circulation through mid-ocean ridge and anks: Fluxes of heat and magnesium[J]. Geochimica et Cosmochimica Acta, 1994, 58: 2225-2237.

[27] Buatier M D, Monnin C, Davis E E, et al. Hydrothermal circulation in the Eastern flank of the Juan de Fuca ridge (Leg ODP 168)[J]. Earth and Planetary Science Letters, 1998, 326(3): 201-206.

[28] Rudnicki M D, Elderfield H, Mottl M J. Pore fluid advection and reaction in sediments of the eastern flank, Juan de Fuca Ridge, 48°N[J]. Earth and Planetary Science Letters, 2001, 187(1-2): 173-189.

[29] Gieskes J M, Simoneit B R T, Shanks W C Ⅲ, et al. Geochemistry of fluid phases and sediments: Relevance to hydrothermal circulation in Middle Valley, ODP Legs 139 and 169[J]. Applied Geochemistry, 2002, 17(11): 1381-1399.

[30] Kopf A, Behrmann J H, Deyhle A, et al. Isotopic evidence (B, C, O) of deep fluid processes in fault rocks from the active Woodlark Basin detachment zone[J]. Earth and Planetary Science Letters, 2003, 208(1-2): 51-68.

[31] Rushdi A I, Simoneit B R T. Hydrothermal alteration of organic matter in sediments of the Northeastern Pacific Ocean: Part 1. Middle Valley, Juan de Fuca Ridge[J]. Applied Geochemistry, 2002, 17(11):1401-1428.

[32] Simoneit B R T. Carbon isotope systematics of individual hydro-carbons in hydrothermal petroleum from Middle Valley, Northeastern Pacific Ocean[J]. Applied Geochemistry, 2002, 17(11): 1429-1433.

[33] Ishibashi J, Sato M, Sano Y, et al. Helium and carbon gas geochemistry of pore fluids from the sediment-rich hydrothermal system in Escanaba Trough[J]. Applied Geochemistry, 2002, 17(11): 1457-1466.

[34] Rushdi A I, Simoneit B R T. Hydrothermal alteration of organic matter in sediments of the Northeast-

ern Pacific Ocean: Part 2. Escanaba Trough, Gorda Ridge[J]. Applied Geochemistry, 2002, 17(11): 1467-1494.

[35] Zierenberg R A, Fouquet Y, Miller D J, et al. The deep structure of a sea-floor hydrothermal deposi [J]. Nature, 1998, 392: 485-488.

[36] Zierenberg R A, Miller D J. Overview of Ocean Drilling Program Leg 169: Sedimented Ridges Ⅱ[A]. In: Zierenberg, R A, Fouquet Y, Miller D J, Normark W R, eds. Proceedings of the Ocean Drilling Program, Scientific Results[C]. 2000, 169: 1-39.

[37] Humphris S E, Herzig P M, Miller D J, et al. The internal structure of an active seafloor massive sulphide deposit[J]. Nature, 1995,377: 713-716.

[38] Hannington M, Galley A G, Herzig P M, et al. Comparison of the TAG mound and stockwork complex with Cyprus-type massive sulfide deposits [A]. In: Herzig P M, Humphris S E, Miller J, eds. Proceedings of the Ocean Drilling Program, Scientific Results[C]. 1998, 158: 389-415.

[39] Shipboard Scientific Party. Leg 193 summary [A]. In: Binns R A, Barriga F J A S, Miller D J, et al, eds. Proceedings of the Ocean Drilling Program, Initial Reports[C]. 2002, 193: 1-84.

[40] Cowen J P, Giovannoni S J, Kenig Fabien, et al. Fluids from Aging Ocean Crust that support microbial life[J]. Science, 2003, 299: 120-123.

[41] Furnes H, Staudigel H. Biological mediation in ocean crust alteration: How deep is the deep biosphere? [J]. Earth and Planetary Science Letters, 1999, 166(3-4): 97-103.

CONTRIBUTION OF OCEAN DRILLING TO THE STUDY OF SEAFLOOR HYDROTHERMAL ACTIVITY

Abstract Abundant data and samples have been recovered by ocean drilling for studying the seafloor hydrothermal activity. On the basis of these data and samples, we have understood the seafloor hydrothermal circulation by studying the fluid-sediment/rock interaction, the heat and mass flux, the fluid flow, and the tectonics in control of seafloor hydrothermal activity. And we have got some knowledge about the characteristics of seafloor hydrothermal-origin petroleum, the architecture and constitute of seafloor hydrothermal products, and the relationship between the deep biosphere and the seafloor hydrothermal activity by analyzing these data and samples from the ocean drilling. In the future, more achievements of studying seafloor hydrothermal activity will be got by carrying out the Integrated Ocean Drilling Program.

Key words Contribution; Seafloor hydrothermal activity; Ocean drilling.

本文刊于2003年《地球科学进展》 第18卷 第5期

作者:曾志刚 秦蕴珊

深海极端环境及其对生命过程的影响

1 引言

100 多年以前,英国科学调查船“挑战者”号于 1872～1876 年进行的划时代的科学考察可作为人类调查研究深海大洋的开端,这个调查报告国内约有两部。

近几十年来,经过漫长的历史进程,科学家们对深海的调查研究取得了革命性的重大突破。海底扩张与板块学说的提出;从 DSDP→ODP→IODP 大洋钻探计划的实施;大洋中脊系统与海底下海洋的发现以及海底矿物资源的勘探与开发活动等,都对科学和社会的发展起到了重要的作用。20 世纪 60 年代以来,科学家们不仅发现了分布广泛的海底火山、海底冷泉系统和海底热液系统,而且在这个海底极端环境中还发现了大量的生物群落(含细菌、真菌),甚至在火山岩中温度高达几百摄氏度的热液喷口处发现了大量的细菌。

海底热液系统的壮丽景观以及生活在这种极端环境的生物的产生、进化和灭亡,都以在地球系统中最奇特的一幕吸引着科学家们的目光,同时又以极端环境下的生物基因的开发利用,创造了数十亿美元的经济价值引诱着科学家们的商业头脑。这是全球深海研究中最重要的发现,而且这仅仅是开始。

深海极端环境与生命过程的研究工作,是近二三十年才开辟的新领域。

2 深海环境的极端性和复杂性

2.1 深海有多大

全部海洋的面积约为 3.6 亿平方千米。如将边缘海的面积包括在内,深海占全部海洋面积的 84%,如不包括边缘海的面积,深海占全部海洋面积的 91%。

本文中的深海是指:水深大于 2 000 米的海域,不含边缘海。

2.2 深海极端环境的分析

深海环境或叫深海极端环境是由多因子共同塑造的一个统一的系统。深海系统是地球系统的一个重要组成部分。从地球系统科学的理念来观察深海系统时,便会发现,在深海底部,大洋深处各圈层(岩石圈、水圈、生物圈)之间的相互作用、相互依赖和相互影响是最为频繁,最为活跃的地区。我们将深海极端系统划分为:物理化学环境和海底的地质环境。

2.2.1 深海的理化环境特征

主要有:①没有阳光,海洋表层的透光层一般为 130～150 米,最大不超过 200 米,就是说深于 200 米的海底都见不到阳光,漆黑一片。②高压,水深每增加 10 米,其底面受到的压力即增加一个大气压。2 000 米深的海底所受到的压力为 200 个大气压,在 2 000 米深的海底上，一个成年人受到的压力大约相当于10个火车头压在身上。③低温，深海海底附近的海水的温度变化小，一般在0℃～2℃之间，同时缺氧。④在有些深海区，H_2S和重金属等有毒物质和气体的含量高。

2.2.2　深海的地质环境

深海底的地质环境是最复杂、影响最大的主导环境因素，深海底的地质环境是影响其他环境因子变化的最大变数，可分为大尺度的环境因子和小尺度的环境因子。

1)洋中脊。洋中脊是全球性的，全长为6万多千米(据联合国统计)，只有5%～10%作过研究。根据洋中脊两侧向外扩张的速度可分为快速扩张(>8 cm/a)、中速扩张(4～8 cm/a)、慢速扩张(<4 cm/a)、超慢速扩张(<2 cm/a)。由于洋中脊处于活动期，火山活动，热液系统十分发育，海底热流值极高(见图1)。因此，对上覆海水温度的升高影响很大。此外，洋中脊又是地震多发地区。对于快速扩张的洋中脊一般地震繁频高，强度小；而慢速扩张的洋中脊则一般地震繁频低，强度大。

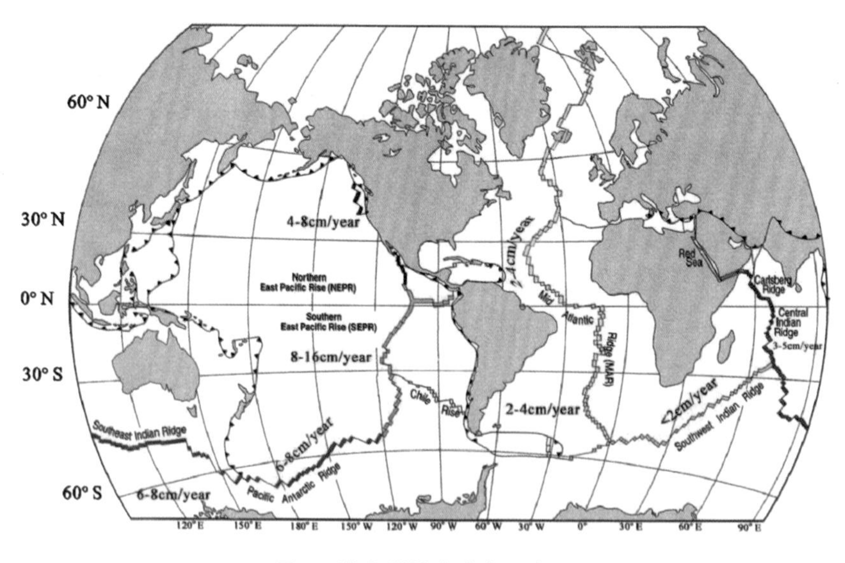

图1　洋中脊扩张速度示意图

2)板块边界与俯冲带。如在东太平洋海隆最北端的胡安德富卡洋脊体系。

在板块内部及其边界处，可划分出许多次级板块，这些地带的火山、热液、地震都十分活跃，对环境造成巨大影响。

3)海底沉积物。海底沉积物记录着环境的变化和生物种群的进化历史。

沉积物本身都含有大量的细菌，这些细菌随着沉积时代和沉积条件的不同在种群上发生着变化。

4)深海底的底形和地貌景观是查找热液喷口的重要环境指标。

5)深海的热流。海底热环境是深海地质环境的一个重要构成部分。海底热流调查研究已是当前地球科学中一门非常重要的分支学科。海底热液活动及天然气水合物的发现与研究都和海底热流调查研究密切相关。例如，日本科学家首先在冲绳海槽发现了高热流异常，然后对高热流区进一步的调查发现了冲绳海槽第一个现代海底热液活动区。海底天然气水合物的赋存严格地受温度、压力条件的制约。对水合物研究区进行地热场调查已是海底天然气水合物调查研究必不可少的工作。除制约水合物的赋存外，海底热流同样制约着海上油气的形成、运移与赋存。美国、英国等国家的海上石油调查中海底热流调查同样必不可少。

2.3 海底热液系统

2.3.1 热液活动区的分布

1)分布的水深。对热液活动区分布的纬度数据分析可发现，北半球热液活动区的数目(331 个)明显高于南半球(161 个)，而且主要集中在 40°N～40°S 之间的中、低纬度地区，南、北两极尚未发现。

热液活动区分布的水深范围跨度很大。全球热液活动区的水深大部分集中于 1 300～3 700 m 之间，平均水深为 2 532 m，出现热液活动概率最高的水深为 2 600 m，其次为 1 700 m、1 900 m、2 200 m、3 000 m 和 3 700 m。

2)分布的地质部位。总的来看，热液活动区都分布于构造活动区、板块交界带以及断裂发育的地区。

具体部位有：洋中脊的中轴谷，海底火山口附近，弧后盆地的大陆裂谷区，沉积物区以及三连点区等，已知活动热液区有 140 个左右(见图 2)。

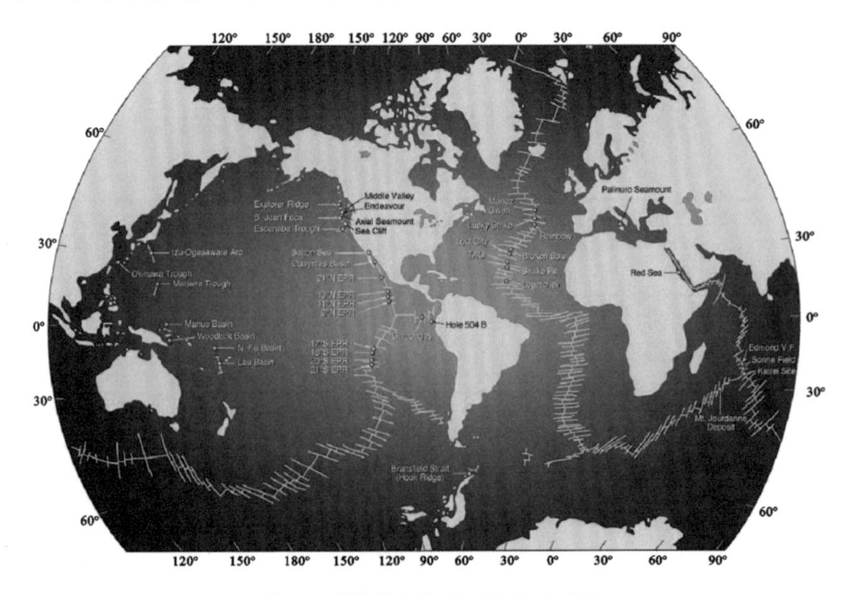

图 2 现代洋底热液系统分布略图

(引自 Halbach，在青岛访问时提供)

从分布的地理位置上看，主要分布在太平洋、大西洋、印度洋和红海。在已知的 140 个正在活动热液活动区，分布在太平洋的占 75%，大西洋 16%，印度洋 3%，其他海区总和占 6%。

2.3.2 形成过程和机理(见图 3)

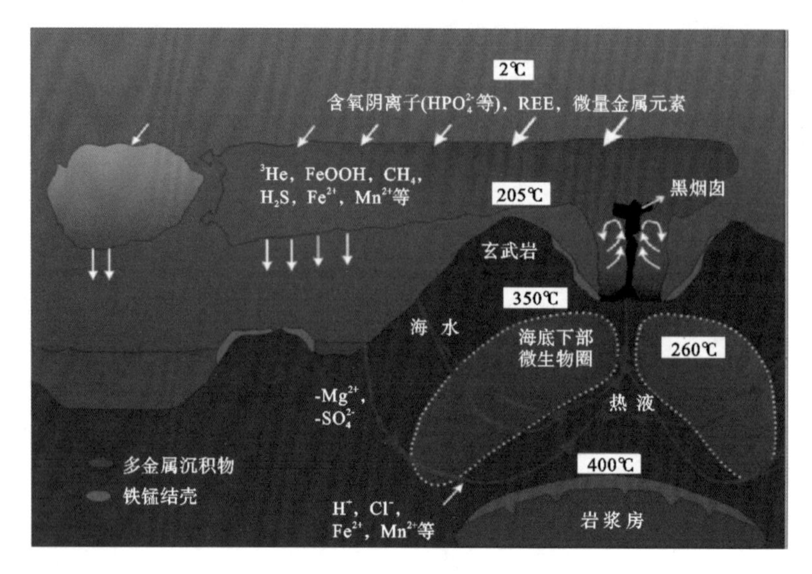

图 3 形成过程和机理的示意图

(引自 www.pmel.noaa.gov/.../chemistry/information.html)

2.3.3 对周围环境造成重大影响的几个特点

1)热液柱。热液柱与周围海水表现出明显的异常特征。一是热液柱的化学异常，如CH_4、^3He和Mn等元素含量的异常。二是热液柱的CTDT异常，CTDT是指海水的温度、盐度、密度和透光度。例如，在一个地区的水深2 600 m处，热液柱与周围海水的温度相差可达0.2℃。

	正常海水	热液柱
CH_4	<10 nL/L	8 900 nL/L
^3He	5.5×10^{-5} nL/L	0.8～13 nL/L
Mn	40 ng/L	680 mol/L

热液柱的形态是不断变化的。从热液喷口喷出的热液流体和周围海水相比具有温度高、密度小的特点。如黑烟囱喷口处的温度一般可达300℃～400℃，而密度只有正常海水密度的1/10左右，所以浮力向上，再加上喷出时的初始速度，因此热液喷出后会加速上升。热液柱在上升过程中，自身的温度也在不断下降，密度增大，浮力下降。当其密度与周围海水的密度相同时，热液柱到达一个中性浮力面，浮力不再存在，热液柱停止上升。从下面不断上升的热液在这个面上不断聚集并向周围扩散，从而形成一个透镜体。总之，热液柱的成长发育符合流体力学的基本规律。

由于柯氏力的作用，热液柱的透镜体发生旋转，在北半球呈顺时针旋转，而在南半球成逆时针旋转。这种旋转使透镜体本身有了自己保持功能，一方面它可以保持自身的能量不向外扩散，另一方面也保持了热液透镜体形态的稳定性。它的横向运移是受深层海流影响的，横向扩散范围可从几十千米到几百千米，甚至更远，可引起深海大尺度环流(见图4)。

热液柱在海底成矿方面起着重要作用。热液系统通过热液柱向海洋中输送巨大的热

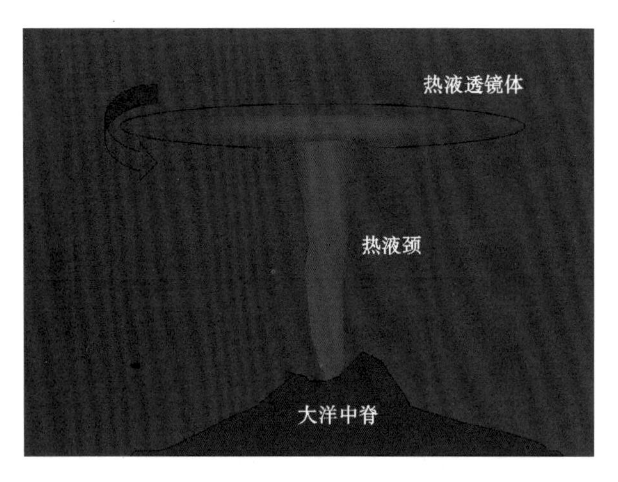

图 4　大洋中脊热液柱的运动形态示意图

量，影响海水的循环和气候的变化。发展了许多模型加以计算。例如，有人根据全球热液柱覆盖率计算得到的全球热液热通量为 880 GW，而根据岩浆热侵入的估计结果为 445 GW（长江三峡 26 台机组全部建成后的总输出功率为18.2 GW）。

2）热液流体脉动性的喷发。热液流体从海底喷发，一方面在喷口两侧形成喷出物质的沉淀（多数为硫化物，即“黑烟囱”；另一类则为“白烟囱”，多数为硅质）；另一方面则形成热液柱，向海洋中喷发。但是热液的喷发不是连续的，是脉动的、短周期的，因此在喷发过程中会发出脉动的声音，这种声音可能是周围生物体活动的导航器，因为这些高等动物是没有眼球的。

3）热液流体是有生命限制的。一般来说，生命长的，如大西洋 TAG 区的热液活动延续了 2 万年；生命短的热液流体只有十几年、几十年。此外还存在重新活化的热液流体，即灭亡后又重新开始活动。而这种状况又会给生物群落带来何种影响，还不得而知。

4）热液沉淀物的矿物、岩石组成不同。不同的矿物、岩石上附着的生物群落有很大的不同，它们之间的关系尚需要从矿物的成分、结构构造上去寻找答案。

5）热液系统流向海洋的热通量估算：烟囱体的热通量为 97.40 GW。扩散流和羽状流的热通量为 84.90 GW。全球热流系统的热通量总和为 182.3 GW。以上为翟世奎和栾锡武计算的结果，国外有关科学家计算的结果为 445～880 GW 之间。

这么大的热通量必然对海洋环流的变化造成巨大的影响，需密切关切。

3　极端环境中的生命过程

早在 18 世纪，人们在铺设海底电缆时，就已发现了深海底存在着生物，如扁状鱼和深红色的小虾，长期以来这些生活在宏观极端环境下的鱼虾并未使人向望。不久前，我国的“大洋一号”船在水深二三千米处进行拖网作业时，也经常一并拖到了鱼，都有半米多长，有眼无球，谁也不敢吃。

在 20 世纪 70 年代初，美国科学家在美洲西部海域的加拉帕戈斯隆起、水深 2 500 米处的热液喷口发现了浓密的生物群落，在那里生存的大型生物与化学合成的细菌有共生关系。日本的 Jamstec（日本海洋科学技术中心）也于 80 年代初期，在冲绳海槽中部发现了热液堆积体和烟囱状热液喷口系统，并在其周围观察到有巨大的海绵、虾类、海星等底栖生物。

70 年代以来，随着极端环境与热液系统的不断发现和研究的不断深入以及与这种环境相适应的生物体的不断发现，许多国家都把目光聚焦到了深海极端环境与生物发展、演化上来，这是新兴的研究领域。

3.1　深海生物群落（深部生物圈）

3.1.1　研究的意义

由于深海的极端环境和构造的变动，在海底、板块交界处都分布着不同种类的生物群体，研究这些生物群体有助于认识板块的运移和生物群体的进化，并能填补生命发展史上的空白。

在地质历史上，海洋生物经过进化种群有了巨大变化，而在现代的深海海底存在很多仍然保持着远古特征的生物种类，因此有可能通过调查深海底的堆积物的环境动态，了解地层的远古环境动态。深海底的生物群落是依靠化能合成为基础的生态系统。这种极端环境下生存的真核生物，可能与细菌共生以摄取营养。

3.1.2 群落分布

这是一个非常复杂和广泛的课题，因为不同的热液区有不同的生物群落，仅举例子说明。

1)不同热液区有不同的生物群落。在冲绳海槽的伊平屋热液活动区共发现了1种热液伴溢蛤属、3种蔓足类、1种贻贝类、2种大肚须足虫和2种长尾类等。大肚须足虫、热液伴溢蛤等是优势热液生物种，其湿重超过20～30 kg/m^2，鳃组织内充满共生的细菌。镜下可观察到大量的无机硫磺晶体，它们大多是生物分类学上的新种。

同时还发现3种蔓足类生物，其中两种保持着原始体形的种类，同种属在EPR(东太平洋海隆)并不多见，令人惊讶的是冲绳海槽是刚开始扩张的孤后张裂带，在这一最年轻的张裂体系中竟然保存着这种最古老形态的蔓足类，同时在伊平屋不远的另一个热液喷口处却没有发现与伊平屋热液口处相同的生物群落。如此近的距离上，生物学上的种属有如此大的变化差异，是不可思议的。

2)不同的海底火山岩和沉积物有不同的生物种属。如在热液附近的一些浅色沉积物中分布着许多大型海参种的生物，其体长可达30～40 cm；而在枕状熔岩和带皱纹的板状岩石露头上(富含SiO_2的喷出岩)则分布着棒球形玻璃海绵、海葵类等。

3)分布的分带性。热液喷口的温度与其周围海水间温差很大，温度梯度降低得极快，而生物群落则以喷口为中心呈环带状分布，如离喷口不远处水温可达60℃～110℃，有大量的细菌和真菌，一般都附着在沉积物和玄武岩表面；再向外水温变到20℃～40℃，则生活着蠕虫动物；在水温2℃～10℃，生物门类大增，以管状蠕状类为主。在水平距离1 m，水温可从20℃降到2℃。但是也有不同生物门类混生的现象。

4)生物的丰度和生长速度。一般的深海生物群落的特点是种群密度和生物量都低，新陈代谢和生长速度都低于浅海，但在热液喷口附近，生物密度和生物总量很高，生长速度更快，但生命周期短，平均生活年龄为6年，平均生长1～4 cm/a。主要是因为热液喷口生物群落直接依赖喷溢热液体的热能获得能量维持生命，因此生物体的产生和消亡完全取决于海底热液的活动周期。

3.2 极端环境下的微生物

在极端条件下生活的微生物形成了极为独特的生物结构、代谢机制，体内产生了特殊的生物活性物质，如嗜碱、嗜热、耐压……以及各种极端酶，这些特殊的生物活性物质是深海生物资源中最有应用价值的部分。

在热液系统中，几百摄氏度的高温足以使一般的生命细胞物质变性，然而有一类被称为嗜热菌的微生物却能在高温下生活下来。同样，在低温、高碱、高盐、高压等极端环境下也有极端的生命世界。已发现的极端生命形式包括嗜热菌、嗜冷菌、嗜碱菌、嗜酸菌、嗜盐菌、嗜压菌等，统称为极端微生物，它们构成了地球生命的独特风景线，其存在的机理与意义为更好地认识生命现象、发展生物技术提供了宝贵的知识源泉。

极端微生物的研究将有助于揭示生命起源、生命极限、生命本质甚至其他生命形式等生命科学的悬念。极端微生物不仅可以提供新的遗传信息，而且具有独特的细胞结构、特殊代谢机制以及各种多样的特殊功能，可直接达到基因工程、蛋白质工程、代谢工程的某些目的，可产生新物质，建立新的生物技术手段，将使我们在环境、能源、农业、健康、轻化等领域的生物技术能力发生革命，发达国家在极端微生物研究开发方面进行着激烈的竞争。

为此，1997 年起，美国启动了一个专项“Life in Extreme Environments(LEXEN)”，围绕三个课题：①物种多样性；②功能多样性；③生命进化——生命如何从前生条件进化而来。在极端微生物的生物技术利用方面，美国已经开始享受极端酶带来的利益，PCR 酶、ENT 酶、碱性酶及极端“石油工作者”已在产业上产生了重要影响，同时在基因芯片、新材料、新药等方面，对极端微生物也抱有很大的期望。

早在 20 世纪 90 年代初期，日本就执行了“深海之星(Deep-star)”计划，从深海中获得了 1 000 多株嗜压、嗜冷、嗜热、嗜碱及耐有机溶剂的多类型的极端微生物，这些极端微生物在新酶、新药开发及环境整治等方面的应用潜力很大。

3.2.1 微生物主要的分布区域

1)热液本身含有大量的嗜热细菌。热液本身含有的嗜热细菌随着其他热液物质一起喷出海底，并在热液喷口附着并沉积下来。此外，火山岩中也含有大量细菌。

在深海热液活动区的海底表面下深部，很有可能存在着一个极端嗜热的主要由古菌组成的无机自养微生物生态系统，该系统可能与地球上的原始生命系统非常相似，并有可能类似于地球外的生命形式，因此，在原始生命起源和进化研究中具有无法取代地位。

2)存在于海底沉积物和海底以下的地层中的微生物。在所谓的“洋底下的海洋”里，还是构成深部生物圈的巨大的微生物群落的聚居地，据统计，地球上有高达 2/3 的微生物可能深埋在洋底的沉积物和地壳中。

这一广泛存在的洋底下的海洋与微生物的联系，给地球上生命的分布和进化以及碳循环的机理提出了新的基本的课题。在一个似乎缺乏营养资源的环境下存在的这一巨大的生命体也对生物地球化学、微生物生理学和微生物生态学提出了新的课题。科学界普遍认为，对这一新的极端环境下微生物生命形态的采样和研究将为生物工程上的应用(如水处理、提高采油率……)带来新的思路和材料。过去，ODP 首次在洋底以下深逾 750 米的沉积物中发现有微生物存在，对洋底深处微生物的进一步采样和研究必将取得更多意想不到的成果。因此，通过遗传基因分析和进行组织学研究，进一步认识深海极端环境下生物的环境适应机理以及它们与细菌共生的生理构造有重要意义。

本文于 2005 年秋召开的“第三届全国沉积学大会”上报告，略经修改刊于此。

作者：秦蕴珊

南海北部陆坡深水沉积体系研究

摘要 陆源碎屑物质是深水地质研究的重要内容，在全球“从源到汇”研究计划中占有重要地位。海底峡谷、水道搬运沉积体系和块体搬运沉积体系（海底滑坡）是大陆坡最重要的两种搬运沉积过程。根据高分辨率2D、3D多道反射地震资料、多波束测深法、旁扫声纳、重力与活塞取样等资料研究发现，在南海北部陆坡地层中，广泛发育大型深水块体搬运体系和相应深水水道沉积体系。针对白云凹陷和琼东南盆地深水陆坡区的实例研究，揭示了典型深水块体搬运的平面形态、内部结构和变形过程，进而深入认识这一地质体的形成演化过程。采用2D/3D地震资料和多种数值模拟新方法发现了第四系深水高弯曲水道及其沉积相特征、上新世琼东南盆地中央水道及中新世古珠江深水水道体系。深水沉积体系对研究我国深水油气资源的成因机理和分布规律，以及深水工程的地质灾害预测和防护具有十分重要的意义。

关键词 块体搬运沉积体系　深水水道沉积体系　2D地震属性　大陆坡　南海

前言

陆源碎屑物质在全球“源到汇”研究中占有重要地位。随着我国经济的快速发展，对油气资源的需求急剧增加，但现有条件下的油气产量仍不能满足经济发展的需求，因此人们把目光投向深水区及新能源，如深水油气和天然气水合物。中国石油天然气集团公司及中国海洋石油总公司等大型企业纷纷确定了深水油气勘探战略选区。20世纪80年代后期，人们发现富含泥岩的陆坡沉积体系的下端发育大量的砂岩，逐渐意识到水道作为通向盆底的砂体通道的重要性[1,2]。同样，深水油气勘探面临着巨大的挑战，对现代发生的重力流沉积搬运过程等缺乏足够的重视，这种沉积作用包括滑动（sikle）、滑塌（slump）和碎屑流（debris flow）等重力流作用过程。一般来说，单一滑动可以沿着十分平缓的斜坡角（0.5°～3°）将沉积物运移至远处，并可持续1小时到数天不等，它能将沉积物运移至数百千米。这种沉积过程不仅严重危害深水油气开发平台、油气管线、海底电缆等设施，而且存在许多悬而未解的科学问题[1~9]。

1　深水沉积体系的类型及其特征

本文使用的“深水沉积体系（deepwater depositional system）”这一术语是指沉积于深水中的陆源碎屑沉积物，也就是陆架坡折带到盆地底部的重力流沉积物（gravity flow sediment）。它包括滑动、滑塌、液化流、碎屑流、浊流（turbid flow）等沉积作用过程，但其中最重要的两种沉积作用过程就是浊流和碎屑流沉积作用。因此，深水沉积体系也相应地发育了两种重要的深水沉积类型，即水道沉积系和块体搬运沉积体系[10~16]。

1.1　深水水道沉积体系

深水水道沉积体系广泛发育在陆坡、陆隆和深海平原等地。本文中所讲的“水道”是指由水流作用产生的细长负地形，或由浊流作用形成的沉积物搬运的长期水流通道。浊流沉积体系内水道的形态和位置受控于沉积作用，抑或是沉积作用和侵蚀作用二者的共同作用[10]。由于研究尺度所限，当论及地震剖面上或是露头资料中与水道类似的特征时，这一术语有时会引起争议。

深水水道沉积体系具有以下特征：①深水沉积水道作为粗粒沉积物的通道，连接外陆架、陆坡和深水盆地。②在平面图上，水道形态从直流到高曲流变化不一。流体的坡降、体积、粒度和频率都影响水道的形态和发育状况。沉积环境过渡带向席状砂下倾，贯穿于水道—朵叶体过渡带区域。③水道具有较小的宽厚比，其长度与宽度相差很大。水道类型从侵蚀型到侵蚀—加积型，再到完全加积型（水道—天然堤），各不相同。④在地震反射资料上，水道充填表现为不同的几何形态，包括叠瓦状（横向迁移组合）、加积充填偏移型和完全加积充填型。⑤水道充填沉积的岩相和粒度分布也极其不同，产生许多阻碍压力传递和流体连通性的障碍和隔板。

深水水道沉积体系主要包括四种沉积类型：①水道沉积，受侵蚀或沉积作用共同作用的粗粒沉积物；②漫溢沉积，指邻近水道、横向分布范围较广的细粒沉积物，通常包括天然堤上部细粒沉积或天然堤外缘平坦地形的细粒沉积物；③朵叶体或席状砂，由多个缺失顶底的Bouma序列堆积组合而成，呈板状，具有高的砂泥比，进一步可分为复合席状砂和层状复合砂；④远端的薄层沉积包括天然堤、水道间沉积或扇端沉积，由极细砂岩或粉砂岩组成，包含大量波纹层理、包卷层理、小型生物扰动构造及递变层理[11]。深水水道充填沉积物性质变化很大，主要依赖于相对海平面变化和构造运动等，沉积物类型可分为砾岩、砂岩、粉砂岩和泥岩以及它们的混合充填。一般来说，深水水道具有两种成因机制：重力流和底流，且以重力流作用（主要是浊流和碎屑流）为主。水道充填沉积可由多种重力流沉积物组成，如浊流、碎屑流和海底滑坡块体等[12]。通常水道充填为粒度向上减小的正粒序沉积，这与深水水道类型自下而上从多支流型水道到小型具有堤坝的水道沉积体系相一致。

在不同的水道沉积体系中，水道充填沉积的厚度各不相同。从扇根到扇端水道充填厚度减小。单层水道充填可能只有几米厚，而复合水道充填厚度可达几百米。水道充填厚度主要受控于水道活动时间、流经水道的水流体积，以及与水道是否决口还是保持主要的加积作用有关。单个水道形成可分为侵蚀期、充填期、溢出期和泥岩充填期，而复合水道的形成则为上述过程多次重复[13]。

一般来说，水道扇根的宽深比明显较低（30∶1到80∶1）、砂泥比较高（75％～90％）、具有较好的纵向连通性但横向连通性相对较差；扇中侵蚀接触带很少、水道充填地层的宽深比较高、砂泥比下降到65％～80％、横向上连通性增加而纵向连通性相对较差。在一个沉积层序内，水道体系的垂向变化明显，从区域性的大型侵蚀水道到底部侵蚀—加积型支流水道，到顶部具有堤坝的小型加积水道，主要发育底部为砂岩、顶部为泥岩的正粒序沉积。水道轴部沉积的砂泥比为50％～70％，而边缘堤坝主要由泥岩组成。通常，人们可预测从水道轴部（高砂泥比，高振幅反射）到水道边缘（低砂泥比，低振幅反射）砂泥比的变化。综上所述，如果数据体表现为各井的测井特征不相同且短距离内砂泥比变化很大，则可推测该沉积结构单元很可能是水道充填[14,15]。

1.2 深水块体搬运沉积体系

块体搬运沉积体系（Mass transport deposits，简称MTDs）是发生在外陆架/大陆坡的一种沉积物搬运机制[1~5]，包括滑动、滑塌和碎屑流等重力流作用过程。块体搬运体系作为大陆边缘沉积物扩散系统的重要组成部分，在世界范围内广泛存在，是深水沉积体系的重要研究内容。

许多沉积学家从沉积学的角度研究深水块体沉积物，提出了块体搬运体系的概念。Weimer 最早使用"块体搬运复合体"(Mass transport complexes，简称 MTCs)来描述这种深水沉积物搬运机制，指出该沉积体系是位于沉积层序下部的底部发生侵蚀、被水道和天然堤上覆的一种沉积地层单元[1]。Moscardelli 进一步将重力流分为两大类型：块体搬运体系和浊流，并明确指出块体搬运体系包括滑动、滑塌和碎屑流，并对各种类型重力流的形成机制、沉积物构造和地球物理特征进行了分析[17]。随着研究的深入，块体搬运沉积体渐渐成为一个通用的术语，用来描述各种类型的块体搬运。作者认为，"块体搬运沉积体系"和"块体搬运复合体"是在不同的时间、从不同角度研究同一深水沉积现象时，提出的不同术语，具有相同内涵。同样，目前海洋灾害研究热点之一的滑坡也属于块体搬运体系，滑坡是现今海底已形成或正在形成的块体搬运体系。在过去的 10 年里，大量三维地震解释数据表明：沿着绝大多数的深水区边界，块体沉积物广泛发育，且某些盆地第四纪晚期的沉积层序大半由块体沉积物组成[18~20]。研究中采用块体搬运体系这一概念，并通过研究区内的三维地震资料分析这一深水沉积作用。

2 南海北部陆坡水道沉积体系的特征与分布

南海北部陆坡不同时代的深水水道沉积体系不断被揭示。其中，中新世古珠江深水水道沉积体系的研究最为详细，并且具有重大的油气发现。上新世和第四系地层中的深水水道沉积体系的研究也取得了很大进展(图 1)。

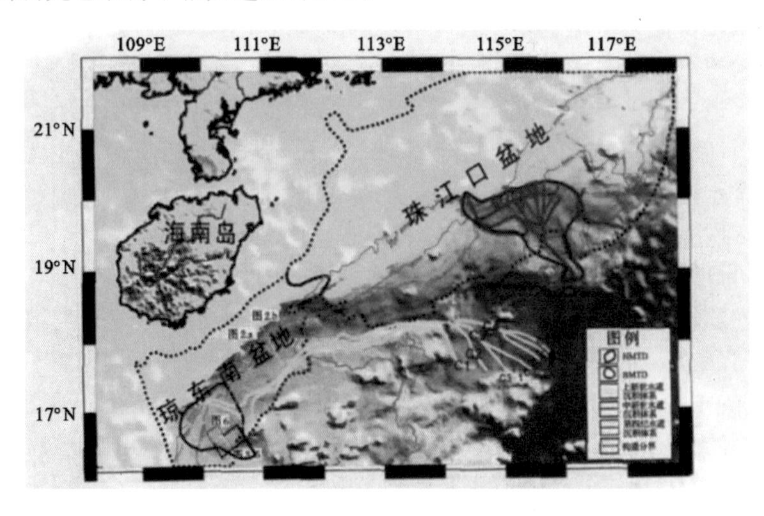

图 1 南海北部陆坡典型深水沉积体系的分布特征

Fig. 1 The distribution of typical deepwater depositional system in the northern South China Sea

2.1 白云凹陷中新世(珠江组—韩江组)深水水道沉积体系

中国海洋石油总公司已经对中新世古珠江深水水道沉积体系进行了细致的研究[21~23]。

经过系统的层序地层序学研究，在 23.8～10.5 Ma 的地层中，共划分 7 个三级层序[21]。在白云凹陷识别出各层序的低位体系域海底扇[22,23]，即中新世深水水道沉积体系(图 1)。

该水道沉积体系上倾方向发育峡谷水道，具有强烈下切的特征，主要分布在凹陷的北缘和西部断裂带，两处峡谷水道的侵蚀特征和峡谷充填沉积方式具有明显的差异性：北缘发育的水道具有强烈削截深切(可达 100～200 m)、侧向迁移、垂向叠加以及从“V”形谷向“U”形谷变化的特点；西部的水道则表现为侵蚀强度不大、峡谷发育宽缓、分布面积广的特点。水道沉积体系的下倾方向发育斜坡扇和盆底扇，在地震剖面上表现为低位体系域沉积时期发育在陆坡部位的上凸和下凹的丘状沉积体，呈中—弱振幅双向下超于层序界面之上，而且在其上部可见轻微的削截现象，分布面积可达 1 000 km^2。在峡谷水道发育带和其相连的陆架坡折带发育了具有前积结构的低位楔状体沉积、下超在斜坡扇和盆地扇之上，向物源方向层层上超于层序界面之上，表现为典型的水道沉积充填的特征。

中新世(23.8～10.5 Ma)的水道沉积体系经历了三个阶段：23.8～17.5 Ma 初期水道沉积体系充填在凹陷中心深陷的有限低地貌区内；17.5～16.5 Ma 白云凹陷新的强烈沉降作用产生深水陆坡环境，围堰形成，大量自西北而来的陆源碎屑沉积物，沿着受 NNE 向构造控制的沉积凹槽，在白云凹陷开始发育大规模的深水水道沉积体系；16.5～10.5 Ma 沉降作用最强烈，围堰作用更明显，陆坡内盆地充填空间限制，沉积速率也最大，特别是 13.8 Ma 出现最大的一次大海退，早期断裂也受到快速沉降的影响，沉积中心在 13.8 Ma 以前靠白云凹陷的西侧，但在 13.8～12.5 Ma 沉积中心东移，并在 12.5 Ma 变得离散，最终中新世水道沉积体系形成。

2.2 琼东南盆地上新世中央水道沉积体系

上新世琼东南中央水道体系发育在南海北部陆坡深水区，海底水道起源于莺歌海盆地东缘、穿过琼东南盆地，然后进入西北次海盆，水深 3 000～3 500 m，长约 570 km、宽 5～11 km，呈 SW-NE 方向延伸(图 1)[24]。

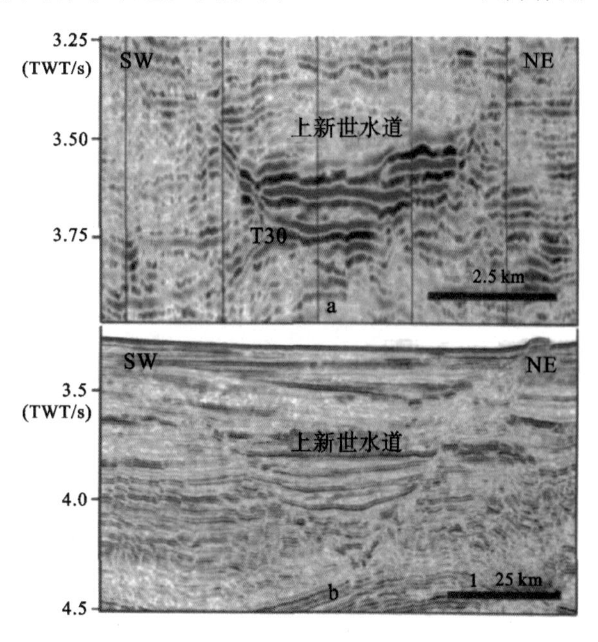

图 2 上新世水道沉积体系的地震横剖面

a. 琼东南盆地陵水凹陷；b. 琼东南盆地长昌凹陷

Fig 2 The cross section of the Plioceneage paleochannel depositional system

a. seisnic line shows the channel in the Lingshui depression of Qiongdongnan Basin;
b. seisnic line shows the channel in the Changchang depression of Qiongdongnan Basin

该水道在地震剖面上整体表现为强振幅，横向上连续或者半连续，纵向上为强振幅叠加，底部呈“V”字形，表明水道侵蚀能力比较强，图 2 中沉积物均有向右侧偏移沉积的特征，这是由于受到科里奥利力的作用。在上新世时期，研究区域沉积环境比较稳定，以大套的泥岩沉积为主，该水道从莺琼陆坡携带大量的砂体，在不断侵蚀与沉积的过程中，形成多套叠置砂体，这些粗粒和细粒沉积物纵向上互相叠置，这些沉积物的转换界面在地震剖面上表现为强振幅的叠加。由于总体岩性的不同，水道的地震反射与周围围岩有明显的差别，周围围岩以弱反射为主，而水道内部以强反射为主。中国海洋石油总公司在浅水区有 Ya35-1-2 钻井钻遇该水道，沉积主要由细砂和粉砂组成。

2.3 琼东南盆地第四系高弯曲水道沉积体系

在琼东南盆地南部陆坡区，利用最新采集的 3D 地震资料，在第四系中发现四条浊积水道。水道的识别以精细的 3D 地震资料做基础，能够清晰地观察到水道侵蚀谷、侧向加积体、堤坝和垂向二次侵蚀等特征（图 3）。通过分析，发现了多套水道沉积，尤其是高弯曲水道沉积体系[25]。该体系发育四条主水道，自北向南依次编号为 C1、C2、C3 和 C4，而在延伸方向上，水道 C3 和 C4 出现分流特征，分别演化为分支水道 C3-1、C3-2 和 C4-1、C4-2、C4-3。这些水道呈 W-SE 到 NWW-SEE 方向展布，在不同位置，水道的形态、宽度、长度和地震相不同。C1 下切特征明显中等—高振幅、连续性差杂乱反射，且在左侧发育沉积物波；C2 下切特征明显，中间为低—中等振幅连续相，上部为中等—高振幅连续相；C3 下切特征明显，低振幅连续复合地震相；C4 由 3 个分支水道组成，且它们都是低振幅连续相，通过这些水道下切形态、深度、地震反射特征和沉积厚度，可推测其形成于同一时期，且物源均来自于 NW 方向。

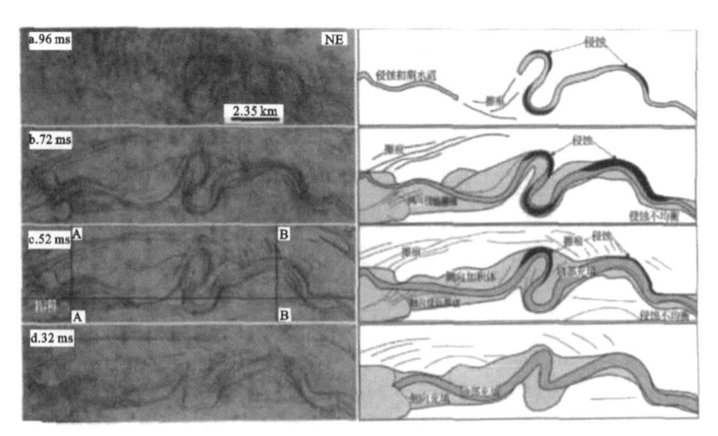

图 3 3D 水道相干切片

（a、b、c、d 分别为 96 ms，72 ms，52 ms 和 32 ms 的层拉平相干时间切片）

Fig. 3 3D seismic coherency time slice

（a, b, c, d is the time slice of 96 ms, 72 ms, 52 ms and 32 ms separately from the Qiongdongnan Basin after horizon flattening.）

3 南海北部陆坡深水块体搬运沉积体系的特征与分布

南海北部陆坡深水块体搬运体系主要受火山、地震、海啸、天然气水合物分解、沿岸流等影响，沿着大陆斜坡、峡谷/水道、隆起翼部、水道侧壁发育，从沉积特征可划分为滑动、滑塌和碎屑流[26]。这几种重力流沉积之间可相互转化，形成多种类型的沉积复合体。随着研究的不断深入，发现南海北部 113°E～117°E 之间的外陆架/上陆坡存在多个块体搬运体系。

目前,研究比较深入的包括白云深水块体搬运沉积体系(BMTDs)和华光块体搬运沉积体系(HMTDs)。

3.1 白云深水块体搬运沉积体系

在神狐海域天然气水合物调查中,我们发现了第四纪深水块体搬运沉积体系(或白云海底滑坡),据最新估算该沉积体系面积达 1.3×10^4 km^2[27]。结合多波束精密测深、高品质的地震资料和地质采样进一步研究海底滑坡的地形地貌特征、滑体的几何形态(图 1)。

滑坡根部是滑坡开始形成的部位,为地质薄弱带,当遭受地震或高沉积速率等因素影响时,地质体便开始沿着断裂面或滑坡面下滑。地震资料显示,滑坡根部的海底表层几何特征与其地貌相对应,主要有陡崖、海台、陡坡、海底断块台地、冲刷沟槽、海谷、海丘、海山等微地貌(图 4)。三维地震资料显示滑坡具有极为复杂的内部构造。主要有以下四种地震相:①楔状弱振幅杂乱地震相,位于斜坡下部,外形成丘状,以杂乱反射结构为重要特征,反映不稳定杂乱堆积的产物;②块状平行或波状弱振幅中连续地震相,与滑坡体内部滑脱断层发育有关,受滑脱断层的切割沿斜坡呈明显的阶梯状下滑,外形呈块状或丘状,内部以平行、波状或丘状反射结构为特征,反映不稳定块体的滑动;③丘状/透镜体状前积地震相,大型前积反射结构特征,透镜状或丘状外形,出现于早期的滑坡体;④谷状水平充填中振幅中连续地震相,剖面上以顶平底凸的谷状外形为特征,内部为水平充填反射结构,平面上呈带状分布。

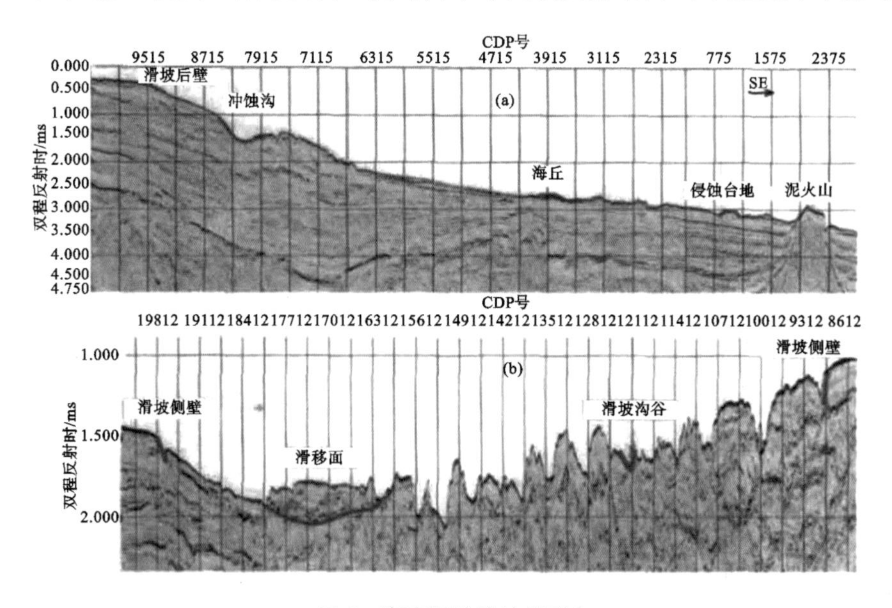

图 4 海底滑坡的地貌形态

(a)沿滑坡走向地震纵剖面;(b)垂直滑坡走向地震纵剖面

Fig. 4 The main geomorphological elements that characterize the submarine landslide.

(a) seismic inline; (b) seismic crossing

滑坡中部坡度明显降低,丘状滑坡体(slide body)指滑坡的主体,在外部形态上主要表现为冲蚀沟、反坡向台坎、海谷、海丘、海山等微地貌。内部结构上继承发育了滑坡根部的楔状弱振幅杂乱地震相、谷状水平充填中振幅中连续地震相、丘状/透镜体状前积地震相地震相特征，席状亚平行/波状弱振幅连续地震相发育，以波状—亚平行反射结构为特征，外形呈丘状—席状，这与滑坡体逐渐向深水盆地区推进相关。

沉积物流舌状体（sediment flow lobe）指由滑坡体滑动至平坦的海区，转变至沉积物流后产生的沉积物，Shanmugam 认为该类沉积物属于碎屑流沉积[2]。滑坡前缘深入到深海盆地，外部形态最为简单，主要为滑坡前积形成的海丘及海底台地，地震剖面显示，其内部主要为席状亚平行弱振幅连续地震相，表征了滑坡体的逐渐消亡过程。另外在贯穿整条地震剖面，可以发现滑坡下部还存在一明显杂乱地震带将滑坡体与下部未变形底层分开，该层即是滑坡面，是一套沉积物液体和饱含流体活动的地层。

3.2 琼东南盆地南部斜坡深水块体搬运沉积体系

在琼东南盆地南部斜坡，我们发现华光块体搬运体系。HMID 是西北陆坡诸多块体搬运体系中的一个规模比较大的体系，面积约 5 000 km^2（图 1）。由于缺乏钻井资料，无法对其发育的地质年代作出精确估算，根据地震层序的识别判断出该套地层属于第四系地层[26]。

HMTD 的外部形态与侧面地层具有明显的不同，该差异不是陡壁，而是沿着地形呈现侧向上超形态，说明 HMTD 在流动过程中对侧向地层的侵蚀能力较弱，是沿着地势流动，物源主要来自上陆坡的地势较高地区，不是来自侧翼的沉积物，初步判断研究区内 HMTD 的流动方向可能是北西—南东向（图 5）。研究发现，沉积地层的崎岖不平、起伏很大，显示地层沉积中存在普遍的蠕动现象，并且在局部出现了滑动及滑塌现象。这些现象说明侧面地层由于受到地形坡度的影响，形成了一个蠕动变形区，但这种蠕动仅仅造成了局部小规模的滑动和滑塌现象，并且这些重力流（滑动或滑塌）仅仅是在原地堆积，未进一步发展形成碎屑流。

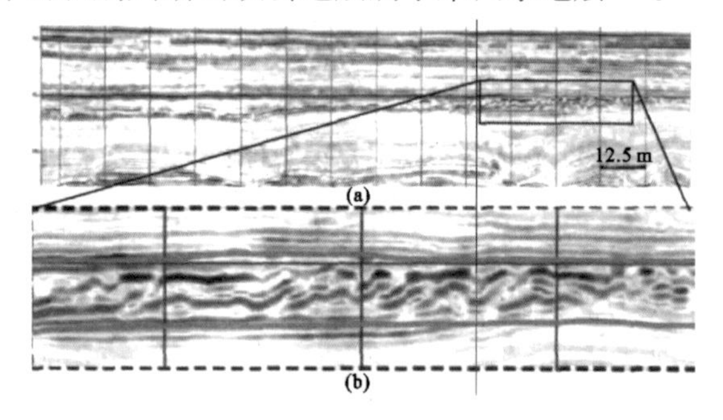

图 5　过 HMTD 的 3D 地震剖面

(a)MID 趾部区域 (b)局部放大的叠瓦状逆冲构造

Fig. 5　3D seismic profile crossing the HMTD

(a) the toe of the MTD; (b) the localed exaggerated

块体滑移区具有独特的内部反射特征。在地震识别尺度内块体搬运体系表现为丘状外形、波状反射结构、弱振幅（局部中—强振幅）、连续性差的地震特征。内部整体比较杂乱，局部发育正断层、褶皱及逆冲断层构造（图 5）。构造低部位内部反射特征杂乱，发育逆冲断层，地层呈现叠瓦状。

为了展现 HMTD 内部的地震特征，将 HMTD 的底界面进行层拉平处理，在此基础上提取 HMTD 内部的振幅和相干属性特征。HMTD 的振幅剖面和相干时间切片显示 HMTD 的内部整体比较杂乱、局部发育褶皱及逆冲构造[26]（图 6a，b），对 3D 数据体做时间切片（图 6d），展现逆冲断层的走向、发育规模等信息，时间切片中清晰识别出北东向的构造，分析认为 HMTD 内部发育的同沉积逆冲断层，同相轴的分布显示断层断距小、分布密集，剖面中呈叠瓦状分布（图 5），符合塑性流体的沉积特征。相似性差的白色条带呈现北东向分布，具有密集分布、垂直距离小的特点，代表了北东向分布的逆冲断层断面的分布规律和发育规模。振幅剖面中整体杂乱反映了重力流内部物质分选差、杂乱无章的构成，局部发育褶皱和逆冲断层表明研究区的位于整个 HMTD 的中间及头部位置,处于挤压应力环境,也说明 HMTD 在研究区内已经演变为碎屑流。

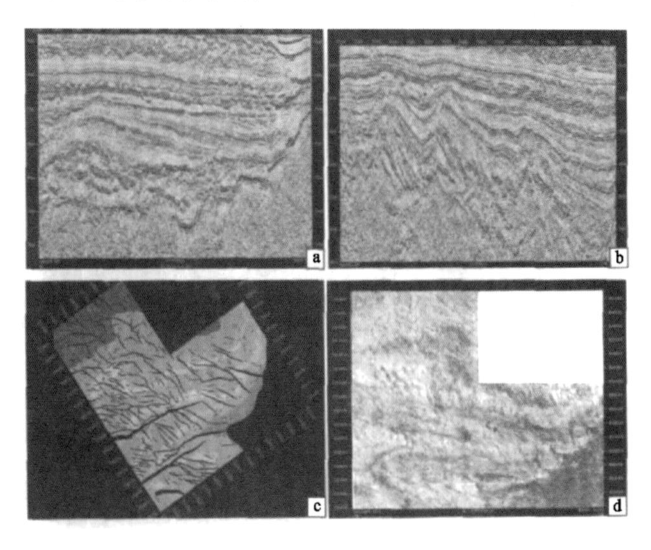

图 6 HMTD 内部结构图

a. 测线 A 地震剖面;b. 测线 B 地震剖面;c. 测线相对位置图;d. 三维相干时间切片

Fig. 6 Structural diagram of HMTD.

a. seismic profile of Trace A; b. seismic profile of Line B;
c. the location of seismic profile; d. time slice of HMTD

一个完整的块体搬运沉积体系中,同沉积逆冲断层发育在整个体的主体和头部,并且逆冲断层的走向与流体的流动方向垂直、断层的倾向与流体流动方向相反,据此可以判断流体的流动方向。HMTD 的时间切片显示 HMID 中的同沉积逆冲断层为北东向,可以判断出 HMTD 的流动方向为北西—南东向,进一步根据剖面中逆冲断层的倾向判断,HMTD 的重力流是从南海西北陆坡沿坡度最大方向(北西—南东)流入研究区域[26]。

4 结论

南海北部陆坡深水深积体系主要包括水道沉积体系和块体搬运沉积体系。水道沉积体系广泛发育于中新世、上新世及第四纪等不同时期,古珠江白云凹陷深水水道沉积体系形成于中新世,上倾方向发育具有强烈下切、削截特征的峡谷水道,下倾方向发育斜坡扇和盆地扇;琼东南北部陆坡中央水道深水水道沉积体系形成于上新世早期,总体具有明显下切特征,多为加积型高振幅、富砂水道充填;琼东南盆地南部斜坡第四系高弯曲水道沉积体系形成于更新世末期,发育了一期水道—堤坝复合体,该复合体呈 SW-NE 方向展布,曲流特征明显。水道沉积体系在深水盆地表现复杂的充填特征,是深水油气的重要储层。块体搬运沉积体系广泛发育于第四纪,白云深水块体搬运沉积体系表现为第四纪海底滑坡,具有完整的滑坡形态,包括滑坡根部、滑坡中部及沉积物流舌状体,体现了沉积物由滑动、滑塌向碎屑流转变直至消亡的完整过程;琼东南盆地南部斜坡深水块体搬运体系揭示了体系内部具有中—强振幅、反射杂乱、局部发育褶皱及逆冲断层等地震特征。块体搬运沉积体系是大陆边缘沉积物质扩散系统中的一种物质搬运方式，对海底的稳定性及天然气水合物的形成和富集具有重要的控制作用。

参考文献

[1] Weiner P. Slatt R. Introduction to the petroleum geology of deepwater settings [J]. AAPG Studies in Geology 57, SEHM Special publication, 2007: 419

[2] Shanmugan G. 50 years of turbidite paradign (1950s-1990s) deepwater processes and faciesmodel-a cartical perspective [J]. Marine & Petroleun Geology, 2000, 17: 285-342

[3] Wu S, Wong H. K. L dmann T. Graviy driven sedimentation on the northwest continental slope of the south China Sea: results from high-resolution seisnic data and p;iston cores [J]. Chinese Joumal of Oceanology and linnology, 1999, 17 (2): 155-169

[4] Masson D G, Huggett Q J. Brundsen D. The surface texture of the Saharan debris flow deposit and some speculations on submarine debris flow processes [J]. Sedimentology, 1993, 40: 583-598

[5] Vogt P R, JungW Y. Holocenemasswasting on uppernon-polar continental slopes-due to post-glacial ocean warming and hydrate dissociation [J]. Geophysical Research Letters, 2002, 29 (9): 551-554

[6] Masson D G, Canals M, A lonso B, et al. The canary debris flow: source are morphology and failure mechanisms [J]. Sedimentlogy, 1998, 45: 411-432

[7] 吴时国，姚伯初，等著. 天然气水合物赋存的地质构造分析与资源评价[M]. 北京：科学出版社，2008：307.

[8] Haflidason H, Sejrup H P, Nygard A, et al. The storegga slide architecture, geometry and slide development [J]. Marine Geology, 2004, 213: 201: 234.

[9] Hampton M, Lee H. Submarine landsides [J]. Reviews of Geophysics, 1996, 34 (1): 33-59.

[10] MuttiE, Nomark W R. An integrated approach to the study of turbidite systems [C]// Weimer P, Link M H. eds Seisnic facies and sedimentary processes of submarine fans and turbidite systems New York: Springer-Verlag, 1991: 75-106.

[11] Morris W R, Nomark W R. Scaling, sedimentologic and geometric criteria for comparing moden and ancient sandy turbidite elements [C]// Weimer P, Slatt R M, Coleman J L. et al eds Global deepwater reservoirs. Gulf Coast Section-SEHM Foundation 20th Annual Bob F [J]. Perkins Research Conference, 2000: 606-628.

[12] Garcia-Rodriguez M J, A, Benito B, et al. Susceptibility assesanent of earthquake-triggered landslides in EL Salvador using logistic regression [J]. Geomorphology, 2008, 95 (3-4): 172-191.

[13] Reading H G, Richards M. Turbidite systems in deep water basin margins classified by grain size and feeder system [J]. AAPG Bulletin, 1994, 78: 792-822.

[14] Richards M, Bowman M. Submarine fans and related depositional systems Ⅱ: variability in reservoir architecture and wireline log character [J]. Marine and Petroleum Geology, 1998, 15: 821-839

[15] Gee M J R, Uy H S, Waren J, et al. The Brunei slide: a giant submarine landslide on the north west-Bomeo margin revealed by 3D seismic data [J]. Marine Geology, 2007, 246: 9-23.

[16] Richards M, Bowman M, Reading H. Submarine-fan systems I: characterization and stratigraphic prediction [J]. Marine and Petroleum Geology, 1998, 15: 687-717.

[17] Moscardelli L, Wood L. New classification system for mass transport complexes in offshore Trinidad [J]. Basin Research, 2008, 20: 73-98.

[18] Nisbet E. G, Piper D J W. Giant submarine landslides [J]. Nature, 1998, 392: 329-330.

[19] Newton S, Mosher D, Shipp C, et al. Importance of mass transport complexes in the Quatemary development of the Nile Fan, Egypt [J]. OTC Conference proceedings 16742, 2004: 10.

[20] Shipp C, Nott J. Newlin J. Variation a in jetting perfomance in deepwater environments geotechnical characteristics and effects of mass transport complexes [J]. OTC Conference 16751, 2004: 11.

[21] 陈长民,施和生,许仕策,等.珠江口盆地东部第三系油气藏形成条件[M].北京:科学出版社,2003:1-266.

[22] 庞雄,申俊,袁立忠,等.南海珠江深水扇系统及其油气勘探前景[J].石油学业报,2006,27(3):11-16.

[23] 庞雄,陈长民,彭大钧,等.南海珠江深水扇系统的层序地层学研究[J].地学前缘,2007,14(1):220-229.

[24] Yuan Shengqiang, Lu Fuliang, Wu Shiguo, et al. Seismic stratigraphy of the Qiongdongnan deep sea channel, Northwestem South China Sea [J]. Chinese Joumal of Oceanology and Limnology, 2009, 54 (2) (in press).

[25] Yuan Shengqiang, Wu Shiguo, Thanasl thmann, et al. Fine-grained Pleistocene deepwater turbidit channel system on the skpe of Qiongdongnan Basin, northem South China Sea [J]. Marine & Petroleum Geology, 2009 (in press)

[26] 王大伟,吴时国,董冬冬,等.琼东南盆地第四纪块体搬运体系的地震特征分析[J].海洋地质与第四纪地质,2009,9(3)

[27] 孙运宝,吴时国,王志君,等.南海北部白云大型海底滑坡的几何形态与变形特征[J].海洋地质与第四纪地质,2008,28(6):69-77.

THE RESEARCH OF DEEPWATER DEPOSITIONAL SYSTEM IN THE NORTHERN SOUTH CHINA SEA

Abstract Detrital material of terrigenous origin is the main deep water geological research am and it is very important to the world research program of "from source to sink". Submarine canyon-channel system mass transport deposition (submarine slide) the main transportation and deposition system of the continental slope Based on the studies of 2D multi-channel seismic data, 3D multi-channel seismic data, multi-beam depth measurement data, side sonar data, gravity and piston coring data, we find that the large scale block body transportation system and deep water channel system widely develop in the northern South China Sea The examples of Baiyun sag and Qiongdongnan Basin reveal the planform, internal structure and deformation process of representative block body transportation, and further discover the formation and evolution processes of block body transportation Using 2D/3D seismic data and various new numerical mode methods, deep water high sinuosity channels of Quatemary and its depositional facies characteristics, Pliocene central channel in Qiongdongnan Basin and the paleo-pearl river deep water channels of Miocene are discovered Deep water depositional system is very important for the study of formation mechanism and distribution of hydrocarbon, as well as predication and protection of geohazards of deep water projects.

Key words deep water, block transportation system, deep water channel system, 3D seismic attribute, continental slope, South China Sea

本文刊于2009年《沉积学报》 第27卷 第5期

作者:吴时国 秦蕴珊

西太平洋——我国深海科学研究的优先战略选区

摘要 西太平洋是我国实施由浅海向深海发展战略的必经之地。从国家需求的角度来看，西太平洋海底资源丰富、海洋环境复杂，是维护国家权益的焦点、保障国防安全的屏障；从科学前沿的角度来看，西太平洋发育有独特的沟弧盆构造体系和弧后盆地热液系统，存有海底板块运动的遗迹和众多海山生态系统，更是"大洋传送带"冷暖水系的转换区。科学有序地进入西太平洋深海研究领域，通过10年左右的探索与研究，实现我国深海科学研究的突破。

关键词 西太平洋；海洋科学；深海研究；发展战略；中国

1 引言

深海以其广阔的空间、丰富的资源和特殊的政治地位日益成为各国关注的重要战略区域。深海研究不仅支撑着国家发展的战略需求，还同时孕育着地球系统科学新的理论革命。20世纪后半叶，深海科学研究的突破性进展对地球系统科学的发展影响深远。其中，板块构造理论的确立[1,2]、气候变化周期的发现与古海洋学的建立[3,4]、深海热液活动和深部生物圈的发现[5,6]、大洋环流理论的提出[7]等，都对地球系统科学的发展产生了革命性的影响。21世纪深海研究继续保持着海洋科学的前沿地位，并有可能在海洋各圈层相互作用关系与过程机理、海洋极端环境与深部生物圈、地球深部动力过程与岩石圈演化等方面孕育着新的重大理论突破。

我国濒临西太平洋，西太平洋及其邻近海域是我国国家需求极为迫切的关键区域。中新生代以来，中国东部大陆的构造活动和矿产资源分布、边缘海的形成演化与油气盆地的形成、地震的发生等都与西太平洋海底板块俯冲密切相关[8~10]；西太平洋活跃的构造和流体活动对地球环境变化产生重要影响，并塑造了特殊的深海生态系统，这些弧后盆地的海底热液活动区与广泛发育的海山系，使我国科学家可以凭借得天独厚的地理区位优势，将其作为取得海洋科学理论突破和国家探寻海洋战略资源的天然实验场。

可见，西太平洋及其邻近海域不但与我国海洋权益和资源开发等国家需求密切相关，也是我国实施由浅海向深海发展战略和实现海洋强国战略的必经之地。在该区典型海域进行系统的深海科学探索与研究，将在我国地球科学、生命科学以及环境科学等多方面取得重要突破性进展，并带动相关高新技术及产业的发展。

2 西太平洋存在重大国家需求

2.1 西太平洋是海底资源的宝库

西太平洋是现今地球上超巨型俯冲带发育区，从北太平洋的阿留申海沟，向南过西太平洋的日本海沟、马里亚纳海沟，并一直延伸到南太平洋新西兰南部的普伊斯哥(Puysegur)海沟，贯穿南北。由于西太平洋的板块俯冲作用，在西太平洋边缘向陆一侧发育了占全球70%的海沟-岛弧-弧后盆地(沟弧盆)系统，向洋一侧发育广阔的深海盆地和密集分布的海山群。西太平洋这种独特的地质构造格局和地理环境孕育着种类丰富、储量巨大的海底资源。鄂霍次克海、日本海、中国东海及南海等蕴藏着大量的含油气盆地和天然气水合物资源；冲绳海槽、马里亚纳海槽、马努斯海盆及北斐济海盆等发现正在活动的海底热液系统和巨型热液硫化物矿床，堆积了巨量的多金属沉积；浩瀚的菲律宾海盆和西太平洋星罗棋布的海山发育了丰富的铁锰结核和富钴结壳资源。这些海底资源是我国国家发展最具潜力的战略储备资源。此外，西太平洋海区极为发育的热液系统和海山系统中还培育了特殊的生态系统和生物群落，可提供独特的深海基因和酶资源，在医疗、化工等领域具有广泛的应用前景。

2.2 西太平洋是维护国家权益的焦点

西太平洋丰富的海底资源使海域内、外大陆架之争成为维护国家根本权益的迫切问题。《联合国海洋法公约》自1994年生效以来，我国在管辖海域划界和维护海洋权益方面面临的形势十分严峻，在我国主张的300万平方千米管辖海域中，有120万平方千米与周边国家存在争议。在东海，我国与日本在海域划界问题上存在巨大分歧，争议海域面积达30万平方千米；在南海，我国同越南、菲律宾、马来西亚、文莱在南沙群岛全部或部分主权归属问题上有严重争端，主张管辖海域面积的70%存在争议。在菲律宾海，冲之鸟礁的中日之争烽烟再起。日本2008年11月以冲之鸟礁为由，向联合国大陆架界限委员会提出太平洋大陆架延伸申请。一旦申请获准，日本将获得冲之鸟礁周边超过40万平方千米的海洋专属经济区，其海底大陆架面积可增至相当于其陆地面积2倍的74万平方千米进而享有海洋资源的开采权。中国则认为冲之鸟礁是“礁”，而非日本辩称的“岛”，不能供人类居住，也无法维持经济生活，日本设定大陆架没有任何根据。在这些争议中，相关国家须向大陆架界限委员会提供科学资料，其精度、可靠性和科学释义以及是否符合《联合国海洋法公约》的规定成为维护国家权益的关键；只有掌握了充分的科学依据，才能使我国在维护国家权益的国际谈判中处于主动地位。

2.3 西太平洋是国防安全的屏障

位于第一岛链和第二岛链海域之间的西太平洋海域，战略地位十分重要，历来是全球军事活动最敏感的区域之一。有的国家已将60%的弹道导弹核潜艇、60%的攻击性潜艇、超过一半的航空母舰编队都转移到了亚太地区，其军舰、战机长期在临近我国的西太平洋海域、空域飞行侦察，对我国安全构成重大威胁。因此，突破西太平洋第一岛链已成为捍卫国家海洋安全最重要的战略布局。详细的海底地形地貌特征、重力场、磁力场、水声声学环境参数及海底声学物理参数等是舰艇巡弋、潜伏、进攻、通讯、对抗、反击时必须了解的海洋背景参数，尤其是作为水与沉积物界面的海底浅表层，对于声传播过程中反射、散射和损失具有直接影响。温家宝总理在2010年政府工作报告中明确指出，国防和军队现代化建设要以增强打赢信息化条件下局部战争能力为核心；著名军事专家、海军少将尹卓认为，局部战争最大可能发生的区域就在海上。在未来的海战中，要确保我军能够正确评估作战态势、制订作战方案、发挥武器装备的最佳效能、进而掌握作战的主动权，须及时开展未来作战海区海底综合参数的调查研究,这已成为十分迫切的战略任务。

3 西太平洋蕴藏着重大地球系统科学问题

3.1 西太平洋构造体系在全球板块构造理论中占有独特地位

西太平洋是全球最著名的汇聚板块边缘之一,发育着全球最老的洋壳(1.8亿年)和地球上最年轻、最壮观的海沟-岛弧-弧后盆地体系,是全球唯一可以同时观察到板块消减与增生的区域。近年来,越来越多的地球科学问题集中在汇聚板块边缘[11],如板块构造动力学、地震的孕育机制、壳幔物质相互作用、大陆增生模式和海底流体活动等。许多大型研究计划,如国际大陆边缘计划、俯冲带构造细节计划、地震带实验以及大洋钻探计划等均将西太平洋作为最重要的研究靶区[12]。在西太平洋构造体系研究中的核心科学问题是56 Ma以来菲律宾板块俯冲方向和残留洋脊俯冲的过程和机制问题。解决了这些科学问题就像拿到一把钥匙,不但可以打开西太平洋岩石圈演化史的大门,还可以为中国东部新生代的矿床分布规律和岩浆活动、岩石圈减薄、郯庐断裂带的活动、中国边缘海和沉积盆地的形成与演化等提供新的视角。

3.2 西太平洋弧后盆地热液系统——独具特色的海底热液活动

海底热液活动是20世纪70年代末期海洋地质领域的重大发现,与其相关的重大资源问题、环境效应问题和非光合作用的“黑暗食物链”等生命过程已成为近半个世纪以来海洋科学研究的焦点。作为有机世界与无机世界的结合点,海底热液系统与其系统内存在的极端生命现象是研究地圈、生物圈、水圈等圈层之间的物质交换和相互作用的最佳对象。许多科学家预言,深海极端环境与生命过程的研究将是继板块理论之后又一全新的重大理论突破。因此,海底热液活动研究是国际许多重大研究计划的核心研究内容,成为极富挑战性且前景诱人的科学研究领域,是美国、欧盟、日本、加拿大和澳大利亚等国未来十年、十五年海洋科学发展的一个重要方向。国际上对深海热液系统的研究主要集中在大洋中脊区域,如东太平洋海隆、大西洋中脊等,对西太平洋弧后盆地热液系统研究的广度相对薄弱。然而,不论是从地质构造背景和岩浆活动等深部过程的角度,还是从环境效应和生态系统的角度看,西太平洋弧后盆地热液系统与大洋中脊的热液系统相比,存在明显差异,具有显著的特殊性[13]。因此,西太平洋弧后盆地热液系统研究的核心科学问题就是回答它们与大洋中脊相比其典型特征在哪里,演化机制如何,不同区位的弧后热液系统之间有什么关联。

3.3 西太平洋海山系——海底板块运动的遗迹和深海大洋中“与世隔绝”的生态系统

广袤的深海平原上分布着雄伟的海山,由于绝大多数的海山是地幔柱和板块运动的产物,因此往往形成一个由老到新的火山链(如夏威夷-帝王海岭),成为海底扩张和板块运动理论的有力证据[14]。受海山地形的影响,在海山上方形成一个特殊的环流系统——泰勒柱[15],泰勒柱将大洋深部的营养物质带入透光带,使这里成为一个高生产力区域,是远洋渔场探索的重点靶区。受流场和地形的制约,海山区域形成了特殊的生物地球化学元素环境并发育着独特的海山生物物种。因此,对海山系统的研究成为海洋科学又一热点[16],并形成了系统的国际海山研究计划。尽管如此,人类对海山的认识还是相当肤浅,在全球洋底分布的30 000多座相对高度超过1 000 m的海山中,人类探索过的海山仅有324座。西太平洋是全球海山分布最密集的区域，分布着夏威夷-帝王海岭、麦泽伦海岭、卡罗林海岭、翁通-爪哇海台等著名的海底山脉。这些海山系统记录了中生代以来太平洋板块演化重大历史事件，承载着丰富的轨道尺度及亚轨道尺度古海洋环境演化信息，孕育着特殊的海山生态环境。西太平洋典型海山基底的结构构造、形成年代和漂移轨迹、海山沉积物和环流系统、生物群落组成和生态系统是其中的核心问题。通过对这些科学问题全方位的深入探求，将为中新生代以来中国东部及其边缘海重大地质事件提供新的线索，同时为我国深海生物和基因资源的开发利用开辟新的通道。

3.4 西太平洋洋流——"大洋传送带"冷、暖水系的转换区

全球大洋 90%的水体受温、盐环流影响，其经向热输送对局地和全球气候变化有明显影响，有关研究成果也被西方舆论界称为 20 世纪的科技新发现之一。而作为经向倒转环流的一部分，深水环流是各洋盆间热量、营养和溶解气体分布的一个关键控制因素，其在全球气候变化中的作用不容忽视。同时，约占全球海水体积 30%的深层水团是气候变化的重要"缓冲器"，海底藏冷效应使得大洋底层水成为一个巨大"冷源"，且大洋底层的化学组成控制着大气 CO_2 的含量变化。近期有研究表明，全球变暖与大洋底部温度的增加准确对应，深而冷的海水可能对调解全球气候也起着至关重要的作用[17]。此外，现代气象与海洋学家也已确认热带西太平洋上层海洋对气候变化影响的时间尺度为 2～7 年，而对 10 年以上尺度的气候变化因素应到深海去寻找。西南太平洋是南大洋底层冷水进入太平洋的关键区域，而中北太平洋却是"大洋传送带"底层深水环流的终极点和南极深层冷水上翻转为上层暖水的枢纽区。因此，第四纪大洋上层与深部水体古温度变化的耦合关系及其相关的同位素示踪成为西太平洋区域古海洋环境研究的核心。

4 结语

长期以来，我国海洋科学研究主要集中在中国近海(西太平洋边缘海)，然而大洋中脊-深海盆地-俯冲带-岛弧-边缘海是一个复杂的相互关联的系统，西太平洋深海区域研究的相对滞后使中国近海研究的一些关键的核心科学问题长期悬而未决。加之由于深海研究的薄弱，导致我国海洋科学在国际前沿领域的外围徘徊。西太平洋深海研究将为我国海洋科学研究理论水平的整体抬升，支撑国家海洋战略的科学规划与实施。

科学有序地进入西太平洋深海研究领域，是实现我国深海研究战略目标的必要保障。以国家需求为引导、定视角；以解除解决核心问题为主线，定方案；以技术创新为支撑，抓重点。鉴于我国对西太平洋深海资料的严重缺乏，需制定一个相应的长期规划，分阶段实施。第一阶段是综合科学考察阶段，主要在于注重海洋自然过程和现象的发现，积累资料；第二阶段为全面研究阶段，主要利用多学科交叉，重点在于机制和机理上的解释；第三阶段为系统集成阶段，主要注重规律上的提升和认知，以建立我国海洋学家自主的理论体系。相信利用 10 年左右的时间，中国的深海科学研究定能奋起直追，跻身世界海洋科学强国之列。

致谢：中国科学院海洋地质与环境重点实验室自 2008 年开始，组织全体科技人员进行相对系统的有关深海科学的战略研讨，是本文构思和写作的重要基础，在此特别致谢！

参考文献

[1] McKenzie D P, Parker R L The North Pacific: An example of tectonics on a sphere[J]. *Nature*, 1967, 216: 1 276-1 280.

[2] Morgan W J. Rises, Trenches, Great Faults, and Grustal Blocks [J]. *Journal of Geophysical Research*, 1968, 73 (6): 1959-1 982.

[3] Pichon X Le. Sea-floor spreading and continental drift[J]. *Journal of geophysical Research*, 1968, 73 (12): 3 661-3 697.

[4] Hays J D, Imbrie J, Shackleton N J. Variations in the Earth's orbit: Pacemaker of the ice ages [J]. Science, 1976, 194 (4 270): 1 121-1 132.

[5] Peter Lonsdale. Chustering of suspension-feeding macrobenthos near abyssal hydrothermal vents at oveanic spreadingcenters [J]. *Deep-Sea Research*, 1977, 24: 857-863.

[6] Thomas Gold. The Deep Hot Biosphere [M]. Brerlin: Springer, 1999.

[7] Wunsch C. What is the thermohaline circulation? [J]. *Science*, 2002, 298: 1 179-1 181.

[8] Zhang Wenyou. Ocean and Continent Tectonics of China and Its Adjacent Areas [M]. Beijing: Science Press, 1986.（张文佑. 中国及邻区海陆大地构造[M]. 北京:科学出版社,1986.）

[9] Chen Guoda. The marginal extensional belt of East Asia continentinvestigating the origin of a discrete continental margin [J]. *Geotectonica et Metallogenia*, 1997, 21 (4): 2 857-2 859. [陈国达. 东亚陆缘扩张带—条离散式大陆边缘成因的探讨[J]. 大地构造与成矿学,1997, 21(4):2 857-2 859.]

[10] Sun Weidong, Lin Mingxing, Yang Xiaoyong, *et al*. Ridge subduction and porphyry copper-gold mineralization: An overview [J]. *Science in China* (*Serise D*),2010,53 (4): 475-484. [孙卫东,林明星,杨晓勇,等. 洋脊俯冲与斑岩铜金矿[J]. 中国科学:D辑,2010,40(2):127-137.]

[11] Hansen, Vicki L. Subduction origin on early Earth: A hypothesis [J]. *Geology*, 2007, 35 (12): 1 059-1 062.

[12] IODP Scientific Planning Working Group. Earth, Oceans and Life: Integrated Ocean Drilling Program Initial Science Plan, 2003-2013 [M]. Shanghai: Tongji University Press, 2003. [IODP 科学规划委员会,地球、海洋和生命:IODP 初始科学计划 2003-2013(中译本)[M]. 上海:同济大学出版社,2003.]

[13] Barker P F, Hill I A. Asymmetric spreading in back-arc basins [J]. *Nature*, 1980, 285: 652-654.

[14] Tarduno John, Hans-Peter Bunge, Norm Sleep, *et al*. The Bent Hawaiian-Emperor Hotspot Track: Inheriting the mantle wind [J]. *science*, 2009, 324: 50-53.

[15] Velasco Fuentes O U. Kelvin's discovery of Taylor columns [J]. *European Journal of Mechanics-B/Fluids*, 2008, 28 (3): 469-472.

[16] Wessel P, Sandwell D T, Kim S S. The global seamount census [J]. *Oceanography*, 2010, 23 (1): 24-33.

[17] Rahmstorf S. Thermohaline Ocean Circulation [M]//Elias Scott A, ed. Encyclopedia of Quatemary Sciences. Netherlands: Elsevier, 2007: 739-750.

WESTERN PACIFIC: THE STRATEGIC PRIORITY IN CHINA DEEP-SEA RESEARCH

Abstract Western Pacific is definitely the place one has to pass through when China implements the national ocean strategy from shallow water to deep sea. From the view of national demands, western Pacific is rich in the sea bottom resources and the marine environment there is quite complicated, so it would be the focus to safeguard national interests and one of the barriers in national security; From the view of scientific frontier, western Pacific has the particular trench-arc-gasin tectonics, backarc basin hydrothermal systems, the remains of oceanic plate motion and lots of seamount ecosystems, and there also has the cold/ warm water conversion zone of the thermohaline ocean circulation. Launching the western Pacific deep sea scientific research with well-planned strategy for about 10 years exploration and research, the breakthrough in China's deep sea research will bee surely achieved.

Key words Western Pacific; Marine science; Deep sea research; Development strategy; China.

本文刊于2011年《地球科学进展》 第26卷 第3期

作者:秦蕴珊 尹 宏

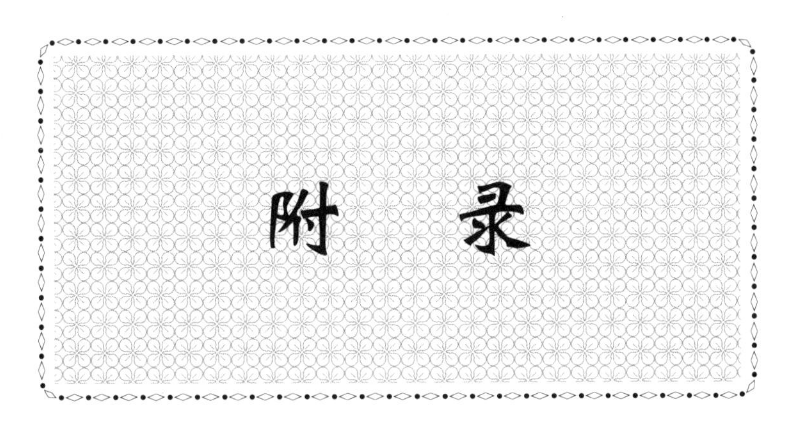

附录

秦蕴珊百味人生

秦蕴珊，著名海洋地质学家，中国科学院院士，博士生导师，我国海洋沉积学研究的开拓者之一，为我国海洋科学研究向世界敞开大门立下了汗马功劳。他带头创建了我国第一个海洋地质实验室，编绘了我国第一张大陆架沉积物地形图。从23岁初识大海的英俊小伙，到如今两鬓斑白的华发长者，秦蕴珊与大海相伴了50年，他的人生轨迹也如大海般波浪起伏，有成功后的喜悦与欢乐，也有其背后的无奈与辛酸。本期百味人生，本台记者杨静将与秦蕴珊院士一起，共同回味他人生中的酸甜苦辣，了解一位科学家成功与光鲜背后那些鲜为人知的故事。

旁白：1933年6月1日，秦蕴珊出生在辽宁省沈阳市，富饶辽阔的黑土地培育了秦蕴珊豪爽耿直的性格和对美好未来的无限憧憬，为他日后所从事的海洋地质研究打下了深厚的功底。

1952年的春天，即将中学毕业的秦蕴珊与同学们谈论着报考大学的志向。他们有的报考医学院，有的报考工学院。当同学们问及秦蕴珊时，他的答案大大出乎大家的预料："我想考地质学院"，引来现场一片哗然：

秦：1952年中学毕业，我们国家院系正在调整，重新成立了很多大学，地质学院是当时的清华大学、北京大学、唐山铁道学院、北洋大学几个地质系合并成立的，正好我考。当时的目的是想游山玩水。喜欢到处旅游旅游，看看，全国各地逛一逛，当时就是抱着这么个想法。其实当时对地质也好，对什么东西我也不太懂，我们家里当时叫我上医学院，我说我做事情比较粗，我不能当医生，我也不喜欢当医生，所以我就考到地质学院去了。

旁白：对地质勘探出于好奇的秦蕴珊不顾家人的反对，按照自己的意愿报考了北京地质学院。可是很快，三个月的柴达木地质实习，让秦蕴珊初次尝到了搞地质工作的艰辛。柴达木四处荒沙，水贵如油，三个月里，秦蕴珊他们几乎没有洗过脸。然而，为祖国找石油、找矿藏的强烈责任感，使秦蕴珊从思想上无视这些生活上的艰苦。以至于在大学毕业时，秦蕴珊又毅然把西藏作为了自己的第一选择：

秦：我是1956年毕业的，1955年咱们国家在柴达木找石油，搞地质的没人吗，调了一部分学生到柴达木找油，我在那里工作了将近三个月。大学毕业后考虑叫我去留苏，最后选来选去，我当时因为家里边政治上的原因就没去成。我呢报志愿，第一志愿报的西藏，结果一公布的时候，我们三个人一下子分配到青岛。

旁白：就这样，原本是学习陆地地质研究并向往祖国大西北的秦蕴珊却阴差阳错地来到了青岛，来到了大海边。1956年9月6日，一辆马车将秦蕴珊和两名同学一起送到了中国科学院海洋研究所。从此，秦蕴珊的专业由陆地地质转向海洋地质，伴随他的海洋地质人生也就由此起步：

秦：9月6日，我们三个人坐着火车就来啦，那时候确实思想单纯，组织上分配叫干什么叫到哪里也没有怨言，也不知道海洋是干什么的。

记者：那你当时学的是陆地地质研究，来青岛后从事的是海洋地质研究。

秦：所以这个问题就复杂了。当时最早我是在柴达木找石油的，后来到海洋这边来了，海洋是怎么回事，一窍不通。到青岛是1956年的9月6日，那是我第一次见到大海，从小没见过海洋。

旁白：看海是浪漫的，出海则是艰苦的。初见大海的兴奋过后，第一次出海的艰辛经历使秦蕴珊终生难忘，也让他重新审视了自己将要从事的海洋地质工作：

秦：1956年12月份，那一年海洋所招收了20来个大学生，当时就把我们这些人呢，租了一条小渔船，一下子就赶到船上去了。第一次出海，船小还不说呢，你想那时是12月份，风很大，而且从青岛开到石岛，下午上船，晚上就在船上逛，那晃的，那船上那鱼腥的味，那时想再也不干这个活了。这时候就开始建立一些实验室了。它跟陆地上的地质研究还有一些差别，这个差别主要体现在技术方法上的差别，基本原理上还是一样的，因为它隔一层水。刚好全国大力发展海洋。1957年，我就开始出海，我们所自己组织出海，我就开始带队，一开始晕船晕得很厉害，从那以后就锻炼出来了。1957年以后在渤海，一直到黄海，我们海洋所自己的船。

记者：这个过程是不是很艰难？

秦：那当然，刚开始晕船是很难受的，要死要活的那样，以后出海就无所谓了，习惯了。然后就是1958年开始普查，叫我当地质负责人，在全国范围内组织从南到北的全国海洋普查，这是全国第一次大规模的海洋普查。

旁白：1958年，我国第一次大规模的海洋综合调查开始了，当时年仅26岁的秦蕴珊崭露头角，担任了海洋地质课题组的负责人。他带领课题组的同事们从南到北，足迹踏遍了渤海、黄海、东海和北部湾。

记者：毕业仅仅两年之后，您就在一次全国的海洋普查中担负了这个课题的负责人，因为您是从陆地地质研究到了海洋地质研究，反差非常大，但仅仅两年就担任课题负责人，当时付出也很多吧？

秦：这样，海洋地质当时全国是没有的，我们三个人是当时全国最早的一批搞海洋地质的。我们来了以后当时对海洋确实是一无所知，怎么办呢？有两个办法，一个是看书。我们当时是学俄文的，从苏联学了一些，然后请了一个苏联专家，1957年就请他来帮助我们建立实验室。那时候呢，我们就开始从文献上看看英文。因为我在大学学的是俄文，但是我在中学学的是英文，以后又学文献。

记者：您刚才说到苏联专家帮着咱们建这个实验室，这也是咱们国家第一个海洋地质实验室？

秦：这是我国第一个海洋地质实验室。就在中科院，现在变了很多，当时是在莱阳路28号。

记者：当时咱们这个实验室几个人？

秦：当时五个人，成为以后我们国家海洋地质最早的一帮人。这个实验室建成大概是1958年吧。现在经过这么多年发展，最多的时候达到107人。

旁白：如果说这一次的全国海洋普查是秦蕴珊海洋人生中的第一个转折点，那么事隔四年之后的第一篇论文，又成为秦蕴珊事业中的一个里程碑。秦蕴珊诙谐地说，就像演员一首歌成名一样，这篇《中国陆棚海的地形和沉积类型的初步研究》论文使他一炮走红，在国内外学术界引起较大反响，论文中的一些观点时至今日仍被引用。秦蕴珊回忆说，这篇论文的成稿期是在青岛市图书馆的屋檐底下完成的。

记者：1963年发表了您的第一篇论文，当时还引起了轰动？

秦：1958年开始海洋普查吗，所以我出了很多次海，从南到北，从渤海一直到北部湾，其实当时文章是我写的，但是资料并不全是我一个人的，是当时全国多少人的努力，最后整理出来。当时我的长处在哪里？我的外语还比较好，当时俄文能看，英文说不大能说，但是能看，我查了大量的文献，把他们外国的思想加上我自己的思考，取了这么多的资料，1962年年初差不多用了一年的时间整理这些资料，当时的杭州大学几个人帮着我画图，我才写了这样一篇文章。写这篇文章也很难，当时没有地方，我跑到当时的青岛图书馆的屋檐底下，画图写了这篇文章。这篇文章编绘了我国第一张比较全面的大陆架沉积物地形图。可以讲那是我的成名作。

记者：起点非常高，第一部作品就打响了。

秦：真是，我以后写了不少文章，真正满意的还就是这篇文章。

记者：这是不是也是为咱们国家的海洋地质在国际上的地位奠定了基础。

秦：从那以后就觉得咱们中国的海洋地质研究开始了。过去他们都认为中国人根本没有海洋地质，看这篇文章以后呢，给予了很高的评价，包括中国的海洋地质包括石油地质评价很高吧。

旁白：在这篇论文中，秦蕴珊最早推出和建立了大陆架的沉积模式，编绘了我国第一张完整的大陆架沉积类型图，被国内外同行广泛引用。美国学者哈里森曾经专门为此作了长篇评论，对秦蕴珊的大陆架沉积模式研究给予充分肯定。

1979年，作为我国海洋地质研究的学术带头人，秦蕴珊随中国海洋科学代表团首次访问美国。短短一个月的出访，使秦蕴珊亲眼目睹了中国与美国的巨大差距，同时也深深感悟到，我国的海洋科学研究必须向世界敞开大门，加强国际合作与交流。于是，在秦蕴珊等人的共同努力下，我国海洋学术界开始与美国等国家建立起了友好合作关系，为拉近我国海洋地质研究与世界先进水平的距离奠定了基础。

记者：然后1979年您是随了一个团去访问美国？

秦：对了。这都是我一生中一些重要的里程碑。1979年我们国家组织了第一个海洋考察团到美国去，一共12个人，在美国待了一个月。这一个月，美国的所有的海洋机构我们都走遍了。看着外国的天地和我们中国相差实在太大了，从那以后我们就觉得中国的海洋地质和世界上实在是天地之别。看我们国家的海洋，我们自己觉得搞了海洋普查挺不错，和美国当时一比实在是天地之别。回来以后我们就积极呼吁，我们国家的海洋一定要赶紧开放，不开放不行了。所以从1980年我们就和美国一些科学家建立了联系，为我们国家的进一步国际合作打下了基础。从1980年开始我们国家就跟美国好几家科研单位搞合作，从那开始我们通过国际合作打开了局面，这样一来我们中国的海洋地质进步就非常快。

记者：所以，这次访问对咱们中国的海洋地质研究也是一个里程碑式的。

秦：里程碑式的，这次考察是基础，要不然我们和美国没法联系。

旁白:随着中国海洋地质研究大门的敞开,秦蕴珊的海洋地质研究也取得了飞速的进展。然而,当他和同事们对黄海进行大规模研究时,一个新的难题又出现了,因为中国和韩国还没有建立外交关系,所以秦蕴珊他们的黄海研究只能在邻近我国的一半海域进行。站在黄海之滨,望着滚滚的黄海波涛,秦蕴珊陷入了沉思。功夫不负有心人,1988 年,秦蕴珊终于争取到了一个访问韩国的机会。

记者:过了十年之后,1989 年又一个非常重要的里程碑,您又去了一趟韩国?

秦:对,那时跟韩国也没有建立外交关系,那时我们国家的合作已经开始,跟德国,跟美国搞了黄海。黄海呢,刚好是我们只能搞一半,人家有一个会请我们去,合作就开始了。

记者:这个合作是什么样的合作?

秦:我作了一个石油的报告,1990 年就开始正式合作。怎么合作呢? 搞黄海,过去我们只能搞一半,那一半我们不能去的。只好两家合作,从那以后我们和韩国就订了一个合作协议,两方出船,我们从青岛一直到仁川,可以来回这么窜,这个是经过两个国家政府批准的,这样一来呢,就把整个黄海搞全了,要不搞不全只能搞一半,就如比人似的,只能看到一半的脸,看整个脸才能看出人的面貌。从那以后就开始合作,以后我们和韩国开过好多次会,交往就非常广泛。对黄海研究也是打下了非常好的基础。

旁白:这之后,秦蕴珊和韩国科学家一起,先后出版了多部黄海研究的图集和系列论文集。他们的这些研究成果,还被记入国际黄海研究的史册,成为全人类的科学财富。秦蕴珊也因此被韩国仁和大学授予名誉博士学位,成为我国第一位获此荣誉的海洋地质科学家。

1995 年 10 月份,秦蕴珊当选中国科学院院士,步入他人生中的又一个里程碑。

(中间曲)

旁白:有耕耘才有收获,几十年的海洋地质研究中,秦蕴珊收获了事业,也收获了爱情。秦蕴珊的爱人陈丽蓉曾经是他的大学同窗,也是他的入党介绍人。1962 年,白皙、清纯,梳着两条及腰长辫子的陈丽蓉从列宁格勒大学地质系获得副博士学位后,风尘仆仆地来到青岛,来到了秦蕴珊的身边。她的到来,给秦蕴珊的事业增添了臂膀,也给他的生命注入了新的活力。从此,他们夫妇俩携手奋战在我国的海洋地质战线,成为中科院海洋研究所少有的双博士生导师。

秦:我爱人是我在大学同一年毕业的,我们俩好在搞的是同行,我们俩是 1962 年 12 月 1 日结婚的。行政事务也忙,我自己再努力,时间上总是有限的,很多事情都是我爱人帮着做的,我一起文章,说一说,讨论讨论她都能帮着我写出来,用不着什么事都得我自己去查资料,没那么多时间,确实是对我帮助挺大的。

旁白:提携后生为己任,这是秦蕴珊始终牢记的做人准则。1984 年,当时还是副研究员的秦蕴珊就被国务院学位委员会破格批准为博士生导师。尽管自己的科研工作很忙,尽管作为首席科学家的秦蕴珊承担着国家科技攻关和中国科学院重大研究项目课题,但是他总是腾出相当一部分时间,培养、指导研究生。秦蕴珊院士的学生大都成为我国新一代跨世纪学术带头人。

记者:1984 年您就是博士生导师,我想您这一生是不是也培养了很多的学生。

秦:我培养的数量倒不是太多,21 个。当时不像现在,一个人都带 20 多个,这是不对的。

记者:现在回想起来也感觉自己很欣慰。

秦:是呵,这些学生很好,每到过年过节总是来电话,他们个人有些什么情况打电话告诉我一声。

旁白:据说,喜欢古典文学的秦蕴珊院士录取学生是非常严格的,他不但要看考生的卷子内容答得如何,还要看卷面是否整齐,是不是有错别字,因为在秦蕴珊的心目中,科学是严谨的,来不得半点马虎。

秦:我喜欢看看古典小说,看看《三国演义》、《唐诗》、《宋词》,我写过一篇东西,就是看看古典小说对年轻人是很有帮助的,不管你做什么工作,我深有体会。现在很多研究生,写出来这个东西错别字非常多,前几年我考研究生的时候,看看他这个卷面干净不干净,看他错别字多不多,错别字多,卷子弄得不干净我都给他扣分。措辞文笔都很流畅的我都给他加分。

旁白:秦蕴珊说,无论是工作还是生活,他都是一个幸运儿,生活中有志同道合的爱人与之相伴,工作中总有机遇垂青于他。其实,作为我国海洋地质研究的奠基人之一,秦蕴珊的成功在于他对祖国海洋地质研究的执著,在于他的知识积累与沉淀,在于他的孜孜不倦与艰辛付出。

秦:1980 年以后中科院有一个规定,要想出国必须去科学院考试,考小托福,几乎每年都出国,怎么办,就去考吧。早晨三点就起来念英语。家里边当时孩子还很小,住了一个 21 平方米的房子,没有厨房,早出晚归。

旁白:作为一名中科院院士、我国海洋地质研究的奠基者之一,秦蕴珊的事业辉煌而光耀。但是人的精力总是有限的,当秦蕴珊把全部的精力投入到工作中时,自然留给家庭和孩子的时间就少而又少了,回想起来,秦蕴珊的愧疚之情溢于言表。

秦:家里边生活不容易在哪里?确实是非常困难,我是 1962 年结婚,1963 年所里边在现在的京山路盖了一幢房子,到现在我还住在那。我爱人吧,我们两个倒也没什么,同甘共苦,对孩子吧,确实是没有什么帮助,经济条件也不行,也没有时间。

记者:应该说是跟大海打了一辈子交道,大海带给您事业上的成功,也带给您很多的酸甜苦辣?

秦:个人的酸甜苦辣主要就是挨斗。"四清运动","文化大革命",我都逃不了挨整,学术权威嘛。关了我 8 个月,我爱人怀老二的时候,刚好怀孕的时候我还不知道,就关进来了,不让我回家,有一天呢我出去劳动坐着大卡车,走到莱阳路,我看到我爱人挺着大肚子在路上走,现在想起来也挺心酸,这时候我才知道我爱人怀孕了,确实很不容易,是受我连累的。

"四清"的时候抄家,我和我爱人,她在苏联不是吗,我们每个礼拜通一封信,积累下来就很多了,想作纪念吧,那时候还年轻,"文化大革命"全给烧了,连书,她从苏联带回来的高筒袜子抄家全都拿走了。

旁白:秦蕴珊院士今年已经 70 多岁了,与海洋打了 50 年的交道。如今,已功成名就的秦蕴珊院士仍坚守在祖国的海洋地质研究中,孜孜不倦地著书,不辞疲倦地奔波于世界各地,进行国际学术交流。几十年来,他的足迹踏遍美国、加拿大、英国、挪威、意大利、澳大利亚、俄罗斯、荷兰、日本等国家和地区,成为在国际学术界推介我国海洋沉积研究的代表人物之一。

记者:一般到了这个年龄都在享受天伦之乐,可您是不是每天都要到工作室来?

秦:我每天都上班,开会,还得写点东西。作报告,台湾同行他们请我 11 月份到台湾去开会作报告。

旁白:记者眼前的秦蕴珊院士已是两鬓斑白,但精神矍铄,这位把自己的一生都奉献给了祖国海洋地质研究的院士学者,在回味走过的漫漫海洋人生时,或多或少也留有遗憾。

秦:如果说有遗憾的话,从小我是喜欢写字的,原来我家里挺有钱的,我爸爸在沈阳开一个工厂,家里书很多,14 岁我就看巴金的《家》、《春》、《秋》。然后我喜欢写字,写颜楷,到后来,没有工夫我就丢掉了。现在我家里太小了,以后搬了家,我还想写一写。

旁白:秦蕴珊院士说,看海是浪漫的,出海则是艰苦的,那惊涛骇浪一想起来,就像发生在眼前一样……一艘小船,满载着十几个充满幻想和理想的年轻人,迎着海浪向大海深处驶去。

50 年后,站在海边,望着排排海浪拍打着岸边激起的层层浪花,回味着自己的海洋人生,秦蕴珊心潮起伏……

秦蕴珊的百味人生就讲述到这儿了,在采访结束的时候,秦院士高兴地对记者说,他在美国的小儿子一家人就要回国探亲了,他得抽空去商场买些碗筷和食品。我们在这里也衷心地祝愿秦蕴珊院士和他的家人幸福快乐。

本文是青岛人民广播电台的杨静记者撰写的一篇广播稿,现转摘于此,以示感谢!

学一点古典文学大有益处

1933年的春夏之交，我出生在东北的沈阳(当时叫奉天)，正处于日本铁蹄的统治下。在东北，日本人搞的是奴化教育。在小学念书时，很小就要学习日本语言，早晨上学要唱日本国歌。但是放学后回到家里，在书房里摆放的却是中国的古书、字帖以及一些流行的小说等。由于环境的影响，当我在十几岁的时候，就阅读了巴金的著名小说《家》，以后开始看《三国演义》等古典作品。1948年春天，我来到北京上中学，正是新中国成立前夕。我参加了“东北流亡学生运动”的部分活动。学生活动十分活跃，经常举办歌咏比赛、诗歌朗诵等。我自然而然的参加进去，开始写一些新诗、学习朗诵等，这更进一步激发了我对文学的热情。1952年上大学后，由于学的专业是地质学，是理科范畴，不得不把大部分时间用来学习数理化。但我还是能挤出一点时间来看一些文学作品。1956年组织上分配我到青岛从事海洋地质科学的调查研究，这是我第一次见到大海。这时，研究所的工作还不太紧张，又阅读了一遍《三国演义》，并开始浏览唐诗、宋词等。在以后的岁月里，我虽然在感情上仍喜欢看文学作品，特别是古典文学作品，但在实际生活中再也没有时间或很少有时间去看什么“小说”之类与本专业关系不大的作品了。

上面这一小段历史经历，时间虽短，但给我的影响却是很深的。

我从事海洋科学研究已经近50年了，其间我还曾担任中国科学院海洋研究所的所长等职近10年。我现在想，青少年养成的对文学的爱好，对我后来的各项工作是十分有益的。我曾直接培养出了二十几名博士研究生(有的在国外，有的已经成了年轻的学术带头人)。在面试时，有时我会提出几个与专业知识无关的问题以了解学生的知识面。如哪个朝代有哪些著名的诗人、书法家等。不少学生都能答得很好。在试卷考试时，卷面有错别字，甚至连“再”与“在”的用法都不对，我就扣他几分(有不少考题的答案给分是有伸缩性的)。相反，文笔流畅，卷面清爽干净者，就给他加几分。

有时，我还举出一些典故、实例来教育学生努力上进。如东晋时有名的大书法家王羲之的儿子王献之，有一天他正在用毛笔练习写字，其父乘他不备在后猛掣其背，因王献之握笔严实，不为所动。可见王献之的功底之深。后来他果然也成了名，父子二人被称为“二王”。没有好的功底是难以成名的，这就需要付出艰苦的劳动才行。我还特别喜欢钢笔字写得好的青年人。甚至认为字写得好，将来一定会有出息。其实只要下工夫，写一手好字是不难的。

2004年元旦前夕，我应邀到中国海洋大学海洋地球科学学院给研究生作学术报告。报告内容的主题当然是科学方面的，但为了鼓励同学们珍惜时间，我特意引用了一首古诗，是大诗人陶渊明的“盛年不重来，一日难再晨，及时当勉励，岁月不待人”。我请同学们注意这首诗中每个句子的第二个字，即年、月、日、时。报告后同学们不但增强了对科学的兴趣，另外在精神上也得到了鼓励，受到了同学们的欢迎。

我也经常教育自己的孩子要挤时间多看一些文学作品，特别是中国的古典文学作品。看这些作品时不要只看故事情节，要特别注意它的文笔。像《三国演义》，文笔十分简练，用字准确，实应认真学习。

有些日子，我给我五岁多的小孙子讲“三顾茅庐”、“草船借箭”和“失街亭”的故事时，小孙子不厌其烦地一边吃饭一边听讲，讲了几遍之后，他竟然知道故事的梗概和主要人物，当然，对故事表达的哲理还是不明白的。我认为，在孩童以及青少年时期能学习一些古典文学是大有益处的。

中国的不少古典文学作品能教给我们如何做人的哲理。只要能正确理解他们的内容是可以有收获的。我从一些文学作品中得到的收获之一就是如何更好地用人。在我担任领导职务期间，我十分重视在工作中考察和了解干部，以便更好地使用干部和爱护干部。能否正确地使用干部是能否做好工作的关键。

学习文学作品会使我们的语言更加丰富，内涵更加深刻，生活也更加充实，更加有利于综合素质的提高。

1995 年春天，我任期届满，不再当所长了。有部分同志对新领导班子了解得不够，有些不放心，我在作最后述职报告时，针对这种情况引用了一句古诗“人面不知何处去，桃花依旧笑春风”，我的意思是说，不论领导班子的面孔怎么变，我们的研究所都会像鲜艳的桃花迎风招展。全场哄然大笑，收到良好的效果。

我个人的一点粗浅体会是：文学修养是文化素质的重要组成部分。在大力加强精神文明建设和提高全民族文化素质的今天，希望青年同志挤出一些时间去学习文学作品，特别是中国的古典文学作品，这一定会有益的。

毫无疑问，对于自然科学工作者来说，应当把主要精力放在与自己专业有关的知识学习上，不能一概要求他们既是工程师又是文学家。但是，一位科技工作者、管理工作者若具备较高的文学修养，那么，对他们的工作和事业肯定是会起促进作用的。

本文刊于 2005 年上海教育出版社《科学道路》一书
作者：秦蕴珊

岁岁年年花相似,年年岁岁人不同

花,美丽的鲜花凋零了,来年重新绽放,清香;
树,茂盛的大树枯干了,来年重新发芽,生长;
酷寒的冬天降临了,接踵而至的是明媚的春晖!

但是,为什么?
为什么我们的青春年华却一去不复返了呢?
那是因为,岁岁年年花相似,年年岁岁人不同。

每当我夜不能寐而记忆朦胧时,
青年时代的刀光剑影,
青年时代的鼓角争鸣都已经远去了,
但它们仍像草原上牧羊人手中的皮鞭轻轻地打在我身上。
时刻鞭策着我,鼓励着我,
使我迈着蹒跚的步伐向前走着。

同学们:对于我,也对于你们,对于我们每一个人,美好的青年时代只有一次,是不可逆的一次。
让我为你们年青一代祝福!
更加珍惜你们的青春吧!
谢谢!

本文为2001年12月在中国科学院海洋地质与环境重点实验室研究生学术会上发言
作者:秦蕴珊

海洋地质学与海底石油问题

海洋地质学是一门新近才发展起来的年轻的科学，它既需要地质学的知识，又需要海洋学(如海流、波浪、潮汐)方面的知识。自从开始了海上航行，人们就注意了海底的地形(深度)和底质(海底表面的现代沉积物)。然而，这只是把它们当做为航海服务的一个因子来考虑的。19世纪中叶，由于大西洋北部渔捞事业的衰退以及在大洋里铺设海底电缆的需要，许多国家都觉得有进一步详细地调查研究海底地形及底质情况的必要，在第一次世界大战前后，潜水艇的大量应用，渔捞事业的发展，以及对新的矿产基地的迫切要求等，就更进一步推动了海洋地质学的发展。所以，海洋地质学真正地成为海洋科学中一门独立的学科，也只不过是近几十年的事情。1920年德国人安得烈出版了《海底地质学》一书，并编制了相应的底质图。苏联海洋地质学家M·B·克列诺娃在1939年著了世界上第一本有关海洋地质的教科书《海洋地质学》(1948年正式出版)。许多国家都编制了渔场区的底质图，苏联学者A·Д·阿尔汉格勒斯基最先利用了现代沉积物的研究成果来研究俄罗斯陆台的白垩纪沉积岩。在这方面有卓越贡献的是苏联地质学家H·M·斯特拉霍夫院士。可见，和其他学科一样，海洋地质学的发展是与生产的要求相联系的。主要是与下列四方面的问题有关：①国防与海运：如潜水艇的活动需要了解海底地形，抛锚需要了解底质等。②海底矿产：主要是海底石油(如苏、美等国)和煤田(如日本在长崎的外海找到一海底煤田)。③渔捞事业：底质情况可以影响到渔场的生成与衰退，所以，常常单独编制渔场区的底质图，有许多渔民常常根据"海泥"来大致的判断船位。底质的分布也影响到渔捞的作业条件，在我国南海这方面的问题较多。④研究陆地上沉积矿产的成因，这是近十几年来才发展起来的一门新的科学方向，即"比较岩石学"的方向。在利用现代沉积物的各种研究成果去阐明铁、磷等沉积矿产的成因，古地理及其沉积条件时，常会得到有益的效果。其他如在判断水团的移动、海洋声学、海水透明度等也需要进行现代沉积物的研究。海洋地质学的发展也是和地质学的研究范围日益扩大和深入相联系着的。

目前，海洋地质学在各个国家的发展情况是不尽相同的。总的说来，其中以苏联和美国做的工作较多，美国的海洋地质学在前一时期主要是围绕着海底石油进行的。因而首先开展了陆棚区地质构造的研究，从1946年起北美陆棚被宣告为国有，直至最近，在美国的有关文献里还讨论着怎样扩大海底石油的开采面积的问题。在进行海底石油的勘探时，美国在墨西哥湾进行了不少的物理探矿工作(主要是重力和地震)，并建造了许多海上钻探与开采石油的设备。此外，美国也进行了大洋和极地地质的调查研究，对于现代海洋沉积物的研究是比较重视的，特别是对沉积物中所含的某些元素和宇宙历史发展的关系上做了一些工作。苏联的海洋地质学发展得相当迅速，重点工作是进行远洋调查和利用现代沉积物的研究成果来指导沉积矿产的找寻。为了在里海(巴库)找寻与研究海底油田，苏联阿塞拜疆科学院和当地的石油工业部门成立了专门的机构来负责这一工作。在进行这些工作时，除了广泛地应用海洋人工地震及重力测量外，还进行了电测和磁测的工作，并建造了许多钻探和开采石油的设备。近年来，苏联对大洋的地质构造、地形结构、沉积的分布特点，以及极地地质等方面做了许多有价值的工作。在苏联发展起来的"比较岩石学"目前也取得了显著的成绩，这就大大地丰富了沉积岩石学的内容及其对找寻沉积矿床的指导作用。

由于海洋地质学发展历史较短，以及它的研究对象是海洋，所以在仪器和方法上的研究就具有重要的意义。海底地形，特别是大洋地形的研究还没有完全脱离地理发现的阶段，因而各个国家(包括我国)都在广泛地利用着自动记录回声测深仪，在船上的实验室内就可以得到完整的地形剖面。在海洋沉积物的调查工作中，主要问题在于取样管，用颠倒采水器采取海水以研究海水中的悬浮体是很合适的，这项工作一般在船上进行。为了研究基岩，必须广泛地应用地球物理方法，目前应用最多的是海洋人工地震和重力测量，我国的海洋地质学也必须紧紧地抓住这一环，实验室的研究及工作方法的标准化对海洋地质学来说是极为重要的，因为大部分工作是在船上和陆地上的实验室内进行的。

概括地说，目前海洋地质学中主要的研究方面有：

(1)大洋底的地质构造：主要是应用地球物理的方法在海上进行工作，并与地壳物理学的研究相结合起来。

(2)陆棚区的区域地质及海底石油：一般来说，陆棚是大陆的延续，所以陆棚区的研究实际上是为了搞清海水所淹没的这部分陆地的地质情况，以便能找到海底矿产，主要是石油。

(3)海洋现代沉积物的分布规律：近年来，在这方面较为突出的研究内容是比较岩石学的研究及沉积物中所含的某些元素(如铅、镍)与宇宙发展历史的关系。为了研究石油的成因及其形成过程，许多石油部门都对现代沉积物进行了一系列的特殊的研究。

(4)海底地球化学：除了一般用化学方法去研究沉积物外，加强对底质溶液的研究，以及对沉积物的化学成分和海水的化学成分的关系的研究。

(5)海底矿物学：它必须与成岩作用的研究结合起来，矿物种类的分布及自生矿物的研究也是需要加强的。

(6)海洋地球物理学：由于海洋这样一个特殊的研究对象，地球物理就占有重要的地位，但它无论在方法上和资料的解释上都还需要加强。

(7)海底地貌与海岸动力地貌：近年来由于地貌学的迅速发展，海底地貌与动力地貌已形成一门独立的学科了。

其他如调查研究方法、仪器、极地地质，以及一些特殊问题(如珊瑚礁)的研究等也需进行。当然，所有这些方面的研究应是互相联系而绝不能分割开来进行的。

在我国，海洋地质学过去是一门空白的学科。新中国成立以前，从没有人正式进行过海洋地质的调查，更没有人去揭露海底的秘密。但是，围绕着我们伟大祖国的海区是世界上少有的陆棚区，对它的地质构造特点进行研究，不仅可以为地质科学提供宝贵的资料，更重要的是在这片广阔富饶的海底里还蕴藏着无数的宝藏。我国海洋地质学的发展及其所进行的工作必须紧密结合国防和经济建设的需要，这是这个学科发展的生命力。海洋面积占整个地球面积的71%，要想彻底了解整个地球的结构、构造、发展过程等等，除了研究大陆之外，还必须详细地研究海洋。同时，作为综合海洋学组成部分的海洋地质学，除了研究浅海外，还需要研究远洋，研究大洋中的沉积物的分布特点、类型，大洋底的地形结构、地壳的构造，以及极地地质等。但是最近几年，我国的海洋地质学必须在“以海洋为纲”的带动下把精力集中于浅海，集中于矿产上。随着党所领导的科学事业的发展，中国科学院海洋研究所在海洋地质方面也初步开展了一些工作。为了研究陆棚区的地质构造及基岩情况，也准备进行热处理探矿工作。在我国海洋地质工作中，船上调查及实验室的分析方法占有很重要的地位，和海洋学中其他学科一样，仪器方法问题对本学科的发展起着重要作用，所以今后必须首先加强。现代沉积物的分布规律、物理性质及陆棚区的地貌特点等研究也应该继续加强。但是这些研究显然还只是限于基岩以上的部分，这是不够的。

研究陆棚区的地质构造是海洋地质学的主要任务之一，因为它不仅有理论上的意义，而且有重大的实际意义。陆棚区是在海底找矿的主要场所。由于海上工作条件与开采条件的特殊以及工业价值的影响，几乎所有濒临海洋的国家都首先去寻找海底石油。中国各海蕴藏着无数的宝藏，根据需要与可能亦应把工作重点放在海底石油的找寻与勘探上。

在海底找寻石油和进行石油钻探，就世界范围来说已不是一个新的课题了。苏联的著名油田——巴库第一油田和第二油田就是在里海找出来的(第三纪)。在地中海沿岸、红海和波斯湾等地区，在亚洲与澳洲之间的新几内亚，印尼的苏门答腊、爪哇和波罗洲等地的沿岸和海底都有着丰富的油田，美国在墨西哥湾(中生代的白垩纪和新生代)，中美洲及西印度群岛找到油田(白垩纪)，以及西德、中东的阿拉伯各国也都在海底找到了油田。总之，世界上的石油有很大的一部分埋藏在海底，有人估计过海底石油约占世界全部石油储量的一半。海底钻探的技术也有了相当大的发展；苏联和美国都在30～50米的深水下打过钻，而联邦德国却在80米的深水下打钻。至于中国海的含油远景问题现在还不能给予一个肯定的答案。

在中国海岸的许多地方都发现了油、气苗。例如，山东半岛北部海岸的潮汐带上都分布有油苗(次生的沥青)。根据沥青出现的情况、分布及其产状，以及附近海面上水文资料的初步判断，这些沥青的来源并不是由于一些偶然的原因。海岸带出现的这些油气是我们在海底找寻石油的一个有力根据，中国海的海底地质情况虽尚未经很好的研究，但从陆地上已有的资料作某些推断还是可能的。华北沉降带和苏北沉降带是中生代的沉隆带，根据物理探矿的部分钻探资料来看，它们的构造线伸延到海底。可以认为，渤海及东海是这些沉降带的延续，尤其渤海，其北部与松辽沉降带相连，而南部则又与主要由中生代地层组成的山东坳陷带相连，因此，根据目前情况首先在渤海进行一些石油地质的工作是合适的。渤海是我国内海，水不深，适于钻探与开采。同时，近年来，有关单位在渤海及黄海沿岸的陆地已经广泛地进行过地质调查和物理探矿测量，因而这就给我们一个极为有利的条件，使我们有可能搜集并利用上述资料来对比解释我们在海底所获得的资料。

在海上开展石油地质工作是有其特点而且也是比较复杂的。虽然，所采用的基本方法与陆地无多大差异，但在具体方法上却有显著的不同。概括的说不外有：

(1)海洋地球物理法：这是很重要的一种方法，在物理探矿工作中使用最多的是重力测量和海洋人工地震。重力测量的费用较低，在了解结晶基底的起伏以及测量潜伏的构造，特别是顶部受到破坏的构造时，往往会得到良好的效果。目前，在苏、美等国广泛地应用着潜入水底的重力锥，其精确度与陆地上相似(0.1毫伽)。地震勘探的费用比较昂贵，且较复杂，一般地说，在重力、磁测的基础上进行海洋地震勘探是较为合适的。由于我国条件不同，即使目前先进行地震勘探亦未必不可。许多国家都制有专门的海洋人工地震仪。但是，每个地震道仍旧包括三个基本环节，即地震检波器、放大器和电流计。检波器是用压电晶体(如酒石酸钾钠)制成的。在海洋地震勘探工作中，联合使用折射波法和反射波法是比较好的。在作折射进应该有两条船同时进行工作。不少国家也在海上进行了电测和磁测。

物理探矿工作对了解海底构造和基岩情况是最为有效的。但如何开展大面积的工作以及怎样把它与基岩的研究结合起来等，还需要作进一步的探讨。

(2)地球化学法：应用最广泛的还是沥青荧光分析法。分析现代沉积物中的沥青质含量以便圈出沥青异常带。在这种分析中要特别注意柱状样品的分析，即找出沥青质在海底沿着垂直方向的变化情况。

此外，分析现代沉积物有机质的含量在平面上和垂直方向上的变化也是相当有意义的。对于一些变色的海水(如我国南海)定期或按季节进行化学的分析也很必要。在进行荧光分析和有机质分析时，如何正确地处理和保存样品是非常重要的工作。

(3)石油细菌：利用石油细菌去探索海底石油，在一定程度上可看做一种比较有效的辅助方法。问题在于这种石油细菌在含有有机质的样品(沉积物)中也可产生，而有机质的分布在浅海中却是普遍的现象，有关学者已开始摸索把它应用到海底，看来，消除一些不利的因素是有可能的。

(4)地质测量：一是在海上利用自动记录回声测深仪精确地测量海底的深度，另一是在沿岸进行地质测量的工作，在这一方面可利用陆地上已有的地质资料，如华北石油地质队在山东、河北布置的钻孔和地质部中原石油物探队在华北地区进行的物理探矿工作，对找寻海底石油都是非常有价值的。总之，必须海陆配合，相互补充，浅海是脱离不开陆地的。在某些岛屿附近加强对海底冒出的天然气进行观测也是必要的。

本文刊于1959年《科学通报》 第4卷 第5期

作者：中国科学院海洋研究所海洋地质小组

本文是范时清研究员执笔撰写的，它反映了当时地质小组成员的共识，故转载于此，以示纪念